磁性材料基础与工程应用

张雪峰 主编
赵利忠 李红霞 副主编

FUNDAMENTALS AND ENGINEERING APPLICATIONS OF MAGNETIC MATERIALS

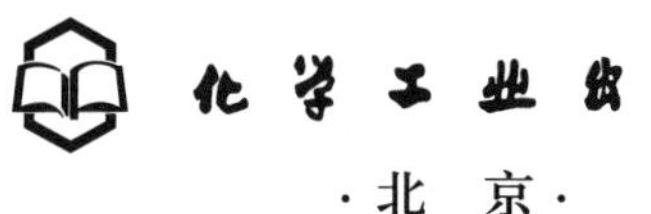

·北京·

内容简介

《磁性材料基础与工程应用》旨在系统呈现磁性材料科学理论和应用技术的最新进展，并对国内外最新的研究成果进行总结和展望。全书共15章，内容包括磁学基本理论和概念、永磁材料、软磁材料、电磁波理论、微波铁氧体、电磁屏蔽材料、电磁波吸收材料、磁性薄膜等。全书在尽量避免复杂数学推导的同时，尽可能地使读者对磁学理论和磁性材料有较全面的认识，并了解磁性材料在最新科技发展中起到的重要作用。本教材充分展现了磁性材料与器件的发展历程、应用背景、基础理论、制备工艺和关键技术等内容，并针对制约我国磁性材料发展所存在的问题，润物细无声地引入思政元素，引导学生树立正确的世界观、人生观和价值观。本教材既有基础理论概念，也有实际工程应用，旨在培养学生具有扎实的基础知识和解决实际问题的能力，在实践层面上提升学生对磁性材料的认知能力。

本书可作为高等学校材料类、电子类专业的本科和研究生教材，也可作为科研人员、技术工程师的参考用书。

图书在版编目（CIP）数据

磁性材料基础与工程应用 / 张雪峰主编 ; 赵利忠, 李红霞副主编. -- 北京 : 化学工业出版社, 2025. 5.
(教育部高等学校材料类专业教学指导委员会规划教材).
ISBN 978-7-122-47354-7

Ⅰ. TM271

中国国家版本馆CIP数据核字第2025GV0395号

责任编辑：陶艳玲　　文字编辑：晏鸿珏
责任校对：王鹏飞　　装帧设计：史利平

出版发行：化学工业出版社
（北京市东城区青年湖南街13号　邮政编码100011）
印　　装：北京云浩印刷有限责任公司
787mm×1092mm　1/16　印张22¼　字数544千字
2025年6月北京第1版第1次印刷

购书咨询：010-64518888　　售后服务：010-64518899
网　　址：http://www.cip.com.cn
凡购买本书，如有缺损质量问题，本社销售中心负责调换。

定　　价：88.00元

前言

根据教育部《关于全面深化课程改革落实立德树人根本任务的意见》和《关于深化本科教育教学改革全面提高人才培养质量的意见》等有关文件精神，在教育部高等学校材料类专业教学指导委员会的指导下，我们编写了《磁性材料基础与工程应用》教材。本书为教育部高等学校材料类专业教学指导委员会规划教材。

磁性材料广泛应用于工业、农业、电子信息及国防等领域，已成为国民经济和国防建设领域的关键基础材料，我国已发展成为全球磁性材料产业中心，且若干领域达到国际领先水平。科学技术的发展，尤其是电子新社会的发展，对磁性材料提出了更高、更全面的要求，也对磁性材料相关人才的培养提出了迫切需求。本教材内容旨在反映近些年来磁性材料科学理论和应用技术的新进展，并对国内外最新的研究成果进行总结和展望。全书共 15 章，第 1、2 章阐述磁学基本理论和概念，包括磁性基础理论、技术磁化和动态磁化；第 3~5 章介绍永磁材料，包括稀土永磁材料、无稀土永磁材料、永磁铁氧体；第 6~8 章主要介绍软磁材料，包括软磁铁氧体、金属软磁复合材料、非晶与纳米晶软磁材料；第 9 章主要介绍电磁波理论，第 10~12 章主要介绍微波铁氧体、电磁屏蔽材料及电磁波吸收材料；第 13~15 章主要介绍磁性薄膜，包括相关物理效应、薄膜的制备以及表征和测试。全书在尽量避免复杂数学推导的同时，尽可能地使读者对磁学理论和磁性材料有较全面的认识，并论述磁性材料在最新科技发展中起到的重要作用，因此，本书不仅是材料类专业的教材，也可以作为电子类专业本科生和研究生的教材。

根据教育部高等学校材料类专业教学指导委员会规划教材的指示精神，我们在本教材的编撰上充分展现了磁性材料与器件的发展历程、应用背景、基础理论、制备工艺和关键技术等内容。针对制约我国磁性材料发展所存在的问题，润物细无声地引入思政元素，引导学生树立正确的世界观、人生观和价值观，自觉担负起国家民族科技发展的重任，做新时代的科技追梦人。本教材既有基础的理论概念，也有实际的工程应用，旨在培养学生具有扎实的基础知识和解决实际问题的能力，在实践层面上提升学生对磁性材料的认知能力。结合本教材的内容，我们整理并录制了磁性材料制备、表征及应用等相关的慕课视频，充实和完善本教材相关的数字化资源并进行线上拓展，为学生的学习提供有力的保障；针对教材中涉及的磁性材料测试技术，我们编写了试验手册，并以指导学生进行创新试验训练，加深学生对相关知识的理解和掌握。以上三项内容请扫描二维码了解、学习。

本书由杭州电子科技大学张雪峰任主编，杭州电子科技大学赵利忠和李红霞任副主编。杭州电子科技大学白国华、张鉴、赵荣志、李忠、刘孝莲及东北大学李逸兴参与了该教材的编撰工作，杭州电子科技大学潘安建、杨涛、刘洋、张振华、张尔攀、石振、戎华威、赵晓宇、薄岚、成明亮等人参与了该教材的审改工作，在此表示衷心的感谢。本书获杭州电子科技大学研究生教材建设项目资助，在此表示感谢。

限于编写者的水平，疏漏和不妥之处在所难免，敬请读者批评指正。

编者

2025 年 3 月

数字资源

目 录

第1章 磁学理论

第 2 章 材料的磁化

第 3 章 稀土永磁材料

第 4 章 无稀土永磁材料

第 5 章 永磁铁氧体

第6章 软磁铁氧体

第7章 金属软磁复合材料

第 9 章 电磁波理论基础

第 10 章 微波铁氧体

第 11 章 电磁屏蔽材料

第 13 章 磁性薄膜材料的物理效应

第 14 章 磁性薄膜的制备

第 15 章 磁性薄膜的表征和测试

本书数字资源目录

续表

实验手册	1-高真空速凝炉速凝
	2-气流磨实验
	3-SrM 永磁铁氧体固相烧结实验
	4-镍锌软磁铁氧体的固相烧结与物相分析实验
	5-球磨法制备 FeSiAl 软磁复合材料
	6-铁基非晶合金的制备与表征
	7-波导终端短路法测试铁氧体的铁磁共振线宽实验
	8-电磁屏蔽性能测试实验
	9-吸波材料电磁参数的测量实验
	10-磁性材料磁导率谱的测量
	11-真空热蒸发镀膜实验
	12-磁性薄膜的磁电阻测量实验
	13-磁性薄膜的霍尔效应测量实验
各章习题参考答案	

第 1 章

磁学理论

1.1 原子磁性

物质的磁性来源于原子的磁性，掌握原子磁性是研究物质磁性的基础。原子的磁性来源于原子中的电子和原子核所具有的磁矩，尽管原子核的质量远大于电子，但其磁矩远小于电子的磁矩，常常忽略不计。因此，可以认为原子的磁性主要来自电子，由电子轨道磁矩和自旋磁矩构成。

1.1.1 原子的壳层结构及其排布

原子由带正电荷的原子核和带负电荷的核外电子组成，电子在核周围的分布呈现壳层结构。经典模型（玻尔模型）中，电子可以看作一个粒子绕原子核作椭圆轨道运动。量子力学理论认为，电子具有波粒二象性，电子在核外的运动可看成概率波，不可能有确定的“位置”，只能用概率分布的概念来描述电子所处的“位置”。核外电子分布状态决定了电子的轨道磁矩和自旋磁矩，所以原子磁性直接受到核外电子分布状态的影响。量子力学理论采用四个量子数来描述每个电子的状态：

① 主量子数 $n(n=1,2,3,\cdots)$，它决定了电子的能量；

② 轨道角动量量子数 $l(l=0,1,2,\cdots,n-1)$，它决定了轨道角动量的值，又称为轨道量子数；

③ 磁量子数 $m_l(m_l=0,\pm1,\pm2,\cdots,\pm l)$，它决定了电子轨道角动量在空间某一方向（如外磁场 $\boldsymbol{H}$ 的方向）的投影值；

④ 自旋量子数 $m_s\left(m_s=\pm\dfrac{1}{2}\right)$，它代表自旋量子数的两个可能投影值。

每一组量子数只代表一个状态，并且只允许有一个电子处于该状态，即任何两个电子的四个量子数都不完全相同，这就是泡利不相容原理。一旦这四个量子数确定了，这个电子状态也就确定了。习惯上按主量子数 n 和角量子数 l 把电子的可能状态分成不同的壳层。将相应于 $n=1,2,3,4,\cdots$ 的壳层分别称作 $\mathrm{K,L,M,N},\cdots$ 壳层；每一壳层又可分成几个次壳层，相应于 $l=0,1,2,3,\cdots n-1$ 的次壳层，分别用符号 $\mathrm{s,p,d,f},\cdots$ 来表示。电子在核外壳层中排布时，优先占据能量最低的状态，即能量最低原理。

1.1.2 电子轨道磁矩

按照经典模型，电子绕原子核转动。为简单起见，现讨论一个电子绕原子核在半径为 r 的圆周轨道上以角速度 $\boldsymbol{\omega}$ 做旋转运动，则形成一个 $i=-\dfrac{e\omega}{2\pi}$ 大小的电流。这样一个电流产生

的磁矩大小 μ_l（即电子轨道磁矩）为：

$$\mu_l = iS = -\frac{e\omega}{2\pi}(\pi r^2) = -\frac{e}{2}\omega r^2 \tag{1-1}$$

式中，S 为电子运动一周的轨道面积；e 为电子所带电荷量。

另一方面，电子运动的轨道角动量 p_l 大小为：

$$p_l = m_e \omega r^2 \tag{1-2}$$

式中，m_e 为电子质量。则式（1-1）可以写成：

$$\mu_l = -\frac{e}{2m_e} p_l \tag{1-3}$$

该式说明，电子绕核做轨道运动时的轨道磁矩与角动量在数值上成正比、方向相反，图1-1 表示了电子运动的轨道角动量和轨道磁矩之间的关系，其中 v 为线速度。

在量子力学中，电子的轨道运动是量子化的，因此只有分立轨道存在。也就是说，轨道角动量是量子化的，并且当电子运动状态的主量子数为 n 时，轨道角动量的值由轨道角动量量子数 l 决定：

$$p_l = \sqrt{l(l+1)}\hbar \tag{1-4}$$

式中，$\hbar$ 为约化普朗克常数；l 的可能值为 $0,1,2,\cdots,n-1$。

在量子化的情况下，式（1-3）依然成立，则电子轨道磁矩的值可以表示为：

$$\mu_l = \sqrt{l(l+1)}\frac{e\hbar}{2m_e} = \sqrt{l(l+1)}\mu_B \tag{1-5}$$

式中，$\mu_B = \frac{e\hbar}{2m_e}$ 称为玻尔磁子（物质磁矩的最小单元）的值，具有确定的数值 $9.274\times 10^{-24}\ \mathrm{J \cdot T^{-1}}$。

当施加一个磁场 $\boldsymbol{H}$ 在原子上时，轨道角动量和轨道磁矩在空间都是量子化的，它们在外磁场方向的分量不连续，只能有一组确定的间断值，这些间断值取决于磁量子数 m_l，如图1-2 所示，当 $l=2$ 时，轨道磁矩可以取五个可能的方向，它们相应于 $m_l = 0,\pm1,\pm2$。因此，外磁场方向上的轨道角动量 $(\boldsymbol{p}_l)_H$ 和轨道磁矩 $(\boldsymbol{\mu}_l)_H$ 的大小可以表示为式（1-6）：

$$(p_l)_H = m_l \hbar \tag{1-6a}$$

$$(\mu_l)_H = m_l \mu_B \tag{1-6b}$$

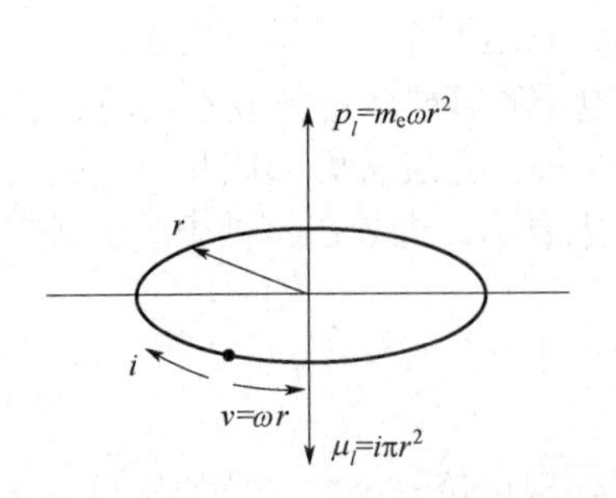

图 1-1 电子沿圆形轨道运动的轨道角动量 p_l 和轨道磁矩 μ_l

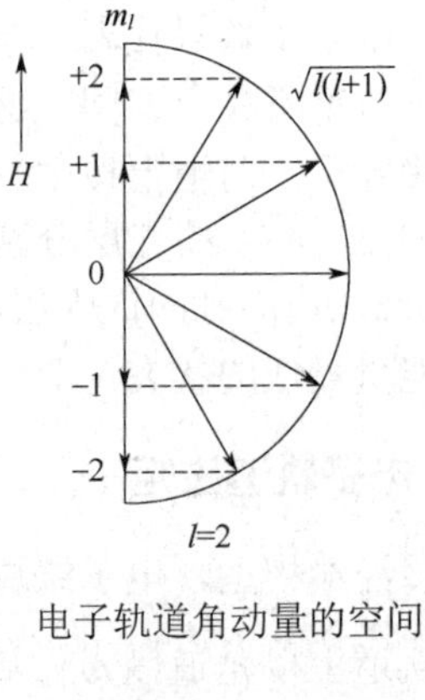

图 1-2 电子轨道角动量的空间量子化

当原子中包含多个电子时，各次壳层的电子合成一个总轨道角动量 $\boldsymbol{P}_L$，其大小为：

$$P_L = \sqrt{L(L+1)}\hbar \tag{1-7}$$

式中，L 为总轨道角动量量子数，它是 l 值按一定规律的组合。对于只有两个电子的情况，假设轨道角动量量子数分别为 l_1 和 l_2，则 $L = l_1 + l_2, l_1 + l_2 - 1, \cdots, |l_1 - l_2|$。

总的轨道磁矩值 μ_L 为：

$$\mu_L = \sqrt{L(L+1)}\mu_B \tag{1-8}$$

在填满电子的次壳层中，电子的轨道运动占据了所有的可能方向，形成一个球形对称体系，因此总轨道角动量等于零。所以，在计算原子的总轨道角动量时，不考虑填满的次壳层电子的影响，只考虑那些未填满的次壳层中电子的贡献。

1.1.3 电子自旋磁矩

依据量子力学理论，电子也具有自旋角动量和自旋磁矩，类似于电子在绕核转动的同时本身存在一个自旋，电子的自旋磁矩是原子磁性的第二个来源。电子自旋角动量 $\boldsymbol{p}_s$ 取决于自旋角动量量子数 s，其值为：

$$p_s = \sqrt{s(s+1)}\hbar \tag{1-9}$$

与轨道角动量类似，自旋角动量在外磁场 $\boldsymbol{H}$ 方向上的分量取决于自旋量子数 m_s，因此其大小为：

$$(p_s)_H = m_s\hbar \tag{1-10}$$

与自旋角动量相对应，电子的自旋磁矩 $\boldsymbol{\mu}_s$ 在外磁场 $\boldsymbol{H}$ 方向的投影值为：

$$(\mu_s)_H = 2m_s\mu_B \tag{1-11}$$

因为 m_s 的取值只能为 $\pm\frac{1}{2}$，则式（1-11）的值等于一个玻尔磁子，方向有正和负，表明自旋磁矩在空间中只有两个可能的量子化方向。图1-3展示了自旋磁矩在空间的量子化情况。

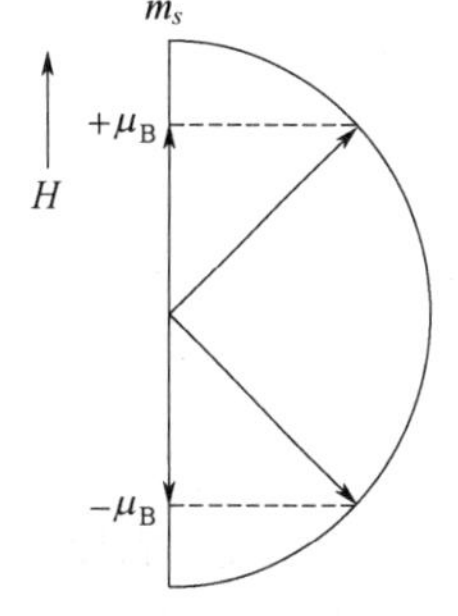

图1-3 电子自旋磁矩的空间量子化

根据式（1-10）和式（1-11），并考虑到 $(\boldsymbol{\mu}_s)_H$ 与 $(\boldsymbol{p}_s)_H$ 方向相反，可得：

$$\boldsymbol{\mu}_s = -\frac{e}{m_e}\boldsymbol{p}_s \tag{1-12}$$

将式（1-9）代入式（1-12），得到自旋磁矩的值为：

$$\mu_s = 2\sqrt{s(s+1)}\mu_B \tag{1-13}$$

如果一个原子具有多个电子，则总自旋角动量 $\boldsymbol{P}_S$ 和总自旋磁矩 $\boldsymbol{\mu}_S$ 是各电子的组合，其值分别为：

$$P_S = \sqrt{S(S+1)}\hbar \tag{1-14a}$$

$$\mu_S = 2\sqrt{S(S+1)}\mu_B \tag{1-14b}$$

在填满电子的次壳层中，各电子的自旋角动量和自旋磁矩也相互抵消了。因此，满电子壳层的角总动量和总自旋磁矩都为零。只有未填满电子的次壳层上才有未成对的自旋磁矩对原子的总磁矩作出贡献，这种未满电子壳层也被称为磁性电子壳层。

1.1.4 原子磁矩

在这一小节里，主要讨论一个未填满的电子壳层中，电子的轨道磁矩和自旋磁矩如何形成一个原子磁矩。

电子的轨道运动和自旋，在原子中形成一定的轨道和自旋角动量矢量。这些矢量相互作用，产生角动量耦合。原子中角动量耦合方式有两种：

① 轨道-自旋耦合（*L-S*）。*L-S* 耦合发生在原子序数较小的原子中。在这类原子中，由于各个电子轨道角动量之间的耦合以及自旋角动量之间的耦合较强，首先合成总轨道角动量 $\boldsymbol{P}_L=\sum\boldsymbol{p}_l$ 和总自旋角动量 $\boldsymbol{P}_S=\sum\boldsymbol{p}_s$，然后由 $\boldsymbol{P}_L$ 和 $\boldsymbol{P}_S$ 再合成原子的总角动量 $\boldsymbol{P}_J$。原子序数 $Z\leqslant32$ 的原子，都为 *L-S* 耦合。从 Z 大于 32 到 Z 小于 82，原子的 *L-S* 耦合逐步减弱，最后完全过渡到另一种耦合。

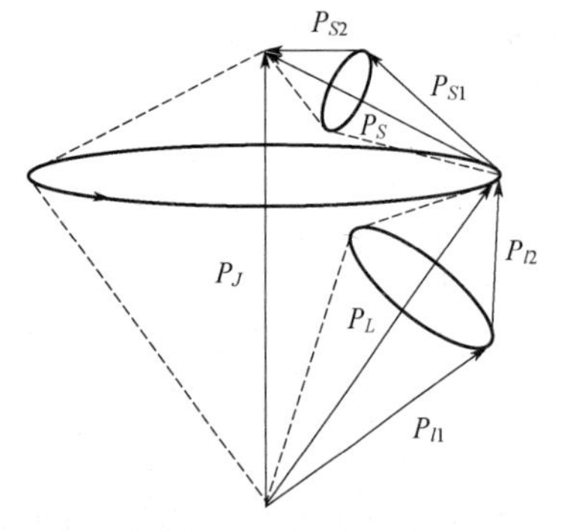

图 1-4 *L-S* 耦合示意图

② *j-j* 耦合。对于原子序数 $Z>82$ 的元素，*j-j* 耦合首先是由各处电子的自旋角动量 $\boldsymbol{s}$ 和轨道角动量 $\boldsymbol{l}$ 合成总角动量 $\boldsymbol{j}$，然后再由各电子的 $\boldsymbol{j}$ 合成原子的总角动量量子数 $\boldsymbol{J}$。

铁磁性物质的角动量大都属于 *L-S* 耦合，其耦合形式如图 1-4 所示。原子的总角动量 $\boldsymbol{P}_J$ 是其总轨道角动量 $\boldsymbol{P}_L$ 和总自旋角动量 $\boldsymbol{P}_S$ 的矢量和：

$$\boldsymbol{P}_J=\boldsymbol{P}_L+\boldsymbol{P}_S \tag{1-15}$$

原子的总角动量值可以表示为：

$$P_J=\sqrt{J(J+1)}\hbar \tag{1-16}$$

如果 $L>S$，总角动量量子数 J 取值为：$L+S,L+S-1,\cdots,L-S$（共 $2S+1$ 个值）；如果 $L<S$，总角动量量子数 J 取值为：$S+L,S+L-1,\cdots,S-L$（共 $2L+1$ 个值）。

但原子的总磁矩 $\boldsymbol{\mu}_J$ 与总角动量 $\boldsymbol{P}_J$ 的方向并不重合，如图 1-5 所示，轨道角动量 $\boldsymbol{P}_L$ 和自旋角动量 $\boldsymbol{P}_S$ 的方向分别反平行于轨道磁矩 $\boldsymbol{\mu}_L$ 和自旋磁矩 $\boldsymbol{\mu}_S$ 的方向，但 $\boldsymbol{P}_L$ 与 $\boldsymbol{P}_S$ 数值之比却相差一倍。因为轨道磁矩 $\boldsymbol{\mu}_L$ 和自旋磁矩 $\boldsymbol{\mu}_S$ 与轨道角动量 $\boldsymbol{P}_L$ 和自旋角动量 $\boldsymbol{P}_S$ 类似，都绕着总角动量 $\boldsymbol{P}_J$ 进动，所以在一个运动周期内，垂直于总角动量 $\boldsymbol{P}_J$ 的磁矩分量的平均值为 0。因此，原子的有效磁矩 $\boldsymbol{\mu}_J$ 等于轨道磁矩 $\boldsymbol{\mu}_L$ 和自旋磁矩 $\boldsymbol{\mu}_S$ 平行于总角动量 $\boldsymbol{P}_J$ 的分量之和，即

$$\mu_J=\mu_L\cos(\boldsymbol{P}_L,\boldsymbol{P}_J)+\mu_S\cos(\boldsymbol{P}_S,\boldsymbol{P}_J) \tag{1-17}$$

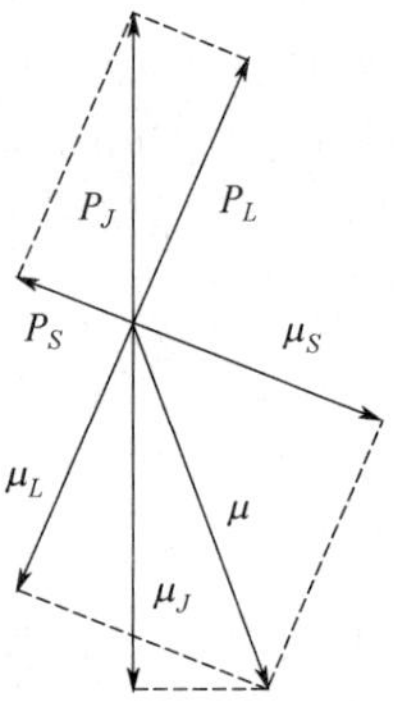

图 1-5 原子磁矩的矢量合成

由图 1-5 中的关系可以得到：

$$\mu_J=g_J\sqrt{J(J+1)}\mu_{\mathrm{B}} \tag{1-18}$$

式中，g_J 为朗德 g 因子，可以表示为：

$$g_J=1+\frac{J(J+1)+S(S+1)-L(L+1)}{2J(J+1)} \tag{1-19}$$

现讨论两种特殊情况：

① 当 $L=0$ 时，$J=S$，由式（1-19）得到 $g_J=2$，代入式（1-18）就得到式（1-14b），这表明此时原子总磁矩都是由自旋磁矩贡献的；

② 当 $S=0$ 时，$J=L$，由式（1-19）得到 $g_J=1$，代入式（1-18）就得到式（1-8），这

表明此时原子总磁矩都是由轨道磁矩贡献的。

事实上，g_J 的大小反映了轨道磁矩 $\boldsymbol{\mu}_L$ 和自旋磁矩 $\boldsymbol{\mu}_S$ 对总磁矩 $\boldsymbol{\mu}_J$ 的贡献程度。g_J 是可以由试验精确测定的，当数值在 1 和 2 之间时，说明原子的总磁矩是由轨道磁矩和自旋磁矩共同贡献的。试验表明，所有铁磁物质的磁矩主要由电子的自旋磁矩贡献，而不是由电子的轨道运动贡献。

未满电子壳层中原子的基态量子数（L、S 和 J）可以按照洪德定则来确定，其内容包括：

① 在满足泡利不相容原理的前提下，总自旋角动量量子数 $S=\sum_i m_{si}$ 取最大值。这表明自旋同向的电子分开，它们的距离远于自旋反向的电子；同时，由于库仑相互作用，电子自旋同向排列时系统能量较低，这样未满壳层上的电子自旋在同一方向排列，直至达到最大多重性为止，然后再在相反方向排列。

② 在满足条件①的前提下，总轨道角动量量子数 $L=\Sigma_i m_{li}$ 取最大值。这表明电子倾向于在同样的方向绕核旋转以避免相互靠近而增大库仑能。

③ 第三条涉及 L 和 S 间的耦合。当电子数在该壳层中未达到半满时，总角动量量子数 $J=L-S$；当电子数达到或超过半满 $J=L+S$。这表明单个电子的自旋角动量与轨道角动量反平行时能量最低。

1.2 宏观磁性

慕课

宏观物质的磁性主要来自其内部电子的磁性，包括了抗磁性、顺磁性、铁磁性、反铁磁性和亚铁磁性。通常将磁化强度 $\boldsymbol{M}$ 与外磁场 $\boldsymbol{H}$ 的关系表示为 $\boldsymbol{M}=\chi\boldsymbol{H}$，$\chi$ 为物质的磁化率，是无量纲的量。

1.2.1 抗磁性

抗磁性是一种弱磁性。抗磁性物质的磁化率为负值且很小，即抗磁性物质在外磁场中产生的磁化强度与外磁场方向相反，典型的数值约为10^{-6} 数量级，且大多抗磁性物质的磁化率不随温度的变化而变化。抗磁性是普遍存在的，它是所有物质在外磁场作用下普遍具有的一种属性。大多数物质的抗磁性因为被较强的顺磁性所掩盖而不能表现出来。

1.2.2 顺磁性

顺磁性也是一类弱磁性。这类物质的磁化率为正值，且数值较小，约为$10^{-6}\sim10^{-3}$ 数量级。对于材料的顺磁性做出解释的经典理论是顺磁性朗之万理论，当外磁场为零时，由于受到热扰动的影响，原子磁矩的取向是无序的，对外不显示磁性；在施加外磁场作用下，原子磁矩有沿磁场方向取向的趋势，从而出现弱的磁性。

对于 d 和 f 电子壳层中未填满电子的原子，如过渡金属元素、稀土元素、锕系元素等，当它们处于自由状态和溶液状态时，都具有顺磁性。

1.2.3 铁磁性

铁磁性是一种强磁性，铁磁性物质也是最早被研究并得到应用的一类磁性物质。这种强磁性来源于材料中磁矩的平行排列，而平行排列导致自发磁化。诸如铁、钴、镍等物质，其磁化率为正值，在室温下磁化率可达10^2～10^6 数量级。铁磁性物质即使在较弱的磁场下，也可得到极高的磁化强度，而且当外磁场移去后，仍可保留极强磁性。

为了解释物质的铁磁性特征，法国物理学家 Wais 提出了分子场理论：铁磁性物质内部在居里温度 T_c 以下存在一个很强的分子场，使得铁磁性物质中的磁矩克服热扰动的影响而趋向平行排列，从而形成自发磁化；同时，在铁磁性物质内部存在许多小区域，在每一个小区域内，原子磁矩受到分子场作用都呈现平行排列的状态，而不同区域中的排列方向却不相同，这些小区域也被称为磁畴。由于铁磁性物质中包含着大量不同取向的磁畴，所以在没有外磁场作用下不对外显示磁性；当受到外磁场作用后，不同磁畴趋向于外磁场方向排列，从而呈现出磁性。分子场理论是解释铁磁性物质微观磁性的唯象理论。它很好地解释自发磁化的各种行为，特别是自发磁化强度随温度变化的规律。由于分子场理论的物理图像直观清晰，数学方法简单，至今在磁学理论中仍占有重要的地位。

1.2.4 反铁磁性

反铁磁性是一种弱磁性，反铁磁性物质在所有的温度范围内都具有正的磁化率，但数值较小，与顺磁性物质有些类似，但其磁化率随温度有着特殊的变化规律。如图 1-6 所示，随着温度的降低，反铁磁性的磁化率先增大，达到一极大值后减小，该磁化率的极大值所对应的温度称为奈尔温度，用 T_N 表示；χ 为磁化率。在 T_N 以上，表现出顺磁性，而在 T_N 以下，表现出反铁磁性。通常，物质的 T_N 远低于室温，因此为了确定一种物质是否为反铁磁性，需要在很低的温度下测量它的磁化率。

反铁磁性物质大多是离子化合物，如氧化物、硫化物和氟化物等，反铁磁性金属主要是铬和锰。反铁磁性物质比铁磁性物质常见得多，到目前为止，已经发现了 100 多种反铁磁性物质。反铁磁性物质的出现，具有很大的理论意义，目前反铁磁材料已被应用于一些新型的电子信息器件设计中，例如作为自旋阀器件的钉扎层等，但由于在检测表征方面的困难，反铁磁性物质的广泛应用仍然存在挑战。尽管如此，反铁磁性的研究还是具有重大的科学价值，它也为亚铁磁性理论的发展提供了坚实的理论基础。

反铁磁性物质中磁性离子构成的晶格，可以看成两个相等而又相互贯穿的“次晶格”A 和“次晶格”B，如图 1-7 所示，利用箭头表示自旋磁矩的方向。“次晶格”A 处的磁性离子和“次晶格”B 处的磁性离子磁矩存在反平行排列的趋势。在 T_N 以下，温度越低，A 处和 B 处的磁性离子自旋越接近相反。当温度到 0K 时，磁矩方向完全相反，因此反铁磁性物质整体磁化强度为零。反铁磁性 T_N 与铁磁性 T_c 起着相似的作用：将整个温度区间分成两部分，在这个温度以下，磁性粒子磁矩有序排列，表现出铁磁性或反铁磁性；在该温度以上，自旋无序排列，表现出顺磁性。

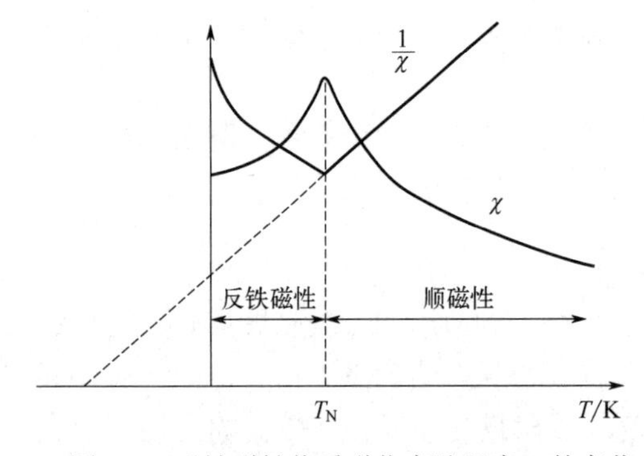

图 1-6 反铁磁性物质磁化率随温度 T 的变化

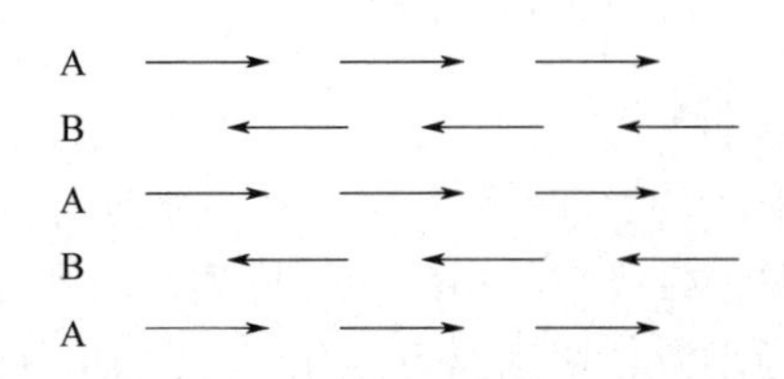

图 1-7 “次晶格”A 和“次晶格”B 的反铁磁性排列

1.2.5 亚铁磁性

亚铁磁性是一种强磁性，已被广泛研究并得到应用。亚铁磁性物质存在与铁磁性物质相似的宏观磁性：居里温度以下，存在按磁畴分布的自发磁化，能够被磁化到饱和，存在磁滞现象；在居里温度以上，自发磁化消失，转变为顺磁性。正是因为同铁磁性物质具有以上相似之处，所以亚铁磁性是最晚被发现的一类磁性。

典型的亚铁磁性物质当属铁氧体。铁氧体是一种氧化物，含有氧化铁和其他铁族或稀土族氧化物等主要成分。铁氧体是离子化合物，它的磁性来源于所含离子的磁性，以 $NiO \cdot Fe_2O_3$ 为例，它含有一个 Ni^{2+}，两个 Fe^{3+}，如果它们之间的交换使得原子磁矩全部平行排列，则一个 $NiO \cdot Fe_2O_3$ 分子的总磁矩大小为 $2\mu_B + 5\mu_B \times 2 = 12\mu_B$。实际测得，在 0K 温度下一个 $NiO \cdot Fe_2O_3$ 分子的饱和磁化强度仅为 $2.3\mu_B$。显然在 $NiO \cdot Fe_2O_3$ 中，金属离子的磁矩不可能全部为平行排列。

因此 Néel 认为铁氧体存在不同于以往所认识的任何一种磁结构。Néel 做出假设，铁氧体中处于不同晶体学位置（比如 A 位和 B 位）的金属离子之间的交换作用导致磁矩反平行排列，即 A 位金属离子和 B 位金属离子分别沿相反的方向自发磁化，磁化强度却不相等。因此，两个相反方向的磁矩不能完全抵消，产生了剩余自发磁化。Néel 用分子场理论建立起一套亚铁磁性理论，并且和试验取得了很好的一致性。

1.3 交换作用

慕课

原子磁性主要来源于其核外电子，而原子之间也存在相互作用。这个原子间的相互作用是宏观磁有序的根本来源。根据量子力学理论，相邻原子在靠近时，其核外电子以电子云交叠的方式实现相互作用。电子在核外不同轨道运动时，又需要满足洪德定则和泡利不相容原理。因此，在特定的轨道上会出现不同的交换作用力。前面提到的铁磁性、反铁磁性等，也必须考虑电子间的相互作用。简单地讲，电子云之间的重叠会导致原子之间的吸引或排斥等相互作用。

Wais 分子场理论在说明铁磁性和反铁磁性物质的自发磁化原因及其与温度的关系方面是成功的，但并未揭示分子场的本质。自从量子力学理论建立后，人们认识到分子场的本质是同一原子中的不同电子之间以及相邻原子之间电子的相互作用，它与经典的库仑静电作用不同，属于量子效应。原子磁矩排列的有序性不仅仅在铁磁性物质中存在，在反铁磁性物质中也存在。仅考虑铁磁性物质，其磁有序的状态也是多种多样的。因此，量子理论在说明自发磁化（自发形成各种磁有序状态）时，提出了不同的交换作用模型。

1.3.1 海森堡交换作用

海森堡（Heisenberg）交换作用模型认为，磁性物质内原子磁矩存在着近邻交换相互作用，其交换作用能 E_{ex} 可以表示为：

$$E_{ex} = -2A\sum_{i,j} \boldsymbol{S}_i \cdot \boldsymbol{S}_j \tag{1-20}$$

式中，A 为海森堡交换作用常数；$\boldsymbol{S}_i$ 和 $\boldsymbol{S}_j$ 为相邻原子的自旋磁矩。当 $A<0$ 时，$(\boldsymbol{S}_i \cdot \boldsymbol{S}_j)<0$，自旋磁矩反平行为基态，即反铁磁性排列状态下系统能量最低；当 $A>0$ 时，$(\boldsymbol{S}_i \cdot \boldsymbol{S}_j)>0$，

自旋磁矩平行排列为基态，即铁磁性排列状态下系统能量最低。由海森堡交换作用模型可以得出物质铁磁性的条件。首先，物质具有铁磁性的必要条件是原子中具有未充满的电子壳层，即具有原子磁矩；其次，物质具有铁磁性的充要条件是 $A>0$ 。

居里温度实际上是铁磁性物质内交换作用的强弱在宏观上的表现。例如，交换作用越强，自旋磁矩平行排列的趋势就越强，要破坏这种排列状态所需要的热扰动就越强，宏观上就表现为居里温度越高。

1.3.2 间接交换作用

绝大多数反铁磁性物质和亚铁磁性物质都是非导电的化合物（如 MnO、NiO、FeF_2、MnF_2 等），其阳离子一般为过渡族金属。从配位的情况来看，它的最近邻都是非金属阴离子，因而金属离子之间的距离较大，电子壳层几乎不存在交叠，例如，FeO 中 Fe-Fe 相距为 4.28 Å（$1Å=10^{-10}m$），而 α-Fe 中 Fe 的原子间距为 2.86 Å，因此海森堡交换作用模型已不适用于这类磁性物质了。1934 年克拉默斯首先提出了间接交换（又称超交换）模型来解释反铁磁性自发磁化的起因，后来，Néel 和 Anderson 等人对这个模型进行了精细化，尤其是 Anderson 做了较详细的理论计算，用这一模型比较成功地揭示了反铁磁性物质的基本特性，因而人们又称为安德森（Anderson）交换模型。

下面将根据 Anderson 的理论来介绍间接交换作用模型的物理图像，以氧化锰（MnO）为例，它具有面心立方结构（FCC），O^{2-}和 Mn^{2+}分别可看成面心立方结构，因而整个晶体可以看作是两套面心立方晶格的叠加。Mn^{2+}的最近邻为 6 个氧 O^{2-}，O^{2-}的最近邻为 6 个 Mn^{2+}。这样 Mn^{2+}-O^{2-}-Mn^{2+}耦合有两种键角，分别是 180° 和 90° 。如图 1-8 所示，Mn^{2+}的未满电子壳层组态为 $3d^5$ ，5 个自旋磁矩彼此平行排列，O^{2-}的电子结构为$(1s)^2(2s)^2(2p)^6$，其自旋角动量和轨道角动量都是彼此抵消的，对原子磁矩没有贡献。O^{2-}的 2p 轨道向近邻的 Mn^{2+}（M_1 离子和 M_2 离子）伸展，这样 2p 轨道电子云与 Mn^{2+}电子云交叠，2p 轨道电子有可能迁移到 Mn^{2+}中。假设一个 2p 电子转移到 M_1 离子的 3d 轨道，在此情况下，该电子必须使它的自旋磁矩与 Mn^{2+} 的自旋磁矩反平行排列，因为 Mn^{2+}已经有 5 个电子，按照洪德定则，其空轨道只能接受 1 个与现有 5 个电子自旋磁矩反平行的电子。另一方面，按泡利不相容原理，2p 轨道上的剩余电子的自旋磁矩必须与被转移的电子的自旋磁矩反平行排列。此时，由于 O^{2-}与另一个 Mn^{2+}（M_2）的交换作用是负的，故 O^{2-}2p 轨道剩余电子与 M_2 离子 3d 电子自旋磁矩反平行排列。这样，M_1 的总自旋就与 M_2 的总自旋反平行取向。当夹角 M_1-O-M_2 是 180° 时，间接交换作用最强，而当角度变小时作用变弱。这就是间接交换作用的基本原理。用这个模型可以解释反铁磁性自发磁化的起因。

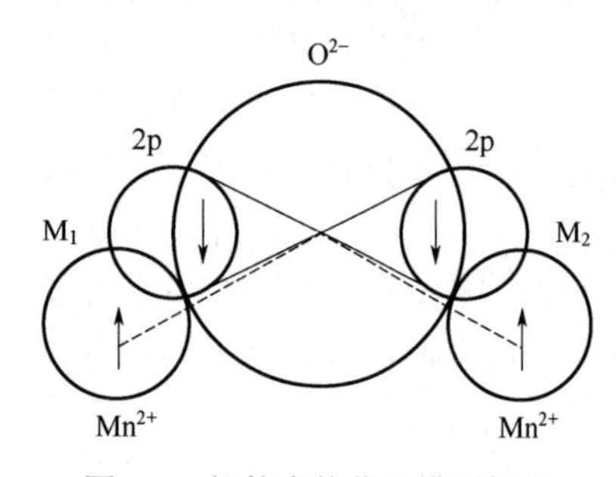

图 1-8　间接交换作用模型机理

上面介绍的间接交换作用中，通过 O^{2-}发生间接交换作用的是两个 Mn^{2+}，它们与 O^{2-}作用的交换作用常数皆为负值，耦合电子自旋磁矩为反平行排列。实际上，也存在左右两侧的交换作用常数皆为正值的情况，这时同样可以导致反铁磁性。如果两侧的交换作用常数分别为一正一负，就会导致铁磁性。

此外，上述交换作用都是基于局域电子的交换模型解释磁性物质的自发磁化，但是在解释 Fe、Co、Ni 等磁性物质自旋磁矩的非整数性上遇到较大的困难。因此，Zenner 和 Vonsovsky

分别独立提出 s-d 电子交换作用模型来讨论金属的铁磁性。这个模型假定 d 电子是局域的，通过 s-d 电子交换作用，引起 s 电子极化，从而诱导 d 电子之间的关联，并产生自发磁化。显然，这种相互作用与直接交换作用相比是长程的，也给出了一些有益的结果。但是，这模型仍不能很好地说明 Fe、Co、Ni 的磁性，因为 d 电子并不完全是局域电子，还存在传导电子。

在稀土金属中，对磁性有贡献的 4f 电子是局域的，距离原子核只有 0.5 ~ 0.6 Å，而外层电子为 $5p^6 5d^1 6s^2$，屏蔽了 4f 电子。因此，不同原子中的 4f 电子之间不可能存在直接交换作用，因此可以用 s-f 电子交换作用模型来描述，很好地解释了稀土金属磁矩排列的多样性，一般将这一理论称为 RKKY 理论（根据 Ruderman、Kittel、Kasuya 和 Yosida 的理论所形成）。1954 年 Ruderman 和 Kittel 在解释 Ag 核磁共振吸收线增宽现象时，引入了核自旋与导电电子交换作用，使电子极化起媒介作用，最后导致核与核之间存在交换作用，共振吸收线增宽。此后，Kasuya 和 Yosida 在此模型基础上研究了 Mn-Cu 合金核磁共振超精细结构问题，提出了 Mn 的 d 电子和传导电子的交换作用，使电子极化而导致 Mn 原子中 d 电子与近邻 d 电子的间接交换作用模型。

RKKY 理论模型适合用于稀土金属的情况，其基本特点是，4f 电子是局域电子，6s 电子是巡游电子，f 电子与 s 电子发生交换作用，使 s 电子极化，这个极化的 s 电子的自旋磁矩对 f 电子自旋磁矩方向产生影响，形成以巡游 s 电子为媒介，使磁性原子（或离子）中局域的 4f 电子自旋磁矩与其近邻磁性原子（或离子）的 4f 电子自旋产生间接交换作用。

1.3.3 DM 相互作用

在一些低对称材料体系中，还存在着弱的非对称相互作用，又称为 Dzyaloshinskii-Moriya（DM）相互作用。这种相互作用诱导两个相邻自旋磁矩 $\boldsymbol{S}_i$ 和 $\boldsymbol{S}_j$ 正交排列，从而得到更低的系统能量。如图 1-9 所示，如果两个磁性原子 i 和 j 连线的中点不是反演中心，那么就存在如下的 DM 相互作用：

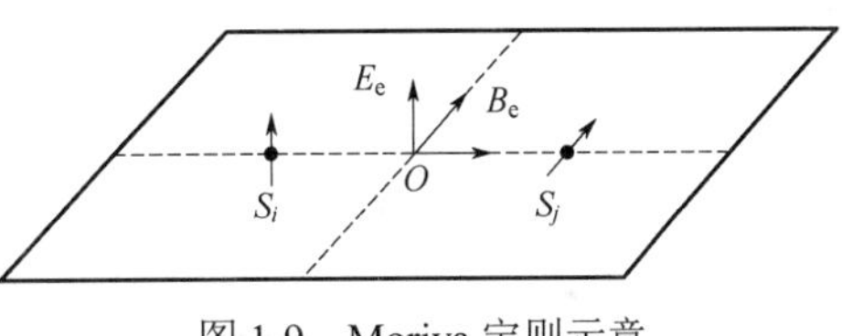

图 1-9　Moriya 定则示意

E_e—原子电场；B_e—原子磁场

$$\boldsymbol{E}_{\mathrm{DM}} = -\sum_{i,j} \boldsymbol{D} \cdot (\boldsymbol{S}_i \times \boldsymbol{S}_j) \tag{1-21}$$

式中，$\boldsymbol{D}$ 为 DM 相互作用矢量。

DM 相互作用矢量在实空间中的方向由材料的空间对称性所决定，即 Moriya 定则：①如果 O 是反演中心，则 $D = 0$；②如果有一个对称镜面垂直两个原子连线且包含 O 点，则 $\boldsymbol{D}$ 平行此镜面；③如果有一个对称镜面穿过两个原子，则 $\boldsymbol{D}$ 垂直此镜面；④如果有一个二次对称轴经过 O 点垂直于两个原子之间的连线，则 $\boldsymbol{D}$ 垂直于二次对称轴；⑤如果两个原子之间的连线是一个 n 次对称轴，则 $\boldsymbol{D}$ 平行于 n 次对称轴。这些定则都可以通过对称性推演得到，例如对于定则②，在镜面操作下，$\boldsymbol{S}_i$ 和 $\boldsymbol{S}_j$ 两自旋位置对调，$\boldsymbol{S}_i$ 自旋磁矩垂直于镜面分量在此操作下不变，此分量必然和 $\boldsymbol{S}_j$ 自旋磁矩中镜面下变号的分量相耦合来保证能量不变，这个分量只能是平行于镜面，从而 $\boldsymbol{D}$ 在镜面内，其他的规则也可以此类推。

在很多情况下可以直接从自旋轨道耦合来理解 DM 相互作用，这个图像既直接适用于 RKKY 相互作用中，也定性地适用于别的交换作用情况下。仍然考虑两个自旋磁矩 $\boldsymbol{S}_i$ 和 $\boldsymbol{S}_j$，它们的自旋相互作用由 i 到 j 的电子跃迁来完成，为了使交换能最低，初态电子自旋磁矩和 $\boldsymbol{S}_i$ 自旋磁矩平行，在跃迁过程中，由于空间反演对称性的破缺，晶体内存在原子电场 $\boldsymbol{E}_e$ 作用在电子上。于是在电子的随动坐标中，电场 $\boldsymbol{E}_e$ 从 j 向 i 运动，产生一个 $\boldsymbol{E}_e \times \boldsymbol{r}_{ij}$ 方向上的磁场 $\boldsymbol{B}_e$，其中 $\boldsymbol{E}_e$ 表示原子电场方向，$\boldsymbol{r}_{ij}$ 表示由原子 i 至原子 j 方向的连线方向。电子自旋在 $\boldsymbol{B}_e$ 的作用下进动，从而在到达 j 时得到了一个 $\boldsymbol{B}_e \times \boldsymbol{S}_i$ 方向上的分量，$\boldsymbol{S}_j$ 自旋磁矩于是有了额外的交换作用：

$$\boldsymbol{S}_j \cdot (\boldsymbol{B}_e \times \boldsymbol{S}_i) = \boldsymbol{B}_e \cdot (\boldsymbol{S}_i \times \boldsymbol{S}_j) \tag{1-22}$$

这正是 DM 相互作用，其中 $\boldsymbol{D}$ 的方向平行于 $\boldsymbol{B}_e$。有了这个简单的物理图像，就不难理解为什么磁性薄膜之中也有 DM 相互作用，这种情况下，电场 $\boldsymbol{B}_e$ 垂直于薄膜，所以 $\boldsymbol{D}$ 位于面内并且与两个原子之间的连线垂直。

DM 相互作用经常出现在超交换作用的系统中，是一种高阶作用效果，相对较弱（DM 相互作用常数比交换作用常数小两个数量级）。这意味着在交换作用使自旋磁矩倾向平行（或反平行）排列的同时，DM 相互作用驱动自旋磁矩之间沿一定夹角排列，这种相互作用可以诱导出现一些特殊的磁畴结构，如斯格明子等拓扑磁结构。

1.4 磁晶各向异性

慕课

在磁性单晶材料中，磁化强度与晶向之间存在依赖关系，即沿着不同的晶向磁化难易程度不同，这就是磁晶各向异性。其中，容易被磁化的方向称为易轴或易磁化方向，不容易被磁化的方向称为难轴或难磁化方向。在测量单晶材料的磁化曲线时，发现磁化曲线的形状与单晶的晶轴方向有关。例如，铁单晶的易磁化方向为[100]，难磁化方向为[111]；镍单晶的易轴为[111]，难轴为[100]；钴单晶的易轴为[0001]，难轴为与易轴垂直的任意方向。磁晶各向异性存在于所有铁磁性晶体中。

由于磁晶各向异性的存在，沿铁磁晶体不同晶向磁化时所需要的能量也不同，这种与磁化方向有关的能量称为磁晶各向异性能。显然，铁磁体沿易磁化轴方向的磁晶各向异性能最小，沿难磁化轴方向的磁晶各向异性能最大。

（1）立方晶系

对于 Fe 和 Ni 等立方晶系的晶体，晶体磁晶各向异性能 E_k 可以用自发磁化与相互正交的晶体学主轴间的方向余弦的函数来表示，同时考虑晶体对称性，则磁晶各向异性能 E_k 可表示为：

$$E_k = K_1(\alpha_1^2\alpha_2^2 + \alpha_2^2\alpha_3^2 + \alpha_3^2\alpha_1^2) + K_2\alpha_1^2\alpha_2^2\alpha_3^2 \tag{1-23}$$

式中，K_1 和 K_2 为立方晶体的磁晶各向异性常数，其数值大小是表征材料沿不同晶向磁化到饱和状态所需能量的差异；α_1，α_2，α_3 为磁化方向的方向余弦。

（2）六角晶系（又称六方晶系）

对于 Co 等具有六角晶系的晶体，若自发磁化方向与 c 轴所成的角度为 θ，则晶体磁晶各向异性能 E_k 可表示为：

$$E_k = K_1 \sin^2\theta + K_2 \sin^4\theta + \cdots \tag{1-24}$$

式中，K_1、K_2 为单轴磁晶各向异性常数，通常只需考虑 K_1 和 K_2 项。

由于 K_1、K_2 的符号和大小不同，六角晶体可以出现三种易磁化方向：a. 六角晶轴[0001]，对应于主轴型各向异性；b. 垂直于六角晶轴的平面，对应于平面型各向异性；c. 与六角晶轴成一定角度的平面，对应于锥面型各向异性。

实验室里测量磁晶各向异性常数最常用的方法是转矩磁强计法，该方法的原理是将片状或球状铁磁性样品放置在合适的强磁场中，使样品磁化到饱和状态。若易轴接近于磁场方向，则磁晶各向异性使样品旋转达到易轴与磁场方向平行状态，这样就产生了转矩。测量转矩与磁场绕垂直轴转过的角度，就得到转矩曲线，从而求得磁晶各向异性常数。

磁体的磁晶各向异性主要来源于电子自旋运动和轨道运动的耦合作用。电子轨道运动随自旋取向发生变化，由于电子云的分布为各向异性，因此电子自旋在不同取向时，电子云的交叠程度与交换作用都不同，这样磁体从晶体不同方向磁化时，也就需要不同的能量，这就是磁晶各向异性的起源。根据磁体中对磁性有贡献的电子的分布状态，磁晶各向异性理论可以具体分为两类模型：一类是巡游电子模型；另一类是单离子模型。

巡游电子模型适用于3d过渡族铁磁金属。它以能带理论为基础，认为表征磁性的3d电子是共有化的。用巡游电子模型，可以定性地解释3d过渡族铁磁金属的磁晶各向异性的一些问题。

单离子模型是迄今为止对磁晶各向异性解释最成功的模型。该模型不但能说明铁氧体中3d、4d、5d金属离子的磁晶各向异性，还能说明稀土材料中4f离子的磁晶各向异性。在该模型假定的晶体结构中，磁性金属离子被非金属离子所隔离，对磁性有贡献的电子是局域化的，这样磁性电子自身发生自旋轨道耦合，不同磁性离子之间不存在耦合作用，因此称为单离子模型。

对于各向同性的磁性材料，可以通过某种方向性的处理感生出各向异性，例如磁场热处理、磁场下成型等。感生各向异性对基础研究和技术应用都具有很大的价值，例如，对于某些软磁材料进行横向磁场热处理，可以使磁导率在一定磁场范围内保持恒定；进行纵向磁场热处理，则可以改善磁滞回线的矩形比。对永磁材料（简称永磁、永磁体）进行磁场热处理，则可以提高剩磁和矫顽力。

在大块磁体或者磁性薄膜的制备过程中施加磁场，或者低于居里温度下对材料进行磁场热处理，可以使磁性离子或原子对方向有序，从而影响磁矩的取向。将磁体急冷到室温后，新的感生各向异性方向将保持为所施加的外磁场方向，从而形成磁场感生各向异性。对磁体施加应力，产生的形变通过磁弹耦合作用使磁矩择优取向。在外延生长的磁性薄膜中，如果基底和磁性薄膜的晶格常数存在较大差异，也会引起单轴各向异性。对于某些外延和真空沉积的金属合金薄膜，在生长过程中施加某种特殊条件，使各个磁性离子沿着特定的方向有序化，从而表现出生长感生各向异性，且在磁性薄膜的特定方向形成易磁化轴，从而感生出单轴各向异性。利用原子对有序理论可以解释磁场感生各向异性和生长感生各向异性。最初这个理论是用来解释坡莫合金经过磁场热处理而表现出磁晶各向异性的。坡莫合金中，原本Fe、Ni原子都随机地占据晶格格点，相邻的两个原子可以视为一个原子对，即Fe-Fe、Fe-Ni、Ni-Fe，原子对的方向是随机分布的。显然，如果这些原子对的排列具有各向异性，那么磁体就会表现出磁晶各向异性。在外加磁场下生长磁体，或将磁体从高温急冷到常温，原子对有序的方向就会沿着外磁场方向并且保持下来，从而原子磁矩就会朝向外磁场的方向，形成磁体的易磁化方向。此外，对于由轧制工艺产生的磁体的各向异性，也可以由原子对有序理论解释。

一些磁性合金在热处理中会出现析出物。如果对这种磁性合金进行磁场热处理，析出物就会出现择优长大，而析出物的形状各向异性将会导致磁体的单轴磁晶各向异性。

对于普通的磁性薄膜，在膜面的法线方向上，由于退磁场很强，内部磁矩在沿着平行膜面的方向最稳定。但是如果构成薄膜的是柱状晶，由于沿着柱状晶长度方向存在形状各向异性，在某些情况下，将有可能形成垂直各向异性。

对于磁致伸缩材料，存在逆磁致伸缩效应，即磁体在受到形变时，将发生偶极子互相作用能的变化和弹性能的变化，产生磁晶各向异性。

此外，在铁磁性物质和反铁磁性物质界面处也会存在一种交换各向异性作用，也称为交换偏置各向异性。当包含铁磁性物质和反铁磁性物质界面的材料体系在外磁场中从奈尔温度以上冷却到低温后，得到的磁化曲线将沿磁场方向偏离原点，同时伴随着矫顽力的增加，这一现象被称为交换偏置，其偏离量被称为交换偏置场。

1.5 磁致伸缩

慕课

磁性材料由于磁化状态的改变，其长度和体积都要发生微小的变化，这种现象称为磁致伸缩。其中长度的变化是1842年由Joule发现的，称为焦耳效应或线性磁致伸缩，以区别于体积变化的体积磁致伸缩；若在铁磁和亚铁磁材料的棒或丝上加一旋转磁场，则这些样品会发生扭曲，这是广义的磁致伸缩，称为魏德曼（Wiedemann）效应。

体积磁致伸缩比起线性磁致伸缩要微弱得多，用途又少，因此通常所讨论的都是线性磁致伸缩，简称磁致伸缩。磁致伸缩的大小通常用磁致伸缩系数λ来衡量：

$$\lambda = \Delta l / l \tag{1-25}$$

式中，Δl为材料变形量；l为材料变形前的尺寸。

磁致伸缩的大小与外磁场强度的大小有关。磁致伸缩的长度改变是很微小的，相对变化只有百万分之一的数量级，属于弹性形变，而且改变的数值随磁场的增加而增加，最后达到饱和，称为磁性材料的饱和磁致伸缩系数λ_s。饱和磁致伸缩系数也是磁性材料的一个磁性参数。例如，纯镍的磁致伸缩系数是负的，即在磁场方向上的长度变化是缩短的；Ni质量分数为45%的坡莫合金的磁致伸缩系数是正的，即在磁场方向上的长度变化是伸长的。

既然磁致伸缩是由于材料内部磁化状态的改变而引起的长度变化，反之，如果对材料施加一个压力或拉力，使材料的长度发生变化，则材料内部的磁化状态亦随之变化，这是磁致伸缩的逆效应，通常称为压磁效应，简称压磁性。磁致伸缩不但对材料的磁性有很重要的影响（特别是对起始磁导率、矫顽力等），而且磁致伸缩效应本身在实际应用上也是很重要的。利用材料在交变磁场作用下长度的伸长和缩短，可以制成超声波发生器和接收器，以及传感器、延迟线、滤波器、稳频器和磁声存储器等。在这些应用中，对材料的性能要求是：磁致伸缩系数λ_s要大，灵敏度$(\partial B / \partial \sigma)_H$要高（在一定磁场$\boldsymbol{H}$下，磁感应强度$\boldsymbol{B}$随应力$\boldsymbol{\sigma}$的变化要大），磁弹耦合系数要大。任何事物都是具有正反两面性的，以上只说明了磁致伸缩的有利方面，磁致伸缩也有有害的一面。例如，变压器、镇流器等器件在使用时，由于磁致伸缩效应的影响会发出振动噪声，因此需要通过降低磁致伸缩系数达到减小噪声的目的，这也是硅钢材料研发中面临的重要问题之一。

1.6 磁畴

慕课

铁磁体内产生磁畴，实质上是自发磁化矢量平衡分布要满足能量最小原理的必然结果。假设铁磁体无外场无外应力作用，自发磁化矢量的取向，应该是在由交换能、磁晶各向异性能和退磁场能等共同决定的总自由能为极小的方向上。

仅考虑交换相互作用能（交换作用常数$A > 0$），磁矩平行排列，对方向无特殊要求。

再考虑磁晶各向异性能，当交换能和磁晶各向异性能之和满足最小值条件，则自发磁化矢量只能分布在铁磁体的一个易磁化方向上。但是实际的铁磁体有一定的几何尺寸，还要考虑退磁场能。自发磁化矢量的一致排列，必然在铁磁体表面上出现磁极而产生退磁场，这样就会因退磁场能的存在使铁磁体内的总能量增加，自发磁化方向的一致取向分布不再处于稳定状态。为降低表面退磁能，只有改变自发磁化矢量的分布状态来实现。于是在铁磁体内部分成许多大小和方向基本一致的自发磁化区域，这样的每一个小区域称为磁畴。对于不同的磁畴，其自发磁化方向是不同的。因此，退磁场能尽量小的要求是磁畴形成的根本原因。退磁场最小要求将磁体分成尽量多的磁畴（也被称为多畴），但是形成磁畴以后，两个相邻磁畴之间存在着一定宽度的过渡区域，在此区域磁化强度由一个磁畴的方向逐渐过渡到另一个磁畴的方向，这样的过渡区域称为磁畴壁。磁畴壁内各个磁矩的方向取向不一致，必然增加交换能和磁晶各向异性能而构成畴壁能量。全面考虑，要由退磁场能的降低和畴壁能量的增加相互平衡，即由它们共同决定的能量极小条件来决定磁畴的数目、尺寸和形状等。

1.6.1 磁畴结构

在铁磁体中，如果交换作用使整个晶体自发磁化到饱和，磁化强度的方向沿着晶体内的易轴，这样虽能使铁磁晶体内交换能和磁晶各向异性能都达到极小值。但晶体有一定的大小与形状，整个晶体均匀磁化的结果，必然在晶体表面产生磁荷，磁荷产生的退磁场会形成很大的退磁场能。而磁畴的出现会减小退磁能，但又增加了畴壁能。总之，大块材料产生磁畴的首要原因是多畴的形成有利于降低退磁能，但多畴又引起了畴壁能的增加，所以稳定的多畴结构取决于材料内畴壁能与表面退磁场能的平衡，最终达到能量极小值。

以一个圆形薄片样品为例来定性分析一下影响磁畴结构的主要因素。如图 1-10 所示，单轴各向异性材料中，磁矩倾向于平行排列，形成多畴结构。当各向异性较小且无磁极时，圆盘的形状会影响磁矩的分布，即退磁场能的作用使得磁矩沿圆盘环形排列。在具有立方各向异性的材料中，磁矩会受到磁极的影响，从而变成方形涡旋结构。单轴状态下，会形成多畴结构，不同磁畴中的磁矩由磁极决定。具有磁致伸缩情况时，材料相当于受到了一个额外的各向异性场，从而形成多畴结构。一般情况，实际磁体中存在不同能量之间的相互竞争，从而形成如图 1-10（f）所示的磁畴结构。

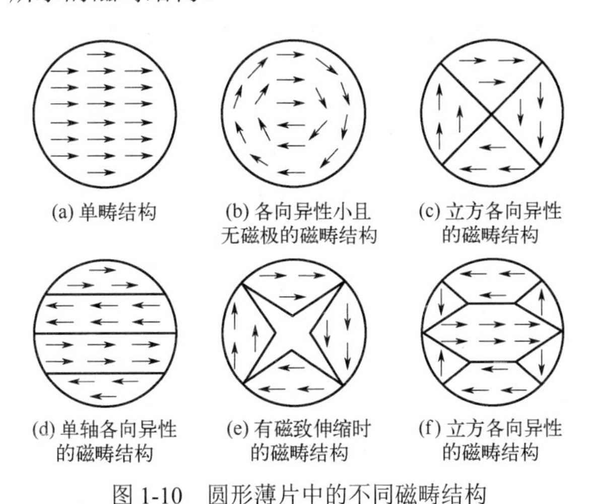

图 1-10　圆形薄片中的不同磁畴结构

晶体沿易磁化方向均匀磁化后退磁能很大，从能量的观点出发，分为两个或四个平行反向的自发磁化的区域可以大大减少退磁能，但是两个相邻的磁畴间畴壁的存在又增加了一部分畴壁能。因此自发磁化区域（磁畴）的形成不可能是无限多的，而是以畴壁能与退磁场能之和的极小值为平衡条件。

封闭畴与图 1-10(f)中的磁畴类似，具有封闭磁通的作用，从而达到降低退磁能的目的。但是封闭畴中的磁化强度方向垂直于易磁化方向，因此又会增加各向异性能。通过能量计算发现，相比封闭磁畴结构而言，片状磁畴是单轴各向异性材料较恰当的选择。但因为片状磁畴有相当大的退磁能，特别在材料厚度大于 10 μm 时，所以一些变形磁畴结构（比如常见的有棋盘和圆柱形磁畴结构等）的退磁能比片状磁畴的更低。

立方晶系 45° 封闭畴内磁化强度也与易轴平行，磁晶各向异性能和退磁能都为零，形成封闭磁畴结构的能量似乎应该比形成片状磁畴能量更低，但必须考虑自发磁化引起的形变产生的磁弹性能的影响。

前面讨论的都是单晶体中的磁畴结构类型，实际材料中的多晶体是由取向不同的许多单晶晶粒组成的，每个晶粒形成的磁畴结构与该晶粒的大小和形状有关，同一晶粒内的自发磁化的取向是相互关联的，但不同晶粒之间是无序的，所以就整块材料而言，材料是各向同性的。

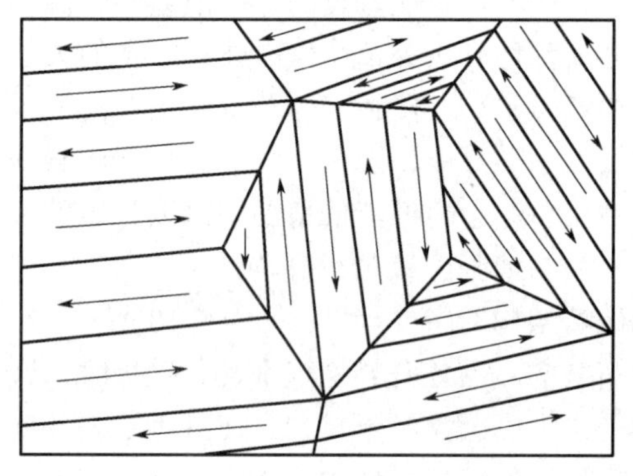

图 1-11　多晶体中的磁畴结构

图 1-11 是一个多晶体中的磁畴结构示意图，这里每个晶粒都形成了片状磁畴，跨过晶粒边界时虽然磁化强度改变了方向，转动了一个角度，但磁力线大多还是连续的，这就减少了边界磁荷的产生，避免了更多退磁场能的产生。

对于铁磁颗粒，当其小到某一尺寸，它形成畴壁后的畴壁能大于颗粒的退磁能时，铁磁颗粒将保持为单畴结构。并且不同材料的颗粒，都有它们自己的临界尺寸，凡是颗粒小于临界尺寸的，就形成单畴，单畴颗粒是目前纳米磁性研究和利用的主要对象。

磁泡是在一些薄膜磁性材料中发现的一种圆柱形磁畴，无外磁场时看到的是蜿蜒曲折的条状磁畴，当在垂直于膜面方向施加一磁场时，条状磁畴会收缩，在磁场达到一定数值时，收缩为一个圆柱形磁畴，但材料表面上看是一个圆形，犹如表面上浮着的水泡，所以称磁泡。例如，稀土石榴石铁氧体薄膜上的磁畴，易磁化方向垂直于薄膜表面，在垂直表面的磁场作用下发生变化，出现磁泡。

有证据表明，反铁磁物质也有磁畴，但和减小退磁场能的原因无关，而是由于晶格不完整性造成的。反铁磁性物质因磁化而产生的晶格畸变由交换畸变和磁致伸缩组成。例如，NiO 的交换畸变（菱面体型畸变）或 CoO 的磁致伸缩（正方晶型畸变）都比其他形变大十倍以上。因此，在交换畸变集中的区域，可看作是一个单一的交换畸变晶体，这一交换畸变集中的区域称为 T 磁畴，边界称为 T 畴壁。同样对于 CoO，把磁致伸缩集中的区域称为 t 磁畴，其边界称为 t 畴壁。

1.6.2　磁畴观测方法

观察磁畴的结构以及在外磁场中的变化规律是磁性试验研究的重要内容，是理解磁化机理、阐明影响磁性质因素的重要途径。已经发展了多种观察磁畴结构的试验方法。

(1) Bitter 粉末法

1907 年，外斯假设在铁磁材料中有磁畴存在，1931 年 Bitter 用胶体中的铁磁性颗粒放在已抛光的铁磁晶体表面，用反射金相光学显微镜观察到磁性粒子不均匀分布而描绘出磁畴的形状。随着颗粒悬浮液的改进，铁磁颗粒集聚在畴壁附近，因而可以清楚地观察到磁畴，称为 Bitter 粉末法。

如图 1-12 所示，设晶体表面为某一磁畴结构的正截面，如磁畴内的磁化矢量与晶体表面平行，畴壁中的磁化矢量在与晶体表面相交处将出现垂直表面的分量，因而在畴壁处产生散磁场。如磁畴内的磁化方向与晶体表面不平行，除在畴壁处产生较强的散磁场外，磁畴内的磁荷也将产生散磁场。如果将足够细的铁磁粉末的胶状悬浮液涂于晶体表面，铁磁粉末将受局部散磁场的作用而分布成一定的图案。磁粉图案直接反映了晶体表面的磁畴结构，一般在光学显微镜下对其进行观察，分辨率为 1 μm。

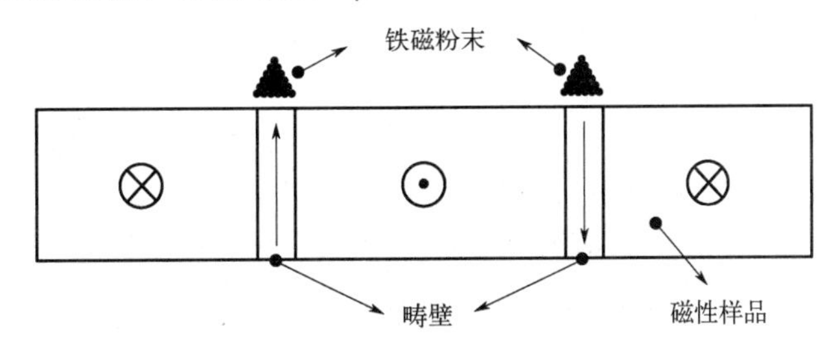

图 1-12　Bitter 粉末法观测磁畴原理

Bitter 粉末法设备简单，适用范围大，因此 Bitter 粉末法被长期用于观察磁畴；但是它不能观察出低各向异性样品的磁畴图形，被观察的晶体表面也必须高度光洁且无内应力，且分辨率也不够高。为了观察磁畴，样品必须经过研磨、电解抛光、腐蚀、清洗等表面处理。

(2) 磁光效应法

磁光效应包括克尔（Kerr）效应和法拉第（Faraday）效应，都可用来观察磁畴结构。克尔效应是指光线从磁性材料表面反射时其偏振平面发生旋转的现象。两个磁畴中磁化强度垂直样品表面但方向相反，反射出的光的偏振面的旋转方向相反，如果调整检偏振镜使某一方向的磁畴反射光通过量最大，则另一方向的磁畴就会变暗。法拉第效应是光在通过样品传播时，偏振面发生旋转的现象。此方法要求铁磁样品能透过光，如铁石榴石单晶样品。磁光效应法属于光学方法，受光波长的限制，分辨率大于 0.25 μm。

(3) 磁力显微技术

在扫描探针测量技术上发展起来的磁力显微镜是研究磁性样品表面磁结构的有力工具，在试验中采用接触（或轻叩）和抬举模式，能同时测得样品表面同一区域的形貌图和磁力图。

同样基于扫描探针测量技术的原子力显微镜的针尖在与样品表面接触时，相互作用力主要是短程的原子间排斥力，而将针尖离开样品表面一段距离时，磁力、静电力及吸引的范德华力等长程作用力就能被检测出来。

磁力显微镜的工作原理同非接触模式的原子力显微镜相似，只是磁力显微镜采用的是磁性针尖；而且操作时，针尖与样品表面间距要比原子力显微镜非接触模式中的间距（5～20 nm）大，一般为 10～200 nm。当振动的针尖接近磁性样品时，针尖与样品所产生的漏磁场相互作用而感受到磁力，分辨率可以到 10～30 nm。

实际操作时，首先探针同样品表面接触，进行第一次扫描，获得表面形貌信息，然后抬高探针到 100 nm 左右进行第二次扫描，测磁力信息。用表面形貌信息对磁力信息进行修正，获得真实的磁力图信息。

（4）扫描洛伦兹力显微技术

扫描洛伦兹力显微技术也是在扫描探针显微技术的基础上发展出来的，与磁力显微镜不同的是探针没有磁性但有导电性，且采用接触模式。在导电针与样品间施加一个交流电压，根据左手定则，沿样品表面的洛伦兹力将扭曲悬臂，这种偏转将被四象限光电管检测到。

由于探针没有磁性，相比磁力显微镜能方便用于观察外磁场下的磁畴动态变化，因此可作为磁力显微镜的有益补充，但是因为探针电流的不稳定性，它的分辨率限于 40～100 nm。

（5）透射洛伦兹力显微技术

在磁性薄膜中，如薄膜厚度薄到允许电子束穿过，则磁畴结构就能用电子显微镜来观察。其原理是，由于自发磁化的存在，作用在运动电子上的洛伦兹力，使电子束产生偏转，由于样品中相邻磁畴的磁场方向相反，使得入射电子束在穿过相邻磁畴时偏转的方向相反，从而显示出薄膜中磁畴的畴界。

其工作原理如图 1-13 所示，由于在普通成像模式下物镜强激磁形成的磁场很强，使得样品发生磁饱和，从而观察不到磁畴畴界。通常在用洛伦兹显微技术成像的试验中将物镜关闭，用衍射镜成像。在具有 180° 磁畴的薄膜中，各个磁畴的方向交替相反，在相邻的磁畴中，电子束偏转的方向相反，从而导致在样品下方 A 处电子不足，而 B 处电子由于重叠而过剩，当成像透镜聚焦在平面 AB（即样品处于过焦位置），就可以观察到过焦的样品上叠加有黑线（显示电子不足）或者是白线（显示电子过剩），直接显示出样品中的磁畴畴界。如果成像透镜聚焦在平面 CD（即样品处于欠焦位置），此时所观察到的条纹衬度与过焦时刚好相反。

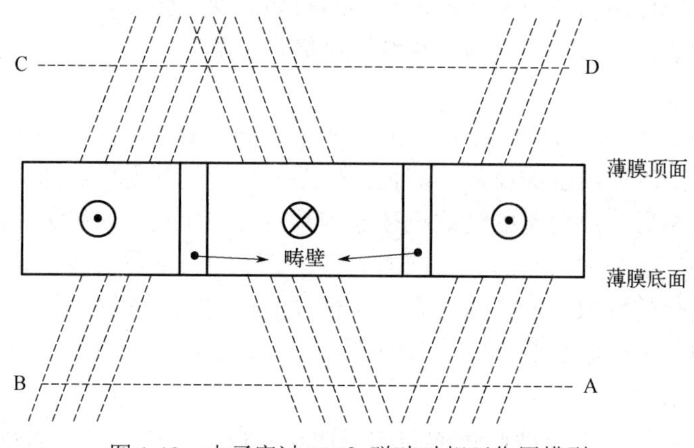

图 1-13　电子穿过 180° 磁畴时相互作用模型

透射洛伦兹力显微技术的分辨率很高，可以小于 10 nm，但透射电镜的样品制备繁琐，须超薄样品，一般厚度要求小于 0.3 μm，这极大限制了其普适性。目前，若试验要求表征纳米级磁畴，一般选用此技术。

（6）扫描电镜显微技术

当电子束入射到铁磁样品表面时，二次电子将受到洛伦兹力的作用，运动路线发生偏转，其偏转方向因磁畴不同而不同，因而形成的图像与磁畴结构有关。这种方法被称为反射洛伦兹扫描电镜显微技术。为了灵敏地检测样品表面的磁场变化，电镜的加速电压不易过高。另外，由于一般情况下二次电子成像给出的是表面形貌，所以磁畴衬度受样品形貌的影响很大，样品需要尽可能光滑。这种技术对样品及试验条件要求较高，且分辨率也较低（约 1 μm）。

（7）扫描 X 射线显微技术

扫描 X 射线显微技术应用相邻磁畴磁致伸缩应变不同的原理，通过测定因晶格间距变化造成的布拉格反射角变化来确定磁畴结构。这种方法的优点是不受温度限制，可用于观察磁畴的动态变化，可以观察样品内部的磁畴结构，并且在观察磁畴的同时能观察位错和其他缺陷，以及晶体缺陷和磁畴结构的关系。特别是可以利用此方法研究反铁磁体的磁畴结构。其主要困难在于相邻磁畴上反射的光，偏振面相差很小，亮暗区差别不明显，这就要求采用高质量的起偏器和检偏器。这种技术在观察温度场下磁畴的动态变化及表征反铁磁畴两方面有着独特的优势，但其分辨率较低，在 1～10 μm。

（8）电子全息照相技术

当电子束穿越磁场区域时，电子束位相中含有该磁场的信息，这种相位信息可以完整记录和重现，所以电子全息术可定量地测量磁场分布。由于电子全息图中包含了电子波的全部信息，所以采用电子全息术不仅可以定量地测出微磁畴精细结构，而且当采用光学方法重现时，在非成像位置还可以获得洛伦兹显微像，分辨率小于 10 nm，这种技术的特点及应用趋势与透射洛伦兹力显微术相似。

（9）扫描电声显微技术

扫描电声显微技术是 1980 年由 Cargill 及 Brandeis 和 Rosenkweig 分别独立提出的。由于扫描电声显微术与光学显微技术的成像机理很相似，都是基于被测物体受到被调制的能量束的作用而发生微观的热弹性能变化，并利用与其耦合的压电探测器检测光（电）声信号进行成像。因此，在有些早期的文章中常将这两种成像技术统称为热波成像技术。

但是，随着电声成像理论的不断发展和完善，电声成像的机理已不仅仅局限于材料的热弹性质，例如磁畴的衬度源自所谓的磁畴伸缩耦合效应。另外，扫描电声显微镜的工作模式与扫描电镜很类似，并且同时具有扫描电镜的功能。因此，目前扫描电声显微镜已与光学显微技术相区别。

扫描电声显微镜把电子光学技术、弱信号检测技术、高灵敏度压电传感技术、图像处理技术和计算机技术融为一体，形成了一种独特的非破坏性表面和亚表面成像技术。扫描电声显微技术由于操作不太简便，且分辨率不够高，不适用于普适的磁畴表征。但由于其独特的成像机理，在某些试验中，能取得其他技术所不能获得的特别效果。

（10）其他

其他的磁畴观察方法还有：扫描霍尔探针显微技术，工作时可以施加变化的温度场和变化磁场，分辨率约为 0.35 μm；扫描超导量子干涉显微技术，这种技术对磁场非常灵敏，但分辨率较低，约为 2 μm；磁光电谱显微技术，它的独特之处在于把磁化信息与光谱（具有化学元素特征）结合起来，但分辨率更低，约为 10 μm；扫描近场光学显微技术，克服了光学显微技术的衍射极限分辨率限制，分辨率可达亚微米。

磁畴的观察方法很多，各种方法的适用范围和有效性与被观察材料的种类、形貌和磁畴种类有关，因此在实际应用中可以根据自己的具体条件和试验需要而选择合适的方法。

习题

参考答案

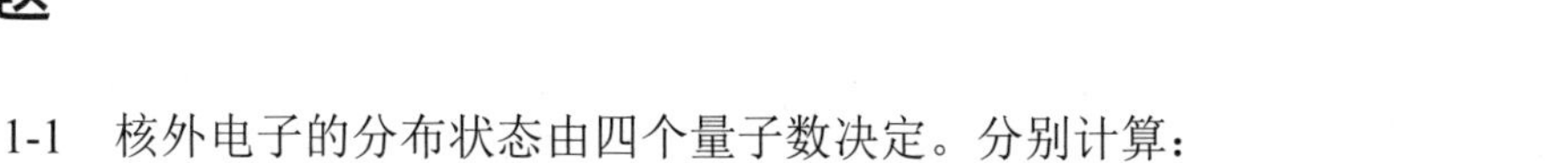
1-1　核外电子的分布状态由四个量子数决定。分别计算：

（1）n、l、m_l、m_s四个量子数相同的电子最多有多少个？

（2）n、l、m_l三个量子数相同的电子最多有多少个？

（3）n、l两个量子数相同的电子最多有多少个？

（4）n量子数相同的电子最多有多少个？

1-2　原子中电子在原子核外排布遵循的三个基本原则是什么？

1-3　根据L-S耦合，证明朗道g因子的表达式为$g_J = 1 + \frac{J(J+1)+S(S+1)-L(L+1)}{2J(J+1)}$。

1-4　分别计算Co^{2+}和Nd^{3+}的基态磁矩，并与实测值比较，解释理论计算值与实测值之间偏差的原因。（Co^{2+}的实测值为$4.8\mu_B$；Nd^{3+}的实测值为$3.5\mu_B$）

1-5　物质的磁性分为哪几类？各自特点是什么？

1-6　为什么磁性氧化物的自发磁化不能用海森堡交换作用来解释？

1-7　常用的磁畴观测技术有哪几种？分辨率分别为多少？

参考文献

[1] Stoner E C. Ferromagnetism [J]. Reports On Progress In Physics, 1947, 11: 43-112.

[2] Cabrera B. The theory of paramagnetism [J]. Journal de Physique et Le Radium, 1927, 8:257-275.

[3] Ferromagnetism and anti-ferromagnetism [J]. Nature, 1950, 166 (4227): 777-779.

[4] Anderson P W. Antiferromagnetism-theory of superexchange interaction[J]. Physical Review, 1950, 79(2): 350-356.

[5] Varsanyi F, Andres K, Marezzio M. Ferrimagnetism in gadolinium bromide [J]. Bulletin of the American Physical Society, 1968, 13(3): 460-468.

[6] Brailsford F. Magnetic materials [M]. 3rd ed. Londen: Methuen, 1960.

[7] 姜寿亭, 李卫. 凝聚态磁性物理[M]. 北京: 科学出版社, 2003.

[8] Sellmyer D J, Liu Y, Shindo D. Handbook of advanced magnetic material[M]. Beijing: Tsinghua University Press, 2005.

[9] Salafranca J, Gazquez J, Perez N, et al. Surfactant Organic Molecules Restore Magnetism in Metal-Oxide Nanoparticle Surfaces [J]. Nano Letters, 2012, 12(5): 2499-2503.

[10] Bander M, Mills D L. Ferromagnetim of ultrathin films [J]. Physical Review B, 1988, 38(16): 12015-12018.

第 2 章

材料的磁化

慕课

2.1 磁化过程

在第 1 章中已经介绍了材料的磁性来源以及自发磁化，包括形成的磁畴结构等，本章主要介绍材料的磁化过程。在磁性物质上施加外磁场时，随着外磁场逐渐增大，磁性物质的磁化强度随之增大的过程称为磁化过程。其中，当磁场以准静态变化时，称为静态磁化过程；当磁场动态变化时，称为动态磁化过程。

静态磁化过程包括由于外磁场使磁畴结构发生变化、自发磁化矢量分布变化、使总的磁化强度发生变化的技术磁化及由于自发磁化或磁性物质内自旋分布发生变化的内禀磁化过程。

2.1.1 磁化机制

磁性材料的基本特点是存在自发磁化和磁畴。材料处于磁中性状态时，由于不同磁化方向磁畴的杂乱无规排序，使得在比磁畴尺寸大得多的区域内，其宏观磁化强度为零。磁性材料在受外磁场作用时，向着外磁场方向发生磁畴转动或畴壁位移，原有的磁畴消失，新的磁畴产生。随着磁场的增大，最终所有磁畴都取外磁场方向，磁体被磁化到饱和。这种磁性材料在外磁场的作用下由磁中性状态变到磁饱和状态的过程，称为磁化过程；反之，磁性材料在外磁场的作用下从磁饱和状态回到退磁状态的过程，称为反磁化过程。铁磁体在外场作用下通过磁畴转动和畴壁位移实现宏观磁化的过程称为技术磁化。本节主要讨论技术磁化过程。磁性材料的磁化实质上是材料受外磁场的作用，其内部的磁畴结构发生变化。

磁化过程大致分为如下四个阶段，如图 2-1 所示。

第一阶段是可逆磁化。在外磁场较小时，通过畴壁的移动，使某些磁畴的体积扩大，造成样品的磁化。这时若把外磁场去掉，畴壁又会退回原地，整个样品回到磁中性状态。由此可见，畴壁在这个阶段的移动是可逆的。

第二阶段是不可逆磁化。随着外磁场的增大，磁化曲线上升很快，即样品的磁化强度急剧增加，这是因为畴壁的移动是跳跃式的，或者因为磁畴结构突然改组了。前者称为巴克豪森（Barkhausen）跳跃，后者称为磁畴结构的突变，这两个过程都是不可逆的。就是说，外磁场即使降到了原来的数值，畴壁的位置或磁畴的结构也并不恢复到原来的样子。

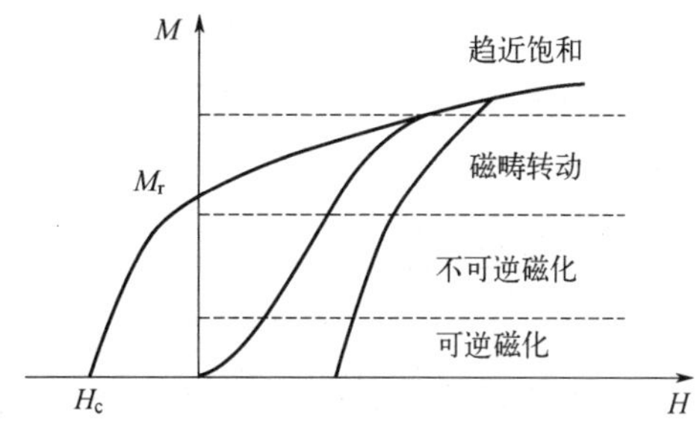

图 2-1　磁化与反磁化过程的各个阶段

第三阶段是磁畴转动。随着外磁场的进一步增加，样品内的畴壁移动已经基本完毕，这时只有靠磁畴的转动，才能使磁化强度增加。就是说，磁畴的方向由远离外磁场的方向逐渐向外磁场靠近，结果在外磁场方向的磁化强度便增加了。磁畴的转动既可以是可逆的，也可以是不可逆的。在一般情况下，两种过程（可逆与不可逆）同时发生于这一阶段。

第四阶段是趋近饱和的阶段。这一阶段的特点是尽管外磁场的增加很大，磁化强度的增加却很小。磁化强度的增加几乎都是由于磁畴的可逆转动造成的。

从磁畴结构变化的角度来看，磁化过程的四个阶段又可归纳为两种基本的方式：畴壁的移动和磁畴的转动。它们都可能发生在上述过程的每一个阶段。任何磁性材料的磁化和反磁化都是通过这两种方式来实现的，至于这两种方式的先后次序，则需看具体情况而定。例如，在磁化的第一阶段中，对于大多数的磁性材料来说，主要是畴壁的可逆位移，但是在有些磁导率不高的铁氧体中，在这个阶段内则主要是磁畴的可逆转动。

铁磁物质经过外磁场的磁化达到饱和以后，若将外磁场去掉，则其磁化强度并不为零，而是具有一定数值的 $\boldsymbol{M}_\mathrm{r}$，即剩余磁化强度。只有在反方向再加外磁场后，才能使磁化强度逐渐回复到零，这时的外磁场称为内禀矫顽力 $\boldsymbol{H}_\mathrm{cj}$。矫顽力分为磁感矫顽力和内禀矫顽力，其中磁感矫顽力用 $\boldsymbol{H}_\mathrm{cb}$ 表示，内禀矫顽力用 $\boldsymbol{H}_\mathrm{cj}$ 表示。以上这些过程就是反磁化过程。它在各个阶段的情况大致与磁化过程相类似，但磁畴结构的变化形式却是不同的。特别需要注意的是反磁化过程中反向磁畴的成核（又称反磁化核）和长大对永磁材料矫顽力的影响。

为了更仔细地了解磁化和反磁化的情况，必须深入分析磁化过程中的磁畴结构变化，进一步掌握磁畴结构的运动变化对磁性的影响，初步学会处理这类问题的方法，下面各节将结合典型的例子进行讨论。

在结合具体的情况讨论之前，为了对磁化情况有一大概的了解，用数学公式形象地表达上面讨论过的磁化过程，在每一磁畴中，磁矩都向着一个方向排列着，处于饱和磁化状态。单位体积中的饱和磁矩用饱和磁化强度 $\boldsymbol{M}_\mathrm{s}$ 表示。如果用 V_i 代表一个磁畴的体积，那么每一个磁畴的磁矩就是 $M_\mathrm{s}V_i$。在未经外加磁场磁化之前，各磁畴的磁矩方向是紊乱的，各方向都有。每一磁畴的磁矩在任何方向的分量等于 $M_\mathrm{s}V_i\cos\theta_i$，$\theta_i$ 为各磁畴磁矩对所述方向的倾角。由于一个单位体积中有很多磁畴，故磁矩在任何方向上的分量正、负都有，所以未加外磁场时一个单位体积在任一方向上的磁矩分量为零。施加外磁场后，磁场方向就出现了磁矩分量，即由于磁矩的一致转动改变了 θ_i，畴壁的移动改变了 V_i。$\boldsymbol{M}_\mathrm{s}$ 在技术磁化过程中是不变的，所以可以求出在磁场方向单位体积的磁矩分量：

$$\Delta M_H = M_\mathrm{s}\left[\sum_i V_i\Delta(\cos\theta_i) + \cos\theta_i\Delta(V_i)\right] \tag{2-1}$$

该式表明，在磁场方向的磁矩分量的增加是由两种过程产生的：式子右边第一项 $\Delta(\cos\theta_i)$ 的改变表示磁矩的转动，右边第二项 $\Delta(V_i)$ 的改变表示畴壁的位移。这个式子也表示了在磁场方向的磁化强度。如果在不同的外磁场下，已知单位体积中的磁畴数目、每一磁畴的体积和磁矩方向，则由式（2-1）可计算磁化曲线 $M(H)$。

2.1.2 可逆畴壁位移磁化过程

设想由畴壁分开的两个磁畴，如图 2-2 所示，沿其中一个磁化强度方向施加一个磁场 $\boldsymbol{H}$，畴壁位移到图 2-2 下图所示的位置。磁化强度方向与 $\boldsymbol{H}$ 平行的磁畴的体积增加了，而磁化强度方向与磁场 $\boldsymbol{H}$ 反平行的磁畴体积减小相等的量。因此，外磁场方向上的磁化强度增加，这个过程就是畴壁位移磁化过程。

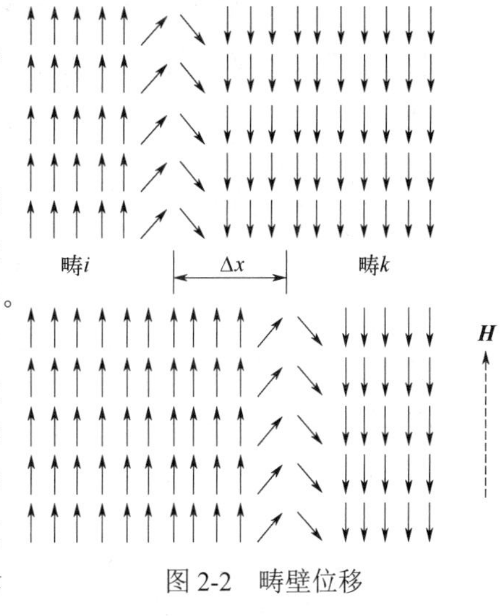

图 2-2　畴壁位移

仍以图 2-2 为例说明畴壁位移磁化机制。图中磁畴 i 内自发强度 $\boldsymbol{M}_s$ 与磁场强度 $\boldsymbol{H}$ 的方向一致，畴 k 内 $\boldsymbol{M}_s$ 与 $\boldsymbol{H}$ 方向相反。在外磁场的作用下，畴 i 的能量最低，畴 k 的能量最高，根据能量最小原理要求，畴 k 内的磁矩将转变为畴 i 一样的取向。这种转变是通过畴壁来进行的，因为畴壁是一个原子磁矩方向逐渐改变的过渡层。假设畴壁厚度不变，那么畴 k 内靠近畴壁的一层磁矩由原来向下的方向开始转变，并进入到畴壁过渡层中；在畴壁内靠近畴 i 的一层磁矩则向上转动而逐渐地脱离畴壁过渡层加入到畴 i 中。这样畴 i 内磁矩数目增多，畴的体积增大；畴 k 内磁矩数目减少，畴的体积缩小。这就相当于在外磁场作用下，畴 i 和畴 k 间的畴壁向畴 k 移动了一段距离。

在图 2-2 所示的 180° 畴壁位移的一维模型中，畴 i 和畴 k 的外磁场作用能可分别表示为：

$$E_{Hi} = -\mu_0 M_s H \cos 0^\circ = -\mu_0 M_s H \tag{2-2}$$

$$E_{Hk} = -\mu_0 M_s H \cos 180^\circ = \mu_0 M_s H \tag{2-3}$$

式中，μ_0 为真空磁导率。

显然，畴 i 的磁位能低，而畴 k 磁位能高。因此，在外磁场的作用下，畴 k 必然逐步向畴 i 过渡。沿畴壁位移了一段距离 Δx，畴壁面积为 S，则这一过程磁位能的变化为：

$$\Delta E_H = (E_{Hi} - E_{Hk})\Delta x S = -2\mu_0 M_s H S \Delta x \tag{2-4}$$

可以看出，当 180° 畴壁位移 Δx 后，其磁位能降低，有利于磁矩向着外磁场方向排列，这意味着在水平方向对 180° 畴壁有力的作用。用压强 $\boldsymbol{P}$ 来表示单位面积的畴壁上所受的力，则该力所作的功应为 $PS\Delta x$，于是有：

$$\Delta E_H = -PS\Delta x \tag{2-5}$$

得出：

$$P = 2\mu_0 M_s H \tag{2-6}$$

由此可见，外磁场作用是引起畴壁位移磁化的原因及动力。根据式（2-6），只需较小的外磁场 $\boldsymbol{H}$ 就可以提供畴壁位移磁化的动力，使磁畴取向一致，从而达到饱和磁化。实际上并不是这样，在一定的外磁场下，畴壁位移的距离是有限的。这是因为在磁性材料内部存在着阻碍畴壁运动的阻力，阻力主要来源于铁磁体内部的不均匀性，这些不均匀性主要是由于铁磁体内部有内应力的起伏分布和组分的不均匀分布，如杂质、气孔和非磁性相等。畴壁位移时，这些不均匀性引起铁磁体内部能量大小的起伏变化从而导致阻力。在有内应力的铁磁体内部，能量主要包括磁弹性能和畴壁能。

磁弹性能 E_σ 可简单表示为：

$$E_\sigma = -\frac{3}{2}\lambda_s \sigma \cos^2\theta \tag{2-7}$$

式中，λ_s 为磁致伸缩系数；θ 为内应力 $\boldsymbol{\sigma}$ 与磁畴 $\boldsymbol{M}_s$ 之间的夹角。

畴壁能 E_w 可简单表示为：

$$E_w = \gamma_w S \tag{2-8}$$

式中，γ_w 为畴壁能密度；S 为畴壁面积。

随着畴壁的移动，畴壁能的变化为：

$$\frac{\partial E_w}{\partial x}=S\frac{\partial \gamma_w}{\partial x}+\gamma_w\frac{\partial S}{\partial x} \tag{2-9}$$

将上式两边同除以畴壁面积 S，可以得到单位体积内的畴壁能变化：

$$\delta E_w=\frac{\partial \gamma_w}{\partial x}+\gamma_w\frac{\partial \ln S}{\partial x} \tag{2-10}$$

式中，$\frac{\partial \gamma_w}{\partial x}$ 表示畴壁能密度 γ_w 随畴壁位移 x 变化所引起的畴壁能的变化；$\frac{\partial \ln S}{\partial x}$ 表示畴壁面积 S 随畴壁位移 x 变化所引起的畴壁能变化。

因此，单位体积铁磁体内的总能量为：

$$E=E_H+E_\sigma+E_w \tag{2-11}$$

式中，E 为铁磁体内总自由能；E_H 为外磁场引起的塞曼能；E_σ 为磁弹性能；E_w 为畴壁能。在畴壁位移磁化过程中，必须满足自由能最小原理，即：

$$\delta E=\delta E_H+\delta E_\sigma+\delta E_w=0 \tag{2-12}$$

或可以表示为：

$$-\delta E_H=\delta E_\sigma+\delta E_w \tag{2-13}$$

该式为畴壁位移磁化过程中的一般磁化方程式。它的物理意义为畴壁位移磁化过程中磁位能的降低与铁磁体内能的增加相等。同时，还揭示了畴壁位移磁化过程中的平衡条件：动力（磁场作用力）= 阻力（铁磁体内部的不均匀性）。

2.1.3 不可逆畴壁位移磁化过程

在施加的磁场强度较低时，材料发生可逆畴壁位移磁化，即撤消外磁场后，材料能够按照原来的磁化路径回到起始磁化状态。材料的磁化场继续增大，如果撤消外磁场后，不能按照磁化路径回到起始磁化状态，即为不可逆畴壁磁化过程。

同可逆畴壁位移磁化过程一样，铁磁体内存在应力和杂质以及晶界等结构起伏变化是产生不可逆畴壁位移的根本原因。下面以存在应力起伏分布的 180° 畴壁为例，说明不可逆畴壁位移磁化的机理。

180° 畴壁位移磁化时：

$$2\mu_0 M_s H=\frac{\partial \gamma_w}{\partial x} \tag{2-14}$$

图 2-3 展示出畴壁能密度 $\gamma_w(x)$ 的分布规律，$\partial\gamma_w(x)/\partial x$ 则是 180° 畴壁位移时引起的畴壁能密度变化的规律。

当外加磁场强度 $H=0$ 时，180° 畴壁停留在 $\gamma_w(x)$ 为最小值的 o 点。在这点上 $\left(\frac{\partial \gamma_w}{\partial x}\right)_o=0$，$\left(\frac{\partial^2 \gamma_w}{\partial x}\right)_o>0$，所以 180° 畴壁在 o 点处于稳定平衡状态。

当 $H>0$ 时，畴壁开始移动。设单位面积的畴壁位移了一段距离 Δx，磁场能下降，畴壁能增加，两者平衡，即：

$$2\mu_0 M_s H=\frac{\partial^2 \gamma_w}{\partial x^2}\Delta x \tag{2-15}$$

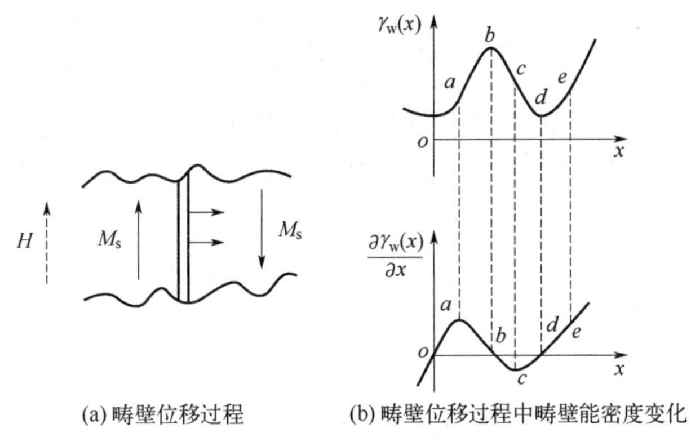

图 2-3　不可逆畴壁位移模型

畴壁从 o 点沿 oa 移动的过程中，$\frac{\partial^2\gamma_w}{\partial x^2}>0$，畴壁位移到任一位置均处于平衡稳定磁化状态。此时若将外磁场减小到零，畴壁可以按照原来的 oa 路径回到起始位置 o 点，所以 oa 段的磁化被称为可逆畴壁位移磁化阶段。

畴壁位移到 a 点位置时，$\frac{\partial\gamma_w}{\partial x}$ 具有极大值。稍微加大外磁场，畴壁就位移通过 a 点。通过 a 点后 $\frac{\partial^2\gamma_w}{\partial x^2}<0$，畴壁处于不平衡状态，畴壁将继续移动，并越过 $\frac{\partial\gamma_w}{\partial x}<\left(\frac{\partial\gamma_w}{\partial x}\right)_a$ 的整个 ae 段，一直位移到 $\frac{\partial\gamma_w}{\partial x}<\left(\frac{\partial\gamma_w}{\partial x}\right)_a$ 的 e 点才达到平衡。若此时将外磁场 H 减小到零，畴壁不再按照原来的路径回到起始位置 o 点，而是停留在 $\frac{\partial\gamma_w}{\partial x}=0$ 的 c 点。畴壁由 a 点位移到 e 点的过程称为不可逆畴壁移动过程。

2.1.4　可逆磁畴转动磁化过程

磁畴转动磁化过程是铁磁体在外磁场作用下，磁畴内所有磁矩一致向着外磁场方向转动的过程。当无外磁场作用时，在铁磁体内，各个磁畴都自发取向在它们的各个易磁化方向上。这些易磁化方向取决于铁磁体内的广义各向异性能分布的最小值方向。当有外磁场作用时，铁磁体内总的自由能将会因外磁场能存在而发生变化，总自由能的最小值方向也将重新分布，因此磁畴的取向也将会由原来的方向转向到新的能量最小方向上。这个过程就相当于在外磁场作用下，磁畴向着外磁场方向发生转动。

在外磁场作用下，铁磁体内存在磁晶各向异性能 E_k、磁应力能 E_σ、外磁场能 E_H 和退磁场能 E_d。磁畴转动过程中，总的自由能可以表示为：

$$E=E_k+E_\sigma+E_H+E_d \tag{2-16}$$

磁畴转动平衡时，满足能量极小值原理，即：

$$\frac{\partial E}{\partial\theta}=\frac{\partial E_k}{\partial\theta}+\frac{\partial E_\sigma}{\partial\theta}+\frac{\partial E_H}{\partial\theta}+\frac{\partial E_d}{\partial\theta}=0 \tag{2-17}$$

式中，θ 为磁畴转动角。上式又可表示为如下形式：

$$\frac{(\partial E_k + \partial E_\sigma + \partial E_d)}{\partial \theta} = -\frac{\partial E_H}{\partial \theta} \tag{2-18}$$

该式即为磁畴转动磁化过程中的平衡方程式。它表明在磁畴转动过程中，当铁磁体内磁位移能降低的数值与磁晶各向异性能、磁应力能和退磁场能增加的数值相等时，磁畴转动磁化处于平衡状态。

在外磁场作用下，磁畴发生偏转，如果移除外加磁场后，磁畴又回到起始的磁化状态，这个过程则称为可逆磁畴转动磁化过程。为了进一步理解可逆磁畴转动磁化过程，下面对磁晶各向异性和内应力作用的情况分别加以讨论。

2.1.4.1 由磁晶各向异性控制的可逆磁畴转动磁化

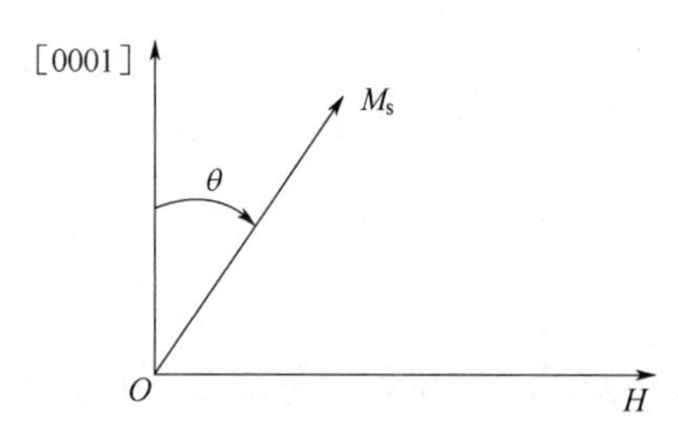

图 2-4 单轴晶体的磁畴转动过程

以单轴六角晶系为例进行说明。如图 2-4 所示，在垂直于易轴的磁场作用下，磁畴的磁化强度 M_s 偏离 [0001]方向，表现为单纯的磁畴转动磁化过程。

单轴晶体的磁晶各向异性能为：

$$E_k = K_1 \sin^2 \theta \tag{2-19}$$

式中，K_1 为单轴各向异性常数。

外磁场能为：

$$E_H = -\mu_0 M_s H \sin \theta \tag{2-20}$$

根据磁畴转动磁化方程得：

$$\frac{\partial E_k}{\partial \theta} = -\frac{\partial E_H}{\partial \theta} \tag{2-21}$$

于是有：

$$2K_1 \sin \theta \cos \theta = \mu_0 M_s H \cos \theta \tag{2-22}$$

得出：

$$H = \frac{2K_1}{\mu_0 M_s} \sin \theta \tag{2-23}$$

$$\Delta H = \frac{2K_1}{\mu_0 M_s} \cos \theta \Delta \theta \tag{2-24}$$

沿磁场方向的磁化强度为：

$$M_H = M_s \sin \theta \tag{2-25}$$

则：

$$\Delta M_H = M_s \cos \theta \Delta \theta \tag{2-26}$$

于是，磁畴转动磁化过程的起始磁化率 χ_i 为：

$$\chi_i = \frac{\Delta M_H}{\Delta H} = \frac{\mu_0 M_s^2}{2K_1} \tag{2-27}$$

2.1.4.2 由应力控制的可逆磁畴转动磁化

在铁磁体内，应力分布存在各向异性，当应力各向异性能很强，而磁晶各向异性能很弱时，可以忽略磁晶各向异性能的作用，只考虑磁弹性能对畴转过程的影响。

如图 2-5 所示，在外磁场 $H = 0$ 时，磁畴磁化强度 $\boldsymbol{M}_s$ 在由磁弹性能决定的易磁化方向上。

施加与应力方向垂直的外磁场，$\boldsymbol{M}_s$ 偏离应力方向θ角，表现为磁畴转动磁化过程。

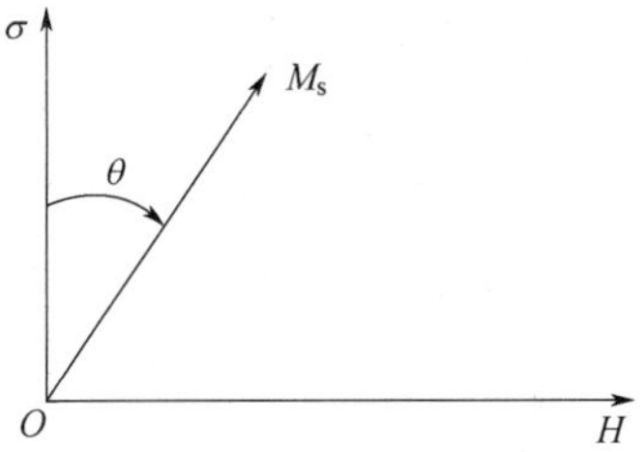

铁磁体的磁弹性能为：

$$E_\sigma = -\frac{3}{2}\lambda_s \sigma \cos^2\theta \tag{2-28}$$

外磁场能为：

$$E_H = -\mu_0 M_s H \sin\theta \tag{2-29}$$

图 2-5　应力作用引起的磁畴转动过程

根据磁畴转动磁化过程得：

$$\frac{\partial E_\sigma}{\partial\theta} = -\frac{\partial E_H}{\partial\theta} \tag{2-30}$$

于是有：

$$3\lambda_s \sigma \cos\theta \sin\theta = \mu_0 M_s H \cos\theta \tag{2-31}$$

得出：

$$H = \frac{3\lambda_s \sigma \sin\theta}{\mu_0 M_s} \tag{2-32}$$

则：

$$\Delta H = \frac{3\lambda_s \sigma}{\mu_0 M_s}\cos\theta\Delta\theta \tag{2-33}$$

沿磁场方向的磁化强度为：

$$M_H = M_s \sin\theta \tag{2-34}$$

则：

$$\Delta M_H = M_s \cos\theta\Delta\theta \tag{2-35}$$

于是，磁畴转动磁化过程的起始磁化率χ_i为：

$$\chi_i = \frac{\Delta M_H}{\Delta H} = \frac{\mu_0 M_s^2}{3\lambda_s \sigma} \tag{2-36}$$

上述两种模型是在一定程度对实际磁畴转动磁化过程的近似和假设。实际中材料内部往往同时存在磁晶各向异性能和磁弹性能，这些因素都会对磁畴转动构成阻力。由式（2-27）和式（2-36）可以发现，畴壁转动磁化过程中影响起始磁导率的因素有：

① 材料的饱和磁化强度M_s。M_s越大，起始磁导率越高；

② 材料的磁晶各向异性常数K_1和磁致伸缩系数λ_s。K_1和λ_s越小，起始磁导率越高；

③ 材料的内应力σ。材料内部的晶体结构越完整均匀，产生的内应力越小，起始磁导率也越高。

2.1.5　不可逆磁畴转动磁化过程

磁畴转动磁化过程与畴壁位移磁化过程一样，也有可逆和不可逆之分。实现不可逆磁畴转动磁化一般需要较强的磁场，因此，通常铁磁体内的不可逆磁化主要是由畴壁位移引起的。但对于不存在畴壁的单畴颗粒来说，磁畴转动磁化是唯一的磁化机制，包括可逆磁畴转动磁化和不可逆磁畴转动磁化。导致可逆磁畴转动磁化和不可逆磁畴转动磁化的原因是铁磁体内存在着广义的各向异性能的起伏变化。

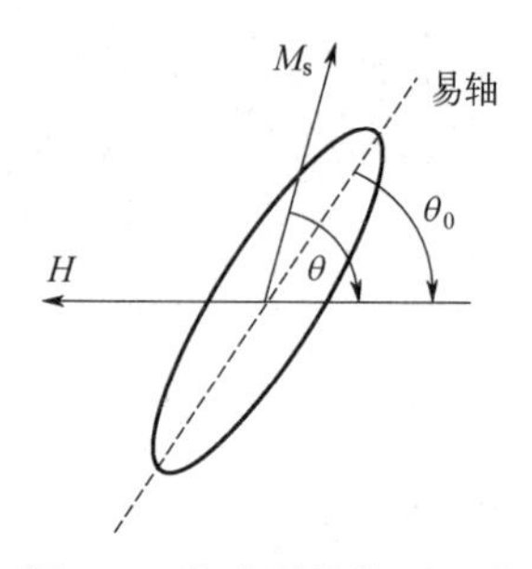

图 2-6 单畴颗粒的不可逆磁畴转动

下面以具有单轴各向异性的晶体为例说明不可逆磁畴转动磁化过程产生的机制。如图 2-6 所示的单畴颗粒，外磁场 $\boldsymbol{H}$ 与易磁化轴夹角为 θ_0。当外磁场强度 $H=0$ 时，自发磁化强度 $\boldsymbol{M}_s$ 停留在易磁化轴方向上。$H>0$ 时，$\boldsymbol{M}_s$ 在外磁场作用下，偏离原来的易磁化方向而转向外磁场方向，$\boldsymbol{M}_s$ 与 $\boldsymbol{H}$ 间的夹角为 θ。

在磁畴转动过程中，需要考虑的能量有磁晶各向异性能 E_k 和外磁场能 E_H。单轴各向异性的磁晶各向异性能 E_k 表示为：

$$E_k = K_1 \sin^2(\theta-\theta_0) \tag{2-37}$$

外磁场能可表示为：

$$E_H = \mu_0 M_s H \cos\theta \tag{2-38}$$

总的自由能为：

$$E = E_k + E_H = K_1 \sin^2(\theta-\theta_0) + \mu_0 M_s H \cos\theta \tag{2-39}$$

根据自由能极小的原理可得：

$$\frac{\partial E}{\partial \theta} = K_1 \sin 2(\theta-\theta_0) - \mu_0 M_s H \sin\theta = 0 \tag{2-40}$$

式（2-40）是发生磁畴转动磁化的磁化方程。式（2-39）中自由能的二阶导数为：

$$\frac{\partial^2 E}{\partial \theta^2} = 2K_1 \cos 2(\theta-\theta_0) - \mu_0 M_s H_0 \cos\theta \tag{2-41}$$

如果磁畴转动磁化过程处于稳定平衡状态，则必须满足条件 $\frac{\partial^2 E}{\partial \theta^2}>0$；如果处于非稳定平衡状态，则有 $\frac{\partial^2 E}{\partial \theta^2}<0$；磁场 $\boldsymbol{H}$ 由零逐渐增大时，磁化强度 $\boldsymbol{M}_s$ 转动，θ 角增大，然后突然转向 x 轴方向。所以，磁畴转动过程中磁化强度 $\boldsymbol{M}_s$ 的取向由稳定平衡状态转为不稳定状态的分界点是 $\frac{\partial^2 E}{\partial \theta^2}=0$，对应的磁场就是发生不可逆磁畴转动的临界磁场强度 H_0。于是有：

$$2K_1 \cos 2(\theta-\theta_0) - \mu_0 M_s H_0 \cos\theta = 0 \tag{2-42}$$

通过式（2-41）和式（2-42）可以求出发生不可逆磁畴转动磁化的临界磁场强度 H_0。

当 θ_0 为 0° 和 90° 时，临界磁场强度 H_0 为：

$$H_0 = \frac{2K_1}{\mu_0 M_s} \tag{2-43}$$

下面简单估算不可逆磁畴转动磁化过程决定的磁化率。考虑上述单轴各向异性晶体 $\theta_0=0°$ 时的情况。当外加磁场达到 H_0 时，铁磁体将发生不可逆磁畴转动磁化，磁化强度 M_s 将转向外磁场方向，则沿外磁场方向磁化强度的变化为：

$$\Delta M_s = 2M_s \tag{2-44}$$

于是不可逆磁畴转动过程决定的磁化率 χ_i 为：

$$\chi_i = \frac{\Delta M}{H_0} = \frac{\mu_0 M_s^2}{K_1} \tag{2-45}$$

可以发现，不可逆磁畴转动磁化过程的磁化率也是与 M_s^2 成正比，与 K_1 成反比。

具有单轴各向异性的铁磁体的可逆与不可逆磁畴转动磁化过程可以用图 2-7 说明。图 2-7（a）中，易轴与磁场方向间夹角 θ_0 小于 90°。无外加磁场时，磁矩停留在易磁化轴 oa 方向上。施加外磁场后，磁矩转动θ角。这时，将磁场强度减小到零，磁矩又会按照原路径回到易磁化方向上，即为可逆磁畴转动磁化。图 2-7（b）中，易轴与磁场方向间夹角θ_0大于 90°。如果外加磁场小于H_0时，磁矩旋转θ角；外加磁场降到零，磁矩回到初始位置。因此，磁化过程同样也是可逆磁畴转动过程。如果施加的外磁场大于H_0时，磁矩将跳跃到图 2-7（c）中所示的位置；外加磁场降为零，磁矩回转到 ob 方向，而不能回到原来的 oa 方向。这个过程为不可逆磁畴转动过程。

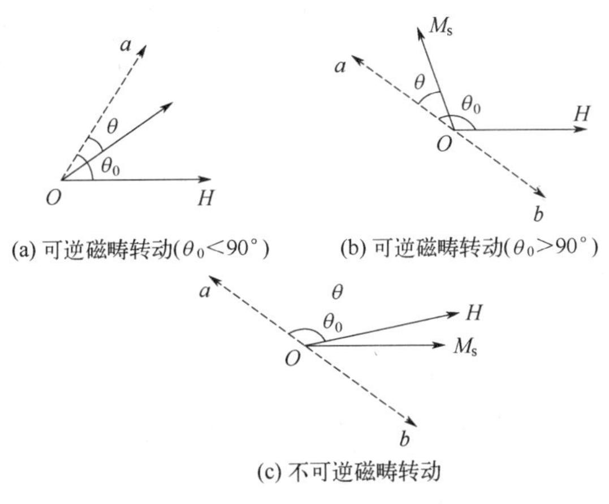

图 2-7　可逆与不可逆磁畴转动磁化

2.2　反磁化过程

慕课

反磁化过程是指铁磁体从一个方向上的技术磁化饱和状态变为相反方向上的技术磁化饱和状态。这个过程涉及两个重要的物理量，矫顽力和剩余磁化强度。矫顽力表示反磁化过程中使磁化强度为零时所需要的外磁场。剩余磁化强度表示铁磁体饱和磁化以后，减小外磁场到零，而在原外磁场上所剩余的磁化强度。由于永磁材料的工作状态其实是在反磁化曲线上的，因此这两个物理量在永磁材料研究中具有重要意义。

反磁化过程和磁化过程一样存在可逆和不可逆磁化，而导致反磁化过程中磁滞形成的根本原因和铁磁体内存在的应力起伏、杂质以及广义磁晶各向异性引起的不可逆磁化过程有关，对反磁化过程形成阻碍的机制可以分为三种：a. 磁畴壁不可逆位移；b. 反磁化形核；c. 不可逆畴壁转动。三种机制决定了反磁化过程中的磁滞。对于反磁化畴容易形核且容易出现畴壁的铁磁体（例如软磁材料），反磁化过程主要是磁畴转动过程中畴壁位移实现的，不可逆畴壁位移则导致了磁滞。对于单畴材料，反磁化过程主要是磁畴转动过程，不可逆磁畴转动则导致了磁滞。有些材料则是反磁化核的形成和长大受到了抑制导致了反磁化过程中的磁滞。磁体的矫顽力则可以简单地理解为反磁化过程中大量发生不可逆磁化的临界磁场。

2.2.1　畴壁位移阻碍机制

与磁化过程一样，反磁化过程中畴壁位移受到的阻力也是来自两个方面，一个是应力的起伏分布，一个是杂质的起伏分布。

对于应力起伏导致的磁滞，可以得到矫顽力大小H_c的表达式为：

$$H_c \approx p_0 \frac{\lambda_s \Delta\sigma}{M_s} \tag{2-46}$$

若畴壁厚度 δ 远小于应力起伏周期 l，即畴壁厚度上的应力相同，随着畴壁所在位置的改变而变化，此时：

$$p_0 \approx \frac{\delta}{l} \ll 1 \tag{2-47a}$$

若畴壁厚度 δ 远大于应力起伏周期 l，即应力起伏波长比畴壁厚度小得多，当畴壁经过应力不均匀的地方时，应力不均匀范围内的磁矩将受到应力的影响，从而增加应力能，此时：

$$p_0 \approx \frac{l}{\delta} \ll 1 \tag{2-47b}$$

上式中两种情况下的 p_0 表达式不同，但都远小于 1。

由于材料内部的应力分布和畴壁厚度强烈依赖于材料结构，很难确定，上面两式只能对矫顽力 H_c 进行一个数量级的估计，但仍然可以得到一些定性规律：

① 矫顽力 H_c 随内应力起伏 $\Delta\sigma$ 的增大而线性增大；

② 内压力变化周期 l 和磁畴壁厚度 δ 相差太多量级时，应力分布不均匀对矫顽力的影响不大，只有当两者具有相同量级时，对矫顽力的影响才明显。

对于那些内应力不明显，但是含有从过饱和固溶体脱溶出来杂质的磁体，应该采用含杂模型来分析，可以得到矫顽力大小 H_c 和掺杂球直径 d、磁畴壁厚度 δ、掺杂浓度 β 的定性关系式为：

$$H_c \approx \frac{\delta K_1}{d \mu_0 M_s} \beta^{\frac{3}{2}} \tag{2-48}$$

由上式可以得到一些定性规律：

① 矫顽力大小 H_c 随掺杂浓度 β 的增加而增加；

② 畴壁尺寸一般小于掺杂物尺寸，因此当掺杂物质的尺寸 $d \approx \delta$ 时，矫顽力达到最大；

③ 矫顽力为温度相关量，受 M_s、K_1 和温度变化的影响。

2.2.2 反磁化形核阻碍机制

反磁化过程中要发生畴壁位移，首先是要存在磁畴壁。而在理想情况下，当铁磁体处于技术磁化饱和状态时，铁磁体内部一般不存在磁畴壁，反磁化过程将无法通过磁畴壁位移实现。但是在实际的铁磁体中发现，在铁磁体的晶粒边界，掺杂物或者应力不均匀区域附近存在一些磁化方向与饱和磁化方向不一致的小区域，这些区域被称为反磁化核。在足够强的反磁化场作用下，这些反磁化核会长大成为反磁化畴，从而使得反磁化过程中的畴壁位移成为可能。因此反磁化核的生长过程对铁磁体的矫顽力机制起着重要的作用。这个过程涉及两个阶段：一个是在外磁场作用下，反磁化核发生和长大为反磁化畴的过程；另一个是反磁化核长成的反磁化畴壁的可逆和不可逆位移。

2.2.2.1 反磁化核的产生和形核场

铁磁体内部存在的不均匀的内应力、杂质、晶粒边界或者缺陷等都可以作为磁化核中心。

在面积为 D^2 的晶界两侧，晶粒的易磁化方向不同，在晶界面法线方向的磁矩分量也不同，从而会在晶界界面上产生净磁极，导致退磁场的产生。设晶粒边界产生一个反磁化核为旋转椭球体，长轴半径 l，短轴半径 d，反磁化核体积为 $V=\frac{4}{3}\pi d^2 l$，表面积为 $S=\pi d^2 l$，退磁因子为 $N=\frac{4}{k^2}\pi[\ln(2k)-1]$，其中 $k=\frac{l}{d}$。这个反磁化核的产生需一定的能量，但同时会使界面处的退磁场能降低，引起的能量变化可以表示为：

$$\Delta E=(E_{\mathrm{m}}-E_{\mathrm{n}})A_s-n[\gamma_{\mathrm{w}}S-2NM_{\mathrm{s}}^2V-HM_{\mathrm{s}}(\cos\alpha_1-\cos\alpha_2)+E_{\mathrm{p}}+E_{\mathrm{np}}] \tag{2-49}$$

式中，E_{m} 和 E_{n} 分别是反磁化核产生前后晶粒边界面 A_s 面积上的退磁场能密度；n 为单位体积内包含的反磁化核的数目；γ_{w} 为假设反磁化核为 180° 畴壁的畴壁能密度；α_1 和 α_2 是外磁场和相邻晶粒之间易磁化方向的夹角；V 为反磁化核体积；E_{p} 和 E_{np} 分别为畴壁面上磁极与晶粒边界面上磁极之间的相互作用能和近邻畴壁面上磁极之间的相互作用能。

如果 l 为常数，平衡时，可以由 $\frac{\partial(\Delta E)}{\partial d}=0$ 求出反磁化核的数目 n，再由反磁化核形成的临界条件 $\Delta E=0$ 求出反磁化核磁场大小 H_n。求得：

$$H_n=\frac{3b^2\left(\frac{3\pi\gamma_{\mathrm{w}}}{2b^2c}-\frac{E_{\mathrm{m}}}{\pi}\right)}{4\pi M_{\mathrm{s}}l(\cos\alpha_1-\cos\alpha_2)} \tag{2-50}$$

式中，$b=\frac{D}{d}>1$；$c=\frac{d}{l}$。

从上式可以看出，为了抑制反磁化形核，可以通过以下手段：

① 减小晶粒平均直径；

② c 尽可能小，即晶粒易磁化轴尽可能平行；

③ 适当提高材料磁晶各向异性常数，但是过大的 K_1 会阻碍磁畴壁位移，增大材料矫顽力。

同样利用能量分析方法可以得到由反磁化形核所决定的矫顽力为：

$$H_{\mathrm{c}}=\frac{1}{6}\pi M_{\mathrm{s}}(\cos\theta_1-\cos\theta_2) \tag{2-51}$$

2.2.2.2 反磁化核长大

反磁化核形成后，需要满足一定的条件才能继续长大，长成为反磁化畴。假设反磁化畴为前文所提到的旋转椭球体，椭球体长轴为 l，短轴为 d。假设反磁化核的起始磁化强度 $\boldsymbol{M}_{\mathrm{st}}$ 沿着 x 方向并且和周围的磁化强度方向相反，反磁化核长大 $\mathrm{d}V$ 过程中，考虑其内部能量变化为：

① 磁场作用能降低 $2\mu_0 M_{\mathrm{st}}H\mathrm{d}V$；

② 畴壁表面积 S 增加，使得畴壁能量增加 $\gamma_{\mathrm{w}}\,\mathrm{d}S$；

③ 反磁化核长大，畴壁向外移动，克服阻力所做的功为 $2\mu_0 M_{\mathrm{st}}H\mathrm{d}V$；

④ 反磁化核长大，由于形状改变而引起的退磁场能的改变为 $\mathrm{d}E_{\mathrm{d}}$。

考虑到上述能量变化，反磁化核长大的条件为：

$$2\mu_0 M_{\mathrm{st}}H\mathrm{d}V-\gamma_{\mathrm{w}}\mathrm{d}S-\mathrm{d}F_\sigma\geqslant 2\mu_0 M_{\mathrm{st}}H_0\mathrm{d}V \tag{2-52}$$

因此，反磁化核长大过程引起的能量变化必须克服畴壁位移的最大阻力，才能使得反磁化核继续长大。

从式（2-52）可以得到，要让反磁化核继续长大，则需要外磁场强度 H 超过某一临界值。

这个使反磁化开始长大所需的临界外磁场可以表示为：

$$5H_{s}=H_{0}+C\frac{\pi\gamma_{w}}{\mu_{0}M_{st}}\times\frac{l}{d_{s}}\times5 \tag{2-53}$$

式中，C 为常数；H_0 为畴壁位移临界磁场强度；d_s 为临界反磁化核尺寸。只有当外磁场强度 H 大于 H_s 时，反磁化核才能长大成为反磁化畴。另外。铁磁体内部并非所有磁化不均匀的区域都能形成反磁化核，只有那些尺寸满足 $d>d_s$ 的反磁化核在大于 H_s 的外磁场下才有可能长大为反磁化畴，并继续通过畴壁位移的方式完成反磁化过程。因此，H_s 也可以看成反磁化核长大过程中受到阻滞所导致的矫顽力。

2.2.3 磁畴转动阻碍机制

如果在铁磁材料内部没有反磁化核形成，则畴壁位移过程就很难发生，这种情况下，反磁化过程是通过磁化矢量的转动来实现的。具体可能存在以下两种情况：

① 由单畴铁磁性粒子组成的磁性材料；

② 单畴脱溶粒子组成的高矫顽力合金，如 Alnico 合金。

对磁畴转动过程的阻碍主要是各种各向异性，包括磁晶各向异性、应力各向异性和形状各向异性。对于单畴粒子转动的反磁化过程来说，其对应的矫顽力为

磁晶各向异性决定的矫顽力

$$H_{c}\propto\frac{K_{1}}{\mu_{0}M_{s}} \tag{2-54}$$

应力各向异性决定的矫顽力

$$H_{c}\propto\frac{\sigma\lambda_{s}}{\mu_{0}M_{s}} \tag{2-55}$$

形状各向异性决定的矫顽力

$$H_{c}\propto(N_{1}-N_{2})M_{s} \tag{2-56}$$

式中，N_1 和 N_2 为两个不同方向的形状因子。

习题

参考答案

2-1 请简要描述磁性材料的磁化过程。

2-2 磁化过程存在的两种磁化机制是什么？

2-3 请简要介绍什么是剩磁和矫顽力。

2-4 磁性材料中常见的各向异性有哪几种？

2-5 提高材料起始磁导率的途径有哪些？

2-6 有一球形单畴磁性粒子，磁晶各向异性常数是 4.5×10^5 J/m^3，饱和磁化强度是 1.5 T，其内禀矫顽力是多少？

2-7 反磁化过程和磁化过程的相同点与不同点。

参考文献

[1] Martius U M. Ferromagnetism [J]. Progress in Metal Physics, 1952, 3: 140-175.

[2] Pauling L. A theory of ferromagnetism [J]. Proceedings of the National Academy of Sciences, 1953, 39(6): 551-560.
[3] 宛德福, 马兴隆. 磁性物理学[M]. 成都: 电子科技大学出版社, 1994.
[4] 廖绍彬. 铁磁学[M]. 北京: 科学出版社, 1998.
[5] Kopnov G, Vager Z, Naaman R. New magnetic properties of silicon/ silicon oxide interfaces [J]. Advanced Materials, 2007, 19(7): 925-928.
[6] Chu Y H, Martin L W, Holcomb M B, et al. Electric-field control of local ferromagnetism using a magnetoelectric multiferroic [J]. Nature Materials, 2008, 7(6): 478-482.
[7] Lucignano P, Mazzarello R, Smogunov A, et al. Kondo conductance in an atomic nanocontact from first principles [J]. Nature Materials, 2009, 8(7): 563-567.
[8] Callen J D. Effects of 3D magnetic perturbations Nucl Fusion, 2011, 51(9): 13 on toroidal plasmas [J]. Nuclear Fusion, 2011, 51(9): 094026.
[9] Dung N H, Ou Z Q, Caron L, et al. Mixed Magnetism for Refrigeration and Energy Conversion [J]. Advanced Energy Materials, 2011, 1(6): 1215-1219.
[10] Buschow K H J, Boer F R D. Physics of magnetism and magnetic materials: 磁性物理学和磁性材料[M]. 北京: 世界图书出版公司, 2013.

第 3 章

稀土永磁材料

3.1　稀土永磁材料概述及发展

磁性材料是一种古老而年轻的、用途广泛的基础功能材料，在长期发展过程中，其应用已渗透到了国民经济和国防的各个方面。永磁材料可以实现能量的转换、传输以及信息传输、存储等功能，已成为计算机技术、航空航天技术、通信技术、交通运输（汽车）技术、家电技术与人体健康和保健技术等的重要材料基础。

在现代科技和工业应用中通常根据永磁材料的材质来分类，即：a. 铸造永磁材料，如 Al-Ni 系和 Al-Ni-Co 系永磁材料；b. 铁氧体永磁材料；c. 稀土永磁材料；d. 其他永磁材料，如可加工 FeCrCo、FeCoV 和 MnAlC 等永磁材料。永磁材料的发展历经了多个历史阶段，从 19 世纪末的磁钢开始，主要指标磁能积在 100 多年内增长了 200 倍。20 世纪 30 年代铝镍钴永磁的发现是永磁材料发展史的一个里程碑。铝镍钴永磁的工作温度可高达 600℃以上，主要应用于对温度稳定性要求高的领域内，如仪器仪表、电机电器、电声电讯、磁传动装置及航空航天器件。铁氧体永磁是继铝镍钴系永磁后出现的第二种主要永磁材料，主要包括钡铁氧体和锶铁氧体，其电阻率高、矫顽力大，能有效地应用在大气隙磁路中，特别适用于小型发电机和电动机的永磁组件。永磁铁氧体不含金属镍、钴等，原材料来源丰富，工艺简单，成本低，可代替铝镍钴永磁体制造磁分离器、磁推轴承、扬声器、微波器件等。但其磁能积较低，温度稳定性差，质地较脆、易碎，不耐冲击振动，不宜作测量仪表及有精密要求的磁性器件。

稀土永磁材料是 20 世纪 50 年代末 60 年代初逐渐发展起来的，是将钐、钕、镨等稀土金属与过渡金属（如钴、铁等）组合所形成的合金。问世以来，凭借优异的磁能积和矫顽力，稀土永磁材料广泛应用于国防军工、航天航空、计算机通信、能源交通、家用电器等各个领域，是信息化、自动化、智能化、节能环保必不可少的基石。特别是在低碳经济席卷全球的大势之下，世界各国都在把环境保护、低碳排放作为关键科技领域给予关注。稀土永磁材料在风力发电、新能源汽车、节能家电等低碳经济产业方面扮演着重要角色。据统计，目前全世界稀土永磁材料的年产量已超过 30 万吨。我国稀土资源十分丰富，据美国地质调查局（USGS）2015 年资料显示，世界稀土储量为 1.3 亿吨［以稀土氧化物（REO）计］，其中，中国为 5500 万吨。中国是世界稀土资源储量大国，还具有矿种和稀土元素齐全、稀土品位高及矿点分布合理等优势，这些都为中国稀土工业的发展奠定了坚实的基础。中国稀土资源成矿条件十分有利，矿床类型单一，分布面广而又相对集中，全国稀土资源总量的 98%分布在内蒙古、广东、江西、山东、四川等地区，形成北、南、东、西的分布格局，并具有北轻南重的分布特点。经过众多企业和研究单位的不断努力，我国已成为全球最大的稀土永磁生产基地和应用市场，实现了从稀土资源大国到稀土永磁产品生产大国的跨越。稀土永磁材料的开发与应用体现了我国战略性新兴产业领域的重大发展与需求方向，是我国高技术产业的发展重点之一。

稀土永磁材料主要分为稀土钴永磁材料、稀土钕永磁材料、稀土铁氮（RE-Fe-N 系）或稀土铁碳（RE-Fe-C 系）永磁材料三类，其磁性能可见于表 3-1，其中 M_s 为饱和磁化强度，H_A 是各向异性场，T_c 为居里温度，$(BH)_{max}$ 为最大磁能积。稀土永磁材料的制备工艺主要分三大类：烧结、黏结和热压/热变形。烧结磁体和热压/热变形磁体的特点是磁性能高，黏结磁体的特点是性能一致性好、尺寸精确、形状复杂、材料利用率高、易与金属/塑料零件集成等。

表 3-1　稀土永磁材料的磁性能

材料	M_s/T	H_A/T	T_c/K	$(BH)_{max}$/kJ·m^{-3}
$SmCo_5$	1.14	35	1000	259
Sm_2Co_{17}	1.25	5.2	1193	310
$Nd_2Fe_{14}B$	1.60	6.0	585	509
$Sm_2Fe_{17}N_3$	1.57	21	746	490

从稀土永磁材料发展的历史出发，1968 年，Buschow 等人制备出最大磁能积$(BH)_{max}$为 147 kJ/m^3 的 $SmCo_5$ 永磁体，这标志着第一代稀土永磁材料的诞生，简称 1∶5 型稀土永磁。$SmCo_5$ 烧结磁体的磁能积一般在 120～220 kJ/m^3 之间。日本 TDK 公司在合金中加入少量 Zr，用更多的 Fe 取代 Co，获得更高的磁化强度 M_s。经过烧结、固溶以及相当复杂的热处理之后获得了剩磁 B_r=1.2 T，$(BH)_{max}$=240 kJ/m^3 的优异性能。这也标志着第二代稀土永磁材料的诞生，简称 2∶17 型永磁，或 $Sm_2(Co,Fe,Cu,Zr)_{17}$ 型磁体。目前，最好的烧结 2∶17 磁体的$(BH)_{max}$为 220～250 kJ/m^3，内禀矫顽力 H_{cj} 大于 2.0 T。近年来，对 2∶17 型钐钴永磁材料在磁性能、耐高温、微观组织结构等特性方面开展了大量研究，成果受到广泛关注。第三代稀土永磁材料钕铁硼永磁（NdFeB）于 1983 年诞生，这是永磁发展史上又一个重要里程碑。它的重要意义在于：铁基代替钴基使得成本大幅降低，钕代替钐进一步降低原料成本。此外，钕铁硼永磁拥有室温下最高的磁能积，因此被誉为“磁王”。钕铁硼永磁不易碎，有较好的机械性能，合金密度低，有利于磁性元件的轻型化、薄型化、小型和超小型化。但其温度稳定性和抗腐蚀性能差，限制了它的应用。第三代稀土永磁材料钕铁硼永磁自诞生以来，一直保持着快速发展的态势。尤其是进入 21 世纪后，以烧结钕铁硼磁体为代表的全球稀土永磁材料产量进入高速增长期。1983 年发现烧结 Nd-Fe-B 永磁材料时，其磁能积仅有 290 kJ/m^3，到 2005 年已提高到 474 kJ/m^3，在二十二年内提高了 184 kJ/m^3，平均每年提高约 8.4 kJ/m^3。近年来，随着钕铁硼永磁材料产业技术研发的不断深入，磁体磁性能得到了稳步提升。以晶界扩散为代表的重稀土减量化技术、纳米晶热压/热变形技术研发不断完善，并逐步向产业化发展，显著促进了钕铁硼磁体产业的发展。此外，钐钴永磁材料作为内禀磁性优异的耐高温型稀土永磁材料，在国防军工、航空航天、雷达通信等尖端高科技领域具有不可替代的作用。

我国在稀土永磁材料研发方面与国际同步，还带有中国特色。在制造装备方面，自动化程度大幅度提高，同国际水平差距越来越小；在产业规模方面，多年来处于领先地位，中国已然成为全球最大的稀土永磁材料生产和出口基地。数据显示，我国稀土永磁材料产量从 2015 年的 13.47 万吨增长至 2021 年的 21.33 万吨，年复合增长率为 7.96%（图 3-1）。在含

Ce 的高丰度钕铁硼永磁材料方面，已制备出 Ce 含量 30%左右（质量分数），磁能积超过 318.4 kJ/m^3 的高丰度稀土永磁体，磁体矫顽力增强和温度稳定性提升技术取得突破；基于晶粒细化和晶界优化工艺研发，已制备出矫顽力超过 1592 kA/m、磁能积高于 334.32 kJ/m^3 的无重稀土烧结钕铁硼磁体，晶界扩散工艺的创新使低重稀土烧结钕铁硼磁体的矫顽力大幅提升。2015 至 2020 年，全球高性能钕铁硼永磁材料产量由 2015 年的 3.5 万吨增加至 2020 年的 6.6 万吨，复合年增长率为 13.44%（图 3-2）。

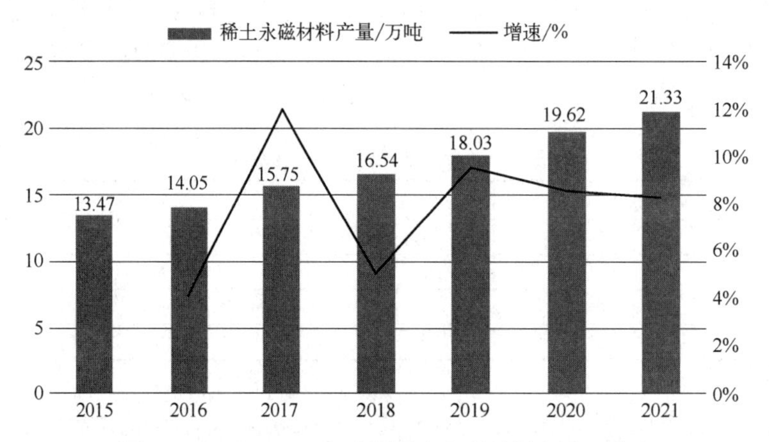

图 3-1　2015—2021 年中国稀土永磁材料产量及增速

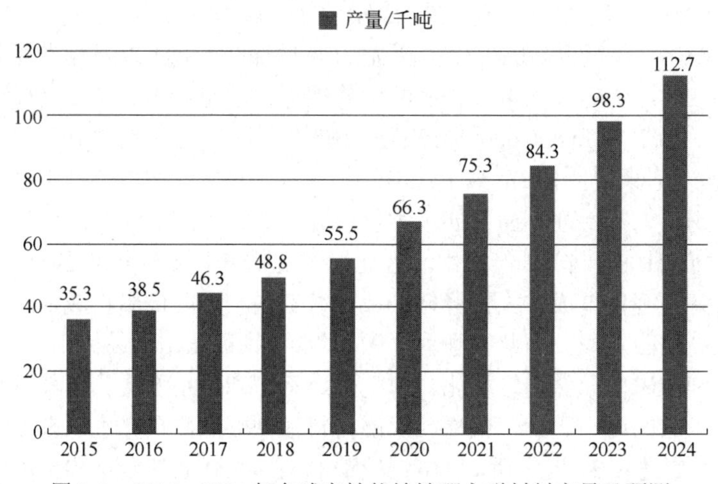

图 3-2　2015—2024 年全球高性能钕铁硼永磁材料产量及预测

三代稀土永磁材料分别出现在 20 世纪 60 年代、70 年代和 80 年代的中期，这一事实使得人们曾经认为，似乎每隔十年左右就会有新的一代稀土永磁材料问世。然而，自 NdFeB 磁体问世以来已经有约 40 个年头，至今仍然没有新一代稀土磁体诞生的明显迹象。目前正在研究的更高性能的永磁材料如钐铁氮永磁、纳米复合稀土永磁和 $SmFe_{12}$ 基永磁等，其理论磁能积很高，但至今仍未能取得重大突破，实际获得的磁体磁性能远低于预期。爱尔兰和日本研究者发现的钐铁氮永磁 $Sm_2Fe_{17}N_x$，以及我国发现的 1∶12 型氮化物永磁 $Nd(Fe,M)_{12}N_x$（M=Ti、V、Cr、Mn、Mo、W、Si、Al 等）是当前国际上开发新型稀土永磁材料两个独立的系列。在 2∶17 和 1∶12 型的稀土-铁-氮间隙型化合物中，氮间隙原子对改善磁性有三个明显的效应，即显著地提高居里温度、增强饱和磁化强度和改变磁晶各向异性的作用。由于这些效应，使得 $Sm_2Fe_{17}N_x$ 和 $Nd(Fe,M)_{12}N_x$ 具有了可与 $Nd_2Fe_{14}B$ 媲美的内禀磁性。并且，氮化处理后这两种材料具有很强的单轴各向异性，为产生高矫顽力提供了内禀条件。另一种潜在的高性能永磁材料是纳米复合稀土永磁合金，其同时含有纳米级尺寸的硬磁相和软磁相。纳米复合稀土永磁的矫顽力机制完全不同于前几类稀土永磁材料，其依赖于硬磁相和软磁相的交换耦合作用。对于这种由复合相构成的纳米复合磁体，当磁性相分别是稀土系磁性化合物和 α-Fe 时，其最大磁能积理论值高达 1000 kJ/m^3（126 MGOe）（1 MGOe≈7.958 kJ/m^3），相当于现用磁性最强的 Nd-Fe-B 磁体的两倍。然而，受制于技术水平，目前该类磁体尚无法实现产业化生产，市场上仍以钐钴永磁和钕铁硼永磁产品为主。

3.2 稀土永磁材料的分类

稀土永磁材料依据内部含有的稀土元素种类和材料微观结构特性，主要可分为稀土钴永磁材料、稀土钕永磁材料、稀土铁氮（RE-Fe-N 系）或稀土铁碳（RE-Fe-C 系）永磁材料三类。下面介绍常用的稀土永磁材料，即钐钴永磁、NdFeB 永磁、SmFeN 永磁及未来很有发展潜力的 $ThMn_{12}$ 型永磁材料。

3.2.1 钐钴永磁材料

3.2.1.1 钐钴永磁的结构

$SmCo_5$ 永磁具有 $CaCu_5$ 型六角晶体结构，空间群为 P6/mmm，如图 3-3 所示。它由两种不同的原子层所组成，一层是呈六角形排列的钴原子，另一层由稀土原子和钴原子以 1∶2 的比例排列而成。晶格常数 a=5.004 Å，c=3.971 Å。这种低对称性的六角结构使 $SmCo_5$ 化合物有较高的磁晶各向异性，易磁化方向沿 c 轴。

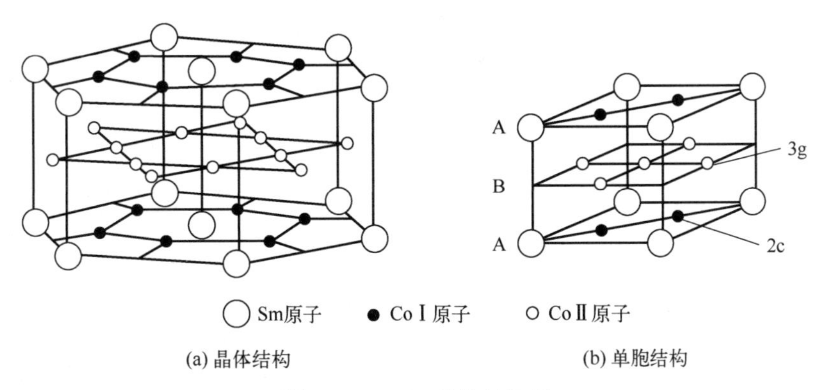

图 3-3　$SmCo_5$ 晶体结构图

$SmCo_5$ 永磁具有很高的磁晶各向异性常数，K_1=15×10^3～19×10^3 kJ/m^3，M_s=1.11T，其理论磁能积达 244.9 kJ/m^3。做成磁体以后，$SmCo_5$ 永磁体的剩磁为 0.79～0.94 T，内禀矫顽力为 557.2～756.2 kA/m，最大磁能积可达到 159.2 kJ/m^3。采用强磁场取向、等静压和低氧工艺所制备的 $SmCo_5$ 永磁体的各项磁性能参数均有所提升。同时，由于 Co-Co 间强烈的 3d-3d 交换作用，$SmCo_5$ 的居里温度 T_c 为 740℃，它可在−50～150℃的温度范围内工作，是一种较为理想的永磁体，已在现代科学技术与工业中得到广泛的应用。

Sm_2Co_{17}合金在高温下是稳定的Th_2Ni_{17}型六角结构，在低温下为Th_2Zn_{17}型菱方结构，这是在三个$SmCo_5$型晶胞基础上用两个钴原子取代一个稀土原子，并在基面上经滑移形成的。室温下结构的晶格常数a=8.395 Å，c=12.216 Å。图3-4给出了Sm_2Co_{17}合金高温六角结构与低温菱方结构。

Sm_2Co_{17}具有高的内禀饱和磁化强度（M_s=1.2 T），高的居里温度T_c=926℃，是理想的永磁材料。用Fe部分取代Sm_2Co_{17}化合物中的Co，所形成的$Sm_2(Co_{1-x}Fe_x)_{17}$合金的内禀饱和磁化强度可进一步提高。当x=0.7时，$Sm_2(Co_{0.3}Fe_{0.7})_{17}$合金的$M_s$可高达1.63 T，其理论最大磁能积可达525.4 kJ/m^3。

Sm_2Co_{17}永磁为畴壁钉扎型磁体，在微观上它由胞状和片状结构混合而成，如图3-5所示。胞状结构为长轴沿着c轴的长菱形，胞内为菱方晶系的$Sm_2(Co,Fe)_{17}$主相，胞壁是六方晶系的$Sm(Co,Cu)_5$相，2∶17相与1∶5相是共格的。片状相垂直于c轴，贯穿整个胞状组织。磁体的高饱和磁化强度主要来源于Th_2Zn_{17}型的$Sm_2(Co,Fe)_{17}$主相，$CaCu_5$型富Cu的$Sm(Co,Cu)_5$胞壁相通过钉扎畴壁而形成高的内禀矫顽力，$NbBe_3$型片状相提供通道以使Cu快速分离进入胞壁区域，从而形成均匀的富Cu的$Sm(Co,Cu)_5$胞壁相。

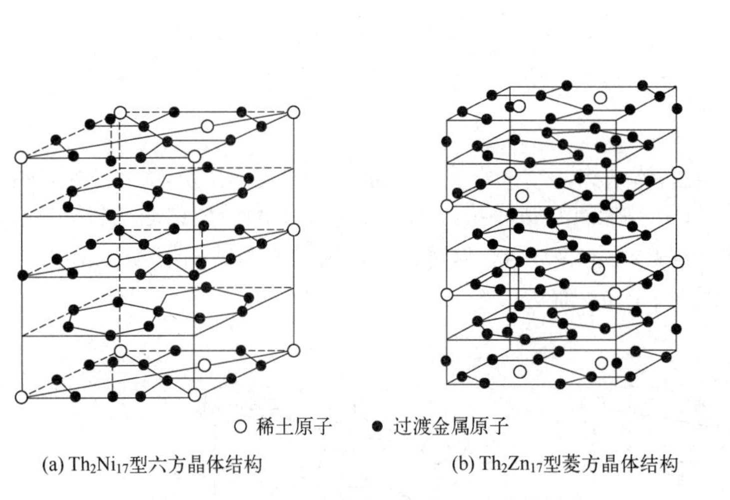

图3-4　Sm_2Co_{17}合金高温和低温下晶体结构

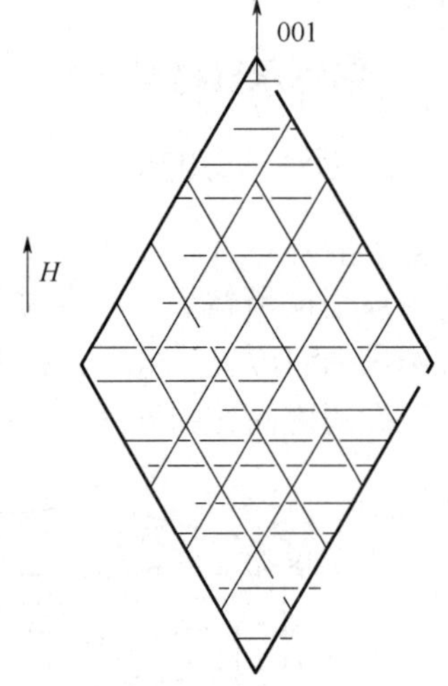

图3-5　2∶17型SmCo永磁体的胞状组织示意

3.2.1.2　$SmCo_5$永磁制备技术及性能优化

$SmCo_5$永磁绝大多数采用粉末冶金工艺制造，以各向异性为主，且通常具有单一的取向方向，获得高的磁能积。$SmCo_5$永磁粉末冶金工艺有以下几个步骤：熔炼→制粉→磁场下成型→烧结。$SmCo_5$合金熔炼采用真空感应电炉，真空度达到2～10 Pa，由于稀土元素化学活性较强，易于氧化且熔炼中高温下易挥发，所以需要在氩气氛围中加热熔炼。抽真空后升温到1300～1400℃保温1～2 h，降温时在900℃保温1 h，目的是使熔炼产品均匀化，提高合金的矫顽力。制粉阶段主要经过粗破碎、中破碎和细磨得到3～5 μm的粉末，送至磁场下成型。粗破碎是在氮气保护下颚式破碎机中完成，中破碎是氮气氛围中用研磨机完成，细磨一般是在气流磨或是球磨机中完成，筛选出所需颗粒大小的磁粉。磁场成型所需的磁场强度≥1 T，磁力线方向和加压力方向有垂直和平行两种方式，垂直则磁性能提高，因为粉末颗粒得到了良好的取向，并且在提高合金的磁体密度时颗粒的取向也不会降低。$SmCo_5$采用液相烧结，过程是将两种不同稀土含量的合金按照一定比例混合后在氩气中于1120～1450℃烧结1～1.5 h，再缓冷到1095～1100℃保温15～40 min，在充足氩气的保护下，缓冷到840～920℃保温0.5～1 h后急冷到室温。在烧结中，为了提高材料的磁性能，时常加入吸气剂，可以显著地提高永磁材料的矫顽力，降低合金中的氧含量，保持合金的稳定性。

成分对$SmCo_5$永磁材料性能有重要的影响。按化合物分子式计算，$SmCo_5$的成分（原子百分数）为Sm16.66%、Co83.33%，或质量分数为Sm33.79%、Co66.21%。Sm原子百分数含量低于16.33%（欠计量）时，$SmCo_5$磁体的磁性能很低，例如当Sm原子百分数为16.24%时，$(BH)_{max}$只有21.49kJ/m^3。Sm原子百分数在16.72%～16.94%左右（过计量）时，可获得最佳的磁性能。此时，$(BH)_{max}$介于148.9～174.3kJ/m^{3}之间。说明按化学计量来配制成分，不可能获得优异的磁性能。Sm含量为过计量时，才可能获得优异的磁性能。

温度系数是影响$SmCo_5$永磁体工作范围的一个重要参数。不同的温度下，$SmCo_5$永磁材料的磁性能存在一定差异，温度越高，磁性能越低。主要磁性能指标随着温度的升高都有所降低，但降低速度有所不同，其中内禀矫顽力降低最快。此外，在不同的温度段，材料磁性能的降低速度也有所不同。一般情况下，钐钴永磁的最高使用温度可以达到400℃。$SmCo_5$材料在20～150℃范围内主要磁性能指标的温度系数均为负值，其中磁能积温度系数绝对值最大，为每摄氏度−0.1313%；矫顽力温度系数绝对值最小，为每摄氏度−0.0223%。即随着温度升高，磁性能都有所降低，其中磁能积温度系数最大。由相图知道在20～150℃范围内并没有发生相变，但随着温度的升高，原子的热运动升高，原本排列有序的原子出现了紊乱，使得磁矩的方向发生了变化。而磁性的来源主要是由磁矩的定向排列而成的，当磁矩的方向发生变化时，其磁性能就有所降低。

3.2.1.3 Sm_2Co_{17}永磁制备技术及性能优化

目前Sm_2Co_{17}永磁的生产工艺基本可以分为两个部分，即制备磁粉和生产磁制品。前者包括粉末冶金法、还原扩散法、熔体快淬法、氢脆法等；后者包括磁粉成型烧结法、磁粉黏结法、磁粉热压热轧法、直接铸造法等。在实验室范围内还有活性烧结、固相反应法、溅射沉积法和机械合金化法等。1980年开发出注射成型2：17型Sm-Co黏结磁体与挤压成型技术，解决了2：17型Sm-Co磁体加工难的问题。S.K.Chen等研究了用机械合金化法制备的2：17型SmCo纳米合金的矫顽力和微观结构，指出畴壁钉扎仍是制约矫顽力的重要机制，晶格缺陷对矫顽力也有重要影响。H.W.Kwen等用氢脆法和球磨相结合的方法制备了$Sm(CoFeCuZr)_{7.1}$磁体，用氢脆法使合金铸锭破碎成单晶颗粒，减少了球磨时间，因而显著减少了稀土磁体生产过程中存在的氧化问题。用氢脆法和球磨相结合是生产2：17型SmCo烧结磁体的有效方法。

近几年，工作温度要求在400～500℃的高温磁体，主要应用于新一代飞行器的发动机系统以及电子元器件替代原有的液压传动系统，以提高飞行器的可靠性和降低飞行器的维护难度。2：17型SmCo永磁因其具有高的居里温度和较高的磁能积成为首选材料，然而现已实用化的2：17型SmCo永磁的磁性能均随温度的升高而显著下降，具有较大的负温度系数，很难满足高温条件下的使用要求。人们从两个方面来发展高温磁体：一是大幅度地提高矫顽力；二是降低矫顽力温度系数。可以从以下几个方面来提高这两个磁性能。

Sm 含量对合金的性能有影响。Sm 的质量分数在 20%～30%之间，当 Sm 质量分数为 25.5%时，此合金可以获得较高矫顽力，内禀矫顽力 H_{cj}=2388 kA/m，但退磁曲线的方形度较差。如果 Sm 含量提高到 26.5%时，H_{cj}=1592 kA/m，退磁曲线方形度明显得到改善。说明 Sm 的含量不仅影响矫顽力，还可调整退磁曲线的方形度。用 Fe 取代部分的 Co，形成 $Sm_2(Co_{1-x}Fe_x)_{17}$，当 x=0.7 时，即 $Sm_2(Co_{0.2}Fe_{0.7})_{17}$，此金属间化合物 μ_0M_s=1.63 T，理论磁能积可达到 525.4 kJ/m^3。用 Fe 部分取代 Co 的 $Sm_2(CoFe)_{17}$ 矫顽力偏低，难以成为使用磁体。所以，在三元的 $Sm_2(Co_{1-x}Fe_x)_{17}$ 合金系基础上，通过添加其他元素而研究高性能的永磁材料。

另外，Zr 的添加也有利于改善磁体的磁性能，在质量分数为 1%的 Zr 合金中的 Fe 的含量逐步提高，合金的剩余磁感应强度，内禀矫顽力，最大磁能积都逐步提高，但在 Fe 的质量分数大于 14%Fe 时则内禀矫顽力不仅不提高，反而下降。在 1983 年 Lan Denian 等得到 $Sm(Co_{0.654}Cu_{0.078}Fe_{0.24}Zr_{0.028})_{8.22}$ 合金的磁性能如下：B_r=1.06 T，H_{cj} =732.3 kA/m，$(BH)_{max}$=238.8 kJ/m^3。在 Zr 质量分数为 1%时得到上述磁性能，若 Zr 含量下降，磁性能也下降。表明此合金在提高 Fe 含量的同时，也该提高 Zr 的含量。Zr 不仅强烈地影响合金的矫顽力，而且对退磁场的方形度有很大的影响。含 Zr 合金的矫顽力对热处理工艺非常敏感。在试验中发现 2∶17 型 SmCo 永磁材料中 Zr 的含量与 Fe 和 Sm 的含量均有关，Cu 和 Fe 的含量对 2∶17 相的结构有很大的影响。

2∶17 型 $Sm(CoCuFeZr)_z$（z=7.0～8.5）永磁材料和 $SmCo_5$ 永磁材料相比有下述优点：a. 配方中的 Co 含量与 Sm 的含量比 $SmCo_5$ 永磁材料低；b. 磁感温度系数低，约−0.01%/℃，可以在−60～350℃范围工作；c. 居里温度高。由于具有优异的性能在新一代精密仪表、微波器件等广泛应用。但 2∶17 型材料制造工艺复杂，为了提高矫顽力必须多段时效，工艺费用比 $SmCo_5$ 要高。

3.2.1.4 钐钴永磁的应用与发展

因为 Fe 和稀土储量高的 Nd 为主要原材料，第三代稀土永磁材料 NdFeB 具有很高的性价比，从问世以来就主导了稀土永磁材料市场，SmCo 磁体被严重边缘化。但在 NdFeB 不能企及的特殊应用领域，特别是要求高使用温度和高温度稳定性的场合，SmCo 磁体发挥了不可替代的作用，因为它们具有远高于 NdFeB 的居里温度，而且抗腐蚀能力也更优越。在发挥 SmCo 磁体特殊优点的同时，对其高性能方面的研究一直没有停滞不前，复杂而精巧的工艺和显微结构控制不断地将其性能推至极致，1997 年，美国国防部要求 SmCo 磁体的使用温度从常规的 300℃提高到 500℃以上，以适用于航空航天新应用（如电机、发电机），部分尖端应用如行波器（空间探索和卫星通信）和惯性装置（中立传感器和陀螺仪）。还特别要求剩磁可逆温度系数的绝对值小（习惯上称之为低温度系数磁体），由此引发了 RCo_7 磁体的开发以及 SmCo 磁体高温特性的大幅度提升。美国电子能源公司（EEC）开发了最高工作温度涵盖 450～550℃的一系列磁体，国内的北京钢铁研究总院、北京航空航天大学、北京科技大学等单位也开展了相应的工作，并取得了良好的成果。

3.2.2 NdFeB 永磁材料

NdFeB 磁体一般由三个相组成，$Nd_2Fe_{14}B$ 相（又称主相）、$Nd_{1.1}Fe_4B_4$ 相（又称富 B 相）和 Nd 相（又称富 RE 相）。试验证明，在三元 NdFeB 合金中，当 B 质量分数小于 1.06%，其富 B 相含量很少，可以忽略不计，一般可以看作两个相组成的合金。下面分别介绍三种相的晶体结构与磁性能，重点介绍主相和富RE相，富B相仅做简单介绍。

大部分稀土元素（用RE表示）都形成$RE_2Fe_{14}B$化合物，它占整个NdFeB永磁体中的96%～98%，因此又称为主相。$Nd_2Fe_{14}B$相属于四角晶体（或简称四方相），其理论密度为7.62 g/cm³，空间群P42/mnm，晶格常数a=0.882 nm，c=1.224 nm，具有单轴各向异性，单胞结构如图3-6所示。每个单胞由4个$Nd_2Fe_{14}B$分子组成，共68个原子，其中有8个Nd原子，56个Fe原子，4个B原子。这些原子分布在9个晶位上：Nd原子占据4f、4g两个晶位，B原子占据4g晶位，Fe原子占据6个不同的晶位，即16k_1、16k_2、8j_1、8j_2、4e和4c晶位。其中8j_2晶位上的Fe原子处于其他Fe原子组成的六棱锥的顶点，其最近邻Fe原子数最多，对磁性有很大影响。4e和16k_1晶位上的Fe原子组成三棱柱，B原子正好处于棱柱的中央，通过棱柱的3个侧面与最近邻的3个Nd原子相连，这个三棱柱使Nd、Fe、B这3种原子组成晶格框架，具有连接Nd-B原子层上下方Fe原子的作用。

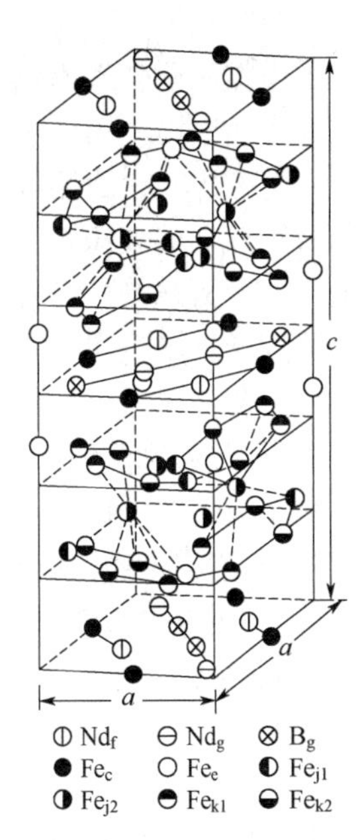

图3-6　$Nd_2Fe_{14}B$单胞结构

$Nd_2Fe_{14}B$硬磁性相的内禀磁性参数是：居里温度T_c=585 K；室温各向异性常数K_1=4.2 MJ/m³，K_2=0.7 MJ/m³，各向异性场H_A=6.7 T；室温饱和磁化强度M_s=1.61 T。基本磁畴结构参数为：畴壁能量密度为3.5×10^{-2} J/m²，畴壁厚度为5 nm。

各类NdFeB磁体主要成分是硬磁性的$Nd_2Fe_{14}B$相，其体积分数大约占到98%。除此之外，NdFeB磁体还包括富Nd相，一些Nd氧化物和α-Fe、FeB、FeNd等软磁性相，它们成分和特征如表3-2所示。NdFeB磁体的磁性主要是由硬磁性相$Nd_2Fe_{14}B$决定，弱磁性相及非磁性相的存在具有隔离或减弱主相磁性耦合的作用，可提高磁体的矫顽力，但降低了饱和磁化强度和剩磁。同时，由配方和制备工艺所导致的微观结构差异，也在很大程度上决定了永磁体的宏观磁性能。富Nd相一般为非磁性相，沿$Nd_2Fe_{14}B$晶粒边界分布或者呈块状存在于晶界交隅处，也可能呈颗粒状分布在主相晶粒内。

表3-2　NdFeB磁体中各组成相的成分与特征

组成相	成分	各相形貌、分布与取向特征
$Nd_2Fe_{14}B$	Nd：Fe：B=2：14：1	多边形，尺寸不同（一般5～20 μm）取向不同
富B相	Nd：Fe：B=1：4：4	大块或细小颗粒沉淀，存在于晶界或交隅处或晶粒内
富Nd相	Fe：Nd = 1：（1.2～1.4） Fe：Nd = 1：（2～2.3） Fe：Nd = 1：（3.5～4.4） Fe：Nd>1：7	薄层状或颗粒状，沿晶界分布或处于晶界交隅处或镶嵌在晶粒内部
Nd的氧化物	Nd_2O_3	大颗粒或小颗粒沉淀，存在于晶界
富Fe相	Nd-Fe化合物或α-Fe	沉淀，存在于晶粒或晶界
其他外来相	NdCl、Nd(OH)Cl或Fe-P-S相	颗粒状

3.2.2.1　烧结NdFeB永磁

烧结NdFeB永磁经过气流磨制粉后取向压制烧结而成，矫顽力高且具有极高的磁能积。其本身具有较好的机械性能，可以切割加工成不同的形状和钻孔，并且工作温度可达200℃。

由于钕铁硼磁体含有稀土元素容易导致锈蚀，所以根据不同要求必须对表面进行不同的涂层处理（如镀锌、镍、环保锌、环保镍、镍铜镍、环保镍铜镍等）。烧结钕铁硼永磁体具有高磁能积、高性价比的优势，优异的磁性能、可加工性好、尺寸精度高，符合了电子信息整机“轻薄短小化”的要求，因此被广泛应用于电子、电力、机械、医疗器械等领域，如永磁电机、扬声器、磁选机、计算机磁盘驱动器、核磁共振成像设备、仪表等。超高矫顽力钕铁硼磁体主要用于电动汽车、电动自行车和一些具有较高环境温度的电机中。

近邻原子之间的交换相互作用是物质磁性的来源。因此，物质结构各层次之间的相互作用与材料磁性能密切相关。稀土（RE）-过渡族金属（TM）化合物中，RE 亚晶格与 TM 亚晶格之间的交换相互作用影响各向异性和磁化行为。此外，晶粒之间的相互作用影响磁体的矫顽力、剩磁和磁能积等宏观磁性。因此，凡是影响 NdFeB 中各晶粒之间的相互作用以及 $Nd_2Fe_{14}B$ 晶粒中 RE 和 TM 两种亚晶格之间相互作用的因素都会对 NdFeB 磁体的性能产生影响。

NdFeB 材料主要磁性能技术参数，如剩磁、矫顽力、最大磁能积等是结构敏感的磁参量，尤其对磁体的显微组织非常敏感。为了增大剩磁，NdFeB 永磁材料的成分应与 $Nd_2Fe_{14}B$ 分子式相近。试验结果表明，若按 $Nd_2Fe_{14}B$ 成分配比，虽然可以得到单相的 $Nd_2Fe_{14}B$ 化合物，但磁体的永磁性能很低。这是因为，此时液相（富 Nd 相）减少或消失，对磁体产生了两个不利的影响：一是液相烧结不充分，烧结体密度下降，不利于提高剩磁；二是液相不足就不能形成足够的晶界相，不利于提高矫顽力。实际上只有永磁合金中的 Nd 和 B 的含量分别高于 $Nd_2Fe_{14}B$ 正化学计量比时，才能获得较好的永磁性能。保持 B 的含量不变逐步增加 Nd 的含量，在 Nd 的质量分数为 13%～15%时，磁体获得最高的 B_r 值；继续增大 Nd 含量可以提高磁体的矫顽力，却导致了剩磁的下降。保持 Nd 含量不变逐步增加 B 含量时，发现 B 是促进 $Nd_2Fe_{14}B$ 四方相形成的关键因素，增加 B 的含量有助于 $Nd_2Fe_{14}B$ 相的形成。在 B 的原子百分数为 6%～8%时，磁体的剩磁和矫顽力都达到最佳值。所以，在 NdFeB 永磁材料的成分设计时应考虑如下原则：为获得高矫顽力的 NdFeB 永磁体，除 B 含量应适当外，可适当提高 Nd 含量；为获得高磁能积的合金，应尽可能使 B 和 Nd 的含量向 $Nd_2Fe_{14}B$ 四方相的成分靠近，尽可能地提高合金的 Fe 含量，并控制稀土金属总量和氧含量，降低磁体中非磁性相掺杂物的体积分数。同时，提高磁体剩磁的方法主要还有：a. 控制和提高 2∶14∶1 晶粒 c 轴沿取向方向的取向程度。b. 最大限度地提高磁体的相对密度（实际密度/理论密度）。c. 使磁体内部成分和组织均匀，减少磁体在第一象限内产生反磁化畴的可能性。

NdFeB 磁体的矫顽力远低于 $Nd_2Fe_{14}B$ 硬磁性相各向异性场的理论值，仅为理论值的 1/5～1/3，这是由材料的微观结构和缺陷造成的。磁体的微观结构包括晶粒尺寸、晶粒取向及其分布、晶粒界面缺陷及耦合状况等。根据理论计算，晶粒间的长程静磁相互作用会使理想定向的晶粒的矫顽力比孤立粒子的矫顽力低 20%；而偏离定向的晶粒间的短程交换作用会使矫顽力降低到理想成核场的 30%～40%。因此，在理想状况下，主相晶粒应被非磁性的晶界相完全分隔开，隔断晶粒间的磁相互作用。这就要求磁体中要含有足够的富 Nd 相，其体积分数应超过 20%。磁体中晶粒边界层和表面结构缺陷既是晶粒内部反磁化的成核区域，又是阻碍畴壁运动的钉扎部位，因此对磁体矫顽力有决定性的影响。

晶粒之间的耦合程度、晶粒形状、晶粒大小及其取向分布状态影响晶粒之间的相互作用，从而影响磁体的宏观磁性。理想的 NdFeB 磁体应当由具有单畴尺寸 0.26 μm 且大小均匀的椭球状晶粒构成，硬磁性晶粒结构完整，没有缺陷，磁矩完全平行取向，晶粒之间被非磁性相隔离，彼此之间无作用。这种磁体的磁性能够达到理想化的理论值。实际上，对于采用各种工艺制备的不同成分的磁体，其晶粒的大小、形状及其取向各不相同。对于烧结磁体，各向异性晶粒的取向程度随磁粉压型时的取向磁场强度而变化，晶粒尺寸一般为5～10 μm，在热处理状态下呈多畴结构。对于采用快淬工艺制成的黏结磁体，晶粒一般为各向同性，各晶粒磁矩混乱分布，晶粒尺寸一般为10～500 nm，其小晶粒为单畴粒子，大晶粒可能为多畴结构。晶粒形状随工艺过程而变化，并且远非椭球状，可能有突出的棱和尖角。硬磁性晶粒之间部分被非磁性层间隔，有的晶粒界面直接耦合。这些都会直接影响到磁体的宏观磁性能。

受磁体微观结构、成分配方及制备工艺过程的影响，磁体的宏观磁性能在下述范围内取值：内禀矫顽力约为1.2～2.5 T；剩磁从0.8 T（各向同性黏结磁体）到1.2～1.5 T（取向烧结磁体）；最大磁能积的工业生产水平分别为80～160 kJ/m^3（黏结磁体）及240～480 kJ/m^3（烧结磁体）。在烧结钕铁硼中，添加微量元素既可以改善主相的内禀特性，又可以影响磁体的微观结构，因此有望改善磁体的剩磁 B_r、内禀矫顽力 H_{cj} 和居里温度 T_c 等指标。一般来说，添加元素可分为两类，即置换元素和掺杂元素。表3-3中总结出了各种添加元素所起作用及其作用机理。

表3-3　各种添加元素所起的作用及其作用机理

添加元素	正面效果	机理	负面效果	机理
Co置换Fe	T_c↑ B_r↓ 抗蚀性↑	Co的 T_c 比Fe的高；新的 Nd_3Co 晶界相替代了原来易腐蚀的富Nd相	B_r↓ H_{cj}↓	Co的 M_s 比Fe的低；新的晶界相 Nd_3Co 是软磁性相，不起去磁耦作用
Dy/Tb置换Nd	H_{cj}↑	Dy起主相晶粒细化作用；$Dy_2Fe_{14}B$ 的 H_A 比 $Nd_2Fe_{14}B$ 高	B_r↓ $(BH)_{max}$↓	Dy与Fe的原子磁矩呈亚铁磁性耦合，降低主相的 M_s
晶界改进元素M1	H_{cj}↑ 抗蚀性↑	形成非磁性晶界相，使主相磁去耦，同时还抑制主相晶粒长大；替代原来易腐蚀的富Nd相	B_r↓ $(BH)_{max}$↓	非磁性元素M1局部替代Fe，使主相 M_s 下降
难溶元素M2	H_{cj}↑ 抗蚀性↑	抑制软磁性α-Fe、$Nd(Fe,Co)_2$ 相生成，从而增强磁去耦，同时抑制主相晶粒长大	B_r↓ $(BH)_{max}$↓	在晶界或晶粒内生成非磁性硼化物相，使主相体积分数下降

3.2.2.2　快淬NdFeB永磁

快淬技术也称为快速凝固技术或急冷技术，是诸多制备技术中的一项非常重要的方法。快淬NdFeB各向同性磁粉的生产工艺与软磁非晶合金生产工艺相类似，其区别在于快淬NdFeB是在真空中快速凝固，而软磁非晶合金是在非真空中快速凝固的，因此快淬NdFeB工艺更为复杂。图3-7给出了快淬NdFeB各向同性磁粉生产工艺流程。

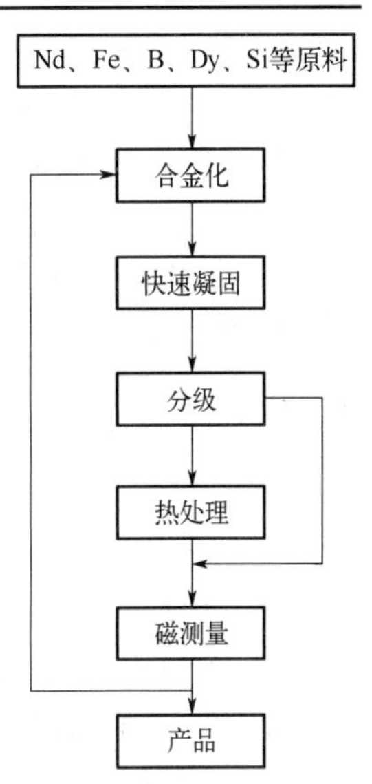

图3-7　快淬NdFeB各向同性磁粉生产工艺流程

快淬NdFeB各向同性磁粉生产工艺流程如下：将冶炼用合金原材料去氧化皮，原料配比按化合物分子式计算，配料时要根据不同的冶炼炉特点适当考虑稀土及其他元素的烧损；将得到的原料合金粉碎成一定粒度的小块，再装入真空快淬炉中进行急速冷凝；得到的快淬条带进行分类，并根据条带的不同特性进行热处理，最后得到合格产品。

影响快淬NdFeB磁粉磁性的工艺因素主要有：①冶炼时金属溶液的温度；②冷却辊的表面线速度，喷嘴与辊表面的间距；③喷嘴的形状和尺寸；④冷却辊的材质；⑤压出钢液喷带时的气压；⑥真空室内的气体种类及压力；⑦坩埚的材质；⑧整个制带过程中从钢水到辊面，再到喷出带的整体热平衡。上述因素又互相制约和影响，但最主要的还是冷却辊速度的影响。除此之外，添加微量元素也可以提高快淬 NdFeB 磁粉的磁性能。在最佳辊速的情况下，添加 V 的 $Nd_{11}Fe_{72}Co_8V_{1.5}$ 快淬合金的 $(BH)_{max}$=153 kJ/m^3，B_r=0.926 T，H_{cj}= 612 kA/m，优于未添加 V 的合金。通过添加 Al 或 Si 等也有上述类似的结果。

3.2.2.3 黏结 NdFeB 永磁

尽管黏结钕铁硼产业和烧结钕铁硼同期兴起，但是相较而言黏结钕铁硼进展较为滞后。其中影响因素是多种多样的，主要因素一是麦格昆磁集团对钕铁硼快淬磁粉所检测的成分和生产工艺具有独特的专利授权制度，对黏结钕铁硼的磁粉产品质量拥有绝对控制权，从而垄断了市场资源。二是由于黏结钕铁硼磁体的磁性能和机械硬度均较低，在实际应用上受到了较大制约，应用范围也并不像烧结钕铁硼那样广泛。黏结钕铁硼磁体一般是各向同性的，最大磁能积不超过 130 kJ/m^3；另外，由于黏结钕铁硼生产工艺还有相当局限，因此用于黏结磁体的快淬磁粉生产能力只能适应较低端市场的应用。目前而言，由于新能源行业的发展，研究制造更高性能的各向异性稀土黏结磁体已成为市场上最新的需求方向。

与烧结钕铁硼不同，黏结磁体的单个粉粒需要拥有足够高的矫顽力，一旦高矫顽力所要求的多相组织和显微结构在制粉过程中被严重破坏，将无法生产出好的黏结磁体。所以利用熔旋快淬磁粉的方法有利于保证制粉质量，将炽热的熔炼合金倾倒或喷射到高速旋转的水冷铜轮上，形成厚度约为 100 μm 的薄带，由于冷却速度较快，合金薄带部分为非晶态，再经过退火热处理晶化形成平均尺寸 30～40 nm 的纳米晶，以达到粉粒稳定良好的永磁特性。由于熔旋快淬方法制成的是多晶粉末，且每个晶粒的易磁化轴随机分布，因此磁粉是各向同性的。

黏结磁体是由磁粉和黏结剂组成的复合材料，黏结剂所占的体积和磁体内部的孔隙直接影响磁体的剩磁和最大磁能积，而磁粉粒度会导致内禀矫顽力和退磁曲线方形度的优劣。各向同性黏结磁体以 $Nd_2Fe_{14}B$ 为硬磁主相，采用急冷快淬工艺将各向同性合金粉末纳米化，从而实现高的内禀矫顽力。实现合金晶粒纳米化的另一个途径就是吸氢、波化、脱氢、再复合（HDDR）工艺，若 HDDR 的工艺恰当，纳米晶粒的 c 轴将会保持和原来大晶粒的 c 轴一致，磁粉呈现各向异性。所以，对于各向异性黏结磁体，磁粉易磁化轴的均匀一致取向度是关系到磁性能的关键因素。

3.2.2.4 热变形 NdFeB 永磁

热压/热变形 NdFeB 磁体几乎是与烧结 NdFeB 磁体同时研究和开发出来的。钕铁硼快淬磁粉可以利用缓慢且大幅度的热变形改变诱发相应的晶体取向，以便制造高质量的各向异性磁体。其特殊的挤压成型工艺也非常有利于生产高辐射选择性的薄壁型加工磁环。由于目前热变形钕铁硼磁体的生产通常采用 MQ 粉，磁体具有纳米晶结构，在不添加重稀土等材料的前提下仍产生了很大的矫顽力，所以在成本上相比于烧结钕铁硼磁体具有一定优势。

热压/热变形 NdFeB 磁体的制备过程主要分为两个阶段：热压和热变形。热压阶段将纳米晶 NdFeB 粉末压成高密度、各向同性坯块。热变形阶段将 NdFeB 等轴晶转变为片状晶，片状晶的堆垛方式为垂直压缩方向，c 轴（易磁化方向）沿着压力方向排布，形成各向异性磁体，从而大幅度提高磁体的磁性能。与烧结工艺相比，热压/热变形工艺制备的钕铁硼永磁材料具有以下独特优点：a.工艺温度低（580～900℃）；b. 工艺时间短（3～10 min）；c. 无扩散；d. 晶粒小（粒径 50～150 nm）；e. 抗腐蚀特性强。

热压/热变形磁体的制造需要从快淬 NdFeB 磁粉开始，而不是直接用铸态合金，其采用过淬（冷却速度过快）的条件制备出更细的晶粒甚至是非晶态的磁粉，在热压和热变形过程中让晶粒受热长大到接近单畴尺寸，从而在最终磁体中实现高矫顽力。热压过程是将磁粉装在模具中，在高温下施加压强制成各向同性全致密磁体，若将各向同性磁体放到更大口径的加热模具中，在受压方向上变形 50%以上，就获得了全致密各向异性磁体。

3.2.2.5 纳米晶双相复合 NdFeB 永磁

理论上，如果复合磁体仅仅是硬磁相颗粒和软磁相颗粒的简单堆积组合，则剩余磁化强度 B_r 和饱和磁化强度 B_s 的关系应满足 Stoner-Wohlfarth 理论，该理论描述了单轴晶系多晶永磁体的磁学性质。假设多晶永磁体内各个晶粒都具有单个易轴，且未经过特殊的织构化处理，整个永磁体并不显示出单轴各向异性的特点。各个晶粒的易轴在空间随机均匀分布。当外加磁场 $\boldsymbol{H}$ 沿磁体的任一方向磁化至饱和状态后，在剩磁状态下，多晶体内的磁极化强度分布在外磁场方向的正半球内，从 0° 到 180° 均匀分布，如图 3-8 所示。则剩余磁化强度大小为：

$$B_r = B_s\overline{\cos\theta} = B_s\frac{1}{2\pi}\int_0^{2\pi}2\pi\sin\theta\cos\theta\mathrm{d}\theta = \frac{B_s}{2} \quad (3\text{-}1)$$

1988 年，Clemette 在 Nd-Fe-B-Si 系合金中得到了与上述理论不符的结果。成分为 $Nd_{12.2}Fe_{81.9}B_{5.4}Si_{0.5}$ 的非晶态薄带，在最佳条件下进行晶化处理，其磁性能为：$(BH)_{max}$=149.64 kJ/m^3，B_r=0.925 T，B_s=1.53 T，H_s=930.7 kA/m，$Nd_2Fe_{14}B$ 相晶粒大小为 19 nm，B_r/B_s=0.6，超过了 Stoner-Wohlfarth 理论所预言的 0.5。这显然不能用 Stoner-Wohlfarth 理论来解释。这一结果虽然是在单相 NdFeB 永磁材料中得到的，但对多相复合磁体的发展有着重要的影响。Clemette 以此结果为基础，提出了一个重要的概念“交换耦合作用”。所谓交换耦合作用，是指在 $Nd_2Fe_{14}B$ 晶粒内部，磁极化强度受各向异性能的影响平行于易轴，而在晶粒的边界处有一层“交换耦合区域”，在该区域内磁极化强度受到周围晶粒的影响偏离了易轴，呈现磁紊乱状态。在剩磁状态下，必然会有一些晶粒的易轴与原外加磁场方向一致，这些晶粒中的磁极化强度会使得周围晶粒中交换耦合区域内的磁极化强度也大致停留在剩磁方向上，从而使得剩余磁极化强度有了明显的提高。

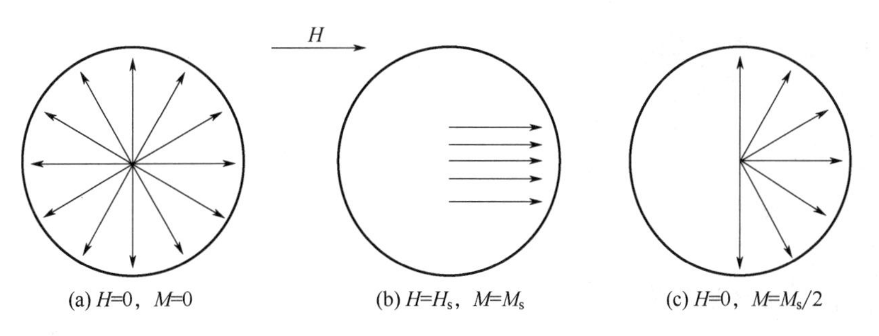

图 3-8 单轴晶系多晶体的剩磁

如果永磁体中晶粒尺寸过大，则交换耦合区域所占的体积分数太小，交换耦合作用不甚明显。只有在纳米尺度内（一般认为小于 30 nm），这种交换耦合作用才能真正起作用。另外，晶粒边界处不能有过多的界面相，否则这些界面相会削弱交换耦合作用。

在双相复合磁体中，有三种交换耦合作用，即硬磁相与硬磁相之间的作用、硬磁相与软磁相之间的作用和软磁相与软磁相之间的作用。其中，硬磁相与软磁相之间的作用最为重要。以 $Nd_2Fe_{14}B$ 和 Fe 为例，这种交换耦合作用在 $Nd_2Fe_{14}B$ 相中的有效范围 L 与 180° 布洛赫壁厚度 δ 相当。而交换耦合作用在 Fe 中的有效范围约是在 $Nd_2Fe_{14}B$ 相中的两倍，即 8.4 nm。在晶界两侧的交换耦合区域内，两相的磁极化强度会逐渐趋于一致。当 Fe 晶粒尺寸在 10 nm 以下时，几乎整个晶粒都受交换耦合作用的影响，这时就会形成交换磁硬化，Fe 晶粒中的磁极化强度处于周围 $Nd_2Fe_{14}B$ 晶粒的平均磁极化强度方向上。在外磁场作用下，Fe 相中的磁极化强度随 $Nd_2Fe_{14}B$ 相中的磁极化强度一起转动，在退磁过程中也表现出与单一硬磁相同样的性质。因为 Fe 的饱和磁极化强度远高于 $Nd_2Fe_{14}B$ 相，所以由 Fe 和 $Nd_2Fe_{14}B$ 相所组成的复合磁体，其剩磁会达到较高水平，这一点在试验上也得到了充分的验证。剩磁增强效应和光滑的退磁曲线既是复合磁体的两个基本特征，也是判断交换耦合作用强弱的重要依据。

很多学者运用微磁学理论结合有限元方法研究了这种纳米双相复合磁体的一维模型、二维各向同性模型、三维各向同性和各向异性模型。Skomsky 和 Coey 建立的模型假定理想的复合磁体的微观结构满足如下条件：两相结晶连续，尺寸在 10 nm 左右，两相之间无非磁性相存在，且完全耦合。计算表明 $Nd_2Fe_{14}B/Fe$ 型复合磁体最大磁能积可达到 662 kJ/m^3。若将 $Sm_2Fe_{17}N_3$ 和 Fe 制成纳米晶复合磁体，其最大磁能积将达到 880 kJ/m^3。如果将 $Sm_2Fe_{17}N_3$ 和 $Fe_{65}Co_{35}$ 做成交换复合多层膜，并使 $Fe_{65}Co_{35}$ 相的厚度等于硬磁相的畴壁宽度，则这种纳米相复合多层膜的磁能积可以高达兆焦耳数量级，这就是所谓的“兆焦耳磁体”。

3.2.3 SmFeN 永磁材料

尽管 Nd-Fe-B 系稀土永磁材料具有优异的磁性能，但由于其居里温度低，耐腐蚀性差，且 Nd-Fe-B 系稀土永磁材料经过多年发展其实际性能已接近理论值，潜力有限，因而人们希望开发新一代的铁基稀土永磁材料。1990 年 Coey 等人报道了利用气-固相反应合成 $R_2Fe_{17}N_x$ 间隙原子金属间化合物，其中 R 为稀土元素，这引起了磁学界的极大关注，并迅速引发了研究高潮。R_2Fe_{17} 化合物吸 N 以后，晶体结构不变，单胞体积膨胀；居里温度和饱和磁化强度均显著提高。下面简单介绍该类永磁材料。

3.2.3.1 SmFeN 永磁的结构

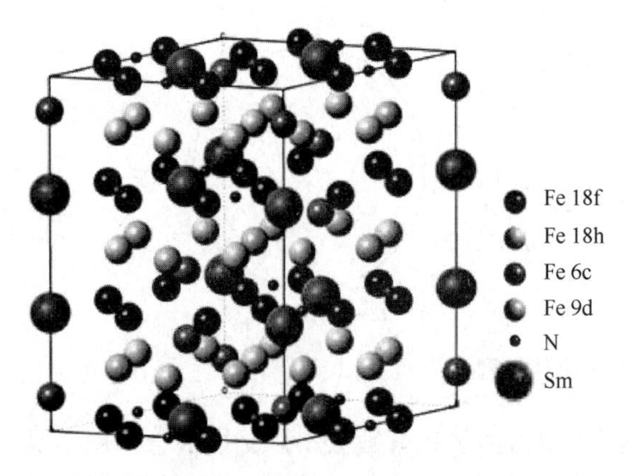

图 3-9 Th_2Zn_{17} 型的 $Sm_2Fe_{17}N_3$ 晶胞结构

R_2Fe_{17} 化合物一般具有图 3-4 中 Th_2Zn_{17} 和 Th_2Ni_{17} 两种类型的晶体结构。Sm_2Fe_{17} 结构具有 Th_2Zn_{17} 晶体结构，图 3-9 为 Sm_2Fe_{17} 引入 N 原子后的单胞结构。一个晶胞由三个 Sm_2Fe_{17} 分子组成，6 个 Sm 原子占据了 c 晶位，6 个 Fe 原子占据了 c 晶位，9 个 Fe 原子占据了 d 晶位，18 个 Fe 原子占据了 f 晶位，18 个 Fe 原子占据了 h 晶位，该结构有两个较大的空位，一个是位于含有 Sm 原子面的八面体空隙的 e 晶位，另一个是位于沿 c 轴方向两个 Sm 原子之间的四面体空隙。Sm_2Fe_{17} 的居里温度很低，只有 392 K，并且是易基面磁化。Fe-Fe 的原子间距过小，导致其具有负的交换耦合作用，因此 Sm_2Fe_{17} 合金具有低的居里温度。在引入 N 原子后，N 原子进入 8 面体空隙中，形成间隙型化合物，晶体的晶格常数有所变大，引起晶胞体积膨胀，但是并不会改变晶体结构，使得 Fe-Fe 略微增加，这将增强铁磁耦合交换作用，使磁体的居里温度升高。又因为一个 Th_2Zn_{17} 只有三个 8 面体空隙，所以一个晶胞最多能引入 3 个 N 原子。我国杨应昌院士在研究中发现由于氮的电负性比稀土或铁离子的电负性大得多，氮原子具有吸引稀土和铁的电子趋势。因此降低了传导电子从稀土离子到铁 3d 谱带的转移，并导致了 Fe 原子矩的增加，Fe-Fe 原子的交换耦合作用增加使居里温度升高。稀土亚晶格的磁晶各向异性是单离子晶体场诱导的各向异性。为了将各向异性扩展到整个晶格并在高温下保持这种各向异性，需要在稀土亚晶格和 3*d* 晶格之间形成强磁耦合。

3.2.3.2 SmFeN 的制备工艺

对于 SmFeN 稀土永磁材料的制备工艺，长期以来主要集中在粉体的制备方面。根据制粉过程的不同，制备 Sm_2Fe_{17} 磁体的方法主要有熔体快淬法、机械合金法、粉末冶金法、氢化歧化法和还原扩散法。熔体快淬法制备 $Sm_2Fe_{17}N_x$ 粉体是将一定配比的 Sm、Fe 合金或粉体，经过感应加热炉或电弧熔炼炉熔铸成合金锭后通过高速转动的铜辊快速冷却，得到非晶合金条带，后经过晶化处理、破碎、高能球磨或气流磨制得 Sm_2Fe_{17} 粉体，将粉体通入氮气进行固-气反应最后得到 $Sm_2Fe_{17}N_x$ 粉体。机械合金化法是将 Sm、Fe 粉混合，装入氩气保护的球磨罐进行高能球磨（机械合金化），得到的 Sm_2Fe_{17} 粉经长时间高温回火保温（923～1123 K）最后通过与 N_2 发生固-气相反应得到 $Sm_2Fe_{17}N_x$ 粉体。该种方法的优点是工艺简单，不需要其他大型设备，但是在球磨过程中粉体极易被氧化，在热处理过程中也会使 Sm 元素挥发，且无法计算出挥发量，长时间的高能球磨也会使得能耗增加，影响了机械合金法在 $Sm_2Fe_{17}N_x$ 粉体制备中的应用。还原扩散法是将 Sm_2O_3、Fe 和 Ca 的粉末混合在一起，在氩气氛下加热数小时。Sm_2O_3 被 Ca 还原成为 Sm 金属，Sm 扩散到 Fe 中形成 Sm_2Fe_{17} 合金，反应产物由 Sm_2Fe_{17} 合金和 CaO 组成。由于 CaO 可溶于水，因此很容易得到经过水处理后变成合金颗粒和 $Ca(OH)_2$ 的溶液。为了分离 Sm_2Fe_{17} 合金粉末，将浆液洗涤并冲洗数次。再经过氮化处理制备得到磁粉。氢化歧化工艺可制得具有均一矫顽力的 SmFeN 细晶粉末，在 Ar 气氛下，由 99.9%的 Fe 和 99.98%的 Sm 感应熔炼该合金。将合金在 1000℃下均质退火 50 h，退火得到的合金锭几乎为单相，并带有少量的游离 α-Fe 和 $SmFe_3$。Sm_2Fe_{17} 合金首先吸收氢气发生歧化反应，后抽至真空，氢气脱离 Sm_2Fe_{17} 合金发生再化合反应使晶粒细化，从而提高 $Sm_2Fe_{17}N_x$ 的磁性能。

除粉体以外，块体制备是限制 SmFeN 永磁材料发展和应用的关键。虽然 $Sm_2Fe_{17}N_3$ 粉体的磁能积发展迅速，接近 380 kJ/m^3，但块体的磁能积仅不到 200 kJ/m^3，这大大限制了 $Sm_2Fe_{17}N_3$ 磁体的应用。这是由于在高于 893 K 的温度下 $Sm_2Fe_{17}N_3$ 不可避免地分解成 SmN 和 α-Fe 的非硬磁性相，该分解温度远低于 Sm-Fe 系统的共晶点（993 K），因此 $Sm_2Fe_{17}N_3$ 无法像 $Nd_2Fe_{14}B$ 磁体那样使用液相烧结形成高矫顽力的大块磁体。通常使用黏结和放电等离子烧结（SPS）使粉末固结，但目前有机黏结是固结 $Sm_2Fe_{17}N_3$ 粉末最有效的方法，因此现在商业 $Sm_2Fe_{17}N_3$ 磁体还只能通过黏结技术制得。

黏结磁体是通过 $Sm_2Fe_{17}N_3$ 粉体与黏结剂混合制备出的一种磁体，这种磁体可以调控磁性能，并且能制成各种形状。黏结磁体的生产工艺分为四种，压延成型、注射成型、挤压成型和模压成型。黏结剂可以是有机黏结剂或低熔点金属常用的金属黏结剂为 Zn。黏结磁体的性能与黏结剂的种类有关。因此制备高性能的黏结磁体主要目标就是寻找与 $Sm_2Fe_{17}N_3$ 适配的黏结剂。放电等离子烧结是使用单轴压力和脉冲直流的组合来加热和烧结粉末。样品放置在由石墨制成的模具中，当粉末被压在模具中时导电的，电流直接通过样品并加热材料。非导电材料通过模具壁的热传导来加热。开关脉冲在烧结循环过程中在样品颗粒间接触处产生不断移动的热，整个过程在真空中进行，使材料不被氧化。除了黏结和烧结外，其他块体制备技术已被应用来对块体 SmFeN 稀土永磁材料进行制备，包括高压扭转变形工艺，锻造工艺等，但未发现市场前景。

3.2.3.3 SmFeN 永磁的应用与发展

SmFeN 稀土永磁材料凭借着其优异的内禀磁性能有望发展成为第四代稀土永磁材料。SmFeN 粉体材料的制备已有相对成熟的工艺技术，但是对于块体 SmFeN 稀土永磁材料的制备还存在着包括磁化机理、微结构优化、矫顽力机制、热分解的控制等工作亟待研究。特别是对于块体高性能 SmFeN 稀土永磁材料的制备方面，目前还没有一条行之有效的途径，需要新理念、新技术的投入。

日本住友金属矿业公司用还原扩散工艺制备 $Sm_2Fe_{17}N_x$ 磁粉取得了突破，他们采用注射成型技术制备磁体，生产出性能较好的各向异性 $Sm_2Fe_{17}N_x$ 磁体并已投放市场，2002 年年产 $Sm_2Fe_{17}N_x$ 磁体 100 吨。$Sm_2Fe_{17}N_x$ 磁体主要作为铁氧体烧结磁体和黏结钕铁硼磁体的替代产品，应用于扩音器、空调的风扇电机等，预计该类磁体将会得到更大的发展。

3.2.4 $ThMn_{12}$ 型永磁材料

$ThMn_{12}$ 型永磁材料是一种具有高内禀磁性能且稀土含量低的新型稀土永磁材料。由于 $ThMn_{12}$ 型 $SmFe_{12}$ 相的亚稳特性，需加入大量非磁性元素以稳定 $ThMn_{12}$ 相，但随着稳定元素加入，$ThMn_{12}$ 相的饱和磁化强度 μ_0M_s 急剧下降。因此，就目前产业化而言，同时保持高的相稳定性和磁性能是一大难点。

3.2.4.1 $ThMn_{12}$ 型永磁的晶体结构与特性

$ThMn_{12}$ 晶体结构是六面体结构，空间群是 I4/mmm。图 3-10 是 $ThMn_{12}$ 包含两个分子式单元的单位晶胞。其中两个大的钍（Th）原子分别位于 Wyckoff 位置的角（表示为 Th1）和中心（表示为 Th2）的 2*a* 上，24 个小的锰（Mn）原子均匀分布在 Wyckoff 位置的 8*f*、8*i* 和 8*j* 上。$ThMn_{12}$ 型稀土铁化合物的分子式可以写成 RT_{12}，其中 R 表示稀土元素，T 表示过渡金属元素，四方的 RT_{12} 型结构可由六方的 RT_5 结构通过将部分 R 原子置换为一对 T 原子制备而得。它具有最高的 R：T 比率，因此预计将显示出最大的饱和磁化强度。当 T=Fe 时，需要使用第三种元素 M 来稳定 RFe_{12} 结构，即 $R(Fe,M)_{12}$。较大的过渡金属原子（M=Ti，V，Nb，Mo，Ta，W）将占据 $R(Fe,M)_{12}$ 结构的 8*i* 位置，这些位置有最大 Wigner-Seitz 胞。较小的原子（M=Al，Si）一般位于 8*f* 和 8*j* 位置，这使得它们可以与 R 原子直接通过两

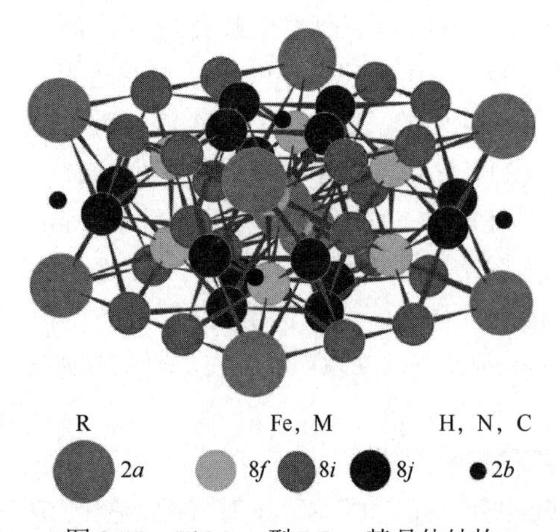

图 3-10 $ThMn_{12}$ 型 RFe_{12} 基晶体结构

个键相连。最多会有一个轻元素原子（即 H、N 或 C）可占据 RT_{12} 结构中的 2*b* 位点，但由此产生的改性晶格是处于亚稳态的。只有当更稳定的稀土氢化物、氮化物或碳化物的形成被动力学因素抑制时，它们才能存在。$R(Fe,M)_{12}$ 是富铁的金属化合物，因此在常温下具有高饱和磁化强度；由于四方结构的 $R(Fe,M)_{12}$ 的晶胞参数 *a*（约为 8.5 Å）和 *c*（约为 4.8 Å）差别很大，这种晶格结构上的不对称性可能导致较大的磁晶各向异性。所以，富铁的 $R(Fe,M)_{12}$ 化合物有希望成为高矫顽力和高磁能积的永磁材料。

$ThMn_{12}$ 型稀土-铁化合物的磁晶各向异性来源于稀土次晶格和铁次晶格的磁晶各向异性之和，其中铁次晶格的磁晶各向异性是弱易轴的并且随温度的变化不大。稀土次晶格的磁晶各向异性由稀土离子的性质和稀土次晶格的晶场系数决定。研究发现，二阶 Steven 因子 αJ 和二阶晶场系数符号相反时，磁晶各向异性多为易轴，否则多为易面。由于 $ThMn_{12}$ 型稀土-铁化合物中稀土次晶格的二阶晶场系数是负的，而 Ce^{3+}、Pr^{3+}、Nd^{3+}、Tb^{3+}、Dy^{3+}等稀土离子的二阶 Steven 因子 $\alpha J<0$，因此其磁晶各向异性表现为易面，而 Sm^{3+}、Er^{3+}、Tm^{3+}等稀土离子的二阶 Steven 因子 $\alpha J>0$，磁晶各向异性表现为易轴。

3.2.4.2 $ThMn_{12}$型永磁的相稳定性

具有 $ThMn_{12}$ 结构的 RT_{12} 相的一个缺点是其在室温下的不稳定性。例如当稀土位 R 为 Sm 时，从 SmFe 合金的二元相图可以发现，平衡结晶获得的相结构只有 Sm_2Fe_{17}、$SmFe_3$ 和 $SmFe_2$ 相，而 $SmFe_{12}$ 相属于亚稳相。目前，除通过磁控溅射制备的薄膜样品之外，常规的熔炼、快淬或者热处理等工艺仍无法获得稳定的 $SmFe_{12}$ 单相。Harashima Y 等人的研究发现，当 R 位是稀土时，所有的 RFe_{12} 结构都不如 R_2Fe_{17} 结构（R_2Fe_{17} 作为 RFe_{12} 的竞争相）稳定。在稀土-铁系化合物中 RFe_{12} 转变成 R_2Fe_{17} 是一个释放能量的过程，依据能量最低原则，RFe_{12} 有向 R_2Fe_{17} 转变的趋势，所以不能稳定存在。随着稳定元素 M 的加入，形成具有 $ThMn_{12}$ 结构的 $R(Fe,M)_{12}$ 系统比形成具有 Th_2Mn_{17} 结构的 R_2Fe_{17} 系统在能量上更占优势，M 的加入降低了形成 $ThMn_{12}$ 结构的能量，如图 3-11 所示，其中横坐标为元素的原子半径，纵坐标为形成能。这就是加入替代元素能导致系统保持稳定结构的原因。

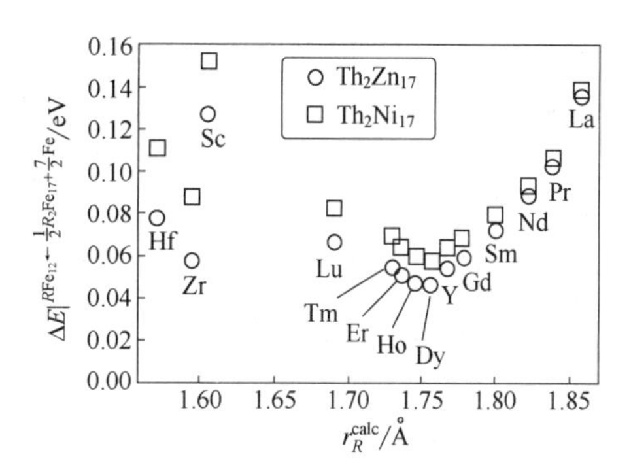

图 3-11 RFe_{12} 相对于 R_2Fe_{17} 相的形成能

3.2.4.3 $ThMn_{12}$型永磁的内禀磁性

在 1980 年末由 Ohashi 等人发现的具有 $ThMn_{12}$ 型晶体结构的 $SmFe_{12}$ 基化合物得到了广泛的研究。但是 NdFeB 高性能永磁体的出现，导致了 $SmFe_{12}$ 基永磁体的研究热度在 1990 年后有所下降。然而近些年来全球对新型贫稀土永磁体的研究热潮让研究员们重新关注起了 $SmFe_{12}$ 基这个体系。由于在所有 4f-3d 化合物中，$SmFe_{12}$ 基化合物所需求的稀土含量最低，并且具有较大的饱和磁化强度以及优异的固有硬磁性能（如图 3-12 所示），因此 $SmFe_{12}$ 基体系很自然地成了新型贫稀土永磁体的潜在候选化合物。但是由于 $ThMn_{12}$ 型结构的不稳定，所以 $SmFe_{12}$ 不能以块状的形式存在，而为了解决这一问题，多数研究人员通过向化合物中添加稳定元素如 Ti、V、Mo、Al、W 等来取代化合物中原本的 Fe，从而实现结构的稳定。但

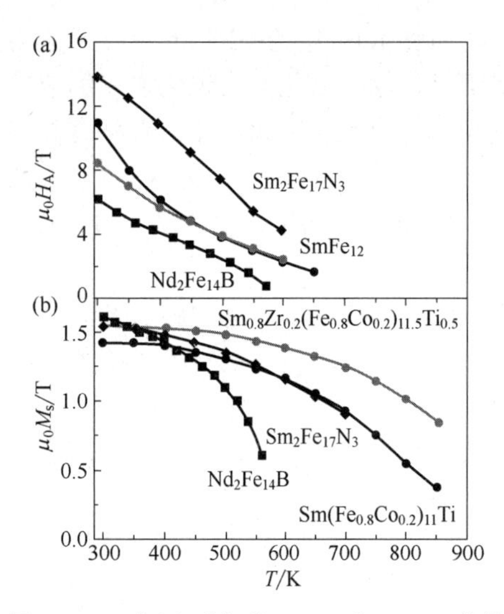

图 3-12 不同永磁相的(a)H-T 和(b)M-T 曲线

$SmFe_{12}$ 是一类化合物，$Sm_{0.8}Zr_{0.2}(Fe_{0.8}Co_{0.2})_{11.5}Ti_{0.5}$ 与 $Sm(Fe_{0.8}Co_{0.2})_{11}Ti$ 属于 $SmFe_{12}$ 基化合物

是，在稳定了 $SmFe_{12}$ 结构的同时，也大大降低了饱和磁化强度。

1980 年杨应昌院士首次合成无重稀土富铁 $ThMn_{12}$ 型 RFe_{12} 基稀土永磁材料后，通过中子衍射明确了该结构的特点及其形成条件，也因此得出了其内禀性能可以和 $Nd_2Fe_{14}B$ 体系相媲美的结论。$SmFe_{12}$ 在没有氮化情况下可以表现出较大的单轴各向异性，但是其居里温度只有 583 K 左右，而对于永磁应用而言该温度太低。根据程星华等人的研究报告，可以通过 Co 取代 Fe 来提高 $SmFe_{12}$ 相的居里温度。但是添加稳定元素用于稳定 1∶12 相结构会致使其饱和磁化强度随着稳定元素含量的增加而降低，如添加常用的稳定元素 Ti、V 制备得到的 $SmFe_{11}Ti$ 和 $SmFe_{11}V$ 的饱和磁极化强度从 $SmFe_{12}$ 的 1.64 T 分别降低到 1.27 T 和 1.12 T。因此做到如何使用最少的稳定元素来提高稳定性是提高其内禀性能的关键因素之一。根据报道，通过适当加入 Zr 元素可以降低稳定元素 Ti 的含量，同时还可以不损耗 1∶12 相的内禀性能。有研究报道，$ThMn_{12}$ 结构中的 Fe 位被 Co 取代后可以增加其磁化强度，以及 $Y(Fe_{1-x}Co_x)_{11}Ti$ 化合物在过渡金属位置中 Co 含量 x 为 0.25 时磁化强度增加量最大。除此之外，Kim 等人研究的 $Nd(Fe_{1-x}Co_x)_{11}$ 化合物中 $NdFe_{10.7-x}Co_xTi_{1.3}$ 及其氮化物表现出相对较高的居里温度（840～950 K）和各向异性场（2.7～8.0 T）。其他团队研究的 $SmFe_{11-x}Co_xTi$ 化合物也表现出大于 700 K 的居里温度。结合上述几个团队的研究以及其他报道推断，$SmFe_{12}$ 基化合物中 Co 取代 Fe 可以同时增加其饱和磁极化强度以及各向异性场，并且有望产生一个较高的居里温度。

从内禀性能上来讲，$ThMn_{12}$ 型 RFe_{12} 基稀土永磁材料相较于 SmCo 合金体系而言更为优异。SmCo 体系中稳定的金属间化合物较多，有 Sm_3Co、Sm_9Co_4、$SmCo_2$、$SmCo_3$、Sm_2Co_7、$SmCo_5$、Sm_2Co_{17}，而这些金属间化合物的居里温度与饱和磁化强度和 Co 含量的变化影响与 $SmFe_{12}$ 体系相似，都随着 Co 含量增加而增加。虽然 SmCo 合金体系中拥有较多的稳定金属间化合物，但是作为广泛应用的 $SmCo_5$ 和 Sm_2Co_{17} 型合金与 $SmFe_{12}$ 型相比并不理想，$SmCo_5$ 型合金的居里温度相对较低；而 Sm_2Co_{17} 型合金工作温度也相对较低。而具有相对较高的高温磁性能以及较高的居里温度和磁各向异性场的 $SmCo_7$ 也和 1∶12 相结构相似，也是亚稳的，不容易制备获得，并且在 973 K 温度及以上容易分解为 $SmCo_5$ 和 Sm_2Co_{17} 相。Nd-Fe-B 体系同样也可以通过加入 Co 来提高其居里温度，从而提高烧结钕铁硼磁体的热稳定性和可靠性，但是很难准确确定 Co 的添加量来达到更好的热稳定性与降低原材料成本。

3.3 稀土永磁材料制备工艺

稀土永磁材料的生产工艺是一个不断演变的历程。早期的生产工艺主要采用冶金法，采用高温冶炼的方法将稀土元素提取出来，然后通过化学还原、真空熔炼等方法，制备出磁性较强的永磁材料。这些方法的工艺比较繁琐，生产成本高，而且存在环境污染的风险。随着科技的进步，人们逐渐发现采用粉末冶金技术，可以更高效地制备稀土永磁材料。粉末冶金技术将各种稀土元素混合成粉末，然后在高温和高压下将粉末压制成型，再进行高温烧结和磨削处理，最终得到稀土永磁材料。之后人们针对高性能稀土永磁材料又提出了晶界扩散、双合金技术等制备技术。下面简单介绍几种制备技术。

3.3.1 晶界扩散技术

在当前稀土材料蓬勃发展的背景下，人们对稀土有关技术的研究越来越深入。21 世纪最大的技术进展之一是晶界扩散技术的发明和产业化应用。在烧结钕铁硼产业中，基于烧结磁体的矫顽力形核机制，晶界扩散技术使降低重稀土含量并同时保持高矫顽力成为可能，其原理见图 3-13。2000 年，Park 等人利用磁控溅射将 Dy 金属膜沉积在薄的烧结 NdFeB 磁体上，然后进行扩散热处理，经过处理的磁体的矫顽力是原始磁体的两倍。

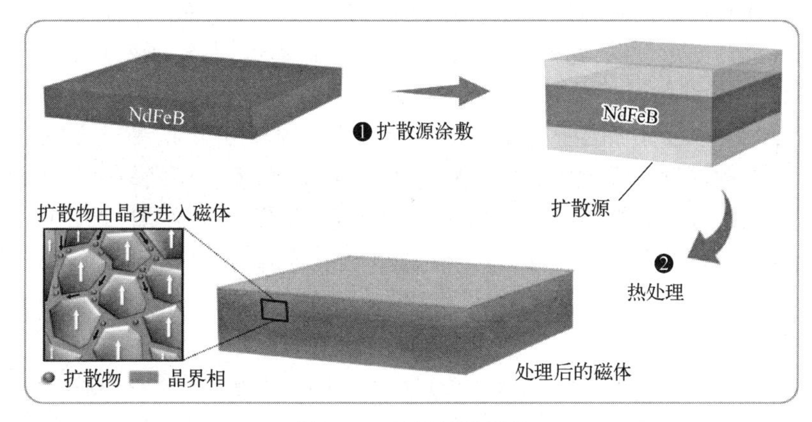

图 3-13 晶界扩散原理

相比传统的合金化元素添加方法，晶界扩散法可以用更少的 Dy 或 Tb 重稀土用量获得高矫顽力磁体。以扩散基体的类型分类，除了主流的钕铁硼烧结磁体外，还有速凝合金片、由速凝片制备的磁粉、快淬磁粉、热压磁体等。重稀土扩散源除了重稀土金属、重稀土氟化物、重稀土氧化物和重稀土氢化物外，还有用来改善晶界相连续性的稀土金属或低共晶温度稀土合金，以稀土元素（Pr，Nd，La，Ce）和非稀土元素（Al，Cu，Mg，Zn，Ni 和 Co）为主。

近年来，晶界扩散技术受到产学研各方关注，将扩散源与磁体结合方式分类，有溅射法、蒸馏或高真空升华法、浆液涂覆法、气相沉积法、电泳沉积法和还原扩散法等。磁控溅射法是将重稀土沉积过程与扩散过程分离，它是通过物理溅射将重稀土以原子或者原子团的形式沉积在磁体表面形成重稀土金属或合金膜，再进行高温热处理。磁控溅射法具有制备的膜层均匀、膜层沉积速率快、矫顽力提升效果明显等优点。涂覆法是将稀土化合物直接涂覆在原始磁体样品表面，目前常用方法有喷涂、丝网印刷等。其中丝网印刷工艺是指将扩散源与光固化剂按一定质量比例混合，并将混合后的浆料均匀印刷在磁体表面。利用激光进行光固，从而令含有粉料的混合物浆料固化。此方法工艺简单方便快捷，固化可在室温下进行，大幅缩短印刷时间的同时降低能耗和成本。电泳沉积法和涂覆法类似，是将重稀土氟化物、重稀土氧化物等重稀土化合物做成悬浮液，利用电泳将其沉积在磁体表面，通过振动试验证明，微粉与磁体的结合力足以保证矫顽力的稳定性。但是电沉积时间过长，膜层外层变得更加疏松，结合力劣化导致粉末容易从膜层脱落，降低了工艺控制的可靠性。蒸镀扩散将重稀土金属或其合金和原始待处理样品放在蒸镀炉内，利用高温加热使重稀土元素高温蒸发，在外来稀有气体的诱导下沉积在原始磁体表面并沿着晶界向磁体内部扩散。其优点是重稀土元素扩散更加充分，并能有效减少重稀土元素的使用量，降低成本。旋转炉扩散和埋覆扩散与蒸镀扩散大同小异。激光粉末床融合作为新兴的增材制造方法，也被用来进行钕铁硼晶界扩散，对于 NdCuAl 以及 NdTbCu 等多种成分的扩散源粉末皆适用。

Cu、Al 和 Ga 等元素是公认的提高晶界连续性和晶界相与主相润湿性的元素。在扩散源中加入 Cu，不仅能提高扩散效果，而且与 Pr 共同使用，能明显提高钕铁硼晶界相连续性。利用 TbAl 扩散源进行 Tb 和 Al 元素共扩散，在优化晶界连续性的基础上，也进一步提高了硬磁化壳层的均匀性。另外，还有 PrTbDyAl、PrTbDy、NdCu、LaCu、DyCu、TbCeCu、LaAlCu 和 DyCo 等也是常用扩散源。

扩散热处理工艺对于优化晶界扩散效果也十分关键。以 Tb 扩散源为例，随着扩散时效温度的增加，晶粒尺寸、硬磁壳层厚度均会增加，矫顽力随着硬磁壳层厚度增加先快速增加后接近饱和。然而，当温度继续升高时，晶粒尺寸不断增大，促进了三角晶界区的形成，这会消耗较多的 Tb 并抑制了扩散效果的进一步提升。在对比 820～940℃扩散热处理温度的 TbH_x 粉末扩散效果时发现，高的扩散温度能使重稀土扩散深度增加，但是硬磁壳层结构不完整。而相对低的扩散温度下，硬磁壳层结构更加完整，虽然室温下矫顽力相对较低，但是能够表现出更加优越的高温磁性能。特别高的扩散温度，不仅会导致晶粒尺寸长大，同时晶界相也会变得疏松并出现空洞，最终导致各项性能的全面下降。

3.3.2 双合金技术

双合金技术一般是指将两种不同成分的合金粉末混合烧结制备微观组织更加均一的烧结体的制备工艺，在克服铸造偏析和多相合金微观组织差距大、构建异质合金材料方面具有巨大优势。通过增加粉末种类，提高成分和微观结构的调控灵活性而出现的三合金或多合金技术均属于双合金技术范畴。针对稀土永磁材料诸如烧结钕铁硼永磁、钐钴永磁等典型的硬磁主相和富稀土相结构特点，双合金技术的应用具有得天独厚的优势。以烧结钕铁硼为例，在熔铸速凝片、氢破碎和气流磨制粉工序中，均可以成为双合金技术的起始点。一般认为，配方成分接近烧结钕铁硼主相成分的粉末为主合金粉末，往往添加量较多；针对优化晶界成分和连续性方面，通过添加 Cu、Ga 和 Al 等金属及稀土合金粉末成为双合金工艺中常用的辅合金粉末。另一方面，针对烧结钕铁硼形核型矫顽力机制，双合金工艺也可以通过控制元素扩散过程，将重稀土择优分布在晶界和晶粒表层，从而提高重稀土利用率和综合磁性能。对此，除了常规双合金工艺将富重稀土和稀土金属或合金当作辅合金以外，又进一步衍生出双主相技术。

相对于重稀土金属，重稀土氧化物作为中间产物更加廉价。添加一定量的氧化镝粉末，在晶粒表层形成富镝的硬磁化壳层，同时氧化物的高熔点又抑制了晶粒长大，从而提高矫顽力。共同添加 Dy_2O_3 与 MoS_2 或 S 可在烧结钕铁硼磁体的晶界相中形成 NdOS 化合物，抑制了 Dy 在晶界三角区的富集，从而提高重稀土利用率，增强矫顽力。对比 DyH_x 和 Dy_2O_3 添加效果，DyH_x 矫顽力增量比 Dy_2O_3 高，同时更容易达到高的烧结密度和磁能积。对比 DyF_3 和 DyH_x 添加会发现，F 离子会抑制 Dy 在 Dy-Nd-O 化合物中的富集，并促进 Dy 向晶内扩散。因此，多种重稀土粉末附带元素的综合应用有利于集中更多的优势提高最终磁性能。比如，添加质量分数 4%的 $Tb_{80}Fe_{20}$，矫顽力增加了 1035 kA/m，剩磁下降了 0.13 T。而添加质量分数为 0.5%的 $Tb_{62.5}Co_{37.5}$ 合金时，剩磁反而增加了 0.07 T。$Ho_{63.4}Fe_{36.6}$ 粉末添加也可以在主相晶粒表层形成富 Ho 的硬磁化壳层，从而提升磁体的矫顽力。$Tb_2Co_{0.6}Cu_{0.4}H_x$ 与 TbH_2 添加相比，也会由于 Co 元素的作用，抑制剩磁的降低量。

非重稀土辅合金粉在稀土永磁的研发和生产上逐渐应用推广。比如，$Pr_{68}Cu_{32}$ 共晶合金添加到无重稀土烧结钕铁硼中，形成较厚且平滑的晶界相，同时晶粒尺寸也有所减小，导致矫顽力提升。此外，利用 $PrNdH_x$ 和 Cu 共添加可以提高含 Ce 磁体的磁性能和腐蚀性能，制备 N40M 磁体。在低 B 含 Ga 的钕铁硼中，时效后生成 6：13：1 相，吸收晶界大量的 Fe 元素，从而促进连续的非铁磁性晶界相网络生成，可大幅度提高矫顽力。类似 6：13：1 相的辅合金也被设计用作双合金工艺。$Tb_6Fe_{13}Cu$ 添加量达到 3%（质量分数）时，时效后矫顽力提升量达到 477.7 kA/m，不仅具备富 Tb 的硬磁化壳层特征，而且晶界连续性和耐腐蚀性都有所加强。

3.3.3 无压烧结技术

在对高剩磁的不断追求下，佐川真人和永田浩先用橡皮模取向成型取代了传统的模压成型，磁体的取向在压制过程中基本未被破坏，取向度高达 95%。由于压制致密和取向过程分离，因此可以采用脉冲取向，取向磁场可达 4～8 T，远高于普通模压成型的 1.5 T 取向磁场。烧结钕铁硼发明人佐川真人基于以往橡胶模等静压技术（RIP）开发的经验提出了一种新的 NdFeB 烧结磁体的生产工艺，其特点是排除了压制步骤并充分利用晶粒细化的优势，称为无压工艺（PLP）。无压工艺具有以下基本优点：a. 排除压制步骤，简化了技术；b. 不需要大型和重型压力机（通常与大而重的电磁铁结合使用），封装变得更加容易，这使其在整个生产周期中实现低氧环境成为可能；c. 低氧环境使活性粉末的氧化最小化；d. 晶粒平均粒径从 5 mm 减少到 1 mm，烧结的 NdFeB 磁体的矫顽力从 880 kA/m 增加到 1600 kA/m；e. 没有与压制相关的填充密度和残余应变的空间不均匀性，无压烧结的磁体表现出非常均匀的收缩并且没有弯曲。烧结磁铁的形状和尺寸满足了后续加工的要求，进一步降低了原材料和制造成本。

3.3.4 晶粒细化技术

细化晶粒是提高矫顽力的一个重要途径。Sepehri-Amin 等经微磁学模拟发现，减小晶粒尺寸可以减小退磁场，即可以降低局部有效退磁因子，从而提升内禀矫顽力，如表 3-4 所示。细晶粒尺寸的退磁因子仅 2π，而大晶粒的可增加至 4π。细晶粒磁体与大晶粒磁体的内禀矫顽力差别可达到 2 倍，说明细化晶粒尺寸已成为提高烧结 NdFeB 永磁体矫顽力的重要途径。通常情况下，晶粒尺寸为粉末颗粒尺寸的 2 倍左右。

表 3-4 晶粒尺寸和磁性能的关系

D/μm	H_c /(kA/m)	B_r /T
3.8	1178	1.43
4.3	1162	1.41
4.9	1090	1.42
6.0	971	1.44
7.6	883	1.44

因此，获得细晶粒尺寸磁体的前提条件如下：a. 细化粉末颗粒尺寸。b. 把握烧结温度和烧结时间。要在临界烧结温度以下进行烧结，在烧结达到足够密度的前提下，烧结温度越低

越好。另外，在保证足够密度的前提下，烧结时间越短越好。c. 添加某些细化晶粒的金属元素，如添加少量金属 Ti、Zr、Nb、Al、Ga、Dy 等均能明显地降低晶粒尺寸。d. 添加某些晶界相，也是有效降低烧结 NdFeB 永磁体晶粒尺寸的重要途径。

在金属中晶粒的长大与温度、磁体取向、颗粒尺寸分布和粉末颗粒的溶解度等有关。目前普遍采用的途径是通过各个工艺环节的控制去实现细晶粒磁体的制备，包括成分设计、减小速凝（SC）合金片的晶粒尺寸、采用氢化歧化（HDDR）结合氢破碎（HD）和气流磨（JM）制粉、气流磨磨粉方式改变或介质从氮气改为氦气、工艺过程的无氧/低氧控制、低温多场烧结等。

在粉体制备环节，获得细小均匀的磁粉是实现磁体晶粒细化的关键。一是使用速凝铸片工艺。与一般的水冷铜模铸锭相比，速凝铸片冷速更快，其柱状晶结构细小、主相体积分数更大，晶界上的富 Nd 相条带更薄、更均匀，起到了细化晶粒的作用，对材料的力学性能以及综合磁性能都十分有利。二是通过氢破碎结合气流磨制粉。氢破碎利用了合金在一定条件下吸氢与脱氢可逆的原理来工作。而气流磨制粉则是用气流将粉末颗粒加速到超声速使之相互对撞而破碎。气流磨后不同粉末粒度和分布对烧结后磁体晶粒尺寸大小和性能有一定的影响，随着初始颗粒尺寸和分布宽度的减小，烧结后的磁体平均晶粒尺寸呈线性降低且分布更均匀，矫顽力也会呈现增加的趋势。然而，有时磁体的矫顽力也会随着晶粒尺寸的减小而呈现先增加后降低的趋势。这是因为当晶粒尺寸小于一定尺寸时，稀土 Nd 元素易发生氧化，破坏富 Nd 相的连续性，使矫顽力下降。

3.3.5 3D 打印技术

作为一种新兴的先进技术，3D 打印也称为增材制造（AM），是一种自下而上材料累加的制造技术。与传统的减材和成型制造工艺相比，增材制造可实现复杂形状制造、难加工产品的近净成型，有利于节约资源、降低能耗、提高生产效率。随着 3D 打印技术的发展，它也为制造形状复杂、性能优良的磁性材料提供了机会，同时减少了多余材料的浪费，特别节约了永磁体中的关键稀土元素，因此利用 3D 打印制备出高性能的磁体具有十分重要的战略意义。

制备永磁材料相关的 3D 打印技术列于表 3-5。通常按照制造方法可分为 4 种，分别为立体光固化（vat photopolymerization，VP）、黏结剂喷射（binder jetting，BJ）、材料挤出（material extrusion，ME）和激光粉末床熔融（laser powder bed fusion，LPBF）。其中前三种需要加入固化剂或黏结剂等材料，最终打印成品为黏结磁体；LPBF 技术利用高能激光束（光斑 50～100 μm）逐点逐线熔融微细金属粉末，直接获得熔融烧结磁体。

表 3-5 3D 打印永磁材料技术分类

3D 打印技术	分类	打印温度/℃	材料	特点
立体光固化	黏结磁体	室温	光敏树脂、NdFeB 粉末	高分辨率；良好的表面质量
黏结剂喷射	黏结磁体	200	黏结剂、NdFeB 粉末	自支撑结构
熔融沉积建模	黏结磁体	100	偶联剂、NdFeB 粉末	低成本
墨水直写	黏结磁体	室温	环氧树脂、NdFeB 粉末	多种或分级材料；低成本
选择性激光烧结	烧结磁体	600～1200	Alnico、NdFeB 粉末	粉末再利用
选择性激光熔化	烧结磁体	600～1200	Alnico、NdFeB 粉末	高效率

立体光固化技术是使用特定的光源选择性地固化光敏液体聚合物，从而逐层形成固体物体。第一个开发的方法是 20 世纪 80 年代初期的立体光刻（stereolithography，SL），液态树脂通过紫外光选择性地光聚合，在打印过程中形成一层薄薄的图案化固体。完成一层后，基材移动一层厚度，并将新的液态树脂层引入打印区域，然后进行顺序聚合。该过程以逐层方式重复，直到设计结构完成。为了满足高分辨率和速度的要求，已经开发了各种技术，包括数字光处理（DLP）、连续液体界面生成（CLIP）和双光子聚合（2PP）。研究人员通过在树脂基体内加入磁性粉末，成功打印出磁性材料。尽管其潜力巨大，但由于树脂基体中存在磁性颗粒，基于还原光聚合的 3D 打印仍然具有挑战性：首先磁性颗粒的高固载量增加了液态树脂的黏度，从而降低了树脂的可打印性；其次大颗粒磁粉在重力作用下容易沉淀和沉降，从而影响了 3D 打印的可靠性；颜色较深的磁粉会引起强烈的光散射和光吸附，降低部分聚合效果。

与基于光聚合固化的技术相比，BJ 技术也是一种具有代表性的 3D 打印方法。该技术基于分配液体黏合剂将松散的磁性粉末粘合在一起，可以将黏合剂溶液喷射到磁性粉末床上局部粘合连结颗粒。这种方法已被用于构建具有几何复杂性的磁性材料，特别是铁氧体。然而，液体在粉末中扩散导致表面质量通常很差，故而该方法无法生产足够致密的零件，导致其磁性能不理想，这限制了实际应用。然而，这种多孔 3D 打印结构非常适合合金渗透工艺，用以增强打印磁体的密度和磁性。

材料挤出技术是通过可移动打印头挤出形成连续的细丝，并依次沉积多层以构建实体，广泛用于打印聚合物和热塑性复合材料。根据挤出材料的不同，材料挤出技术主要有两种方法——熔融沉积建模（fused deposition modeling，FDM）和墨水直写（direct ink writing，DIW）。在 FDM 中，作为打印材料的热塑性长丝被送入可移动的挤出头，挤出头通过温控加热器将材料加热至半熔融状态，随后熔融材料在低于玻璃化转变温度下冷却。一些典型的聚合物基质可以通过这种方法进行图案化，包括聚乳酸（PLA）、丙烯腈丁二烯苯乙烯（ABS）和乙烯丙烯酸乙酯（EEA）。通过将硬磁颗粒混合到热塑性基体中打印聚合物黏结磁体，而最终磁性能主要受填料取向和磁粉占比的影响。与传统制造工艺相比，FDM 正成为一种替代方法，它可以快速制造具有一般性能和复杂几何形状的磁体。然而，非磁性热塑性聚合物的存在降低了打印磁体的磁性能。与 FDM 打印相比，DIW 是利用气压、活塞或螺杆将流经喷嘴的滚筒内的可打印墨水挤出。因此，可打印流体的开发对于 DIW 的成功至关重要，流体需要适当的流变特性，可以通过精细喷嘴挤出。墨水需要满足两个重要标准，首先需要黏弹性能使其流过喷嘴，然后固化以保持形状。其次，墨水必须具有高固含量以抵消干燥过程中的严重收缩。

LPBF 是使用聚焦激光或电子束作为热源，将粉末材料逐层熔合。根据打印过程中粉末形态的不同，分别称为选择性激光烧结（SLS）和选择性激光熔化（SLM）。与黏合剂喷射（BJ）相比，由于不需要聚合物黏合剂，LPBF 具有通过增加磁性材料的含量将形状可塑性与磁性能提高相结合的潜力。在 SLS 工艺中，打印物体的性能很大程度上取决于材料和工艺参数，包括颗粒尺寸和分布、激光能量、光斑尺寸、熔融距离和层厚。一般来说，SLS 中使用的粉末应表现出良好的流动性和球形形态，以提高打印部件的质量。此外，SLS 实现的最小特征尺寸约 100 μm。与 SLS 工艺类似，通过 SLM 加工的部件的微观结构和磁性主要也受加工参数（例如，激光功率、扫描速度、层厚等）和粉末特性的影响。然而，SLM 工艺通常伴随着残余应力的产生，这是由于当粉末受到高能量强度照射时材料中的高热梯度引起的。此外，元素的蒸发也是一个严重的障碍，特别是对于具有复杂三元相图的 NdFeB 磁体。在 NdFeB 的 SLM 打印过程中，杂相的形成导致磁性能大大降低。找到最佳的加工工艺与材料是 LPBF 工艺面临的最大挑战。

尽管已经进行了许多尝试，但高性能磁性材料的 3D 打印对于广泛的工业生产仍然具有挑战性：3D 打印可灵活加工磁体形状，但仍有必要探索通过先进方法打印目前无法实现的几何形状，并使磁体具有独特且有用的磁性功能；对于 FDM 和 DIW 等材料挤压方法，生产具有良好表面光洁度和精度的磁体，精确控制打印磁体中的孔隙率、晶粒尺寸和所需的磁性能，磁性填料在聚合物基质中的均匀分散等均是需要解决的一些问题；对于粉末床熔融3D打印，应优化粉末特性以提高流动性。在打印过程中，需要详尽研究微观结构和残余应力对磁性的影响。

3D 打印能够制造近净成型磁性材料，具有稀土材料浪费少且无需模具的显著优势。许多硬磁体、复合材料已通过使用各种 3D 打印技术成功生产，特别是粉末床熔融和材料挤出工艺。此外借助外在磁场的 3D 打印可以构建高性能的各向异性复合材料。如今 3D 打印磁性材料已在机器人、变压器、微波吸收、药物输送、磁分离和磁悬浮等领域得到应用。

3.3.6 化学法

形貌均一、尺寸可控、热稳定性好的纳米级 SmCo 永磁体具有 SmCo 基永磁体优良的温度稳定性。由于稀土基纳米粒子活性较高，在常规环境下极易被氧化，其化学法合成一直难以实现。液相合成法是制备形貌、尺寸可控的磁性纳米粒子的常用方法之一。在惰性气氛下，在液相中热解 $Sm(acac)_3$ 和 $Co_2(CO)_8$ 或 $Co(acac)_2$ 的方法可以得到 9 nm 的 SmCo 纳米团簇和 12～14 nm 的 $SmCo_5$ 纳米粒子。然而，通过高温热解法得到的 SmCo 纳米粒子常温下矫顽力较低，并没有很好地形成高磁晶各向异性的硬磁相。

利用高温下金属 Ca 对 Sm_2O_3 的还原特性，Hou 等研究了一种有效合成高矫顽力 SmCo 永磁纳米材料的方法。该方法首先合成了单分散 Co 纳米粒子，并以此为晶种，控制 $Sm(acac)_3$ 分解得到核壳结构的 $Co@Sm_2O_3$ 纳米粒子。以此为前驱体，在 Ar 和 H_2 混合气氛中以金属 Ca 做还原剂，900℃煅烧得到了 $SmCo_5$ 多晶结构，其饱和磁化强度在 40～50 $A\cdot m^2/kg$ 之间，矫顽力在 100 K 能达到 2.4 T，300 K 为 0.8 T。通过降低前驱体 $Co@Sm_2O_3$ 中 Sm_2O_3 壳的厚度，该方法也可以得到 Sm_2Co_{17} 纳米晶。

在此基础上，Zhang 等进一步引入 CaO 壳层保护，得到了 7 nm 分散性良好的 $SmCo_5$ 纳米粒子。首先利用 $Sm(Ac)_3$ 和 $Co(Ac)_2$ 在十六烷基三甲基氢氧化铵的共沉淀反应得到 7 nm $SmCo_{3.6}$-O 前驱体，将前驱体嵌入到 CaO 基底中后，以 Ca 为还原剂在 Ar 和 H_2 混合气氛下通过 960℃煅烧得到目标产物。CaO 超过 2500℃的熔点可以在高温煅烧过程中有效地保持前驱体形貌，避免纳米颗粒团聚，并且反应完成后通过水洗的方法可以去除掉 CaO，从而得到分散性良好的 $SmCo_5$ 纳米粒子。磁性表征结果显示，该 $SmCo_5$ 纳米粒子的室温矫顽力为 0.72 T。该合成方法可以实现 SmCo 纳米粒子的形貌和组成控制，但是 Sm 的高反应活性导致产物易氧化，从而降低其磁学性能。

在预成型的纳米粒子上涂上一层保护材料是一种有效防止纳米粒子快速和深度氧化的方法。常用的保护涂层材料包括金属（如 Ni、Cr）或无机氧化物，Saira 等通过电镀制备了 Ni-Cr 两层涂层以增强 SmCo 基高温磁体的抗氧化能力。但由于涂层材料的大部分非磁性贡献，这种涂层往往会降低 SmCo 纳米粒子的磁性能。Ma 等人设计了一种通过涂覆 N 掺杂石墨碳（NGC）的方式来稳定纳米 $SmCo_5$ 纳米粒子抗氧化，并且提出了一种尺寸可控的 $SmCo_5$ 纳米颗粒化学合成方法。首先合成了 10 nm 的 CoO 和 5 nm 的 Sm_2O_3 纳米粒子，并在油胺的反胶束中聚集形成尺寸可控（110 nm、150 nm 和 200 nm）的 SmCo-O 纳米粒子。将聚多巴胺涂覆在 SmCo-O 纳米粒子上，在 700℃下转化为 10 nm 厚的 NGC 层，再将其包埋在 CaO 基体中，在 850℃下用 Ca 还原得到尺寸可控（80 nm、120 nm 和 180 nm）的 SmCo-O/NGC 纳米粒子。180 nm 的 $SmCo_5$/NGC 纳米粒子的磁化值在室温下暴露 5 天后稳定在 86.1 emu/g（$1\ emu=0.001A\cdot m^2$），在 100℃下暴露 48 h 后仅下降 1.7%（从 86.8 emu/g 到 85.4 emu/g），没有 NGC 保护的 $SmCo_5$ 纳米粒子在 100℃下暴露 48 h 后磁化值下降到 60.5 emu/g。

在 SmCo 系列中，$SmCo_5$ 有巨大的矫顽力（高达 6 T），但其饱和磁化强度（M_s）相对较低。一些研究者采用 Sm_2Co_{17} 作为纳米软磁相引入 $SmCo_5$ 中，化学法合成了交换耦合 $SmCo_5$/Sm_2Co_{17} 纳米复合材料。首先，采用两步化学法合成了 Sm 与 Co 原子比（Sm：Co）=1：4.2 的 Co/Sm_2O_3 复合材料，然后分解 $Ca(acac)_2$ 得到 Co/ Sm_2O_3-CaO。在 850℃下进行还原后，该前驱体将转化为 40 nm 的 $SmCo_5$ 单晶纳米粒子，其矫顽力为 2.85 T。通过改变前驱体中的 Sm/Co 能够调整 $SmCo_5$ 和 Sm_2Co_{17} 的比例。当 Sm：Co 为 1：4.5、1：4.8 和 1：5.2，分别形成比例为 1：0.08、1：0.2 和 1：0.42 的 $SmCo_5$/Sm_2Co_{17} 纳米复合材料。结果表明，这些纳米复合材料表现出强烈的交换耦合相互作用，比例为 1：0.42 的 $SmCo_5$/ Sm_2Co_{17} 矫顽力为 1.23 T，M_{7T} 为 $0.0812\ A\cdot m^2/g$，比纯 $SmCo_5$ 提高了 21%。

3.3.7 表面活性剂辅助球磨法

表面活性剂辅助球磨法是一种常用的纳米粒子合成方法，广泛应用于 SmCo、PrCo 等永磁合金的制备中。油酸、油胺、辛酸等表面活性剂的引入，能有效地避免球磨中纳米粒子的碰撞重聚现象，从而得到分散性良好的纳米粒子。Poudy 等以庚烷为溶剂，油酸和油胺为表面活性剂，球磨得到了 $SmCo_x$（x=3.5、4、5、6、8.5 和 10）纳米粒子，通过严格控制沉淀时间和离心速率，可实现产物的粒径筛选。研究发现，$SmCo_x$ 的矫顽力同时受到粒径和 Co 含量的影响。此外，Sm 含量的减少有助于提高 SmCo 合金纳米粒子的稳定性。Akdogan 等在庚烷中以油酸为表面活性剂球磨得到了形貌良好的 5～6 nm 的 $Sm_2(Co_{0.8}Fe_{0.2})_{17}$ 和 $SmCo_5$ 纳米粒子。研究表明，球磨时间对矫顽力有直接的影响，随球磨时间的延长 $Sm_2(Co_{0.8}Fe_{0.2})_{17}$ 和 $SmCo_5$ 纳米粒子的矫顽力都有所提高，特别地，研磨 4 h 后 $SmCo_5$ 纳米粒子矫顽力可达 1.86 T。

在低温条件下，以熔点较低的二甲基戊烷和二辛胺为溶剂和表面活性剂，利用低温球磨法制备了高磁晶各向异性的 $SmCo_5$ 纳米片，并系统研究了球磨温度对 $SmCo_5$ 纳米片的形貌、微观结构和磁学性能的影响。与室温球磨得到的产物相比，由于低温下前驱体 SmCo 合金粗粉脆性增强，更易破碎，球磨所得到的 $SmCo_5$ 纳米片形貌更均匀，尺寸更小，而且低温会减缓氧化反应的发生，从而降低产物的含氧量。XRD 表征发现低温球磨 $SmCo_5$ 纳米片具有更好的结晶度和晶粒取向度，这是因为低温对球磨过程中的位错运动具有一定的抑制作用，从而得到的晶粒尺寸较大，晶界更薄。高的晶粒取向度是 $SmCo_5$ 纳米片具有高的剩磁比的原因。同时，在长时间球磨后依然可以保持较高的矫顽力。低温表面活性剂辅助球磨法为制备磁学性能优异的纳米永磁材料提供了新的思路。Sm_5Co_{19} 在常规环境下是一个不稳定的相，在很长时间里并没有引起大家的重视，然而有研究者提出了一种通过用材料纳米化的方法来稳定非平衡相从而提高材料内禀矫顽力的新方法。该方法可获得磁学性能优异的 Sm_5Co_{19} 纳米晶，其内禀矫顽力达到了 3.676 T。Sm_5Co_{19} 纳米晶拥有高的矫顽力、高的居里温度和低的矫顽力温度系数，是一种性能优的高温永磁材料。这种结构稳定的化合物的发现不仅扩展了一类新的磁性材料，也为其他磁性材料性能的提升提供了一种新的思路。用低温表面活性剂辅助球磨法（SACM）可制备出$Nd_2Fe_{14}B$纳米片。与传统的表面活性剂辅助球磨相比，SACM法制备的$Nd_2Fe_{14}B$纳米片表现出整体尺寸和晶粒尺寸更小、微观应变更大、矫顽力更高等特征。低温球磨能够促进晶粒细化并提高缺陷密度。特别地，SACM法制备的$Nd_2Fe_{14}B$纳米片最高矫顽力比室温球磨产物高出 50%左右。SACM 法为制备粒径尺寸小、矫顽力高的稀土-过渡金属（RE-M）纳米片提供了有效的途径。

3.4 稀土永磁材料的产业与应用

稀土永磁材料目前应用市场主要分为两类。一类是应用于磁吸附、磁选、电动自行车、箱包扣、门扣、玩具等领域，这类对于磁体磁性能要求不高。另一类则主要应用于高技术壁垒领域中各种型号的电机，在新能源汽车、变频家电、工业机器人、节能电梯和风力发电等领域，应用前景广泛。下面将开展稀土永磁产业与应用的具体介绍。

3.4.1 全球稀土永磁材料产业近况

近年来，由于发达国家磁性材料生产成本高，而国际市场磁体价格却不断下降，在这些国家继续生产磁体已难以为继，因此以美国和欧洲各国为代表的西方发达经济体磁材企业纷纷进行了产业调整，使钕铁硼磁体产业的国际格局发生了重大变化。

我国丰富的稀土资源和产量为我国稀土永磁材料行业提供了充足的原料供应，避免了如国内其他一些行业原料被“卡脖子”情况的发生。当前，美国本土钕铁硼磁体生产线基本处于关停状态，所需的稀土永磁材料几乎全部来自海外。此前黏结钕铁硼磁体领域内最知名厂商麦格昆磁也已经划归加拿大 Neo 高性能材料公司。欧盟仅剩德国 VAC 公司等少数几家钕铁硼磁体生产企业。日本永磁产业规模虽然仅次于我国，但基本处于维持状态。全球一半以上稀土永磁材料相关专利被日本垄断，以日立金属为代表的国际领先企业凭借其掌握的专利技术进行大规模专利交叉许可，对自身进行严密专利保护的同时，对我国稀土永磁企业构筑了牢固的专利壁垒。德国 VAC 和日本日立金属均与中科三环建立了合资工厂，但是在中国企业竞争力日益强劲的趋势下，其经营状况并未有根本改变。

自 1990 年以来，全球烧结钕铁硼磁体产量增长迅猛，年均增长率保持在 25%左右。进入 21 世纪，尽管日本、美国、欧洲等发达经济体稀土永磁产业的发展止步不前，但由于中国稀土永磁产业的超常发展，全球稀土永磁产业依然保持了迅猛增长的态势。中国稀土储量丰富，中国稀土储量位居全球第一，为稀土永磁材料的制备提供了重要的基础原材料。2023 年全球稀土永磁材料产量 35 万吨，其中我国产量高达 28 万吨，居全球首位，同比增长 9.8%。我国还实施稀土开采的总量指标控制政策，形成了实质性的供给硬约束，中长期来看稀土的供给端甚至要比锂钴更优异，为持续提高中国稀土永磁产业国际竞争力打下坚实基础。

黏结磁体方面，全球的生产能力大部分集中在日本企业。有代表性的两家企业，一家是精工爱普生；另一家是日本大同公司。2002 年底，中科三环参股了上海爱普生磁性器件有限公司，目前中科三环已成为其第一大股东。安泰科技 2003 年 3 月收购了中国台湾的海恩公司，加上国内成长起来的成都银河磁体，黏结磁体企业除日本的大同外，其余基本在中国。

全球黏结钕铁硼磁体产量年均增长率约为 18%，基本保持了一个稳定增长的态势。中国黏结钕铁硼磁体产量已超过全球产量的 40%，带动了全球产业的发展。

3.4.2 中国稀土永磁材料产业现状

慕课

据统计，2023 年全球稀土储量为 1.1 亿吨（以稀土氧化物计），中国储量约为 0.44 亿吨，全球占比 40%。而产量方面，2023 年全球稀土矿产量约 35 万吨（以稀土氧化物计），其中中国产量 24 万吨，占比约 68.6%。稀土产业链尤其是价值量最高的稀土磁材产业是中国具有全球优势的产业之一，得到国内高度重视，一方面出台税收优惠、技术研发补贴等方面支持；另一方面为保障行业健康发展，对产业上游稀土开采、冶炼分离进行多次保护性规范整治。磁材行业作为稀土下游最重要的领域，近年来技术和产品快速进步，基本实现对日本、德国的赶超。中国稀土冶炼分离技术全球领先，除澳大利亚外其他国家的稀土矿均需出口到中国进行冶炼分离，因此中国稀土氧化物产量占比超过 90%。

中国钕铁硼永磁产业链是国内优势产业链之一，前端稀土、合金甩带片等为高耗能、高污染产业，国内技术和成本优势明显；成型烧结以及机加工、镀层等环节是技术和劳动密集型，在技术取得突破后，国内能够实现快速复制，因此国内产能产量占比较高。目前中国高性能钕铁硼磁材产量约占世界总产量的 70%，并将继续提升。

除产量稳步提升外，我国稀土永磁的生产装备也有长足的进步，特别是在满足一些新的生产工艺方面的装备有了突破，例如国产速凝薄片炉和氢破碎炉已在一些磁体生产厂使用。一些发达国家的永磁设备制造商也瞄准了中国这块宝地，纷纷在中国设立生产基地，同时也给我国的永磁设备制造商带来了机遇和挑战。2004 年 9 月，沈阳中北真空技术有限公司与日本真空株式会社共同投资在沈阳高新技术产业开发区兴建国内先进的真空炉生产基地，第一批连续烧结炉和速凝薄片炉已开始投放市场。近年来，随着外资企业设备工艺和制造方法向周围渗透，国内广泰真空和恒进真空也不断学习进步，提高自身设备水平，占有了国内一半以上的市场份额。压机方面，宁波百琪达也从半自动压机向全自动压机和伺服电机全自动压机等逐代发展，表现出替代日本平野等进口压机的实力。同时，在环境和安全等多因素影响下，氢破工艺逐渐表现出专业化趋势，百琪达公司的氢破代工厂为全国一半以上的公司提供了氢破代加工服务。总体来说，烧结钕铁硼生产技术的发展和配套设备、代加工的进步相辅相成，为中国钕铁硼产业构筑领先地位提供了源源不断的动力。

尽管我国的稀土资源和稀土采选冶炼等工艺技术处于国际领先地位，同时也拥有一系列原创技术，然而在整个稀土永磁材料发展中仍然面临着不少困难和挑战。其中外部挑战主要来源于美国以“举国体制+全球阵营”，采用多种手段遏制我国稀土科技和应用产业的快速发展。另一方面，在稀土永磁材料的中下游应用领域，我国大部分研究开发处于跟随国外领先技术状态，使得钕铁硼产业技术发展不能紧跟应用需求。同时，我国专利数量虽多，但是仍然难以改变专利劣势的局势。另外，稀土永磁材料的内部挑战主要来自稀土产业基础短板问题，企业和科研机构更倾向于支持短期见效的研仿型技术，对开发难度大、开发成本高、技术突破周期长的原创技术的支持力度不足。近年多数企业新产能投产，无序的价格战和不良竞争愈发激烈，也会影响中国钕铁硼技术发展方向和战略选择。

3.4.3 稀土永磁材料应用

（1）工业电机领域

在美国、日本和西欧等发达国家或地区，稀土永磁材料在电机中的应用其销售额已占稀土永磁总销售额的60%以上。各国国情不同，稀土永磁在电机中的应用情况不尽相同。日本在音圈电机（VCM）中的应用量占稀土永磁的50%左右，美国则在航空、航天、军工、汽车和机床等领域电机中的用量最大，欧洲则在数控机床中应用最多。

据测算，工业电机能效每提高1%，年节约用电量可达约384亿千瓦时。因此，随着落后低效电机的加快淘汰和高效节能电机的广泛应用，稀土永磁材料的需求将出现较大的增长空间。

（2）汽车工业领域

目前，中国在燃料电池汽车、混合动力电动汽车、纯电动汽车等多个领域的自主研发不断取得突破，已经具备了一定的基础。车用电池的攻关上已经取得的群体性突破，使中国在电动汽车领域初步构建起自主知识产权技术体系。通过开发自己的电动汽车，申请专利，制定相关技术标准，保护自己的汽车工业，中国汽车工业有望开拓新的增长点。

新能源汽车驱动电机是新能源汽车的三大核心部件之一，也是高性能钕铁硼用量最多的部分。随着我国居民可支配收入的不断增长和居民购车需求的不断释放，我国汽车产量长期来看依然将继续保持增长势头，而新能源汽车上应用的稀土永磁材料需求也将持续上升。

（3）消费电子领域

消费电子产品是指供消费者日常生活使用的智能电子硬件产品，包括手机、电脑、电视、音箱、投影仪、摄影设备、便携音娱设备和可穿戴设备等。随着半导体和互联网技术的不断升级，消费电子市场的深度和广度都得到了快速的拓展，2023年全球消费电子产品市场规模达到7734亿美元。

随着消费电子产品更新换代速度逐渐加快，产品逐渐向小型化和轻薄化发展，稀土永磁材料由于磁性能优异、精度高、体积小、机械性良好、应用成熟等优点，成为各类消费电子设备如扬声器、传感器、电机、影像系统等关键零部件的理想制造材料。

（4）智能制造领域

工业机器人是智能制造业最具代表性的装备，是一种具备拟人形态的多功能自动化机械装置，通常具有多关节机械手或具备高自由度，启动操作程序后可以替代人类自动重复执行命令，依靠自身的动力能源和控制能力实现各种工业加工制造功能，具有工作效率高、稳定性强、精度高等特点。工业机器人被誉为“制造业皇冠顶端的明珠”，是衡量一个国家创新能力和产业竞争力的重要标志，已经成为全球新一轮科技和产业革命的重要切入点。工业机器人的关节型结构通常是由独立的永磁驱动电机控制的，而稀土永磁材料是制造永磁驱动电机以及永磁传感器、永磁锁定阀等其他核心部件的关键材料，能够使得核心部件实现体小量轻、快速反应，并具备较强的短时过载能力。

（5）医疗设备领域

永磁式RMI-CT核磁共振成像设备过去采用铁氧体永磁，磁体重量达50吨，如今采用最新钕铁硼永磁材料，其磁场强度提高了一倍，图像清晰度也大大提高，并节省了大量原材料。每台核磁共振成像仪需钕铁硼永磁体0.5～3吨，按世界市场年需要量1千台计，年需磁体500～3000吨。美国通用电气和德国西门子在中国均有核磁共振成像设备生产基地。

3.4.4 展望

目前中国已经成为全球最大的稀土永磁生产基地，同时也是稀土永磁应用市场。由于我国丰富的稀土资源，较低的人工成本和广阔的市场，从而国外的钕铁硼制造业逐步向中国转移的态势势不可挡，中国必将成为世界一流的稀土永磁材料供应基地。国外先进的钕铁硼永磁材料制造商进入中国，一方面会对中国稀土永磁企业带来挑战，另一方面也会将先进的技术、管理经验带入中国，从而进一步推动中国稀土永磁产业的发展。

一方面，我国要继续加强新型稀土磁性材料的探索、加强高档稀土磁性材料的开发，使我国稀土磁性材料能持续发展。另一方面，我国的稀土磁材企业要加强自身的整合，不断提高管理和技术水平，在稀土产业向中国转移的过程中保持主动地位；通过与国外先进稀土磁材企业加强合作，互助互利，使稀土磁材产业更好地扎根于中国，以便中国的稀土磁材产业更好地服务于全球。

习题

参考答案

3-1 我国稀土资源的分布特点是什么？

3-2 常见的永磁材料有哪些？

3-3 稀土永磁中矫顽力机制以“畴壁位移钉扎型”为主的有哪些？以反磁化形核控制为主的有哪些？

3-4 重稀土晶界扩散技术的原理是什么？

3-5 双合金技术的工艺路径是什么？

3-6 钕铁硼发明人佐川真人提出的“终极”钕铁硼生产技术的主要优势有哪些？

3-7 晶粒细化提高矫顽力的机制和常规实现途径是什么？

参考文献

[1] 周寿增, 董清飞. 超强永磁体—稀土铁系永磁材料 [M]. 2 版. 北京: 冶金工业出版社, 2004:2.

[2] 钟定文. 铁磁学 [M]. 北京: 科学出版社, 1992:323.

[3] 胡伯平. 稀土永磁材料及其应用[C]//中国电工技术学会永磁电机专业委员会，全国稀土永磁电机协作网. 第八届全国永磁电机学术交流会论文集.2007: 5.

[4] 王磊. $Sm(Co,Fe,Cu,Zr)_{7.5}$ 永磁材料细晶强化及纳米压痕尺寸效应[D]. 北京: 钢铁研究总院, 2021.

[5] Kim T H, Sasaki T T, Ohkubo T, et al. Microstructure and coercivity of grain boundary diffusion processed Dy-free and Dy-containing NdFeB sintered magnets[J]. Acta Materialia, 2019, 172: 139-149.

[6] Loewe K, Benke D, Kübel C, et al. Grain boundary diffusion of different rare earth elements in Nd-Fe-B sintered magnets by experiment and FEM simulation[J]. Acta Materialia, 2017, 124: 421-429.

[7] Zhou Z, Liu W, Wu D, et al. Origin of the coercivity difference in sintered Nd-Fe-B magnets by grain boundary diffusion process using TbH_3 nanoparticles and TbF_3 microparticles[J]. Intermetallics, 2019, 110: 106464.

[8] 罗阳. 快淬钐铁基化合物的亚稳态结构与磁性[D]. 北京: 北京有色金属研究总院, 2014.

[9] 李成利. $ThMn_{12}$ 型稀土永磁的制备、微结构及其磁性能研究[D]. 杭州: 杭州电子科技大学, 2020.

[10] Bae K H, Lee S R, Kim H J, et al. Effect of oxygen content of Nd-Fe-B sintered magnet on grain boundary diffusion process of DyH_2 dip-coating[J]. Journal of Applied Physics, 2015, 118(20):203902.

[11] Cheng X, Li J, Zhou L, et al. Influence of Al/Cu content on grain boundary diffusion in Nd-Fe-B magnet via in-situ observation[J]. Journal of Rare Earths, 2019, 37(4): 398-403.

[12] Yang F, Guo L, Li P, et al. Boundary structure modification and magnetic properties of Nd-Fe-B sintered magnets by co-doping with Dy_2O_3/S powders[J]. Journal of Magnetism and Magnetic Materials, 2017, 429: 117-123.

[13] Bae K H, Kim T H, Lee S R, et al. Effects of D_yH_x and Dy_2O_3 powder addition on magnetic and microstructural properties of Nd-Fe-B sintered magnets[J]. Journal of Applied Physics, 2012, 112(9):093912.

[14] Li J, Yao Q, Lu Z, et al. Improvement of the coercivity and corrosion resistance of Nd-Fe-B sintered magnets by intergranular addition of $Tb_{62.5}Co_{37.5}$[J]. Journal of Magnetism and Magnetic Materials, 2021, 530: 167935.

[15] Duan Z, Xuan H, Su J, et al. Improvement of coercivity and thermal stability of Nd-Fe-B sintered magnets by intergranular addition of $Tb_{80}Fe_{20}$ alloy[J]. Journal of Rare Earths, 2022, 40(12): 1899-1904.

[16] Cui X G, Liang W J, Zhang H J, et al. Synergistically tailoring the microstructure and chemical heterogeneity of nanocrystalline multi-main-phase Nd-Ce-Fe-B magnet: Critical role in magnetic performance[J]. Journal of Alloys and Compounds, 2023, 941: 168939.

[17] Coey J M D. Perspective and Prospects for Rare Earth Permanent Magnets[J]. Engineering, 2020, 02:119-131.

第 4 章

无稀土永磁材料

4.1 无稀土永磁材料概述及发展

与稀土永磁材料相比，无稀土永磁材料（简称无稀土永磁）通常具有较低的最大磁能积，但由于它们的供应风险小且成本低，因此通常被研究用于要求不高的应用领域。开发无稀土永磁的总体目标是填补成本低效益高但性能低的永磁铁氧体与价格昂贵但高性能的稀土永磁体之间的空白。无稀土永磁材料体系包括 Mn 基高磁晶各向异性合金（MnBi、MnAl 化合物）、调幅分解合金（Alnico）、高矫顽力四辉石 $L1_0$ 相（FeNi 和 FeCo）及氮化物/碳化物体系（例如 α 基、高饱和磁化强度 $Fe_{16}N_2$ 型相和 Co_2C/Co_3C 针状颗粒相）。

无稀土金属永磁材料主要包括以下四类合金。

① 淬火硬化型磁钢。主要包括钨钢、碳钢、铬钢、铝钢和钴钢等。经过高温淬火，将成型的零件组织由原始奥氏体转化为马氏体，从而得到矫顽力。但是因为这类永磁体磁能积和矫顽力比较低，目前已较少使用。

② 沉淀（析出）硬化型磁钢。主要包括 FeCo 系、FeCu 系和 Alnico 系。FeCu 合金主要在铁簧继电器中应用，FeCo 合金主要在存储介质中应用。

③ 时效硬化型合金。此类合金可通过塑性变形、淬火和时效硬化等工艺获得高的矫顽力，机械性能好，主要有 α-铁基合金，如 CoMo、FeMoCo 和 FeWCo 合金，由于磁能积较低，主要应用在电话机中；铜基合金，包括 CuNiFe 和 CuNiCo 两种，一般在转速计和测速仪中应用；FeCoV 合金和 FeMnTi 合金，磁性能与低 Co 钢相当，在指南针、仪表零件中应用；FeCrCo 合金，与中等磁性能的 Alnico 合金相当，但可进行进一步加工，在陀螺仪、电度表、扬声器、空气滤波器、转速表、磁显示器等中应用。

④ 有序硬化型合金。主要包括 MnAl、FePt、AgMnAl、MnAlC、CoPt 等，其可在高温下处于无序状态，经过适当的回火和淬火后，在无序相中析出分布弥散的有序相，从而增强合金的矫顽力，一般应用于小型仪表元件、磁性弹簧和小型磁体。

本章主要介绍 Alnico、Mn 基、Fe(Co)基等无稀土永磁合金及其最新进展。

4.2 无稀土永磁材料的分类

无稀土永磁不同于稀土永磁材料，其制备原材料中无稀土元素，因此虽然性能相对稀土永磁较低，但价格便宜。目前市场上主流的无稀土永磁包括 Alnico 永磁、Mn 基无稀土永磁等。

4.2.1 Alnico 永磁材料

铝镍钴（Alnico）永磁合金是 Mishima 发现的第一类现代永磁材料，其在 20 世纪 30 年代被发现，60 年代市场达到顶峰，当时在美国、日本和西欧等国家和地区中，Alnico 永磁合金占整个永磁市场的近一半，但随着稀土永磁材料的出现，Alnico 永磁合金市场份额急剧下降。Alnico 永磁合金硬磁性能虽然远不及稀土永磁体，但其具有较高的居里温度、优异的温度稳定性和良好的机械性能和耐腐蚀性（表 4-1），因此在某些特殊应用领域无法被替代，仍然具有一定的市场需求。

表 4-1　永磁材料温度性能比较

永磁材料	居里温度 T_c/℃	剩磁温度系数/(10^{-2}/℃)	矫顽力温度系数/(10^{-2}/℃)	使用温度/℃
Alnico	750～890	−0.02	−0.03	550
铁氧体	450	−0.20	0.4	300
$SmCo_5$	725	−0.04	−0.3	250
$Sm_2(Co,Cu,Zr)_{17}$	800～850	−0.035	−0.3	500
NdFeB	310～420	−0.126	−0.6	200

Alnico 合金一般由质量分数为 6%～13%的 Al、13%～28%的 Ni 和 0～42%的 Co 和微量的 Cu、Ti 和 Nb 等元素以及余量的 Fe 组成。通常根据 Co 含量的不同，按照其最大磁能积值（2～10 MGOe，即 40～80 kJ/m^3）的等级划分为 1 至 9 个类别，其成分和退磁曲线如图 4-1 所示。

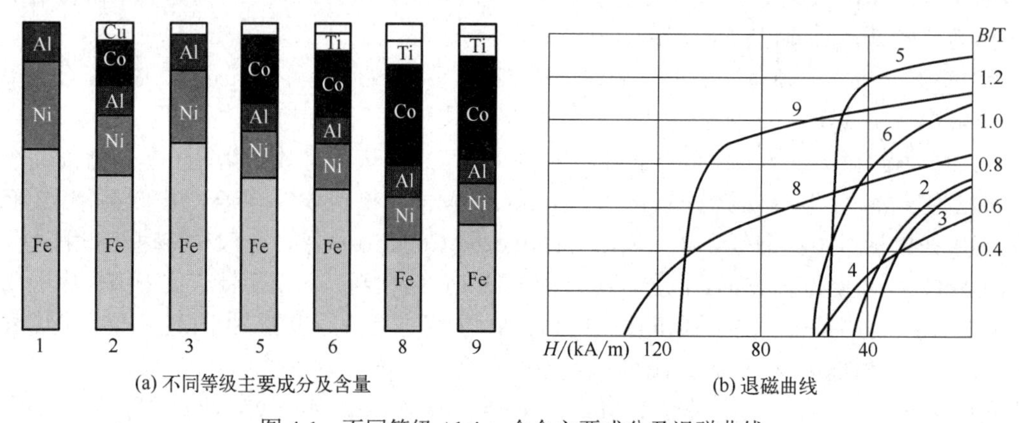

(a) 不同等级主要成分及含量　　(b) 退磁曲线

图 4-1　不同等级 Alnico 合金主要成分及退磁曲线

由于 Alnico 1 至 Alnico 4 在热处理阶段未施加磁场，因此是各向同性的，其剩磁范围为 0.5～0.75 T，矫顽力为 31.85～59.71 kA/m，最大磁能积为 10.4～12.8 kJ/m^3。而 Alnico 5 至 Alnico 9 在磁场作用下进行热处理，因此会产生形状各向异性，其剩磁范围为 0.7～1.4 T，矫顽力为 57.8～159.24 kA/m，最大磁能积为 24～104 kJ/m^3。其中，Alnico 5 和 Alnico 8 两种合金比较典型，Alnico 5 具有较高的剩磁，为 1.25～1.4 T，但矫顽力和最大磁能积较小，分别为 39.8～55.7 kA/m 和 48～56 kJ/m^3；而 Alnico 8 的剩磁相对较低，为 0.7～0.9 T，但矫顽力和最大磁能积较高，分别可超过 130 kA/m 和 80 kJ/m^3。此外，通过定向凝固方法制备具有沿<100>方向生长的柱状晶结构的铸件是提高 Alnico 合金硬磁性能的重要手段之一，因为该方向既是易长大方向又是易磁化方向，如图 4-2 所示。

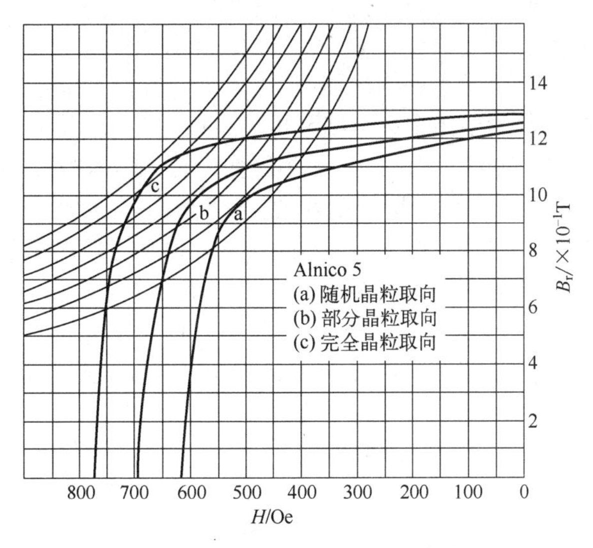

图 4-2　晶体取向对 Alnico 5 磁特性的影响

4.2.1.1　Alnico 永磁合金晶体结构与特性

Alnico 永磁合金的硬磁性源于由高温固溶相（α 相）调幅分解（$\alpha_1+\alpha_2$）形成的铁磁性富 FeCo 相（α_1 相）和弱磁性的富 NiAl 相（α_2 相）组成的两相纳米镶嵌结构。FeCo 相具有目前已知的最高的饱和磁化强度 M_s（$Fe_{65}Co_{35}$ 相：2.43 T）和高的居里温度。但是，由于其为立方结构，磁晶各向异性非常低，K_1 比单轴的 $Nd_2Fe_{14}B$ 化合物的 K_1 小一个数量级以上，不足以诱导强的矫顽力。然而，该合金在高温退火过程中调幅分解形成的 α_1 相可以获得具有明显形状各向异性的细长形状，显著增加矫顽力。但由于非磁性（弱磁性）基体 α_2 相的存在，合金的 M_s 降到了 FeCo 理论值的 60%左右。图 4-3 为著者研究组最近制备的铸造 Alnico 8 磁体 TEM 照片，反映了 Alnico 合金典型的显微组织。

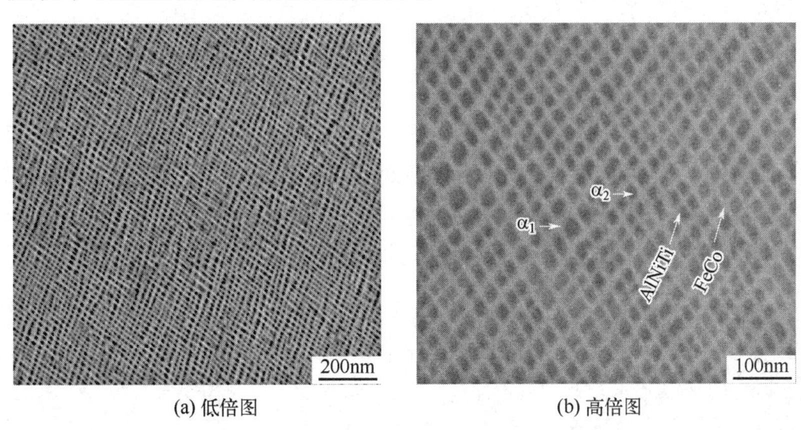

(a) 低倍图　　(b) 高倍图

图 4-3　Alnico 8 的调幅分解结构 TEM 图像

由于磁性能依赖于两相不同的 M_s 和铁磁相 α_1 的形状各向异性，为了获得高的矫顽力和剩磁，Alnico 合金必须具有合理取向的柱状晶和高的磁晶各向异性。早期的 Alnico 合金主要含随机取向的 α_1 相。直到 20 世纪 50 到 60 年代具有各向异性的微结构才通过定向凝固和在退火过程中施加磁场的工艺实现，获得的合金具有<001>织构，细长的 α_1 沉淀沿着平行于所施加的磁场方向整齐排列。这种磁场退火可以得到性能优异的 Alnico 合金，包括从 Alnico 5～

7 到 Alnico 8 和 Alnico 9。

铝镍钴磁钢在 1250℃以上是单相固溶体（α 相，体心立方，晶格常数 a=0.236 nm）。在 1250～850℃的范围内，α 相固溶体中会析出 γ 相（面心立方，晶格常数 a=0.365 nm），它是对永磁特性不利的有害相。900℃以下发生 α 相转变为 $\alpha_1+\alpha_2$ 的相变。α_1 相为体心立方，富 Fe 和 Co，饱和磁化强度高；α_2 相为体心立方，富 Al 和 Ni，具有弱磁性。在 600℃以下长期加热，又会析出 γ′相（面心立方），对永磁特性也不利，故要尽量避免 γ 相和 γ′相的形成。在 800～850℃进行磁场热处理或等温磁场热处理，则 α_1 晶粒会在磁场方向析出并伸长，同时，“钴原子对”会在磁场方向“有序定向”，剩磁、矫顽力和磁能积都会明显提高。

α 相：体心立方，超结构，晶格常数 a=0.286～0.287 nm，是合金在高于 1200～1250℃范围时存在的单相组织。

γ 相：面心立方结构，晶格常数 a=0.365～0.370 nm，是合金在 1250～850℃温度范围内，与 α 相共存的富铁相。

α_1 相：体心立方结构，晶格常数 a=0.286～0.287 nm，是合金在低于 900℃温度范围内，从 α 基体相中调幅分解出的富铁钴的强铁磁相。

α_2 相：体心立方结构，晶格常数 a=0.287～0.290 nm，是合金在低于 900℃温度范围内，从 α 基体相中调幅分解出的富镍铝的弱铁磁相。

α+γ 相：体心立方结构，晶格常数 a=0.286～0.287 nm，是合金从高温冷却至 580～540℃温度范围，由 γ 相转变而得。

4.2.1.2 Alnico 永磁合金的成分与工艺优化

Alnico 合金的饱和磁化强度主要依赖于 α_1 相的体积分数，但是影响矫顽力的因素很多。为了满足汽车电机的需求，除了用铸造方法制备铸造 Alnico 合金，目前希望能用低成本批量制备的新工艺（如粉末冶金）来获得具有取向排列的柱状相和高的磁晶各向异性的磁体。为了达到这个目标，一方面要调节 Alnico 合金的成分，通过添加微量元素和控制元素的含量来调控微观结构；另一方面要通过工艺优化，寻找获得最佳磁晶各向异性的处理方式，建立成分、工艺、结构和性能之间的关系。

Liu 等研究了 Alnico 8 合金中不同含量的 Co 和 Ti 对磁性能、微观结构和磁通量的可逆温度系数的影响。他们采用常规铸造和磁场热处理工艺制备了质量分数分别为 34%、36%、38%和 40%的 Co 替代 Fe 的 Alnico 合金。随着 Co 和 Ti 含量的增加，Alnico 合金中两相的晶格参数的差异变大，基体中的直径小于 10 nm 的 α_1 相颗粒的含量增加（图 4-4）。为了降低应

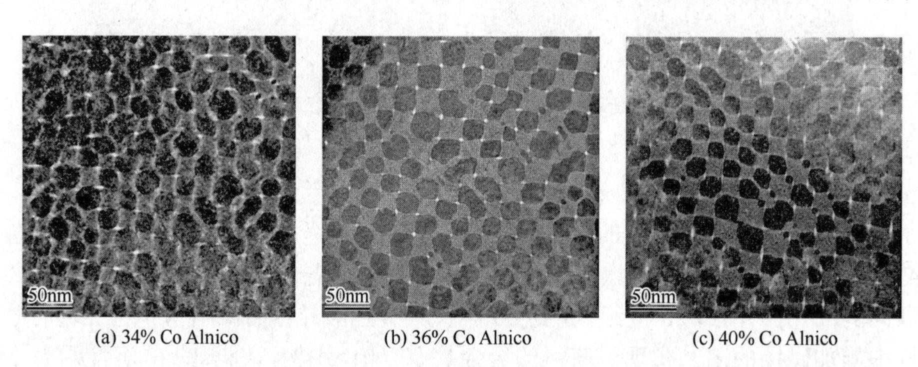

(a) 34% Co Alnico (b) 36% Co Alnico (c) 40% Co Alnico

图 4-4 不同 Co 含量的 Alnico 合金薄膜垂直于外磁场方向的明场 TEM 图像

变能，在 Co 质量分数为 40%的 Alnico 8 合金的 α_1 相中出现了很多直径小于 10 nm 的颗粒。磁性能研究表明，由于 Ti 是非磁性原子，随着 Ti 和 Co 含量的增加，Alnico 8 合金的剩磁下降，同时热稳定性也变差，这主要是由于颗粒的整齐度和完整度下降。

Sun 等通过调节化学成分和微观结构获得了高矫顽力和高磁能积的 Alnico 合金，内禀矫顽力为 160.82 kA/m，最大磁能积为 75.62 kJ/m^3。两种合金（Alnico 9 和 Alnico 9H）的成分如表 4-2 所示。显微组织分析表明 Alnico 中的沉淀相是平行于外加磁场方向的。由于调幅分解作用，磁性原子主要聚集在 α_1 相，非磁性原子倾向于聚集在 α_2 相中。Alnico 9H 中的富 α_1 相呈现不规则的针状排列，其取向度和体积分数都比 Alnico 9 中的小。EDS 分析表明 Alnico 9H 中 α_1 相的 Fe 原子和 Co 原子是均匀分布的，α_1 相和 α_2 相间晶界也比 Alnico 9 中的明显。此外，Alnico 9H 中 α_1 相和 α_2 相之间的化学偏析度也比 Alnico 9 的好。Alnico 9 和 Alnico 9H 的磁滞回线如图 4-5 所示，它们的剩磁和内禀矫顽力相差很大。Alnico 9H 较低的剩磁可能是由于 α_1 相的体积分数较低，而较高的矫顽力可能是因为 α_1 相和 α_2 相之间更加清晰的晶界以及 Fe 和 Co 原子在磁性 α_1 相中的均匀分布。此外，富 Cu 颗粒在 α_2 相中的不均匀分布也可能有利于提高矫顽力。

表 4-2 Alnico 9 和 Alnico 9H 的标准化学成分 单位：%（质量分数）

样品	Co	Cu	Al	Ti	Ni	Fe
Alnico 9	36	3	7.2	6.05	13.5	Bal
Alnico 9H	40	3	8.4	8.2	14	Bal

注：Bal 表示除列出元素之外的元素含量，这里指其余的为 Fe 元素的质量分数。

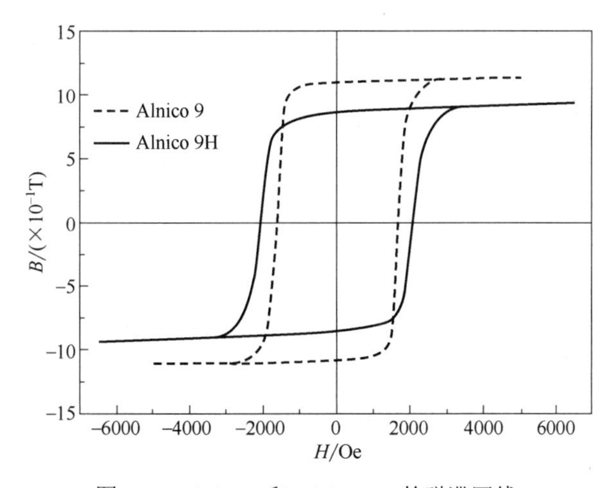

图 4-5 Alnico 9 和 Alnico 9H 的磁滞回线

铝镍钴永磁按生产工艺不同可分为铸造铝镍钴永磁和烧结铝镍钴永磁两大系列，每一系列按磁性能及成分又可分为不同品种。

（1）铸造铝镍钴永磁

铸造铝镍钴永磁材料的工艺流程如图 4-6 所示。主要包含八个工序过程，其中熔炼为特种工艺，不易受控。操作者须具有一定的技能和经验，配料、磁场热处理为关键工序。

国内外，为了更有效地发挥磁热处理的作用，除了采用磁场热处理方法来提高材料磁性能外，还采用定向结晶的办法使材料在磁化方向上长成平行排列的粗大柱状晶来改善其磁性能。定向结晶的方法很多，主要有冷却金属垫法、高温铸型法、发热铸型法、区域熔炼法、电渣重融法和连续铸造法等。常用的方法是前四种方法。冷却金属垫法是最简单的方法，由于这种方法用普通砂型铸造，所以合金溶液冷却很快，难以防止侧面的结晶生长，而且材料愈长，侧面的结晶生长就愈多。因此这种方法生产的材料最大磁能积约在 40～48 kJ/m³，一般适用单个浇铸和尺寸较短的半定向产品。高温铸型法是国内外普遍采用的方法，用这种方法可生产较长的铸件，且材料性能很高，如制造 Alnico 8 合金最大磁能积可达到 72.0～96.0 kJ/m³。发热铸型法在国外生产中应用较为广泛，用这种方法也可以得到较好的磁性能。区域熔炼法可以得到较为完全取向的柱状晶体。一般说来用这种方法制取的 Alnico 5 合金最大磁能积可达 64 kJ/m³，取向的 Alnico 8 合金可达 72～88 kJ/m³。

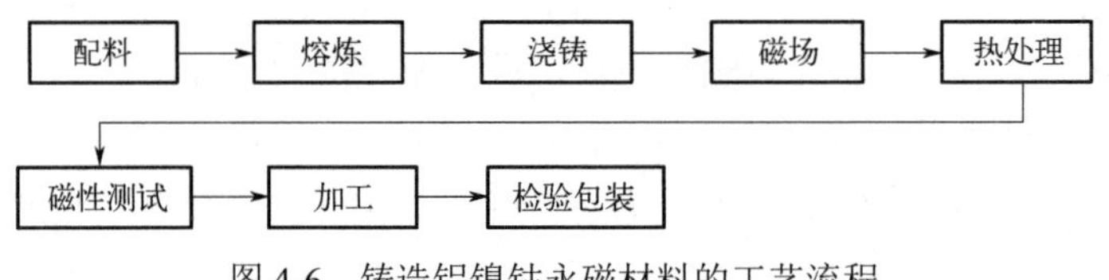

图 4-6　铸造铝镍钴永磁材料的工艺流程

铸造法生产工艺简单，产品性能高。目前绝大部分铝镍钴永磁材料均用此法生产。按成分不同可分为三类：铝镍型、铝镍钴型和铝镍钴钛型。铝镍型价格低廉；铝镍钴型剩磁高；铝镍钴钛型矫顽力高。按织构形态不同又可分为各向异性、各向同性、柱晶和半柱晶。

铸造铝镍、铝镍钴各向同性永磁材料：产品牌号分为 LN9、LN10、LN12。这类永磁材料采用一般砂型铸造方法，铸件不经磁场处理，生产工艺简单，效率高，由于不含或少含钴（钴的质量分数小于 12%），合金价格低廉，但磁性能很低，仅适于一般磁电式仪表、里程表、速度计及磁分离器中。

铸造铝镍钴各向异性永磁材料：产品牌号分为 LNG16、LNG34、LNG37。这类永磁材料含钴量为 15%～24%，具有高剩磁，经磁场冷却或等温磁场处理形成磁织构，在磁场处理方向上的剩磁、矫顽力和磁能积最大。

铸造铝镍钴钛各向异性永磁材料：产品牌号分为 LNGT28、LNGT32、LNGT38 及 LNGT36J。这类材料含有质量分数为 1%～8%的钛。钛的加入可以提高合金的矫顽力，但会导致剩磁的下降，因此在加入钛的同时将钴质量分数相应的由 24%提高到 38%，这样既保证合金具有高的矫顽力，又使剩磁不至于太低。这类永磁合金由于矫顽力高，磁体可以做得很薄，有利于满足永磁元件薄型化要求，主要用于精密电式测量仪表、永磁电机、扬声器中。

铸造铝镍钴柱晶及半柱晶各向异性永磁：牌号分为 LNG52（柱晶）、LNG40、LNG44（半柱晶）。这类磁体的成分与 LNG33 相同，但由于采用定向结晶法制造，磁体在磁极方向生长出粗大的柱状晶或部分柱状晶（半柱晶），经磁场处理后，得到了由结晶结构与磁结构组成的双重结构，因此最大限度地提高了磁体的磁性能。这类磁体的剩磁在铝镍钴永磁系列中最高，适用于精密磁电式测量仪表、永磁电机、微电机、行波管、磁控管中。

铸造铝镍钴钛柱晶各向异性永磁：牌号分为 LNGT60、LNGT72。这类磁体成分与 LNGT38 基本相同。由于具有柱晶与磁取向的双重结构，磁体磁性能大大提高，其矫顽力在铸造铝镍钴永磁系列中最高，适用于发电机、电动机、行波管、磁控管中。

（2）烧结铝镍钴永磁

烧结铝镍钴永磁磁体由金属粉和中间合金粉经混合压制成型，真空或氩气烧结及适当热处理而成。该类磁体在制造时原材料消耗小，磁体晶粒细小均匀，机械性能好，表面光洁，尺寸精确，一般无需精磨加工，并可进行钻孔和切削等，因此适用于大批量生产且尺寸要求精确、形状较复杂的要求，并可与磁路中其他软磁元件一起制成组合件，有利于提高磁路气隙中的有效磁通量。与铸造磁体相同，烧结磁体按其成分也可分为铝镍型、铝镍钴型和铝镍钴钛型。按织构又可分为各向同性磁体和各向异性磁体。

烧结铝镍、烧结铝镍钴各向同性永磁：磁体牌号分别为 FLN8、FLNG12。这类磁体粉末压制成型时不经过磁场取向，生产工艺较简单。烧结铝镍钴各向异性永磁：磁体牌号分为 FLNG28、FLNG34。这类磁体粉末压制成型时形成磁织构。烧结铝镍钴钛各向异性永磁：磁体牌号分为 FLNGT31、FLNGT33J。磁体粉末压制成型时形成磁织构。与铸造永磁相比，粉末烧结永磁的密度较低，但二者的矫顽力相差不大。烧结铝镍钴永磁适用于微电机、永磁电机、继电器及小型仪表中。

Stanek 等研究了热处理条件对含 Ti 质量分数为 5.5%的 Alnico 8 合金矫顽力的影响。在 1250℃下均匀化热处理 20 min，再在有或无磁场条件下冷却到室温。均匀化之后进行三步等温退火，即将试样在 610℃保温 2 h，再在 590℃保温 4 h 和在 570℃保温 6 h。结果发现，在 810℃下磁场热处理样品的矫顽力最高，为 132 kA/m，此温度下的磁硬化过程是最有效的。在最佳磁场热处理温度下（810℃），均匀化过程中加不加磁场影响不大。因此，全方面地理解退火过程中纳米结构的变化和外加磁场的方向对晶向的影响非常重要。调控施加于晶体的外加磁场可以改变调幅相的均匀性，从而调控改变矫顽力。

Song 等用气体雾化制备了平均颗粒尺寸为 119 μm 的 Alnico 合金粉末，成分为 $Fe_{37.1}Al_{8.2}Ni_{17.6}Co_{26.6}Cu_{3.3}Ti_{7.2}$（质量分数），研究了磁场热处理对性能的影响。获得的最优热处理参数为：以 4℃/s 的速率加热到 870℃，在 870℃保温 1 min 后再在磁场下以 0.3℃/s 的速度冷却到 700℃，最后再等温老化 4 h。他们认为热处理过程中的关键点是要在 700℃下老化 4 h，并且从 870℃冷却到 700℃时的冷却速度要为 0.3℃/s。最后获得的 Alnico 合金粉末的内禀矫顽力为 1.0 kOe（79577.5A/m），剩磁为 36.5 emu/g。铸造 Alnico 磁体必须进行固溶处理才能获得均匀的铸造结构，但是对于气体雾化磁体来说，固溶处理不是必需的，因为其组织来源于快速凝固淬火过程。

Tang 等通过气体雾化获得均匀球形粉末，再通过热压（HP）、热等静压（HIP）和模压烧结（CMS）等三种成型工艺获得不同显微结构和磁性能的 Alnico 8 合金，成型工艺见表 4-3。结果表明：热压和热等静压制备的样品具有相似的微观结构和磁性能，并且热压是获得接近理想密度和最终形貌的最具有时效性的工艺。模压烧结工艺需要花更长的烧结时间来获得全致密的磁体，但是更易于获得形状复杂的磁体。此外，长时间的烧结过程可能诱导晶粒的优先生长，获得最好的剩磁和磁能积。最初的 Alnico 预合金粉由粒径为 5 μm 的单一 α 相的球形颗粒组成。随着温度从 770℃升高到 840℃，热压样品的相对密度从 78%上升到 96%，晶粒边界普遍分布着 γ 相，在真空中 1200℃固溶 30 min 后，样品又呈现出单一 α 相，相对密度达到 98.7%。另一方面，热等静压样品在 1250℃加热 4 h 后，就直接实现了理论密度。模压烧结样品随着烧结时间从 1 h 到 8 h，相对密度从 96.8%上升到 99.6%。热压样品的矫顽力为 1.7 kOe[$1Oe=10^3(4\pi)^{-1}$ A/m]，剩磁为 0.91T；热等静压样品的矫顽力也为 1.7 kOe，但剩磁由于密度的增加提高到了 0.94T；模压烧结样品在烧结 8h 获得了最大的剩磁（1.01T）和磁能积（6.5 MGOe）。这一结果表明，密度和晶粒取向度的提高有利于获得更好的硬磁性能。相对于最初的大小为 5 μm 的气体雾化粉末，热压和热等静压处理后的样品的平均晶粒尺寸增加了 16 倍。在完全热处理后，热压和热等静压样品显示出了均匀的粒度分布和不同的晶粒取向。此外，在三角晶界区域观察到了少量的 γ 相（体积分数<3%）。

表 4-3　热压、热等静压和模压烧结样品所采用的具体制备工艺

热压（HP）	热等静压（HIP）	模压烧结（CMS）
单向热压，750～840℃，5～10 min	不锈钢罐密封，1250℃，4 h	粉末、丙酮和黏结剂室温模压成型；300℃，2 h 脱胶；1250℃，4～12 h 烧结
真空 1200℃，30 min 固溶，油浴淬火		
840℃、10 min 磁场热处理，650℃、5 h 回火，580℃、15 h 回火		

4.2.2　Mn 基无稀土永磁材料

Mn 基无稀土永磁是将 Mn 与其他较为廉价的元素一起形成的锰基合金，该类合金磁矩呈铁磁性耦合，且制备成本较低，是目前常用的一种无稀土永磁材料。

4.2.2.1　Mn 基无稀土永磁的晶体结构

Mn 作为过渡元素比较特别：Mn 原子占据其较大单胞上的 4 个不同的位置，这 4 个不同位置上的原子磁矩从 0.5 μ_B 到 2.8 μ_B 不等。这些磁矩在 90 K 以下呈非线性反铁磁排列。Mn 本身半满的 d 带之间的交换作用通常是反铁磁性的，如何在密排结构中使大的磁矩按铁磁性排列是需要研究的主要问题。此外，相邻两个 Mn 原子的杂化轨道会使能带宽化，磁矩急剧减小。为了得到大的磁矩，必须使 Mn 原子间距增加，但这会降低饱和磁化强度。通常来说，当相邻两个 Mn 原子的间距小于 240 pm 时，对外显示非磁性；当 Mn 原子间距在 250～280 pm 时，对外表现出一些较小的反铁磁性磁矩；当 Mn 原子间距大于 290 pm 时，对外表现出较大的铁磁性耦合磁矩。因此，将 Mn 与其他较为廉价的元素一起形成锰基合金或是引入间隙原子，以此来扩大相邻 Mn 原子间的距离使其磁矩呈现铁磁性耦合，这是研发 Mn 基磁体的基本思路。目前 Mn 基无稀土永磁体中较有代表性的有 MnAl、MnBi 与 MnGa 三种，以下分别介绍这三种永磁体的结构特征。

MnAl 中的高磁性能的铁磁性相被称为 τ 相，是个亚稳相，晶体结构为四方的 $L1_0$ 型结构。在块体制备过程中，一般首先制得 ε 母相，然后通过扩散形核和生长过程转化获得 τ 相。ε 母相的 Mn 原子百分数范围为 53%～60%，是一个高温相，要制得这个相需要经过一些高温的不稳定的工艺过程。

MnBi 低温相为主要的磁性相，属于 Ni-As 型晶体结构，如图 4-7 所示。

Mn-Ga 二元相图比较复杂，Mn_xGa_{1-x} 合金有两个主要的磁有序相，一个是 $L1_0$ 相，在 $0.5<x<0.65$ 成分范围内铁磁有序，另一个是 $D0_{22}$ 反铁磁有序相，成分范围为 $0.65<x<0.75$。图 4-8 为其晶体结构。

4.2.2.2　Mn 基无稀土永磁的分类

Mn 金属本身是非铁磁性的，但与其他元素形成的 Mn 合金是具有铁磁性的。MnAl、MnBi、MnAlC 和 MnGa 等 Mn 基合金因其较高的磁晶各向异性常数和 T_c 值而被广泛研究，是一类重要的无稀土永磁材料。

MnAl 合金具有优越的机械强度、合理的磁性能和较低的成本。MnBi 永磁具有优异的高温磁性能，但它易氧化并且比较难以获得高纯度的 MnBi 粉末。MnGa 永磁根据其成分组成可以形成两种晶体结构［$L1_0$（Ga 含量低）和 $D0_{22}$ 型（Ga 含量高）］。$L1_0$ 型 MnGa 的矫顽力比较低，其粉末经过热压后呈各向同性。$D0_{22}$ 型 MnGa 的磁化强度比较低，Ga 含量较高，成本较高，所以不利于其大量生产。MnAl 永磁具有较高的磁矩（2.4 μ_B/f.u.，其中 f.u.表示单位化学式）和居里温度（650 K），较大的磁晶各向异性常数（1.7 MJ/m^3）和较低的密度（5.2 g/cm^3），其成本较低（Mn 元素和 Al 元素廉价易得）、机械加工性较好而且耐腐蚀，有着极大的应用潜力。

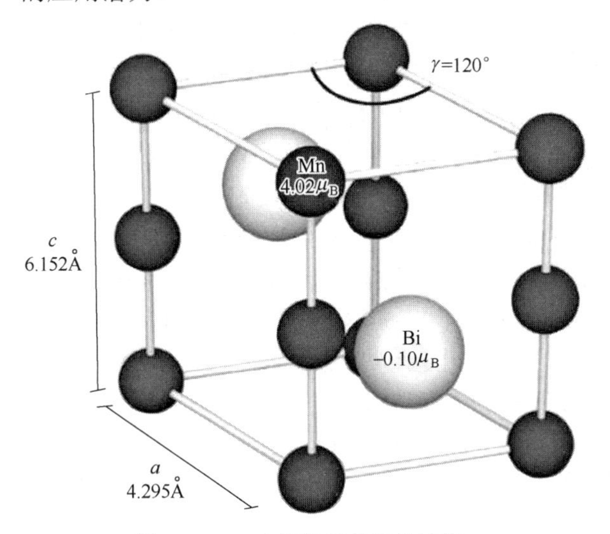

图 4-7　MnBi 低温相的晶体结构

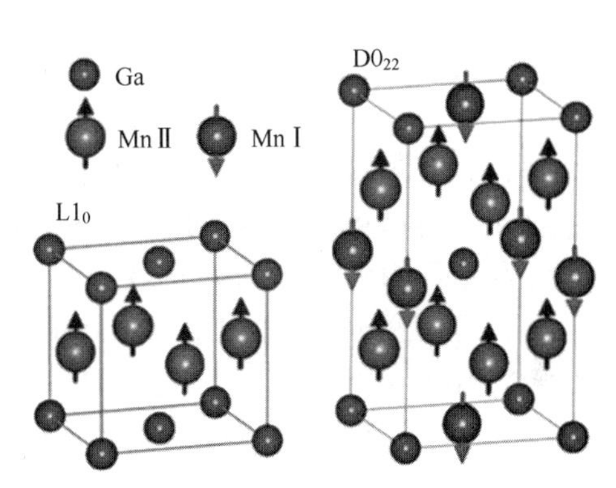

图 4-8　两种主要的 MnGa 强磁性相晶体结构

（1）MnAl 合金

虽然有很多的 Mn 基合金体系表现出铁磁性，比如 MnGa、MnGe、MnSb 和 MnAs 等，但只有 MnAl 合金具有作为“中间磁体”（其综合磁性能介于铁氧体永磁和稀土永磁之间）的潜力。根据二元 MnAl 合金相图可知，MnAl 合金中的物相有很多，在室温下稳定的物相包括 τ 相（P4/mmm）、高温 ε 相（P63/mmc）、β 相（P4132）、γ_2 相（R3m）等。其中四方的 $L1_0$ 型结构的 τ 相是 MnAl 合金中唯一的铁磁性相。MnAl 永磁合金中的 τ 相是亚稳态相，一般可通过控制速率冷却或者淬火高温 ε 相随后在 400～700℃的温度下保温一段时间获得，回火的温度和保温的时间需合适，否则会导致 τ 相分解为非磁性的 β 相和 γ_2 相。τ 相的形成过程一般认为是由高温 ε 相（HCP）通过有序反应转变为 ε′相（斜方晶系 orthorhombic），然后再通过马氏体相变转变为 τ 相（FCT），在此过程中可能伴随着扩散、形核和晶粒生长等过程。

（2）MnBi 合金

MnBi 合金的共晶成分中 Mn 质量分数为 0.72%，共晶温度为 262℃，MnBi 相在 355℃发生铁磁-顺磁转变，在 446℃完全分解。MnBi 合金具有多种相结构，其中高温相（HTP）具有优异的磁光特性，低温相（LTP）则具有很高的磁晶各向异性（K_1=106 J/m^3）。高温相属于 NiAs 结构，低温相为六角结构。高温相经低温退火可转变为低温相，这是一种结构相变。正是由于这种结构相变的存在，再加上 MnBi 相制备比较困难，致使 MnBi 合金在离实用化方面还存在一定距离。但由于其磁性和磁光性能有诱人的应用前景，还是吸引了众多的研究者。1904 年 Heusler 首次报道了 MnBi 合金具有铁磁性能。Guilaud 和 Thielman 系统地报道了关于 MnBi 合金的磁性特征，证实 MnBi 合金中每个 Mn 原子的磁矩为 3.75 μ_B 至 4.05 μ_B，居里温度可达 720 K，在室温下 MnBi 的磁晶各向异性能为 11.6×10^2 kJ/m^3。第一性原理计算预测完全致密、单轴各向异性 MnBi 永磁体的磁能积可达 144 kJ/m^3（18 MGOe），矫顽力在 280℃仍高达 25.8 kOe。

（3）MnGa 合金

近些年，不含有稀土元素、相结构丰富、制备工艺简单、内禀磁性多样的 MnGa 合金逐渐成为磁性材料领域的热点。Lu 等人证实，Mn 原子百分数在 50%～80%的 MnGa 合金能够表现出一定磁性能，目前大部分研究均在这一范围内。研究表明，MnGa 二元合金具有较强的磁晶各向异性和优异的磁性能，其组织结构和磁性能可通过改变合金成分配比和调节制备工艺来调控。以上种种优点使得 MnGa 合金在永磁材料领域和磁记录材料领域具有潜在的应用价值。目前对于 MnGa 二元合金的研究主要集中在以下两个比例配比：$D0_{22}$ 结构的 Mn_xGa（$2<x<4$）合金（高锰合金），如 Mn_3Ga 和 Mn_4Ga；接近 $L1_0$ 结构的 Mn_xGa（$1<x<2$）合金（低锰合金），如 MnGa 和 $Mn_{1.66}Ga$。Mn_3Ga 为亚铁磁性，其最大磁能积为 52.7 kJ/m^3。定向 Mn_xGa 薄膜具有较大的各向异性场为 7961.8 kA/m，因此各向异性常数 $K_1=10^6$ J/m^3。当 x=0、5、10 和 15 时，$Mn_{60+x}Ga_{40-x}$ 带在较宽的成分范围内的磁性能是隧穿的，最佳 H_c 值分别为 10.3 kA/m、350 kA/m、644.9 kA/m 和 607.3 kA/m。具有合适尺寸和取向纳米颗粒的 Mn_xGa 薄膜表现出非常大的矫顽力场，高达 1990 kA/m，其矫顽力的增强归因于大的磁晶各向异性和合适的颗粒尺寸。分子束外延生长的 $L1_0$-$Mn_{1.5}Ga$ 外延薄膜在室温下表现出高达 3407.6 kA/m 的垂直矫顽力，2.17×10^3 kJ/m^3 的巨大垂直磁晶各向异性和高达 20.7 kJ/m^3 的最大磁能积，在超高密度记录、自旋电子学和永磁体等方面得到广泛应用。

4.2.2.3 Mn 基无稀土永磁的制备工艺和性能优化

MnAl 系统中的高磁性能的铁磁性相被称为 τ 相，在 MnAl 永磁的制备工艺中，需要尽可能地提高 τ 相的占比。为了研究与提升 MnAl 合金的磁性能，人们采用了许多方法，例如熔体快淬、球磨、放电等离子烧结、冷热变形、元素掺杂等，均取得了显著效果。

（1）MnAl 永磁合金的制备

热挤压法也是目前报道的唯一可制备各向异性 MnAl 合金块体的方法，通过热挤压法成功制备出各向异性的 MnAl 永磁体，其磁性能为 B_r=0.61 T，H_{cj}=3 kOe，$(BH)_{max}$=7 MGOe。但是该方法工作条件复杂，设备占地面积大且运行损耗较大，成本偏高，不适合大规模生产。熔体快淬是一种常用的制备磁体手段。通过快淬和热处理制备的 MnAl 和 MnAl(C)合金的内禀矫顽力一般在 119.4 kA/m 到 159.2 kA/m 之间，通过调控 C 元素的掺杂与热处理工艺，能够促进 τ 相的形成并增强稳定性，进一步提高磁性能。通过机械球磨减小晶粒尺寸，矫顽力得到显著提高，在合适的温度退火后，块状和球磨的粉末都从 ε 相完全转变成了 τ 相，MnAl 合金在不掺杂 C 元素的情况下也可以通过球磨和热处理获得高矫顽力以及高磁化强度。通过铜模吸铸也可直接获得纯铁磁相 τ 相，晶粒细化和缺陷密度的增加都会导致矫顽力的提高。元素掺杂也是 MnAl 磁体研究的热点，适量 C 元素的添加有利于 τ 相的形成。但是在 MnAl 基合金中添加 B 元素来代替 C 元素并不能稳定硬磁相，而会使不稳定的 ε 相在退火过程中转变为多种中间相。Co、V 元素的掺杂有利于促进铁磁相 τ 相的形成，Co 元素较慢的扩散速率有利于在 τ 相的形核和长大，V 元素的掺杂改变了 τ 相形成的临界冷却速率，促进了 τ 相的形成，同时还可以细化晶粒，增加矫顽力。V 元素的掺杂还增加了 ε 相的晶格参数，改善其热稳定性，同时也促进了 τ 相的热稳定性。

（2）MnBi 永磁合金的制备

目前 MnBi 永磁体的合成方法较多，如粉末烧结、机械合金化、磁场取向凝固、电弧熔炼等。传统粉末烧结是将金属 Mn 和 Bi 颗粒混合，在低于包晶反应的温度下进行烧结获得永磁 MnBi 合金，这种传统方法制得的合金中低温相含量比较低，初始原料 Mn 和 Bi 相含有较多，严重影响了 MnBi 合金磁性能的发挥，也造成了材料的浪费，合成效率不高，通过改进工艺路线可进一步提高磁性能。磁场凝固法是在凝固过程中加入强磁场，在磁场的作用下合金 MnBi 析出相平行于晶体的 c 轴磁场取向，形成规则排列的组织，所得材料的剩磁都具有明显的各向异性，材料无需热处理就有很好的剩磁性能，由此得出磁场凝固技术能够高效率、直接制备出性能优良的 MnBi/Bi 磁性功能复合材料。机械合金化是将欲合金化的元素粉末机械混合，在高能球磨机中长时间球磨粉碎，合金粉末承受冲击、剪切、摩擦和压缩等多种力的作用，经历粒子扁平化、冷焊合以及合金粒子均匀化的过程，在固态下实现合金化。Mn、Bi 混合粉末通过机械合金化可以形成纳米晶合金，而且经过短时间球磨即可迅速细化而达到纳米尺度，进而提高了铋在锰中的固溶度，机械合金化作为提高 MnBi 合金永磁性能的后续处理方式有着广泛的应用。电弧熔炼法是通过快速凝固熔融在氩气氛围中进行电弧熔炼后的 Mn 与 Bi 的混合溶液来制备高温相样品。在此淬火过程之后，在氩气氛围中再次用电弧熔炼进行区域熔融，随后在真空 570～900 K 的温度下进行热处理，最终使样品转化为低温相。目前技术条件下，制备纯的低温相异常困难。传统的制备方法如电弧熔炼、感应熔炼、机械合金化等都难以得到高纯度的 MnBi 低温相材料并且都会导致 Mn 元素的偏析现象。熔体快淬搭配后续的热处理工艺是目前较为流行的制备纳米晶 MnBi 永磁合金的工艺方法，其首先获得均匀薄带，再将其加热到晶化温度以上并保温一段时间，使薄带合金转变成需要的相结构。搭配后续热处理工艺以及球磨工艺则更有利于 MnBi 低温相的合成从而获得高纯度的低温相，对目前 MnBi 合金中普遍存在的 MnBi 低温相纯度不高的问题具有重要的意义。

（3）MnGa 永磁薄膜的制备

制备 MnGa 合金块材和粉末的研究一直较少，但是垂直磁晶各向异性 Mn_xGa 合金薄膜在超高密度垂直磁记录、永磁体以及自旋电子学器件等方面的应用潜力近年来引起了人们越来越多的关注。研究人员通过快淬法及之后的热处理制备 MnGa 合金，快淬合金的晶粒尺寸均匀，约为 1 μm。这表明 MnGa 合金具有相对低的玻璃成型性，难以得到纳米晶体结构和无定形结构，直接快淬所得合金磁化强度与矫顽力都较低，由 $D0_{19}$ 相的弱磁性所致。通过热处理可以大大提高磁性。MnGa 薄膜制备工艺主要有分子束外延法和磁控溅射两种。通过外延生长在 GaAs（111）外延层上制备出的 MnGa 薄膜具有四方闪锌矿结构，其中晶胞参数之比 c/a=1.1。密度泛函理论研究表明，四方闪锌矿晶胞是亚稳态，总能量和磁矩严格取决于晶格参数。第一性原理计算表明，轨道磁矩部分冻结，由于四方畸变增强，磁晶各向异性能可以得到强化。强的磁晶各向异性能和轨道磁矩各向异性表明有相对较高的自旋轨道耦合参数。MnGa/GaAs 异质结构为将纳米磁自旋电子器件集成到半导体提供了一个现实的途径；磁控溅射法是通过磁控溅射在不同温度的 MgO（001）和钛酸锶（STO）（001）单晶衬底上制备 50 nm 厚度的 MnGa 薄膜，所使用的靶材的成分为 $Mn_{60}Ga_{40}$，在 MgO（001）衬底上沉积的 MnGa 薄膜随衬底温度的提高，性能发生不规则变化。在晶格匹配的 STO（001）衬底上沉积 MnGa 薄膜时，尽管有第二相的存在，整个原子占位有较高的长程有序，表面晶格失配在非理想配比成分 Mn 和 Ga 原子的原子排列中起着至关重要的作用。

4.2.2.4 Mn 基无稀土永磁发展与展望

Mn 属于过渡金属，磁矩大，多磁耦合，同时价格低廉。铁磁 Mn 基合金（MnAl 与 MnBi）很早便作为永磁体被进行研究。MnAl 合金具有高磁晶各向异性场（1.7×10^3 kJ/m^3）、较高的理论饱和磁化强度（0.597 T）和最大磁能积（110 kJ/m^3），还具有较高的居里温度。同时其机械加工性能与耐蚀性能都较为优异，因此被广泛应用于通信交流、仪器仪表、交通运输和航天航空等方面。

近年的一系列研究发现 MnAl 的磁性能与理论值还存在较大的差距，其主要问题有以下几点：①MnAl 合金中存在不稳定的铁磁相，这些相会导致材料的饱和磁化强度降低。常规方法制备的 MnAl 合金中含多种相，但是只有 τ-MnAl 相具有优异的磁各向异性，较高的最大磁能积以及高居里温度等优点。然而这个相是一个亚稳相，它很容易分解为 β-Mn 与 γ_2（Al_8Mn_5）等非磁性相。纯磁性相的 MnAl 合金很难获得。②τ-MnAl 相中的 Mn 原子间容易发生反铁磁相互作用，从而降低材料的饱和磁化强度。③MnAl 合金的矫顽力较低。虽然研究人员已经尝试了高温热处理淬火、退火、回火制备高 τ-MnAl 相含量的合金，但是其矫顽力仍远低于理论值。为解决上述问题，研究人员从成分调控，改变制备方法与性能优化这三方面进行了探究。通过掺杂元素来改变材料组分从而调控其磁性能是最为普遍、效果最佳的一种措施。有研究表明掺入适量的碳元素能够提高 τ-MnAl 的稳定性，但会降低其居里温度和各向异性场。Anand 等借助第一性原理计算并证明了通过在 MnAl 合金中掺杂其他元素来提高其稳定性和磁性能是可行的。掺杂非金属如 C、B 可以通过改变 τ 相结构提高其稳定性来改善材料的磁性能。随着研究的深入，MnAl 合金独特的磁性能已经引起了人们的关注，并取得了大量的成果，为其工业化应用奠定了坚实的基础。但不同掺杂成分得到材料的磁性能各不相同，将其应用于工业化生产仍需要进一步的探索和研究。

MnBi 合金在 84～633 K 均呈现铁磁性，磁晶各向异性场较高（1.16×10^3 kJ/m^3），预测完全致密并沿易轴取向磁体的磁能积也较高（144 kJ/m^3）。通过改进工艺或成分，MnBi 系合金可以成为有高永磁性能及优异温度特性（高温时有高矫顽力并有正矫顽力温度系数）的材料。由于其优异的温度特性，MnBi 合金可用在高温或强退磁场中。此外如果利用其正的矫顽力温度系数，与温度特性差但磁性能优良的其他磁粉一起制备成混合磁体，即可获得低矫顽力温度系数甚至零矫顽力温度系数但具有优异磁性能的永磁材料。因此 MnBi 永磁材料具有广阔的应用前景。

MnBi 合金有几种不同的相结构，主要有高温淬火相（QHTP）、高温相以及低温相等。其中只有低温相具备良好的单轴各向异性，可以用于永磁体的制备。国内外学者已经尝试了各种方式来制备具有较高纯度的低温相的 MnBi 合金，但是仍有两个关键技术难点有待解决：①MnBi 低温相通过包晶反应由 $MnBi_{1.08}$ 高温相形成，而这一系列反应会导致 Mn 原子与 Bi 原子的分离，Mn 原子容易析出氧化，同时未完全转化的高温相也会析出。这导致难以获得纯度较高的 MnBi 低温相。②MnBi 晶体结构具有强织构，取向困难，这极大影响了磁体的性能提升。已经有研究表明高取向永磁体性能至少是无取向永磁体磁性能的两倍。除此之外，合金元素的掺杂对 MnBi 永磁合金磁性能的影响研究也很少，然而合金元素的掺杂是细化晶粒和稳定结构的一种重要方法，可以认为通过合金元素掺杂来提高 MnBi 的磁性能是未来一个重要的研究课题。

MnGa 合金具有优异的内禀磁性能和丰富的相结构。理论预言均匀的 $L1_0$-$Mn_{50}Ga_{50}$ 薄膜

拥有 2.6×10^3 kJ/m³ 的垂直磁晶各向异性，矫顽力高达 5095.5 kA/m，磁矩为 845 emu/cm³，最大磁能积为 230.4 kJ/m³。然而关于 MnGa 永磁材料合金和粉末的制备研究较少。但是近年来垂直磁晶各向异性 Mn_xGa 合金薄膜在超高密度垂直磁记录、永磁体以及自旋电子学器件等方面的应用潜力引起了人们的关注。

4.2.3 Fe(Co)基无稀土永磁材料

Fe 基磁性化合物通常具有高的居里温度和饱和磁化强度。然而，这些化合物往往具有低的磁晶各向异性。要提高其综合硬磁性能，可以通过合金化得到具有较低对称性的晶体结构，比如六方或四方结构，从而获得高的矫顽力。

4.2.3.1 FeCrCo 永磁

FeCrCo 系永磁合金是一类较为特殊的永磁材料。它最大特点是具有可加工性，可以进行热冷变形加工，这是它相对于铁氧体、钐钴、钕铁硼等永磁材料所具有的突出优点。正因为如此 FeCrCo 系永磁合金一直受到人们的极大关注，这一领域的研究工作异常活跃，在磁性能、工艺、理论等诸多方面研究都不断取得新进展。本节就 FeCrCo 系永磁合金的相结构与相转变、热处理与磁性能等方面进行阐述。

Cr 质量分数为 20%～35%的 FeCrCo 合金在高温区为体心立方（BCC）α 相单相固溶体。在 600～1000℃范围内可能存在两个两相区（α+γ 相或 α+σ 相）和一个三相区（α+γ+σ 相）。在 650℃以下存在（$\alpha_{1+}\alpha_2$）相的混容间隙。σ 相是正方晶系（又称四方晶系），单体晶胞中有 30 个原子，σ 相具有极高的硬度，并且很脆。σ 相沿晶界析出是 FeCr 系和 NiCr 系合金中 475℃回火脆性的原因。在 FeCrCo 系合金中不同温度下存在的相与 FeCrCo 三组元的含量、第四或第五个组元的加入以及保温时间和冷却速度有关。FeCrCo 合金中 γ 相的存在给合金的生产带来困难。一方面为获得单一的 α 相需要在较高的温度下进行固溶处理，而过高的固溶处理温度会引起晶粒长大而使合金的塑性下降。另一方面，为抑制 γ 相的析出，固溶处理要以很快的速度进行冷却，例如在冰盐水中淬火，这样就限制了产品的尺寸不能过大。

为了消除这些不便可以考虑添加 Al、Nb、V、Ti 等合金元素。这些元素的单独加入或复合加入都能有效缩小 FeCrCo 合金的 γ 相区，可在一定的铬含量的范围内获得一个单一的 α 相区和低温的 α 相混溶间隙。Nb 是一种可以显著扩大 α+γ 相区的元素，如果 Nb 质量分数小于 0.01%，固溶处理和淬火处理可获得单一的 α 相。但 Nb 含量升高倾向于在淬火状态就形成 FCC 的 γ 相而导致磁性能恶化。如 Nb 质量分数达到 0.4%时，一直到高温固溶处理 γ 相都是稳定的。Zr 是抑制 γ 相析出的能力最强的元素，它比 Nb、V 高两倍，其次是 Ti 和 Al。添加 Co 元素同样也有影响。随 Co 含量的增加，混溶间隙发生如下变化：①调幅分解温度随 Co 含量的增加而提高；②低温下 α_1 和 α_2 相成分差随 Co 含量的增加而扩大；③随 Co 含量的增加，混溶间隙曲线的不对称性增加。这些变化都要对 Spinodal 分解所产生的 $\alpha_{1+}\alpha_2$ 相的形貌、相对数量、成分差造成影响，从而影响合金的性能。其中，Spinodal 分解即为调幅分解，是指在一定合金系统中，固溶体经适当热处理之后，分解为成分不同的微小区域相间分布的组织。

以上组元的加入不仅影响到 γ、α 相的形成及其相变，还要影响到 Spinodal 分解。因为 α_1 和 α_2 两相点阵的不匹配性引起的共格弹性应变能，要由化学能来克服。如果第四个组元的加入扩大了两相界面的点阵应变，那么它将减缓 Spinodal 分解的过程。Δα/α 越大，这种影响就越大。FeCrCo 永磁合金的热处理主要分三部分。高温固溶处理可以得到单一的 α 相，随后在水中淬火形成过饱和固溶体，磁场等温处理一般在 630～650℃等温处理 1h，施加外磁场的强度为 159.2 kA/m（2kOe）以上。处理过程中合金内部发生 Spinodal 分解形成 $\alpha_1+\alpha_2$ 两相的调幅结构，在外磁场的作用下强磁性的 α_1 相粒子沿外磁场方向析出并一致排列。分级回火一般工艺为 620℃保温 0.5 h→600℃保温 1 h→580℃保温 2 h→560℃保温 2 h→540℃保温 4 h。这时磁场处理时形成的两相（α_1 相和 α_2 相）结构通过原子负扩散而进一步发展完善，使得弱磁性的 α_2 相的居里温度降低到室温以下，从而使弱磁性的 α_1 相的单畴特性得以充分发挥进而达到高的永磁性能。

$Fe_{28}Cr_{23}Co_1Si$ 合金是 FeCrCo 合金发展初期具有代表性的合金之一。该合金制备工艺通常是在 1300℃固溶处理 15 min 后，置于冰水中淬火，而后在 640℃的磁场等温处理 20 min，再分级回火。这种合金的磁性对磁场处理温度的变化相当敏感，偏离最佳处理温度 10℃，磁性将成倍下降。X 射线与金相分析证明：$Fe_{28}Cr_{23}Co_1Si$ 合金在 1300℃以下会出现面心立方结构的 γ 相，晶相组织呈羽毛状沿晶界分布，转变速度较快。即使在冰水中淬火也不能完全抑制它的出现，1100℃以下出现 σ 相。FeCrCo 合金中 α 相在金相组织和晶体结构上与一般合金钢中的相同。γ 和 σ 相都是非磁性相，使合金磁性下降，尤其是 σ 相，一旦出现还会使合金的塑性急剧恶化，造成压力加工中的断裂。为了获得高矫顽力和高磁能积所必需的形状各向异性，根据铝镍钴合金发展过程中所依据的理论和实践，FeCrCo 合金也经磁场热处理获得沿外场方向伸长并排列的脱溶颗粒，也就是具备了形状各向异性。同时采用适当的定向旋锻工艺来改善这种颗粒的形态从而获得高的磁性能。如 $Fe_{30}Cr_{23}Co_3W_1Ti$ 合金经“磁场处理＋旋锻＋多级回火”工艺，其磁性能为：$(BH)_{max}$=62 kJ/m^3（7.8 MGOe），H_{cj}=72.5 kA/m（910 Oe），B_r=1.28 T（12.8 kG）。但是这种处理需要附加复杂的设备及工序也不易进行大批量生产，并且根据成分的不同对开始分解的温度和时间有严格限制。这一新工艺简单说来可分三个阶段进行：a.先从分解温度 T_s 温度以上的高温开始缓慢冷却，在冷却过程中发生 Spinodal 分解，以产生近似为球状的大而均匀的颗粒。b.进行单轴变形以拉伸颗粒并减小粒子的直径至最佳状态。c.低温回火也用连续缓冷工艺，有效地增加已伸长了的颗粒的成分调幅结构。

形变时效工艺的新异之处在于以变形的方法产生形状各向异性而不需经磁场处理和旋锻加工，这就大大简化了工艺，有利于工业性生产。工艺要求第一阶段处理后分解成二相的合金具备足够的延展性。形变的方法是多种多样的，可以高速拉拔、拉丝、压延或挤压。近来还有人对合金的形变机理与机械性质作了一些研究，发现合金在 Spinodal 分解后形变的主要方式为孪晶变形。FeCrCo 系合金也可以采用与 Alnico 系合金相同的铸造工艺来获得高的磁性能。铸造后经固溶处理，磁场下 Spinodal 分解后再在低温下多级回火。此外还可以采用定向结晶工艺来提高合金的磁晶各向异性以改善其磁性能。众所周知 FeCrCo 系合金的磁性能与显微结构有密切的关系，要获得优异的磁性能必须使脱溶粒子具备最佳大小（波长）、最佳的形状各向异性颗粒形态及其排列以及与此相匹配的两相间最大的成分差（调幅结构）。早期合金的热处理是根据 Zijl-stra 的理论进行的，该理论指出拐点分解过程中磁场的作用决定了静磁自由能与析出物和母体分解面自由能之间的平衡关系，多级回火工艺所依据的就是这一理论，由此可得到所需的显微结构。然而由这种工艺所得到的结构与磁性对热处理条件极其敏感，特别是对在低温拐点处的分解温度以下进行磁场处理的起始温度和时间敏感，这就在大工业生产中引起严重的性能再现性问题，为此有人提出利用在分解温度以上合金并不进行拐点分解的这一事实采用在 T_s 以上（一般也在居里温度 T_c 以上）开始分二阶段的连续缓冷工艺（前一次是在磁场中进行）。这使拐点分解的开始温度与保持时间的差异对合金最终磁性能均无多大影响。

近年来由于新试验手段的采用，如电子显微镜、穆斯堡尔谱效应、劳伦兹显微镜等，研究者对 FeCrCo 合金的磁结构、反磁化机理与合金矫顽力起源、Spinodal 分解过程等进行了广泛深入的研究，并提出了不少新见解。长期以来人们普遍认为 FeCrCo 合金的磁硬化机制与 Alnico 合金相似，即合金的反磁化过程主要为磁矩的转动，阻碍磁矩转动的是柱状脱溶相的形状各向异性，合金在磁场作用下经过 Spinodal 分解后的二相为非磁性相和磁性相。但是近些年来有些学者对于磁畴的研究认为，反磁化过程为畴壁移动过程跨越了许多粒子的磁畴为粒子所钉轧，即所谓的钉轧模型。阻碍畴壁移动的是脱溶后产生的磁性不同的两磁性相间界面对磁畴的钉轧作用。

4.2.3.2 添加元素对 FeCrCo 合金性能的影响

在合金中改变化学成分或添加合金元素的主要作用有两个方面：a. 改变合金的相图相区和相变点从而影响合金的塑性和工艺。b. 通过影响合金的饱和磁化强度、居里温度、Spinodal 分解和最终得到的（$\alpha_1+\alpha_2$）两相结构的形状、尺寸、分布，以提高磁性。Fe-Cr-Co 三元系中组成永磁合金的成分范围相当宽，Cr 质量分数为 21%～33%，Co 质量分数为 3%～26%。在这样宽的范围里以合适的 Cr、Co 含量的配比都可以组成永磁合金，其最大磁能积值都可达到 32 kJ/m^3 以上。不难理解只要 Cr、Co 配比的选择使合金在高温下形成单一的 α 相冷却后形成过饱和的固溶体，热处理时可以发生 Spinodal 分解形成 $\alpha_1+\alpha_2$ 两相的调幅结构，一般都可以获得一定的永磁性能。也正因如此，组成永磁合金的成分不会是一个或几个孤立的点而是具有一定范围的相区。当调整或改变合金中基本元素的成分已不能达到技术和性能的要求或者两者不能同时收到经济效果时，可以添加各种有益的合金元素。添加合金元素的主要目的与设计基本成分时一样在于提高综合的或某一单项的磁性指标，同时使工艺得到某些简化或改善。$Fe_{28}Cr_{23}Co_1Si$ 合金具有较好的综合永磁性能：B_r=0.125 T（1.25 kGs），H_{cj}=52 kA/m（650 Oe），$(BH)_{max}$=42 kJ/m^3（5.3 MGOe）。与铸造 Alnico 系合金基本相同，但这种合金 σ 相转变速度较快，使热锻、热轧的加工温度区间变窄，冷加工的软化退火温度在 1200℃以上，给实际生产造成困难。$Fe_{23}Cr_{15}Co$ 合金需在 1300℃高温下固溶处理才能得到单一的 α 相，加入元素 W 可以扩大 α 相区。降低固溶温度，改善工艺从 1300℃至 1100℃间各温度固溶处理都可得到较高的永磁性能，而且无论是水淬或空气中冷却所得磁性都相似。1100℃以上固溶处理都可获得单一 α 相，1050℃则开始出现 γ 相因而使磁性下降。加入 W 对 σ 相的转变亦有明显的抑制作用，在 700℃处理 3 h 仍没有出现 σ 相。因此，可以在 70～1300℃宽的温度区间锻造或热轧从而使合金热塑性大为改善。

Si 在 FeCrCo 合金中可以扩大 α 相区，降低固溶处理后的临界冷却速度。Si 作为一种有益的合金元素，在这个合金发展的初期就已被加入，其合适的质量分数为 1%。对 Co 质量分数为 10%～25%范围内的合金加入 Si 都是有益的，但对于低钴合金则不然。如 Co 含量在 10%以下的合金，其 γ 和 σ 相区都已缩小到很小甚至形成单一 α 相的合金。因此无须加入扩大 α 相区的元素。在低 Co 合金中加入 Si 反而有不利的影响，随 Si 含量的增加其磁性反而下降。$Fe_{28}Cr_8Co$ 合金一般$(BH)_{max}$达到 48 kJ/m^3（6 MGOe）以上，加入质量分数为 1%的 Si 后，$(BH)_{max}$ 仅有 28 kJ/m^3（3.5 MGOe）。

Zr 含量对 $Fe_{23}Cr_{15}Co$ 合金磁性的影响。Zr 的合适含量为 0.5%～1.0%，Zr 继续增加则磁性下降。Zr 的特点是加入量少，在改善工艺的同时仍能保持原来的磁性。只需在合金加入 0.5% 的 Zr 即可显著地扩大 α 相区，固溶温度由 1300℃降低到 1100℃。加入 Zr 对磁场等温处理没有明显影响，仍可采用未加 Zr 时的工艺。Zr 在合金中只有少量进入固溶体，其余与 Fe 或 Cr 形成化合物，主要是 Fe_2Zr，还有极少量的 Cr_2Zr。Zr 含量增加时化合物总量增多，体积增大。进一步研究表明，由于 Zr 的熔点较高，加入后并不是首先溶在熔液中，而是先分散成小颗粒。以这些小颗粒为核心形成 Fe_2Zr 化合物，直接从熔液中析出，而不是凝固后通过相变形成的。由于金属 Zr 的硬度、塑性、膨胀系数等与合金基体相差很大，因此这类合金加工相当困难。

4.2.4 FePt 永磁材料

1992 年 Yuan 等人用直流磁控溅射法，首先在玻璃基片上淀积非晶态，然后在 300～650℃真空退火 30 min，并立即在冰水中快淬，获得了各向同性的 FePt 磁膜，磁性能为$(BH)_{max}$=120 kJ/m^3（15 MGOe），B_r=0.63 T，μ_0H_c=1.2 T。中国科学院王亦中等人用直流磁控溅射法，先在 Si 单晶基片上淀积 Fe/Pt 多层膜，然后在 500℃退火，也形成了各向同性的 FePt 薄膜，其磁性能同 Yuan 等人的结果类似。

1996 年 Masato 等人用磁控溅射法，在加热到 600℃的 MnO 单晶基片上直接外延出 c 轴垂直于膜面的四方 FePt 相永磁薄膜。Pt 缓冲层厚度对磁滞回线有很大的影响。在 Pt 缓冲层厚度为 100 nm 时的磁性能为$(BH)_{max}$=240 kJ/m^3（30 MGOe），B_r=1.3 T，μ_0H_c=0.52 T。1998 年 Liu 等人也用磁控溅射法在多晶基片上先溅射出富 Fe 的 Fe/Pt 多层膜，然后在 500℃附近进行特殊退火获得了更好的磁性能，$(BH)_{max}$>320 kJ/m^3（40 MGOe），B_r=1.45 T，μ_0H_c=1.6 T。因该薄膜样品中存在富 Fe 的第二相 Fe_3Pt。实际上，该薄膜是双相纳米晶复合永磁材料（交换弹性薄膜磁体）。1991 年 E.F. Kneller 和 RHawig 提出了制备永磁薄膜材料的新原理，指出当纳米晶粒的软磁相与硬磁相共格形成复合材料时，晶粒间将产生交换耦合作用导致剩磁增强效应，产生高的磁性能。随后在这一领域进行了广泛的研究，其重点在于 $Nd_2Fe_{14}B$ 基的双相复合材料。然而，构成这种材料的软、硬磁相在晶体学上并不共格，而纳米双相 Fe-Pt 薄膜正好满足共格的条件。目前研究主要集中于通过进一步探索纳米微晶材料的双向交换耦合作用机理，弄清 FePt 薄膜的微观结构，探讨不同制备工艺和各种添加元素对合金磁性能改进的影响，以达到提高 FePt 永磁薄膜磁性能的目的。

微结构是影响 FePt 永磁合金性能的重要因素。在制备 FePt 永磁合金薄膜时，有序化相转变过程中形成的纳米双相结构与薄膜的磁性能之间存在着密切的关系。直流磁控溅射法制备的 FePt 薄膜主要以面心立方结构（FCC）的固溶态形式（A1）存在。但是在达到等原子比成分时，等温退火往往会促使合金由面心立方结构（FCC）向面心四方结构（FCT）转变，使合金以有序的 FCT 结构形式（$L1_0$）存在。由于 $L1_0$ 面心四方结构具有非常高的磁晶各向异性，这种相可以形成永磁体所需要的高矫顽力，因此这种相转变使 FePt 合金薄膜的硬磁性能有了很大的提高。但实际研究的结果却存在着很大的差距，由于 FePt 合金的无序－有序转变温度达到 1570 K，有序化的时间太短，因此只能获得粗糙的单一 γ_1 相，在这种结构中对磁畴壁运动的阻碍作用不足以提供一个高的矫顽力。

热处理工艺对合金磁性能有很大影响，通过对退火温度、时间等工艺参数的控制和改进可以有效控制合金的微结构，从而改善合金的综合磁性能。退火温度对 FePt 合金硬磁相析出、晶粒生长大小和晶粒的无序-有序相转变有很大影响。退火温度过低合金硬磁相析出不充分，无序-有序相转变没有完成，交换耦合作用减弱，合金主要表现出软磁特征；退火温度过高，虽然合金硬磁相已经完全析出，无序-有序相转变完成。但是会造成晶粒过度长大，减弱了交换耦合作用，影响了合金的磁性能。研究发现退火温度在 300～650℃之间时 FePt 合金膜中主要以有序的硬磁相（γ_1-FePt）为主，因此能达到最佳磁性能。退火时间的选择也应基于保证合金硬磁相的完全析出以及防止晶粒的过度长大。对于 FePt 永磁合金薄膜，硬磁相的各向异性场常数(K_1)也和退火时间有很大联系。硬磁相的各向异性场常数是随着退火时间的增加而增大的。退火时间很短时磁体空间主要被软磁相所占据，各向异性场常数很小。随着退火时间的增加，FCC-FCT 相转变加剧，磁体中被软磁相占据的空间减少，同时硬磁相所占据的空间增加，K_1 值随之增大，硬磁相的各向异性显著增强，K_1 随退火时间的延长而增大。

为了改善 FePt 永磁合金薄膜的磁性能，通常要在合金中添加其他某些合金化元素得到新成分的永磁合金。目前这方面研究主要集中在添加 Nb、Ti、Ag、Al、W、Mn、Ta、Zr、Cr、Ir、Co、Cu、Mo、Sn、Pb、Sb、Bi、Si、Ge 等元素上。然而，在永磁薄膜材料中添加这些元素对磁性能的改善作用有所不同。在制备 FePt 合金薄膜时添加第三元素主要是获得一定晶体学方向上的 $L1_0$ 有序结构，调整和控制平均晶粒尺寸以达到提高合金的磁晶各向异性和磁记录密度，减小磁记录过程中的噪声，使之更适用于高密度磁记录材料的需求。

根据其在合金中所起的作用划分，添加元素主要有以下几种情况：①细化晶粒。W、Ti 和 Ag 的加入主要是减小合金薄膜退火后的晶粒尺寸，增强交换耦合作用获得较高的 B_r，同时也引起薄膜的 H_{cj} 的降低，这样有利于提高薄膜的磁记录密度。同时 FePt 合金多层薄膜的有序度（S）随 Ti 或 Ag 层厚度的增加而增大，其平均晶粒尺寸由于 Ti 或 Ag 元素的引进而大大减小，但却随着 Ti 或 Ag 层厚度的增加而增大。对其磁性能的测试显示随着 Ti 或 Ag 层厚度的增加，FePt 薄膜的平面矫顽力增大，而平面矩形性却减小。②形成固溶体结构。Nb、Ti、Zr 和 Al 的加入能以小尺寸的圆形颗粒形式与有序态的 FePt 相组成固溶体，这些颗粒由于妨碍磁畴壁的移动而提高了合金的矫顽力，而且能够控制晶粒生长尺寸，提高有序态 γ_1 相的形核率。硬磁态的 γ_1 相和软磁态的 γ 相之间的交换耦合作用也提高了合金的剩磁强度，从而提高了合金的最大磁能积。添加元素的原子半径越小，固溶性越强，所形成合金的硬磁性能也越好。③促进晶粒定向生长。Ag、Ir 的加入，对晶粒的定向生长有很大影响。添加 Ag 和 Ir 并结合适当温度的退火处理可以增强[001]方向上的 FCT 相结构的形成，从而获得垂直磁晶各向异性和较高的矫顽力，满足垂直磁记录材料的应用要求。④降低有序化相转变温度。Cu、Ag、Sn、Pb、Sb 和 Bi 的加入能够替换 FePt 合金中 Fe 原子的位置，有利于晶粒的生长和合金熔点的降低。合金中这些元素本身所具有低的表面自由能和固溶度，使得合金原子的扩散能力得到很大提高，从而增强了有序化转变的动力，使合金的无序-有序相转变的起始温度得到降低。日本的 Y.K. Takahashi 研究发现，在 FePt 合金中加入 4%的 Cu 能够使合金的有序化相转变温度由 500℃降低到 400℃。⑤减小噪声。Ta、Ag 的加入能够形成尺寸相对一致的纳米晶磁性颗粒并使它们处于相对隔离状态，以降低磁性颗粒之间的相互干扰作用，从而减小磁记录过程中的噪声，同时对薄膜的微结构和磁光效应也有显著影响。

4.2.5 FeN 永磁材料

通过向 Fe 晶格间隙插入 N 原子形成过渡金属氮化物也可以强化含过渡金属的铁磁化合物的磁性能。间隙氮原子改变了过渡金属原子间距离，从而改变了磁化强度、磁晶各向异性以及前驱体化合物的居里温度。目前唯一的商业化氮化物永磁材料是以稀土铁磁体化合物

Sm_2Fe_{17}为基体的 SmFeN 磁体，说明这种类型的材料受到很大的限制。在 SmFeN 中，晶格中的氮原子改变了铁原子的间距，提高了居里温度并提高了单轴各向异性。这些影响的结合产生了用来制造黏结磁体的高磁能积磁粉。然而在烧结过程中间隙氮原子是不稳定的，在低于烧结温度下 $Sm_2Fe_{17}N_3$ 分解成 SmN 和 Fe 相，导致这类磁粉目前无法获得致密化更高性能的烧结磁体。

此外，另有两种铁基间隙改良的亚稳定化合物有相当大的价值：含 10%的 N（原子百分比）四方 α″-FeN 相和化学有序的 α″-$Fe_{16}N_2$ 化合物。而针对永磁体，研究的重点集中在 α″-$Fe_{16}N_2$。这种化合物以 α-Fe（体心立方 BCC）结构为基础，具有体心四方对称性的亚稳定相，在 4.2 K 下的饱和磁化强度为 2.3 T，在相同温度下比纯铁高 6%，比 $Pr_2Fe_{14}B$ 高 25%。特别重要的是，在 4.2 K 下，α″-$Fe_{16}N_2$ 的各向异性常数估算值是 1 J/cm^3，在相同温度下是 $Pr_2Fe_{14}B$ 的一半。

Jack 首先发现了 α″-$Fe_{16}N_2$ 相，直到 1972 年 Kim 和 Takahashi 报道了在 FeN 薄膜中获得了大的磁化强度，它的磁性能才开始引起人们的关注。目前国际上许多研究组都在采用不同的制备技术开发这种材料。考虑到氮化比较容易，目前的 $Fe_{16}N_2$ 磁体合成方法多采用铁粉或薄膜作为前驱体，然后经烧结或冲击成型，利用氢还原 Fe_2O_3 纳米颗粒并用氨气进行氮化处理得到 α″-$Fe_{16}N_2$。然而，在 200℃惰性气氛下，90%的 α″-$Fe_{16}N_2$ 相在 20 h 之内分解成 α″-Fe 和 γ′-Fe_4N，这种原子重新排列导致的热分解过程破坏了其磁特性。实际上，这也是过渡金属氮化物典型的特点，这些材料一般是亚稳定的，具有较低的分解温度，所以加工较为困难。Ogi 等用一种气相方法合成了 Al_2O_3 包覆的 α″-$Fe_{16}N_2$ 球形纳米颗粒，饱和磁化强度 162 emu/g，矫顽力最高 3070 Oe。Jiang 等采用球磨方法制备了 α″-$Fe_{16}N_2$ 颗粒，然后用冲击成型将粉末致密化。最近，Jiang 等又制备了 FeN 箔材（厚度 500 nm），通过离子植入的方式引入氮原子，磁能积最高 20 MGOe（1 MGOe≈7.96 kJ/m^3）。

总体来说，虽然 α″-$Fe_{16}N_2$ 具有较大的饱和磁化强度和磁晶各向异性，被认为是高磁能积不含稀土永磁的主要候选材料，但是，由于控制 Fe 的氮化，体心立方相、晶粒结构和磁畴排列的困难，获得的 $Fe_{16}N_2$ 块体材料矫顽力相对较低，目前所有的块体制备方法都难以实际应用。因此，制备这种磁体必须开发新的工艺路线。

为了改善矫顽力，必须优化显微组织，获得合适的晶粒尺寸和明显的晶界。但是 α″-$Fe_{16}N_2$ 的晶粒尺寸和晶界很难用传统方法调控，主要原因是 α″-$Fe_{16}N_2$ 是马氏体相，在 214℃温度以下才稳定，而调控 α″-$Fe_{16}N_2$ 显微组织需要的最低温度是 350℃。因此，不能采用普通的时效处理。为了防止马氏体分解，必须开发一种低温组织调控方法以改善矫顽力。为了帮助马氏体相变在低温时效过程中实现下从 BCC 到体心四方（BCT）的转变，需要提供额外的能量来补偿热能的不足。理论上可以采用外加应力或外加磁场。Jiang 等的研究发现，磁场可以促进 α″-$Fe_{16}N_2$ 马氏体转变，在磁场作用下，从 α′ 到 α″ 的相变增加 78%。外力和磁场辅助相变的原理如图 4-9 所示，图中也给出了 BCC 和 BCT 结构。在氮化过程中，氮原子随机进入不同方向的八面体间隙。在沿 c 轴的应力作用下，（001）轴成为 N 原子择优占有的位置，因为拉长的轴对应于最低的能量状态。这样，施加适当的沿 c 轴方向的应力有助于 BCT 相变。

Jiang Y 等采用应力辅助制备 α″-$Fe_{16}N_2$ 的，称之为应变线法（strained-wire method）方法。试验证明了这一方法可以用于在低温（<180℃）时效过程中调控磁性能。材料的剩磁和矫顽力都得到提高，并且表现出磁各向异性。他们合成了高性能 α″-$Fe_{16}N_2$ 化合物各向异性磁体，并且直接观察到拉伸应力与马氏体相变的相互作用，有助于产生另一马氏体相。该方法中，

利用纯铁作为原材料，尿素作为氮源，线形的试样在退火过程中施加一个单轴拉伸应力，最后获得了具有硬磁性能的不含稀土永磁体。实验室合成的样品矫顽力为 1220 Oe，磁能积最高达 9 MGOe。利用 STEM 分析表征不同应变样品，获得了这一制备工艺的物理机制。观察到 α″-$Fe_{16}N_2$ 样品在低温（150℃）退火时应变诱导的再结晶。这种方法可以用于 α″-$Fe_{16}N_2$ 样品，去增加 α″-$Fe_{16}N_2$ 相的体积分数，调控其低温显微组织。

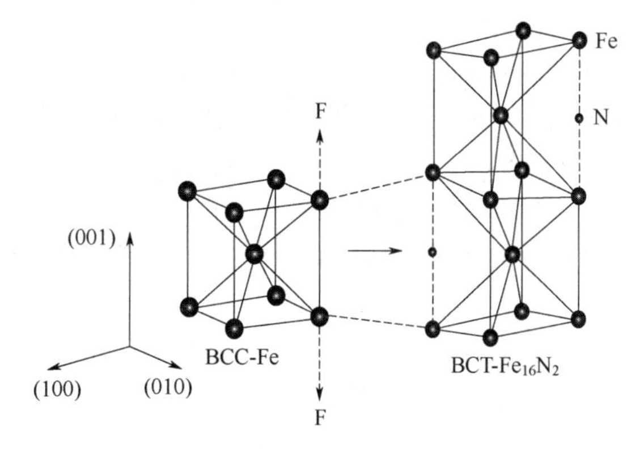

图 4-9　沿 c 轴方向施加的应力（外力或磁场）对从 BCC 结构到 BCT 结构相变的影响

Jiang Y 等还采用一种新的路线制备了 α″-$Fe_{16}N_2$ 磁体。首先，采用球磨方法制备 α″-$Fe_{16}N_2$ 粉末，球磨时，利用 NH_4NO_3 作为氮源，经过 60h 球磨，α″-$Fe_{16}N_2$ 的体积分数达到 70%。粉末中获得了 H_{cj}=68 kA/m 的室温磁性能。球磨后，利用冲击（shock compaction）工艺将粉末致密化，获得块体磁体，但成型后矫顽力下降至 43.34 kA/m。他们认为，球磨工艺有潜力作为 α″-$Fe_{16}N_2$ 的工业化生产技术。

Kartikowati 等研究了通过磁场取向改善 α″-$Fe_{16}N_2$ 的磁性能。他们利用垂直磁场将单分散性单畴尺寸核-壳结构 α″-$Fe_{16}N_2/Al_2O_3$ 纳米颗粒排列在 Si 基片上，用树脂固定，获得了垂直基片和平行基片排列的纳米颗粒。增加磁场导致取向增加，磁滞回线方形度加强，从而改善了剩磁、矫顽力和磁能积（图 4-10）。他们认为，将 α″-$Fe_{16}N_2$ 纳米颗粒进行磁场取向有利于获得高性能的块材，应该是今后的主要工艺。

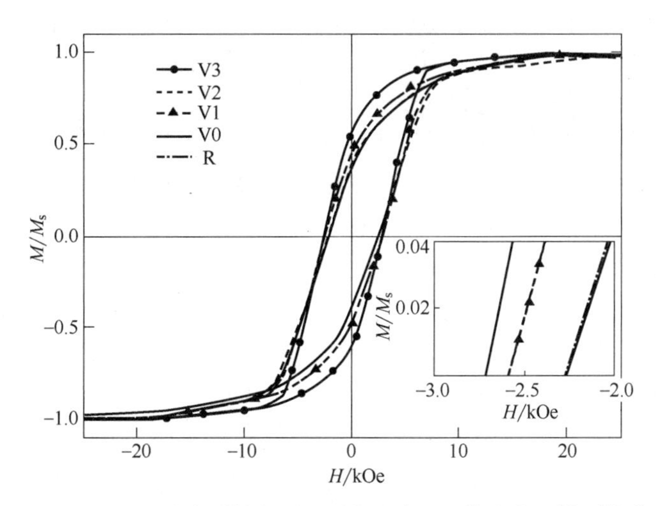

图 4-10　α″-$Fe_{16}N_2/Al_2O_3$ 纳米颗粒与不同磁场强度（垂直方向）排列的薄膜磁滞回线

（R—纳米颗粒；V0—磁场 0 T；V1—磁场 0.6 T；V2—磁场 0.9 T；V3—磁场 1.2 T）

因此，在这类化合物生产可以使用的永磁体的过程中，最大的挑战是稳定它们的亚稳定晶体结构，并通过工艺形成致密的块体整体，使其长期处于物理和化学稳定的状态。

4.3 无稀土永磁材料应用与发展

(1) Alnico 永磁材料

近几年来，钕铁硼、铁氧体永磁体作为节能环保的关键材料，已广泛用于信息技术、汽车、核磁共振、风力发电等领域，但是最原始、最古老的 Alnico 永磁体仍然在我国依然有顽强的生命力。自问世以来直至 20 世纪 60 年代中期，Alnico 磁体一直处于主导地位。20 世纪 60 年代，全球 Alnico 磁体的产量曾达 40000 吨的水平。在冷战时期，钴由于作为战略物资而价格猛涨，很多厂家被迫寻找新的磁性材料，从而进入了铁氧体和稀土永磁的时代。到了 20 世纪 70 年代 Alnico 磁体受到了廉价的铁氧体永磁体的冲击，80 年代末，又受到了钕铁硼永磁的强烈挑战，在激烈的竞争中 Alnico 磁体在全球永磁材料的份额比例下降，但其产量仍然维持在每年 7500 吨左右。由于 Alnico 永磁体具有其他永磁材料无法比拟的优异的温度稳定性，目前仍被广泛应用于仪器仪表、电机类等温度稳定性要求高的永磁器件中，特别适合在鱼雷、导弹、飞机等武器装备和卫星等航天器中使用，另外它还具有时间稳定性和高抗腐蚀特性，故在钟表、医疗器械等领域起着不可替代的作用。

Alnico 磁体的应用领域涵盖了汽车、通信、仪器仪表以及其他电子器件。同时 Alnico 磁钢也是电工合金行业的主导产品，是我国国民经济建设中不可缺少的一种功能材料。此外，Alnico 永磁近年来在各种传感器、通信及自控装置、微波器件、磁密封、陀螺仪、照相机自动对焦器、医疗诊断检测装置、电子分光及衍射装置、计算机外部设备等各种高新技术和信息产业中获得了新的应用。具体应用领域如下。

① 音响磁体。中国是全球扬声器生产大国和出口大国，产量居世界第一位，年出口额在 5 亿美元以上。其中大多数扬声器采用铁氧体永磁。但是在一些大屏幕彩色电视机、音响设备等高档家用电器中，具有高稳定性、对外界无磁污染的内磁式扬声器受到用户的青睐，这类扬声器中的磁体则非 Alnico 莫属。对于许多音响设备而言，Alnico 磁体扬声器由于其完备的音律特性，被公认为是品质优良的磁体。Alnico 磁体所产生的音律特性——甜美的高音、平滑中音以及柔软的低音是铁氧体和稀土永磁扬声器所不能企及的。因此，Alnico 扬声器磁体在高品质的音响工业中仍占主导地位。

② 计量检测、仪表磁体。控制系统的电压、电流表以及一切可以用直流、交流电压电流表示的物理量仪表、积分体积仪、流量仪、地质仪器等仍然使用着 Alnico 磁体。Alnico 磁体具有优良的环境稳定性和使用可靠性。电能计量仪表（即瓦特表、电度表）要求计量准确、数据可靠，仪表长期稳定有效，所需磁路往往采用长条、圆柱或 U 形（马蹄形）Alnico 永磁。近年来研究者尽管在开发 NdFeB 电能计量仪表方面做了大量工作，但因 NdFeB 的温度稳定性、长期可靠性、耐腐蚀抗氧化性能等均不及 Alnico，因此国内 95%以上的电能计量仪表仍采用 Alnico 永磁。黏结 Alnico 磁体。这种用于磁推轴承的磁体由于其高的稳定性和低的阻力，在电表中起着重要作用，广泛应用于长寿命电度表。各种采用 Alnico 磁路的电能计量仪表满足了我国迅速发展的电力工业的需要，并且大量出口海外，受到广泛好评。

③ 通信领域。小型化 Alnico 磁体大量应用于通信等领域，如手机的转换开关、蜂鸣器、电话及其他传感器等。

④ 军事工业高性能 Alnico 磁体目前仍广泛用于军事工业，如发动机、瞄准器、调速仪表等，由于其在 550℃时仍可以正常使用，因此在某些特殊应用环境下仍然占主导地位。

Alnico 磁体的前景取决于它的资源储量和原材料价格。Co 和 Ni 作为战略物资，一直备受关注。世界上 Co 的储藏多集中在中非国家，我国储量则很少。但近年来 Co 与 Ni 供应充足，其价格基本维持在一定的水平，并且有下降的趋势，Alnico 磁体的价格也将稳中有降，这将有利于 Alnico 在永磁材料中继续占有一席之地。

（2）FeCrCo 永磁材料

FeCrCo 是 20 世纪 70 年代问世的变形永磁合金。50 年来，它以其独特的优点，即优良的磁性能及可加工性，逐步取代了传统的铸造 Alnico 5 类合金，克服了 Alnico 5 类合金不能加工的缺点。FeCrCo 合金可以进行机加工、深冲压、拉拔等，生产出不同规格的细丝、薄带，永磁性能与 Alnico 5 相当，多年来一直被广泛应用于永磁电机、电声器材、汽车仪表、航海指南针、石油勘探、航天等领域中，并一直处于稳步上升的发展趋势。在高科技发展的今天，各个领域对磁性材料提出了新的要求。新出现的超转速电机、电脑绣花机、磁翻转牌、超市用防盗装置、计数器、信号发生器等及一些亟待国产化的设备中的核心元件都要用到一种具有高剩磁和不同矫顽力的半硬磁磁性元件，现有的 FeCoV 合金由于生产工艺的复杂性及磁性能指标的局限性，制约了它的发展。尽管近年来 FeCrCo 合金在理论研究和材料试制工作等方面均已取得了相当进展，但仍有大量问题有待进一步解决。就最大磁能积而论，目前稀土钴磁体的实验室最高水平 $SmCo_5$ 类已达到理论值的 80%以上，（Sm、Ce）（Co、Fe、Cu）6～8 类已达理论值的 60%，铁氧体已达到理论值的 80%，NdFeB 已达到理论值的 90%，而 FeCrCo 系合金目前实验室最高水平仅达到理论值的 25%左右。相比之下 FeCrCo 系合金的发展潜力还是非常大的。

（3）FePt 永磁材料

FePt 纳米晶双相复合永磁材料由于其良好的应用前景而成为目前材料研究的热点之一。但是有关稀土元素对 FePt 合金薄膜磁性能的影响还少有具体研究。因此弄清 ReFePt 合金系相的关系，探讨稀土元素在 FePt 合金微结构演变中的作用以及成分设计和热处理工艺对合金磁性能的影响具有十分重要的意义。我国是稀土资源大国，蕴藏有丰富的稀土矿产资源，因此 FePt 稀土永磁合金的研究对于开发新型稀土功能材料，满足医疗、微电机械、数据记录和存储等领域市场需求，促进经济发展都具有十分重要的意义。

习题

参考答案

4-1 无稀土永磁合金有哪几类？

4-2 请简述铸造铝镍钴永磁的工艺流程。

4-3 如何获得优异综合性能的铝镍钴永磁？

4-4 Fe 基磁性化合物有哪些？他们的优势是什么？

4-5 添加元素对 FeCrCo 合金性能的影响体现在什么地方？

4-6 对比稀土永磁合金，请结合实际，考虑实际应用中哪些场合适合用稀土永磁合金，哪些场合适合无稀土永磁合金？

4-7 请预测无稀土永磁合金的发展前景。

参考文献

[1] Zhou L, Miller M K, Dillon H, et al. Role of the Applied Magnetic Field on the Microstructural Evolution in Alnico 8 Alloys [J]. Metallurgical and Materials Transactions E, 2014, 1(1): 27-35.

[2] Tang W, Zhou L, Kassen A, et al. New AlNiCo magnets fabricated from pre-alloyed gas atomization powder through diverse consolidation techniques [M]. Beijing: IEEE International Magnetics Conference，2015.

[3] Ji N, Allard L F, Lara-Curzio E, et al. N site ordering effect on partially ordered $Fe_{16}N_2$[J]. Applied Physics Letters, 2011, 98(9): 092506.

[4] Huang M Q, Wallace W E, Simizu S, et al. Magnetism of α′-FeN alloys and α″-($Fe_{16}N_2$) Fe nitrides[J]. Journal of Magnetism and Magnetic Materials, 1994, 135(2): 226-230.

[5] Ogawa T, Ogata Y, Gallage R, et al. Challenge to the synthesis of α"-$Fe_{16}N_2$ compound nanoparticle with high saturation magnetization for rare earth free new permanent magnetic material[J]. Applied Physics Express, 2013, 6(7): 073007.

[6] Jack K H. The occurrence and the crystal structure of α"-iron nitride; a new type of interstitial alloy formed during the tempering of nitrogen-martensite[J]. Mathematical and Physical Sciences, 1951, 208(1093): 216-224.

[7] Kim T K, Takahashi M. New magnetic material having ultrahigh magnetic moment[J]. Applied Physics Letters, 1972, 20(12): 492-494.

[8] Yamamoto S, Gallage R, Ogata Y, et al. Quantitative understanding of thermal stability of α″-$Fe_{16}N_2$[J]. Chemical Communications, 2013, 49(70): 7708-7710.

[9] Jiang Y, Liu J, Suri P K, et al. Preparation of an α″-$Fe_{16}N_2$ magnet via a ball milling and shock compaction approach[J]. Advanced Engineering Materials, 2016, 18(6): 1009-1016.

[10] Krill III C E, Helfen L, Michels D, et al. Size-dependent grain-growth kinetics observed in nanocrystalline Fe[J]. Physical Review Letters, 2001, 86(5): 842.

[11] Jiang Y, Dabade V, Brady M P, et al. 9 T high magnetic field annealing effects on FeN bulk sample[J]. Journal of Applied Physics, 2014, 115(17):17A758.

[12] Jiang Y, Dabade V, Allard L F, et al. Synthesis of α″- $Fe_{16}N_2$ Compound Anisotropic Magnet by the Strained-Wire Method[J]. Physical Review Applied, 2016, 6(2): 024013.

[13] Kartikowati C W, Suhendi A, Zulhijah R, et al. Effect of magnetic field strength on the alignment of α″- $Fe_{16}N_2$ nanoparticle films[J]. Nanoscale, 2016, 8(5): 2648-2655.

[14] 王亦忠，张茂才.各向同性纳米结构 Fe-Pt 薄膜的结构和磁性[J].物理学报, 2000, 49(8): 1600-1605.

[15] Tanaka Y, Udoh K, Hisatsune K, et al. Distribution of niobium in an Fe-Pt-Nb magnet[J]. Materials Science and Engineering: A, 1998, 250(1): 164-168.

[16] Takahashi Y K, Ohnuma M, Hono K. Effect of Cu on the structure and magnetic properties of FePt sputtered film[J]. Journal of Magnetism and Magnetic Materials, 2002, 246(1-2): 259-265.

第 5 章

永磁铁氧体

慕课

5.1 永磁铁氧体化学组成与晶体结构

永磁铁氧体是指具有较大磁晶各向异性的六角晶系铁氧体。六角晶体的对称性低于立方晶体，表现在磁性上具有远大于尖晶石型铁氧体的磁晶各向异性常数。六角晶系铁氧体按照易磁化方向主要分为两大类，一类是易磁化方向沿六角晶系的 c 晶轴方向，称为主轴型；另外一类的易磁化方向处于垂直 c 轴的平面内，称为平面型。下面我们将逐一介绍主轴型、平面型永磁铁氧体的晶体结构、原子占位与磁结构。

5.1.1 M 型六角晶系铁氧体

M 型六角晶系铁氧体，为主轴型铁氧体，主要包括钡铁氧体（BaM）、锶铁氧体（SrM）等，此类化合物的一般分子式为 $AB_{12}O_{19}$，其中 A 为半径和氧离子相近的阳离子，如 Ba^{2+}、Sr^{2+}、Pb^{2+}等，B 为三价阳离子，如 Fe^{3+}、Al^{3+}、Mn^{3+}等。此类化合物的晶体结构与磁铅石矿同型，属六角晶系，所属空间群的圣弗利斯符号和国际符号分别为 D_{6h}^{4}、$P\frac{b_3}{m}\frac{2}{m}\frac{2}{c}$。

现以 $BaFe_{12}O_{19}$ 为例说明磁铅石型晶体结构、原子占位和 Fe 离子磁偶极矩大小分布。$BaFe_{12}O_{19}$ 为六角晶体，其晶胞如图 5-1 所示。晶胞由 R 块和 S 块沿 c 轴堆砌而成。在 R 块中，氧离子按照 ABA 排列，在 S 块中氧离子按照 ABC 排列，氧离子层的垂直方向为六角晶体的 c 轴。每个 R 块中含有三个氧离子层，中间一层含有一个 Ba^{2+}，Ba^{2+}位于氧离子层中，取代了氧离子 O^{2-}的位置。不含 Ba^{2+}的其他氧离子层仍按尖晶石堆积，称为 S 块。在 S 块中含有两个氧离子层，按照尖晶石结构中沿<111>方向立方密堆积的方式堆砌而成，S 层既包含四面体位又包含八面体位。

一个晶胞中含有两个 $BaFe_{12}O_{19}$ 分子，两个 $BaFe_{12}O_{19}$ 分子由十个氧离子层组成，一个晶胞可以表示为 RSR^*S^*，其中 R^*和 S^*代表由 R 和 S 绕 c 轴旋转 180° 而成。在 $BaFe_{12}O_{19}$ 中，其磁性完全来源于铁离子，所有铁离子均为三价，离子磁矩为 $5\mu_B$。铁离子处于五种不同的晶位，分别是三种八面体位，用符号 $2a$、$4f_2$、$12k$ 表示，一种四面体位，用 $4f_1$ 表示，一种六面体位，用 $2b$ 表示。每一个 R 块，包含 1 个 $2b$，2 个 $4f_2$，3 个 $12k$。每个 S 块，包含 1 个 $2a$，2 个 $4f_1$，3 个 $12k$。所以，每一个（R+S）的有效磁矩为 $(1-2+3+1-2+3)\times 5\mu_B = 20\mu_B$，每个晶胞含有 2 个（R+S），因此晶胞的总磁矩为 $2\times 20\mu_B = 40\mu_B$。

$AB_{12}O_{19}$ 磁铅石型化合物可以进行多种离子替代来改变其本征磁结构，分为 A 位替代、B 位替代和氧离子替代。

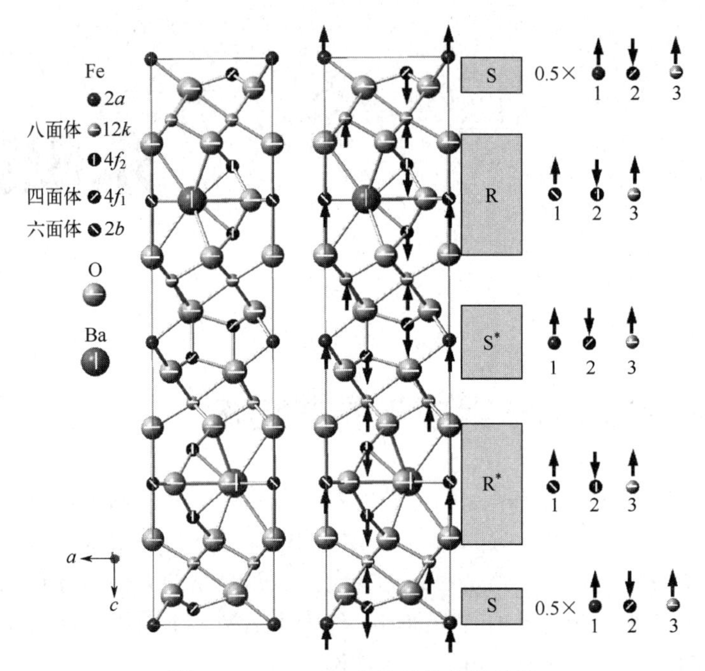

图 5-1　$BaFe_{12}O_{19}$ 晶体结构与磁结构

每个晶胞包含两个 R 块和两个 S 块，共十层氧离子，箭头表示铁离子上磁矩的方向，数字 1、2、3 表示四面体、八面体和六面体位上铁离子相应的数目，R 块、S 块以及晶胞的磁矩可以根据箭头的方向和数量计算得到，R^*和 S^*与 R 和 S 成中心对称

替代 A 位的离子需要其离子半径与氧离子相近，可部分或全部替代 A 位离子的离子半径如表 5-1 所示，替代离子半径在 1～1.5 Å 范围内。对于不是二价的阳离子必须有相应价态的离子进行共同替代以保持电荷平衡，使其平均价态仍为二价，例如 $Na_{0.5}^{+}La_{0.5}^{3+}Fe_{12}O_{19}$ 铁氧体。稀土族离子 La^{3+}替代 $BaFe_{12}O_{19}$ 分子中的 Ba^{2+}时，必然导致相应的 Fe^{3+}变成 Fe^{2+}，其分子式可写为 $La^{3+}Fe^{2+}Fe_{11}^{3+}O_{19}$。试验证明 Fe^{2+}在晶格中占据氧八面体 2*a* 晶位。由于 Fe^{2+}对 K_1 的贡献，La^{3+}替代 A 位 Ba^{2+}能够增加磁晶各向异性。在稀土替代中，镧系收缩，稀土族元素的离子半径随原子序数增大而减小，导致在 BaM 中的替代量随之下降。Ce 离子原子序数为 58，介于 La、Pr 之间，但其替代量却低于 Pr^{3+}，最大替代量为 0.15，即 $Ce_{0.15}Ba_{0.85}Fe_{12}O_{19}$。原因为 Ce 离子除了三价外还有四价，$Ce^{4+}$的离子半径为 1.01 Å，因而当存在 Ce^{4+}时，替代量就显著下降。Ca^{2+}半径较小，不能全部替代 Ba^{2+}，最大替代量为 0.8，Ca^{2+}在 $SrFe_{12}O_{19}$ 中的最大替代量为 0.5，但若以 Ca^{2+}、La^{3+}组合替代 Ba^{2+}，则最大替代量可达 0.94。

表 5-1　可部分或全部替代 A 位离子的离子半径　　单位：Å

离子	Pb^{2+}	Ba^{2+}	Sr^{2+}	Ca^{2+}	K^{+}	Rb^{+}	Na^{+}	$4f_n$
离子半径	1.32	1.43	1.27	1.06	1.33	1.49	0.98	La^{3+}(1.22)～Lu^{3+}(0.99)

通常 B 位离子为 Fe^{3+}，3d 过渡族离子以及离子半径为 0.6～1.0 Å 的离子均可全部或部分替代 Fe^{3+}，人们往往通过多种离子替代来改善材料磁性能以及研究交换作用、磁晶各向异性等本征性能。这些替代离子包括 Al^{3+}、Ga^{3+}、Cr^{3+}、In^{3+}、Sc^{3+}、Ir^{4+}、($Cu_{x/2}^{2+}Si_{x/2}^{4+}$)、($Cu_{x/2}^{2+}Ge_{x/2}^{4+}$)、($Cu_{2x/3}^{2+}Nb_{x/3}^{5+}$)、($Fe^{2+}Ti^{4+}$)、($Fe^{2+}Sb^{4+}$)、Zn、Mn、Co。在 Mn 替代形成的 $BaFe_{12-x}Mn_xO_{19}$ 中，Mn 可处于多种价态，Mn^{4+}有概率占据 2*a*、12*k* 晶位，Mn^{3+}有概率占据 $4f_2$、12*k* 晶位，Mn^{2+}

有概率占据 $4f_1$，而 $4e$ 晶位仅为 Fe^{3+} 所占据。

通过上述各种离子的替代，使人们更深入地了解离子间的相互作用以及对磁性的影响，从而使材料制备逐步向分子设计方向发展。替代元素的位置可以通过原子分辨率透射电镜进行解析，如图 5-2 所示。

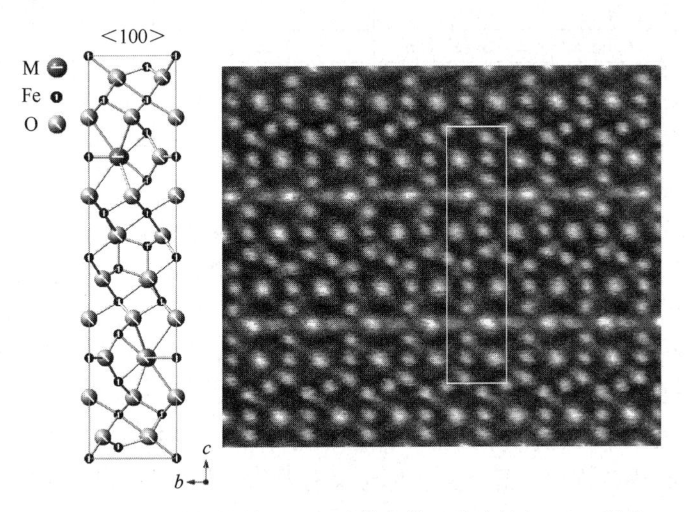

图 5-2　M 型铁氧体的晶胞和透射电镜环形暗场相 ADF 照片

环形暗场相中的亮点为 M 原子和 Fe 原子

5.1.2　W、X、Y、U、Z 型铁氧体的晶体结构与磁结构

上一节介绍了 M 型六角晶体铁氧体（$BaFe_{12}O_{19}$）的晶体结构、磁结构与离子替代。为了探讨新型的磁性材料，人们的研究从二元系统 BaO-Fe_2O_3 转移到三元系统 BaO-Fe_2O_3-MeO，其中 Me 代表 Fe^{2+}、Ni^{2+}、Co^{2+}、Zn^{2+}、Mg^{2+}、Cu^{2+}等二价阳离子，其组成图如图 5-3 所示，M、W、X、Y、U、Z 型化合物的分子式见表 5-2。

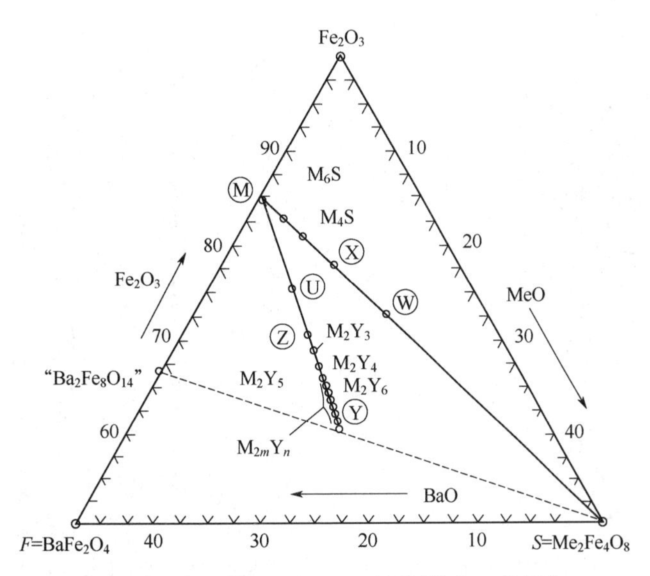

图 5-3　Fe_2O_3-BaO-MeO 三元相图的上三角部分

表 5-2 M、W、Y、Z、X、U 型六角铁氧体化学组成及结构

符号	化学组成	空间群	晶体结构	单胞所含氧离子层数	c 轴常数/Å	分子量	密度/（g/cm³）
M	$BaFe_{12}O_{19}$	$P6_3/mmc$	RSR^*S^*	10	23.2	1112	5.28
W	$BaMe_2Fe_{16}O_{27}$	$P6_3/mmc$	$RSSR^*S^*S^*$	14	32.8	1575	5.31
Y	$Ba_2Me_2Fe_{12}O_2$	$P\overline{3m}$	$(TS)_3$	3×6	3×14.5	1408	5.39
Z	$Ba_6Me_4Fe_{48}O_{82}$	$P6_3/mmc$	$RSTSR^*S^*\text{-}T^*S^*$	22	52.3	2520	5.33
X	$Ba_2Me_2Fe_{28}O_{46}$	$R\bar{3}m$	$(RSTSR^*S^*\text{-}T^*S^*)_3$	3×12	3×28.0	2686	5.29
U	$Ba_4Me_2Fe_{36}O_{60}$	$R\bar{3}m$	$(RSR^*S^*T^*\text{-}S^*)_3$	3×16	3×38.1	3622	5.31

① Y 型铁氧体的分子式为 $Ba_2Me_2Fe_{12}O_{22}$，在一个 Y 型分子中含有两个 Ba^{2+}，而在 M 型 $BaFe_{12}O_{19}$ 中只含有一个 Ba^{2+}，因此 M 型晶体结构中的 R 块将被 T 块取代，T 块为 $Ba_2Fe_8O_{14}$，位于图 5-3 三元相图三角形的一条边上。Y 型铁氧体的晶胞结构、磁结构如图 5-4 所示，铁离子的磁化方向位于垂直于 c 轴的面内，3 个 T 块和 3 个 S 块沿 c 轴堆砌而成。在 T 块中，含有 4 个氧离子层，其中间两层各含有一个 Ba^{2+}，氧离子和钡离子共同组成六角密堆积的结构，其中含有 2 个四面体位阳离子和 6 个八面体位阳离子。在 M 型铁氧体中，每个晶胞含有 2 个 R 和 2 个 S。在 Y 型铁氧体中，每个晶胞含有 3 个 T 和 3 个 S，在 S 层中仍然是尖晶石结构，氧离子按照 ABC 堆积，既有四面体位又有八面体位。仿照 M 型 RSRS 的表示方法，Y 型可表示为$(TS)_3$。Y 型铁氧体的空间群位 $P\overline{3m}$，在每个晶胞中含有 18 个氧离子层，与 M 型不同的是在 T 块中不存在低对称性的六面体位，因此，Y 型中铁离子仅处于四面体位或八面体位中。其他六角晶系铁氧体的晶体结构均为 S、R、T 三个基本单元按一定顺序的堆垛，见表 5-2 所示。

② W 型铁氧体的分子式为 $BaMe_2Fe_{16}O_{27}$，其易轴大多平行于 c 轴，为目前人们重视的主轴型化合物，属六角晶系，空间群为 $P6_3/mmc$，晶胞由 $SSRS^*S^*R^*$顺序沿 c 轴堆垛而成，亦可看作 M 型结构的 SR 块与 S 块堆垛而成，或 M 型结构中两个 R 块中间增添一个 S 块，铁离子可处于 7 种不同的晶位。$BaMe_2Fe_{16}O_{27}$ 的晶体结构剖面图见图 5-5，其中铁离子的磁

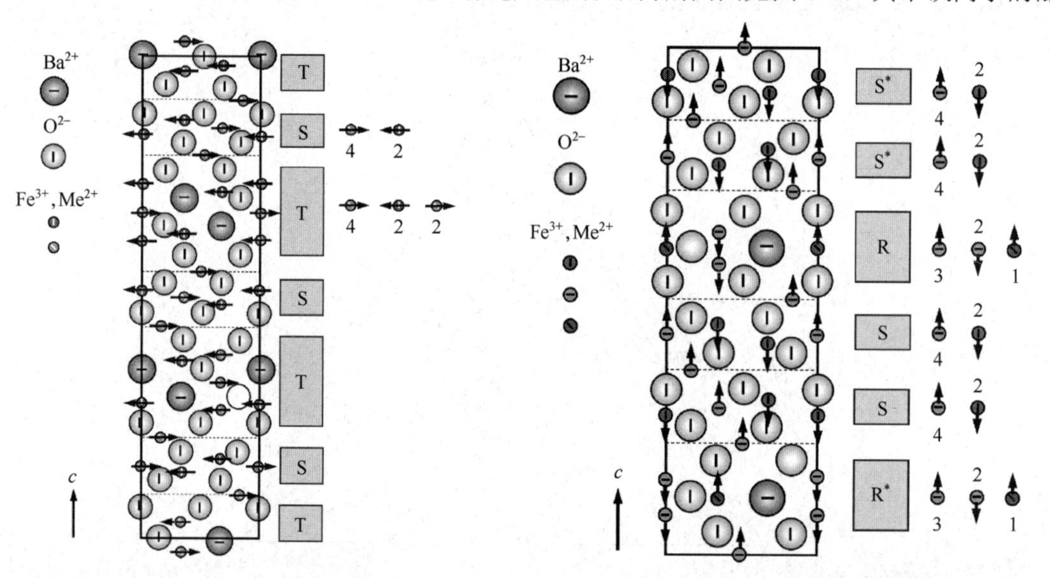

图 5-4 Y 型铁氧体的分子式为 $Ba_2Me_2Fe_{12}O_{22}$ 的晶胞结构、磁结构

图 5-5 W 型铁氧体的分子式为 $BaMe_2Fe_{16}O_{27}$ 的晶胞结构、磁结构

化方向平行于 c 轴，$RSSR^*S^*S^*$沿 c 轴堆砌而成，$R^*(S^*)$与 R(S)结构相同，但旋转了一定角度。W 型六角铁氧体的晶位与自旋取向，见表 5-3。

表 5-3　W 型六角铁氧体的晶位与自旋取向

晶体学符号	配位体	每个分子中离子数	所处堆垛层	自旋取向
$12k$	八面体	6	R-S	↑
$4e$	四面体	2	S	↓
$4f_1$	四面体	2	S	↓
$4f_2$	八面体	2	R	↓
$6g$	八面体	3	S-S	↑
$4f_3$	八面体	2	S	↑
$2d$	六面体	1	R	↑

③ X 型铁氧体的分子式为 $Ba_2Me_2Fe_{28}O_{46}$，可视为 M 型与 W 型的叠加，例如 Fe_2X，即铁离子为化合物中的 Me^{2+}，可以表示为

$$Ba_2Fe_{30}O_{46}=(M)BaFe_{12}O_{19}+(W)BaFe_{18}O_{27} \tag{5-1}$$

其晶体结构剖面图见图 5-6，它是由 M 型与 W 型结构交替堆垛而成，亦可由 R、S 块按 RSRSSRSRSSRSRSS 顺序堆垛而成，属六角晶系 $R\bar{3}m$ 空间群，铁离子处于 11 种晶位中。

④ Z 型铁氧体的化学式为 $Ba_3Me_2Fe_{24}O_{41}$，其堆垛层序为 $RSTSR^*S^*T^*S^*$，可以看作 M 型和 Y 型的堆垛，即

$$Ba_3Me_2Fe_{24}O_{41}=(M)BaFe_{12}O_{19}+(W)Ba_2Me_2Fe_{12}O_{22} \tag{5-2}$$

其晶体结构及磁结构见图 5-7。

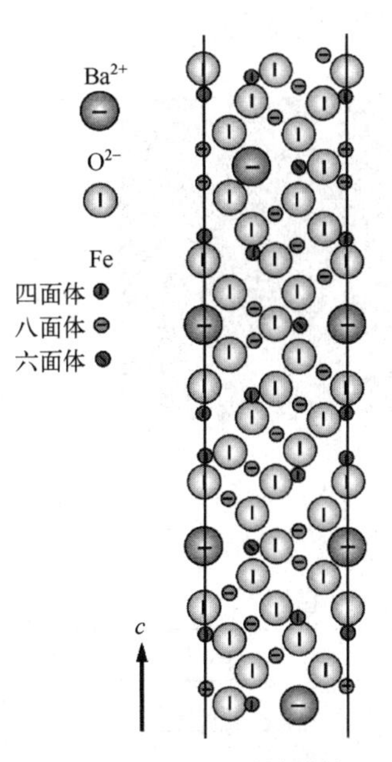

图 5-6　Fe_2X 的晶体结构

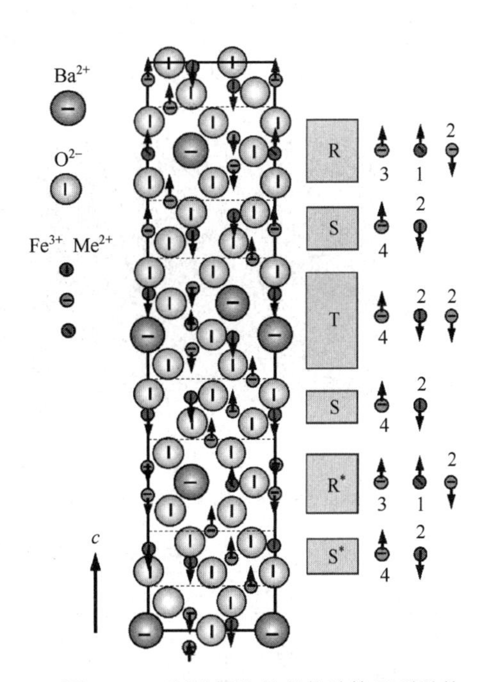

图 5-7　Z 型铁氧体的晶体结构及磁结构

5.2 永磁铁氧体的基本特性

永磁材料的静态特性通常用退磁曲线来表征，主要参量有剩磁 B_r、磁感矫顽力 H_{cb}、内禀矫顽力 H_{cj} 以及最大磁能积 $(BH)_{max}$。对理想的退磁曲线，$(BH)_{max}=\frac{1}{4}B_r^2$，而 $H_{cb}\leqslant B_r$，所以高的 H_{cb} 的前提要高 B_r，而要提高 $(BH)_{max}$ 就需要高 H_{cb} 与高的 B_r，三者彼此关联。

铁氧体的亚铁磁性决定了它的饱和磁化强度不高，BaM 永磁铁氧体 B_s 约为 450 mT。为了提高 B_r 就必须提高剩磁比 B_r / B_s，在工艺上通常采用磁场取向成型。永磁铁氧体的特点是磁晶各向异性较高，$K_1\approx 3.3\times10^5$ J/m³（20℃）。低 B_s、高 K_1 值决定了永磁铁氧体的矫顽力主要取决于磁晶各向异性，即 $H_c\propto\frac{K_1}{B_s}$。

减小晶粒尺寸到单畴尺寸以及进行磁场取向成型，可以增加矫顽力。BaM 中取向和未取向的磁畴结构如图 5-8 所示。Jahn 曾将 BaM、SrM 单晶体从球状磨成片状，然后测量各向异性随形状的变化，以了解形状各向异性对有效各向异性 K_{eff} 的影响，得到

$$K_{eff}=K_1-\frac{1}{2}(N_c-N_a)B_s^2 \tag{5-3}$$

式中，N_c、N_a 分别为椭球短轴、长轴的退磁因子。改变形状就可以改变退磁因子，从而了解形状各向异性的作用。试验结果和上式的计算结果相一致。考虑了形状各向异性的影响，对各向同性单畴集合体的矫顽力，根据 Stoner-Wohlfath 一致转动的反转磁化模型（S-W 模型），可以得到

$$H_{cj}=0.48\left(\frac{2K_1}{\mu_0 B_s}-NB_s\right) \tag{5-4}$$

式中，$N=N_c-N_a$。根据该公式，永磁铁氧体 H_{cj} 的理论值见表 5-4。

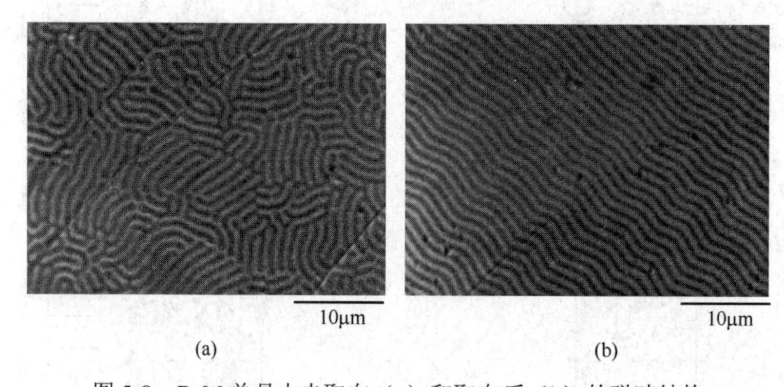

图 5-8　BaM 单晶中未取向（a）和取向后（b）的磁畴结构

表 5-4　永磁铁氧体部分特性的理论值（S-W 模型）

参量	BaM	SrM	PbM
B_s /mT，(20℃)	447	464	401
K_1 /×10⁵(J/m³)，(20℃)	3.3	3.6	2.2
H_{cj} /×80(kA/m)	6.9	7.7	5.6

目前，对永磁铁氧体烧结体，剩余磁感应强度 B_r 值已高达 450 mT，非常接近于 BaM 的饱和磁感应强度值（477 mT），但其内禀矫顽力 H_{cj} 却远低于理论值，通常最高约 318.3 kA/m。为了缩小理论与试验的差异，提高永磁铁氧体的矫顽力，研究者进行了很多方面的试验和理论工作，但反磁化过程中畴结构的响应机制是磁畴转动还是畴壁迁移尚不清楚，可能与铁氧体的颗粒尺寸有关。对高磁晶各向异性的永磁铁氧体，提高矫顽力的关键是避免反磁化核的产生。永磁铁氧体的单畴临界尺寸 R_c（半径）可以近似表述为

$$R_c = \frac{9\sigma_w}{\mu_0 B_s} \tag{5-5}$$

式中，σ_w 为畴壁能密度。对于钡铁氧体，$R_c \approx 0.45 \sim 0.50$ μm。Shirk 与 Buessem 研究了矫顽力和钡铁氧体颗粒尺寸的关系，发现当颗粒尺寸小于 0.01 μm 时，H_{cj} 急剧下降，进入超顺磁性颗粒范畴，在颗粒大于 0.01 μm 而小于 1 μm 的区域内，试验值低于 S-W 理论曲线，有可能是由于颗粒结晶不够完美，当颗粒直径大于 1 μm 时，H_c 随直径的增加而剧烈地下降，呈现多畴磁结构。因此，永磁铁氧体颗粒尺寸最好介于 0.01～1 μm 之间。高矫顽力永磁铁氧体的反磁化机制是磁畴转动还是畴壁钉扎，目前尚未定论，但减少颗粒尺寸保证矫顽力这一点已被试验证实。表 5-5 对比了 BaM、SrM 和 Co_2 系列六角铁氧体的磁性能。M、W、Y、Z 铁氧体的 X 射线密度、分子量、玻尔磁子数、室温下测得的 M_s、计算得到的 0 K 下的 M_s、T_c 见表 5-6。

表 5-5　BaM、SrM 和 Co_2 系列六角铁氧体的磁性能

铁氧体	化学式	B_s /(A·m²/kg)	H_c	各向同性 B_r/B_s	H_A/(kA/m)	K_1/(×10⁵ J/m³)	T_c /℃
BaM	$BaFe_{12}O_{19}$	72	高	0.5	1353	3.3	450
SrM	$SrFe_{12}O_{19}$	74～92	高	0.5	1592	3.5	460
Co_2Y	$Ba_2Co_2Fe_{12}O_{22}$	34	低	0.38	2228	−2.6*	340
Co_2Z	$Ba_3Co_2Fe_{24}O_{41}$	50	很低	—	1035	−1.8*	410
Co_2W	$BaCo_2Fe_{16}O_{27}$	50	低	—	1687	−3.5 至−5*	490
Co_2X	$Ba_2Co_2Fe_{28}O_{46}$	57	很低	—	756	n/a	467
Co_2U	$Ba_4Co_2Fe_{36}O_{60}$	50	低	—	n/a	n/a	434

注：1. *表示 K_1+K_2。
2. n/a 表示不适用。

表 5-6　一些六角晶系铁氧体的典型参数

铁氧体	ρ/(g/cm³)	分子量	μ_B	室温 B_s /(A·m²/kg)	0 K 下 B_s /(A·m²/kg)	T_c /℃
BaM	5.28	1112	20	72	>100	450
Mn_2W	5.31	1573	29.2	59	97	415
Fe_2W	5.31	1575	28	78	98	455
NiFeW	5.32	1578	26.4	52	79	520
ZnFeW	5.34	1584	31.6	73	108	430
Mg_2Y	5.14	1364	6.9	23	30	280
Mn_2Y	5.38	1406	10.6	31	>40	290
Co_2Y	5.40	1410	9.8	34	>40	340
Ni_2Y	5.40	1414	6.3	24	24	390
Zn_2Y	5.46	1428	18.4	42	72	130
Co_2Z	5.33	2518	29.8	50	68	410
Cu_2Z	5.37	2536	27.1	46	>60	440
Zn_2Z	5.37	2539	38.4	58	>84	360

首先，BaM 铁氧体的玻尔磁子数为 20 μ_B，饱和磁化强度为 72 $A \cdot m^2/kg$，居里温度高达 450℃。取向烧结是指在烧结之前将 BaM 在磁场中进行热处理，来获得高剩磁低矫顽力或者高矫顽力低剩磁的各向异性材料，分别称为剩磁偏置（remanence biased）和矫顽力偏置（coercivity biased）。在剩磁偏置的样品中，其退磁曲线具有较大的矩形比，且表现为 B_r 的突然下降。为了在多晶铁氧体中获得磁场取向成型，要求铁氧体晶粒的尺寸较小（0.1 μm 左右），理想的晶粒尺寸为单畴尺寸。相比磁晶各向异性，形状各向异性要小很多。在磁场取向后，平行于 c 轴的 M_s 为 70 $A \cdot m^2/kg$，垂直于 c 轴的 B_s 为 40 $A \cdot m^2/kg$。磁场取向成型后，在平行于 c 轴的方向，剩磁比 B_r / B_s 接近 1，而在非磁场取向成型的随机取向样品中，剩磁比 B_r / B_s 减小到 0.5。

5.3 永磁铁氧体氧化物法制造工艺

氧化物法是利用多种氧化物原料经固相反应生成铁氧体相的过程，是生产永磁铁氧体最常用的方法，其主要步骤包括混料、预烧、粗破碎、细破碎、成型、烧结、后加工等工序。

5.3.1 固相反应

铁氧体制造过程中往往是将原材料主要是氧化物或者是容易通过热分解而变成氧化物的化合物（如碳酸盐、草酸盐或氢氧化物）混合之后，加热到 800～1500℃中的某一温度保温一段时间，通过固相反应转化成所需要的生成物——铁氧体。

该反应过程并不是在熔融状态下进行的，而是在比大多数原材料熔点低的温度下，利用固体粉末间的化学反应来完成的。

固相反应本质可看作由于系统内组成部分的扩散所形成的。在较低温度时，固相晶体中各点阵位置上的原子（或离子）并不具有大的活动性，它们只能围绕某些结点振动；当温度升高时，其振幅增大，最后达到足以发生位移的程度，离开原来的位置进行扩散。进行扩散的质点（如离子）有可能结合起来形成另一种晶体，或可能在晶体质点的移动范围内结合，通过扩散完成新相的形核和长大。

固相反应往往首先在反应物界面紧密接触处发生，然后是反应物通过产物层进行扩散迁移。随着温度的升高，扩散加强，逐渐向反应物内部深入，使反应得以继续。因此，固相反应一般包括相界面的化学反应和固相内的物质迁移两个步骤。当固相反应中有气相和液相参加时，增加了扩散的途径，提高了扩散速度，加大了反应面积，反应将不局限于物料直接接触的界面，可能沿整个反应物颗粒的自由表面同时进行，大大促进了固相反应的进行。

实践表明，在固相反应完全的前提下，要缩短反应时间 t，则必须减小反应物的颗粒半径 r，降低扩散激活能 E，增大反应常数 K_0，提高烧结温度 T，具体关系为

$$t = \frac{r^2 e^{\frac{E}{RT}}}{2K_0} \tag{5-6}$$

式中，K_0 为 0 K 时的固相反应速度常数，与反应时间无关；R 为普适气体恒量。

固相反应是表面反应，是通过表面上离子（或原子）的交换来实现。因而，反应物的表面积越大，颗粒之间的接触面积就越大，越能促进固相反应的进行，提高反应速率。减小反应物质颗粒的半径 r 能增加颗粒的表面积。根据塔曼理论，固相反应时间与反应物的颗粒半

径 r 的平方成正比，因此，要提高固相反应速度，就要求参加反应物质的颗粒半径 r 要小，即粉料颗粒越细越好。必须指出的是，对于几种原料混合进行的铁氧体固相反应，当它们的颗粒大小相差较大时，r 并不是不同原料的平均粒径，而是低反应活性原料颗粒的半径。这是由于固相反应中的扩散过程，主要是高活性原料颗粒的离子向低活性原料颗粒中扩散，因而控制反应速率的是低活性组分，低活性原料颗粒的半径越小，固相反应速度就越大。另外，球形的氧化铁颗粒比片状、针状的氧化铁颗粒的活性好，这是因为球形的氧化铁颗粒彼此之间接触更为紧密，由球形的氧化铁颗粒作为主原料所形成的铁氧体比由片状、针状的氧化铁颗粒做主原料所形成的铁氧体比例多。在铁氧体的制造过程中，减小粉料颗粒半径的常用方法是球磨，故球磨是一道很重要的工序。国内永磁铁氧体用氧化铁的平均粒度一般为 1 μm 左右，国外做高档永磁铁氧体材料时氧化铁的平均粒度控制得更细，甚至达 0.3 μm。

绝对零度下固相反应速度常数 K_0。为使固相反应速度快，要求常数 K_0 大。K_0 是由反应物质的物理状态所决定的，即

$$K_0 = C_0 D_0 \tag{5-7}$$

式中，D_0 为离子扩散常数；C_0 为扩散反应层的离子浓度。

对于铁氧体固相反应来说，原材料配方确定之后，混合物中所含的离子种类也确定了，因此 D_0 也定了。C_0 与粉粒之间的接触情况有关，不同原料的粉粒均匀混合，就会增大不同粉粒间的接触面积，也就会促进离子扩散的进行，使 C_0 增加，有利于固相反应的进行。为了增加各种原料粉粒间的接触面积，通常可采取如下措施。

（1）混合球磨

混合球磨是使参加反应的各原料粉粒均匀混合，以增大不同原料颗粒间的接触面积。如果在反应加热过程中，对粉料不断地进行混合则效果更好。所以在铁氧体制造过程中，通常是采用预烧之后球磨，甚至于要经过两三次的反复预烧和球磨，以提高铁氧体的性能。

（2）加压

在固相反应以前，将粉料压紧有利于固相反应的进行。加压能够改变相邻颗粒之间的平均距离，改变颗粒的形状，从而使粉料颗粒间的接触面积增大，便于不同原料颗粒间的离子交换（互相扩散），有利于固相反应的进行。同时，外力作用会引起原料的塑性变形，大多数情况下会增加结构的不均匀性，引起第二相的晶体出现，有利于固相反应的进行。在铁氧体预烧前，将混合好的粉料压成饼，就是基于这样的原理。被压制的粉料必须是均匀混合的，否则各种原料粉末各自压在一起，对整块坯件而言，不但不会促进固相反应的进行，相反地会使固相反应速度下降，同时造成组织结构的不均匀。

（3）烧结温度 *T*

烧结温度越高意味着外界给予反应物粉料的能量越大，反应物颗粒间离子热运动能越大，扩散能力和反应能力也越大，所以有利于固相反应的进行。

塔曼（Taman）曾总结了固态物质的熔点与反应能力之间的关系。如果以 α 表示温度 T 对该物质熔点 T_m 的比率，即

$$\alpha = \frac{T}{T_m} \tag{5-8}$$

那么当 $\alpha \approx 0.3$ 时，晶态物质的表面缺陷松弛，开始发生离子在晶体表面的迁移，即表面扩散；当 α 的值在 0.5～0.6 时，晶态物质内部空位不再被冻结，离子可以迁移，即发生内扩散。当然这些离子迁移包括内扩散和外扩散，都仍然需要激活能。因此，当 α 大于 0.5～0.6

时，离子的扩散明显增加，离子迁移（扩散）速度强烈地取决于温度。通常相应将 $\alpha=0.5$ 时的温度称为该物质的“塔曼（Taman）温度”，这个温度可以近似地表示固态物质具有明显反应速度的最低温度。当然这个温度只是一个粗略的估计，不过这种估计是有实践意义的。

对于复合铁氧体而言，形成铁氧体的开始温度要比其中单一铁氧体的形成温度低。另外，固相反应的完全程度和保温时间成正比，因此延长保温时间会有利于固相反应的进行。但提高烧结温度，可使固相反应速度大大增加，而延长保温时间只是与其成正比。因此，提高烧结温度的作用要比延长保温时间的作用效果大得多。

（4）扩散激活能 *E*

扩散激活能又称活化能，就是离子克服晶格的束缚力，扩散到相邻的晶格，进行固相反应所需要的最低能量。扩散激活能 E 小，则完成固相反应所需要的时间可显著地减少。E 由两部分组成，即 E_1+E_2，其中，E_1 为离子离开平衡位置所需要克服的能量，E_2 为离子在晶体场中运动所需要克服的能量。能量 E_1 与离子之间的结合能有关，而反映结合能大小的宏观性能就是熔点。原材料晶格点阵中存在的缺陷、畸变，有利于降低 E_1。能量 E_2 则与晶体场有关，而影响晶体场的是晶体结构、离子性质、离子分布以及晶格缺陷等因素。降低激活能就是增加原材料的活性，可以通过研磨、矿化剂、助熔剂增加原材料活性。

5.3.2 永磁铁氧体固相反应过程中的相变

永磁铁氧体的相变过程比较复杂，当氧化物或相应盐类混合，在烧结过程中将首先生成中间相，然后高温时再生成磁铅石型的永磁铁氧体。对钡铁氧体的相变过程研究较多，在空气中烧结时，相变过程中首先生成的主要中间相为钡单铁氧体，即 $BaO\cdot Fe_2O_3$。随着温度升高，$BaO\cdot Fe_2O_3$ 再与其余的 Fe_2O_3 起反应而生成钡铁氧体。反应过程中除了 $BaFe_3O_4$ 相外，尚有部分 $2BaO\cdot 3Fe_2O_3$ 相，$2BaO\cdot 3Fe_2O_3$ 相将在 1150℃附近分解为 1：6 与 1：1 相。此外，在氧化气氛中将有 $BaFe_2O_{3-x}$ 钙钛石型正铁氧体相产生，在还原气氛中将会有二价铁离子的相产生如 $BaO\cdot FeO\cdot 3Fe_2O_3$ 相、$BaO\cdot FeO\cdot 7Fe_2O_3$ 相以及 $BaO\cdot 2FeO\cdot 8Fe_2O_3$ 相等。

根据 Haberey 用高温 X 射线衍射仪研究的结果，在 1：6 正分的锶铁氧体的生成过程中，首先生成的是钙钛矿型铁氧体（Perovskite）即 $SrFeO_{3-x}$，然后它再与其余 FeO 生成 $SrFe_{12}O_{19}$。产生 $SrFeO_{3-x}$ 相的温度因不同的升温速率而异，升温速率低时，生成温度相应要低些。相组成与烧结气氛密切相关，例如，在 5.3 Pa 真空条件下，超过 1100℃时，$SrFe_{12}O_{19}$ 分解成 $Fe_3O_4\cdot Sr_7Fe_{10}O_{22}$ 以及 $Sr_4Fe_6O_{13}$ 相。在氧气流中烧结时，在 1000℃下，除 $SrFe_{12}O_{19}$ 相外，尚有 Fe_2O_3 与 $SrFeO_{3-x}$ 相，但没有 $Sr_7Fe_{10}O_{22}$ 相和 $Sr_4Fe_6O_{13}$ 相。SrO-Fe_2O_3 系相图如图 5-9 所示，其中 Fe_2O_3 与 Fe_2O_3+SrO 的比值为物质的量之比。

5.3.3 永磁铁氧体常用原材料

在生产永磁铁氧体产品的主要原料中，用量最大的为金属氧化物，少量为盐类物质，个别为非金属氧化物。氧化物法生产以氧化物原料为主，盐类热分解法和化学共沉淀法生产则多采用硫酸盐、碳酸盐和草酸盐等为原料。各种原料根据其作用和用量的不同，可分为主要原料、添加剂和助熔剂。

（1）主要原料

永磁铁氧体主要原料有氧化铁（Fe_2O_3）、碳酸钡（$BaCO_3$）、碳酸锶（$SrCO_3$）、碳酸钙（$CaCO_3$）等。

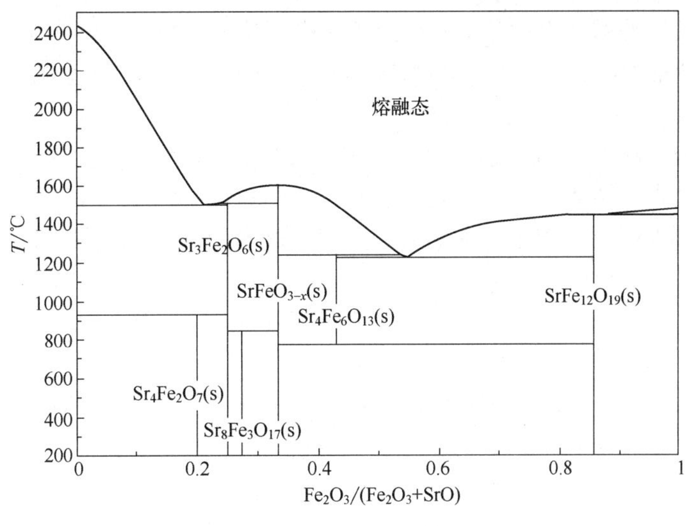

图 5-9　SrO-Fe_2O_3 系相图

氧化铁，又称为三氧化二铁、铁红、铁丹、赤铁矿、铁锈，其相对分子质量为 159.7，红棕色粉末，熔点为 1565℃，密度为 5.24 g/cm^3，不溶于水，但溶于酸，它在自然界的存在形式为赤铁矿、赭石等。在空气中灼烧亚铁化合物或氢氧化铁等，可得氧化铁。

碳酸钡，相对分子量为 197.35，白色重质粉末。不溶于水和醇，但溶于酸及氯化铵溶液。它有 α、β、γ 三种结晶形态，其工业品为白色粉末，密度为 4.43 g/cm^3。α 型熔点为 1740℃（9.09 MPa），982℃时 β 型转化为 α 型，811℃时 γ 型转化为 β 型，1450℃时分解成氧化钡和二氧化碳。碳酸钡可由二氧化碳通入硫化钡溶液或氢氧化钡溶液，或由碳酸钠与硝酸钡作用而制得。用于永磁铁氧体的碳酸钡，其质量分数要求在 98.8%以上，HCl 不溶物＜0.4%，H_2S＜0.05%，Na_2CO_3＜0.2%，松装密度为 500～600 g/L，粒度为（1.5±0.2）μm。

碳酸锶，相对分子量为 147.63，白色粉末，不溶于水，溶于醇，微溶于含二氧化碳的水和铵盐溶液，溶于稀盐酸和稀硝酸并放出二氧化碳，加热至 900℃时分解成氧化锶和二氧化碳，其熔点为 1497℃。用于永磁铁氧体的碳酸锶，其纯度要求在 98%以上，HCl 不溶物＜0.4%，硫酸盐＜0.3%，松装密度为 500～600 g/L。

碳酸钙，相对分子质量为 100.09，熔点为 825℃，密度为 2.93 g/cm^3，分解温度为 898℃，难溶于水和醇，易溶于氯化铵溶液。在空气中稳定，有轻微的吸潮能力，白色晶体或粉末，无味，在 101.325 kPa 下加热到 900℃时分解为氧化钙和二氧化碳。

（2）添加剂

为改善铁氧体磁特性需用少量的添加剂，主要有 SiO_2、PbO、Bi_2O_3、Al_2O_3、CaO、La_2O_3、Co_2O_3、CoO、Co_3O_4 等。

二氧化硅（SiO_2）又称硅土、硅石、硅酐、石英砂，分子量为 60.08，自然界中有结晶二氧化硅和无定形二氧化硅两种，其熔点为 1723℃，沸点为 2230℃，化学性质很稳定。不溶于水也不与水反应，是酸性氧化物，不与一般酸反应。氢氟酸和二氧化硅反应生成气态四氟化硅，与热的强碱溶液或融化的碱反应生成硅酸盐和水，与多种金属氧化物在高温下反应生成硅酸盐。

氧化铝（Al_2O_3），俗称矾土，其分子量为 101.96，白色粉末，是一种典型的两性氧化物，所表现的碱性和酸性的程度大体相同，因此氧化铝既溶解于酸，又溶解于碱，同时它不溶于水，但能溶解在熔融的冰晶石中。在大气压下 Al_2O_3 熔点为 2020℃，沸点为 2980℃，密度为 3.6 g/cm^3。

三氧化二铬（Cr_2O_3），又称“铬绿”，无毒，为暗绿色晶体或绿色粉末，密度为 5.21 g/cm^3，熔点为 1857℃，沸点为 2672℃，分子量为 151.99，属六方晶系，有金属光泽，不溶于水和酸，可溶于热的碱金属溴酸盐溶液中，面对光、大气、高温及腐蚀性气体（SO_2、H_2S）极稳定，有很高的遮盖力，具有磁性。

氧化镧（La_2O_3），分子量为 325.84，白色斜方晶系或无定形粉末，密度为 6.51 g/cm^3，不溶于水，易溶于无机酸，易潮解，应置于密封器中。

四氧化三钴（Co_3O_4），黑色粉末，无臭无味，不溶于水，溶于热浓无机酸，分子量为 240.79，粒径（D50）通常为 5～10 μm，球形或类球形，粉末松装密度为 0.5～1.2 g/cm^3，振实密度为 1.2～2.8 g/cm^3，比表面积为 2～10 m^2/g。永磁铁氧体生产用的四氧化三钴，其钴含量常为 73%以上。

（3）助熔剂

在生成铁氧体的过程中，助熔剂是参加固相反应的少量附加物。助熔剂应具有较低的熔点或能在反应中产生低熔点中间产物。在高温下，助熔剂呈低黏度液相，有助于增加固相反应的接触面积，大大加快反应速度，降低烧结温度。

常用助熔剂有氧化铜（CuO）、氧化铋（Bi_2O_3）、二氧化硅（SiO_2）、五氧化二磷（P_2O_5）、四氧化三铅（Pb_3O_4）和氧化铅（PbO）等。

氧化铜（CuO），熔点为 1064℃，700～800℃开始形成铜铁氧体，在 1200℃下开始熔融。在铁氧体配方中加入适量的氧化铜，可以明显降低烧结温度，获得较高密度的铁氧体。氧化铋的熔点更低，约为 820℃，也是一种常用助熔剂。SiO_2 的熔点高达 1728℃，但因它能与氧化铁生成低熔点（1150℃）的硅酸铁，所以它也可以做助熔剂使用。由于它的加入会降低饱和磁化强度，因而 SiO_2 的含量必须严格控制，一般其质量分数应在 0.5%以下。当选用 SiO_2 作为助熔剂时，如果所用氧化物原料中有 SiO_2 杂质，应考虑原料中 SiO_2 的固有含量。SiO_2 与 CaO 同时添加效果更好。

添加剂和助熔剂统称为有效杂质，处理适当，可以收到预期效果；否则，可能适得其反。助熔剂的主要作用是降低烧结温度。但助熔剂将进入最后生成物，除个别情况外，助熔剂的加入有利于某些磁性能的改善，多数情况不利于高性能的获得，因此，需尽量少用助熔剂。添加剂的加入，在改善某一方面性能的同时，又常常会抑制或降低另一方面的性能；当添加剂用量超过一定的量时，有效杂质就可能变为有害杂质，需严格控制添加剂。

5.3.4 永磁铁氧体预烧料制备

预烧的目的是使原材料颗粒之间发生固相反应，使原材料绝大多数变为铁氧体。预烧后，材料的体积明显收缩，从而导致烧成产品的收缩率变小，减少产品变形的可能性。预烧的作用主要有以下几点。

① 降低化学不均匀性　预烧之后的坯料已部分铁氧体化，既符合配方的化学成分要求，又保留一定的化学活性。未反应的部分再次发生固相反应时，可以获得完全铁氧体化的结构，降低了烧结产品的化学不均匀性。

② 降低烧成产品的收缩率，减少产品变形的可能性　预烧是固相反应过程，铁氧体结

构开始形成并发生体积收缩，这有利于提高坯件密度和机械强度，从而减少了产品变形的可能性。此外，收缩率的降低也给成型模具的设计和制造带来方便。

③ 易于成型　未经预烧的混合氧化物粒度过细、粒度分布较宽，不利于成型。经过预烧和二次球磨的铁氧体粉料可以满足成型的粒度及粒度分布要求。

④ 提高铁氧体产品的密度　预烧时，盐类原料分解，气体逸出（如 $SrCO_3$ 分解成 SrO 和 CO_2），二次烧结时就不会因气体逸出造成气孔。此外，二次球磨后，未完成铁氧体化的部分可能重新暴露于粉粒之外，烧结时再度接触反应，进一步铁氧体化，因而提高了产品密度。

⑤ 提高产品性能的一致性　原料化学活性的差异往往造成产品性能的不一致，控制预烧工艺可以缩小原料化学活性的差异，提高产品性能的一致性。

5.3.4.1 预烧料的特征及分类

钡铁氧体是最先投入生产应用的永磁铁氧体，与后来发展起来的锶永磁铁氧体相比，其优点是 B_r 高、成本低，其缺点是 H_{cb}、H_{cj} 较锶铁氧体低。实践表明，优秀的永磁铁氧体预烧料，通常具备以下特征：

① 稳定的磁性能　不同批次之间，磁性能的变化幅度为：$-5mT \leqslant B_r$ 的波动 $\leqslant 5mT$，$-8kA/m \leqslant H_{cj}$ 的波动 $\leqslant 8kA/m$。

② 相对稳定的收缩率　其收缩率（收缩量/基准量，一般为 12.25%～13.80%）的偏差在 1.55 个百分点以内，相当于其收缩比（生坯或模具尺寸/烧结毛坯的相应尺寸）通常在 ±0.010 以内。

③ 较好的工艺适应性　永磁铁氧体预烧料的二次工艺适应性主要表现在以下两个方面。

a. 可成型性。优质预烧料在预烧时，固相反应完全，二次球磨时没有明显跑锶现象，料浆 pH 值接近于 7，显中性，有良好的疏水性，料水分离快，料浆易沉降，成型脱水性好，易成型。使用这样的预烧料生产的磁体不易出现开裂、起层等缺陷，磁体生产合格率高。劣质的预烧料则相反，因固相反应程度不均匀，二次球磨时常有跑锶现象产生，料浆 pH 值有时可高达 9～12，呈碱性，料表现出较强的亲水性，料水难分离，料浆沉降慢，成型难脱水。使用这样的预烧料生产的磁体极易出现开裂、起层等各种缺陷，磁体难有理想的合格率。

b. 二次烧结温度范围。优质的预烧料有较宽的二次烧结温度范围，一般在 10～20℃温度变化范围内烧结均能得到理想的磁性能和尺寸收缩，方便磁体生产工艺与质量的控制。而劣质的预烧料则对二次烧结温度变化非常敏感，很小的温度变化（5～10℃）就足以引起磁性能的恶化，使磁体生产工艺、质量控制变得异常困难。

5.3.4.2 永磁铁氧体的预烧制度

对永磁铁氧体来说，需要在氧化气氛中预烧，为此，须保证预热氧化区有充分的氧，当氧含量不足时，永磁铁氧体的熔点就会下降，熔体会损伤窑衬并导致停产。因此，在窑炉高温区（900～1000℃）鼓入二次风，增加炉膛含氧量并降低窑尾温度，但要注意不要对高温区产生影响，因为窑内处于负压，且越接近窑尾，负压越甚。因此，适量的二次鼓风不会产生喷嘴的回火现象。二次引风由鼓风机鼓入，鼓风管用耐热不锈钢管插入窑内，伸入窑内长度应大于物料层厚度，以免料球进入管内。在鼓风机引入的三相导线上应各装一个指示灯，以显示鼓风机运转情况。

为了保证回转窑烧成的产品优良、高产且低能消耗，必须制订合理的预烧制度，其中包括温度制度、气氛制度与压力制度等。

（1）温度制度

预烧温度是影响预烧效果最重要的因素，预烧温度直接影响铁氧体粉料的化学活性、松装密度和收缩率。永磁铁氧体预烧的目的是使尽可能多的晶粒呈六角片状，这样的预烧料在细破碎、成型、烧结后获得的磁体，抗退磁能力强。同时，在成型时，取向度高，因而磁体的 B_r 高。想要获得这种结构的预烧料，需要预烧温度合适，保温时间合理，氧气充分。

预烧温度偏高，尽管可使预烧料中铁氧体化的成分增多，但化学活性较差。而且预烧温度偏高会使破碎颗粒度分布不均匀，烧结时出现不连续晶体生长，使产品性能大大下降。原料中含有低熔点成分时，过高的预烧温度还会使坯料部分熔融，以至无法用后期调节烧结温度的方法来补救。预烧温度偏低，铁氧体粉料的松装密度较小，坯件烧结后的收缩率较大，固相反应不完全，达不到预期的工艺目的。

合适的预烧温度略高于开始发生固相反应的温度，而开始固相反应的温度又与铁氧体的种类及原料性质有关。

钡铁氧体形成的总反应分两步进行：

$$BaCO_3 + Fe_2O_3 \longrightarrow BaO \cdot Fe_2O_3 + CO_2 \tag{5-9}$$

$$BaO \cdot Fe_2O_3 + 5Fe_2O_3 \longrightarrow BaO \cdot 6Fe_2O_3 \tag{5-10}$$

研究表明，CO_2 约从 400℃开始释放，单一铁氧体般要到 600～650℃以上才能探测到，若所用原料颗粒很细，探测到铁氧体相的温度可降低 100～200℃。升温到 900℃后，所有碳酸钡分解完毕。在 700～800℃六角铁氧体的出现，氧化铁消失时，反应也就完成了。进一步研究表明，在反应层中六角铁氧体的生长是沿择优方向的，六角铁氧体晶体的长大速度沿 c 轴方向相当低，而垂直于 c 轴则相当高。

对锶铁氧体的研究表明，其形成的反应也分两步进行：

$$SrCO_3 + 1/2Fe_2O_3 + (0.5-x)1/2O_2 \longrightarrow SrFeO_{3-x} + CO_2 \tag{5-11}$$

$$SrFeO_{3-x} + 5.5Fe_2O_3 \longrightarrow SrO \cdot 6Fe_2O_3 + (0.5-x)1/2O_2 \tag{5-12}$$

就反应温度而言，CO_2 在 300℃以上开始出现，而纯碳酸盐一旦分解（从约高于 650℃开始），CO_2 就明显减少了。大量中间产物出现在 600～660℃，而 $SrCO_3$ 只有在低于 800℃才能用 X 射线衍射检测出来。六角铁氧体相从 800℃以上开始产生，而氧化铁直到 1150℃仍然存在，这就意味着大致上与钡铁氧体的反应温度相符。

对各向同性永磁铁氧体，1000～1100℃的预烧温度是足够的，而未反应部分在随后的成晶烧结时能够生成六角型铁氧体。各向异性永磁铁氧体要求混合料的反应温度更高（1310℃以上），这是因为所有的六角型铁氧体晶体的最小颗粒尺寸必须在 1 μm 左右，细磨晶体使尺寸降至 1 μm 以下，使晶体成为单晶，这种晶粒能够在磁场中取向。

固相反应是在原料颗粒之间进行，需要一定的时间才能完成，因而应在预烧温度下保持一段时间，称为保温。保温的目的是使预烧坯料的各部分铁氧体化程度一致，粉碎后获得均匀的铁氧体粉料。保温时间长短与预烧设备及坯料体积的大小有关，用箱式高温炉或隧道窑预烧，一般需保温 1～5 h。此外，为了缩短工艺时间，有利于粉料保持较好的化学活性，一般升温速度较快，降温时采取随炉冷却或空气淬火的方式。

预烧温度与很多因素有关，这些因素主要有反应物的颗粒度，原料的活性，主原料的混合程度，主配方及添加剂成分的种类、数量等。对永磁铁氧体来说，一般预烧温度为

1300℃±20℃。

（2）气氛制度

实践证明，气氛以及气氛与温度的相互匹配是回转窑烧结的关键。总的来说，在烘干（干燥）带、排除水分初步氧化分解带、预烧烧结带，以及无机盐的分解与亚铁的氧化、永磁铁氧体的生成，均需在氧化气氛中进行。一般要保持回转窑尾中氧气的摩尔分数不低于 9.5%。若气氛中氧含量不足，呈还原气氛或弱还原气氛，则 Fe_3O_4 中 Fe^{2+}保持原样，Fe_2O_3 还原成 FeO，从而不能形成 $MO·6Fe_2O_3$ 结构的铁氧体，而且，还会与 SiO_2 等其他组分形成低共熔物。

（3）压力制度

控制压力制度是温度控制与气氛控制的重要保证。要稳定窑内的气氛，就要稳定窑内的压力。在回转窑的预热带、氧化分解带即链篦机处，一般都控制为负压，这不仅对排除废气有利，而且有利于氧化气氛的形成。压力控制的重要手段是调风机，即调整烟囱总闸、引风机、鼓风机等。

（4）预烧料的冷却

出料机（或冷却机）用于将从窑头处出来的料球出料或转入到冷却机（窑）中。对一台尺寸为 1.8 m×18 m 的链篦式预热、烘干氧化烧结回转窑来说，可配备长约 15 m、直径约 0.8 m 的出料机，机内设有螺旋管，机上装有淋水装置，每转一圈约 20 s，这样可满足 1t/h 的产量。

5.3.5 永磁铁氧体成型

永磁铁氧体成型工艺较复杂，按成型时是否同时施加外磁场，分为无磁场成型（各向同性产品）与磁场成型（各向异性产品）。制造各向异性磁铁，可以采用干燥粉末，也可以采用悬浮胶体（大多数是以水作悬浮液），分成干压和湿压两种工艺，两种情况都要求颗粒是单晶的或准单晶的。这两种方法各有其优缺点，湿压方法由于晶粒排列较好，制备悬浮液比制备粉末容易，大块压坯的压力低，其密度也比较均匀，所得磁性能较好。干压工艺模具比较简单，能够压制较小部件，压制时间短以及直接制备最终干压产品。

各向同性永磁铁氧体颗粒的易磁化方向在空间中是作统计的混乱分布，表现在磁性上是各向同性的。理论上磁能积的最大值为$\frac{B_r^2}{4}$，要提高磁能积就必须提高 B_r，而要提高 B_r 就必须使晶粒 c 轴作取向排列，亦即产生结晶织构，这种织构称为各向异性。表现在磁性上，垂直于织构方向与平行于织构方向的性能是不一样的，在理想情况下，$B_{r//}=M_s$，$B_{r\perp}=0$，此时磁能积要比各向同性的产品高 4 倍。正因如此，各向异性铁氧体的产量远大于各向同性铁氧体。各向异性铁氧体的制备常采用磁场取向成型法，即利用成型时附加的直流磁场使单畴颗粒的易磁化方向沿着外磁场方向作整齐的取向排列，这样的坯件经过烧结可获得各向异性的永磁铁氧体。成型前的工序基本上和各向同性是相同的。湿压磁场成型有利于单畴颗粒的定向排列，可以生产质量较好的永磁铁氧体，但在坯件压制过程中需要将料泥中大量水分排出，增加了某些附加工序，生产效率不高。

5.3.5.1 干压磁场成型

各向异性永磁铁氧体常是采用湿压磁场成型工艺，因为用湿压磁场成型制出的产品取向程度高，性能好。但是湿压磁场成型的成型速度慢，模具和设备复杂（为了排除大量的水分），因而生产效率低。采用干压磁场成型可以提高成型的速度，因无需排除水分，可简化设备，也便于生产自动化，常适用于性能要求不太高，体积小、产量大的产品，如小型扬声器的永磁磁瓦、永磁电机的低端磁瓦等。

在粉料烘干之前将湿料进行预磁化，即在磁场中作定向处理，然后烘干、过筛，获得各向异性的颗粒，最后在磁场中压制成型。由于颗粒内部的磁性晶体在预磁化时，就已取向排列，因此，整个颗粒实际上是许多取向的磁性晶体的集合体，这样的集合体在外磁场作用下会整体转动，其易磁化方向转到外磁场方向而被压紧，故整个坯件就成为各向异性的了。

对于干的粉料，由于粉粒间存在有大的摩擦力，因此，磁场成型取向低，为了提高成型的取向效果，常采用的途径如下。

（1）引入适量黏合剂

黏合剂是干法磁场成型的关键，它直接影响磁场成型时磁性颗粒的取向度和坯件的机械强度。理想的黏合剂应具有双重性，即既具有一定的润滑性和分散性，又具有一定的黏结性，在成型过程中，未压紧前，希望每一个磁性颗粒表面有一层薄薄的、起着表面润滑作用的黏合剂，并且颗粒之间是分散的，不黏结成团块。这样有利于磁性颗粒在外磁场作用下高度取向排列。而将这种取向排列的颗粒在磁场中压紧成型时，却希望颗粒之间的黏合剂呈现双重性的另一面，即具有一定的黏结性，以保证坯件有一定的机械强度，不产生开裂、起层、掉块、缺角等现象。显然，润滑性和黏结性是矛盾的。要在一种黏合剂中同时兼备这两方面优良特性是有困难的。这可以通过寻找具有此双重性的黏合剂及其组合来解决此问题。

（2）预磁化法

首先将单畴颗粒在磁场中取向排列（预磁化）干燥后制粒，使每一个颗粒成为单畴颗粒的取向集合体，或称为“类单畴体”，它可以含有数百万颗的单畴颗粒，再加润滑剂，在磁场中取向成型。为了克服退磁场的作用，使“颗粒”内部单畴颗粒整齐排列，在预磁化时还需加入少量的黏合剂，如仅以水为黏合剂则不能达到整齐排列的目的，并使磁性能下降。预磁化磁场原则上应尽可能高，使单畴颗粒取向排列整齐，从而使得取向集合体颗粒内的取向度得到提高，最后样品性能可达到湿压的90%以上。

影响干压磁场成型效果的因素较多，除了润滑剂之外，还有粉料的粒度、成型压力、预磁化磁场和成型磁场等。实践证明，初始的粉料细小有利于成型。成型压力应随着产品的形状、大小和成型磁场的强弱而变化，在不出现开裂的情况下，成型压力大较好。干压磁场成型的压力通常约为50 MPa，其成型效率比湿压磁场成型高2～4倍。预磁化磁场与成型磁场较大，可提高产品的取向度。

5.3.5.2 湿压磁场成型原理

湿压磁场成型是制造高性能的各向异性铁氧体永磁材料常用成型方法，其特点是在压制成型时，通过外加磁场的作用使坯件内的铁氧体颗粒织构化。这样的坯件烧结后即成为各向异性的永磁产品。湿压磁场成型用料呈软泥状，这种料泥的颗粒实际上已经铁氧体化，颗粒尺寸已达到单畴尺寸，一般在1 μm以下。

当前，生产最多的永磁铁氧体是钡铁氧体和锶铁氧体，它们都属于六角晶系磁铅石型，其 c 轴是易磁化方向。通常，这样的单晶体沿 c 轴方向磁性最强。对于多晶材料，如果各个单晶体是杂乱无章地排列的，则整个铁氧体元件就呈各向同性。要是能够使铁氧体元件内的各个单晶体取向排列起来，则元件将是各向异性的。磁场成型就是使元件内各个单晶体的 c 轴沿一定方向整齐排列。

湿法磁场成型是将二次球磨后的料泥直接置于模具中，在加压成型的同时施加一定方向（垂直或平行于压力方向）的强磁场，使单畴颗粒磁化并转向外磁场方向作定向排列，同时用真空泵抽水，通过冲头上所钻的小孔将水分排净。为了防止抽出料浆，在上下冲头处需垫滤纸、滤布或羊毛毡等。为了克服颗粒取向过程的阻力，一般起始磁场约为 200 kA/m，随着压缩之后间距的减少，磁场会自动增强，到压缩结束时，磁场约为 640 kA/m。为了帮助颗粒取向，亦可在上下模闭合时附加脉冲磁场。坯件压紧后，单畴颗粒不能自行转动，各向异性的坯件即被压成。

铁氧体粉料及其含水率显著影响湿压磁场成型效果，用于磁场成型的铁氧体粉料必须满足以下 3 点要求。

① 铁氧体粉料必须具有强磁性。因为只有具有强磁性的粉料才能在外加磁场作用下取向排列。为此，用于磁场成型中的粉料都要经过高温预烧，使得原材料尽可能地全部经固相反应生成铁氧体。注意，二次配方所加添加剂大多不属于强磁性物质。故其添加总量不应太多。

② 铁氧体粉料的每个颗粒必须是一个单晶体。因为单晶体是单轴向的，所以预烧后的毛坯块要经过长时间的粉碎，使铁氧体永磁粉粒成为单畴，以利于磁性能的提高。

③ 为了便于成型时各晶粒在磁场作用下转动、取向，通常粉料中含有大量的分散剂和润滑剂，以减小粉粒在转动时的摩擦力。例如，为使单畴颗粒易于转动，需将成型料做成软泥状，其水分起润滑作用。如水分太多，则料泥太稀，难以压制成型；水分太少，料泥太干，不利于单畴颗粒的转动。料泥的含水量必须适当。一般含水量应控制为 30%～35%，注浆成型时含水量可高些，如 35%～40%。

此外，表面活性剂、料浆滤水性、成型磁场、成型压力等都会对成型效果产生影响。

5.3.6 永磁铁氧体的烧结

铁氧体的烧结是指将成型后的坯件，置于高温烧结炉中，加热到一定的温度并保持一段时间，然后冷却得到具有一定强度、密度和电磁性能的多晶铁氧体。铁氧体烧结的目的在于获得完全的铁氧体相，控制铁氧体的内部组织结构以达到所要求的电、磁和其他物理性质，满足技术条件上所规定的产品形状、尺寸和外观等要求。铁氧体的性能与内部组织结构密切相关，而烧结过程则决定了其内部组织结构特性。关于铁氧体的生成反应及相关理论已在前面讨论过，本节将讨论烧结体致密化、多晶结构和气氛平衡现象及相关理论。

铁氧体烧结过程可以分成初期、中期和末期三个阶段。在烧结初期，铁氧体颗粒接触，形成颈部，但总体并未出现晶粒生长。此过程坯件线收缩率约为百分之几，密度增加约百分之十。在烧结中期，气孔仍然连通，坯件体积显著收缩，密度增大。当坯件密度达到理论值的 60%左右时，晶粒开始生长，此时坯件中仍有许多小气孔。随着晶粒尺寸的增大，致密化速度有所下降，当铁氧体坯件密度大约为理论密度的 95%时，气孔全部变成封闭式。在烧结末期，会发生异常晶粒生长，大量气孔被卷入晶粒内部，坯件无法继续收缩。如果能避免晶粒异常生长，气孔可以在晶界上被排除，可得到高密度铁氧体烧结体。永磁铁氧体坯件烧结后，尺寸减小，各向同性样品收缩率约为 16%，各向异性样品平行磁场方向收缩率约为 22%，垂直于磁场方向约为 13%，二者相差越大，表明各向异性程度越高。

铁氧体的烧结一般有固相烧结和液相烧结，固相烧结过程中不出现液相，完全依靠固相间的作用形成多晶材料；烧结时有液相存在称为液相烧结，由于液相流动时物质迁移比固相扩散显著加快，在液相中原子的扩散系数更大，因此液相烧结速率比固相烧结更快。

5.3.6.1 永磁铁氧体的烧结

人们反复地研究了永磁铁氧体组成摩尔比n（Fe_2O_3/MO，其中 M=Ba，Sr，Pb）对烧结的影响。对于六角钡铁氧体，具有化学计量组成$n=5.9$的钡铁氧体收缩比较小，而晶粒长大过程正常。如果 BaO 稍微过量（$n<5.9$）就会由于形成 $BaO·Fe_2O_3$ 而使烧结致密化，如果温度足够高，可能出现反常晶粒长大。对于锶铁氧体的试验结果相似，在 1120～1280℃范围内烧结，经过较短时间研磨的 $BaO·5.9Fe_2O_3$ 或 $BaO·5.3Fe_2O_3$，其活化能分别等于（770±12）kJ/mol、（556±12）kJ/mol。根据其收缩与时间的关系，可知永磁铁氧体的烧结机理是以体积扩散为主的迁移机理。增加粉末细度，发现活化能在 835～1256 kJ/mol，这是由于颗粒表面上沉积的 $BaCO_3$ 层对扩散有所阻碍。

可以在六角铁氧体中加入少量添加剂来改善其磁性能。某些添加剂能在六角晶格中进行置换，如 Al、Cr 和 Ga 可取代 Fe，取代除了对六角铁氧体相的各向异性场、矫顽力有影响外，对饱和磁化强度的影响尤其大。人们详细研究了 SiO_2 添加剂的作用，发现它会诱导产生低共熔点的透明共晶物，这种共晶物除 Fe_2O_3 外还含有较大比例的碱土金属氧化物。

永磁铁氧体理想微结构应是晶粒排列整齐而紧密，晶粒尺寸是单畴临界尺寸，然而实际却只有部分晶粒为单畴尺寸，有一部分是包含多畴的大晶粒以及微晶粒，这两者均会使铁氧体的内禀矫顽力H_{cj}下降。此外，晶粒与晶粒之间还存在空隙，使剩磁B_r下降，不完全取向的晶粒则会使永磁铁氧体的B_r和H_{cj}均下降。为尽可能提高磁性能，需要对烧结过程各个阶段进行严格控制。

① 升温阶段。铁氧体坯件含有一定水分、黏合剂、有机物分散剂，在烧结升温阶段都要被排除。水分剧烈蒸发发生在 100～200℃，接着是黏合剂或分散剂的挥发，一般在 450℃以前完成。在低温阶段，体积先因受热而膨胀，在 400℃时坯件的外径和高度都约增大 1.5%，在 500℃以后坯件才开始收缩，一直到 600℃时，坯件的尺寸才收缩到与进炉时的尺寸一样。升温开始阶段要求升温速度小，否则坯件内部水分、有机物挥发太快，会造成坯件开裂，或者坯件内部水分、有机物来不及挥发，表面就收缩而形成一层硬壳，温度继续升高时也会造成开裂。通常，在低温阶段的升温速度取 50～100℃/h。随着温度升高，烧结反应开始，此时坯件内气孔率下降，结晶成长，坯件进一步收缩。例如，各向异性钡铁氧体坯件在 900～1240℃有很大的收缩现象，外径收缩率约 13%，高度收缩率达 22%～23%，在此阶段开始时，升温速度可以提高，取 150～300℃/h。

当烧结温度偏低时（600～800℃），存在于永磁铁氧体毛坯中的大量微孔不能全被消除，以致收缩率偏低，导致密度偏低，加之晶粒太小且不均匀，因此剩磁值偏低。此时，虽然晶体得以回复，但晶粒尚未显著长大，晶格缺陷未能全部消除，故矫顽力的值也偏低。

随着烧结温度的升高（升到 1000℃附近），坯体中的晶格缺陷基本消除，因此，矫顽力增长较大，这时晶粒的粒度趋于均匀，毛坯的密度提高，取向产品的各向异性结构加强，因此剩磁的增长也较大。但此后，若再提高烧结温度，晶粒长大，晶体中出现畴壁，导致反磁化受不可逆畴壁位移过程影响，使矫顽力下降。

当温度靠近 1300℃附近时，晶粒继续长大，气孔迅速膨胀，有的杂质或附加成分局部熔融而使晶界弯曲变形，产品密度反而下降，严重时会出现铁氧体分解、空洞或另相，此时不但矫顽力严重减小，剩磁也会降低，磁体的性能严重下降。

② 保温阶段。铁氧体反应在保温阶段要全部完成，还要实现致密化，获得一定的晶粒结构，因此必须选择合适的烧结温度和保温时间。烧结温度越高，保温时间越长，反应就越完全，晶粒越大，产品密度越高。铁氧体的烧结温度随着配方、粉料性质及性能要求等不同而不同。在制造各向异性锶永磁铁氧体时，由于要求高矫顽力，故烧结温度不能太高，能达到致密化就行。如果烧结温度太低、保温时间太短，铁氧体的生成反应不完全，晶粒没长大，密度低，性能就不会太好。如果烧结温度过高、保温时间过长，可能出现晶粒异常长大，烧结体内结构不均匀，还会出现金属离子挥发、脱氧、热离解、氧化还原以及相变化等，将使得铁氧体性能变坏。对于各向异性铁氧体，烧结过程中非但不会破坏其晶粒取向排列，反而会进一步促进晶粒排列的一致性，表现为在高度和长度方向收缩率不同。

③ 降温阶段。烧结降温阶段冷却速度要控制得恰当，如果冷却速度太大，常会造成铁氧体烧结体开裂，这是由于温度降低，烧结体要收缩，由于铁氧体导热性能差，烧结体各部分散热不均匀，造成各部位收缩不一致，从而使烧结体开裂。另外，冷却速度太大还会造成内应力，恶化性能。通常，冷却速度取 20～100℃/h，冷却至 200℃以下才出炉。

5.3.6.2 铁氧体显微结构控制

铁氧体性能不仅取决于化学组成，还和显微结构密切相关。显微结构是原料、配方及其工艺过程诸因素的综合反映，包括相结构、孔隙与气孔、各相尺寸与形状、取向关系或分布状况、晶界构造、晶界析出物等。

内部组织结构控制。铁氧体的内部组织结构特性对铁氧体性能的影响是很大的，随着烧结体内平均晶粒直径的减小，无论是 H_{cj} 还是剩磁都有很大的提高。这是因为永磁铁氧体晶粒尺寸太大时，会在晶粒内出现多畴结构，由于反磁化过程中畴壁的移动比畴转磁化容易，故矫顽力低；当晶粒尺寸减小到单畴时，单畴颗粒的矫顽力很大，故材料的 H_{cj} 增大；但是，如果晶粒太小，材料的矫顽力又会因超顺磁作用而下降。因此晶粒大小要控制在适当的范围内。

气孔控制。多晶铁氧体内气孔的多少、分布状况严重地影响着铁氧体材料的性能，气孔数量、大小、分布状况取决于铁氧体的组成，粉料的烧结活性，烧结温度和保温时间以及周围的氧分压。如果能够很好地控制这些因素并且将它们适当地组合起来，就可在很大程度上控制气孔的数量，大小和分布状况。要获得气孔少、密度高的铁氧体，应该是在晶粒生长不迅速的条件下进行烧结，可适当降低铁氧体粉料的平均粒径，采用湿法生产，提高成型压力和成型密度，采用掺杂或热压烧结来抑制晶粒的生长速度以及严格控制升温速度、烧结气氛和保温时间。

晶粒尺寸的控制。Fe_2O_3 的含量对晶粒生长有显著影响，当配方中 Fe_2O_3 含量不足时，因容易造成高的 O^{2-}空位浓度，促使 O^{2-}扩散变快，晶界迅速移动，故晶粒容易生长。有过剩的 Fe_2O_3 固溶并在氧化性的条件下烧结，由于阳离子空位浓度增加，O^{2-}空位浓度减小，使得晶界移动速度显著降低，故晶粒生长慢。在铁氧体配方中，加入一定数量的助熔剂，由于在高温时助熔剂熔化成液相，晶粒容易生长。为了减少晶粒边界的表面能，晶界常停在杂质的中心位置，因为这样晶界面积最小。晶界要是迁移过杂质，就会增大晶粒边界表面能，因此杂质会阻碍晶粒的生长。铁氧体粉料的烧结活性对晶粒生长影响显著，经低温预烧的铁氧体粉料，由于具有良好的烧结活性，在烧结过程中晶粒生长就相当迅速。晶粒尺寸随烧结温度的升高或保温时间的延长而增大，若晶粒生长条件控制稍有不当，便会出现异常晶粒生长。具有双重结构的铁氧体，无论是哪一种铁氧体，其性能都是不好的，因为晶粒不均匀，晶粒内气孔很多，密度低。双重结构的形成是异常晶粒生长造成的，因此消除双重结构就是防止铁氧体坯件的异常晶粒生长，通过采用高纯度的原料，采用合适的混合工艺，严防杂质混入和某些原料的团聚，配料时适量地加入一些能够阻止晶粒长大的添加剂，制定合适的烧结制度，适当地提高预烧温度使铁氧体粉料的烧结活性降低等手段可以减少双重结构产生。对需要细晶粒结构的材料，例如高矫顽力的永磁铁氧体，可利用微量掺杂抑制晶粒生长，如在钡铁氧体中掺入适量的高岭土，就能获得由细小晶粒构成的高性能铁氧体。在锶铁氧体中加入适量的 SiO_2，在烧结过程中会产生锶铁硅酸盐并以液相介于颗粒之间限制晶粒的长大，从而改善材料的磁性能。

不难看出影响铁氧体内部组织结构的因素是很多很复杂的，如果能把原材料的选择、配方、混合、预烧、粉碎、成型、烧结温度、时间和气氛等巧妙地结合起来并严格地加以控制，则将获得晶粒均匀、晶粒内不含气孔、高密度的铁氧体材料。

5.3.6.3 铁氧体的气氛平衡

铁氧体的最终组成和显微结构还受烧结时周围气氛影响，气氛不同，金属离子会变价，组成会变动，从而引起电、磁、机械性能的变化。钡铁氧体在烧结过程中如果缺氧，钡铁氧体将被还原，使得其磁性和机械性能变坏，甚至一敲即碎。为了防止铁氧体坯件在烧结过程中发生氧化、还原和挥发，就必须了解高温下的化学平衡和以什么样的速度由偏离平衡状态回复到平衡状态，也就是说如何控制平衡气氛的问题。

在铁氧体中包含大量的氧，在某一温度下存在着一个确定的平衡氧压，在这种平衡氧压下铁氧体含氧量不会增多，也不会减少。铁氧体在烧结过程中要与其周围气氛交换氧，在保持平衡氧压时，由周围气氛进入铁氧体试样的氧离子数和由铁氧体试样跑到周围气氛的氧离子数相等。能够保持铁氧体试样氧含量不变的气氛叫作铁氧体的平衡气氛。平衡状态的氧分压力称为铁氧体试样的氧分解压力。在平衡状态下，周围气氛中的氧分压力等于铁氧体试样内氧的分解压力。在某一温度下，如果铁氧体试样内氧的分解压力比试样周围气氛中氧分压力大，铁氧体试样会放出氧，即由铁氧体试样进到周围气氛中的氧原子数比周围气氛中进入铁氧体试样内的氧原子数多。相反，如果铁氧体试样内氧的分解压力比试样周围气氛中氧分压力小，铁氧体试样就会吸氧，即由铁氧体试样进到周围气氛中的氧原子数要比由周围气氛中进入铁氧体试样内的氧原子数少。

铁氧体的平衡周围气氛是指在任何温度下与铁氧体取得平衡的某种单一气体或混合气体，是温度的函数。铁氧体平衡气氛中，重要的是平衡氧分压。在温度升高时，由于氧的活动性加强，无论是铁氧体试样内氧的分解压力还是试样周围气氛中氧分压力都增大。由于铁氧体试样内氧的密集程度比其周围气氛中大，故温度升高，铁氧体试样内的氧分解压力比其周围气氛中氧分压力增长快，于是出现铁氧体试样内氧分解压力大于试样周围气氛中的氧分压力，其结果是造成铁氧体试样放氧。反之，当系统温度降低时，铁氧体试样内氧的分解压力就会比其周围气氛中氧分压力小，于是出现铁氧体试样吸氧。

若在空气中烧结，一般在温度低于 500℃时，铁氧体试样与其周围气氛之间氧的交换可以忽略不计。当温度在 500～1000℃时，这种氧交换是缓慢的，但可觉察到。当温度高于 1000℃时，铁氧体试样与其周围气氛之间的氧交换就变得十分迅速和显著。

在铁氧体烧结过程中，在系统的氧化还原现象不甚严重的情况下，虽然会出现部分金属离子的变价或空位，但它们会固溶于原来的相中，所以仍能保持单相。如果气氛中氧气不足，试样将部分被还原，如被还原的程度超过固溶度，则将脱溶出另相。这是由于在铁氧体的组成中，有些金属（如铁、锰、钴、铜等）离子会变价，如铁离子有三价和二价两种。变价的条件是温度和周围气氛中的氧分压，如果铁氧体周围气氛中缺氧，则铁氧体就会放氧，伴随着放氧，铁氧体试样中的可变价金属离子就会由高价转变为低价，即出现还原。在铁氧体制造过程中，如果出现还原，会使铁氧体因存在不符合要求价的金属离子而降低性能。

5.3.6.4 铁氧体的氧气烧结

铁氧体中含有过剩 Fe_2O_3 时，在空气中于 1000℃左右会生成 Fe_3O_4，对性能产生很大影响。主要原因是由于出现了 Fe^{2+}。在 M 型永磁铁氧体的制备过程中，要尽力防止二价铁离子出现，主要有以下几种方法。

① 采用缺铁铁氧体配方。但缺铁的配方如果在生产过程中工艺控制不当，会出现其他杂相，最终产品的性能也不会好。

② 在烧结过程中按照铁氧体的平衡氧压来控制试样周围气氛的氧分压，以防试样脱氧。

③ 氧气烧结。铁氧体还原过程对应试样中氧气的释放，放氧的条件是试样周围气氛中的氧分压低于试样的平衡氧压，或说低于试样的氧分解压力。如果使周围气氛中氧分压增加，就可以抑制试样放氧，防止了还原。在高温烧结时，即使试样中出现了二价铁离子，在降温冷却过程中，向炉膛内通以氧气使周围气氛中的氧分压增大，则会使 Fe^{2+}氧化成 Fe^{3+}。通常，铁氧体的平衡氧压 P_{O_2} 随着温度的降低而下降，这是由于随着系统温度的下降，铁氧体中离子活动的能力减弱，而且试样中氧的分解压力下降比周围气氛中氧分压下降快，因此会出现周围气氛中氧分压比试样中氧的分解压力大，于是试样就会吸氧，使 $Fe^{2+} \rightarrow Fe^{3+}$。这就是氧气烧结的原理和益处。

在实际生产过程中，永磁铁氧体要经过预烧和烧结，有时为了降低成本，采用铁鳞作原料，于是又增加了铁鳞的氧化工序。在生产过程中，要是气氛控制得不对，常常会出现“烧死”现象。所谓“烧死”，就是永磁铁氧体被还原而引起产品性能变坏，具体表现有以下 4 种。

① 预烧过程中，部分产品被还原。永磁铁氧体的毛坯预烧是在高温下进行的，预烧过程中，如果周围气氛中缺少氧气，即氧分压低，会因毛坯内的氧分解压力大而被还原。观察被还原的毛坯，会发现毛坯瘫软，中间出现较大的空洞，结晶粗大，有的呈玻璃状，断口不平，略呈蓝色。用被还原的毛坯做成产品，其表面磁场要比正常产品下降 18.6%。

② 永磁铁氧体被还原将使其矫顽力下降。永磁铁氧体在烧结过程中，如果周围气氛中氧分压低，就会造成磁体被还原，意味着在产品中出现 Fe_3O_4。Fe_3O_4 属尖晶石结构，而永磁氧体是磁铅石结构。所以 Fe_3O_4 将以杂相出现，会有低熔点“结核”状的结构，并有大晶粒。由于 Fe_3O_4 的矫顽力比 $MFe_{12}O_{19}$ 的矫顽力低得多，故产品的矫顽力下降。

③ 永磁铁氧体被还原将使 B_r 下降。被还原的永磁铁氧体 B_r 明显下降，下降较严重时可达 30%。还原特别严重时 B_r 趋于零。

④ 永磁铁氧体被还原使磁体力学性能下降。实践表明，被还原的钡铁氧体产品在敲击检验时，产品很容易碎裂，大的产品常出现“哑壳声”，其力学性能下降。

为了保证制造出性能良好的永磁铁氧体产品，通常要求周围气氛中有足够的氧分压，以满足坯件的吸氧，避免被还原。特别是利用倒焰窑或煤、煤气隧道窑进行烧结时，一定要向窑炉内通入足量的氧气，以保证产品周围气氛有一定的氧分压。此外，还要严防还原性气体（如 CO、H_2 等）进入窑炉。

5.4 永磁铁氧体应用

5.4.1 永磁式启动电机

常用的永磁式启动电机结构如图 5-10 所示，它包括机壳、转子、定子和电刷等，定子包括永磁铁氧体磁瓦，磁瓦被粘在机壳内壁上。

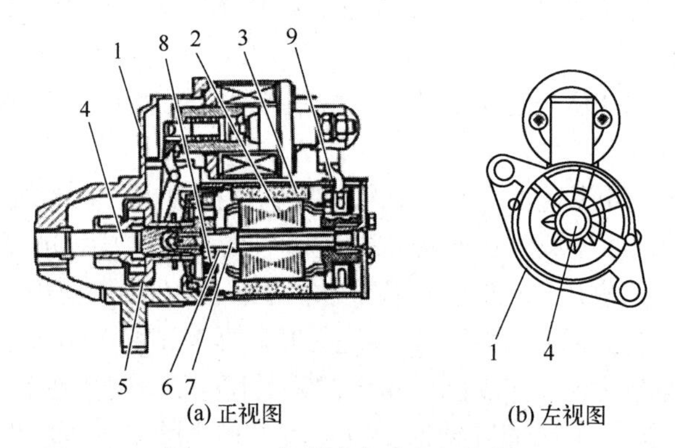

(a) 正视图　　(b) 左视图

图 5-10　永磁式启动电机结构

1—机壳；2—转子；3—永磁铁氧体磁瓦；4—电机输出轴；5—超越离合器；6—齿轮；7—输出轴；8—行星齿轮；9—电刷

使用时，磁瓦替代传统的励磁线圈，在机壳内形成磁场，电刷为转子提供电流，转子在电流和磁场的作用下转动。磁瓦制成定子的工艺简单，只需将磁瓦粘在机壳内壁即可。磁瓦成本低廉，其体积明显小于励磁线圈，绕成的定子可明显缩小电机的体积。永磁铁氧体本身在低温大电流时容易退磁，应选择高 H_{cj}（380 kA/m 以上）的材料来制成磁瓦，磁瓦是 2 块、4 块或 6 块等间距地分布在机壳内壁，磁瓦还可以是其他偶数块。

5.4.2 无刷启动磁电机

常用的无刷启动磁电机（摩托车电机用），其结构如图 5-11（a）所示，它由定子铁芯、转子、控制器、触发传感器、霍尔元件、线路印刷板、磁极等部件组成。磁电机的转子上设有多对磁瓦，在定子铁芯上依次排列有与磁瓦相对应的多个磁极，在磁极上设置有分别与每相电路相对应的霍尔元件，霍尔元件的安装如图 5-11（b）所示。霍尔元件的正、负极及信号端分别通过电缆与控制器相连接，每个磁极上均绕有线圈，磁极上的线圈彼此连接成一个对称的 A、B、C 三相星形电路，控制器通过电缆与触发传感器连接。

该类磁电机将启动、发电合为一体，减少了零部件，明显降低了成本，由霍尔元件作为传感器，使采样信号稳定可靠，抗干扰能力强，控制信号精准，降低了启动噪声。其主要特点有 3 个：

① 对三相线圈中的两相线圈的通电是时刻变化着的。

② 控制器通过霍尔元件感应到的信号，确定出磁极与磁瓦之间的相对位置，根据该位置的具体情况，决定对三相线圈中的其中两相线圈进行通电。

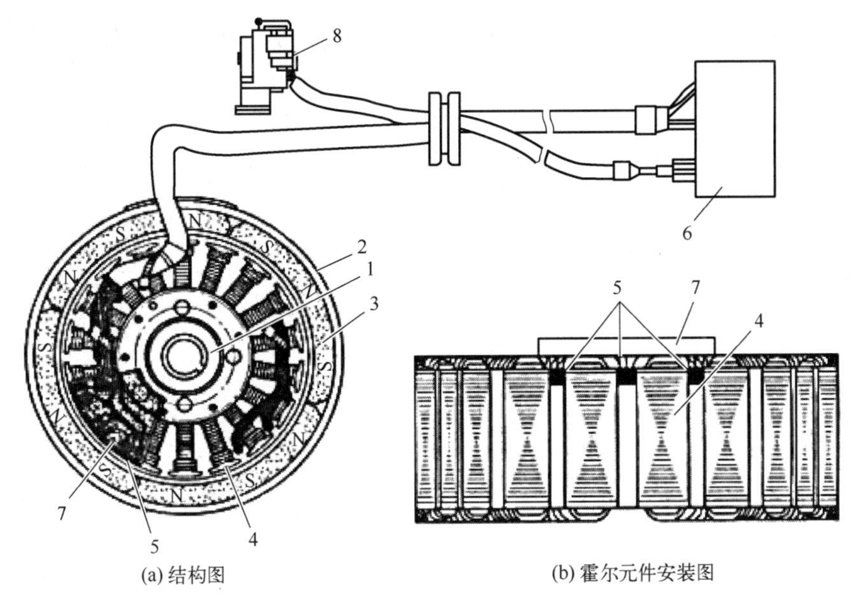

(a) 结构图　　(b) 霍尔元件安装图

图 5-11　摩托车用无刷启动磁电机结构

1—定子铁芯；2—转子；3—磁瓦；4—磁极；5—霍尔元件；6—控制器；7—线路印刷板；8—触发传感器

③ 对两相线圈通电的结果，是使磁极产生的磁场与磁瓦的磁场发生相互作用，使转子始终处于反转或正转的状态。

这类磁电机的使用如下。

① 活塞回位。3 个霍尔元件把每一时刻感应到磁极相对磁瓦所处的位置信号实时传送至控制器，控制器根据接收到的信号确定磁极在该时刻的具体位置，从而确定该时刻对其中的两相线圈通电，通电的两相线圈所在的磁极产生的磁场与磁瓦的磁场发生相互作用，使转子处于反转状态，促使汽油机的活塞移动至最低位置。

② 磁电机处于启动状态。当活塞回到最低位置后，3 个霍尔元件把每一时刻感应到磁极相对磁瓦所处的位置的信号实时传送至控制器，控制器根据接收到的信号确定磁极在该时刻的具体位置，从而确定该时刻对其中的两相线圈通电，通电两相线圈所在的磁极产生的磁场与磁瓦的磁场发生相互作用，使转子处于正转状态，正向转动转子带动汽油机进行启动，触发传感器采集汽油机转速信号给控制器，当汽油机达到规定转速后，由控制器控制，停止对线圈供电，汽油机启动完毕。

③ 磁电机处于发电状态。汽油机启动后，汽油机带动磁电机转子转动，磁电机处于发电状态，控制器处于自动切换状态，使磁电机发出的电能向电瓶充电。

5.4.3　直流电机永磁转子

常用直流电机永磁转子（空调电机用），其结构如图 5-12（a）所示，它由转子铁芯、转子轴、注塑体、烧结铁氧体磁瓦等部件组成。图 5-12（b）为单个烧结铁氧体磁瓦的结构示意图，图 5-12（c）为图 5-12（b）中的 *A* 向视图，图 5-12（d）为转子铁芯的结构示意图，图 5-12（e）为图 5-12（d）中的 *B-B* 向视图，图 5-12（f）为转子铁芯与烧结铁氧体磁瓦图，图 5-12（g）为图 5-12（f）注塑成型后的 *C-C* 向的结构示意图。

直流电机永磁转子轴，设于转子铁芯的轴孔内，转子铁芯外侧设有注塑体，注塑体内嵌有多个烧结铁氧体磁瓦，如图 5-12（f）和图 5-12（g）所示，多个烧结铁氧体磁瓦绕转子铁芯的中轴线均匀分布于转子铁芯外周。

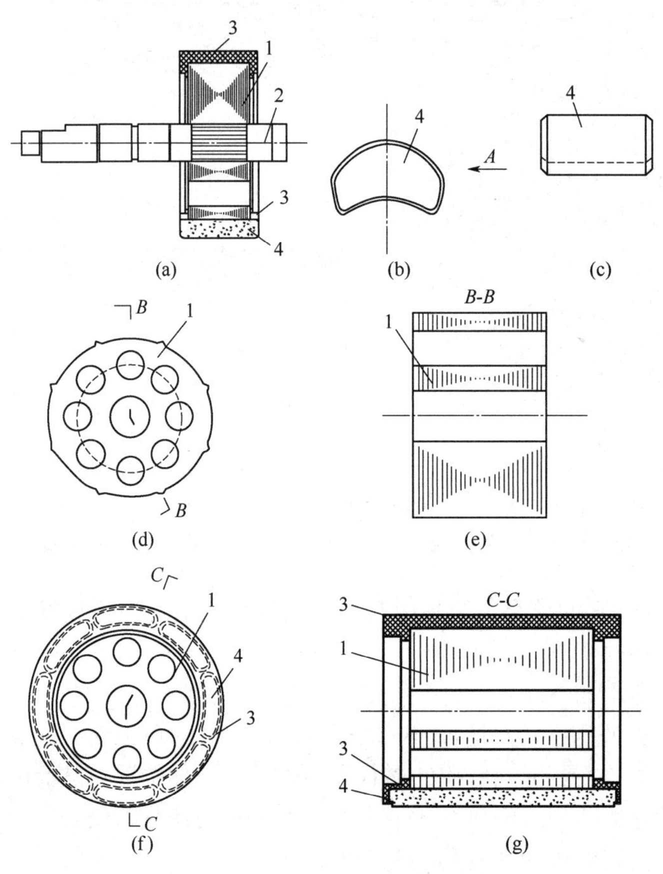

图 5-12 直流电机永磁转子结构

1—转子铁芯；2—转子轴；3—注塑体；4—烧结铁氧体磁瓦

如图 5-12（d）所示，注塑体内嵌有 8 个尺寸相同的烧结铁氧体磁瓦。烧结铁氧体磁瓦为偏心磁瓦，其具体结构如图 5-12（b）或图 5-12（c）所示。转子铁芯的具体结构如图 5-12（d）和图 5-12（e）所示，转子轴为单轴结构，该结构的永磁转子可应用于电机需要较长转子轴的情况，注塑体的材料为工程塑料。

制作上述直流电机永磁转子时，在采用注塑的方法成型注塑体的过程中，排布好的多个烧结铁氧体磁瓦同时嵌于注塑体内，且注塑体紧包于转子铁芯外侧，然后选择所需的转子轴类型，将其与转子铁芯装配固定即可。

5.4.4 驱动车窗升降装置用的永磁直流电机

驱动车窗升降装置用的永磁直流电机的立体图如图 5-13（a）所示，图 5-13（b）是该电机的平面图，其中端盖被移除，图 5-13（c）是该电机外壳和端盖被移除后的立体示意图。

驱动车窗升降装置用的永磁直流电机包括定子和安装于定子内可相对于定子转动的转子。转子包括转轴、转子铁芯、换向器以及绕组（图中未标出）。其中，转子铁芯和换向器均固定在转轴上，转子铁芯具有若干齿以缠绕绕组，相邻齿之间形成线槽，绕组容纳于线槽内并与换向器的换向片相连接。转子铁芯具有 10 个线槽，换向器具有 10 个换向片。

定子包括铁制外壳，装设于外壳内的永磁体以及固定于外壳两端的端盖。两端盖内分别装设有轴承，用于支承转轴，外壳包括两端具有开口的圆筒形壳体，以及自壳体一端，沿径向外延伸的安装部。端盖与壳体一体成型以减少电机的高度，并封闭壳体与邻近端盖一端的开口。端盖固定安装于外壳，并与壳体形成紧配合，换向器容纳于端盖内。端盖的侧壁，设有至少一对径向延伸的贯穿孔，至少一对刷管装设于所述至少一对贯穿孔内，碳刷（图中未标出）可滑动地装设于刷管内，用于与换向器的换向片摩擦接触。由此，定子可形成一密闭结构，以阻挡内部噪声扩散出来。永磁体固定装设于壳体的内壁并与转子铁芯相对设置成环形磁铁。该环形磁铁形成 N、S 极，沿周围交替分布的 4 个磁极，每一磁极基本呈 90°。该环形磁铁可以是一体制成，也可由 4 块磁铁拼接组成。该环形磁铁可以通过黏结剂固定于壳体的内壁，由永磁铁氧体材料制成则更好，作为其替代方案，也可由黏结钕铁硼（NdFeB）材料制成。

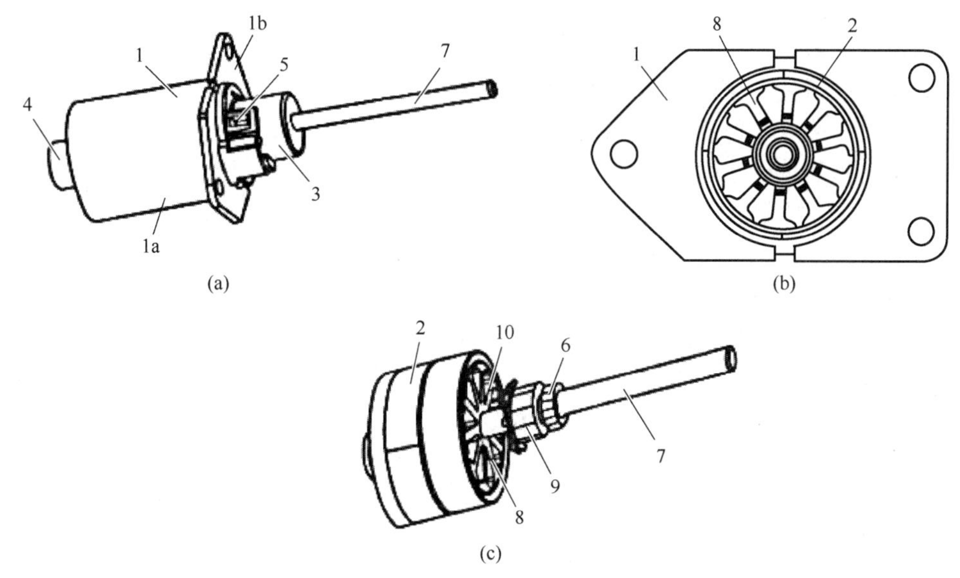

图 5-13 驱动车窗升降装置用的永磁直流电机结构

1—铁制外壳（1a—壳体；1b—向外延伸的安装部）；2—永磁体；3,4—固定于外壳两端的端盖；5—刷管；6—轴承；7—转轴；8—转子铁芯；9—换向器；10—转子铁芯上的齿

5.4.5 中国永磁铁氧体材料的产业现状及存在的问题

目前，我国已成为永磁铁氧体主产国之一，年产量长期保持在 50 万吨以上，其中浙江、安徽、江苏等地为我国永磁铁氧体主产区。我国永磁铁氧体产量已位居世界第一。我国永磁铁氧体行业集中度提高的速度加快，中国永磁铁氧体核心企业正在逐步形成。

永磁铁氧体制品的主要终端客户遍及汽车、计算机、电动工具、电动玩具、家电、办公设备和电声等行业。随着中国汽车制造业的快速发展，中国永磁铁氧体市场需求稳步增长，汽车磁瓦市场发展前景良好，大部分永磁铁氧体企业满负荷生产。瓦形永磁铁氧体约 65%用于汽车电机、约 20%用于家电电机、约 15%用于电动工具及工业电机等其他行业。

与此同时，我国的永磁产业同其他磁性材料产业面临着共性的问题。首先，中国磁性材料产业规模偏小。与日本、韩国发达地区相比，产业小而分散，一千多家企业分享 600 多亿市场，企业难以拥有强大的竞争力和话语权。其次，磁性企业创新实力不足，新型磁性技术发展步伐相对缓慢，企业知识产权储备缺乏带来行业隐忧，磁性企业与高校科研单位的研发严重脱钩。最后，中国磁性产业链建设滞后，磁性生产工艺设备、关键材料技术指标比日韩差。中国磁性材料与元件企业对高技术应用领域的磁性产品开发能力不强，不能首先占据新应用领域；磁性行业产业集中度不够，区域性产业集群和行业龙头企业不多；企业在国内外的市场竞争中还未具备强势地位，没有定价权。

我国的永磁材料产业正在蓬勃发展，与此同时，高质量永磁材料、永磁材料的高端应用、下一代永磁材料与技术的研发和储备的不足也在激烈的国际竞争中逐渐凸显出来，为了获得更多的国际话语权、摆脱高端产品对国外的依赖，需要更多的研发、管理、生产人才加入我国永磁行业当中来，强国有你也有我。

习题

参考答案

5-1 永磁铁氧体按照易磁化方向可以分为哪几类？

5-2 永磁铁氧体有哪些不同的晶体结构？

5-3 衡量永磁铁氧体静态磁性能的参量有哪些？

5-4 永磁铁氧体的磁性来源是什么？

5-5 在永磁铁氧体中，易磁化方向、磁晶各向异性之间有什么关系？它们会随温度变化吗？

5-6 氧化物法制备永磁铁氧体主要包括哪些工序？

5-7 什么是永磁铁氧体生产过程中的固相反应？

5-8 制备永磁铁氧体过程中，氧化气氛的作用是什么？

5-9 什么是永磁铁氧体的磁场取向成型？

5-10 永磁铁氧体有哪些应用？

参考文献

[1] 都有为. 铁氧体[M]. 江苏: 江苏科学技术出版社, 1996.

[2] 王自敏. 永磁铁氧体生产工艺技术[M]. 北京: 科学出版社, 2015.

[3] Pullar R C. Hexagonal ferrites: A review of the synthesis, properties and applications of hexaferrite ceramics[J]. Progress in Materials Science, 2012, 57(7): 1191-1334.

[4] 严密, 彭晓领. 磁学基础与磁性材料[M]. 杭州: 浙江大学出版社, 2006.

[5] Ashiq M N, Shakoor S, Najam-ul-Haq M, et al. Structural, electrical, dielectric and magnetic properties of Gd-Sn substituted Sr-hexaferrite synthesized by sol-gel combustion method[J]. Journal of Magnetism and Magnetic Materials, 2015, 374: 173-178.

[6] Hou Y H, Chen X, Guo X L, et al. Effects of intrinsic defects and doping on $SrFe_{12}O_{19}$: A first-principles exploration of the structural, electronic and magnetic properties[J]. Journal of Magnetism and Magnetic Materials, 2021, 538: 168257.

[7] Huang C C, Jiang A H, Hung Y H, et al. Influence of $CaCO_3$ and SiO_2 additives on magnetic properties of M-type Sr ferrites[J]. Journal of Magnetism and Magnetic Materials, 2018, 451: 288-294.

[8] Huang X, Liu X, Yang Y, et al. Microstructure and magnetic properties of Ca-substituted M-type SrLaCo hexagonal ferrites[J]. Journal of Magnetism and Magnetic Materials, 2015, 378: 424-428.

[9] Kools F, Morel A, Grössinger R, et al. LaCo-substituted ferrite magnets, a new class of high-grade ceramic magnets; intrinsic and microstructural aspects[J]. Journal of Magnetism and Magnetic Materials, 2002, 242: 1270-1276.

[10] Kostishyn V G, Panina L V, Timofeev A V, et al. Dual ferroic properties of hexagonal ferrite ceramics $BaFe_{12}O_{19}$ and $SrFe_{12}O_{19}$[J]. Journal of Magnetism and Magnetic Materials, 2016, 400: 327-332.

[11] Li X, Yang W, Bao D, et al. Influence of Ca substitution on the microstructure and magnetic properties of SrLaCo ferrite[J]. Journal of magnetism and magnetic materials, 2013, 329: 1-5.

[12] Moon K S, Yang D J, Lee S E, et al. Effect of annealing in reduced oxygen pressure on the structure and magnetic properties of M-type hexaferrite bulk and film[J]. Journal of Magnetism and Magnetic Materials, 2017, 432: 37-41.

[13] Ashiq M N, Asi A S, Farooq S, et al. Magnetic and electrical properties of M-type nano-strontium hexaferrite prepared by sol-gel combustion method[J]. Journal of Magnetism and Magnetic Materials, 2017, 444: 426-431.

[14] Ramírez A E, Solarte N J, Singh L H, et al. Investigation of the magnetic properties of $SrFe_{12}O_{19}$ synthesized by the Pechini and combustion methods[J]. Journal of Magnetism and Magnetic Materials, 2017, 438: 100-106.

第 6 章

软磁铁氧体

慕课

6.1 软磁铁氧体化学组成与晶体结构

和永磁铁氧体类似，软磁铁氧体的磁性是由于被氧离子所隔开的磁性金属离子之间产生的超交换作用，使处于不同晶格位置上的磁性金属离子磁矩反向排列，若两者的磁矩不相等，则表示出强的磁性。由此可知，铁氧体的基本特性与其化学组成、晶体结构及金属离子在晶体中的分布等因素密切相关。所以，要研制与开发出新的高性能软磁铁氧体材料，必须深入了解它的化学组成和晶体结构。

6.1.1 软磁铁氧体的化学组成

软磁铁氧体是由氧化铁（Fe_2O_3）和其他金属氧化物组成的复合氧化物，单组分铁氧体的分子式为 $MeFe_2O_4$，其中 Me 代表二价金属离子，如 Mn^{2+}、Ni^{2+}、Zn^{2+}、Cu^{2+}或 Co^{2+}等。同时，Fe_2O_3 也能与一价或高价金属离子形成铁氧体。若 Fe_2O_3 与一种金属氧化物组成铁氧体，称为单组分铁氧体，又称简单铁氧体；Fe_2O_3 与两种以上的金属氧化物组成的铁氧体，称为复合铁氧体。

6.1.1.1 单组分铁氧体

因各种金属离子的特性不同，单组分铁氧体之间的性能有较大的差异。常见的单组分铁氧体有下列几种。

（1）铁铁氧体 $FeFe_2O_4$（赤铁矿 Fe_3O_4）

铁铁氧体是由 Fe_2O_3 与 FeO 组成的铁氧体，是中间型尖晶石结构。金属离子分布为 $Fe^{3+}[Fe^{2+}Fe^{3+}]$，分子式为$(Fe^{3+})[Fe^{2+}Fe^{3+}]O_4$，（离子分布式表达见 6.1.4 节）净磁矩等于二价铁离子 Fe^{2+}磁矩，即 4 μ_B，该铁氧体的分子量为 231.6，密度为 5.24×10^3 kg/m^3，饱和磁感应强度为 0.6 T，居里温度为 585℃，磁晶各向异性常数 K_1 为−0.13 J/m^3，磁致伸缩系数为 4×10^7。

（2）锰铁氧体（$MnFe_2O_4$）

锰铁氧体是由 Fe_2O_3 与 MnO 组成的铁氧体，约 80%为正尖晶石型铁氧体。金属离子分布为 $Mn_{0.8}Fe_{0.2}[Mn_{0.2}Fe_{1.8}]$，这种结构经热处理没有太大的变化。因为 Mn^{2+}的净磁矩为 5 μ_B，其转化程度不影响 $MnFe_2O_4$ 的净磁矩。中子衍射结果给出的磁矩为 4.6 μ_B，与从同一样品上测量的饱和磁化强度外延到 0 K 给出的结果相等。$MnFe_2O_4$ 的分子量为 229.5，密度为 5.00×10^3 kg/m^3，饱和磁感应强度为 0.5 T，居里温度为 300℃，磁致伸缩系数为-5×10^6，电阻率为 10^2 Ω·m，磁晶各向异性常数 K_1 为-4×10^{-2} J/m^3。

（3）镍铁氧体（$NiFe_2O_4$）

镍铁氧体是由 Fe_2O_3 与 NiO 组成的铁氧体，是中间型尖晶石结构。从中子衍射观察可知，镍铁氧体至少有 80%转化为反尖晶石型，金属离子分布为 $Fe_{0.8}Ni_{0.2}[Ni_{0.8}Fe_{1.2}]$，饱和磁感应强度为 0.3 T，分子量为 234.4，密度为 5.38×10^3 kg/m^3，电阻率为 10～10^2 Ω·m，居里温度为 585℃，磁晶各向异性常数为-6.9×10^{-2} J/m^3，磁致伸缩系数为-1.7×10^{-5}。

（4）锌铁氧体（$ZnFe_2O_4$）

锌铁氧体是由 Fe_2O_3 与 ZnO 组成的铁氧体，为正尖晶石型结构，金属离子分布为 $Zn^{2+}[Fe_2^{3+}]$，分子量为 241.1，密度为 5.35×10^3 kg/m^3，各向异性常数为-7×10^{-3} J/m^3。Zn 离子为非磁性离子，常占 A 位，与 $MnFe_2O_4$、$NiFe_2O_4$ 和 $MgFe_2O_4$ 等复合，可使其总磁矩增大，这就是 $ZnFe_2O_4$ 被广泛地用于制备复合铁氧体的重要原因。

（5）钴铁氧体（$CoFe_2O_4$）

钴铁氧体是由 Fe_2O_3 与 CoO 组成的铁氧体，为反尖晶石型结构，金属离子分布为 $Fe^{3+}[Co^{2+}Fe^{3+}]$。$CoFe_2O_4$ 最显著的特点是具有高的磁致伸缩系数（$\lambda_s=-1.1\times10^8$）和很高的磁晶各向异性常数（$K_1=2$ J/m^3），接近于金属钴的各向异性。它与别的铁氧体复合，影响大部分铁氧体的各向异性，而且与它复合的铁氧体，一般对磁场退火很敏感，因此它有着特殊的用途。

（6）铜铁氧体（$CuFe_2O_4$）

铜铁氧体是由 Fe_2O_3 与 CuO 组成的铁氧体，为反尖晶石型结构，金属离子分布为 $Fe^{3+}[Cu^{2+}Fe^{3+}]$。$CuFe_2O_4$ 在高于 760℃时，为立方尖晶石结构（部分转化），但冷却时，便转化为与 Mn_3O_4 四角结构相似的结构，这样，正方相通过淬火可以保持下来。在这个转变过程中，晶体内原子的相对位置有着较细微的改变。$CuFe_2O_4$ 的分子量为 239.2，密度为 5.35×10^3 kg/m^3，饱和磁感应强度 B_s 为 0.17 T，居里温度为 455℃，磁晶各向异性常数为 -6.3×10^{-2} J/m^3，磁致伸缩系数为-10×10^6。

（7）镁铁氧体（$MgFe_2O_4$）

镁铁氧体是由 Fe_2O_3 与 MgO 组成的铁氧体，为中间型尖晶石型结构，金属离子分布为 $Mg_{0.1}^{2+}Fe_{0.9}^{3+}[Mg_{0.9}^{2+}Fe_{1.1}^{3+}]$。在高温下，镁铁氧体转变为正尖晶石结构，$Mg^{2+}$因热激发而进入四面体位，因此其磁化强度受冷却方式的影响。淬火有助于保持其正尖晶石结构，缓冷有助于发展中间型尖晶石结构，因为它使镁离子有时间迁移到八面体 B 位。Mg^{2+}没有净磁矩，所以中间型尖晶石的磁化强度将为零（正尖晶石的磁化强度为$10\mu_B$）。由于镁铁氧体具有高的电阻率、低的磁损耗和电损耗，所以镁铁氧体及其衍生物在微波技术中得到了广泛应用，它也可以用作软磁铁氧体材料。

6.1.1.2 复合铁氧体

将两种以上的单组分铁氧体复合组成的铁氧体，或者是氧化铁与两种以上的金属氧化物组成的铁氧体称为复合铁氧体。各单组分软磁铁氧体的性能差异较大，有的常数不仅数值不同，而且符号相反，若把具有相反符号的磁晶各向异性常数 K_1 或磁致伸缩系数 λ_s 的单组分铁氧体复合，可以得到相应参数实际上为零的复合铁氧体。目前广泛应用的软磁铁氧体都是由两种或两种以上的单组分铁氧体所组成的复合铁氧体。复合铁氧体的性能与单组分铁氧体的特性有密切的关系，所以可根据单组分铁氧体的特性来设计复合铁氧体。下面是几种常用的复合软磁铁氧体。

（1）锰锌铁氧体（$MnZnFe_2O_4$）

锰锌铁氧体是研究最多，应用最广及产量最大的软磁铁氧体材料。由 $MnFe_2O_4$ 与 $ZnFe_2O_4$

复合而成，通式为 $Mn_{1-x}Zn_xFe_2O_4$，x 为锌含量。它具有高起始磁导率 μ_i、低损耗、高稳定性和低减落等特性。在 500 kHz 以下的频率范围应用极广，1～3 MHz 的材料正在开发中。试验室的 μ_i 值可达 40000 以上。

（2）镍锌铁氧体（$NiZnFe_2O_4$）

镍锌铁氧体由 $NiFe_2O_4$ 和 $ZnFe_2O_4$ 按一定比例复合而成。通式为 $Ni_{1-x}Zn_xFe_2O_4$，x 为含锌量。μ_i 最高值可达 5000 左右，在低频时损耗比 MnZn 铁氧体大，$\mu_i Q$（Q 为品质因数）乘积较低，原材料镍的来源较少，价格贵，所以在低频范围内很少应用。它的最大特点是高频损耗小，是目前应用最多的高频软磁铁氧体材料，一般应用频率范围为 1～300 MHz，特殊处理的 NiZn 铁氧体材料使用频率可达 800～1000 MHz。由于它具有较大的最大磁导率 μ_{max} 和磁致伸缩系数 λ_s 和较大的非线性，适合用在高频大功率场合。因镍锌铁氧体材料在生产工艺过程中无离子氧化问题，较容易制造，也是一类应用较多的软磁铁氧体材料。

（3）镁锌铁氧体（$MgZnFe_2O_4$）

镁锌铁氧体由 $MgFe_2O_4$ 和 $ZnFe_2O_4$ 复合而成，通式为 $Mg_{1-x}Zn_xFe_2O_4$，因为它的饱和磁矩太低，室温时，$4\pi M_s$=0.1～0.2 T，是一种只适用于 25 MHz 以下范围的高频材料。它的高频特性不如镍锌铁氧体，低频特性又不如锰锌铁氧体，但由于组成中不含有贵价的金属，原料来源广泛，价格便宜，工艺简便，而且没有氧化问题，至今仍有一定的应用价值。目前采用加入部分 Ni 或 Mn 来改善其性能，提高使用频率范围。在 30 MHz 以下，用它代替镍锌铁氧体材料使用，可降低其生产成本。

（4）镍铜锌铁氧体（$NiCuZnFe_2O_4$）

镍铜锌铁氧体是由 $NiFe_2O_4$、$CuFe_2O_4$ 和 $ZnFe_2O_4$ 按一定比例复合而成的多元复合铁氧体材料。由于它的烧结温度低，能与内导体 Ag 在 900℃以下共烧，又能保证一定的高频磁性能，在微组装技术中应用广泛。它是电子产品向高频化、小型化及叠层化发展不可缺少的高频软磁铁氧体材料，近年来发展速度很快。

6.1.2 软磁铁氧体的晶体化学

目前用量最大的软磁铁氧体都是尖晶石结构，接下来以尖晶石结构来介绍软磁铁氧体的晶体化学。已知尖晶石晶体结构是以氧离子为骨架进行最密堆积而成，假定氧离子为刚体圆球，则各种尖晶石铁氧体的结构尺寸应完全相同，但是在实际晶体中这些量是不同的。这是因为在理想的最密堆积情况下，A 位置与 B 位置有一定的大小，$r_A \approx 0.3\,Å$，$r_B \approx 0.55\,Å$，而进入 A、B 位置的金属离子半径一般在 $0.6 \sim 1\,Å$ 之间。因此，实际的晶体尺寸要膨胀一些，为此引入晶格常数 a 及氧参数 u 的概念加以区别。

晶格常数又称点阵常数，它是单位晶胞的棱边长，如图 6-1 所示。根据氧离子密堆积的几何关系可以算出理想的晶格常数 a。

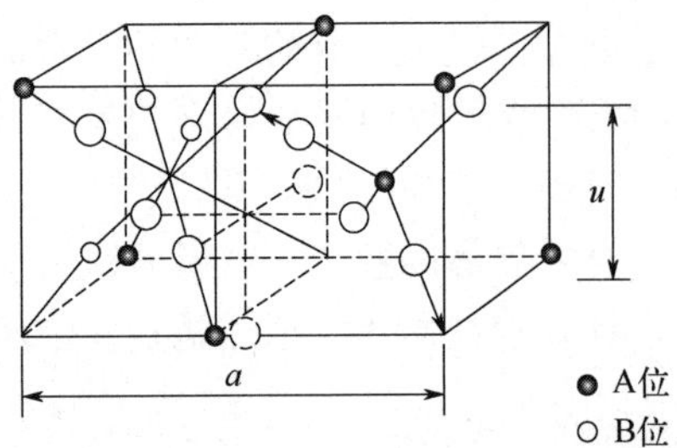

图 6-1　尖晶石型晶胞的晶格常数 a 与氧参数 u

$$a = 4r_0\sqrt{2} \approx 7.5\,Å \tag{6-1}$$

式中，r_0 为氧离子半径，约为 1.32 Å。事实上，进入 A、B 位置的金属离子都较大，因而氧离子的堆积难以达到密堆积，式（6-1）a 值看作为尖晶石铁氧体 a 值的最小值。实际上，其晶格常数值在 8.0～8.9 Å 之间，表 6-1 给出了一些尖晶石型晶体的晶格常数。

可以由晶格常数 a 及分子量 M，计算出尖晶石铁氧体的X射线密度 d_x，单位为kg/m³。

$$d_{\mathrm{x}} = 8M / (N_{\mathrm{A}} \times a^3 \times 10^3) \tag{6-2}$$

式中，N_A=6.02×10²³ mol⁻¹（阿伏伽德罗常数）。

表 6-1 一些尖晶石型晶体的晶格常数 单位：nm

晶种	晶格常数	晶种	晶格常数	晶种	晶格常数
$MnZnFe_2O_4$	0.850	$MgAl_2O_4$	0.807	$MnCo_2O_4$	0.815
$FeFe_2O_4$	0.839	$FeAl_2O_4$	0.812	$FeCo_2O_4$	0.82
$CoFe_2O_4$	0.838	$CoAl_2O_4$	0.808	Co_3O_4	0.809
$NiFe_2O_4$	0.834	$MnCr_2O_4$	0.845	$MgFe_2O_4$	0.838

氧参数 u 是描述氧离子真实位置的一个参数，它定义为氧离子与子晶格中一个面的距离，并以晶格常数为单位（见图6-1）。在理想的面心立方中，$u = 3/8 \approx 0.375$。

在尖晶石铁氧体中，由于A位置的间隙很小，一般金属离子均容纳不下，这样A位置必然扩大一些，这引起氧离子在晶格中的位置发生一定的位移，即实际上氧参数 u 比3/8略大一些。

在氧离子位移比较小的情况下，由图6-1可见，根据几何关系可得A位置和B位置上可容纳金属离子的半径分别为：

$$r_{\mathrm{A}} = \left(u - \frac{1}{4}\right) a\sqrt{3} - r_0 \tag{6-3}$$

$$r_{\mathrm{B}} = \left(\frac{5}{8} - u\right) a - r_0 \tag{6-4}$$

式中，r_0 为氧离子半径；a 为点阵常数。由式（6-3）、式（6-4）可见，当氧参数增加时，r_A 扩大，r_B 缩小，两者逐渐趋近。A位置的扩大就是A位置近邻的4个氧离子均向外移动，这样A位置仍保持为正四面体的中心，即A位置仍是立方对称。但对B位置而言，由于它近邻的6个氧离子并非都是向心移动，因此，当 $u \neq 0.375$ 时，B位置便失去了立方对称。即使在理想的情况（$u = 0.375$），它近邻的6个氧离子为立方对称，但对近邻的6个B位置而言，显然不是立方对称。而对某一[111]轴，则可看作是B位置的120°旋转对称轴（三重对称轴），如图6-2所示，这一点对材料的磁场热处理及感生单轴各向异性机理的讨论尤为重要。

尖晶石铁氧体单位晶胞中含有8个 $MeFe_2O_4$ 分子，每个分子有3个金属离子，为了与氧离子保持电中性，金属离子化合价的总和必须为正8价。实际上被生产应用的尖晶石铁氧体一般具有三种以上的金属离子，称为多元复合铁氧体。现设金属元素A、B、C等的离子价为 n_A、n_B、n_C，其分子式为：$A_x^{n}AB_y^{n}BC_z^{n}C \cdots O_4$，则该复合铁氧体的摩尔比条件为：

$$x(n_{\mathrm{A}}) + y(n_{\mathrm{B}}) + z(n_{\mathrm{C}}) = 8 \tag{6-5}$$

但是也有例外的情况，如尖晶石铁氧体 γ-Fe_2O_3，可以写成 $Fe_{\frac{8}{3}}^{3+}\square_{\frac{1}{3}}O_4$ 或 $Fe_{\frac{2}{3}}^{3+}\square_{\frac{1}{3}}Fe_2O_4$，□代表离子空位，这时阳离子价仍为8，而阳离子数却小于3。这表示在尖晶石结构中，有一些本来应为金属离子所占的位置是

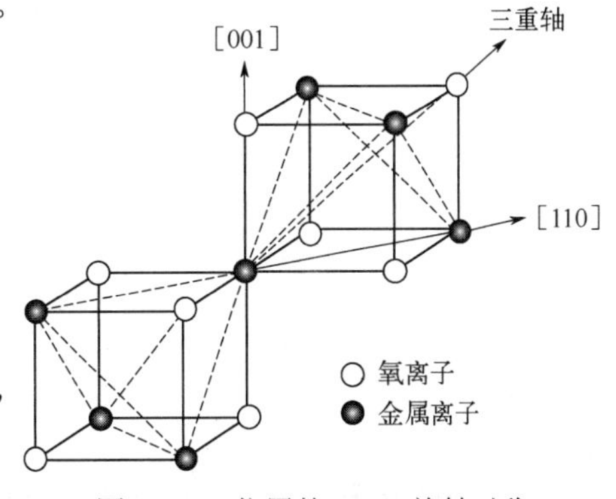

图6-2 B位置的120°旋转对称

空的。此外，铁氧体在高温烧结时，若发生脱氧，淬火样品中将出现氧离子空位，这时金属离子数总和大于 3。这说明金属离子数总和等于 3 的条件不一定要满足，但离子价总和等于 8 的条件必须满足。在生产实践中，单组分铁氧体的电磁性能往往不能满足要求，必须用各种不同金属离子进行置换，以生产出满足性能要求的复合铁氧体。这种置换有时是相当复杂的。为了获得正分配方，一般需要根据置换前后离子数和离子价数不变的原则进行计算。

6.1.3 软磁铁氧体的晶体结构

Fe_3O_4 及其派生的软磁铁氧体具有尖晶石（$MeAl_2O_4$）同型的晶体结构，属于立方晶系，空间群为 $O_h^7(Fd3m)$。尖晶石型的晶格是一个较复杂的面心立方结构，每一个晶胞容纳 24 个阳离子和 32 个氧离子，相当于 8 个 $MeFe_2O_4$，阳离子分布在两种不同的晶格位置上，以晶格常数 a 为单位，这些晶格的位置是：

$8f$（A 位置）：000、$\frac{1}{4}\frac{1}{4}\frac{1}{4}(+f.c.c)$

$16c$（B 位置）：$\frac{5}{8}\frac{5}{8}\frac{5}{8}$、$\frac{5}{8}\frac{7}{8}\frac{7}{8}$、$\frac{7}{8}\frac{7}{8}\frac{5}{8}$、$\frac{7}{8}\frac{5}{8}\frac{7}{8}(+f.c.c)$

$32e$（氧位置）：uuu、$u\bar{u}\bar{u}$、$\bar{u}u\bar{u}$、$\bar{u}\bar{u}u$、$\frac{1}{4}-u\,\frac{1}{4}-u\,\frac{1}{4}-u$、$\frac{1}{4}-u\,\frac{1}{4}+u\,\frac{1}{4}+u$、$\frac{1}{4}+u\,\frac{1}{4}-u\,\frac{1}{4}+u$、$\frac{1}{4}+u\,\frac{1}{4}+u\,\frac{1}{4}-u(+f.c.c)$

$(+f.c.c)$ 是指每一个坐标已给出的点，加上它们通过的三个平移；$0\frac{1}{2}\frac{1}{2}$、$\frac{1}{2}0\frac{1}{2}$、$\frac{1}{2}\frac{1}{2}0$ 所得到的点。f、c 和 e 是三种不同晶格位置的代表符号。$8f$ 指 f 是 8 位，在每一个晶胞中有 8 个完全对等的 f。令 $u=3/8$，可以由上面的 $8f$、$16c$ 和 $32e$ 位的说明，推出全部 56 个晶格位置，如表 6-2 所示。

表 6-2 尖晶石型铁氧体晶体的 56 个晶格位置

名称	晶格位置
A 位	000, $0\frac{1}{2}\frac{1}{2}$, $\frac{1}{2}0\frac{1}{2}$, $\frac{1}{2}\frac{1}{2}0$, $\frac{1}{4}\frac{1}{4}\frac{1}{4}$, $\frac{1}{4}\frac{3}{4}\frac{3}{4}$, $\frac{3}{4}\frac{1}{4}\frac{3}{4}$, $\frac{3}{4}\frac{3}{4}\frac{1}{4}$
B 位	$\frac{1}{8}\frac{5}{8}\frac{1}{8}$, $\frac{5}{8}\frac{1}{8}\frac{1}{8}$, $\frac{3}{8}\frac{7}{8}\frac{1}{8}$, $\frac{7}{8}\frac{3}{8}\frac{1}{8}$, $\frac{3}{8}\frac{5}{8}\frac{3}{8}$, $\frac{5}{8}\frac{3}{8}\frac{3}{8}$, $\frac{1}{8}\frac{7}{8}\frac{3}{8}$, $\frac{7}{8}\frac{1}{8}\frac{3}{8}$, $\frac{1}{8}\frac{1}{8}\frac{5}{8}$ $\frac{3}{8}\frac{3}{8}\frac{5}{8}$, $\frac{5}{8}\frac{5}{8}\frac{5}{8}$, $\frac{7}{8}\frac{7}{8}\frac{5}{8}$, $\frac{1}{8}\frac{3}{8}\frac{7}{8}$, $\frac{3}{8}\frac{1}{8}\frac{7}{8}$, $\frac{5}{8}\frac{7}{8}\frac{7}{8}$, $\frac{7}{8}\frac{5}{8}\frac{7}{8}$
O 位	$\frac{1}{8}\frac{3}{8}\frac{1}{8}$, $\frac{3}{8}\frac{5}{8}\frac{1}{8}$, $\frac{5}{8}\frac{7}{8}\frac{1}{8}$, $\frac{3}{8}\frac{1}{8}\frac{1}{8}$, $\frac{5}{8}\frac{3}{8}\frac{1}{8}$, $\frac{7}{8}\frac{5}{8}\frac{1}{8}$, $\frac{1}{8}\frac{7}{8}\frac{1}{8}$, $\frac{7}{8}\frac{1}{8}\frac{1}{8}$, $\frac{1}{8}\frac{3}{8}\frac{5}{8}$, $\frac{3}{8}\frac{5}{8}\frac{5}{8}$ $\frac{5}{8}\frac{7}{8}\frac{5}{8}$, $\frac{3}{8}\frac{1}{8}\frac{5}{8}$, $\frac{5}{8}\frac{3}{8}\frac{5}{8}$, $\frac{7}{8}\frac{5}{8}\frac{5}{8}$, $\frac{1}{8}\frac{7}{8}\frac{5}{8}$, $\frac{7}{8}\frac{1}{8}\frac{5}{8}$, $\frac{1}{8}\frac{1}{8}\frac{3}{8}$, $\frac{3}{8}\frac{3}{8}\frac{3}{8}$, $\frac{5}{8}\frac{5}{8}\frac{3}{8}$, $\frac{7}{8}\frac{7}{8}\frac{3}{8}$ $\frac{1}{8}\frac{5}{8}\frac{3}{8}$, $\frac{3}{8}\frac{7}{8}\frac{5}{8}$, $\frac{7}{8}\frac{3}{8}\frac{3}{8}$, $\frac{5}{8}\frac{1}{8}\frac{3}{8}$, $\frac{1}{8}\frac{1}{8}\frac{7}{8}$, $\frac{3}{8}\frac{3}{8}\frac{7}{8}$, $\frac{5}{8}\frac{5}{8}\frac{7}{8}$, $\frac{7}{8}\frac{7}{8}\frac{7}{8}$, $\frac{1}{8}\frac{5}{8}\frac{7}{8}$, $\frac{3}{8}\frac{7}{8}\frac{7}{8}$ $\frac{7}{8}\frac{3}{8}\frac{7}{8}$, $\frac{5}{8}\frac{1}{8}\frac{7}{8}$

为了更清楚地了解 A 位和 B 位的几何性质，在图 6-3 中将晶胞分成 8 个边长为$\frac{a}{2}$的立方分区，并且只画出其中两个相邻的分区中的离子，其他 6 个分区中的离子分布可以通过$0\frac{1}{2}\frac{1}{2}$、$\frac{1}{2}0\frac{1}{2}$、$\frac{1}{2}\frac{1}{2}0$平移推出来。因此，凡只共有一边的两个分区有相同的离子分布，而共有一个面或共有一顶点的两分区的离子分布不同。A 位和 B 位常更明确地称作四面体位置和八面体位置，占$\frac{3}{4}\frac{1}{4}\frac{1}{4}$［图 6-3（a）中的体心位置］的阳离子就在占据$\frac{5}{8}\frac{3}{8}\frac{5}{8}$、$\frac{7}{8}\frac{1}{8}\frac{5}{8}$、$\frac{5}{8}\frac{1}{8}\frac{7}{8}$、$\frac{7}{8}\frac{3}{8}\frac{7}{8}$的氧离子的四面体间隙。而在右上方内占$\frac{5}{8}\frac{5}{8}\frac{5}{8}$的阳离子占据了$\frac{5}{8}\frac{5}{8}\frac{3}{8}$、$\frac{5}{8}\frac{5}{8}\frac{7}{8}$、$\frac{3}{8}\frac{5}{8}\frac{5}{8}$、$\frac{7}{8}\frac{5}{8}\frac{5}{8}$、$\frac{5}{8}\frac{3}{8}\frac{5}{8}$、$\frac{5}{8}\frac{7}{8}\frac{5}{8}$的氧离子的八面体间隙。在$u$比 3/8 略大的情况下，A 位的周围间隙变大，仍保持正四面体的对称；B 位的周围空隙缩小，不再保持正八面体的对称。每一晶胞中有 64 个四面体间隙和 32 个八面体间隙，而被阳离子占据的 A 位只有 8 个，B 位只有 16 个，总共仅为间隙的 1/4。在有的晶体中，存在着结构上的缺陷，少数 A 或 B 位置没被阳离子占据，或相反的少数氧位空出。铁氧体成分中过渡族元素具有多价倾向是有利于这一缺陷的出现的。此外，少数阳离子可能会出现在 A 位和 B 位以外的间隙里。

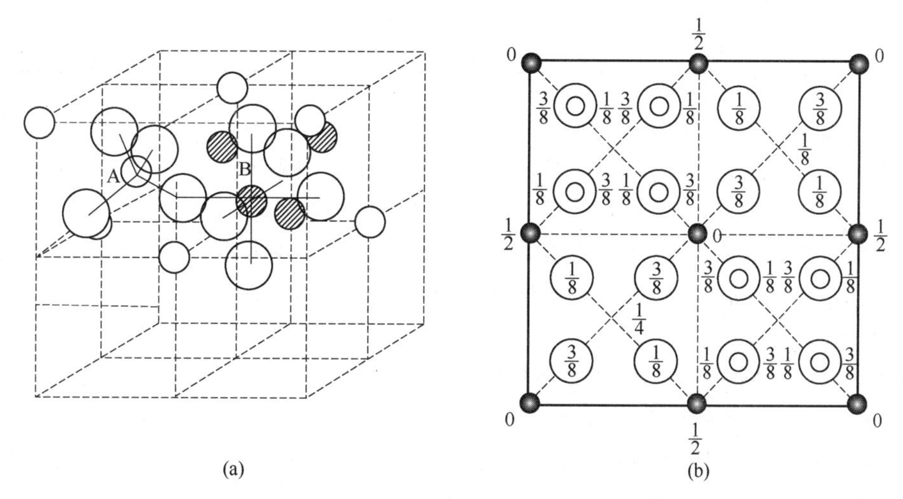

图 6-3　尖晶石结构中金属离子的分布

6.1.4　软磁铁氧体中金属离子分布规律及影响因素

尖晶石型铁氧体材料的亚铁磁性是由于 A-B 位置上的磁性离子的磁矩反向排列，相互不能抵消所产生的。因此哪些金属离子占 A 位置，哪些金属离子占 B 位置，与材料的磁性关系非常密切。了解和掌握尖晶石型铁氧体中金属离子的分布规律及影响因素，对开发和生产软磁铁氧体材料是非常重要的。

一般地讲，每种金属离子都有可能占据 A 位或 B 位，其离子分布式可表示为：

$$(Me_x^{2+}Fe_{1-x}^{3+})[Me_{1-x}^{2+}Fe_{1+x}^{3+}]O_4 \tag{6-6}$$

式中，( )内的离子表示占 A 位（有时不加括号）；[ ] 内的离子表示占 B 位。在 A 位上

有 x 份数的 Me^{2+}和 $1-x$ 份数的 Fe^{3+}，在 B 位上有 $1+x$ 份数的 Fe^{3+}和 $1-x$ 份数的 Me^{2+}，其中 x 为变数，根据离子分布状态，可以归纳为三种类型：

① $x=1$，离子分布式为$(Me^{2+})[Fe_2^{3+}]O_4$，表示所有 A 位都被 Me^{2+}占据，而 B 位都被 Fe^{3+}占据。这种分布和 $MgAl_2O_4$尖晶石相同，被称为正尖晶石型铁氧体，如锌铁氧体 $ZnFe_2O_4$。

② $x=0$，离子分布式为$(Fe^{3+})[Me^{2+}Fe^{3+}]O_4$，表示所有 A 位都被 Fe^{3+}占据，而 B 位则分别被 Me^{2+}和 Fe^{3+}各占据一半，这种分布恰和 $MgAl_2O_4$尖晶石相反，不是 Me^{2+}占 A 位而是 Fe^{3+}占 A 位，所以称为反尖晶石型铁氧体，如镍铁氧体$(Fe^{3+})[Ni^{2+}Fe^{3+}]O_4$。

③ $0 < x < 1$，实际生产中大多数铁氧体的 x 值介于两者之间，其离子分布式为$(Me_x^{2+}Fe_{1-x}^{3+})[Me_{1-x}^{2+}Fe_{1+x}^{3+}]O_4$称为中间型（或正反混合型）尖晶石型铁氧体，如镍锌铁氧体$(Zn_x^{2+}Fe_{1-x}^{3+})[Ni_{1-x}^{2+}Fe_{1+x}^{3+}]O_4$。

上述三种情况如表 6-3 所示。

表 6-3　尖晶石型铁氧体的金属离子分布

类型	正尖晶石	中间尖晶石	反尖晶石
A 位（四面体）	(Me^{2+})	$(Me_x^{2+}+Fe_{1-x}^{3+})$	(Fe^{3+})
B 位（八面体）	$[Fe_2^{3+}]$	$[Me_{1-x}^{2+}+Fe_{1+x}^{3+}]$	$[Me^{2+}Fe^{3+}]$
实例	$ZnFe_2O_4$	$Mn_{0.8}Fe_{0.2}[Mn_{0.2}Fe_{1.8}]O_4$ $Mn_{0.1}Fe_{0.9}[Mn_{0.9}Fe_{1.1}]O_4$	$NiFe_2O_4, CoFe_2O_4, FeFe_2O_4$
备注	磁性较弱	有磁性	磁性较弱

x 也称为金属离子的反型分布率，它表明尖晶石型铁氧体中金属离子分布的位置。在生产中，金属离子在尖晶石结构中分布是比较复杂的，影响因素也比较多。一般认为金属离子在 A-B 位上的分布与离子半径、电子层结构、离子间价键的平衡作用以及离子的有序现象（即离子自发的有规则排列趋势）等因素有关。它是晶体结构内部各种矛盾对立统一的结果，在实践和理论分析的基础上，从大量试验研究中总结出如下规律。

（1）金属离子半径

金属离子占据 A-B 位置的趋势是各种因素综合平衡的结果。一般认为尖晶石结构中的 B 位比 A 位大，所以离子半径大的倾向占 B 位；离子半径小的倾向于占 A 位；高价离子倾向于占据 B 位，低价离子倾向于占据 A 位。这样可使电子之间的 Born 斥力下降，晶体结构稳定。表 6-4 给出了一些金属离子占据 A-B 位置的倾向性。

但也有例外，Li^+是离子半径最小的低价离子却易占据 B 位，Ge^{4+}是离子半径最大的高价离子易占据 A 位，一般认为这是由电子有序现象决定的。一般尖晶石铁氧体的 u 值均小于 0.375，这说明 A 位置均小于 B 位置。在尖晶石铁氧体中常出现的金属离子 Me^{2+}的半径一般都比 Fe^{3+}（0.67 Å）大（见表 6-4），因此仅从离子半径考虑，一般形成反尖晶石结构较为有利，如 Fe_3O_4、$NiFe_2O_4$、$CoFe_2O_4$等为反型分布。但是对于 $ZnFe_2O_4$却不能以此原因解释。Zn^{2+}的离子半径大于 Fe^{3+}，因此它应进入 B 位置，但是 Zn^{2+}特别喜欢占据 A 位置，所以仅从离子半径考虑离子的分布是不足的。

（2）金属离子的分布与离子键的形成

离子晶体是由正负离子间的库仑引力互相结合而形成的，离子晶体的结合能也称为离子键。在 B 位上，Me_B^{2+}被 6 个 O^{2-}包围，由于负电性较强而要求填入正电荷较大的高价离子；

相反，在 A 位上，Me_A^{2+} 只被 4 个 O^{2-}所包围，负电性较弱而要求填入正电荷不大的低价离子。

表 6-4 金属离子占据四面体空隙和八面体空隙的倾向程度

倾向程度	弱 —占据B位的倾向→ 强 强 ←占据A位的倾向— 弱		
离子名称	Zn^{2+}，Cd^{2+}	Ga^{2+}，In^{3+}，Ge^{4+}，Mn^{2+}，Fe^{3+}，V^{3+}，Cu^{2+}，Fe^{2+}，Mg^{2+}	Li^{+}，Al^{3+}，Cu^{2+}，Co^{2+}，Mn^{3+}，Ti^{4+}，Sn^{4+}，Zr^{4+}，Ni^{2+}，Cr^{3+}
离子半径/nm	0.082，0.103	0.062，0.092，0.044，0.091，0.067，0.065，0.096，0.083，0.078	0.078，0.058，0.078，0.082，0.070，0.064，0.074，0.087，0.078，0.064

氧参数 u 大时，离子键的势能较低，负电性较弱，有利于低价离子占据 A 位；氧参数 u 小时，离子键的势能较高，负电性较强，有利于高价离子占据 A 位。为了使尖晶石结构稳定，库仑能量必须低，若仅从库仑能量考虑，可归纳出如下的结论：

当 $u>0.379$ 时，有利于生成正尖晶石结构；$u<0.379$ 时，有利于生成反尖晶石结构。所以，Ni^{2+}、Co^{2+}、Mg^{2+}、Fe^{2+}倾向于占据 B 位，Zn^{2+}、Cd^{2+}等倾向于占据 A 位，但 $CuFe_2O_4$ 的 $u=0.380$ 却属于反型尖晶石分布，Cu^{2+}占据 B 位，就无法解释，需进一步研究其他因素的影响。

（3）金属离子的分布和共价键、杂化键的形成

在尖晶石铁氧体中，既有离子键存在，也有共价键存在。金属离子的空间配位只有四面体和八面体两种位置，对四面体位置，最适应的是 sp^3 杂化键。即由一个 s 电子和 3 个 p 电子混合组成的电子云分布状态，互成 1.91 rad 的四个键，刚好与四面体的四个顶点的氧离子相适应，使电子云重叠最多。目前已知 Zn^{2+}、Cd^{2+}（均为 d^{10} 离子）是以 sp^3 杂化键存在于尖晶石铁氧体中，所以它们易于占据四面体位置。此外，Ga^{3+}、In^{3+}也形成 sp^3 杂化键，占四面体位置。对八面体位置，最适应的是 dsp^3 杂化键（四方键），例如 Cu^{2+}或 Mn^{3+}在八面体中与一平面内四个配位氧离子形成 dsp^3 杂化键，而与另外两个氧离子形成离子键，由于杂化键的键长小于离子键长，因而产生八面体的畸变，即 $c/a>1$；另一种是 d^3sp^3 杂化键，如金属离子 Cr^{3+}倾向于占据 B 位。

在铁氧体中以共价键为主，还是以离子键为主，除了与阳离子与阴离子的电负性外，也与金属离子同间隙的相对大小、金属离子是否具有形成共价键的空轨道等因素有关。总之，是以形成系统能量最低的那一种键为主。

（4）金属离子分布和晶格电场能量

金属离子的分布受温度的影响很大，一般在高温热扰动的作用下，某些金属离子改变位置，趋向于中间型分布。温度对 Mg^{2+}、Mn^{2+}的影响最大，其次是 Cu^{2+}和 Zn^{2+}。在一般情况下，$ZnFe_2O_4$ 属于正尖晶石，Zn^{2+}占据 A 位，Fe^{3+}占据 B 位。但在高温下离子的动能很大，Zn^{2+}可以部分进入 B 位，Fe^{3+}可部分进入 A 位，呈中间型分布，从而使得 $ZnFe_2O_4$ 具有良好的亚铁磁性。又如 $MgFe_2O_4$ 是一种中间型尖晶石，在 A、B 上都可以出现 Mg^{2+}，但其分布概率却容易受热处理的影响，在高温下急冷到室温（高温淬火）时，$MgFe_2O_4$ 有 26%的 Mg^{2+} 占据 A 位，所以，生产中常常用高温淬火的方法生产 $ZnFe_2O_4$ 和 $MgFe_2O_4$。

6.1.5 软磁铁氧体微观结构与性能的关系

铁氧体的物理性能取决于微观结构。例如，在低频磁场下工作的高磁导率软磁材料，要求有较大的平均粒径、最大的密度和最小的气孔率。提高材料微观结构的均匀性，使晶粒均匀，晶界清晰，晶粒形状完整，周围没有氧化区，尽量避免缺位、凹坑和裂纹等缺陷，是各种铁氧体材料的共同要求。

（1）晶粒大小对性能的影响

晶粒越大，晶界越整齐的材料磁导率越高，晶粒越小的材料，其矫顽力 H_c 越大。

（2）晶界对性能的影响

铁氧体的晶粒与晶界是不可分割的整体。因晶界的大小和形状直接影响到铁氧体材料的磁导率和矫顽力 H_c，所以晶界的相组成、晶界的形状和厚薄等对材料的性能，特别是电性能和力学性能的影响较大。

（3）晶粒均匀性对性能的影响

晶粒均匀性对材料的性能也有直接的影响，具有巨晶和微晶交错的双重结构，其材料的性能，如 μ_i、 $\mu_i Q$ 等都较差。

（4）气孔对性能的影响

铁氧体内部的气孔形状很不一样，有开口的，有闭口的；有圆形的，也有扇形的。气孔的位置有两种，一种位于晶粒内部，一种分布在晶界上。气孔的大小和分布与晶粒一样，对材料的性能也有很大的影响。气孔的存在，减少了磁路的有效面积，也不利于畴壁移动，所以气孔率高的材料（即密度低），剩余磁感应强度 B_r 较低，矫顽力 H_c 比较高，矩形度较差，磁导率也较低。

（5）夹杂物对性能的影响

在铁氧体晶体内部有一些夹杂物（又称杂质），绝大部分在晶界处，也有少数进入了晶粒的内部。其夹杂物来自三个方面，一是原材料中的杂质；二是在制备工艺过程中带进的杂质，例如，球磨过程中会带进铁，在预烧过程中，可能会带进微量的耐火材料（主要是 Al_2O_3 和 SiO_2 等）；三是为改进材料某些方面的性质，有意加入的添加物。

6.2 软磁铁氧体的基本特性

慕课

6.2.1 软磁铁氧体分类

前面章节提到，单组分软磁铁氧体的性能差异较大，有的常数不仅数值不同，而且符号相反，若把具有相反符号的磁晶各向异性常数 K_1 或磁致伸缩系数 λ_s 的单组分铁氧体复合，可以得到相应参数实际上为零的复合铁氧体。目前广泛应用的软磁铁氧体都是由两种或两种以上的单组分铁氧体所组成的复合铁氧体。下面将分类介绍最常见的 MnZn、NiZn 以及 MgZn 铁氧体的分类及具体应用。

（1）MnZn 铁氧体

配方是决定 MnZn 铁氧体基本磁性能的内在因素，根据配方和制备工艺的不同，可以将 MnZn 铁氧体分为以下几类。

① 低 μ_i MnZn 铁氧体。生产低 μ_i 铁氧体原料纯度低，生产设备工艺简单，主要应用于一些要求不高的电子产品中。用于电感磁芯和偏转磁芯等，常见的需要磁导率在 400～800 之间，而用于高频焊接磁芯等，除了要求 μ_i 在 600 左右，还需要满足一定的 B_s，以及高于 250℃的居里温度。

② 高 μ_i MnZn 铁氧体。随着电子设备的不断发展，电子元器件进一步要求宽频化，小型

化，迫切需要大量优质高 μ_i 铁氧体磁芯。电源共模电磁干扰滤波器、宽带变压器以及电感磁芯等元器件中，常常需要 μ_i 高于 10000 的 MnZn 铁氧体磁芯。生产高 μ_i 铁氧体所需要的工艺精准，往往需要在气氛可控钟罩炉中进行。对于更优质的 MnZn 铁氧体则提出了更为严格的要求，还需要提高磁导率频率稳定性，更高的温度稳定性等，这对于精密大型设备的研发也带来了全新的挑战。

③ 功率型 MnZn 铁氧体。为了适应现代电源轻小薄的要求，增大开关频率，要求铁氧体在高频下拥有良好的磁性能。具体而言，要求 B_s 大于 500 mT，居里温度高于 200℃，超高的截止频率和高的表观密度。由于这些指标难以同时实现，需要使用大量的添加剂来优化综合性能。功率型铁氧体主要应用在变压器开关电源等领域。

④ 双高 MnZn 铁氧体。进一步小型化的需求对于器件提出了微型化、高效化的发展要求。同时兼顾高 B_s 和高 μ_i 的铁氧体被认为是一种非常有发展前途的高性能软磁材料。最典型的日本 TDK 公司研制的双 5000 材料，B_s 大于 500 mT，μ_i 大于 5000，已经广泛应用于数字电视、笔记本电脑、局域网、背景照明和汽车启动系统等领域。

（2）NiZn 铁氧体

比起 MnZn 铁氧体，NiZn 铁氧体有更高的电阻率以及相对小的晶粒，更适合于应用在高频条件下。按照用途，NiZn 铁氧体可以分为以下几种。

① 高频 NiZn 铁氧体材料。对于高频电感磁芯和短波天线，主要由高频低磁导率 NiZn 铁氧体来制备，这样的 NiZn 铁氧体 μ_i 往往小于 60，比损耗因子也低，一般适用于 2～300 MHz。而对于中频电感磁芯、滤波电感磁芯等领域，要求高频 NiZn 铁氧体 μ_i 大于 60，具有相当高的温度稳定性，应用频率在 30 MHz。

② 高起始磁导率 NiZn 铁氧体材料。由于 NiZn 铁氧体 μ_i 最大值只能到 5000 左右，在高 μ_i 材料领域 NiZn 铁氧体往往没有 MnZn 铁氧体有竞争力，但是在特定场合（μ_{max} 很大、非线性很大），高磁导率 NiZn 铁氧体占据着一席之地。基于此设计的功分器、隔置器、EMI 滤波器等，推动了光纤同轴电缆混合系统、多媒体、有线宽带技术的高速发展。

③ 高饱和磁感应 NiZn 铁氧体材料。在高频大磁场下，高饱和磁感应铁氧体具有低损耗特性，还可以承受较高的功率，稳定传输信号，这类铁氧体主要用于质子同步加速器空腔谐振器，发射机终端极间耦合变压器，大功率通信装置调谐磁芯等。

（3）MgZn 铁氧体

由于 MgO 成本低于 NiO，所以常用 MgZn 铁氧体来代替 NiZn 铁氧体应用在小于 30 MHz 的条件下。但是其 μ_i 和 B_s 都较低，不适合用作高 μ_i 材料和功率材料。低频特性又不如 MnZn 铁氧体。从目前的生产来看，由于 MgZn 铁氧体化学稳定性好，生产成本进一步降低。随着信息技术发展，显示技术正向彩色高清晰长寿命等方面发展。对于阴极射线管和彩色显像管，显示方式主要采用电子束大角度扫描的电磁偏转技术。对于偏转线圈而言，表观磁导率、电阻率和破坏强度是至关重要的性能指标，而振铃、差拍、串扰等指标则是偏转线圈的重要性能，对比 MnZn 和 NiZn，MgZn 铁氧体是制造偏转线圈的最佳材料，随着高清晰度电视的发展，MgZn 铁氧体中掺杂 MnZn 或 NiZn 铁氧体来发展更高性能的偏转磁芯，已然广泛投入到产业之中。

6.2.2 软磁铁氧体的磁导率

在外加磁场作用下，任何磁性材料必有相应的磁化强度 M 或磁感应强度 B，材料的工作状态相当于 M-B 曲线或 B-H 曲线上的某一点，称为工作点。在解决实际工作问题时，普遍采

用 B-H 曲线，亦称 B-H 关系为磁化曲线。定义 B 与 H 的比值为磁导率，用μ表示，即

$$\mu = \frac{B}{\mu_0 H} \tag{6-7}$$

应该注意，μ并不等于 B-H 曲线的斜率，而是曲线上的某一点与原点连线的斜率。磁性材料受不同的磁场作用，就处于不同的工作点，也就具有不同的磁导率。磁导率是表示磁性材料在给定磁场强度下，究竟能得到多大B值的主要参数，图 6-4 表示磁性材料 μ_i 和 μ_m 随 H 的变化规律。图 6-4（a）表示磁化曲线以及 μ_i、μ_m 的定义。

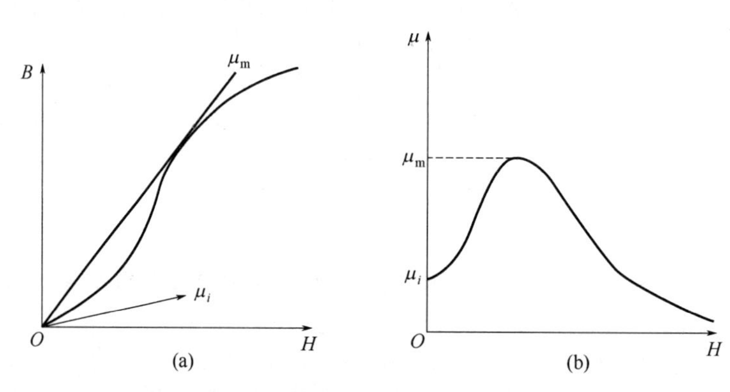

图 6-4　磁导率随 H 的变化曲线

下面是软磁铁氧体常用的磁导率。

起始磁导率，在交流磁化时，B 和 H 用峰值表示，如果材料是从退磁状态开始，受到对称的交变磁场的反复磁化，当这种交变磁场的振幅趋近于零时，所得的磁导率称为起始磁导率（即铁氧体材料磁化曲线起始点处磁导率的极限值），用 μ_i 表示：

$$\mu_i = \frac{1}{\mu_0} \lim_{H \to 0} \frac{B}{H} \tag{6-8}$$

最大磁导率，磁场强度的振幅改变时所得到的振幅磁导率的最大值称为最大磁导率，用 μ_m 或 μ_{max} 表示。

振幅磁导率，当磁场强度随时间以周期性变化，其平均值为零，并且材料在开始时，处于指定的磁中性状态，由磁感应强度的峰值 $\hat{B}$ 和外磁场强度的峰值 $\hat{H}$ 之比求得的磁导率称振幅磁导率，用 μ_α 表示：

$$\mu_\alpha = \frac{\hat{B}}{\mu_0 \hat{H}} \tag{6-9}$$

增量磁导率，处于退磁状态下，在直流偏置磁场和振幅较小的交变磁场同时作用下，形成一个不对称的局部磁滞回线，此局部磁滞回线的斜率与$1/\mu_0$ 的乘积称为增量磁导率，用 μ_Δ 表示：

$$\mu_\Delta = \frac{1}{\mu_0} \frac{B}{H} \tag{6-10}$$

可逆磁导率，交变磁场强度 H 趋近于零时，增量磁导率的极限值称为可逆磁导率，用 μ_{rev} 表示：

$$\mu_{rev} = \lim_{H \to 0} \mu_\Delta \tag{6-11}$$

6.2.3 起始磁导率的影响因素及提高方法

(1)影响起始磁导率的主要因素

磁导率是软磁铁氧体材料的重要参数，从使用要求来看，主要是 μ_i，其他磁导率如 μ_{max}、μ_{rev} 等都与 μ_i 存在着内在的联系，因此本书着重讨论 μ_i。

从微观机理来分析，在实际磁化过程中，起始磁导率是畴转磁化和位移磁化这两个过程的叠加，即 $\mu_i = \mu_{i转} + \mu_{i位}$，式中，$\mu_{i转}$ 为可逆畴转磁导率；$\mu_{i位}$ 为可逆畴壁位移磁导率。

对具体材料，有的以壁移为主，即 $\mu_i \approx \mu_{i位}$；有的以畴转为主，即 $\mu_i \approx \mu_{i转}$。一般烧结铁氧体样品，若内部气孔多、密度低，则畴壁移出气孔需消耗较大的能量，故在弱场下磁化机制主要是可逆畴转；若样品晶粒大、密度高、气孔少，畴壁位移十分容易，磁化就以可逆壁移为主了。通常二者均存在，它们各自所占的比例随材料微观结构而异。

目前两种起始磁化的理论都不是完善的，和实际情况都有一定的距离。在实际磁性材料中，既有畴转磁化，也有壁移磁化。一般认为，低磁导率铁氧体（如 $FeFe_2O_4$、$NiFe_2O_4$ 等）由于内部结构的均匀性较差，非磁性杂质和空隙也较多，晶粒较细，在磁化初始阶段，壁移受到阻碍，而常以畴转磁化为主；但对高磁导率和超高磁导率的 MnZn 铁氧体来说，由于原材料较纯，内部结构较均匀，磁体的密度较高，晶格畸变、非磁性杂质和孔隙也都较少，晶粒较粗，壁移磁化起主要作用。

从畴转磁化和壁移磁化过程的分析不难看出，不同磁化过程，起始磁导率及其理论公式的形式虽有所不同，但从各式中可以看出一个共同的规律：

$$\mu_i \propto \frac{M_s^2}{K_1 + \lambda_s \sigma} \tag{6-12}$$

材料的各向异性主要包括磁晶各向异性和应力各向异性，磁晶各向异性通常可用磁晶各向异性常数 K_1 代表，由磁畴转动引起的 μ_i 与 M_s 和 K_1 之间的关系有：

$$\mu_i = \frac{M_s^2}{3\mu_i K_1} \tag{6-13}$$

一般软磁材料的磁晶各向异性都很小，因此材料的各向异性主要由应力各向异性确定。而应力必须通过材料的磁致伸缩系数才能起作用。处于退磁状态的材料，M_s 总是停留在应力最低的方向上。如果磁矩偏离该方向，则应力各向异性增大。为了实现磁化，必须提供能量，以克服应力的各向异性能量密度，$W_\delta = \frac{3}{2}\lambda\bar{\delta}$（$\lambda$为材料的磁致伸缩系数，$\bar{\delta}$ 为平均内应力能量密度）。用 W_δ 代入式（6-13）中的 K_1 后得：

$$\mu_i = \frac{2}{9}\frac{M_s^2}{\mu_0 \lambda \bar{\delta}} \tag{6-14}$$

在磁性材料内的应力分布很弱时，其最小应力决定了磁致伸缩所引起的固有应力，即 $\bar{\delta} = \lambda E$（E 铁氧体的弹性模数，约为 $10^5\ N/mm^2$）。如果 $\lambda = 1\times10^{-6}$，$M_s = 0.45\ A/m$，各向异性确定的磁导率上限为：$\mu_i = \frac{2\times0.45^2}{9\times(1\times10^{-6})\times10^5\times4\pi\times10^{-7}} \approx 3.5\times10^5$。同时考虑 K_1 和（$\lambda\bar{\delta}$），则由磁畴转动磁化过程所引起的磁导率 μ_i 为：

$$\mu_i = \frac{M_s^2}{3\mu_0\left(K_1 + \frac{3}{2}\lambda\overline{\delta}\right)} \tag{6-15}$$

由 180° 磁畴壁的可逆位移所确定的磁导率为：

$$\mu_i = \frac{M_s^2}{\pi\mu_0\lambda\overline{\delta}} \times \frac{1}{\delta} \tag{6-16}$$

式中，δ 为布洛赫壁的宽度。

软磁材料 μ_i 的磁化机制见表 6-5。

表 6-5　软磁材料 μ_i 的磁化机制

磁化机制	畴壁位移		磁畴转动		气孔退磁场	晶粒边界退磁场
	应力理论	含杂理论	$K_1 \gg \lambda_s\sigma$	$K_1 \ll \lambda_s\sigma$		
方程单一形式	$\mu_{i应} \propto \frac{\mu_0 M_s^2}{\lambda_s\sigma}$	$\mu_{i应} \propto \frac{\mu_0 M_s^2}{K_1\frac{\delta}{d}\beta^{\frac{2}{3}}}$	$\mu_{i转} \propto \frac{\mu_0 M_s^2}{K_1}$	$\mu_{i转} \propto \frac{2\mu_0 M_s^2}{\frac{3}{2}\lambda_s\sigma}$	$\mu_{app} = \frac{(1-P)\mu_i}{\left(1+\frac{P}{2}\right)}$	$\mu_{app} = \frac{\mu_i}{\left(1+\frac{0.75t}{D}\times\frac{\mu_i}{\mu_b}\right)}$
方程叠加形式	$\mu_{i应} \propto \frac{\mu_0 M_s^2}{\left(K_1+\frac{3}{2}\lambda_s\sigma\right)\frac{\delta}{d}\beta^{\frac{2}{3}}}$		$\mu_{i转} \propto \frac{\mu_0 M_s^2}{aK_1} + \frac{2\mu_0 M_s^2}{b\frac{3}{2}\lambda_s\sigma}$		$\mu_{app} = \frac{(1-P)\mu_i}{\left(1+\frac{P}{2}\right)\left(1+\frac{0.75t}{D}\times\frac{\mu_i}{\mu_b}\right)}$	
符号说明	β—含杂体积浓度；P—气孔率；d—杂质直径；D—平均晶粒尺寸；t—晶界有效厚度；δ—畴壁厚度；a,b—≥1 的比例常数；μ_b—晶界磁导率；μ_{app}—有退磁场时的起始磁导率，表观磁导率					

（2）获得高 μ_i 材料的途径

如何提高 μ_i 值是高 μ_i 材料研究的核心问题，从磁学理论得知，高 μ_i 材料的磁化过程主要是畴壁移动过程，则 $\mu_i \propto \frac{M_s^2}{K_1 + (3/2)\lambda_s\sigma}$。

实践和理论均证明，提高磁导率的必要条件有两个，一是，M_s 要高（$\mu_i \propto M_s^2$）；二是，$K_1 \to 0$，$\lambda_s \to 0$。而充分条件则有以下四个：一是原料纯、无掺杂、无气孔、无异相，使 P（气孔率）与 β 减小（即减少杂质的质量分数），并避免在它们周围引起退磁场，对 MnZn 铁氧体材料而言，特别要注意避免半径较大的杂质混入；二是高密度以及优良的显微结构，这可通过二次还原烧结法与平衡气氛烧结法来实现；三是结构均匀，晶粒完整无形变，使内应力 σ 减小（降低晶界阻滞）。这可采用适当的热处理工艺，以进一步改善磁体的显微结构，消除内应力，调节离子、空位的稳定分布状态；四是大的晶粒尺寸，以减小晶界阻滞（退磁场）。

① 提高铁氧体的 M_s。因尖晶石型铁氧体的 $M_s = |M_B - M_A|$。所以，一是选用高 M_s 的单元铁氧体，常以 $MnFe_2O_4$（4.6～5 μ_B）、$NiFe_2O_4$（2.3 μ_B）为基；二是加入适量的 Zn，使 M_A 降低，但 Zn、Cd 等非磁性离子在置换时，将会导致材料居里温度的下降，如果这些非磁性离子的加入量过多，材料的 M_s 也会下降。因此，在考虑材料的高 μ_i 值时，尚需兼顾材料的 M_s 及其居里温度值。

在选取单元铁氧体时，不单要考虑 $\mu_i \propto M_s^2$，更重要的是 $\mu_i \propto \frac{1}{K_1 + \frac{2}{3}\lambda_s\sigma}$。$CoFe_2O_4$（3.7 μ_B）、Fe_3O_4（4 μ_B）的 M_s 虽然较高，但其 K_1 较大，不宜作高 μ_i 材料的基本成分；而 $Li_{0.5}Fe_{2.5}O_4$

（$2.5\mu_B$）的 M_s 较高，且其 K_1 和 λ_s 也较小，但其烧结工艺性差，在 1000℃时，Li 离子会挥发。通过离子置换，可以在一定范围内增加材料的 M_s 值，但其变化幅度有限。另外，非磁性离子的加入，会使材料的居里温度下降，因此，通过提高 M_s 来改善 μ_i 不是最有效的方法。

② 降低 K_1 和 λ_s。根据 K_1 和 λ_s 来源于自旋轨道耦合的机制，首先应从配方上选用无轨道磁矩 μ_L（$\mu_L=0$，K_1 和 λ_s 很小）的基本铁氧体，如 $MnFe_2O_4$、$Li_{0.5}Fe_{2.5}O_4$、$MgFe_2O_4$，或选用轨道磁矩 μ_L 被淬灭（K_1 和 λ_s 较小）的铁氧体，如 $NiFe_2O_4$、$CuFe_2O_4$，然后再采用正负 K_1 和 λ_s 补偿或加入非磁性金属离子，来冲淡磁性离子之间的耦合。具体办法如下：

a. 加入 Zn^{2+}。加入 Zn^{2+} 冲淡了磁性离子的磁晶各向异性。Zn^{2+} 为非磁性离子，虽有可能提高 M_s，但更主要的作用是降低 K_1、λ_s。

b. 加入 Co^{2+}。一般软磁铁氧体的 $K_1<0$，$\lambda_s<0$，Co^{2+} 的 $K_1>0$，$\lambda_s>0$，适量 Co^{2+} 的加入可以对软磁铁氧体进行正负 K_1、λ_s 的补偿；但加入 CoO 控制 $\lambda_s\to 0$ 的效果不如 Fe^{2+} 好，所以在低频时，MnZn 铁氧体常采用 Fe^{2+} 来起补偿作用。需指明：不管是在低频 MnZn 中，还是在高频 NiZn 中，加 CoO 的补偿作用，其主要目的是提高软磁铁氧体材料的温度稳定性和使用频率，以及降低其磁损耗。

c. 引入 Fe^{2+}。常采用的办法是使配方中 Fe_2O_3 的摩尔分数大于 50%，使生成的 Fe_3O_4 固溶于复合铁氧体中，Fe_3O_4 的突出优点是具有正的 λ_s，而其他尖晶石型铁氧体的 λ_s 均为负。因此少量的 Fe^{2+} 可起补偿作用，使 $\lambda_s\to 0$。另一方面，Fe_3O_4 的 $K_1>0$，MnZn、NiZn 铁氧体的 K_1 为负数，随成分或温度的变化，会出现 K_1 由负变 0 到正的效果。因此，MnZn 铁氧体的 μ_i 除在 T_c 附近出现极大值外，在 $K_1\to 0$，$\lambda_s\to 0$ 时，也处于极大值。但 Fe_3O_4 的电阻率低，必要时，应采用其他措施来提高材料的电阻率。

d. 加入 Ti^{4+} 或（$Fe^{2+}+Ti^{4+}$）。Ti^{4+} 进入晶格时，在 B 位将出现 $2Fe^{3+}\longrightarrow Fe^{2+}+Ti^{4+}$ 的转化，不仅增多了 Fe^{2+}（$K_1>0$），还由于 Ti^{4+} 的离子半径比 Fe^{3+} 的离子半径大，从而改变了晶体的磁场特性，使其磁晶各向异性具有明显的 $K_1>0$ 的作用。另外，非磁性离子的 Ti^{4+} 的加入，M_s 将降低，因此，当其加入量过多时，μ_i 反而下降。

e. 选择高磁导率的成分范围。现有资料显示，$\mu_i=40000$ 的 MnZn 铁氧体材料其各成分的摩尔分数分别为 52%的 Fe_2O_3、23%的 ZnO、25%的 MnO。

③ 改善材料的显微结构。材料的显微结构是指结晶状态（晶粒大小、完整性、均匀性、织构等）、晶界状态、另相、杂质和气孔的大小与分布等；显微结构影响着磁化的动态平衡，高 μ_i 材料往往是大晶粒，其晶粒均匀、完整，晶界薄，无气孔和另相。

对高 μ_i 材料，杂质和气孔的含量与分布是影响 μ_i 的重要因素。可以通过原材料的选择、烧结温度及热处理条件的选择等措施来降低杂质、气孔的含量。对于软磁铁氧体材料，可以选择纯度高、活性好的原料以及适当的烧结温度、保温时间、热处理条件来实现。

④ 平均晶粒尺寸对 μ_i 的影响很大。晶粒尺寸增大，晶界对畴壁位移的阻滞作用减少，μ_i 升高，同时磁化机制也会发生变化。以 MnZn 铁氧体为例，当其晶粒尺寸为 5 μm 以下时，晶粒在单畴尺寸附近，对 μ_i 的贡献以畴转磁化为主，μ_i 在 500 左右；当其晶粒尺寸为 5 μm 以上时，晶粒不再为单畴，对 μ_i 的贡献以位移磁化为主，μ_i 在 3000 以上；当平均晶粒直径为 30 μm，且晶粒均匀，气孔仅出现于晶界时，μ_i 可达 25000；再增至 80 μm 时，μ_i 可达 40000。晶粒尺寸的大小要受烧结条件的影响。适当地提高烧结温度，可以使晶粒尺寸长大。但温度过高，材料内部会出现气孔。

⑤ 降低内应力。根据内应力的不同来源，可以采用不同的方法。

a. 由磁化过程中的磁致伸缩引起的内应力，它与 λ_s 成正比，因此可以通过降低材料的 λ_s 来减小此应力。

b. 烧结后冷却速度太快，会造成晶格畸变，产生内应力，可以采用低温退火处理来消除应力。

c. 由气孔、杂质、另相、晶格缺陷、结晶不均匀等引起的应力，如在晶体中存在大离子半径的杂质，如碱金属或碱土金属离子将导致晶格歪曲、应力加剧，使 μ_i 下降。可以通过原材料的优选以及工艺过程的严格控制来消除。

d. 材料的织构化也是提高材料 μ_i 的一种方法。它主要是利用 μ_i 的各向异性来改善材料的磁特性，通常有结晶织构和磁畴织构两种方法。结晶织构是将各晶粒易磁化轴排在同一方向上，沿该方向磁化，则 μ_i 高。磁畴织构是使磁畴沿磁场方向取向，从而提高 μ_i 值。

6.2.4 软磁铁氧体的频率特性

由于铁氧体的电阻率高，涡流损耗和趋肤效应都很小，在许多情况下都可以忽略，所以铁氧体是研究强磁性物质的高频磁性的良好对象，也是高频应用最理想的磁性材料。了解和掌握软磁铁氧体的频率特性是研究与应用软磁铁氧体材料的重要课题。

（1）复数磁导率

软磁铁氧体通常应用于交变磁场中，处于交变磁化状态，磁滞、涡流、磁后效会导致磁性材料在交变场中将存在能量损耗，6.2.5 节将详细介绍。从静态或准静态过渡到动态时，由于这些损耗的存在，使磁感应强度 B 和磁场强度 H 之间产生一个相位差 δ（称之为损耗角），使磁导率由实数变为复数。

设外磁场 $H = H_0 \cos\omega t$，B 较 H 滞后 δ，即 $B = B_0 \cos(\omega t - \delta)$，则

$$B = B_0 \cos\delta \cos\omega t + B_0 \sin\delta \sin\omega t = \mu' H_0 \cos\omega t + \mu'' H_0 \sin\omega t \tag{6-17}$$

式中，$\mu' = \dfrac{B_0}{H_0}\cos\delta$，为磁性介质复数磁导率的实部分量（正比于能量的储存）；$\mu'' = \dfrac{B_0}{H_0}\sin\delta$，为磁性介质复数磁导率的虚部分量（正比于磁能的损耗）；$\mu = \mu' - \mathrm{j}\mu''$ 为磁性介质的复数磁导率，即为磁性材料中磁通密度与磁场强度之复数比；ω 为角频率；t 为时间；j 表示虚数单位。

由复数磁导率 $\mu = \mu' - \mathrm{j}\mu''$ 可以得到相应的复数磁化率 $x = x' - \mathrm{j}x''$，它们的关系从一般定义 $\mu = 1 + 4\pi x$ 可以推得，$\mu' = 1 + 4\pi x'$，$\mu'' = 4\pi x''$，复数磁导率的物理意义表示磁性材料既有磁能的储存（μ'或x'），又有磁能的损耗（μ''或x''）。

在实际应用中，常采用 μ''与μ' 比值来表征材料的损耗特性：

$$\frac{\mu''}{\mu'} = \frac{(B_m/H_m)\sin\delta}{(B_m/H_m)\cos\delta} = \tan\delta \tag{6-18}$$

式中，$\tan\delta$ 为损耗角正切，其倒数称为品质因数，即 $Q = \dfrac{1}{\tan\delta}$。$\mu'$、$\mu''$、$\tan\delta$ 和 Q 是软磁铁氧体交流磁性的基本物理量，在生产中常以比损耗系数 $\dfrac{\tan\delta}{\mu'} = \dfrac{1}{\mu' Q} = \dfrac{\mu''}{(\mu')^2}$ 或μQ 来表示材料的交流磁性，通常希望 μ' 高，μ'' 低，即要求 Q 值高，$\tan\delta$ 小或 μQ 值高。

一般说来，除了微分磁导率外，这里所定义的任何磁导率都可以表示成复数磁导率，当

这些磁导率没有用符号指明它是复数或是复数分量时，则认为是实部。

（2）铁氧体磁谱

软磁铁氧体材料在弱交变磁场中的复数磁导率的实部 μ' 和虚部 μ'' 随频率增加而变化的曲线称为铁氧体磁谱。根据铁氧体在不同电磁波波段内具有不同的特点和起主要作用的机制可以把磁谱分为 8 段。

① 1 段和 2 段 甚低频和低频，$f<10^5$ Hz，其特点是 μ' 几乎不随频率变化，μ'' 的变化也很小。

② 3 段 中频，f 为 $3\times(10^5\sim10^6)$Hz，一般与低频磁谱相似，但由于磁内耗和磁畴壁共振而使 μ'' 逐渐增大，在频率改变时，μ'' 出现第一个峰值。当然整体上来说，μ' 和 μ'' 的变化仍旧很小。

③ 4 段 高频，f 为 $10^6\sim10^7$ Hz，磁谱的显著特征是 μ' 的急剧下降和 μ'' 的迅速增加。

④ 5 段 甚高频，f 为 $10^7\sim10^8$ Hz，由于铁氧体磁矩的自然共振使 μ' 继续下降而接近 $\mu'\leqslant1$ 的极限值。

⑤ 6 段和 7 段 特高频和超高频，f 为 $10^8\sim10^{19}$ Hz，在该区域内 μ' 继续下降，$(\mu'-1)<0$，而 μ'' 具有峰值。

⑥ 8 段 极高频，$f>10^{10}$ Hz，属于自然共振（f 为 $10^{12}\sim10^{13}$ Hz）的区域，至今试验观察还不多。

目前软磁铁氧体使用频率上限为 1000 MHz 左右，磁谱上大于 1000 MHz 的情况已不属于软磁铁氧体材料研究的范畴，但是随着电子产品向高频化、小型化方向发展，人们正在设法提高软磁铁氧体使用频率的上限。软磁铁氧体高频化是今后研究开发的重点课题之一。

（3）影响磁谱的因素

磁谱包括复数磁导率的实数部分 μ' 随频率的变化（频散）和虚数部分 μ'' 随频率的变化（吸收），是软磁铁氧体材料随频率的增加引起频散和吸收的特性，产生频散和吸收的机制有许多种，现在从材料的制备和应用出发，主要讨论下列几种因素对磁谱的影响。

① 样品几何因素的影响。由样品的几何因素直接引起的频散和吸收，包括涡流效应、尺寸效应和磁力共振效应。由于铁氧体的电阻率一般为金属磁性材料的 $10^8\sim10^{16}$ 倍，其表面效应常常可以忽略不计，对于铁氧体，只有尺寸共振效应和磁力共振效应引起的频散和吸收。

a. 尺寸共振效应：是强磁介质的几何尺寸同在其中传播的电磁波的半波长相近时，产生驻波所引起的共振现象。铁氧体同时具有磁性和介电性，在一定频率范围内，例如 MnZn 铁氧体在兆赫附近时，如 $\mu_i=10^3$，$\varepsilon'=5\times10^4$，这时铁氧体中电磁波的波长 $\lambda_d\approx4$ cm。当样品的最小尺寸为 $\dfrac{\lambda_d}{2}\approx2$ cm（或为半波长的整倍数时），便会在样品中产生驻波，使得样品好像一个谐振腔。这样就出现了类似于谐振电路的频散和吸收，磁导率 μ 和介电常数 ε 越大的软磁铁氧体材料，其尺寸共振的频率也越低。在制造和应用时，都应考虑这种尺寸效应的影响。如果减小尺寸或采用叠片形式，就可以避免尺寸共振。当需用大尺寸铁氧体磁芯时，为避免尺寸共振，必须采用高电阻率 ρ 低 ε 的 NiZn 铁氧体材料，必要时，采用叠片形式。

b. 磁力共振效应：当交变场的频率与样品固有的机械振动频率一致时，交变磁致伸缩与样品机械振动发生共振，从而引起磁谱的频散和吸收。磁力共振频率依赖于样品尺寸、材料杨氏模量 E 及密度 d。例如对中间固定，两端自由的棒状样品（长度为 L），其机械振动的固有频率为

$$f_r = \frac{1}{2L}\left(\frac{E}{d}\right)^{\frac{1}{2}} \tag{6-19}$$

对环状样品（平均半径为 r），其径向机械振动固有频率为：

$$f_r = \frac{1}{2\pi r}\left(\frac{E}{d}\right)^{\frac{1}{2}}(1+n)^{\frac{1}{2}} \tag{6-20}$$

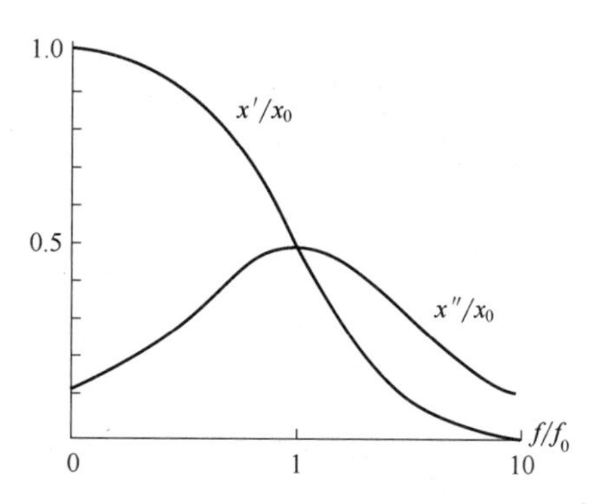

图 6-5　畴壁共振的磁谱曲线（弛豫型）

式中，n 为沿环长度上的波数。通过调节样品尺寸或将样品用绝缘材料将其固定，防止振动，就可避免共振现象。

② 畴壁共振对磁谱的影响。材料的动态磁化过程相当于一个弹簧受迫的振动过程。当交变场频率较低时，畴壁的振动可以与交变场同步，损耗不大，频散小；当频率升高到某一数值时，畴壁发生共振，从外场中吸收大量能量，μ 迅速下降，μ'' 大大增加。如果材料的阻尼系数 β 很小，则出现共振型磁谱；如果材料的有效质量 m_W 很小而 β 很大，磁谱曲线变成弛豫型，如图 6-5 所示。

当畴壁共振时，其壁移磁导率 μ_i 与畴壁共振频率 f_r 之间有下列关系。

$$(\mu_i - 1)^{\frac{1}{2}} f_r = \frac{M_s}{2\pi}\left(\frac{2\delta}{\pi\mu_0 D}\right)^{1/2} \tag{6-21}$$

式中，δ 为畴壁厚度；D 为畴壁宽度。这表明 $(\mu_i - 1)^{\frac{1}{2}}$ 与磁畴和畴壁的参量（具有结构灵敏的性质）有关。

6.2.5　软磁铁氧体的损耗特性

软磁材料在弱交变磁场中一方面会受磁化而储能，另一方面由于各种原因造成 B 落后于 H 而产生损耗，即材料从交变场中吸收的并以热能的形式耗散的功率为其损耗。表征材料损耗特性的 $\tan\delta$，一般希望它愈小愈好。

（1）磁损耗的分类

软磁铁氧体在交变场中应用时会产生多种损耗，按产生机理，可分为涡流损耗 W_e、磁滞损耗 W_h 和剩余损耗 W_c 三类，即

$$W = W_e + W_h + W_c \tag{6-22}$$

式中，W 是单位体积的总磁损耗，在磁感应强度 B 较高或频率较高时，各种损耗互相影响，难以分开。所以在涉及磁损耗大小时，应注意工作频率 f 以及对应的 B_m 值。但在低频弱场（$B_m < 0.1B_s$）情况下，可把铁氧体材料内部的总磁损耗用上述三种损耗角正切的代数和表示：

$$\tan\delta = \tan\delta_e + \tan\delta_h + \tan\delta_c \tag{6-23}$$

式中，$\tan\delta_e$、$\tan\delta_h$ 和 $\tan\delta_c$ 分别称为涡流损耗角正切、磁滞损耗角正切和剩余损耗角正切。由此可得比损耗系数（又称比损耗正切，损耗因数）$\tan\delta / \mu_i$ 的关系：

$$\frac{R_m}{\mu_i f L} = \frac{2\tan\delta}{\mu} = ef + aB_m + c \tag{6-24}$$

上式为 Legg 公式，其中 R_m 为相应于磁损耗的电阻；L 为磁芯的电感量；B_m 为磁芯在工作时的最大磁感应强度；等式右边第一项为比涡流损耗，e 为涡流损耗系数；第二项为比磁滞损耗，a 为磁滞损耗系数；第三项为比剩余损耗 c，亦称剩余损耗系数。在不同频率下，材料内部各种损耗所占的比例也各不相同。对于电阻率较高的软磁铁氧体材料来说，低频时主要是磁滞损耗和剩余损耗；在高频时，则以涡流损耗和剩余损耗为主。

（2）软磁铁氧体材料损耗产生的机理及影响因素

涡流损耗。涡流是由电磁感应所引起的一种感应电流，因其流线是闭合旋涡状而得名。涡流不能由导线向外输送，只能使磁芯发热而产生功率损耗，这种由涡流引起的功率损耗就称涡流损耗。材料的比涡流损耗与样品的厚度 d^2（或半径 R^2）和频率 f 成正比，而与电阻率 ρ 成反比。常用软磁铁氧体的电阻率 ρ（$10\sim10^{10}\Omega\cdot m$）比金属软磁（$\rho\leqslant10^{-6}\ \Omega\cdot m$）要高得多，所以对于一些尺寸不大的磁芯，其涡流损耗可以忽略，但是高 μ_i 的 MnZn 铁氧体含 Fe^{2+} 较多，电阻率 $\rho=10^{-6}\Omega\cdot m$，特别是当频率上升时，将具有相当大的涡流损耗，此时，必须设法降低涡流损耗。

磁滞损耗。由磁滞现象导致磁芯发热而造成的功率损耗称为磁滞损耗，即为软磁材料在交变场中存在不可逆磁化而形成的磁滞回线所引起的被材料吸收掉的功率。单位体积材料每磁化一周的磁滞损耗值就等于磁滞回线的面积所对应的能量。磁滞损耗与材料在应用时的最大磁感应强度 B_m 成正比，如 B 值不变，则在相同 B_m 的条件下，磁滞损耗与起始磁导率的立方成反比。在较强磁场下减小磁滞损耗，主要靠提高 μ_i，降低 H_c 来实现。由于此时避免不可逆壁移已不可能，只好让它提前在 H_c 较低时发生，从而减小磁滞回线的面积。

剩余损耗。剩余损耗是软磁材料除涡流损耗和磁滞损耗以外的一切损耗。当磁性材料的电阻率很高，可以略去涡流损耗（如软磁铁氧体），同时作用的磁场又很小，又可以略去磁滞损耗时，这样便主要是剩余损耗的作用了。在许多情况下，铁氧体磁谱中 μ'' 部分便相当于剩余损耗。在低频弱场下，剩余损耗主要是后效损耗；在较高的频率下，由于畴壁共振和自然共振可延伸至较低频率，故剩余损耗上升，这时剩余损耗主要包括畴壁共振损耗和自然共振损耗等。因此，在高频磁场下，剩余损耗主要表现为由尺寸共振、畴壁共振和自然共振引起的弛豫损耗。

磁后效损耗。磁后效的概念可用图 6-6 来说明，在 $t=0$ 时，如将外磁场 $H_0\to0$，磁感应强度并不立即由 $B_0\to B_r$，而是先降至 B'，然后才逐渐达到平衡态 B_r，在磁感应变化 $\Delta B=B_1+B_2$ 中，B_1 与时间无关，而 B_2 则是后效部分，所以磁后效是指从 $t=0$ 开始，从 B' 降至平衡态 B_r 的变化值。实际上是一种弛豫过程，这种由“磁黏性”所引起的“磁化滞后”损耗，就称为磁后效损耗。

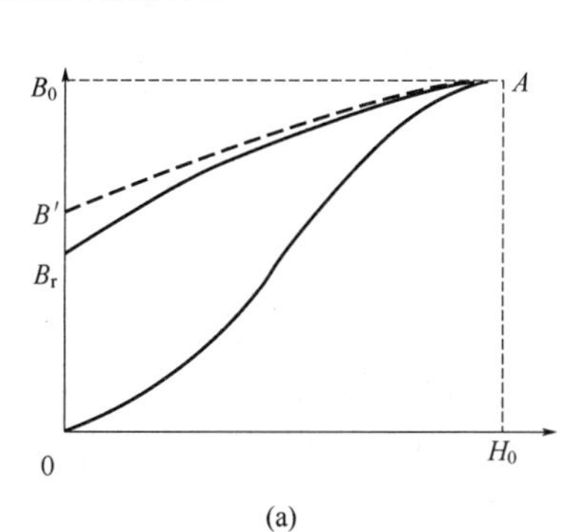

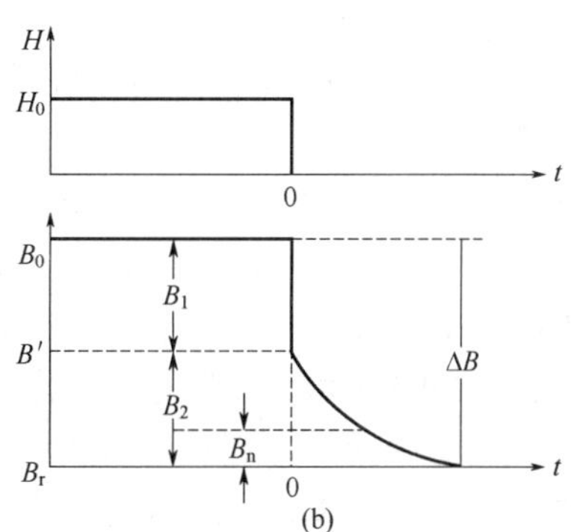

图 6-6　磁后效示意

6.3 软磁铁氧体制造工艺

软磁铁氧体是由氧化铁(Fe_2O_3)和一种或几种金属氧化物组成的复合氧化物，所以各种金属氧化物是它们生产中应用的主要原材料，有时也采用金属盐为原料，尤其是在湿法生产中用金属盐较多。

6.3.1 软磁铁氧体主要原料

(1)铁的氧化物

氧化亚铁（FeO）。FeO 是在低氧分压下加热铁，或在隔绝空气的条件下加热草酸铁制得的，是一种能自燃的黑色细粉。它在低于 848 K 时不稳定，发生歧化反应生成 Fe 和 Fe_3O_4。FeO 呈碱性，易溶于非氧化性酸形成铁（Ⅱ）盐。

四氧化三铁（Fe_3O_4）。Fe_3O_4 是一种混合态（Fe^{2+}/Fe^{3+}）的氧化物。无水 Fe_3O_4 是黑色重质粉末，燃点 1540℃，它是由铁在氧气中，或将水蒸气通过炽热的铁，或由 FeO 部分氧化制得。Fe_3O_4 是一种铁（Ⅲ）酸盐，即 $Fe^{2+}Fe^{3+}(Fe^{3+}O_4)$，它具有反尖晶石结构，结构式可表示为$(Fe^{3+})[Fe^{2+}Fe^{3+}]O_4$，是一种铁氧体磁性物质，也是人们最早发现的天然铁氧体。不溶于水和酸，具有良好的电学性质，其导电率远超 Fe_2O_3，这是因为 Fe^{2+}和 Fe^{3+}之间存在快速电子传递。

氧化铁（Fe_2O_3）。无水 Fe_2O_3 为无光泽的或有光泽的红色无定形粉末，熔点 1565℃，升华点 2000℃。无水 Fe_2O_3 有 α 和 γ 两种不同的构型，α 型是顺磁性的，而 γ 型是铁磁性的。在自然界存在的赤铁矿是 α 型，将用碱处理三价铁盐的水溶液产生的红棕色凝胶状水合氧化物溶液，加热到 473 K 时生成红棕色 α-Fe_2O_3，氧化 Fe_3O_4 所得的产物是 γ-Fe_2O_3，在真空中加热又转变成 Fe_3O_4。在空气中加热 γ-Fe_2O_3 到 673 K 以上转变为 α-Fe_2O_3。γ-Fe_2O_3 是生产录音磁带的磁性材料。

(2)镍的氧化物

镍和铁同处于 4 周期第Ⅷ族，核外电子构型为 $1s^22s^22p^63s^23p^63d^84s^2$。镍主要呈现正二价氧化态，它的正三价氧化态化合物较少见。加热镍的氢氧化物、碳酸盐、草酸盐或硝酸盐生成绿色的氧化镍(Ⅱ)NiO 不溶于水，易溶于酸，一般不溶于碱性溶液。纯的无水氧化镍(Ⅲ)还未得到证实，但 β-NiO(OH)是存在的，它是在低于 298 K 用次溴酸钾的碱性溶液与硝酸镍溶液反应得到的黑色沉淀，它易溶于酸。用 NaOCl 氧化碱性硫酸镍溶液可得到黑色的 $NiO_2\cdot nH_2O$，它不稳定，对有机化合物是一个有用的氧化剂。氧化镍 NiO 是制造 NiZn 铁氧体的主要原料，就因为它具备了上述只有二价氧化态稳定的性质，使其制造工艺及设备大大简化。

(3)锌的氧化物

氧化锌 ZnO 是白色粉末，晶型属于 ZnS 型。晶格中 Zn 与 O 距离试验值为 1.94 Å，计算值是 1.97 Å（共价键，离子键为 2.14 Å），所以氧化锌属于共价化合物。它在水中只微溶，溶度积为 1.8×10^{-14}。锌在空气中燃烧生成氧化锌 ZnO，工业上用此法生产，实验室内制造 ZnO 的方法是把碳酸锌加热分解。ZnO 是两性化合物，溶于酸形成锌盐，溶于碱形成锌酸盐。ZnO 在加热时即变成柠檬黄色，冷却后又转变为原来颜色，1800℃时升华，不为氢所还原。它俗称锌白，用作白色颜料，无毒。ZnO 是制造 MnZn、NiZn 和 MgZn 铁氧体的重要原料，广泛地用于制造软磁铁氧体材料。

（4）锰的氧化物

一氧化锰 MnO、二氧化锰 MnO_2 和四氧化三锰 Mn_3O_4 是制造 MnZn 铁氧体的主要原料。锰的高氧化态化合物在适当还原剂作用下都能生成低氧化态锰（Ⅱ）化合物，例如把二氧化锰放在氢气流中加热到 1200℃得到一氧化锰 MnO。自然界中存在的 $MnCO_3$ 叫菱锰矿。将二氧化碳通入二价锰盐溶液中使其饱和，然后加入碳酸氢钠，析出白色 $MnCO_3 \cdot H_2O$ 沉淀。在惰性气体中，加热不超过 100℃，分解为 CO_2 与 MnO。如果在空气中加热，会变为 Mn_3O_4。无水 $MnCO_3$ 是白色粉末，置于空气中，在干燥状态下是稳定的，潮湿易氧化，并由于形成 Mn_2O_3 而变黑，与水共沸时即水解。$MnCO_3$ 是制造 MnZn 铁氧体的重要原料，了解二价锰盐的特性，对制定 MnZn 铁氧体的工艺条件是有帮助的。

（5）铜的氧化物

铜有氧化铜（CuO）和氧化亚铜（Cu_2O）两种氧化物，是低温烧结 NiCuZn 铁氧体的主要原料之一。将硝酸铜或碳酸铜加热分解，可制得氧化铜（CuO），呈黑色，不溶于水，但溶于酸中。氧化铜的热稳定性很高，只有超过 1277℃时，才分解为氧化亚铜（Cu_2O）和氧，所以在低温烧结（900℃以下）NiCuZn 铁氧体时，不存在铜的变价问题。

6.3.2 软磁铁氧体主要成型方法

由于软磁铁氧体产品的种类繁多，形状各异，大小不同，其性能也千差万别，成型的方法也各不相同。生产中常用的成型方法有干压成型、热压铸成型、注浆成型等，另外还有因某产品需要发展起来的特等成型方法。

（1）干压成型

干压成型是将经过造粒、流动性好，级配合适的粒料，装入模具内，通过施加外压力，使粒料压制成一定形状坯体的方法。特别对横向尺寸较大，纵向尺寸较小，而侧面形状简单的中、小型产品最为适宜。压制的坯体具有一定的机械强度，不致在烧前碎裂，制品烧结时收缩率小，不易变形。该方法生产效率高，易于自动化，是软磁铁氧体材料生产中广泛采用的一种成型方法。一般来说，干压成型有单向加压和双向加压两种方式。

单向加压时，会出现明显的压力梯度。粒度的润滑性越差，则坯体可能出现的压力差也就越大，如图 6-7 所示。图中 H 为坯体高度，D 为直径，H/D 值愈大，则坯体内压强差也愈大，成型坯体的上方及近模壁处密度最大，而下方近模壁处以及中心部位的密度最小。单向加压成型的坯体上下密度不均匀，只能压制较薄的产品。

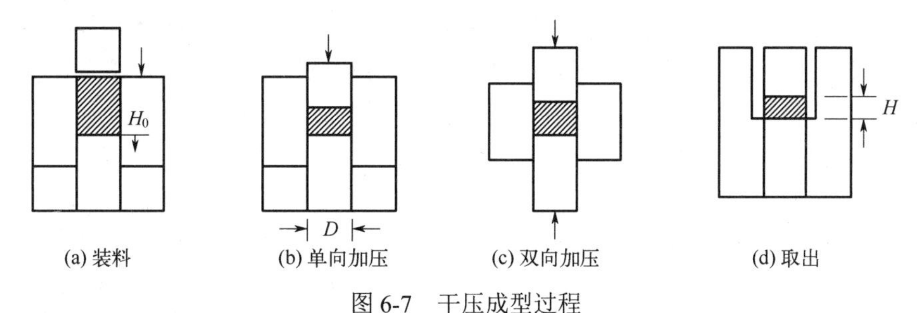

图 6-7　干压成型过程

上下压头（柱塞）同时向模套内加压为双向加压方式［图 6-7（c）］，其压力梯度的有效传递距离为单向加压的一半，故坯体的密度相对均匀，双向加压时，坯体的中心部位密度较低。双向加压压制的坯体上下密度较均匀，可以压制较厚的产品。

如上所述，用干压成型方法压制大型坯体很难获得均匀的密度分布，这种加压方式对坯体一致性影响有密切的关系。因此单向加压时，坯体各部位的实际压力很不均匀，成型密度的差别很大。这种不均匀现象在成型时还不太明显，但烧结后，由于收缩不一致，就在外观上显示出来，有的甚至使产品发生严重变形而报废，所以干压成型的一致性很重要。

一般干压成型都是轴向加压的，压制时模具内壁和粒料存在着摩擦阻力，模具越高，摩擦力越大。坯体在下端的实际压力有时仅为轴向压力的10%。采用双向加压是消灭死角和低压区，提高坯体成型密度一致性的重要措施。上部单向加压时，压力分布曲线的差别很大（压力分布的斜率越大，表明摩擦力所造成的阻力损失也越大）。双向加压时能消除下部死角和低压区，除中部压力较低外，均匀性有显著提高。

（2）热压铸成型

热压铸成型又称注射成型，是在压力下把熔化的蜡料浆（简称蜡浆、铸浆）注满金属模中，冷却后脱模得到成型坯体，之后排蜡和烧结。这种成型方法效率比较高，尺寸精度可以保证，可以成型形状复杂的小型磁体，如工字、王字和帽形磁体等，特别是近来电子工业所需用的微型磁体用干压方法难以成型，用热压铸成型较为理想。热压成型设备投资小、见效快，目前已广泛用于制造形状复杂的小型磁芯。

热压铸成型所用的软磁铁氧体粉料，必须干燥，要求含水量小于0.5%，否则铸浆流动性不好。多用二次球磨粉料烘干，过250目筛，并测定含水量。热压铸成型一般以石蜡为黏结剂，其熔点低，成型可在70～80℃进行，容易操作；石蜡熔化后黏度小，易填满模腔，有润滑性，不磨损模具，冷却后坯体有一定的强度；石蜡冷却后有7%～8%的收缩率，容易脱模；其一般不与粉料反应；石蜡来源丰富，价格低廉。因此石蜡是热压铸成型的理想黏结剂。但是铁氧体粉末是亲水物质，石蜡是非极性憎水物质，铁氧体粉末不易吸附石蜡，长期加热蜡料浆容易出现沉淀现象。如果加少量表面活性物质，就可以解决这个问题。常用的表面活性物质有油酸、硬脂酸、蜂蜡、软脂酸、植物油和动物油等。

在成型时，若铸浆温度过高，黏结剂会挥发（高于100℃时挥发严重），坯体收缩率大，易出现凹陷和收缩孔等缺陷。模具温度也影响制品质量，一般薄壁制品，模具温度应控制在10～20℃，厚壁零件0～20℃。

压力大小决定铸浆在模具中的填充速度，也影响铸浆在模具中冷却收缩时的补偿能力。压力较高时，坯体冷却时的收缩率降低、密度提高、缩孔和空洞减小，一般采用0.3～0.5 MPa。如果加压速度过快，会造成铸浆填充过快，产生涡流，把空气带进浆内，使坏体中出现气孔。薄壁和大件制品，应用较大压力。压力持续时间应以铸浆充满整个模具腔体并凝固时为标准。铸浆温度、性能、制品形状和大小都影响持续时间。若铸浆导热性差，则铸浆及模具温度高；制品大，壁厚和形状复杂，则压力持续时间需要长些。

（3）注浆成型

注浆成型是陶瓷工业中普遍使用的一种工艺，1970年左右开始用于铁氧体坯体成型。其原理是在铁氧体粉料中加入适量的水或有机体，以及少量的电解质形成相对稳定的悬浮液，将悬浮液注入石膏模中，让石膏模吸去水分，达到成型的目的。

注浆成型的关键是制得良好的悬浮液——粉浆，粉浆要求具有良好的流动性、足够小的黏度，以便倾注；粉浆黏度变化要小，以便在浇注空心坯体时，容易清除模内剩余的粉浆；具有良好的悬浮性、足够的稳定性，以便粉浆可以贮存一定的时间，同时在大批量浇注时，前后粉浆能保持一致；粉浆中水分被石膏吸收的速度要适当，以便控制空心坯体的壁厚和防止坯体开裂；干燥坯体易与模壁脱离，以便脱模；脱模后的坯体必须有足够的强度和尽可能大的密度。

固相含量、粉料的颗粒形状、介质黏度、粉浆的温度及原料和粉浆的处理方法等都影响粉浆的性能。为此制备铁氧体粉浆，需要铁氧体材料有合适的颗粒度，以及选择一种供分散粉料的胶溶剂，以便得到含水量少、流动性好、可塑性强的粉浆。一般陶瓷工业采用的是 Na_2CO_3 类的无机粉，但少量的 Na 离子存在会使软磁铁氧体磁性急剧恶化，因此需研制出一种对铁氧体适用的独特的分散技术与材料。目前已有用铵盐、氢氧化锂等作胶溶剂的报道。

铁氧体注浆成型的主要工艺方法包括实心注浆成型、压力注浆成型、离心注浆成型和真空注浆成型几种，其中真空注浆成型目前关注度最高。真空注浆成型是将石膏模具置于真空（负压）中进行浇注，它的特点是可以把粉浆中含有的空气排除。其坯体密度较粉末干压成型均匀，所受内应力较小，烧结过程中收缩均匀，尺寸改变小，适合大型和形状复杂的产品成型。一般干压成型无法解决的大型产品，可用此法成型，随着高频大功率电子产品的发展，大型磁芯的用量越来越大，这种成型方法将会有较大的发展。

6.3.3 MnZn 铁氧体的烧结方法

MnZn 铁氧体是使用最广泛，产量最大的软磁铁氧体，因其材料种类繁多，性能差异很大，根据不同产品性能的要求形成了多种烧结方法。

（1）真空烧结法

真空烧结是利用真空炉烧结 MnZn 铁氧体材料的一种方法。坯体置于炉内，自动控制升温、保温和降温，烧结气氛一般用人工调节，每一种产品都有适合于自己的烧结工艺，一般由试验确定。

MnZn 铁氧体的坯体在空气中进行烧结，产品迅速晶体化过程发生在 900～1200℃之间，而坯体的致密化过程也正好在这一温度范围内迅速进行。因而会造成晶粒不连续生长，会形成较多的封闭气孔。在真空中升温烧结，迅速晶体化过程在 700～1000℃之间进行，到致密化过程开始时，其晶体化过程已经基本结束。因此在真空中升温可以获得不含封闭气孔的均匀晶粒的致密化 MnZn 铁氧体材料。若在略高于预烧温度（1100℃）进行保温（称预保温），有利于材料进一步铁氧体化、成分均匀化，并有利于晶粒生产过程中晶体内部气体排逸。为促进晶粒长大，须提高温度进行最终烧结。

经真空升温和预保温，坯体处于还原状态，会有许多氧离子空位，为消除这些空位，在最终烧结温度保温时，需通入一定量的氧气。如果在真空或低压状态烧结，会加速 ZnO 挥发，使产品表面层成分偏离，甚至表面出现龟裂。为防止锌离子挥发和氧离子空位，需在含有一定氧气的氮气中进行保温烧结。烧结气氛中氧含量需按材料组成中 Mn 离子含量多少确定，功率铁氧体含 Mn 比高导材料多，所以需在含氧 5%～10%的氮气中烧结，而高导材料需 1%～3%氧气。在保温完成后为防止氧化还需在规定的降温条件下进行降温，降至 200℃以下出炉。

根据上述真空烧结原理并结合生产实践确定的高性能 MnZn 铁氧体材料的真空烧结工艺如下。

① 室温约 700℃，为排除水分和黏结剂阶段。在空气中升温，为防止坯体开裂升温需要慢，升温速度为 2～3℃/min，还需在 400℃保温 1 h。这时需要空气流通，便于水蒸气和二氧化碳排出。

② 700～1100℃，为真空升温阶段。在 700℃左右抽真空到 13.3 Pa 以下，升温速度一般

为 3～5℃/min。

③ 1100℃为真空预保温阶段，在真空状态下预烧结。

④ 1100℃至烧成温度，为真空升温第二阶段，在真空中继续升温，升温速度为 1～3℃/min，在这一阶段的升温速度对剩磁 B_r 和矫顽力 H_c 影响较大。

⑤ 保温阶段。充入适量空气，使氧含量基本达到需要值，再充入氮气至一个大气压。保温时间根据坯体体积大小和装炉情况确定，一般为 2～6 h。

⑥ 降温阶段。保温完后，关炉降温，抽出炉内气体充入纯氮气，随炉冷却到 200℃以下出炉；或抽气后在真空下冷却到 900℃左右充入纯氮气，再随炉冷却到 200℃以下出炉。这两种降温方法适合于不同的材料，可视产品的性能要求选用。

（2）真空加压烧结法

真空加压烧结是将坯体在真空状态下，烧结保温一段时间，再加一定压力继续保温烧结的方法。其升温阶段与真空烧结相似，到保温时抽气减压到高真空状态。在高真空下保温到一段时间，逐渐充入含有一定氧气的氮气，直到压力达到一定要求为止，在高温高压下再保温一段时间，保温完毕后控制降温到 1200～1150℃抽气减压，在真空下或充入平衡气体后降温到 200℃以下出炉。

真空加压烧结法，前一段时间在高真空下烧结，压力小，便于晶体内部的气体排出，晶粒细化、均匀；后一段时间在高压高温下烧结，在压力作用下晶体内部残余的气体被压出，气孔减少、空隙率小、密度增高，便于晶粒均匀长大。与机械加压法相比，气体加压使各部分所受压力均匀，产品内应力小，故 K_1、λ_s、σ 皆小，产品磁导率高，损耗低。

（3）快速烧结法

高导 MnZn 铁氧体材料的磁导率与晶粒尺寸有密切的关系，晶粒越大磁导率值越高。有时为了提高磁导率，必须延长烧结时间，促使晶粒长大。但是在高温下进行较长时间的烧结，会增加 Zn 的挥发量，使成分偏离，反而会影响磁导率的提高。如果在配方中加入高价离子，它存在于晶界附近，增加晶格空位，提高晶界的移动度，则可促进晶粒生长，缩短烧结时间。其方法是在高导材料的配方中加入质量分数为 0.1%～0.5%的 MoO_3，在低氧气氛中烧结，高于 1100℃时加速升温，以 400℃每小时左右的升温速度升温至烧成温度，保温 2 h 即可烧成。烧结周期缩短在 24 h 以内，该方法特别适用于连续烧结，不但提高了生产效率，还可使磁导率值保持在 11000 以上。

材料磁导率与 MoO_3 的含量有关，少量添加 MoO_3 磁导率明显提高。添加质量分数约 0.2%的 MoO_3，磁导率达到峰值，超过这个量磁导率逐渐下降。为此 MoO_3 的最佳添加范围是 0.1%～0.5%。实践证明，添加质量分数 0.15%MoO_3 的 MnZn 铁氧体材料在烧结过程中的最佳工艺条件为，高于 1100℃时升温速度为 400℃/h，氧体积分数为 0.1%，所制材料的平均粒径为 30 μm，较不添加 MoO_3 的材料粒径大 1 倍左右，粒径的增大相应提高了磁导率。

（4）氮气烧结法

将坯体放在密封的烧结炉中，在烧结时按要求通入氮气，调节气体流量以控制氧分压，其平均效果可接近平衡氧分压。钟罩炉和氮窑均用这种方法烧结，前者是用氮气将炉中的空气挤出炉外，调节氮气流量达到控制氧分压的目的；后者是将炉体设计成几个分区，调节氮气流的压力，以不同的流量控制各温区的氧分压。一般氮窑有升温区、低温区、高温区（即保温区）和降温区四段。

6.3.4 MnZn 铁氧体平衡气氛烧结

MnZn 铁氧体理想烧结条件是在平衡气氛中烧结。一般地讲，周围气氛的氧分压 P_{O_2} 适当，氧化物和铁氧体既不氧化也不还原，或者说吸收的氧与放出的氧相等，而处于化学平衡状态，这时的氧分压就称为平衡气压或平衡分压，这时的气氛就称为平衡气氛。在平衡气氛中烧结，称为平衡气氛烧结。

在一定的温度下，当周围气氛的氧分压大于氧化物或铁氧体的平衡氧压 P_{O_2}，就会氧化，相反就容易还原。因为 MnZn 铁氧体在烧结过程中，Mn 和 Fe 离子容易变价，并且在不同的温度和气氛条件下呈现不同的化学价态，Mn_3O_4 和 Fe_2O_3 还会发生相变化，所以 MnZn 铁氧体必须在平衡气氛中烧结和降温，才能保证 Mn 和 Fe 生成需要的化学价态。在制造 MnZn 铁氧体材料时，必须掌握平衡气氛烧结的基本原理及其方法，应用平衡气氛烧结才能烧制出优质的 MnZn 铁氧体材料。

MnZn 铁氧体材料的烧结过程可划分为三个阶段，即升温、保温和降温过程。在升温过程中，因为还没有形成单一尖晶石型铁氧体，对周围的气氛要求不那么苛刻，在空气中、真空中，氮气中升温都可采用。但在保温过程中，除使晶粒生长和完善之外，还应使材料成为化学成分固定的单相尖晶石结构的铁氧体，这就要靠控制良好的保温气氛来实现。

对于正分尖晶石结构的 MnZn 铁氧体，它的分子式为：

$$Zn_{\alpha}^{2+}Mn_{\beta}^{2+}Fe_{x}^{2+}Fe_{2}^{3+}O_{4}^{2-} \tag{6-25}$$

式中 $\alpha+\beta+x=1$。但是，即使保证不产生另相，也很难获得完全正分的铁氧体，经过一定的氧化后，其化学式为：

$$Zn_{\alpha}^{2+}Mn_{\beta}^{2+}Fe_{x-2\gamma}^{2+}Fe_{2+2\gamma}^{3+}O_{4+\gamma}^{2-} \tag{6-26}$$

式中金属离子为 3 个，氧离子为（4+γ）个，γ 表示吸氧的程度，称它为氧化度。在铁氧体烧结过程中，对于同样的坯体烧出同是尖晶石结构的产品，其性能差别也很大，这是因为氧化度值不同而造成的。具有一定 γ 值的 MnZn 铁氧体，它本身具有放出氧的能力，它能放出的氧气的压强被称为它的氧分解压。理论和实践都证明铁氧体的氧分解压与温度有关，温度越高，氧分解压越大。铁氧体周围气氛中氧的压强称为氧分压。在一定温度下，当铁氧体的氧分解压和气氛中的氧分压恰好相等时，达到动态平衡。在平衡气氛中，MnZn 铁氧体能生成单相多晶尖晶石结构，具有良好的微观结构和磁性能。

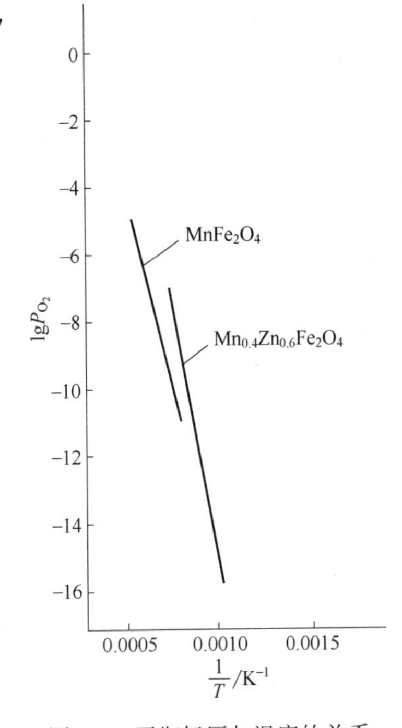

图 6-8　平衡氧压与温度的关系

同时，在烧结中形成的单相多晶尖晶石结构，在降温过程中，如果气氛不合适，也会发生氧化还原反应，使磁性能恶化。如果采用快速淬火降温，一般可以把高温烧结所形成的尖晶石结构及化学成分保持下来，也就是 γ 值不变。但是，急冷会使产品产生很大的内应力，致使产品性能降低或变脆甚至开裂。而在产品缓慢冷却时，不断调节周围气氛中的氧分压，使其与产品的氧分解压保持平衡，就是在平衡气氛中降温，这样就可以防止内应力的产生和产品的氧化。

图 6-8 给出了 $MnFe_2O_4$ 和 $Mn_{0.4}Zn_{0.6}Fe_2O_4$ 的平衡氧压

P_{O_2} 与温度的关系曲线。由图 6-8 可见，随着组成的不同，平衡氧压的曲线也不同；对于某一组成的材料，随着系统温度的变化，平衡氧压值也变化。

6.3.5 NiCuZn 铁氧体的低温烧结

由 $NiZnFe_2O_4$ 与 $CuFe_2O_4$ 复合而成的 NiCuZn 铁氧体材料是新近迅速发展起来的低温烧结的铁氧体材料，由于能在 900℃以下与内导体 Ag 一起共烧，所以广泛地应用于叠层片式铁氧体器件等方面，是小型化电子产品不可缺少的软磁铁氧体材料。

制作叠层片式铁氧体器件，需要铁氧体磁粉与内导体 Ag 共同烧结成为一个整体。因为 Ag 的熔点为 960℃，所以共烧温度必须在 960℃以下。降低铁氧体磁粉的烧结温度是制造低温烧结铁氧体的关键技术。人们从理论和实践中找出了降低 NiCuZn 铁氧体烧结温度的方法：

① 选择适当的 NiO、CuO 和 Fe_2O_3 的比例，组成 NiCuZn 铁氧体的主配方，随着组分中 CuO 含量的增加，烧结温度下降，在配方中加入适当的 CuO，可以使烧结温度降到 1050℃，又能保证良好的磁性能。

② 添加适量的助熔剂，如 Bi_2O_3、V_2O_5、PbO 和硼硅玻璃等，促进烧结，使烧结温度降到 900℃左右，为弥补助熔剂的副作用，再加入适量的添加剂改善其磁性能。

③ 改进制造工艺制成细颗粒铁氧体，促进磁体低温致密化。因为细粉末或超细粉末有大的比表面积，良好的活性，容易实现烧结磁体低温致密化。可以选取合适的泥浆浓度，通过较长的球磨时间制得 0.2～0.5 μm 小颗粒，900℃时的烧结密度可达 5.15 g/cm^3，并有良好的电磁特性和高的 Q 值（品质因数）。另外用化学共沉淀法或溶胶凝胶法制得的粉料颗粒度小、活性更高，更适合于制备低温烧结 NiCuZn 铁氧体材料，用软化学法制得的 NiCuZn 铁氧体不需加任何添加物，就能在 900℃以下与 Ag 共烧。

总之，采用上述降低烧结温度的方法，能制备出在 900℃以下烧结的 NiCuZn 铁氧体材料，并具有良好的电磁特性。

在 NiZn 铁氧体的主配方中加入适量的 CuO，可以达到降低烧结温度和提高材料致密化的目的，这是因为 Cu 与其他组分的材料一起烧结时，在较低的温度即可出现液相，通过液相的传质和黏结作用促进了烧结。此外，$CuFe_2O_4$ 和 NiZn 铁氧体在烧结过程中离子进入晶格形成 NiCuZn 尖晶石型固溶体。所以烧结机制是液相烧结，有利于获得电磁和机械性能优良的材料。固溶体主晶格中的离子优先进入八面体位，受到正八面体晶体场作用而使得 Cu 离子周围点阵发生变化，从而导致整个晶格产生畸变，晶格畸变同样可以促进烧结，所以 Cu 的加入，能够降低 NiCuZn 铁氧体烧结温度。

选择合适的 Cu 含量是 NiCuZn 铁氧体配方设计的关键。图 6-9 给出 CuO 含量对 $(NiZn)_{0.8-x}Cu_xZn_{0.2}Fe_2O_4$ 复数磁导率的影响。图中 R1、R2 和 R3 分别表示 x=0.1、0.2、0.3，可以看到随 CuO 含量增多，在 1 MHz 磁导率实部增大，而磁导率虚部最大值移向低频。一般 Cu 含量越多，烧结温度也越低，当 Cu 含量超过一定值后磁性能变差。为满足材料综合磁性能的要求，Cu 含量应在适当的范围内。一般 NiCuZn 铁氧体的配方为，Fe_2O_3 的摩尔分数在 47%～49%之间，CuO 摩尔分数 2%～9%之间，若特殊需要 CuO 含量也可以增多，但会带来较多的负向作用，需用其他方法来补救，NiO 和 ZnO 的比例需由材料性能要求确定。

在 NiCuZn 铁氧体的主配方中含摩尔分数 6%～8%的 CuO，烧结温度可以降低到 1050～1100℃，若同时添加适当的助熔剂，烧结温度可以降低到 900℃以下。例如在主配方为 Fe_2O_3：NiO：CuO：ZnO=49：8：12：31（摩尔比）中，添加了质量分数 3%的 Bi_2O_3，就可以在 880℃

烧结。常用的助熔剂有 V_2O_5、Bi_2O_3、PbO 及玻璃等。实践证明，添加 Bi_2O_3 的效果较好，会在晶界处形成液相，促进 875℃时低温烧结致密化；因为第二相也阻碍了晶界移动和异常晶粒生长，可形成较小晶粒尺寸并消除晶粒内部气孔，由于有较多晶界，也提高了电阻率。但是为了把烧结温度降到 900℃以下，Bi_2O_3 添加量须达到质量分数为 1.5%～4.0%，而 Bi_2O_3 含量过多，不仅会影响一些磁性能，而且共烧时还会增大 Ag 的迁移率，从而影响片式器件的性能。采取复合添加 Bi_2O_3、MoO_3 可消除上述 Bi_2O_3 过量产生的不良影响。另外，添加少量的 V_2O_5 不但可以降低烧结温度，还对降低磁芯损耗有效，随着 V_2O_5 添加量增大，涡流损耗大幅度下降，相应磁芯总损耗也下降，V_2O_5 可以单独添加，也可与其他添加剂复合添加。

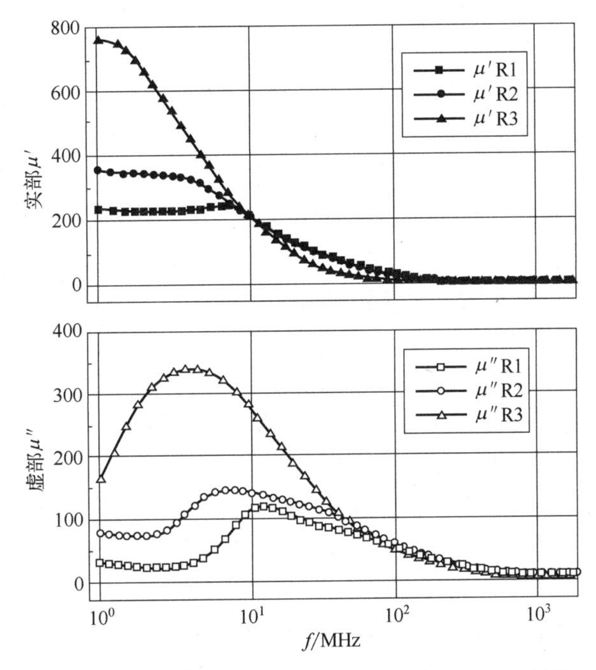

图 6-9　CuO 含量对 $(NiZn)_{0.8-x}Cu_xZn_{0.2}Fe_2O_4$ 复数磁导率的影响

6.4　软磁铁氧体产业及应用

慕课

20 世纪 30 年代，荷兰 Philips 实验室物理学家 Snoek 研究出多种具有优良磁性能含锌尖晶石型铁氧体，以满足高频无线电器件对高电阻软磁材料的需求，并实现工业化生产。20 世纪 60 年代开始对 MnZn 铁氧体烧结气氛开始研究，为制备高质量 MnZn 铁氧体铺平道路。70 年代国外软磁铁氧体工业生产已步入成熟期，例如磁导率显著提高、损耗下降、频带展宽。20 世纪 80 年代以后，软磁铁氧体向着高性能、生产自动化、规模化方向发展，提高了产量，保证了质量，降低了劳动强度。现在电子产品正向着轻、薄、小型化，高频、宽带化，高功率低耗损方向发展，软磁铁氧体材料也面临新的发展挑战。

我国软磁铁氧体起步于 1957 年国外援建的 798 厂。20 世纪 60 年代，南京、宜宾、宝鸡等地部属厂及北京、天津、上海、济南、徐州、无锡等大中城市相继建立了磁性材料厂，生产天线棒、中周磁芯、电感磁芯、载波罐形磁芯及变压器磁芯软磁铁氧体产品等。80 年代是我国铁氧体工业的发展时期，首先由原 898 厂、原 43 厂、原上海磁性材料厂、原 899 厂、原梅州磁性材料厂等从国外引进了先进的生产设备及技术，为我国铁氧体工业发展提供了参照模式，为专用设备的国产化提供了样板，同时培养和造就了一批技术人才，取得了巨大的经济效益和社会效益。随着我国经济的高速发展，家电产品的市场需求以及出口量的逐年增加，90年代我国铁氧体工业进入了高速发展时期，不仅产量增长，产品质量和档次提高，而且国产化设备质量基本上得到保证。

近年来，发达经济体铁氧体工业向发展中经济体转移，日本、欧洲及我国台湾地区一些企业已在我国大陆建立合资或独资的软磁铁氧体生产企业，其规模和产量也在增加，产品除供给国内需求外，正走向世界。目前，国际代表性铁氧体企业主要有日本TDK、德国EPCOS、荷兰Philips、日本FDK等。国内软磁铁氧体生产企业约320多家，初具规模的有110多家，以天通股份、横店东磁、东阳光等为代表。从产能分布来看，全球软磁铁氧体产能主要集中于日本和中国，我国已成为全球规模最大的软磁铁氧体生产国。随着技术的不断积累进步，我国在部分产品上已经达到世界领先的技术水平，可实现对部分产品的替代。

软磁铁氧体除了在高频有一定的磁导率、饱和磁感应强度和居里温度等优良的磁性能外，最主要的特性是电阻率高，具有良好的高频性能，在弱场高频技术领域具有独特的优势。它的种类繁多，性能各异，利用软磁铁氧体材料的各种电磁特性，先制成各种铁氧体磁芯，再制成各种元器件。在几百赫兹到几千兆赫的频率范围内，已得到广泛的应用。利用软磁铁氧体的磁特性可制成下列元器件。

① 利用磁导率特性制成器件，如各类电感器、变压器、无线谐振器及电磁变换器等。

② 利用磁化非线性特性制成器件，如放大器、稳压器、信频器和调制器等。

③ 利用磁致伸缩特性制成器件，如超声换能器等。

④ 利用高矫顽力和高饱和磁化强度特性制成器件，如磁带、磁盘和磁卡等。

⑤ 利用磁谱中磁导率与频率成反比区域特性制成器件，如行波变压器等。

⑥ 利用磁导率与温度的关系特性制成器件，如控温仪等。

⑦ 利用多种特性的组合设计和制造具有各种用途的软磁铁氧体器件。

⑧ 利用谐振特性和损耗特性制成器件，如利用自然共振特性制成微波吸收体、微波暗室和负荷器；利用损耗特性制成电磁波吸收材料，用于隐身技术和电磁波屏蔽。

⑨ 利用阻抗特性，制成抗电磁干扰磁芯来消除电磁干扰，提高电子产品信号质量。

这些元器件已广泛地用于家电、计算机、监视器、程控交换机、无线和有线通信、雷达、导航及各种工业自动化等设备中，可以说在现代化的工业、农业、军事和科技等部门，以及各个家庭都有软磁铁氧体材料的足迹。可以预计，随着科学和技术的发展，软磁铁氧体材料将会有更多的新用途，生产量也会越来越大。

习题

参考答案

6-1　常用软磁铁氧体是什么晶体结构？

6-2　常用软磁铁氧体有哪些种类？各有什么特点？

6-3　常用软磁铁氧体的制备原料主要有哪些？

6-4　Zn^{2+}、Cu^{2+}、Ni^{2+}离子分别倾向于占据尖晶石型铁氧体什么位置？请分别阐述。

6-5　软磁铁氧体损耗包括哪几类？

6-6　如何理解MnZn铁氧体的平衡气氛烧结？

6-7 NiCuZn 铁氧体为什么可以实现低温烧结？

6-8 双向加压成型较单向加压成型有什么优势？

参考文献

[1] 都有为. 铁氧体[M]. 南京: 江苏科学技术出版社, 1996.

[2] 王自敏. 软磁铁氧体生产工艺与控制技术[M]. 北京: 化学工业出版社, 2013.

[3] 夏德贵, 陆柏松, 王洪奎. 软磁铁氧体制造原理与技术[M]. 西安: 陕西科学技术出版社, 2010.

[4] 孙亦栋. 铁氧体工艺[M]. 成都: 电子工业出版社, 1984.

[5] 黄永杰. 磁性材料[M]. 成都: 电子科学技术出版社, 1993.

[6] 王会宗. 磁性材料及其应用[M]. 北京: 国防工业出版社, 1989.

[7] 李国栋. 铁氧体物理学[M]. 北京: 科学出版社, 1978.

[8] 宋玉升. 铁氧体工艺[M]. 北京: 电子工业出版社, 1984.

[9] 杨青慧, 刘颖力, 张怀武, 等. 高磁导率软磁材料的研究现状和关键工艺[J]. 磁性材料及器件, 2003, 34(2): 34-36.

[10] Snelling E C. Soft Ferrites: Properties and Applications[M]. 2nd ed.London: Butterworths, 1988.

[11] Yan Q, Gambino R J, Sampath S, et al. Effects of zinc loss on the magnetic properties of plasma-sprayed MnZn ferrites[J]. Acta Materilia, 2004, 52(11): 3347-3353.

[12] Gutfleisch O, Willard M A, Ekkes Brück, et al. Magnetic materials and devices for the 21st century: Stronger, lighter, and more energy efficient[J]. Advanced Materials, 2011, 20:1-22.

[13] Van D, Van D, Rekveldt M T. A domain size effect in the magnetic hysteresis of NiZn-ferrites[J]. Applied Physics Letter, 1996, 69(19): 2927-2929.

[14] Wu G, Yu Z, Sun K, et al. Excellent Tunable DC Bias Superposition Characteristics for Manganese-Zinc Ferrites[J]. IEEE Transactions on Power Electronics, 2020, 35(2): 1845-1854.

[15] Beatrice C, Dobák S, Tsakaloudi V, et al. The temperature dependence of magnetic losses in CoO-doped Mn-Zn ferrites[J]. Journal of Applied Physics, 2019, 126(14): 143902.

[16] Žnidaršič A, Drofenik M. High-resistivity grain boundaries in CaO-doped MnZn ferrites for high-frequency power application[J]. Journal of the American Ceramic Society, 1999, 82(2): 359-365.

[17] Zhang Z, Liu Y, Yao G, et al. Synthesis and characterization of dense and fine nickel ferrite ceramics through two-step sintering[J]. Ceramics International, 2012, 38(4): 3343-3350.

[18] Arulmurugan R, Jeyadevan B, Vaidyanathan G, et al. Effect of zinc substitution on Co-Zn and Mn-Zn ferrite nanoparticles prepared by co-precipitation[J]. Journal of Magnetism and Magnetic Materials, 2005, 288: 470-477.

[19] Matz R, Götsch D, Karmazin R, et al. Low temperature cofirable MnZn ferrite for power electronic applications[J]. Journal of Electroceramics, 2009, 22(1-3):209-215.

[20] Chen S H, Chang S C, Tsay C Y, et al. Improvement on magnetic power loss of MnZn-ferrite materials by V_2O_5 and Nb_2O_5 co-doping[J]. Journal of the European Ceramic Society, 2001, 21(10-11):1931-1935.

[21] Song K H, Park J H. Combined effect of partial calcination and sintering condition on low loss Mn-Zn ferrite[J]. Journal of Materials Science Materials in Electronics, 1999, 10(4): 307-312.

[22] Morita T, Ota Y, Horibe S, et al. Analysis of the Eddy Current Loss of Mn-Zn Ferrite Taking Account of the Microstructure[J]. Journal of the Magnetics Society of Japan, 2001, 25: 939-942.

[23] Liu Y, He S. Development of low loss Mn-Zn ferrite working at frequency higher than 3 MHz[J]. Journal of Magnetism and Magnetic Materials, 2008, 320(23): 3318-3322.

第 7 章

金属软磁复合材料

7.1 金属软磁复合材料的发展历史

相对于永磁材料，软磁材料的矫顽力低、磁导率高，既容易受外加磁场磁化，又易退磁。其主要功能是导磁、电磁能量的转换与传输，被广泛应用于电能转换设备中，是电子电力时代的重要材料。纵观软磁材料的发展历程（图 7-1），从硅钢片到后来的铁粉软磁复合材料，坡莫合金，铁硅铝合金，钼坡莫合金，再到铁氧体，非晶及铁硅铝软磁复合材料的产业化，经历了较漫长的过程。在这个过程当中，整个软磁材料的发展并不是一帆风顺的，中间遇到了很多技术难题，比如如何降低功率损耗，如何从实验室研发扩大到中试再推广到工业化生产，等等。现代电子电力设备在宽禁带半导体的引领下正朝着高频、高效和节能化的方向飞速发展，作为其中核心的无源器件，软磁材料是实现电动智能化时代的关键材料。

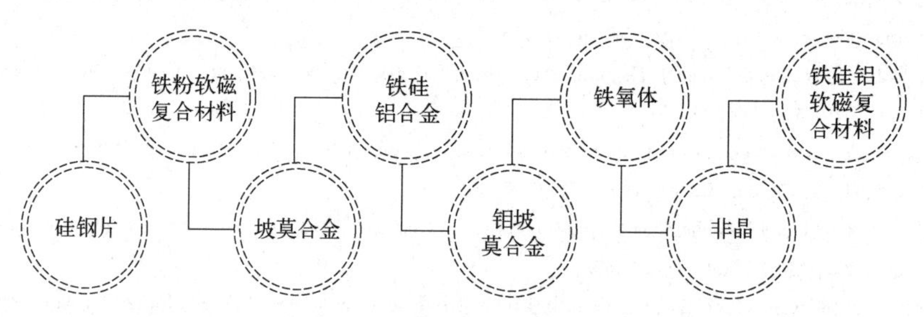

图 7-1　软磁材料的发展历程

7.1.1 金属软磁材料

1822 年世界上第一只电磁铁在欧洲问世，软磁材料开始登上工业文明的舞台。19 世纪末期，发电机和交流电的大规模应用，由于电工纯铁在交变电流下具有极大的损耗，人们开始利用硅钢片（FeSi 合金）来制造电机和变压器，有效地提高了工作效率。铁中添加硅元素能够提高该软磁合金的电阻率，从而大幅度降低其涡流损耗；硅还能降低硅钢的饱和磁致伸缩系数和磁晶各向异性常数，提高材料的磁导率、降低矫顽力，降低磁滞损耗，现在硅钢片在电工用软磁材料中依然占据重要的地位。20 世纪初，电子信息技术的发展对软磁材料的磁导率提出了更高的需求，各种合金软磁材料应运而生，促进了高磁导率合金的发展，坡莫合金等相继出现。20 世纪 30～40 年代，电子仪器技术的发展对软磁材料的性能提出更高的要求，由于金属合金软磁在高频下的高损耗，新型铁氧体材料（主要是 MnZn 铁氧体和 NiZn 铁氧体）迅速兴起和发展，相比金属软磁材料，铁氧体的功率损耗大大降低，但其仍存在饱和磁感应强度低等问题，很难应用于高功率器件中。仙台斯特（Sendust）合金于 20 世纪 30

年代在日本仙台斯特发明，由于其磁晶各向异性常数和磁滞伸缩系数都接近于零，且价格相对便宜，温度稳定性好，成为极具性价比的一种软磁合金。1960 年，Clement 等人采用快速冷却技术在 10^5～10^6 K/s 速度下首次制备出第一块厚度在 20 μm 左右的 $Au_{75}Si_{25}$ 非晶态合金，掀起了非晶合金研究的热潮。60 年代以后，随着第三次科技革命的快速发展，要求金属软磁材料具有高磁导率、低损耗，良好的温度稳定性及直流偏置特性，迎来了非晶、纳米晶系列软磁材料的发展使用。1988 年，日本日立公司的 Yoshizawa 等人发现在 FeSiB 非晶合金基体中加入少量 Cu 和过渡族元素如 Nb、Zr、Ha、Ta 等，晶化退火后可获得性能更加优异的 FeCuNbSiB 纳米晶合金，避免了非晶态合金老化的问题，从而将软磁材料的研究推上了新的高度。

7.1.2 金属软磁复合材料

由于金属软磁合金的电阻率总体较低，在高频下会产生较大的涡流损耗，随着使用频率的提高，其应用逐步受到限制，以金属软磁合金为原材料制备高性能的金属软磁复合材料（磁粉芯）应运而生。金属软磁复合材料主要是利用粉末冶金工艺将金属磁粉与绝缘介质混合压制而成，相邻磁粉颗粒之间是绝缘层，如图 7-2 所示。它结合了软磁合金与铁氧体材料的优点，既保持较高的软磁性能，同时具有较高的电阻率和饱和磁通密度、工作频率范围较宽以及损耗较低等特点，并且由于其采用了粉末冶金工艺来压制成型，可以制备出多种形状如 C 型、E 型、I 型、U 型、环型等产品。随着电子器件逐渐向小型化、高频化发展，金属软磁复合材料的应用将更加广泛。

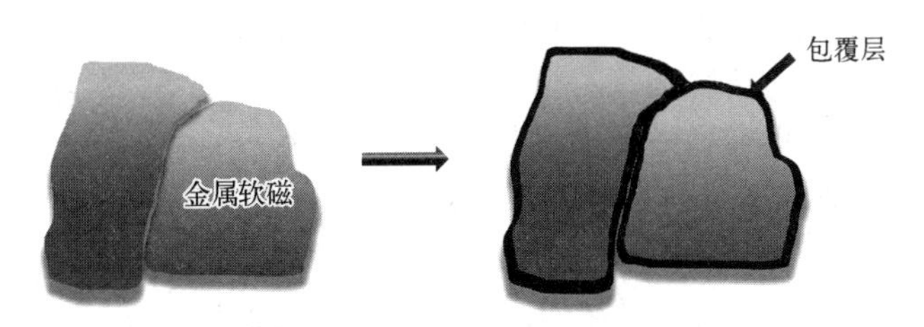

图 7-2 金属软磁复合材料包覆结构

金属软磁复合材料很早就进入应用阶段，19 世纪人们利用封蜡将铁粉包覆制备成最早的纯铁软磁复合材料。直到 1920 年，B.Speed 和 G.W.Elmen 发表了相关的论文，才开始了金属软磁复合材料的新篇章。1921 年，纯铁软磁复合材料用于电话线路中的负载电感，几年之后，坡莫合金的软磁复合材料进入人们视野，此后性能良好的钼坡莫合金成为当时争相研究的重点。1940 年，铁镍钼（FeNiMo）软磁复合材料被美国电气工程师协会（American Institute of Electrical Engineers，简称 AIEE）研究开发。到 20 世纪 80 年代，铁硅铝软磁复合材料逐渐实现产业化。

7.2 金属软磁复合材料的磁性能理论

7.2.1 软磁材料性能参数

衡量软磁复合材料的性能参数主要包括饱和磁化强度、矫顽力、磁导率、磁损耗、品质因数及直流叠加等,下面是对部分参数的具体介绍。

① 饱和磁化强度：在外加磁场下，磁性材料会被磁化，由于材料的本征特性，磁性材料磁化到一定程度后趋于饱和，不再被磁化，把磁性材料趋于饱和时的磁化强度称为饱和磁化强度。在磁粉芯中，非磁性相的比例增加，导致退磁场增大，饱和磁化强度降低。

② 矫顽力：磁性材料磁化趋于饱和后，磁化强度并不会随外加磁场一致回退到零，而是落后于外加磁场,若要使得磁化强度变为零,只能再施加一个同外加磁场方向相反的磁场，这个反方向的磁场用矫顽力表示。在磁粉芯中，气隙、绝缘层等非磁性相以及磁粉颗粒本身的缺陷等都会造成畴壁的钉扎，导致畴壁位移困难，矫顽力增加，有效磁导率降低，磁滞损耗增加。

③ 磁导率：磁导率是衡量软磁材料磁化难易程度的物理量。在磁粉芯的制备过程中，绝缘剂、黏结剂、脱模剂等非磁性物质的加入，以及磁粉芯内部本身的气隙等因素影响着磁粉芯的磁导率。同时，非磁性物质占比越多，说明绝缘层越厚，退磁场增加，磁导率减小。此外，磁导率的大小还与内应力有关，内应力使得畴壁钉扎，造成磁化困难，导致磁导率减小。

④ 磁损耗：磁损耗是指磁粉芯在外加交变电磁场中工作时由于涡流引起的焦耳热而损失的能量，磁粉芯的损耗越多，说明磁粉芯的发热越严重，较低的损耗是磁粉芯具有优良软磁性能的重要标志。7.2.3 损耗理论中将详细讲解。

⑤ 品质因数：在实际应用中，软磁复合材料要兼顾高磁导率和低损耗等多方面因素，为了表征软磁材料的这种特性，引入了品质因数 Q 值。品质因数表征电感元器件中储能与耗能之比，也可用复数磁导率的实部比虚部表示，比值越高，说明工作的适用性和经济性越好。一般而言，软磁复合材料的品质因数随频率先增大然后减小，不同软磁复合材料品质因数达到最大值时的频率不同，也可以用该频率衡量磁粉芯的综合性能。

⑥ 直流叠加：直流叠加特性也是不可忽视的一个参数，在当前的电子电路中，许多器件要在直流环境下工作运行，这就要求软磁复合材料不仅有优良的磁电性能，还要有优异的直流叠加特性。在直流电状态下，软磁复合材料的性能会发生变化，其中，磁导率的变化是相当明显的，通常情况下，随着叠加的直流电流的不断增加，磁导率呈下降趋势。

7.2.2 磁化特性

不同的磁性材料在磁化过程中磁滞现象的程度不同，磁滞回线水平方向越宽的材料，也就是磁滞回线面积越大的材料，其磁滞现象越严重。软磁材料的剩磁与矫顽力都很小，即磁滞回线很窄，它与基本磁化曲线几乎重合，磁滞损失较小，适于交变磁场工作。

7.2.3 损耗理论

磁损耗主要由三部分构成，分别是涡流损耗、磁滞损耗和剩余损耗。涡流损耗的本质是焦耳热，磁粉芯处于不断变化的交变磁场中，其内部会产生感生电流，形状似涡旋，外部磁场变化越快，涡流越强，涡流在磁芯内部流动，加之磁芯本身的电阻，释放焦耳热，频率越高，涡流损耗就越大。在非均质材料中，有两种类型的涡流：磁粉芯颗粒之间的涡流和磁粉芯颗粒内的涡流。因此，涡流损耗由两部分组成：颗粒间损耗和颗粒内损耗。由磁滞现象引起的能量损耗称为磁滞损耗，磁粉芯中绝缘层的添加、气隙、材料缺陷都会导致磁滞损耗增加。在低频应用时，磁滞损耗占主要地位；在高频应用时，磁粉芯内部产生涡流和趋肤效应，涡流损耗占主要地位。剩余损耗指除了涡流损耗和磁滞损耗以外的其他所有损耗，它是由具有不同机制的磁弛豫过程所导致的。在低频和弱磁场中，剩余损耗主要是磁后效损耗，且与频率无关。高频下剩余损耗主要包括尺寸共振、畴壁共振和自然共振等引起的损耗。

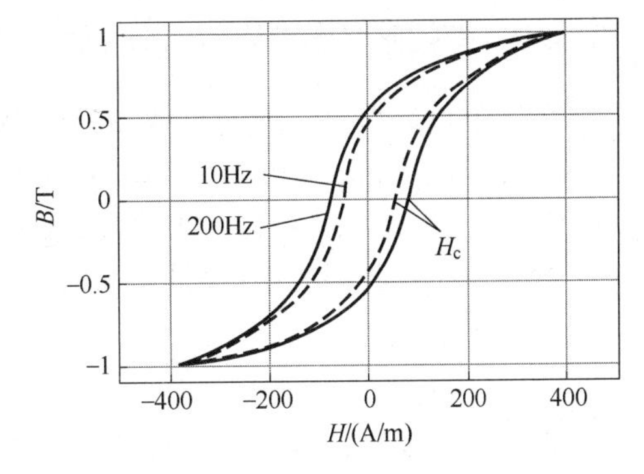

图 7-3　铁磁材料在不同频率下的动态铁损及矫顽力的增大

对于软磁材料来说，铁损主要分为磁滞损耗和涡流损耗。材料在磁化过程中磁滞回线所包围的面积为磁滞损耗。涡流损耗是软磁材料中磁感应电流产生的动态铁损，如图 7-3 所示。磁场频率的升高不但会增大矫顽力，使磁滞回线变宽，增大磁滞损耗，也会增大磁感应电流产生的动态涡流损耗。通常，颗粒尺寸越大，动态的涡流损耗越大。颗粒尺寸小的材料动态损耗小，但是小颗粒会增大磁滞损耗。

通常软磁材料的损耗用 Steinmetz 定律（1892 年 Steinmetz 提出了电机中 FeSi 合金的损耗分离定律）预测，但是从 Steinmetz 定律问世一百多年以来，经过了许多科研工作者的修正，Steinmetz 铁损模型预测的结果与实际测量的结果仍存在较大的差异。这种差异一方面是电机中软磁材料各向异性效应、软磁材料种类、杂质以及制造工艺导致；另一方面是软磁材料铁损复杂的微观物理机制所致。

不同组分、结构及工艺制备的软磁复合材料的损耗各不相同，因此为了更好地对材料性能进行优化，需要对不同材料的损耗进行分离，详细分析材料的损耗来源。经过百年的研究，已有许多适用于铁磁性或亚铁磁性材料的经验公式，这些公式被用来描述不同磁感应强度和磁场频率下材料的总功率损耗。软磁复合材料因为其成分和结构的复杂性，使其损耗模型的建立更为复杂。最近几年，软磁复合材料的损耗研究也取得了一些成果，例如 Barrier 等人发现，在动态交流磁场磁化过程中，磁畴会被材料内部的缺陷钉扎，随频率的增高，材料内部磁化不均匀程度增大，钉扎处磁畴形成“微涡流”，并产生热能摆脱钉扎的束缚，从而使材料内部磁化过程趋于均匀化，此过程中磁畴受外加磁场影响产生热能而导致的多余损耗为剩余损耗。材料的损耗还与其三维形状、颗粒间的电导率和随机接触的程度有关；随样品环面的增大，材料中电流在局部截面内更加趋于均匀分布。在较大的频率变化范围内，剩余损耗占总损耗的比例与旋转磁场或正交磁场的频率无关，这为复杂磁感应条件下的损耗分析提供了一种简化手段。

7.2.4　软磁性能测试

磁粉芯的软磁性能测试主要包括饱和磁化强度、矫顽力、有效磁导率、品质因数、功率损耗和直流偏置性能等。

7.2.4.1　饱和磁化强度和矫顽力测试

它的工作原理是将样品放置在稳定的磁场中并使样品相对于探测线圈作小幅度周期振动，得到与被测样品磁矩成正比的信号，再将此信号进行放大、检波转换成易于测量的电压信号，即可构成振动样品磁强计。可检测软磁复合材料的磁特性，如饱和磁化强度、矫顽力、剩磁等。

7.2.4.2 有效磁导率和品质因数测试

采用阻抗分析仪（如美国 Agilent 4294A）测定软磁复合材料的有效磁导率和品质因数。在测试前采用漆包线在磁环外均匀缠绕 10～20 匝。测试时采用 L_s-Q 模式，在振荡电平为 200 μA 的条件下，测试 1 kHz～110 MHz 频率范围内的电感 L_s 值和 Q 值。其中 Q 值可通过仪器直接读出，而有效磁导率可通过式（7-1）计算：

$$\mu_e = \frac{l_e L_s 10^7}{4\pi N^2 A_e} \tag{7-1}$$

式中，l_e 代表的是磁环有效磁路长度，m；L_s 表示电感，H；N 表示线圈匝数；A_e 表示磁环有效截面积，m^2。

7.2.4.3 损耗测试

功率损耗的测量方法，包括交流电流计法、示波器法、瓦特计法、电桥法等。从测试原理上讲，损耗的测量主要有有效值法和乘积法两种方法。有效值法是通过测量电压的有效值来计算功耗，而乘积法是基于功耗等于电压和电流的乘积的原理来测量功耗。

对于损耗，有意义的不是瞬时值，而是它在一个周期内的平均值。因此，我们通常所说的功耗，实际指的就是磁芯在一个周期内损耗的平均值。对于正弦交流电，在某一磁芯元件中消耗的功率可通过式（7-2）来表示：

$$P = UI\cos\varphi \tag{7-2}$$

式中，U 和 I 分别是有效值电压和有效值电流；φ 是电压信号和电流信号间的相位差；$\cos\varphi$ 为功率因数。采用交流电桥法测试磁粉芯损耗，利用功率放大器，配置上交流损耗测试系统，再加上电容补偿器去调节电压与电流之间的相位差，可以测试相同磁感应强度、不同频率下的体积损耗。

对于磁芯系统，当在初级线圈中通以交变电流产生一个交变磁场时，样品就会被磁化，同时磁感应强度也会发生周期性变化，这时次级线圈内的磁通量会发生变化，导致产生感应电动势：

$$E_{avg} = 4fKNA_e B_m \tag{7-3}$$

式中，E_{avg} 为交流电压的平均值，V；K 为波形因子，对于方波 $K=1.000$，三角波 $K=1.155$，正弦波 K=1.111；B_m 为交流峰值磁通密度，T；f 为频率，Hz；A_e 为样品的有效截面积，m^2；N 为次级线圈匝数。

在国际单位制中，对有效值电压正弦信号，通常利用式（7-4）来计算：

$$E_{rms} = \frac{B_m}{4.44 fNA_e} \tag{7-4}$$

式中，E_{rms} 为交流电压的有效值，V。

通过式（7-2）～式（7-4）计算在不同的频率和磁场下所对应的电压，通过调节电压得到不同测试条件下的损耗值。

7.2.4.4 直流偏置测试

采用宽频 LCR 测试仪搭配直流电流源在 0.5 V、100 kHz 的条件下对软磁复合材料进行直流偏置性能的测试。测试时采用的电流值所对应的直流磁场大小可通过以下公式计算：

$$H = \frac{0.4\pi NI}{l_e} \tag{7-5}$$

式中，H 为外加磁场强度值，A/m；I 为测试时输入的电流值，A。测得的结果为外加磁场时的电感值，采用该电感值 L_{s-dc} 比上无叠加直流场时的电感值 L_{s-0}，即能计算出磁导率变化的百分比。

7.2.4.5 综合性能测试

采用交叉功率法（cross-power method），使用岩崎 SY-8218 B-H 分析仪可以表征软磁复合材料各项特性，分析仪主要由主机、功率放大器和恒温箱扫描系统组成，测试结果精度高、重复性好。SY-8218 B-H 分析仪包括 B-H 模式、磁导率模式、磁损耗等多种模式，可完成软磁复合材料磁导率及频率特性、直流偏置特性、磁损耗等关键宏观电磁特性的表征，除此之外，还可表征矫顽力、品质因数、阻抗、复数磁导率、幅值磁导率等特性。

采用磁损耗模式，通过固定磁感应强度，改变频率测试得到不同频率下的损耗，可得到软磁复合材料总损耗 P_{cv}（单位体积的损耗）与频率之间的关系曲线，通过固定频率，改变磁感应强度测试得到不同磁感应强度下的损耗，可得到 P_{cv} 与磁感应强度曲线。

7.3 金属软磁复合材料的制备

慕课

一般情况下，金属软磁复合材料（磁粉芯）的制备工艺可由以下几个步骤组成：软磁磁粉的制备、磁粉的粒度配比、绝缘包覆、压制成型以及退火热处理。每一个步骤都会影响磁粉芯产品的软磁性能。在磁粉颗粒制备环节，成分均一、表面光滑和成型度好的磁粉，有更好的流动性，且便于粉末的绝缘处理；对磁粉颗粒进行合适的粒度配比，可以更好地提高磁粉芯的压制密度；均匀致密的绝缘包覆层可以有效提升磁粉芯的电阻率，降低磁粉芯在高频下的涡流损耗，提高磁粉芯磁导率的频率稳定性；适当的压制强度可以满足成型需求，在实现较高压制密度的同时确保绝缘层不会在压制过程中被破坏；适宜的退火热处理温度和保温时间，不仅能释放掉压制过程中磁粉芯内部产生的内应力，而且影响在压制过程添加的辅料的受热分解，使其从磁粉芯内部的分布式气隙中排出，进而影响磁粉芯的密度与强度。所以制备磁粉芯的每一步都决定了其综合性能。

7.3.1 金属软磁粉末的制备

金属软磁复合材料本质上是由电绝缘层分开的软磁粉末颗粒组成。金属软磁粉末是磁粉芯磁性的主要来源，选择合适的软磁磁粉，对制备出所需性能的磁粉芯材料至关重要。

第一步的磁粉制备尤为重要，因为合金磁粉的磁性能在很大程度上决定了金属磁粉芯的磁性能范围。磁粉性能的优劣与合金成分、杂质含量、晶体结构、粒径大小、颗粒形貌等密切相关；此外，还涉及金属软磁粉末的电阻率、热膨胀系数、导热系数及磁性能等物理参量。对软磁粉末的主要要求是，首先必须有符合规定的化学组成且成分要均匀一致，杂质质量分数要尽可能地减到最少（如$<$0.02）。杂质如 C、O、S 和 N 等，一方面会降低粉末的可压缩性，另一方面，它们也能使晶体的结构发生畸变，并因此阻碍磁畴运动，导致磁粉芯的矫顽力增大，使磁滞损耗增大。第二步，要选择合适形状的颗粒，如纤维状、鳞片状、块状或球形颗粒，以利于制备出满足要求的磁粉芯。不同形状的金属粉末磁晶各向异性场不同、不同

方向的退磁因子不同，导致磁粉芯的有效磁导率和损耗有很大的差别。此外，不同形状的金属粉末流动性差别很大，导致成型难易程度不同、压制成品密度差别很大。第三步，粉末的粒度大小要符合要求，一般要求在2～100 μm之间；粒度分布要满足最紧密堆积的原则，以增加磁粉芯的密度。众所周知，颗粒大小将直接影响磁粉芯磁导率的高低和损耗的大小，但对两者的影响有时是相互矛盾的。例如，粉末颗粒越小，磁粉芯的磁导率就越低，但高频下的损耗也越小；反之，颗粒大，磁导率就高，同时高频损耗也高。粗粉在低频应用时性能更好，因为这时需要更高的磁导率。而对高频应用，最好使用较细的粉末，以减小涡流损耗。可见，合适的颗粒尺寸分布对获得优异的磁性能至关重要。

软磁粉末的制作方式有很多种，包括湿化学法、还原法、机械破碎研磨法、雾化法等。湿化学法是对有液相参加的，通过化学反应来制备材料的方法的统称，如共沉淀法、电解法等。用电解法可以制作铁粉等金属粉末，而羰基铁粉等通常是用还原法制备的。现在制备合金粉末最常采用的方法是机械破碎研磨法和雾化法。

① 机械破碎研磨法是指通过机械器件将提前真空熔炼好，且元素配比调控适当的大块合金击碎，然后进行球磨的制备方法，有时也称为球磨法。首先将通过真空熔炼后的铸锭用重锤击碎，再将碎块放入颚式破碎机破碎成小块，最后将小块的金属块加入球磨罐中进行球磨，在钢球的冲击和球磨罐内壁的共同作用下对铸锭颗粒反复击碎和磨削。在球磨时，要根据实际需求进行磨球的配比，使球磨达到最佳效果。球磨分为干法球磨与湿法球磨。常见的湿法球磨指球磨罐中除磨球与粉料外，还需加入适量无水乙醇。乙醇的添加可以提高球磨效率，而且乙醇还可以对粉料起保护作用，避免粉料在球磨过程中发生氧化。改变球磨参数，如球料比、球磨时间、球磨转速、磨球配比和乙醇添加量，可以进行不同粒径和形貌粉料的制备。制备的磁粉呈不规则的块状，在压制成型过程中，颗粒之间容易契合，空隙率低，磁粉芯的成型性比较好。但是空隙率低也会造成磁粉芯整体电阻率偏低，涡流损耗较高。有些合金粉末如铁硅铝、铁镍及非晶纳米晶合金等，可以通过机械破碎研磨法来制备。

② 雾化法是指将能形成液体的金属利用冷却介质直接击碎形成细小液滴，最后冷凝成粉末的一种制备方法，根据冷却介质的不同又可以分为气雾化法和水雾化法。气雾化法中，雾化介质采用的是惰性气体。在气雾化过程中，膨胀的气体围绕着熔融的液流，在熔化金属表面引起扰动形成一个锥形。从锥形的顶部，膨胀气体使金属液流形成薄的液片。由于高的表面积与容积之比，薄液片是不稳定的。若液体的足够过热，可防止薄液片过早凝固，并能继续承受剪切力而成条带，最终成为球形颗粒。气雾化可获得粒度分布范围较宽的球形粉末。水雾化工艺中，水可以单个的、多个的或环形的方式喷射。高压水流直接喷射在金属液流上，强制其粉碎并加速凝固。因此粉末形状比起气雾化来呈不规则形状。粉末的表面是粗糙的并且含有一些氧化物。经研究，气雾化制备的粉末比水雾化形状更为规则，表面更为光滑，易于被绝缘剂均匀包覆，涡流损耗更小，品质因数更高。但是由于球形度高，颗粒之间的黏结就变得越发困难，因此气雾化法制备的磁粉成型性会相对较差。

7.3.2 成分设计及粒径配比

改变磁粉的合金成分可以优化磁粉的磁性能，例如，添加少量的铝元素，并调整铁和硅的占比，就获得了仙台斯特合金。将贵重金属镍添加到仙台斯特合金中，便获得了磁性能和加工性能更为优异的超仙台斯特高磁导率合金。为了获得具有优异综合性能的软磁合金，成分设计的方向可总结为：a. 添加磁性元素，增强耦合作用和合金的饱和磁化强度；b. 添加过渡金属元素或非金属元素使饱和磁致伸缩系数和磁晶各向异性同时趋于零，以获得最小矫顽力；c. 添加合金元素引起晶格畸变，增强电子散射，提高电阻率，降低磁粉颗粒内部的涡流损耗。

通过机械球磨法或雾化法制备出来的同一批次磁粉颗粒，颗粒尺寸有一定的分布范围，但很难对应于磁粉的密堆积配比。根据粉末堆积理论可知，想要制备密度大的软磁粉芯，需将不同粒径的磁粉颗粒按照一定的比例进行掺混，这一过程被称为软磁粉芯的粒度配比。软磁粉芯的特点是内部有大量的分布式气隙，分布式气隙的多少决定了退磁场的大小，从而对磁粉芯的有效磁导率、直流偏置和磁滞损耗等性能产生影响。对磁粉颗粒进行粒度配比，可以直接控制和调节磁粉芯内部分布式气隙的占比，间接调节磁粉芯的磁性能。合适的粒度配比对磁粉芯的密度有很大的提升，可以有效地降低磁粉芯的磁滞损耗，提高磁导率；在进行粒度配比时，适当增加细粉所占比例，可以降低磁粉芯在高频时的涡流损耗，但细粉占比过高时，会影响磁粉的流动性，影响压制密度。为选择合适的各级磁粉粒径的比例，需研究大量堆积理论模型，并进行对应的磁粉堆积试验进行验证。

7.3.3 绝缘包覆与添加剂

磁粉芯在交变电场下工作时，由于粉末颗粒之间的电接触会产生涡流损耗，不仅消耗了能量，也在一定程度上缩短了粉芯寿命。通过绝缘包覆工艺，磁粉芯的颗粒被绝缘包覆剂分隔开来，增大了电阻率，有效降低了涡流损耗；其次，非磁性相的增加，可以有效提高磁粉芯的直流偏置性能；再次，填充在空隙的绝缘剂可以增加磁粉芯的稳定性和力学性能。另一方面，绝缘层会导致磁粉芯磁导率下降，绝缘层产生的退磁场会导致磁滞损耗增加。因此，包覆剂的种类、含量以及包覆方法，都会不同程度地影响磁粉芯的磁性能。

传统的金属软磁磁粉芯绝缘包覆方法主要分为三类：树脂类有机绝缘包覆工艺、高电阻率无机氧化物绝缘包覆工艺以及树脂/氧化物复合绝缘包覆工艺。其中，树脂类有机绝缘层易包覆均匀，但不耐高温，在退火热处理时会分解，达不到致密绝缘的效果，即使不做高温处理，有机包覆层在长期使用时也容易出现老化问题；无机包覆介质与磁粉颗粒结合能力差、脆性大、易发生团聚、压制过程易破裂，高电阻率无机氧化物绝缘工艺很难在磁粉表面形成均匀分布的致密绝缘层；而树脂/氧化物复合绝缘工艺结合有机和无机两种绝缘工艺的优点，树脂可以帮助氧化物均匀分布，而氧化物可以解决树脂高温分解后磁粉的绝缘问题，可以在一定程度上改善有机介质耐热性差，以及无机介质压制性能差的问题，但是复合包覆大大增加了金属磁粉芯的工艺复杂性。

对磁性合金粉末包覆时绝缘黏结剂是制造磁粉芯的关键工序之一。一般情况下，绝缘剂同时也是黏结剂，如果有必要，还要加入偶联剂和润滑剂等。黏结是金属软磁磁粉芯制备必不可少的一个环节，经过包覆后的磁粉如果不经过黏结工艺，压制成型的磁环很难达到实际应用的强度，成型性非常差，容易在使用过程中溃散。所以，目前市场上都会在包覆工艺过程中添加黏结剂。

黏结剂与偶联剂的选择及其添加量对磁粉芯的磁性能有重大影响。黏结剂的基本作用是增加磁性粉末颗粒之间的结合强度。黏结剂的种类很多，选择黏结剂的原则是结合力大、黏结强度高、吸水性低、尺寸稳定性好且固化时尺寸收缩小，使得磁粉芯的尺寸精确度高，热稳定性好。黏结剂添加量一般占磁粉质量分数 0.5%～5%为宜。黏结剂含量太少，即使能达到绝缘效果，但磁粉芯的强度可能会达不到要求，同时，磁性粉末表面形成的绝缘层容易遭到破坏；而如果黏结剂的含量太多，磁粉芯的磁导率会很低，从而使磁粉芯难以发挥应有的效能。

目前通常使用的黏结剂分为无机绝缘剂和有机绝缘剂两种。无机绝缘黏结剂主要有硅酸钠或硼酸与氧化镁的混合物等，也可以使用硫化锌等，这些适合最后需进行高温退火的磁粉芯。常用树脂来作为有机绝缘黏结剂，加入有机黏结剂的磁粉芯一般不适合作高温退火处理，因为在高温下有机黏结剂会发生分解，从而丧失绝缘和黏结功能。合适的有机绝缘材料分为两类：热塑性塑料和热固性塑料。因为工程上用的热塑性和热固性塑料都可以达到绝缘包覆的目的，因此，它们被普遍用作有机黏结剂。热固性塑料是指受热后成为不熔的物质，再次受热不再具有可塑性且不能再回收利用的塑料，如：甲醛、糠醛甲醛、酚醛树脂、环氧树脂、氨基树脂、酚樣醛、聚氨酯、发泡聚苯乙烯和尿素甲醛制取的树脂等。热塑性塑料是指加热后会熔化，可流动至模具，冷却后成型，再加热后又会熔化的塑料，如聚丙烯（PP）等。

一般来讲，金属铁磁性粉末属于亲水性的，而有些作为黏结剂的高分子材料属于亲油性的。如果将金属磁性粉末颗粒的表面变成亲油性的，则两者的亲和性就会增加。加入偶联剂后，可以使有机绝缘黏结剂能与软磁金属粉末更好地接触，提高磁粉芯的强度和韧性。磁粉中加入合适的偶联剂后再混入合成树脂作为黏结剂，在适合的压力下成型，就可以确保金属粉末之间的结合，此后再经过热处理，这也为研究者们提供了一种新的思路。有试验表明，通过加入偶联剂和黏结剂，会在软磁颗粒表面生成一种薄膜来提高绝缘性。

由于压制磁粉芯时需要很大的压力，为了不损坏模具，延长模具的使用寿命，也为了便于脱模，对于普通的磁粉芯，在成型前会混入润滑剂，然后通过烧结把润滑剂除掉。制备磁粉芯时，虽然铁基粉末可以很容易地被压制成所需的净尺寸形状，但为了提高软磁性能，通常还是需要加入黏结剂和/或润滑剂。润滑剂的应用使机械压制过程变得更容易。润滑剂是用来减小介质或薄膜相对运动表面上的摩擦和磨损的，可以起到润滑、冷却和密封机械的摩擦部分的作用。使用润滑剂后，可以明显降低摩擦阻力，减缓对模具的磨损。此外，加入润滑剂后，在产品脱模时，对生毛坯样品施加很小的力就会脱模。也就是说润滑剂会使脱模变得更加容易，因为如果脱模力量太大，生毛坯会严重受损。此外，润滑剂对摩擦腔体还能起到冷却、清洗和防止污染等作用。在磁粉芯的生产中，典型的润滑剂包括乙烯-双硬脂酰亚胺、金属硬脂酸盐和氟多聚体等。然而在粉末烧结金属材料和磁粉芯中，润滑剂会使成品的磁性能和机械性能恶化，因为润滑剂和绝缘剂在本质上是一致的，都会稀释磁性粉末。润滑剂通常会降低磁性元件的有效密度，并最终降低材料的饱和磁化强度。为了解决这个问题，应把润滑剂的使用量降至最低，或者不使用润滑剂。另一种选择是，可以在高温下成型，以便让润滑剂扩散至模具壁，这样对压制和注射都特别有利。特别是，通过热压可以得到更高的密度。现在的发展趋势是在制备各种磁粉芯和粉末烧结软磁体（或者粉末金属体系）的过程中，直接对模具壁进行润滑，这样，润滑剂就不会进入磁芯内部，可以把润滑剂的负面影响减至最小。

7.3.4 成型与退火工艺

（1）成型工艺

在完成了对软磁颗粒的制备和绝缘剂包覆工序之后，就需要把软磁粉末压制成一定的形状，从而制备出所需形状的磁粉芯。压制成型就是把经绝缘处理的磁性金属或合金粉末压制成一定形状的过程。压制一般是在模具中完成，因此也叫压模压制。压模压制是对置于压模内的松散粉末施加一定的压力后，压制成为具有一定尺寸、形状和一定密度、强度的生坯的过程。

目前对压制成型的研究主要集中在成型压力、保压时间、升压速率和压制方式等方面。通常来说，在成型过程中，选择的成型压力越大，压制出的磁粉芯生坯内部分布式气隙占比就越小，生坯的压制密度越高，金属磁粉芯内部的退磁场越小，有效磁导率就越大。但是就成型压力单方面来讲，对提高生坯致密度的作用有限，成型压力过大会导致金属磁粉颗粒在压制过程中产生塑性形变或破裂进而增大内应力，磁粉碎裂导致金属磁粉表面绝缘层破裂，绝缘效果变差；磁粉间相互接触导致电阻降低使磁粉芯功率损耗增大。粉芯的压制方式有多种，除了普通常温压制（冷压）的方法，还有热压、两步压制、高速压制、等静压等。通过冷压制备的磁粉芯，通常需要进一步的高温热处理来释放应力；热压是在特定的温度下进行压制成型，相较于冷压其采用的压力较小，无需进一步的热处理，同时热压成型的磁粉芯具有更低的孔隙率，更高的密度和更低的残余应力；此外，在热压过程中采用真空的方式可以减小磁粉高温氧化对性能的影响。高速压制在制备磁粉芯中应用得较少，但是采用该方式制得的磁粉芯密度高，应用前景广阔。此外，在压制过程中也可以添加磁场对磁粉进行定向取向，使得磁粉有序排列，提高磁导率。研究表明，增加成型压力、热压成型或者采用两步压制均能使磁粉芯的电感量提高并且降低功率损耗。

粉末在压缩过程中，生坯密度的变化一般可以分为三个阶段：a. 滑动阶段，是指在压力作用下粉末颗粒发生相对位移、填充孔隙的过程。此时，生坯密度会随压力增加而急剧增加；b. 阻力阶段：在这一阶段，在粉末体内会出现压缩阻力，即使再增加压力，其孔隙度也不会再减小，此时，生坯密度将不随压力增高而发生明显变化；c. 形变阶段：在这一阶段，当压力超过粉末颗粒的临界压力时，粉末颗粒开始变形，从而使生坯密度又随压力增高而增加。

磁粉芯应尽可能压制得紧密一些，即毛坯的致密度要高，这样就可以得到高的磁导率。为了把磁粉芯压密实，压力当然越高越好，但压力过高会使粉末表面包覆的绝缘层遭到破坏，从而形成“短路”，致使磁粉芯电阻减小，损耗增加，从而大大降低磁粉芯的品质因数。

在压制过程，由于受到外力的作用，铁磁粉末颗粒有一个由松散态逐渐过渡到密实态的过程。在此期间粉末颗粒会发生位移，互相之间会发生挤压、变形，并会给模具壁造成很大的压力。因此，模具腔壁对粉末位移会产生很大阻力。为了减小这种阻力，需要加入润滑剂。为了达到一定的致密度，压制力还需要保持一段时间（一般叫保压）之后才能减压。在压制过程中，由于力的作用松散的粉末变为密实的磁粉芯产品，在金属粉末颗粒间的咬合力、原子间的力和/或黏结剂的作用力等的共同作用下，磁粉芯获得了一定的强度。但是压制时也会在粉末颗粒内产生内应力，这些内应力如果不消除，就会影响到磁粉芯性能的提高，为此，压制后必须进行热处理。

（2）退火工艺

热处理是磁粉芯制造工艺中最关键的一步，因为通过这个工艺过程，产品将获得最终的磁性和机械性能等。热处理过程的三个主要因素是时间、温度和气氛。材料不同，热处理温度也不相同。不同的热处理炉及产品的尺寸大小不同，所需的烧结时间也很不相同。对于磁粉芯，热处理工序中退火的目的主要有：a. 去除润滑剂；b. 固化；c. 去应力。除此之外，在烧结的开始阶段还要使杂质、残留的水分、黏结剂和润滑剂等都从产品中挥发出去，在这个阶段的气氛主要是惰性气体。在压制过程中还会在颗粒中引入一些冷加工应力和残余应力，这些因素都会阻止畴壁位移，继而增大磁滞损耗。在高温下进行退火处理是降低内应力和磁滞损耗的有效方法。退火过程可以使铁基软磁粉末变得更软，也能使晶粒内的应力得以释放，退火还会使缺陷减少、减小颗粒中的畸变、降低位错密度，因此会增大磁导率，降低磁滞损耗。如果通过退火能实现颗粒间的绝缘，也能降低涡流损耗。

一般来说，退火可以通过三种方式来实现：热退火、磁场退火和热-磁场退火。退火能降低颗粒内的晶格畸变，消除内应力，降低矫顽力、减小损耗，并增大磁导率。退火温度越高，磁导率、饱和磁化强度就会越高，矫顽力就会越低，相应地损耗也越小。然而，退火温度会受到磁性颗粒之间绝缘层的耐热性的限制，如果退火温度高到一定程度，就会使绝缘层失效。这时，磁粉芯的电阻率就会很低，损耗会很高。例如，由于可以实现常规生产，并且对铁粉有好的粘附性，磷酸盐绝缘层是一种普遍用于传统磁粉芯的材料，但其缺点是最高处理温度只有约500℃。因此，在不高于500℃温度下进行退火时，对磷酸盐包覆的软磁粉末颗粒的去应力和对磁滞损耗的降低并不完全。

7.3.5 结构表征技术

① 电感耦合等离子体（ICP）光谱分析　对于金属磁粉芯来说，金属合金存在最佳成分配比，当合金组分偏移化学计量比或者存在比较高的杂质含量时，很可能会引起软磁性能下降。电感耦合等离子体是用于原子发射光谱和质谱的主要光源，以ICP为中心，在周围安装多个检测单元（每一元素配一个检测单元），形成了多元素分析系统。用它做激发光源具有检出限低、线性范围广、电离和化学干扰少、准确度和精密度高等优点，可以对合金中元素组成和含量进行检测。

② X射线衍射（XRD）　采用X射线衍射仪进行样品的物相分析。其原理是：X射线由发生装置发出，当X射线穿过样品时，样品表面原子的电子会被X射线击出，形成与X射线同频率的电磁波。再经干涉加强后，形成衍射波。由于不同物质的原子的种类、数量和位置不同，因此，会得到不同的衍射花样，将衍射花样与标准数据库进行对比，可以获得样品的物相信息，并分析晶格常数、晶粒大小以及材料中的残余应力等。

③ 密度测试　金属软磁粉芯的密度可以间接反映出磁粉芯的有效磁导率、直流偏置、损耗等磁性能。密度测量的常用方法有两种，即排水法和称重法。排水法测量精准，但由于磁粉芯成型工艺的特点，未经烧结的磁粉芯内部含有大量微小的分布式气隙，用排水法测试，水会渗入气隙中，所以无法较为准确地测量体积。因此，磁粉芯的密度均采用称重法计算。用称重天平称出磁环的质量，利用游标卡尺测出磁环的高度与内外径后计算体积，最后根据磁环质量和体积计算出磁环的密度，计算公式如下：

$$\rho=\frac{m}{V} \tag{7-6}$$

式中，m表示磁粉芯质量，g；V表示磁粉芯体积，cm^3；ρ为磁粉芯密度，g/cm^3。

④ 电阻率测试　金属软磁粉芯的涡流损耗取决于电阻率的大小，磁粉芯的电阻率越高，磁粉芯的涡流损耗就可能越低。所以磁粉芯的电阻率对判断涡流损耗的大小有重要的参考意义。金属软磁粉芯电阻率的测试方法有三种。第一种，通过四探针法测量电阻率，此方法通常情况下测量精度高，但是不适合测量磁粉芯的电阻率，原因是磁粉芯并未烧结，是非致密材料，表面有大量分布式气隙，用四探针测量时，测量探针可能与气隙接触，导致电阻率的数据不精准。第二种是利用万用表进行电阻测量，再通过公式将电阻转化为电阻率，但此方法不精确，只能用于测量电阻率的量级。第三种是将导电银浆均匀涂抹在磁粉芯上下表面，烘干后再利用电阻测量仪测量磁粉芯上下表面间的体电阻，最后计算出电阻率。使用智能直

流电阻测试仪测试磁环体电阻，通过电阻率计算公式计算出体电阻率，公式如式（7-7）：

$$\rho=\frac{RS}{l} \tag{7-7}$$

式中，ρ 为电阻率，Ω·m；l 为材料的长度，m；S 为截面积，m^2；R 为电阻值，Ω。

⑤ 粒度分布测试　粒径配比影响粉末流动性，并将最终影响磁环的密度大小、气隙分布和退磁场大小，对软磁性能产生重要影响。可以用激光粒度分布仪进行粒径分布测量。

⑥ X 射线光电子能谱（XPS）分析　XPS 适合对样品表面的成分进行定性和半定量分析，可以对软磁复合材料表面包覆层的元素成分和含量进行测试和分析。

⑦ 扫描电子显微镜（SEM）分析　磁粉芯原料的形状有纤维状、鳞片状、块状或球形颗粒等，选择不同形状金属合金对磁粉芯产品的性能会产生很大的影响。采用场发射扫描电子显微镜观察样品的形貌。其原理是：电子束由电子枪射出，经电子光学系统汇聚至样品表面。被样品反射的电子束，在扫描线圈的作用下，对样品表面进行扫描分析，因而电子束与样品之间相互作用，产生一系列光信号，这些信号经收集器收集并传至显像管上，最终可以得到样品的表面形貌特征。除此之外，还可以进行能谱测试，以确定软磁复合材料的元素组成。

⑧ 透射电子显微镜（TEM）分析　可用透射电镜对磁粉芯的微观结构进行更细致的观察，比如绝缘包覆层的厚度、成分和晶格结构。利用高分辨和球差电镜可以观察金属合金的精细结构，比如成分偏析和晶格缺陷等。差分像衬度（DPC）模式可以表征磁畴结构，原位洛伦兹模式可以在加载磁场下观测磁畴壁的运动过程，有助于软磁复合材料的磁结构分析。

7.4 金属软磁复合材料的分类

慕课

金属软磁复合材料是具有分布式气隙的软磁材料，是以金属软磁合金粉末为原料制备而成，其性能受到合金磁性粉末成分、尺寸、形状、含量及纯度等指标影响，目前常见的金属软磁复合材料包括纯铁软磁复合材料、铁硅软磁复合材料、铁硅铝软磁复合材料、高磁通软磁复合材料、钼坡莫软磁复合材料及非晶纳米晶软磁复合材料，各种金属软磁复合材料的组成、性能及用途如表 7-1 所示。

表 7-1　各种金属软磁复合材料的组成、性能及主要用途

类型	组成	饱和磁通密度/T	有效磁导率	磁损耗	相对成本	温度稳定	主要用途
纯铁软磁复合材料	铁	1.2～1.6	10～100	高	低	差	高频整流器件和电动汽车领域器件
铁硅软磁复合材料	铁硅	约 1.6	26～90	高	低	较差	大功率、大电流光伏发电器件，新能源逆变器等
铁硅铝软磁复合材料	铁硅铝	约 1.05	14～160	低	低	佳	家电电源、光伏发电器件、新能源汽车器件、空调变频器等
高磁通软磁复合材料	铁镍	约 1.5	14～160	中	中	佳	不间断（UPS）电源、高端仪器电源等
钼坡莫软磁复合材料	铁镍钼	约 0.75	14～550	低	高	佳	高温环境电源等国防、军工产品和高科技产品，如功率变压器、脉冲变压器、高频变压器、磁感器及磁开关等
非晶纳米晶软磁复合材料	铁基	1～1.45	26～90	低	高	佳	高频电力电子和电子信息领域器件

7.4.1 纯铁软磁复合材料

纯铁软磁复合材料是由极细的铁粉和有机绝缘介质或者无机绝缘介质混合压制而成，是成本最低、损耗最高的一种软磁复合材料。在19世纪20年代，美国贝尔实验室成功研制出纯铁软磁复合材料,并将其用于电话传输信号。纯铁软磁复合材料的最大的特点在于低成本，同时其在高频下磁导率恒定且直流叠加性能好，其最大的缺点是电导率高，高频下工作时损耗高，所以纯铁软磁复合材料一般在低频下使用，工作温度限制在125℃以下，在工业上一般用于整流和汽车领域。在许多应用中，空间占用和较高的温升不是特别重要的考虑，而成本更为重要，此时纯铁软磁复合材料是最佳选择。纯铁软磁复合材料分为羰基铁粉软磁复合材料和氢还原铁粉软磁复合材料。羰基铁粉软磁复合材料由超细纯铁粉制成，具有优异的直流偏置特性、很好的高频适应性及较低的涡流损耗，可以在较宽的频率范围内应用，是制造高频开关电路输出扼流圈及谐振电感较为理想的材料。

7.4.2 铁硅软磁复合材料

铁硅软磁复合材料（硅钢）是FeSi合金经由绝缘包覆后压制而成，其中硅元素质量分数通常在3.5%～6.5%，美磁（MAGNETICSS）称其为XFlux，韩国昌兴CSC（Chang Sung Corporation）称其为Maga Flux。硅元素的添加，一定程度上消除了磁材磁性能随时间退化的现象。铁硅软磁复合材料具有优异的软磁性能，包括高的饱和磁化强度和优异的直流偏置性能，但其高频下损耗较高，为防止在使用过程中发热较多，铁硅软磁复合材料一般在20 kHz以下使用。同时，由于硅元素的掺入，其过高的脆性导致压制成型性能欠佳。所以需要结合铁硅二元相图,并根据实际应用场合的性能要求选择合适的硅含量,以达成不同的性能目标。目前，主要应用于大电流下的抗流器、高储能的功率电感器、继电器等，在太阳能、风能、混合动力汽车等新能源领域中被广泛使用。

7.4.3 FeSiAl软磁复合材料

为了获得高磁导率，需要尽可能降低材料的磁致伸缩系数和磁晶各向异性常数。材料的软磁性能对合金成分的变化十分敏感，磁致伸缩系数和磁晶各向异性常数可以随着成分的改变而发生变化。前期研究表明，合金成分为85%Fe-9.6%Si-5.4%Al（质量分数）时，其磁致伸缩系数和磁晶各向异性常数同时趋近于零，这就是Sendust合金的标准成分。其初始磁导率在20000到30000之间，最大磁导率高达100000，与同样大小磁导率的铁氧体相比，FeSiAl软磁复合材料具有高达1.05 T的饱和磁感应强度，能够储存更多的能量，有利于器件的高频、高功率和小型化应用。相比于纯铁软磁复合材料，FeSiAl软磁复合材料的损耗低40%到50%。该成分合金具有较低的矫顽力及良好的温度稳定性（从室温到125℃电感的变化范围小于3%），工作时噪声低，其成本低于钼坡莫或高磁通软磁复合材料，使得FeSiAl软磁复合材料成为目前最具性价比的一种软磁复合材料，非常适合用于开关电源中的储能滤波电感器、噪声滤波电感器、功率因数校正器、脉冲变压器等，其在扼流圈应用领域已经占据了80%的市场份额，具有非常好的商业发展前景。

7.4.4 高磁通软磁复合材料

主要成分是FeNi合金，铁磁元素镍的添加使得其具有非常高的饱和磁通密度（B_s=1.5 T）

和储能能力。磁性能随合金成分的不同而有所变化，高镍含量合金具有很高的磁导率，质量分数 50%镍含量合金有很高的磁通密度，而低镍含量合金则具有很高的电阻率，因此需要在不同的应用场合下选择最优的成分条件，并通过包覆工艺和热处理工艺优化其磁性能。FeNi 合金软磁复合材料具备高磁导率、低矫顽力与低功率损耗等优异的软磁性能，但昂贵的价格限制了其工业应用。FeNi 软磁复合材料的高饱和磁化强度与低矫顽力使其广泛应用于高能电磁器件中，但其低电阻率与易氧化的特点限制了其在高频与氧化环境下的使用。目前，高磁通软磁复合材料非常适合用于大功率、高直流偏置场合的应用，如调光电感器、在线噪声滤波器、脉冲变压器及反激变压器等，还可以作为不同类型的热磁合金、矩磁合金以及磁致伸缩类材料的选材，用来制作大功率、大直流偏置的应用器件。

7.4.5 钼坡莫软磁复合材料

在铁镍二元体系中，添加钼元素，就形成了铁镍钼软磁复合材料，又称为钼坡莫软磁复合材料（MPP）。钼坡莫软磁复合材料有着相当优异的软磁性能，其电阻率高，具有最小的损耗和最好的温度稳定性，磁导率可达到 550 左右，且因磁致伸缩系数为零，所以具有噪声低的优点。MPP 在直流偏置下不易饱和，但饱和磁感应强度略低，为 0.75 T 左右。同时，贵重金属钼的添加，使得钼坡莫软磁复合材料生产成本更加昂贵，目前主要应用于国防军工（如卫星、导弹和飞机）领域。

7.4.6 非晶纳米晶软磁复合材料

非晶纳米晶软磁复合材料是一种新型的软磁复合材料，是在近几年随着器件的小型化应用要求而被研究开发出来的。目前常用的非晶纳米晶软磁复合材料一般是应用铁基非晶纳米晶带材作为原材料，将其破碎制成粉末后经过压制得到的软磁复合材料，其电阻率相对较高，直流偏置特性较好。制备非晶纳米晶软磁材料的过程需要快速凝固加以极大的冷却速度，因此只能制成条状或薄带状，从而限制了它在不同形状或体积质量较大的软磁材料等场合的应用，而将薄带进行球磨制粉并压制成所需形状软磁复合材料的方法可以解决这个问题。

7.5 金属软磁复合材料的工程应用

金属软磁复合材料综合了软磁铁氧体和金属软磁合金属性，具有损耗低、磁导率高、饱和磁感应强度高、电阻率高、优良的磁和热各向同性、工作频率范围较宽等特点，克服了铁氧体饱和磁感应强度较低以及金属软磁合金高频下涡流损耗大的缺点，可应用于传统软磁材料难以满足要求的领域。金属软磁复合材料是制作开关电源、电感元件、扼流圈及滤波器等的重要材料，广泛应用于变频空调、UPS、光伏发电、充电桩及新能源汽车等领域。在金属软磁复合材料的实际应用中，具体选择何种材料，取决于多种因素。优化软磁复合材料选择原则是选择能够满足所有的设计目标需求的，同时具有最小折中的材料。如果成本是首要考虑因素，纯铁软磁复合材料是最佳选择；如果温度稳定性是优先考虑因素，首选 MPP。

习题

参考答案

7-1 金属软磁复合材料的制备工艺有哪些步骤？

7-2　软磁粉末的粒度大小对金属软磁复合材料的性能有哪些影响？

7-3　如何通过成分设计获得优异综合性能的软磁合金？

7-4　金属软磁复合材料的绝缘包覆方法主要有哪些？各自有什么优缺点？

7-5　退火工艺的主要目的是什么？

7-6　FeSiAl 软磁复合材料有哪些优势？

7-7　什么是直流偏置？如何进行直流偏置测试？

参考文献

[1] 都有为, 张世远. 磁性材料[M]. 南京: 南京大学出版社, 2022.

[2] 严密, 彭晓领. 磁学基础和磁性材料[M]. 2 版. 杭州: 浙江大学出版社, 2019.

[3] Liu L, Wu C, Yan M, et al. Correlating the microstructure, growth mechanism and magnetic properties of FeSiAl soft magnetic composites fabricated via HNO_3 oxidation [J]. Acta Materialia, 2018, 146: 294-303.

[4] Silveyra J M, Ferrara E, Huber D L, et al. Soft magnetic materials for a sustainable and electrified world [J]. Science, 2018, 362(6413): eaao0195.

[5] Périgo E A, Weidenfeller B, Kollár P, et al. Past, present, and future of soft magnetic composites [J]. Applied Physics Reviews, 2018, 5(3): 031301.

[6] Tajima S, Hattori T, Kondoh M,et.al. Properties of high-density magnetic composite fabricated from iron powder coated with a new type phosphate insulator [J]. IEEE Transactions on Magnetics, 2005,41 (10): 3280-3282.

[7] 魏鼎. 铁硅系金属磁粉芯制备研究[D]. 武汉: 华中科技大学, 2015.

[8] Xie D Z, Lin K H, Lin S T. Effects of processed parameters on the magnetic performance of a powder magnetic core [J]. Journal of Magnetism and Magnetic Materials, 2014, 353: 34-40.

[9] Tsang C, Decker S.The origin of Barkhausen noise in small permalloy magnetoresistive sensors [J]. Journal of Applied Physics, 1981, 52(3): 2465-2467.

[10] 郭贻诚. 铁磁学[M]. 北京: 北京大学出版社, 2014: 36-45.

[11] 麦克莱曼.变压器与电感器设计手册[M]. 龚绍文, 译. 3 版. 北京: 中国电力出版社, 2009: 12-15.

[12] 波尔 R. 软磁材料[M].唐与湛, 黄桂煌, 译. 北京: 冶金工业出版社, 1987.

[13] Gutfleisch O, Willard M A, Bruck E, et al. Magnetic Materials and Devices for the 21st Century: Stronger, Lighter, and More Energy Efficient [J]. Advanced Materials, 2011, 23(7): 821-842.

[14] 赵国梁. 高 Bs 低功耗铁基软磁复合材料的制备及性能研究[D]. 杭州: 浙江大学, 2016.

[15] 刘亚丕, 石康, 石凯鸣, 等. 软磁磁粉芯和烧结软磁材料: 结构、性能、特点和应用[J].磁性材料及器件, 2020, 51: 67-69.

第 8 章

非晶与纳米晶软磁材料

8.1 非晶合金概论

非晶合金也称金属玻璃，是将几种金属或类金属按一定的配比熔炼形成熔体，在快冷却速率（10^5～10^6 K/s）下凝固为具有非晶态结构的合金。组成非晶合金的原子之间靠金属键结合，且金属原子在几个原子间距的范围内保持有序特征，表现出短程有序结构。

8.1.1 非晶合金发展历史

非晶合金的发展历史悠久，早在 20 世纪 20 年代，人们就已经开始探索非晶合金的人工制备问题以及相关理论。非晶合金最早是由德国科学家 Krammer 使用气相沉积法制备得到的。1950 年，Brenner 等人运用电沉积法成功地制备出 NiP 非晶合金。半个世纪后，As、Te 非晶半导体被成功研发出来，发现其有很多特殊性能，也拓展了非晶领域新的研究方向。

1967 年，Duwez 等人首次成功制备了具有软磁性能的 $Fe_{80}P_{12.5}C_{7.5}$ 非晶合金，该合金的形成验证了 Gubanov 等人提出的非晶结构存在铁磁性理论，推动了软磁非晶合金的发展。20 世纪 70 年代左右，陈鹤寿等人制备了直径为 1 mm 含有贵金属 Pd 的非晶合金。Turnbull 等人使用助熔剂包裹法制备出厘米级的 PdNiP 和 Pt 基非晶合金，但 Pd 和 Pt 均属于贵金属，成本较高且制备工艺复杂，不适宜工业化推广，只能做一些非晶合金的物理研究。在之后的研究过程中，为了获得具有高非晶形成能力的非晶合金，许多新型的制备工艺不断出现比如机械合金化法、离子束混合和电子辐照法以及氢化法等。这些方法虽然没有完全解决大块非晶合金制备的难题，却让人们对于非晶合金的形成机理有了新的认识。

在探索非晶合金制备工艺的过程中，日本东北大学 A. Inoue 等人打破常规，通过改变工艺条件来制备非晶合金，并将重心放在了合金的成分设计上。1989 年，A. Inoue 使用水淬法和铜模铸造法成功制备了 MgY(Cu，Ni)、LaAlNiCu、ZrAlNiCu 等非晶形成能力很高、直径最高为 10 mm 的棒状非晶样品，促进了块体非晶合金的发展。而 Johnson 等利用“混乱原则”开发了非晶形成能力较好的 ZrTiCuNiBe 合金体系，成功制备了临界直径为 10 mm 的 $Zr_{41.2}Ti_{13.8}Cu_{12.5}Ni_{10.0}Be_{22.5}$ 五元系块体非晶合金。A. Inoue 还根据大量的试验结果总结出了非晶合金体系形成三准则：a. 由三个或三个以上组元构成的多元合金系；b. 合金中主要组成元素的原子尺寸差大于 12%；c. 主要组元之间的混合焓为较大的负值。这对非晶合金的设计及之后高熵合金的开发都具有很好的指导作用。目前，已开发了不同体系的块体非晶合金，比如：La 基、Zr 基、Mg 基、Al 基、Cu 基、Fe 基等块体非晶合金体系。

随着非晶合金发展的兴盛，人们也越来越关注非晶合金的性能及应用。1995 年，A.Inoue 等首次通过成分设计制备了具有优异软磁性能且临界直径为 1 mm 的 Fe(Al，Ga)(Si，P，B，

C，Ge)块体非晶合金。虽然其临界直径较小，但却填补了 Fe 基块体非晶合金研究的空白，也证明若进一步通过成分设计，可制备出临界尺寸更大的 Fe 基块体非晶合金。而且，由于 Fe 基块体非晶成本较低，且软磁性能优异，成为了最具有实际应用前景的体系之一。2000 年，A. Inoue 等人制备了具有较大过冷液相区的 Ni 基非晶合金，这对未来开发具有高强度和良好延展性的镍基块体非晶合金提供了很好的方向。2007 年，汪卫华等人发现了具有超大塑性的 Zr 基非晶合金，打破了人们对非晶合金较脆的传统观点。

在数十年的发展中，非晶合金的体系在不断完善，研究人员对非晶的认识也不断深入，尽管目前还有很多问题未能解决，但只要研究者们继续努力，不断传承，非晶合金一定会在越来越多的领域得到应用。

8.1.2 非晶合金结构特征

8.1.2.1 长程无序、短程有序

非晶合金原子结构具有长程无序、短程有序的特点。非晶无序并不是“混乱”，而是破坏了长程有序系统的周期性和平移对称性，形成了一种有缺陷的、不完整的有序，即最近邻或局域短程有序。非晶合金的短程序包含几何短程序和化学短程序。几何短程序是指近邻原子在空间几何位置有规律地排列。化学短程序是指在多元系中，任一类原子周围，其近邻原子分布不是随机的任意分布，而是根据原子间相互作用的特点分布，且近邻的原子键分布具有一定的规律性。非晶合金中还存在个别局域中程序，即在原子的第二、三近邻尺度范围存在一定的有序性。

由于非晶合金的长程无序、短程有序特性，其 XRD 图谱呈现明显的漫散射峰特征，没有明显的晶化相析出。非晶合金的衍射花样由较宽的晕和弥散的环组成，没有表明结晶态的任何斑点和条纹，且利用电子显微镜看不到由晶粒晶界、晶格缺陷等形成的衍衬反差。

8.1.2.2 结构不均匀性

宏观上，晶体材料表现出各向异性的特点，其物理性质在不同晶体学方向上不同。由于非晶合金中原子排列没有长程有序，其宏观上表现出均匀和各向同性，物理性质在各个方向均相同。然而，由于非晶合金的局域有序结构无法完整地占据整个空间，微观上非晶合金具有纳米乃至微米尺度的结构和动力学不均匀性。这种结构不均匀性可通过局域静态结构特征、短/长时动力学特征、力学响应、晶化行为等多方面体现。此外，结构不均匀性是非晶合金的一个本征特性，是形变和弛豫行为的结构起源，而形变和弛豫行为与非晶合金稳定性密切相关。因此非晶合金的结构不均匀性对理解和解释非晶合金的失稳过程非常重要。

8.1.3 非晶合金结构缺陷与弛豫

8.1.3.1 非晶合金结构缺陷

理想完美的非晶结构是连续无规网络，具有以下特征：每个原子是三重配位的；结构理想、没有悬空键；键与键之间的夹角不相等且其值是分散的；不存在长程有序。而相对一切理想连续无规网络的偏移则称为非晶合金的结构缺陷。非晶合金的缺陷由无规网络中化学键的晶格畸变引起，这种变化将产生定域态。此外，在非晶合金的制备过程中也会引起缺陷，并严重影响材料的电学性质和光学性质。总之，凡与正常键结构发生偏离的其他结构，都可

称为缺陷结构。

8.1.3.2 非晶合金结构弛豫

非晶合金是液态金属经过快速冷凝制备，其内部结构与液态合金类似，原子分布不均匀，存在大量空位、层错等缺陷以及较大的内应力。因此，在热力学上，非晶合金是一种高能的亚稳态结构。在适当温度下，亚稳态的非晶合金会自发地向能量更低的晶态转变。以玻璃化转变温度作为分界点，当温度高于玻璃转化温度时，非晶合金会发生晶化。当温度低于玻璃化转变温度时，非晶合金不足以发生晶化，但非晶合金中的原子将进行局部重排，使其自由能降低，从高能量的亚稳态缓慢地向低能量的亚稳态转变，这个过程被称为结构弛豫。非晶合金的结构弛豫是一种涉及电子组态、原子组态、扩散等多方面的复杂过程，且会引发非晶合金物理性能的显著变化。此外，结构弛豫是非晶合金预处理的理论基础。

8.1.4 非晶合金结构模型

为了更直观具象地描述非晶合金的内部结构，研究人员建立了许多描述其原子排列结构的理论模型。主要原子结构模型有微晶模型、连续无规网络模型（CRN）、硬球无规密堆模型（RCP）、FCC/HCP 密堆团簇模型、准等同团簇模型。对非晶金属来说，硬球无规密堆模型最适合，将会重点讨论。

8.1.4.1 微晶模型

最早提出的非晶结构模型是微晶模型，认为非晶体是由大小约为十几至几十埃的微小晶粒构成。每个微小晶粒仍具有晶体结构，构成非晶体单元。在晶粒间界区域，由于取向不同的晶粒相连时，互相不能很好匹配，其结构是无序的，因而存在大量悬挂键的断键。这种模型很类似多晶结构，所不同的是多晶体中晶粒要大得多。微晶模型可以定性说明为什么非晶固体的衍射图形常是一些晕圈，最强晕圈的衍射角也与某个晶态衍射环的衍射角相近，而且衍射试验测定出的配位数也常与晶态的相同。由于沿用了晶态的处理方法，原则上使用德拜（Debye）公式来计算微晶的 X 射线散射强度。但是此模型存在着明显的缺点，例如由于微晶晶粒很小，而且取向是随机的，在晶界处相邻晶粒的晶向间夹角必然较大，因而使无序晶粒间界区占据很大比重，可达整个晶体的一半，因此，悬挂键密度很大。但实际测得的悬挂键密度只是千分之一，与模型预计不同。此外，微晶模型计算得到的径向分布函数（RDF）总是与试验结果差别较大，这是该模型的主要问题，对它的讨论仍在进行中。有人认为这种模型进一步发展后可能与其他模型逐步一致。

8.1.4.2 连续无规网络模型

人们常用键长、键角等参数来描述共价键晶体结构。试验表明，共价结合的物质成为非晶态时，其最近邻原子间关系基本上与晶态相似。据此，Zachariazen 提出了非晶的连续无规网络模型，它要求最近邻原子间的键长、键角关系与晶态类似，允许在一定范围内涨落，而长程序则由于键的无规排列而消失，模型的径向分布函数和密度需与试验结果尽可能接近。建造无规网络模型时，一般使用球和辐条作为结构单元，辐条长度变化和辐条间的夹角变化反映键长、键角的涨落，与每球相连的辐条数等于最近邻原子数（键数）。这样建造的模型便于测出原子位置，分析键长、键角等参数影响和计算径向分布函数。

图 8-1 是两种连续无规网络图，其中图 8-1（a）为α-Si、α-Ge 非晶模型，图 8-1（b）为 A_2B_3（如 As_2Seg、As_2S_1）非晶模型。它们的蜂房点阵有如下特性：①图 8-1（a）的配位数 *Z*=3，每一个原子是三重配位；②图 8-1（a）的最近邻距（即键长）是常数或近似为常数，而图 8-1（b）有不变的键长；③两种结构都是“理想”的，即不允许有悬挂键，两种网络都是无限延展的。特征②是保证共价玻璃的能量和晶体能量相差很小的条件。晶态和非晶态连续无规网络之间有明显不同的两个基本特性：①CRN 具有明显的键角分散特征；②CRN 不存在长程序。一般来说，CRN 近邻间的键长接近相等，键角偏差约为 9.1%，密度约为晶态的 99%。最近邻位形特别是配位数不变和键长基本不变是共价非晶固体的明显标志。共价玻璃中，短程有序和相应的晶体没有什么差别，比起金属玻璃，它的局域有序要高得多。

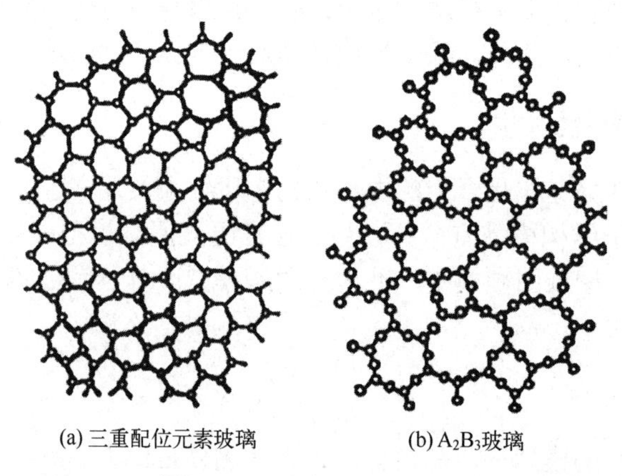

(a) 三重配位元素玻璃　　(b) A_2B_3玻璃

图 8-1　二维连续无规网络

8.1.4.3　硬球无规密堆模型

目前，硬球无规密堆模型是非晶金属结构最适合的模型。在试验中建造硬球无规密堆模型，是把等径硬球填入一表面不规则的容器中摇紧挤实（避免采用带平面的容器，这会使球易于排列成层，从而形成晶态密堆区），然后用石蜡一类物质固定硬球之间的相对位置，再测量出各球心坐标，确定模型的堆积密度（定义为硬球的固有体积与模型的总体积之比）。根据所测定结果，采用类似于晶态的同样参数（如密度）和函数（如 RDF）来描述其结构和特性，比较晶态和此结构的差别。对非晶态不同部分的特性描述通常取统计分布的形式。等径硬球的无规密堆模型的一个重要特性是它有明确的堆积密度上限值（0.6366±0.0004 或为 0.6366±0.0005），这个堆积密度上限比密堆晶体（不论是面心立方 FCC 或六角密堆 HCP）的堆积密度值（0.7405）低得多，约为晶态的 86%。经 Benard 等人反复试验验证，硬球无规密堆密度的具有可靠性和重复性。

根据模型研究，有各向同性相互作用的同种粒子在二维空间紧密排列时，最密的局部排列是等边三角形，这种排列导致正六边形的结构单元，只能得到规则排列的“晶体”，只是在三维空间中才出现晶态密堆和无规密堆之分。如对 FCC 排列来说，有 2/3 点阵组成正四面体，1/3 点阵组成八面体，它们密堆填满空间。但不论是四面体或八面体都不能单独地填满空间，而是构成严格的排列方式和比例，这就是晶态的对称性。而三维空间却允许存在无规密堆，它的基本特点是具有极大的短程密度，最密的局部排列可以是四边形或四面体。四边形作尽可能密集的排列时，会形成有五次旋转对称的结构单元，这样就不能形成晶体，而得到的是非晶结构。三维晶体的特点是有极大的长程密度和对称性，有大量的八面体局部结构，而在非晶体中，不存在长程序和极大的长程密度，也没有那么多八面体结构。总之，在二维空间中，短程密度极大与长程密度极大是一致的，而在三维空间中，这两者却不一致。

Benard 曾制作球辐模型（ball and spoke model——Benard 模型，常用作无规密堆模型的同义词)进行分析无规密堆模型几何特点。他认为无规密堆可以看作是由五种多面体组成的，这五种多面体通常称为 Benard 多面体，如图 8-2 所示。多面体的顶点是一些等边三角形，各多面体靠这些三角形互相连接（连接硬球的边称为辐）。这些多面体互相连接而填充空间时，允许各边长与理想值有少许偏离。这五种多面体是：a. 四面体；b. 八面体；c. 附三个半八面体的三角棱柱；d. 附两个半八面体的 Archimedes 反棱柱；e. 四角十二面体。后三种多面体的引入使结构不会有长程序，因为后三种多面体中有不少五边形。Benard 通过观察统计出各种多面体所占的比例，其结果列于表 8-1 中。四面体多，八面体少(晶态的八面体多达 1/3)，是非晶结构的重要特征。

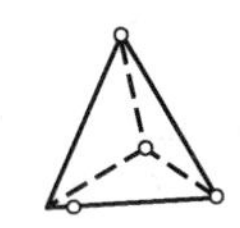
(a) 四面体

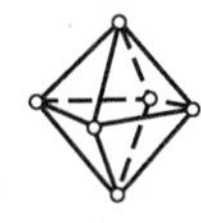
(b) 八面体

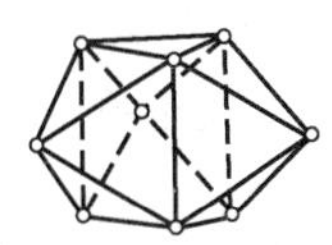
(c) 三角棱柱，附三个半八面体

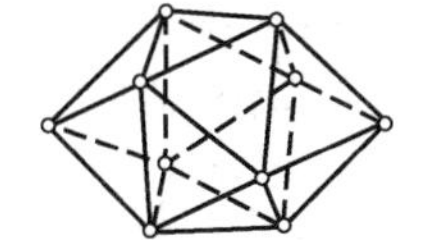
(d) Archimedes反棱柱，附两个半八面体

(e) 四角十二面体

图 8-2　Benard 多面体

表 8-1　关于 Benard 多面体的一些数据

多面体种类	数量百分比/%	体积百分比/%	顶点至中心位置（以球径 D 为单位）
四面体	73.0	48.4	0.61D
半八面体	20.3	26.9	0.71D（全八面体）
三角棱柱	3.2	7.8	0.76D
Archimedes 反棱柱	0.4	2.1	0.82D
四角十二面体	3.1	14.8	0.62D

为了更深入了解非晶金属的结构，可建立 Voronoi 多面体或称 WS（wigner-seitz）元胞（以及蜂房、泡沫）来分析无规密堆结构。Voronoi 多面体是以某个球作为中心，将各近邻的球心相连，这些连线的垂直平分面所围成的多面体，每个多面体有一个球心。用化学键连接的无穷大点阵，各球心的 Voronoi 多面体可以连续地填满空间。对配位数为 12 的 FCC 晶格，原子多面体是菱形十二面体(二维是正六边形)，图 8-3 表示二维无规点阵中一部分二维 WS 元胞（是多边形而不是多面体）。FCC 空间点阵的“晶体”是规则的菱形十二面体，BCC

图 8-3　由不规则点阵确定的平面多边形元胞
黑点表示原子位置，WS 元胞由细线表示，用粗线表示化学键，阴影表示两个元胞

结构则是由 8 个六边形、6 个正方形组成的十四面体-截角八面体。非晶态的无规蜂房是互不等同的不同形状多面体的统计分布。

原子点阵空隙可以构成另一种多面体，如 FCC 中八面体和四面体（八面体空隙可以容纳 0.41D 球，四面体空隙可以容纳 0.22D 球，D 是球径），其边线为点阵座间的连线，边对应于原子—原子键。FCC 点阵四面体、八面体按一定规律填满空间。描述非晶金属最合适的是以原子元胞蜂房的 Voronoi 多面体为基础的模型。

无规阵列产生的 WS 元胞充满空间时，第一，每个面由两个元胞共有；第二，每个边被三个元胞共有；第三，每个顶点被四个元胞共有。第一点来自定义，第二点是因为离三个不相关点等距位置的轨迹是一条线，第三点是因为离四个不相关点等距位置的轨迹只有一个点。如果要使多于三个元胞共有一边，或者多于四个元胞的顶点相重合，则产生 Voronoi 多面体的那些球心必须以特殊的对称性相关联。无规密堆的球心没有这种对称性，不存在有规则的蜂房。经统计平均计算，无规蜂房的元胞面的平均边数 P=5.12，无规蜂房的平均面数 $F=12/(6-P)=13.6$，与通过经验观察无规密堆点阵的值极为接近。以上关系称为无序系统的拓扑约束条件。F 的表达式根据三维密堆的 Euler-Poincare 关系表示如下：

$$V-E+F-N=1 \tag{8-1}$$

式中，V 是多面体顶点数；E 是多面体边数；F 是面数；N 是元胞数。

考虑把式（8-1）用到单个孤立的多面体情况，即 $N=1$。对于立方体（$V=8$，$E=12$，$F=16$）和菱形十二面体（$V=14$，$E=24$，$F=12$）均能满足以上关系。对统计蜂房的平均元胞，根据上述连接特性，每 4 个元胞（及边）共一个顶点，每三个元胞（和面）共一个边。因而从这个网络分割出来的单个多面体每三个面（及边）共一个顶点，每两个面共一个边（或者说因一边有两端点，一顶点有三边），加上每个多边形面和 P 个边（及顶点）相接触这一事实，所有这些无序拓扑信息均包含在下式中：

$$3V=2E=PF \tag{8-2}$$

把式（8-2）代入式（8-1）中，得到 $F=12/(6-P)$。

应该注意到，尽管规则的十二面体满足式（8-2），且 $P=5$，但空间并不能被这种元胞填满，用规则的十二面体构造一个三维蜂房是不可能的。在无规密堆的蜂房中，十二面体元胞也是极少出现的。在式（8-2）中如令 P 趋于 6，面的数目 $F=12/(6-P)$ 将趋于无穷，这种极限多面体的表面实际上相应于无限二维蜂房，其 Voronoi 多边形是规则的六边形。图 8-4（b）是两个无规密堆中可能出现的 Voronoi 多面体（不规则的 WS 元胞），同时给出菱形十二面体-立方密堆中的规则 Voronoi 多面体，见图 8-4（a）。

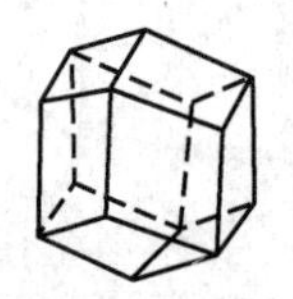
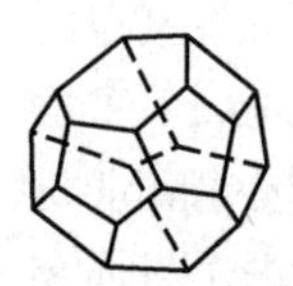
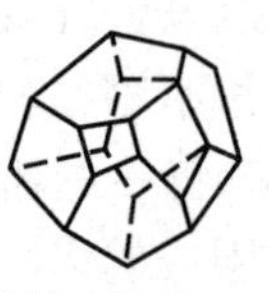

(a) 立方密堆WS元胞　(b) 无规密堆中可能出现的两个元胞

图 8-4　Voronoi 多面体形态

图 8-5 是 Finney 对无规密堆中 WS 元胞的统计分布图。对于 P 分布，即不同类型多边形面，最常出现的是 $P=5$（约占总面数的 41%），然后依次是 6（29%），4（19%），7（6%），3（4%）以及 8（1%）。对于每个多面体中面数目 F 的分布，最常出现的是 14 面元胞，然后依次是 $F=15$、13、16、12 及 17。Finney 曾分析了一个 7994 个球组成的模型，选取了 5500

个 Voronoi 多面体，得到的平均边数结果是5.158 ± 0.003。无规密堆 Voronoi 多面体有大量五边形面，这也是一个重要的几何特征。

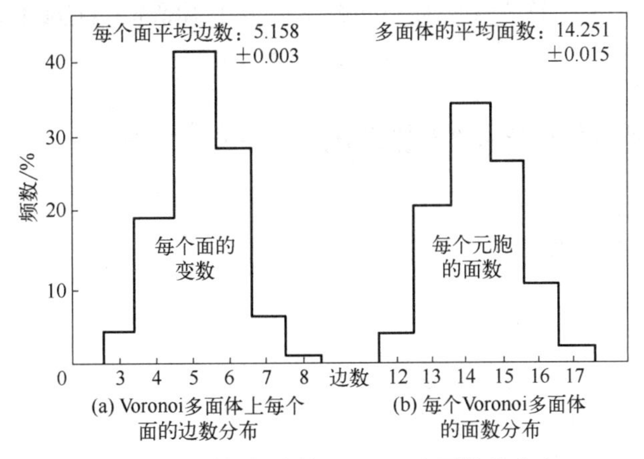

图 8-5 硬球无规密堆 Voronoi 多面体的分布

许多贵金属或过渡金属与 C、Si、Ge、P、B 等元素形成非晶合金时，在金属原子百分比为 80%时比较稳定。Polk 曾用密堆模型对此加以解释。从 Benard 多面体的分析结果可知，如果不将半八面体分别计数，则三角棱柱占 3.8%，Archimedes 反棱柱占 0.5%，四角十二面体占 3.7%，三种共占约 8%。无规密堆平均每个原子有 3.38 个空洞，因此，上述三种空洞数非晶态平均每原子有$3.38 \times 8\% = 27\%$。如果每个这种空洞可填入一个非金属原子，这样金属原子所占的原子百分比就是$100/127 = 76\%$。本来这些非金属原子的半径与金属原子相似，但由于金属-非金属原子间强烈相互作用，非金属原子的外壳层电子公有化，从而使得非金属原子可以填入这种空洞。按照这种解释，非金属原子间不会成为最近邻。这一点已被其他测试手段间接证实。

8.1.4.4 FCC/HCP 密堆团簇模型

Miracle 提出可按照晶格排列的方法将原子团簇作为一个整体放置到晶格节点上，而间隙位置上排列其他组元。这种模型不仅考虑了最近邻的原子，还延伸到次近邻甚至更远处的原子排列，这种延伸在于将单个团簇理想化为球形，并将这种团簇按照最密集的 FCC 或 HCP 结构排列，这种团簇排列引进了溶质有序化，这种有序化超出了最近邻范围。FCC 和 HCP 结构晶体均是密排结构，从一层密排原子层面上的一个原子出发，在最近邻原子层面上的原子间距和原子分布两者是完全一样的，FCC 结构与其内部层错结构的差异等价于 FCC 与 HCP 两种结构的差异。团簇之间存在共用原子，这些共用原子均是溶剂原子，团簇之间或共面、或共线、或共点。从原子密排的角度看，共面可达到较高的密度，但是由于内部应变的需要，往往使得团簇间形成共线和共点。

8.1.4.5 准等同团簇模型

Sheng 等人将同步辐射技术与第一原理分子动力学模拟相结合获得了 TM-Metalloid 系（TM 表示过渡金属），TM-TM 系和 Metal-TM 系的原子结构，基于试验和计算结果，按照 Voronoi 拼接法抽出不同种类的团簇，用$< n_3, n_4, n_5, n_6, \cdots >$指数来表示溶质原子周围不同类型的多面体，指数中的 n 表示边形的数目。对于各种配位数相应的多面体，随着原子的半径比不同，各种非晶中出现频率最高的团簇类型不同。对于不同的非晶，局域配位多面体在几何构造上不同。构成非晶结构单元的是团簇，各种团簇的尺寸差别不大，溶质的配位数变化也较小。他们将准等同团簇当作刚性球，每个团簇占据一个配位多面体体积，溶质原子位于中心位置，团簇按照二十面体堆次序排列，即除部分按照544或433对排列外，主要按555对排列。

8.2 非晶合金形成热力学与动力学

慕课

8.2.1 非晶合金的热力学

8.2.1.1 合金化效应

通常，典型的非晶合金是由过渡金属与类金属元素组成的。这类合金熔点通常位于低共熔点附近，在该处液相有可能比晶体相更为稳定，再加以熔点温度比较低，故容易制得较稳定的非晶合金。特恩布尔曾认为若体系能抑制结晶而成为平衡相混合物，则必然存在某一合金成分使非晶态比单相晶态具有更低的熔点值，并形成非晶。非晶的形成倾向（GFT）与稳定性通常用$\Delta T_{\mathrm{g}}=T_{\mathrm{m}}-T_{\mathrm{g}}$或$\Delta T_{\mathrm{x}}=T_{\mathrm{x}}-T_{\mathrm{g}}$来描述，其中$T_{\mathrm{m}}$为熔点，$T_{\mathrm{g}}$为非晶转变温度，$T_{\mathrm{x}}$为结晶开始温度。对已知非晶合金，$T_{\mathrm{m}}$高于$T_{\mathrm{g}}$，而$T_{\mathrm{x}}$接近于$T_{\mathrm{g}}$。当温度从$T_{\mathrm{m}}$降低时，结晶速率将迅速增加。试验证明，当过冷度$\Delta T_{\mathrm{g}}$减小时，则获得非晶的概率增加。因此，提高$T_{\mathrm{g}}$或降低$T_{\mathrm{m}}$都有利于非晶的形成；另一方面，若$T_{\mathrm{g}}$保持不变，$T_{\mathrm{x}}$增高，将使非晶的稳定性增加，所以能形成非晶合金并不一定意味着该非晶合金的稳定性是高的。这表明非晶合金的形成与稳定性是由不同的机理决定的。

8.2.1.2 原子的相互作用

陈鹤寿研究工作表明，尺度不同的相异原子之间相互作用所引起的短程有序，将使T_0增高，由此引起过冷度降低，有利于非晶态形成。对于二元体系$A_{1-x}B_x$，当x远小于1时，原子A与原子B之间相互作用所导致熔点下降，由下式表示：

$$\Delta T=\frac{RT}{\Delta S_{\mathrm{m}}}\left[-\ln(1-x)-\frac{\Omega}{RT}x^2\right] \tag{8-3}$$

式中，R为气体常数；ΔS_{m}为分子熔融熵；Ω为相异原子间的结合能。

式中第一项是由理想混合所引起的温度下降，第二项则是由相异原子间相互作用所导致的熔点下降，计算表明两项数值可相比拟。原子间相互作用一般随组成元素的负电性差别而增加，并在形成金属化合物倾向中起主要作用。过渡金属TM和类金属M所形成的非晶态合金，不管它们处于熔融状态或金属化合物状态，当由相应纯组元形成非晶态合金时，始终显示出负混合热，这意味着在合金内相异原子间存在着强相互作用，熔融态或固态合金中存在高度短程有序。非晶合金的形成倾向和稳定性随类金属含量增加而提高，这归因于过渡金属和类金属原子之间强相互作用。原子间强相互作用通常形成A_3B、A_2B及AB型金属间化合物，这与深共晶点相对应，此时$\frac{T_{\mathrm{g}}}{T_{\mathrm{m}}}$的值约为0.6。同时，微量元素掺杂能够显著提高非晶态合金的形成倾向和稳定性，它表现在下述三个方面：①气体杂质与主量元素间强烈的原子相互作用；②微量元素的加入降低T_{m}，从而引起过冷度降低；③由于原子尺度的不均匀引起结晶过程的动力学阻滞。

非晶的形成倾向也可用约化熔化温度τ_m来描述：

$$\tau_m = \frac{kT_m}{h_v} \tag{8-4}$$

式中，k为玻尔兹曼常数；h_v为蒸发热。

非晶合金的形成倾向随T_m的降低而增加，而约化温度τ_m表示温度为T_m时扩散原子迁移率的量度。

8.2.1.3 尺度效应

原子的尺度效应是影响合金非晶形成倾向与稳定性的主要因素之一。若原子尺度的差异增加，则会显著地增加非晶合金的形成倾向和稳定性。计算机模拟结果表明，与具有同一半径的均匀硬球相比，在同样的压力条件下，由不同半径的硬球所形成非晶态的体积较小，熵取正值且自由能较低。此外，若在无序堆积的硬球之间加入半径较小的粒子，将会得到比均匀硬球更为紧密的堆积。陈鹤寿的研究工作表明，对二元固体A_xB_{1-x}，由于溶剂原子A与溶质原子B的原子尺度的差异，它们之间的错配度ε所引起的错配弹性能$E(x)$将是：

$$E(x) = \frac{6\mu V \varepsilon^2 x(1-x)}{Y} \tag{8-5}$$

而

$$Y = \frac{3(1-\nu)}{(1+\nu)} \tag{8-6}$$

式中，μ为切变模量；V为分子体积；ν为泊松比。

此类错配弹性能在液相中是不存在的，使晶态去稳，并引起熔点T_m下降：

$$\Delta T_m = \frac{\Delta E(x)}{\Delta S_m} \tag{8-7}$$

由上式所得的计算结果与试验的测定值比较吻合。

8.2.1.4 位形熵

位形熵S_c对于非晶的形成与稳定性至关为重要。亚当与吉布斯提出了形成非晶的液体统计位形熵模型，推导出每克分子的平均协同转变概率$\bar{W}(T)$：

$$\bar{W}(T) = A\exp\left(-\frac{\Delta\mu S_c^*}{kTS_c}\right) \tag{8-8}$$

式中，A是与温度无关的频率因素；$\Delta\mu$是每个原子的势垒高度；S_c^*是发生反应所需的临界位形熵。

临界协同区的尺寸Z^*与临界位形熵S_c^*存在下述关系：

$$Z^* = \frac{N_A S_c^*}{S_c} \tag{8-9}$$

式中，N_A为阿伏伽德罗常数。

事实上，临界位形熵S_c^*乃是协同转变可能发生的一般位形条件，对于所有形成非晶的液体，它几乎是相同的。弛豫时间或形成非晶的液体黏滞系数η，均与平均协同转变概率成反比，即

$$\eta = A' \exp\left(\frac{\Delta\mu S_c^*}{kTS_c}\right) \quad (8\text{-}10)$$

式中，A'为与温度无关的频率因素。

形成非晶液体的黏滞系数与温度的相关性随$\Delta\mu / S_c$按指数增加。因此，弛豫时间或黏滞系数主要与协同转变有关，而协同重排区域大小由位形熵决定，即过冷液体的黏滞系数主要取决于S_c，而不是$\Delta\mu$。由平衡理论或准平衡理论可知，转变温度T_g时，位形熵几乎消失，临界协同转变区趋于无穷，即在整个物体中均匀发生原子或分子重新排列而形成非晶。值得注意的是，硬球无规密堆模型计算表明，在达到无规密堆的密度以前，液体的扩散与流动性实际上已完全消失。这是由于在非晶转变温度时，位形熵已被冻结而呈常量，此时对黏滞系数起主要作用的是势垒$\Delta\mu$，它与内聚能（包括原子间吸引与排斥势）有关，同时也与形成非晶液体中短程序的结构状态有关。因此，作为阻碍原子作协同重排的势能$\Delta\mu$必然与非晶的形成与稳定性有关。陈鹤寿研究表明，相异原子间强相互作用不仅使非晶转变温度T_g增高，同时使熔点T_m下降。应该指出，若原子间强相互作用太强，就会出现金属化合物。

8.2.1.5 化学键能

对非晶合金 PdSi、PdNiP 及 FePC 研究发现，其径向分布函数的第二峰发生分裂，这与晶态金属的十四面体结构十分相似，即类金属原子位于十四面体中心，而金属原子则占据十四面体角上位置；另一方面，对 AuSi 及 PtNiP 等非晶态合金研究发现，它们的径向分布函数的第二峰并不出现分裂，这似乎表明，它们的原子排列与十四面体结构有所不同。但是，比较一下非晶态合金 PtNiP 与 PdNiP，其原子尺度差异是相同的，而径向分布函数则有明显的差异。这表明仅用原子大小来说明两种合金的径向分布函数差异是不够的。陈鹤寿认为，PdSi、PdP 及 FeP 等合金呈稳定金属间化合物 T_3M 及 T_2M，并能形成深共晶成分。所以，当金属、类金属的十四面体结构有强的化学键能存在时，则在共晶成分附近，液态内仍保留有十四面体短程序，径向分布函数曲线的差别实质上反映了两类合金在其液态内短程有序之间差别。这说明在影响非晶的形成及稳定性诸因素中，存在着比原子尺度的差异更为重要的因素——化学键能。

综上所述，在影响非晶合金的形成和稳定性诸因素中，最重要的因素是阻碍原子进行协同重排的势能 $\Delta\mu$，其次是原子尺度的差别效应、过冷度及冷却速率等。$\Delta\mu$ 的增高，将使非晶合金的稳定性及形成非晶的倾向趋于增加。

8.2.1.6 非晶形成的微观机制

为了说明非晶合金的形成与稳定性机制，研究人员曾先后提出几种模型，这些模型都是以相图上出现范围极窄的深共晶点作为讨论前提。相对于晶态固相，非晶态合金在相图上液相区具有很高的稳定性，另一种可能性则是相应晶态混合物的解稳。

（1）原子的“塞入”效应

此效应与液态的稳定性密切相关。Polk 等人认为“小”而“软”的类金属原子 M 以一定比例填入到用过渡金属 TM 的无规密堆集结构空洞中，二者的原子半径比值$R_M / R_{TM} < 0.88$，由空洞的数目与大小可预测类金属原子摩尔分数为 15%～25%，这与试验结果是相吻合的。但是这个模型不能解释纯金属元素非晶的形成，也不能说明许多已从试验得到的金属-金属非晶合金。计算模拟结果表明，类金属元素强烈地影响着过渡金属的局域排列，这也无法用此模型解释。

（2）电子效应

Nagel 等基于自由电子气模型及齐曼的液态金属理论，分析了在共晶成分附近非晶合金形成与稳定性机制。他们认为，倘若非晶态合金中传导电子满足自由电子条件，则形成非晶合金的可能性就增强，即

$$2k_F = k_p \tag{8-11}$$

式中，k_p 是液态金属结构因子第一峰的波矢；$2k_F$ 为传导电子的费米直径。

上述模型认为，与具有各向异性分布能隙的晶态结构相比，非晶合金存在各向同性分布的“赝能隙”，且使电子态密度达到极小值，可得到能量更低的非晶态结构。以上设想得到法卜-齐曼理论的进一步支持。Nagel 自由电子气模型曾作了两点基本假设：合金化效应被简化成费米能级或费米半径的刚性位移；过渡金属或贵金属均被简化成一价金属，即一个自由电子或原子。上述两点假设受到普遍质疑，由于电子受到过渡金属离子的强散射，故法卜-齐曼理论并不适用。此外，假设 e 是电子的电荷，则由上述理论所预言的非晶形成最佳条件是价电子浓度 $\text{VEC} = 2e/x$，x 为原子数量。但是，一些非晶合金试验却得到：镁及锌基非晶合金的结构是最不稳定的，而铝及镓基与铜、银及金基晶态合金的结构更为稳定。因此，由 Nagel 自由电子气模型推导非晶合金形成的最佳条件 $2k_F = k_p$ 有一定局限性。

（3）晶态混合物的解稳

陈鹤寿认为，在共晶点附近，与液态的稳定性相比，晶态混合物的解稳比非晶合金的形成更为重要。加入不同尺寸的 B 原子到晶态金属的 A 原子中，所引起的错配弹性能，说明晶态的解稳，并可解释 B 原子的共晶成分的范围为 20%～30%。也有人指出，非晶合金的形成与诸如 μ 相、σ 相及渗碳体相（Fe_3C）等化学计量化合物的形成十分相似。

（4）合金原子的价态差别

对于过渡金属-类金属所组成的非晶合金，一般要求组分原子的价态 $\Delta n = 3 \sim 5$。因为在合金化过程中，将发生类金属原子 s 及 p 轨道电子转移到过渡金属原子的 d 轨道上去，这一点已由合金化后金属原子磁矩减少的试验证实。应该指出，这并不是形成非晶合金的必要条件之一，例如 MgZn 非晶合金中，镁、锌两种原子均为二价，它们之间的价态差 $\Delta n = 0$，但二者仍能形成非晶态合金。

8.2.2 非晶合金的动力学

熔体只要冷到足够低的温度不发生结晶，就会形成非晶态。从动力学的观点来看，讨论非晶态合金形成的关键问题，不是材料从液态冷却时是否会形成非晶态合金，而是在什么条件下，能使液态金属冷却到非晶态转变温度以下而不发生明显的结晶。

众所周知，结晶过程是一种相变过程，这种相变不是在系统中的每一点同时发生的，而是首先在系统的某些被称为“晶核”的小区域内开始形成新的相，而后扩展到整体。显然，相变的速率与体系的成核率及新相的生长速率密切相关。新相容易围绕某些不均匀处产生和发展，称该过程为非均匀成核过程。为了简化起见，往往讨论理想均匀系统中的均匀成核过程。Uhlmann 认为，所形成的晶体在液体中呈无规分布，可以把 10^{-6} 作为刚能察觉到的结晶相的体积分数值。当结晶相的体积结晶分数值 x 很小时，它与均匀成核率 I、生长速率 U 及时间 t 的关系可用下面的方程表示：

$$x = \frac{1}{3}\pi I U^3 t^4 \tag{8-12}$$

而均匀成核率 I 与生长率 U 又可表示为

$$I = \frac{N_A kt}{3\pi a_0^2 \eta}\left[-\frac{16\pi}{3}\alpha^3 \beta \frac{1}{T_r(\Delta T_r)^2}\right] \tag{8-13}$$

$$U = \frac{fkT}{3\pi a_0^2}\left[1 - \exp\left(-\beta\frac{\Delta T_r}{T_r}\right)\right] \tag{8-14}$$

式中，k 为玻尔兹曼常数；a_0 为平均原子直径；N_A 为阿伏伽德罗常数；f 为界面上原子优先附着或者移去的位置分数；η 为熔体黏度；α 为约化表面张力；β 为约化熔解焓。其中，

$$T_r = \frac{T}{T_m} \tag{8-15}$$

$$\Delta T_r = 1 - T_r \tag{8-16}$$

式中，T_m 为熔点温度。

对于非晶来说，一般可采用下式计算其黏度：

$$\eta = 10^{-3.3}\exp\left(\frac{3.34T_m}{T - T_g}\right) \tag{8-17}$$

Turnbull 等认为，在简化条件下，$\alpha = \alpha_m T_r$，其中 α_m 为常数，是 $T = T_m$ 时的 α 值，取 $\alpha_m = 0.86$，此时均匀成核率 I 也可以简化为

$$I = \frac{K_n}{\eta}\exp\left[-\frac{16}{3}\alpha_m^3 \beta\left(\frac{T_r}{\Delta T_r}\right)^2\right] \tag{8-18}$$

式中，K_n 为成核率系数。

综上各式，可以计算出达到 $x=10^{-6}$ 所需要的时间 t 为

$$t = \frac{9.32\eta}{kt}\left\{\frac{a_0^9 x}{f^3 \sim N_v^0} \times \frac{\exp\left(\frac{1.024}{T_r^3 \Delta T_r^2}\right)}{\left[1 - \exp\left(\frac{-\Delta H_m \Delta T_r}{RT}\right)\right]^3}\right\} \tag{8-19}$$

式中，ΔH_m 为摩尔熔化焓；N_v^0 是单位体积中单个分子的数量。

由此可以画出时间-温度-相转变曲线，即 T-T-T 曲线。这样形成玻璃的临界冷却率 R_c。可以根据 T-T-T 曲线，利用下式进行计算：

$$R_c \approx \frac{T_m - T_n}{t_n} \tag{8-20}$$

式中，T_m 为合金的熔点；T_n 为 T-T-T 曲线极值点所对应的温度；t_n 为 T-T-T 曲线的极值点所对应的时间。

基于连续的冷却液固转变动力学过程，Barandiaran 等提出了一个更为简便的计算合金临界冷却速率的过程（R_c）的方程。根据 Johnson-Mehl-Avrami 方程：

$$x = 1 - \exp(-K_t t^n) \tag{8-21}$$

式中，x 是体积转变分数；K_t 为与温度有关的反应速率常数；n 为转变方式指数；t 为相生长时间。

当非晶态合金从熔点温度 T_m 以一定的冷却速率冷却到某一温度 T 时，结晶相的体积分数 x 为

$$x = 1 - \exp\left(-\frac{1}{R}\int_0^{\Delta T} K_t \mathrm{d}(\Delta T)^n\right) \tag{8-22}$$

对 x 取导数，有

$$\frac{\mathrm{d}x}{\mathrm{d}(\Delta T)} = \left(\frac{nK_t}{R}\right)(1-x)\left[\ln\left(\frac{1}{1-x}\right)\right]^{\frac{(n-1)}{n}} \tag{8-23}$$

$\Delta T = T_m - T$ 是过冷度。Barandiaran 等在利用已报到大量非晶态合金的数据，计算拟合得出了非晶态合金临界冷却速率的经验公式：

$$\ln R_t = \ln R_c - \frac{b}{(T_e - T_{xc})^2} \tag{8-24}$$

式中，R_c 为该合金的临界冷却速率；T_e 是液态熔体的温度；T_{xc} 是合金开始凝固时的温度；R_t 是该合金的冷却速率；b 是常数，与合金成分和热分析过程有关。

8.2.3 影响非晶形成能力的因素

8.2.3.1 电子浓度对非晶形成能力的影响

电子浓度是指合金晶体中的价电子数与其原子数之比，记作 e/a：

$$\frac{e}{a} = \sum_{i=1}^{n} c_i \times \left(\frac{e}{a}\right)_i \tag{8-25}$$

式中，c_i 为第 i 个组元的原子百分数；$(e/a)_i$ 是第 i 个组元的有效价电子贡献。

Nagel 和 Tauc 将近似自由电子模型应用到非晶体系中，认为传导电子对结构因子起主导作用，指出当费米面与强衍射所定义的伪布里渊区相切时，费米能级处的电子态密度达到最低，此时对应成分的合金形成的非晶最稳定，此模型在大多数贵金属-简单多价金属合金中应用比较成功。然而，在有过渡金属的合金中，由于过渡金属含有特殊的 d 态电子，常引起 sp^2d 杂化，致使态密度曲线明显偏离近似自由电子模型。因此，电子浓度 e/a 对非晶形成能力有很大影响，但仅用它还不能完全确定非晶形成能力。

8.2.3.2 原子尺寸对非晶形成能力的影响

原子尺寸是影响非晶形成能力的另一个重要因素。Amand 和 Giessen 在碱土金属体系中指出，组成合金组元的原子尺寸将对液体的黏性产生影响，从而影响非晶的形成。Ramachan-drarao 首先在金属-类金属体系中引入 Varley 模型，强调组成元素的原子体积和收缩率的重要性，引入了平均原子体积差 ΔV 的概念。两元合金系中原子尺寸对非晶形成能力的影响，在原子体积错配度 $\Delta V_{AB}/V_A$ 及能够获得稳定非晶相所要求的最小溶质浓度 C_B^{min} 和原子尺寸之间建立了半经验公式：

$$\lambda_n = \sum_{B=1}^{n-1}\left(\frac{r_B}{r_A} - 1\right) \times C_B = \frac{\Delta V_{AB}}{V_A} \tag{8-26}$$

式中，r_B 是溶质原子半径；r_A 为溶剂原子半径；C_B 为溶质原子摩尔分数。

Liou 和 Chien 用蒸气急冷法制备多种不同成分的二元合金，研究了原子尺寸对非晶形成

范围的影响，认为组成元素的原子尺寸在预测非晶形成范围时是最重要的因素，以组成元素的原子体积作为定量计算的依据，预测了二元合金非晶形成的成分范围，与试验结果有很好的一致性。该模型最大的局限性在于只考虑了拓扑因素，而没有考虑组元间的化学交互作用，认为组元原子尺寸差绝对值在 2%以内的都属于一类原子。由此可见，原子尺寸对非晶形成能力有很大影响，但判断非晶形成能力时仅用这一个参数还存在局限性。

8.2.3.3 化学混合焓对非晶形成能力的影响

有研究将三元合金系的混合焓表示为

$$\Delta H^{\text{chem}} = \sum_{i=1}^{3}\sum_{i \neq j} \Omega_{ij} c_i c_j \tag{8-27}$$

式中，Ω_{ij} 是规则熔液 i 和 j 组元间的相互作用参数，$\Omega_{ij} = 4 \times \Delta H_{\text{AB}}^{\min}$，其中，$\Delta H_{\text{AB}}^{\min}$ 是利用 Miedema 模型计算的二元系混合焓；c_i 为 i 组元的原子百分数；c_j 为 j 组元的原子百分数。

研究人员分析了 AlLaNi、BFeZr、AlBFe、LaMgNi 和 NiPPd 等典型的三元系合金的非晶形成能力，发现随着 ΔH^{chem} 降低，合金系表现出较强的非晶形成能力。这一事实说明 ΔH^{chem} 对非晶形成能力具有很大影响，但仅用 ΔH^{chem} 来描述非晶形成能力这一模型也存在缺陷，有待于进一步完善。

8.2.3.4 混合熵对非晶形成能力的影响

对于三组元非晶合金，混合熵的计算公式为

$$\Delta S = -R(X_{\text{A}} \ln X_{\text{A}} + X_{\text{B}} \ln X_{\text{B}} + X_{\text{C}} \ln X_{\text{C}}) \tag{8-28}$$

式中，R 为理想气体常数；X_{A}、X_{B}、X_{C} 分别代表 A、B、C 三种元素的摩尔分数。

从液晶到非晶态，原子结构几乎不发生变化，熵变值很小，通常可以忽略，但熵变是很重要的参数，这说明混合熵对非晶形成能力的影响有待深入研究。显然混合熵对非晶形成能力有一定的影响，但只用它来描述非晶形成能力是不可靠的。

8.2.4 非晶形成判据

自 Duwez 等用熔体急冷技术制备出非晶态金属以来，非晶态金属的微观结构及合金的非晶形成能力（GFA）一直是热点研究问题。

1995 年，A. Inoue 等在长期研究工作中，总结出形成块体非晶合金的 3 条经验规律：①合金体系由 3 个或 3 个以上的组元构成；②主要组元间的原子尺寸比差异较大（大于 12%）；③主要组元间具有大的负混合热。以上三条经验规律已被大量试验证实，并依据它发现了许多能形成块体非晶的合金体系。合金具有高非晶形成能力的原因如图 8-6 所示。

迄今为止已提出多种表征合金 GFA 的判据。其中 Davies 等提出了参量 $T_{\text{rg}} = T_{\text{g}}/T_{\text{m}}$（其中 T_{m} 为合金的熔化温度，T_{g} 为玻璃转变温度），试验结果证实，对于绝大多数合金体系，T_{rg} 值越大，合金越容易形成非晶态；反之，则不易制成非晶态。由于精确计算非晶形成动力还存在一定的困难，并且非晶形成能力与材料的熔点、非晶态转变温度及形核势垒等热力学参数有关，而这些参数无法精确测量，因此非晶形成能力的判据有待进一步完善。

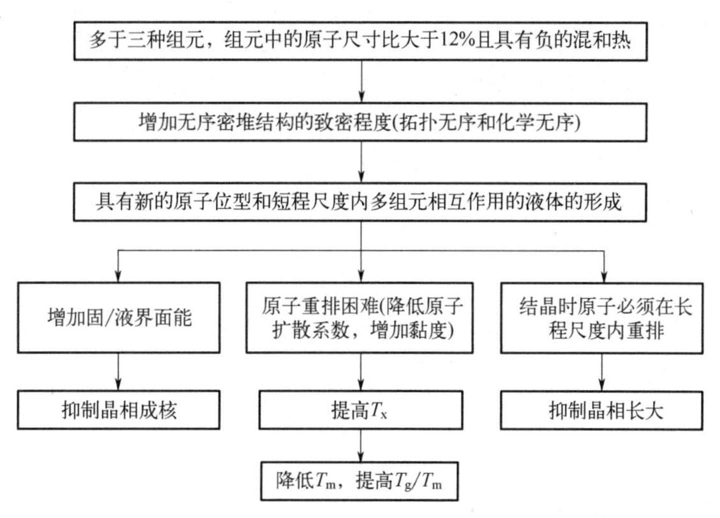

图 8-6　合金具有高非晶形成能力的原因

8.3　非晶纳米晶合金的随机各向异性模型

8.3.1　非晶合金的随机各向异性模型

Alben 等在研究非晶膜的磁学行为时，利用计算机模拟，考虑到原子磁矩的波动，提出了随机各向异性模型：如果非晶体中交换相互作用较强，大于局域各向异性的作用时，原子磁矩将不再沿局域各向异性的易轴取向，而将在空间围绕一宏观的有效各向异性方向连续改变取向。

系统单位体积内的亥姆霍兹自由能 F（Helmhol$_z$ free energy）可表示为

$$F = A\left|\frac{\boldsymbol{M}(\boldsymbol{r})}{M_{\mathrm{S}}}\right| - K_2\left\{\frac{[\boldsymbol{M}(\boldsymbol{r})\cdot\boldsymbol{n}(\boldsymbol{r})]^2}{M_{\mathrm{S}}^2} - \frac{1}{3}\right\} \tag{8-29}$$

式中，$\boldsymbol{M}(\boldsymbol{r})$ 为局域磁化矢量；M_{S} 为饱和磁化强度；A 为交换劲度系数；K_2 为局域单轴各向异性常数；$\boldsymbol{n}(\boldsymbol{r})$ 为局域各向异性的易轴的单位矢量。

式（8-29）中右边第一项为交换作用能，第二项是局域各向异性能。假定局域易磁化方向 $n(r)$ 发生明显改变的最小距离为 d，定义磁化矢量的实际取向发生明显改变的最小特征长度为交换耦合长度 L_{ex}。非晶体中，d 接近于原子间距，而 L_{ex} 大致为磁畴宽度，如果 $L_{\mathrm{ex}} \ll d$，则在以 L_{ex} 为边长的立方体的体积 L_{ex}^3 范围内，由随机步行原理（random walk theory）可知，平均波动幅度与发生相互作用的相关磁畴数目的方均根有关，同时也始终有一个由统计涨落决定的最易磁化方向存在。理论指出，这一系统的平均各向异性能密度 $F_{\mathrm{an}}(L_{\mathrm{ex}})$ 可以写为

$$F_{\mathrm{an}}(L_{\mathrm{ex}}) = -K_2\left(\frac{d}{L_{\mathrm{ex}}}\right)^{\frac{3}{2}} \tag{8-30}$$

而平均各交换作用能密度 $F_{\mathrm{ex}}(L_{\mathrm{ex}})$ 为

$$F_{\mathrm{ex}}(L_{\mathrm{ex}}) = \frac{A}{L_{\mathrm{ex}}} \tag{8-31}$$

因此，总能量密度 F 为

$$F = F_{an}(L_{ex}) + F_{ex}(L_{ex}) \tag{8-32}$$

由 $dF / dL_{ex} = 0$ 可得 L_{ex} 的有效长度：

$$L_{ex} = \frac{16A^2}{9K_2 d^3} \tag{8-33}$$

因此，耦合体积能的最小值为

$$F_{min} = \frac{-K_2 d^6}{10A} \tag{8-34}$$

F_{min} 是当交换耦合长度 L_{ex} 为无限长时耦合能的基准振幅，和磁环相关的各向异性能的空间振幅相当。对于非晶铁磁体而言，由于模型中参数的不确定性，该模型并未能得到验证。然而，随着纳米晶材料的发展和应用，这个模型的重要性和影响已经远远超越了对非晶的研究。

8.3.2 纳米晶合金的随机各向异性模型

8.3.2.1 Herzer 的单相模型

Herzer 以 FINEMET 型合金为例，系统研究了温度、晶粒尺寸、晶粒结构等因素对纳米晶软磁材料磁性能的影响，将 Alben 等人关于非晶体的随机各向异性模型进一步推广，建立了关于纳米晶合金的随机各向异性模型。对于特定的颗粒集合体，如果颗粒尺寸较大（大于单畴临界尺寸），每个颗粒中磁化矢量将指向颗粒中易磁化方向，而且会出现磁畴。每个磁畴中原子或离子磁矩将由于交换相互作用而平行排列，此时，颗粒集合体的磁化过程主要由磁晶各向异性 K_1 和应力各向异性 $\lambda_s\sigma$ 决定。一般地，为了得到优异软磁性能，要求 K_1、$\lambda_s\sigma$ 很小或趋近于零。而当颗粒尺寸小于单畴临界尺寸时，颗粒处于单畴状态，颗粒内所有的磁矩平行取向。如果这一颗粒集合体中颗粒间距同时变小，那么单畴颗粒之间的铁磁交换作用将越来越明显。为了降低交换能，不同颗粒之间交换作用将迫使各颗粒中的磁矩倾向于平行排列。因此，各个颗粒的磁化矢量将不再沿自己的易磁化方向取向，此时，对磁性起决定作用的是总体有效各向异性。该有效各向异性应该是对若干个颗粒求平均的结果，比 K_1 要小得多。由此推论，微细晶粒集合体的磁性强烈地依赖于局域各向异性能和铁磁交换能两者的竞争。区分上述两种磁性颗粒集合体尺寸的分界线为自然交换相关长度 L_0，$L_0 \approx \sqrt{A / K_1}$，是衡量畴壁厚度的基本参数，等于磁化矢量取向发生明显改变的最小特征尺度。

对于较大晶粒，在 L_0 范围内，晶粒内磁化矢量沿其易磁化方向取向，由于颗粒之间存在孔隙，磁晶各向异性常数 K_1 随着不同的颗粒而变化，其振幅较大。而当晶粒尺寸 D 减小到 $\ll L_0$ 时（如图 8-7），各个晶粒内的磁化矢量沿自己的易磁化方向取向，在耦合体积 L_0^3 的范围内，对于有限的晶粒数目 N，由随机步行规则可知，将始终有某个由统计涨落决定的最易磁化方向存在。

假设第 i 个晶粒的磁晶各向异性能 E_k^i 为

$$E_k^i = \frac{K_1}{N} \sin^2(\theta - \alpha_i) \tag{8-35}$$

式中，θ 为平均易轴和该晶粒磁化矢量之间的夹角；α_i 为各个晶粒内的易轴和平均易轴的夹角。

有效各向异性常数 $\langle K \rangle$ 将由 N 个晶粒的平均涨落振幅所决定。由于各晶粒的易轴是随机分布的，耦合体积内磁晶各向异性能的振幅$\langle K\rangle$为：

$$\langle K\rangle=\sqrt{N}\left\langle E_k^i\right\rangle^2=\frac{K_1}{\sqrt{N}} \tag{8-36}$$

由于平均化，总的磁晶各向异性能$E_k=\Sigma E_k^i$的振幅$\langle K\rangle$比大晶粒时的相应振幅要小得多。

晶粒尺寸为D、晶粒磁矩随机取向的微细晶粒集合体，如图8-7所示，设磁晶各向异性常数为K_1，晶粒间存在铁磁耦合。对于纳米晶粒，交换相关长度为

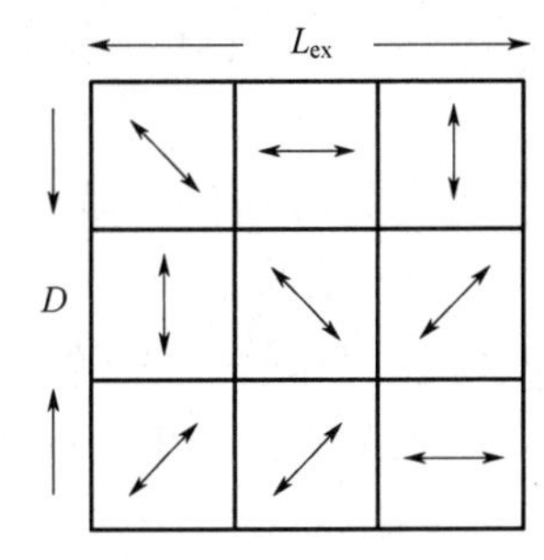

图8-7　随机各向异性示意图
箭头表示随机分布的磁晶各向异性

$$L_{ex}=\sqrt{\frac{A}{\langle K\rangle}} \tag{8-37}$$

边长为L_{ex}的立方体，耦合体积$V=L_{ex}^3$内所包含的晶粒数N为

$$N=\left(\frac{L_{ex}}{D}\right)^3 \tag{8-38}$$

所以，影响磁化过程的有效各向异性常数为：

$$\langle K\rangle\approx\langle K\rangle_1=\frac{K_1}{\sqrt{N}}=K_1\left(\frac{D}{L_{ex}}\right)^{\frac{3}{2}} \tag{8-39}$$

因此，可得

$$\langle K\rangle\approx\frac{K_1^4D^6}{A^3} \tag{8-40}$$

需要注意的是，该式只有当晶粒尺寸$D<L_{ex}$时才成立。对于纳米晶$Fe_{73.5}Si_{13.5}B_9Cu_1Nb_3$合金，铁磁性主相是体心立方结构的α-FeSi即$Fe_{80}Si_{20}$，磁晶各向异性常数$K_1\approx8\ \mathrm{kJ/m^3}$。如果取$D=10\ \mathrm{nm}$，则由式（8-40）可得$\langle K\rangle\approx0.5\ \mathrm{kJ/m^3}$，比BCC型$Fe_{80}Si_{20}$晶粒的$K_1$小三个数量级。这就解释了纳米晶软磁合金具有优异软磁性能的原因。

8.3.2.2　扩展的随机各向异性模型

前述Herzer纳米晶随机各向异性模型比较简单，它仅考虑了纳米晶粒相的磁晶各向异性常数K_1和交换常数A，认为它是唯一决定因素。实际上，在室温下，纳米晶软磁合金中除了有α-FeSi晶粒相外，还有残余的非晶相，因此，纳米晶合金是由两个铁磁性相共同组成的；另外，该模型是以系统只存在磁晶各向异性为前提的，并没有考虑软磁材料中经常出现的磁弹、场致等各种感生各向异性的情况。为了阐明这些因素的影响，许多人提出了扩展的随机各向异性模型。

（1）Herzer对模型的扩展

Herzer曾考虑到残存非晶相影响，得到纳米晶软磁合金的有效各向异性常数：

$$\langle K\rangle\approx\left(\sum\frac{V_iD_i^3K_i^2}{A^{\frac{3}{2}}}\right)^2 \tag{8-41}$$

这里的V_i是组成相的体积分数。对于α-FeSi晶态相和残存非晶相组成的两相合金，如忽略非晶相的磁晶各向异性，则上式可写为

$$\langle K \rangle \approx (1-V_{am})^2 \frac{K_1^4 D^6}{A^3} \tag{8-42}$$

式中，V_{am} 是非晶相的体积分数。

该式反映了 $\langle K_1 \rangle$ 被非晶相稀释的效应。然而，由于假定纳米晶相和非晶相具有同样的交换常数，则还存在一个非晶相较低的居里温度 T_c^{am} 的影响问题。

（2）Hernando 的扩展模型

Hernando 等考虑了非晶基体的影响，认为晶粒间的交换耦合作用要通过非晶发生作用，引入唯象参数 γ，将非晶区中的有效交换常数写为 γA，$1>\gamma>0$，γ 主要和剩余非晶基体的交换长度有关。设晶粒间的平均距离为 Λ，非晶区的交换相关长度为 L_{am}，假定非晶区基体上镶嵌的晶粒之间的交换场呈指数衰减，则唯象参数 γ 可写为：$\gamma = e^{-\Lambda/L_{am}}$，而 Λ 和晶粒尺寸 D 和晶化体积分数 V_{CR} 有关。因此，纳米晶合金的宏观各向异性 $\langle K \rangle$ 由结构各向异性 K^* 和磁弹各向异性 K_σ 决定。

① 结构各向异性 K^*

对结构各向异性起作用的主要是纳米晶粒。考虑交换体积内的纳米晶粒，通过求由交换能和各向异性能组成的自由能的最小值，得到了两相系统的交换长度：

$$L = \frac{L_0 \gamma^2}{V_{CR}} \tag{8-43}$$

式中，L_0 为单相时的交换长度。

由此，得到结构各向异性：

$$K^* = \frac{V_{CR} \langle K \rangle}{\gamma^3} \tag{8-44}$$

式中，$\langle K \rangle$ 是单相系统的有效各向异性。

当不存在应力即剩余非晶的交换长度 L_{am} 将趋于无穷大时，参数 γ 取 1，此时，$K^* = V_{CR} \langle K \rangle$。这应该和 Herzer 两相模型得到的结论相同。同时当剩余非晶部分存在应力时，就需要考虑磁弹各向异性的影响。

② 磁弹各向异性 K_σ

在相体系中，当应力的波长超过非晶部分的交换长度时，磁弹各向异性也将起重要作用。当晶化部分的磁致伸缩系数和剩余非晶的磁致伸缩系数符号相反时，长程应力导致的磁弹性各向异性将会减少。此时有效磁致伸缩系数

$$\lambda_{eff} = \lambda_c V_{CR} + \lambda_{am}(1-V_{CR}) \tag{8-45}$$

式中，λ_c 为纳米晶的饱和磁致伸缩系数；λ_{am} 为非晶的饱和磁致伸缩系数。

磁弹各向异性 K_σ 为

$$K_\sigma = \frac{3}{2} \lambda_{eff} \langle \sigma \rangle \tag{8-46}$$

式中，$\langle \sigma \rangle$ 为平均残余应力值。

双相纳米晶合金的宏观有效各向异性就可以表示为

$$\langle K^* \rangle = V_{CR} \frac{\langle K \rangle}{\gamma^3} + \frac{3}{2} \lambda_{eff} \langle \sigma \rangle \tag{8-47}$$

利用这一模型并通过考虑磁弹性效应成功地解释了纳米结构化早期的磁硬化。

（3）Suzuki 等的扩展模型

Suzuki 和 Cadogen 认为交换劲度应包括两部分：非晶相 A_{am} 和纳米晶相 A_{cr}，对扩展模型进行了进一步探索，分别得到与非晶和纳米晶粒尺度相关的交换长度：

$$L_{ex} \approx \frac{1}{(1-V_{am})^{\frac{7}{3}}} \times \frac{\varphi^4 D}{K_1^2 \left(\dfrac{D}{\sqrt{A_{cr} + \dfrac{\Lambda}{\sqrt{A_{am}}}}} \right)^4} \tag{8-48}$$

式中，D 为晶粒尺寸；Λ 为剩余非晶的厚度。

从而得到更一般的结果。有效各向异性常数的公式变为

$$\langle K \rangle \approx \left(\frac{1}{\varphi^6} \right) (1-V_{am})^4 K_1^4 D^6 \left\{ \frac{1}{\sqrt{A_{cr}}} + \frac{\left[(1-V_{am})^{-\frac{1}{3}} - 1 \right]}{\sqrt{A_{am}}} \right\}^6 \tag{8-49}$$

式中，φ 为磁耦合体积范围内自旋的分布角；A_{cr}、A_{am} 分别为纳米晶相和非晶的交换常数。

该模型能对纳米晶高温下的性能进行解释。

式（8-49）中，若取 φ=1，可得到 Herzer 的扩展模型。若取 $V_{am}=0$，则可得 $\langle K \rangle \approx K_1^4 D^6 / A^3$，可得到 Herzer 的单相模型；若取 $A_{cr}=A_{am}$，则不难得到 $\langle K \rangle \approx (1-V_{am})^2 \dfrac{K_1^4 D^6}{A^3}$。

通常，φ 值可从试验上得出的矫顽力 H_c 对晶粒直径 D 的依赖性求出。在 Fe-M-B 合金中，$\varphi \approx 3$。

Suzuki 等通过试验对该模型进行了进一步验证：控制 $Fe_{91}Zr_7B_2$ 非晶薄带在 823 K 的退火时间来改变纳米晶粒相的直径和残存非晶相的体积分数，随后在 77～450 K 温度范围内测得矫顽力随温度和残存非晶相体积分数的变化。利用扩展的随机各向异性理论很好地解释了相应的试验现象。因此，该模型可认为是适用性更加广泛的模型。

8.4 非晶纳米晶软磁合金的制备与应用

慕课

8.4.1 非晶合金的制备

1934 年 Kramer 首次以玻璃为基体采用气相沉积的方法制备出锑（Sb）薄膜，这是人类历史上第一次真正意义上制备出的非晶材料，并且其具有优异的综合性能，这一成果一经公布就吸引了各国材料科学工作者的广泛关注。之后 Brenner 等采用电化学沉积法研制出了 Ni-P 系非晶合金。由于当时科技比较落后及制造工艺不完善，制备的非晶材料多为粉末或薄膜，不适用于工业化制备生产。直到 1958 年，Turnbul 等讨论了液体深度过冷对非晶形成能力的影响，拉开了连续冷却法制备非晶合金的序幕。1969 年陈鹤寿等人将含有较高的非晶形成能力的贵金属 Pd 的合金，通过 B_2O_3 反复除杂精炼得到直径为 1 mm 的球状非晶合金。Kiu 也通过多级颈形石英管吸附杂质的方法提纯合金，抑制非均匀形核得到 Pd 基块体非晶合金。1975 年英国敦提大学的 Spear 等人利用辉光放电分解法在硅烷中掺入微量的磷烷和硼烷，成功实现了非晶硅的掺杂效应使电导率提高了 10 个数量级，这也是目前用于制备非晶半导体锗和硅最常用的方法。

除了以上常用的方法之外，也可以利用机械研磨法制备非晶态粉体，将纯金属、类金属或其合金在真空或惰性气氛中通过长时间的研磨使其发生固态相变，最后形成高能亚稳态的非晶态金属或合金粉体。

8.4.1.1 单辊急冷法

单辊急冷法如图 8-8 所示，是将母合金熔体喷射到下方快速旋转的冷却铜辊表面，使其形成薄而连续的非晶合金条带，该法也被称为熔体快淬法。具体工艺是将母合金放置于石英管底部，调节石英管位置，使底部与铜辊距离在 0.2～3 mm，并且合金样品处于感应线圈中间；然后启动中频电源，利用感应加热熔化石英管中的合金样品，随后再启动铜辊并调节其转速达到设定值，此时高压氩气推动合金熔体至冷却铜辊表面，同时气压口中喷出的高压气流会将铜辊表面的合金条带吹离铜辊，便可制得连续的非晶合金条带。

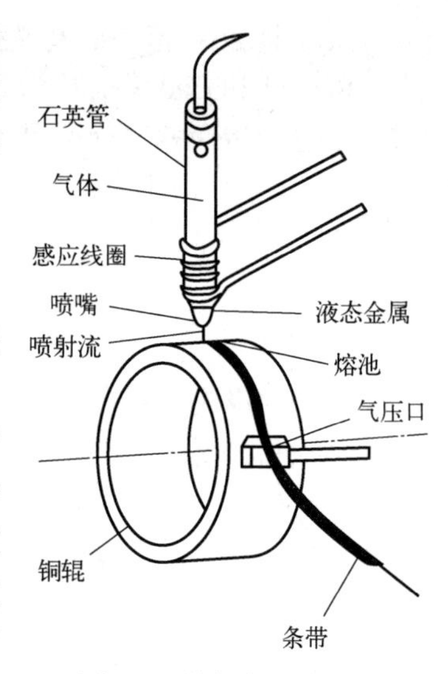

图 8-8　单辊急冷法示意

8.4.1.2 机械合金化法

机械合金化法（MA）是制备非晶态合金的有效方法。机械合金化可使固态粉末直接转化为非晶相，对于有些使用 MA 法无法达到非晶化的合金，例如 $Al_{80}Fe_{20}$，在球磨 108 h 后也可实现非晶化。该法可以扩大合金化的成分范围，其优点是设备简单、产量大、易工业化生产，而且粉末易于成型；其缺点是合金化所需时间较长，因而生产效率较低。

8.4.1.3 气体雾化法

通过高速气流冲击金属液流使其分散为微小液滴，从而实现快速凝固。通常气体雾化法冷却速度为 10^2～10^4 K/s，采用超声速气流可明显改善粉末的尺寸分布，从而进一步提高冷却速度。此外，冷却介质也是该工艺的一个主要因素。由于氦气的传热速度较快，故采用氦气作为射流介质，比用氩气冷却快数倍。如果考虑试验成本，也可采用高纯氮气作为冷却介质。雾化法的生产效率高且合金粉末呈球形（图 8-9），有利于后续的成型工艺中消除颗粒的原始边界，适用于工业化生产。但与熔淬法相比其冷却速度较低，需要严格控制合金成分。

8.4.1.4 水雾化法

相对于机械合金化法，雾化法制备的非晶合金粉末球形度好、杂质含量低，是较为理想的非晶合金粉末制备方法。除气体雾化法以外，水雾化法也是制备非晶合金粉末常用的方法。其中气体雾化法需要大量的惰性气体，存在生产成本太高的问题，且气体的导热性较差，因而气雾化法的冷却速率一般较低，仅能满足少数种类的非晶合金的制备要求；而水雾化法具有更大的冷却速率，可满足更多种类的非晶合金的制备要求，因此被很多企业所采用。例如通过水雾化法制备的 $Fe_{74}Al_4Sn_2P_{10}C_2B_4Si_4$ 非晶合金粉末具有非常强的非晶形成能力和热稳定性，在粉末粒度低于 400 目时可以形成非晶合金。利用该粉末制备的磁粉芯在高频下品质因子和损耗显著优于 MPP 粉芯。分析表明，非晶合金磁粉芯高频下损耗低的主要原因是电阻率较高。

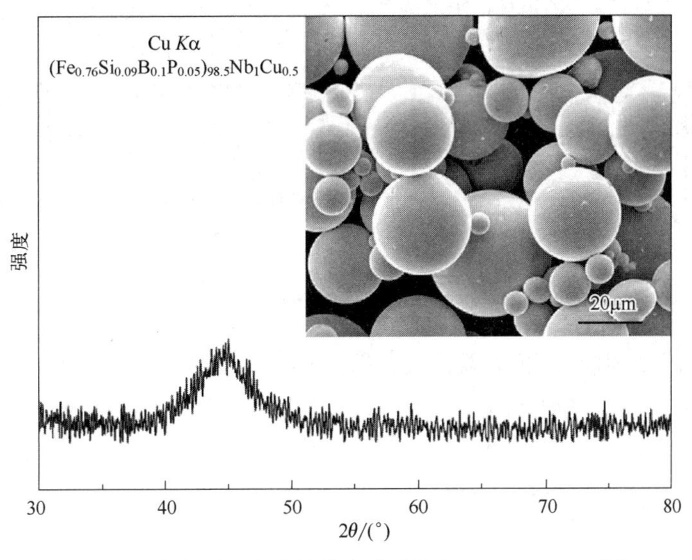

图 8-9　气体雾化法非晶合金球形粉末 XRD 及 SEM 图

8.4.2　纳米晶合金的制备

20 世纪 80 年代末期，材料学者在非晶化基础上开发出纳米晶软磁合金材料，相比非晶软磁合金该材料具有更优异的软磁性能。1988 年日本 Yoshizawa 等将含有 Cu、Nb 的 FeSiB 非晶合金条带退火得到 FeSiBNbCu 纳米晶合金（国内牌号 1K107），其典型特征是非晶基体上均匀分布着无规取向的粒径为 10～15 nm 的 α-Fe(Si)纳米晶粒。常用纳米晶合金的制备方法有机械合金化和非晶晶化法，还可以采用深度范性形变、压淬、气相沉积和脉冲电流非晶晶化等方法制备。

8.4.2.1　机械合金化

机械合金化就是将要合金化的元素粉末按一定的配比机械混合放入球磨罐中，球磨罐在高能球磨机等设备中长时间旋转，通过将回转产生的机械能传递给粉末，同时粉末在球磨介质的反复冲撞下承受挤压、剪切和摩擦等多种力的作用，经历反复的挤压、冷焊合及粉碎过程成为弥散分布的超细粒子，在固态下实现合金化。利用该方法制备的纳米粉末具有简便和高效的优点。粉末机械合金化形成纳米晶有两种前驱体：粗晶材料或非晶材料。

8.4.2.2　非晶晶化法

通过非晶态合金的晶化产生晶粒为纳米尺寸的超细多晶材料的方法称为非晶晶化法。这种方法因具有工艺简单、成本低、晶粒尺寸易控制、样品中不会产生空隙等优点而得到广泛的发展和应用。非晶态是一种热力学亚稳态，在一定条件下很容易转变为较稳定的晶态，这一转变的动力来自非晶态和晶态之间的吉布斯自由能的差异。目前制备纳米晶的工艺主要有两种：一种是将原料加热至熔融状态然后直接快冷制备而成；另一种是使用非晶态合金的前驱体进行热处理制备而成。相比而言，第二种方法是使用最多、最成熟的纳米晶制备方法。非晶晶化法是目前普遍用来制备纳米晶软磁合金的方法，该方法将制备好的非晶态前驱体在高真空和适当的温度环境中进行热处理、辐射或细微机械粉碎使得非晶合金部分晶化，非晶态就转变为多晶，其尺寸和化学成分与退火条件也有着密切的关系，其晶化过程如图 8-10 所示。

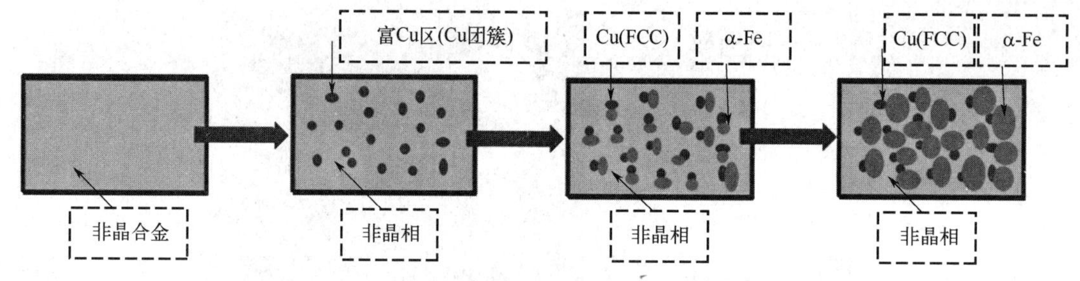

图 8-10　纳米晶合金晶化过程

纳米晶通常可采用恒温和非恒温退火获得，其中恒温退火工艺即用较快的速度将非晶态样品升温至退火温度，在保护气氛中保温一定时间，使得非晶态样品完全晶化，冷却至室温便可得到纳米晶。其转变机理是通过选择合适的热处理条件，即退火温度、加热速率和保温时间等在动力学上对晶化过程进行调控，从而得到超细纳米晶粒。

非晶纳米晶软磁复合材料主要采用非晶退火制备，通过控制晶化过程中的影响因素（温度、升温速率、保温时间和分布晶化等）使合金中某一相或几相析出，其余大部分仍为非晶态，这样就可以得到纳米微晶镶嵌在非晶体的非晶纳米晶复合材料，结构合适的非晶纳米晶材料具有优异的磁学和机械性能。

8.4.3　非晶态合金的晶化

早在 20 世纪 70 年代末，材料学家们就发现从条带玻璃组织中形成的纳米转变一般分为三类：多形性转变、共晶纳米晶、初晶晶化转变。而这三种转变也存在于非晶合金中：a. 多形性转变：由非晶相转变为成分相同的单一纳米晶相。b. 共晶纳米晶：由非晶相同时转变为两种纳米相，纳米相的生长模式类似于从液相结晶的共晶相。c. 初晶晶化转变：先形成初晶，剩余的非晶相发生多形性转变或共晶转变。

8.4.3.1　形核与长大

当非晶相中形成新相时，大致可分为两个过程：晶核的形成与晶核的长大，后者直至非晶基体的成分达到平衡或者出现亚稳态时为止。非晶的晶化过程与其他的相变过程一样，要经历晶核的形成和长大两个基本步骤，这也是决定晶化反应速率的关键因素。

非晶态的形核与液态凝固有着相似之处。在经典的形核理论中认为液体存在着平衡态的原子团的浓度起伏，其与反应时间无关，是随时存在的。并且还存在着与时间相关的起伏，在不同的时间间隔内存在不同的分布状态。根据形核和长大理论，在凝固过程中的晶粒细化通常依靠很高的形核速率和很低的晶粒长大速度来共同实现，因此通常用来细化晶粒的措施是提高过冷度或者添加合金元素来增大形核速率并减小晶粒生长速率。

8.4.3.2　影响晶化的因素

① 淬火。制备过程中的两个主要工艺参数是淬火速率和淬火温度，它们会影响淬态核的数量，当淬火温度很高并且淬火速率很快时，便有利于保持液态结构的高度化和结构的无序化，从而易于减少淬火核的数目。当提高晶化温度时，虽然会存在很大的相变驱动力，但也并不能确定就能发生晶化反应。此外，由于快速淬火会在液体层中垂直于晶化方向上产生速度梯度，使得黏滞的液体层之间有连续的切变应力的作用，将造成非晶态合金的淬态感生

织构，对晶核的形成和长大起抑制作用。

② 退火。一般使用的预退火温度都远低于晶化温度，这会影响非晶态合金的结构弛豫。预退火处理会让非晶态合金的结构发生弛豫，迫使其向理想的非晶态发生变化，与淬态合金相比其致密度和稳定性都会提高。在这种状态下扩散速率减慢，并且延长了临界尺寸晶核的形成过程。而且预退火对于磁性能来说也是有益的，但是非晶态合金的热稳定性却很少受到影响。

③ 张应力。对于某些非晶态合金来说，张应力会加速其晶化过程。晶体长大速率是否受应力作用的影响视不同的晶化反应而异，取决于扩散方式：如果共晶晶化的非晶态合金晶核生长是由界面来控制的，那么应力对生长速率基本没有什么作用；而一次晶化的非晶态合金生长速率服从抛物线规律，受体扩散控制，与应力相关。张应力能使受体扩散控制的晶化过程加速，而对界面扩散不起作用，可以运用自由体积模型讨论其作用。准确来说，自由体积是指由于合金化元素或任何结构的不规则性引起的额外的体积，即超过理想的非晶态结构的平衡值部分。张应力可使这部分的额外自由体积增加，从而增加原子的活动性，有利于体外扩散。

④ 表面处理。非晶态合金条带表面可以作为形核位置而影响晶化。表面是新的晶化相的一部分，所以可以降低总的表面能，这就有利于形核，并且在非晶态合金的表面有大量的淬态核和较高的形核速率。研究表明，单位面积的晶核数目取决于快淬的条件和退火处理的情况，但是在接触面上晶核数目与冷却速率有着密切的关联，条带表面的细槽对形核也是有利的，表面处理包括化学和电化学抛光、粒子腐蚀以及镀铁或镍等都会改变表面晶核的数目。但是目前接触面的形核机理和表面处理的影响还没有明确的定论。

⑤ 成分。合金成分对淬态核的数目有很大影响。例如一次晶化反应的非晶合金 $Fe_{41}Ni_{41}B_{18}$、$Fe_{42}Ni_{42}B_{16}$ 形成 γ-Fe 晶化的速率和体积密度随硼的增加而降低。在多晶型和共晶反应中，Fe 和 Ni 的配比对形核数目有较强的影响，其最小值出现在 Fe/Ni 约为 1 时，此时硼化物结构从四方晶系变为斜方晶系。但是在 $Fe_{62}Ni_{22}B_{16}$ 合金中最低的形核数目与铁的同素异形转变 α 到 γ 有关。Fe/Ni 这些热稳定性较好的非晶合金就在此转变点附近变化。在发生晶体结构转变时，相变驱动力降低导致形核速率减少。

⑥ 静压力。压力对晶化反应的影响存在两个相互矛盾的因素。一是有可能促进晶化反应；二是由于晶化过程是扩散控制的过程，压缩会减小体积，原子的活动能力被限制，所以抑制了转变。对于某些非晶态元素，例如砷、锗，分别对其加上 1.8 GPa 和 6 GPa 的压力后，甚至在温室条件下也会转变成晶体。但对非晶态合金，高压会阻碍晶化，非晶态合金在大气压力下低于 350℃退火就可以晶化，而在压力作用下，进行 500℃退火或在 460℃长时间退火才能观察到晶化反应。压力还会使晶化反应产生的产物发生变化，在极高压缩条件下，不会出现原子有序化，非晶态只可能在无长程扩散的条件下转变成一种原子密排堆积的结构。因此，非晶态合金在高压下退火是一种很有希望产生新晶化相的方法，高压可以阻止非晶态分解成多相结构，并导致形成新的致密的晶态相。

⑦ 辐照。辐照对非晶态合金的影响不仅与辐照能量有关，同时也与合金本身有着密切关系。中子、重离子、核分裂和电子辐照都可以使非晶态合金的结构和性能发生变化，因为在辐照过程中会产生具有原子尺度的缺陷和过剩的自由体积，它们对晶化的影响视合金而异，例如中子辐射能提高 $Pd_{80}Si_{20}$ 非晶态的晶化温度，这是因为在辐射过程中能使一些淬态核非晶化；电子辐射能使 FeP、FePC 非晶态合金加速晶化，但是对 NiBSi、NiPB、NiP 则起阻碍

作用；离子辐照对 $Fe_{40}Ni_{38}Mo_4B_{18}$ 非晶态合金的晶化没有影响，但如果在 200℃下辐照则可使晶化温度下降 100～150℃。

8.4.4 非晶与纳米晶合金的软磁应用

8.4.4.1 非晶态合金的应用

非晶态金属与合金都具有较高的强度、优良的磁学特性和抗腐蚀性能等，市场上已部分代替硅钢、铁镍合金和铁氧体等软磁材料。目前主要研究了非晶态合金的化学组成、元素的作用、晶化过程、微结构和机理、磁畴结构及对应的磁性能等，而且还利用它们研制开发了各种各样的磁性器件，如变压器、大功率开关电源、直流变换器、电磁传感器、电动机、漏电开关及磁头等磁性元器件，这些元器件应用于电力工业、电子工业等领域，减少了能源损耗和环境污染，取得了良好的经济效益和社会效益。

（1）变压器

非晶合金变压器（图 8-11）以铁基非晶态金属作为铁芯，由于该材料不具长程有序结构，其磁化及消磁均较一般磁性材料容易。因此，非晶合金变压器的铁损（即空载损耗）要比一般采用硅钢作为铁芯的传统变压器低 70%～80%。由于损耗降低，发电需求亦随之下降，二氧化碳等温室气体排放亦相应减少。基于能源供应和环保的因素，非晶合金变压器在中国和印度等发展中国家得到大量采用。以中印两国的用电量来计算，若干配电网全面采用非晶合金变压器的话，每年大约可节省 25～30 TW·h 发电量，以及减少 2000～3000 万吨二氧化碳排放。

目前 S9 配电变压器[图 8-11(a)]仍被广泛使用，其铁芯所采用的导磁材料通常为 30Z140 高导磁冷轧硅钢片。由于硅钢片有磁饱和现象，如果变压器选用磁通密度太高，空载电流和空载损耗就会很大，因此磁通密度要选在饱和点以下，一般为 1.6～1.7 T。根据变压器电压公式得知：

$$U \approx E_1 = 4.44 f N_1 \Phi_m \tag{8-50}$$

式中，U 为输入电压；E_1 为主线圈感应电压；f 为频率；N_1 为主线圈匝数；Φ_m 为磁通。

当变压器在电网电压升高或频率下降时，就会使 U/f 比值增大，都将造成变压器工作时主磁通 Φ_m 的增加。对于已设计好的变压器，可以认为铁芯横截面积 S 不变，根据公式 $\Phi_m=B_mS$，则磁通密度将会增加，当超过铁芯的冷轧硅钢片饱和点，硅钢片单位损耗按指数上升。这也是非晶合金铁芯配电变压器比 S9 型配电变压器空载损耗低的一个主要原因。

三相非晶合金铁芯配电变压器系列产品［图 8-11（b）］的节能效果非常显著。由于其油箱为全密封式的结构设计，使变压器内的油和外界空气不会接触，能有效预防油的氧化，从而延长了产品的使用寿命，节约了维护费用。

2012 年世界首台非晶合金立体卷铁芯变压器成功通过全项试验，2017 年挂网测试，至今已运行状态良好。如图 8-11（c），非晶合金立体卷铁芯变压器突破传统铁芯平面结构，把节能材料非晶合金带材与节能结构立体卷铁芯相结合，成为当前损耗最低的节能变压器产品，拥有传统硅钢变压器和非晶合金平面变压器难以企及的节能效果。假设每年新增干式变压器 1 万台，平均容量为 2500 kVA，其与传统硅钢干式变压器相比，每年可节约电力 2 亿千瓦时，可节约 6 万吨标准煤，减少 12 万吨二氧化碳排放。非晶合金立体卷铁芯变压器是数据中心、轨道交通、光伏发电、充电站、陶瓷行业、造纸业等高能耗企业构建低碳节能电力系统的更好选择。

(a) S9-M-2500kVA10kV系列油浸式变压器

(b) SH15-1600kVA非晶合金油浸式变压器

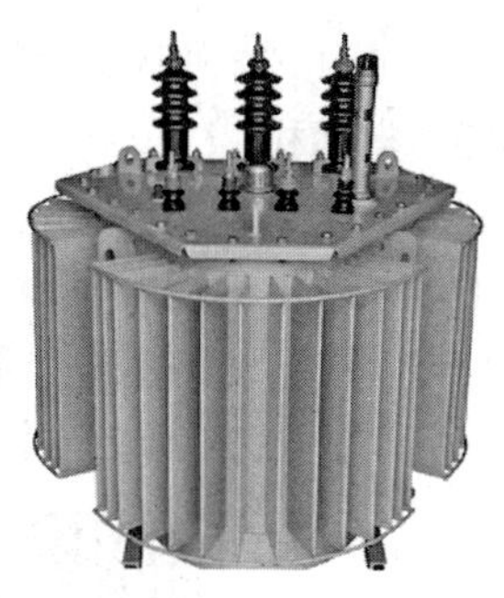

(c) 非晶合金立体卷铁芯干式变压器

图 8-11　非晶合金变压器实物图

（2）开关电源

非晶合金即使是在高频情况下，磁损耗的损失也很小，使得非晶态材料在开关电源上的应用受到人们的重视。我国自 1977 年起开始对非晶材料进行研究，从 1981 年以来，已经认证的非晶合金应用项目已经超过 1000 余项，其中与电源和电子变压器相关的项目超过 200 项。日本在 1983 年开关电源产值已达 1800 亿日元，每年有数百万个铁芯用于开关电源，其中在 1987 年非晶合金铁芯就已达一定比例。国内非晶合金在开关电源器件中的应用项目还比较少。由于大功率场效应（MOS）管的批量生产，所以开关电源频率逐渐向高频化发展，已经从 2 口至 50 kHz 向 8 口至 250 kHz 变化。为了降低损耗，铁芯几乎全部都采用铁基和钴基非晶，这可以使得开关电源体积减小，并且有效降低成本。

（3）直流变换器

磁性材料在受到机械应力时一般产生磁各向异性，但是非晶合金软磁材料只存在很弱的磁晶各向异性，并具有很高的弹性极限，其磁致伸缩常数随其成分呈现出连续性变化，这样就能够把它的磁致伸缩常数调整到测量灵敏度和动态量程所需的程度。可以使用非晶合金铁芯多谐振荡器制作高度稳定的测力变换器和位移测量变换器，这种变换器如果受到力的作用，就会发生弹性形变，磁导率发生可逆变化，由正弦波交流电源对非晶合金铁芯进行磁化。这种变换器具有很高的线性度，而且残留误差和偏移都很小。使用钴基非晶合金单层铁芯可作为高灵敏度的无触点键或开关，使用单极电流脉冲和较简单的电子电路，可取得降低电耗的效果。除此之外，一般转矩测量变换器的灵敏度常受到转轴材料的影响，导致灵敏度很差，并会出现滞后现象。目前研究采用一对非晶合金薄带粘结到轴上，利用围绕转轴的环状线圈进行激励和检测信号，使用这种转矩变换器，可得到几乎无滞后、线性良好的效果。

（4）电磁传感器

电磁传感器如今在汽车、电机驱动、机床、情报图书装置等领域，以及在冶金工业、医疗工业和日常生活方面微型计算机中使用的同时，一种利用非晶合金性能可靠、造价低廉的传感器和交换器的开发也正在迅速地进行。这种传感器和变换器在测量磁场、电流、位移、应力、转矩等物理量方面具有独特的优点。通过急冷法制成的非晶金属材料制成的传感器具有较高的灵敏度、非接触高速反应性好、稳定性高、耐腐蚀、耐冲击、耐磨损、抗干扰性好及微型轻量化等优点，已在实际中获得应用。如美国防窃检测器中的传感器，原来用坡莫合金制作，改用非晶合金后成本更低；在日本，将非晶合金丝或条带用于图书馆、超市、百货商店等的防盗窃监测仪，不仅便捷还很可靠；在中国，上海钢铁研究所也利用非晶材料制造了类似的传感器，目前已经在图书馆使用，这一产品因其性能稳定和效果良好，得到用户一致好评。

（5）电动机

非晶电机是定子铁芯由非晶合金材料制造而成的一种电机，其样机如图 8-12 所示。随着技术进步以及下游应用领域拓宽，电机正在向着高频、高速方向发展，传统硅钢电机由于损耗高，难以满足发展需求。非晶合金具有高电阻率、高电磁性的特点，以其为材料制造而成的非晶电机，与传统的硅钢电机相比，具有损耗低、效率高的优点，逐渐成为电机行业发展趋势。

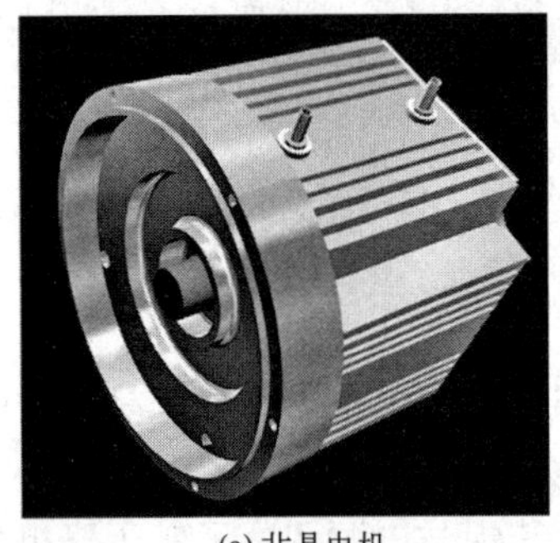

(a) 非晶电机

(b) 电机内铁芯

图 8-12　非晶电机样机及内部铁芯

应用在电机领域的非晶合金一般采用铁基非晶合金材料。高速电机具有转速高、功率密度高、传动效率高、供电频率高等特点，其铁芯损耗增大，以硅钢为铁芯制造而成的硅钢电机工作效率下降。非晶合金在高速工况下，单位铁损与硅钢相比可下降 60%～80%，非常适合用来制造高速电机铁芯。非晶电机可广泛应用于移动电源发电机、电动汽车发电机与驱动电机、数控机床高速主轴电机等生产领域。

从新能源汽车领域来看，非晶电机在电动汽车驱动电机方面拥有巨大发展潜力。驱动电机是电动汽车的关键部件，其性能影响动力电池利用效率、汽车续航里程，若采用非晶电机相同电池容量下汽车续航里程可提高 30%以上。目前，我国以及全球范围内正在大力推动电动汽车产业发展，续航里程是制约电动汽车应用普及率快速提高的重要因素之一。由此来看，非晶电机在新能源汽车领域具有广阔发展空间。

（6）漏电自动开关

漏电开关是用来保障电器和用电安全的装置。当设备在绝缘不良或者人体触电时，会在互感器的次级线圈中感应出信号，经过处理后会使电闸跳开来切断电路，从而保护电器或人身安全。过去一般采用铁镍合金作为这种互感器铁芯。自从 20 世纪 80 年代以来，国内开始使用非晶合金作为漏电开关中的互感器铁芯。其工作原理是：当电路发生漏电或有人触电时，初级两根导线的电流就会不平衡产生差值，这个值就相当于漏电或触电的电流，从而使电路中的铁芯磁化。由于互感器铁芯采用高磁导率的材料，所以次级线圈会有较大的功率输出，控制脱扣器切断电源，起到漏电或触电保护的作用。

（7）磁屏蔽片

非晶纳米晶屏蔽片或导磁片是采用单层或多层非晶纳米晶合金带材经层叠贴合等工艺制造而成（图 8-13）。与铁氧体等其他软磁材料制造的屏蔽片相比，具有磁导率更高、损耗更低、更柔韧、更轻薄等优点，可有效地将空间中的磁力线吸引到其材料内部，使磁力线集中在其材料内部通过，达到电磁屏蔽的效果；在无线充电应用中，可大幅提升充电模组的功率并降低充电温升。非晶纳米晶磁屏蔽片广泛应用于各类电子产品的电磁屏蔽、无线充电及近场通信（NFC）模块中。

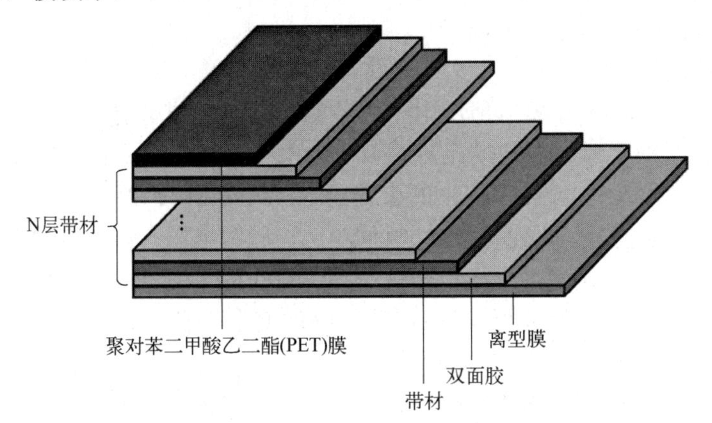

图 8-13　非晶合金磁屏蔽片

此外，块体非晶合金也有很多优异的性能，被运用在很多领域中。如制造高性能结构材料、微型精密器件、高效电极材料、生物医学材料和空间探测器件材料等。

8.4.4.2　纳米晶合金的应用

纳米晶软磁合金不仅具有优异的软磁性能和高饱和磁通密度，还有高的磁导率。利用该类材料制作的器件具有体积小、输出功率大、效率高、温度稳定性好等优点，有望成为当下电力电子行业广泛应用的新型软磁材料。

（1）变压器

纳米晶软磁合金在MHz及以下频段具有高饱和磁感应强度 B_s 和高有效磁导率 μ_e，在很大 B_s 范围内，铁芯损耗比较低，因此可以替代变压器铁芯中的硅钢片，降低变压器发电过程中的总损耗。目前主要应用于中频变压器逆变电源变压器、开关电源变压器、脉冲变压器等的铁芯。

脉冲变压器可以用于综合业务数据网（ISND）的终端设备，隔离网络电路和终端设备，因此很有必要向小型化发展。纳米晶软磁合金具有高有效磁导率，因此可以用来制作体积较小的脉冲变压器的铁芯，其性能优于锰锌铁氧体铁芯；其磁致伸缩系数接近于零，具有高热稳定性和低应力敏感性，所以变压器铁芯的自感系数不会随温度的变化而大幅度变化，该脉冲变压器的性能比较稳定。

（2）互感器

纳米晶软磁材料也用于各种互感器铁芯，如电力互感器、漏电开关互感器、精密电流互感器等的铁芯。电力系统所用电流互感器是供电系统、输配电线路中很重要的设备，可以将高电流、高电压降低为便于测量的低电流、低电压，进而确定输配电线路上的电流、电压和电能。电流互感器的测量精度主要与铁芯的尺寸和材料性能有关，因为纳米晶软磁具有高磁导率，可以减小铁芯尺寸，达到提高测量精度的目的，而且价格低于坡莫合金。

（3）电感器

广义的电感器件是指线圈、扼流圈、磁珠等，主要功能是筛选信号、过滤噪声、稳定电流及控制电磁波干扰，目前电感器正在向小型化、高感量、高频化、高稳定度、高精度、低损耗、大功率化集成化方向发展。纳米晶软磁材料在电感器方面的应用比较广泛，如大功率电抗器铁芯、功率因数校正器铁芯、滤波电感铁芯、共模电感铁芯、差模电感铁芯、可饱和电感铁芯。共模滤波电感器处于小信号工作状态，其电感量越大越好。选用纳米晶软磁材料做共模电感器的磁芯，可以降低铁芯的尺寸，用于大功率、大电流工作状态下的铁芯，并且磁性能优于其他材料作铁芯的电感器。

（4）共模扼流圈

目前电磁干扰（EMI）对日常所用电子设备的影响越来越引起人们的重视，电磁兼容性（EMC）元件的需求随之增加。共模扼流圈可以为电子设备提供保护，防止高频噪声的传入和传出，还可以防止高压脉冲噪声产生的火花放电。FINEMET 纳米晶合金带材已经被用于制作扼流圈的铁芯，与铁基非晶和锰锌铁氧体相比，脉冲电压的衰减特性得到明显提高，可以用于宽频范围内并可以排除高压噪声干扰；NANOPERM 纳米晶合金用于扼流圈中，作为一种有源滤波器，可防止相位调整设备的电抗器元件的信号失真。

（5）磁传感器

材料的交流阻抗随外加直流磁场的改变而改变的特性称为磁阻抗效应，铁基纳米晶软磁材料的磁学性能优良，是研究磁阻抗效应的最佳材料。研究发现在丝带状铁基纳米晶软磁材料内通入高频电流，材料两端感生的电压振幅随外加磁场强度改变而改变，并且响应速度快、灵敏度高、无磁滞效应，这种现象被称为巨磁阻抗（GMI）效应。可利用这种效应制作传感头和巨磁阻抗传感器，其中，传感头可以探测磁通量，并且与被测面无接触、没有磁滞效应、灵敏度高、响应快、尺寸小；与磁阻传感器和磁通传感器相比，巨磁阻抗传感器有明显的优点，可以实现调制解调、滤波、振荡，用于转速测量仪、汽车防抱死装置的传感器系统中，具有输出信号幅度不随转速变化、灵敏度高和热稳定好等优点。

（6）霍尔电流传感器集束磁芯

霍尔电流传感器是一种利用霍尔效应来检测电流的器件，利用通电导线周围产生的磁场和电流成正比的原理，采用环形集束器提供磁场，有与被测电路隔离、不影响供电回路、易与计算机及二次仪表连接、结构简单、测量精确等优点，是一般互感器无法比拟的。它在开关电源、高频镇流器、高压直流传输等技术的检测与调控中有重要的作用。霍尔电流传感器的工作原理如图 8-14 所示。霍尔电流传感器对集束磁环的要求比较高，为保证在较大的动态磁场范围内能够准确传感电流值，目前采用三种软磁材料（坡莫合金、硅钢、铁基纳米晶软磁合金）用于制作集束环磁芯，通过比较发现，铁基纳米晶软磁合金饱和磁通密度高、磁导率高、价格低廉、用料省，所以最有发展前景。

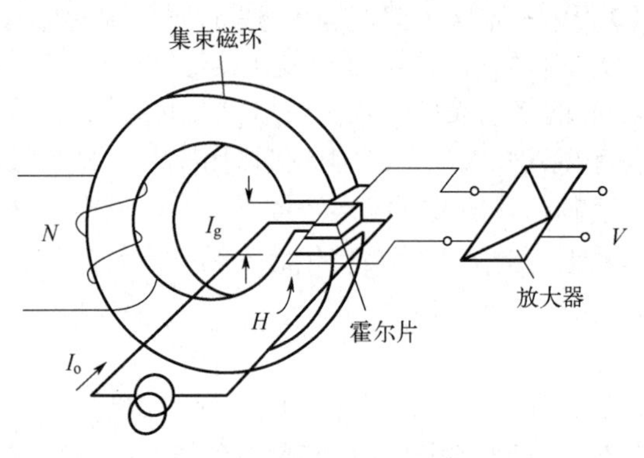

图 8-14　霍尔电流传感器

8.4.5　非晶纳米晶软磁合金展望

在新能源领域和电子通信领域及电力传输领域，传统软磁材料已经不能满足当前社会对器件小型化、高效化的要求。虽然硅钢的饱和磁化强度非常优异，但是高频环境下其损耗太过严重，铁氧体相比硅钢而言，在高频条件下损耗减小很多，但是铁氧体的饱和磁化强度太低，无法实现元器件的小型化、高效化的发展需求，并且造成了很大的资源浪费和产生极高的生产成本。因此亟需一款新型的具有优异综合性能的软磁材料。

非晶纳米晶合金有着高饱和磁化强度、低矫顽力等优异的软磁性能，以及较低的制备成本等优点，在新能源电动汽车和电子通信等领域崭露头角。研究高性能的非晶纳米晶软磁合金，需要采用先进的制备技术，设计开发新的材料体系，选择新的工艺路线，这些都会使得电子元器件朝微型化、高频化、智能化、高集成化、高密度和环保节能等方向发展。

习题

参考答案

8-1　何为非晶态合金？非晶合金具有哪些结构特征？非晶体与晶体的主要区别有哪些？

8-2　简要论述非晶态合金的性能特点与原因。

8-3　非晶材料是一种大有前途的新材料，但它也存在着不足，请简述其缺点。

8-4　简述影响非晶态合金形成的几个因素。

8-5　根据下图分析：（1）谁较易析晶，谁易形成非晶态？（2）为什么出现鼻尖形状？（3）此图表示什么意义？

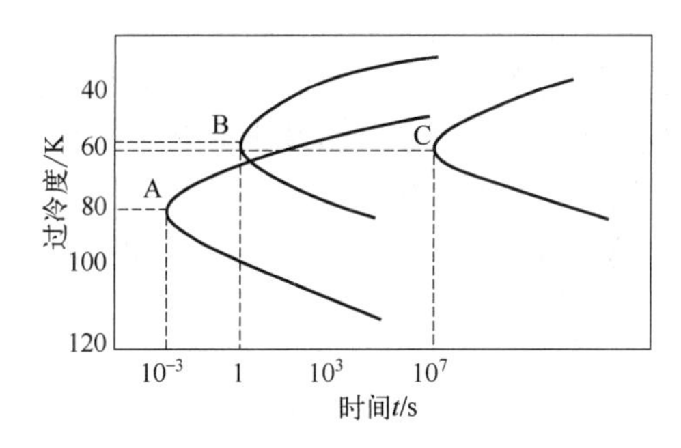

8-6　获得大块非晶的原则是什么？

8-7　大块非晶材料的制备方法有哪些？其原理是什么？

8-8　简要描述 FeSiBCuNb 纳米晶合金晶化过程。

参考文献

[1] 汪卫华. 非晶态物质的本质和特性[J]. 物理学进展, 2013, 33 (5): 177-350.

[2] Klement W, Willens R H, Duwez P. Non-crystalline Structure in Solidified Gold-Silicon Alloys [J]. Nature Materials, 1960, 187 (4740): 869-870.

[3] Kui H W, Greer A L, Turnbull D. Formation of bulk metallic-glass by fluxing [J]. Applied Physics Letters, 1984, 45 (6): 615-616.

[4] Inoue A. Stabilization of metallic supercooled liquid and bulk amorphous alloys [J]. Acta Materialia, 2000, 48 (1): 279-306.

[5] Inoue A, Shen B L, Koshiba H, et al. Ultra-high strength above 5000 MPa and soft magnetic properties of Co-Fe-Ta-B bulk glassy alloys [J]. Acta Materialia, 2004, 52 (6): 1631-1637.

[6] Liu Y H, Wang G, Wang R J, et al. Super plastic bulk metallic glasses at room temperature [J]. Science, 2007, 315 (5817): 1385-1388.

[7] 尹美玲. B 基 B-Gd-TM（TM=Fe,Co,Ni）非晶合金的制备及其性能研究[M]. 大连：大连理工大学, 2021.

[8] 范惠洋. Zr-Cu 系非晶合金的结构不均匀性及其与性能的关联[D]. 北京：北京科技大学, 2022.

[9] 刘海顺, 卢爱红, 杨卫明, 等. 非晶纳米晶合金及其软磁性能研究[M]. 徐州：中国矿业大学出版社, 2009.

[10] 黄勇杰. 非晶态磁性物理与材料[M]. 成都：电子科技大学出版社, 1991.

[11] Chang L, Xie L, Liu M, et al. Novel Fe-based nanocrystalline powder cores with excellent magnetic properties produced using gas-atomized powder [J]. Journal of Magnetism and Magnetic Materials, 2018, 452: 442-446.

[12] Yoshizawa Y, Oguma S, Yamauchi K. New Fe-based soft magnetic alloys composed of ultrafine grain structure [J]. Journal of Applied Physics, 1988, 64: 6044.

第 9 章

电磁波理论基础

9.1 电磁场基本特性

根据静态场的基本性质和规律，静电场由静止电荷产生，恒定磁场由恒定电流产生，维持恒定电流的恒定电场与静电场相似。研究表明，当电荷、电流随时间进行变化时，电场和磁场之间存在着相互作用、互相依存的关系。磁场的变化会感应出电场，电场的变化也将产生磁场，电场和磁场将不可分割地成为统一的电磁现象。因此，电磁波通常由交变电场（$\boldsymbol{E}$）和交变磁场（$\boldsymbol{H}$）两个基础部分组成，两个基本场之间互相垂直。同时电磁波的传播方向与两个场所存在的平面垂直，而电磁波的振幅大小取决于电磁波的波形以及发射源的输出信号功率。因此，明确电磁场的基本方程，对研究电磁波的传播行为并进而开发相关电磁兼容材料具有重要意义。

9.1.1 麦克斯韦方程组

1873 年，英国物理学家 J. Maxwell 在其《电磁学通论》中全面概括了此前的电磁学的一系列发现和试验成果，通过科学的假设和合理的逻辑分析，以偏微分方程的形式揭示了电场与磁场、场与场源、场与媒质间的作用与变化规律。麦克斯韦电磁理论的基础是三大试验定律——库仑定律、毕奥-萨伐尔定律（安培定律）及法拉第电磁感应定律。麦克斯韦方程组表明，空间某处只要有变化的磁场就能激发出涡旋电场，变化的电场又能以此激发涡旋磁场。交变的电场和磁场互相激发形成连续不断的电磁振荡并同时向空间传播，即为电磁波。电磁波是电磁场的运动形式，由麦克斯韦方程组可知，电磁波的速度随介质的电磁性质变化而变化，且在真空中其以光速传播，即光也是一种电磁波。麦克斯韦方程组是经典电磁理论的核心，是研究一切宏观电磁现象和解决工程电磁问题的基本理论框架。

麦克斯韦方程组由四个方程组成，包括：a. 描述电荷产生的电场的高斯定律；b. 论述磁单极子不存在的高斯磁定律；c. 描述电流和时变电场产生磁场的麦克斯韦-安培定律；d. 描述时变磁场产生电场的法拉第感应定律。麦克斯韦方程组一般表述为积分形式和微分形式，以 $\boldsymbol{r}$ 表示三维空间的位置矢量，t 表示时间变量，其微分形式为：

$$\nabla \times \boldsymbol{H}(\boldsymbol{r},t) = \boldsymbol{J}(\boldsymbol{r},t) + \frac{\partial \boldsymbol{D}(\boldsymbol{r},t)}{\partial t} \tag{9-1a}$$

$$\nabla \times \boldsymbol{E}(\boldsymbol{r},t) = -\frac{\partial \boldsymbol{B}(\boldsymbol{r},t)}{\partial t} \tag{9-1b}$$

$$\nabla \cdot \boldsymbol{B}(\boldsymbol{r},t) = 0 \tag{9-1c}$$

$$\nabla \cdot \boldsymbol{D}(\boldsymbol{r},t) = \rho(\boldsymbol{r},t) \tag{9-1d}$$

式中，$\boldsymbol{E}(\boldsymbol{r},t)$为电场强度矢量，V/m；$\boldsymbol{H}(\boldsymbol{r},t)$为磁场强度矢量，A/m；$\boldsymbol{D}(\boldsymbol{r},t)$为电位移矢量，$C/m^2$；$\boldsymbol{B}(\boldsymbol{r},t)$为磁感应强度矢量，T；$\boldsymbol{J}(\boldsymbol{r},t)$为电流密度矢量，$A/m^2$；$\rho(\boldsymbol{r},t)$为电荷密度，$C/m^3$。

式（9-1a）为全电流安培定律，其说明磁场强度$\boldsymbol{H}$的旋度等于该点的全电流密度，$\boldsymbol{J}$是真实的带电粒子运动而形成的电流，其可以是外加电流源，也可以是电场在导电媒质中引起的感应电流。$\partial\boldsymbol{D}/\partial t$为位移电流，其本质是时变电场的时间变化率，具有和传导电流相同的量纲。位移电流的引入表明时变电场可以产生磁场，依此预言了电磁波的存在以及时变磁场的波动性。对安培定律的修正是麦克斯韦的重大贡献之一，其直接促进了统一电磁场理论的建立。式（9-1b）为电磁感应定律，其描述了时变磁场产生电场的过程。式（9-1c）为磁通连续性原理，其说明自然界不存在磁荷，磁力线均为无头无尾的闭合线。式（9-1d）为高斯定律，其表明电场形成的场源之一为电荷。对应上述微分形式，麦克斯韦方程组的积分形式为：

$$\oint_l \boldsymbol{H}\cdot \mathrm{d}\boldsymbol{l} = \iint_S \left(\boldsymbol{J} + \frac{\partial \boldsymbol{D}}{\partial t}\right)\cdot \mathrm{d}\boldsymbol{S} \tag{9-2a}$$

$$\oint_l \boldsymbol{E}\cdot \mathrm{d}\boldsymbol{l} = -\iint_S \frac{\partial \boldsymbol{B}}{\partial t}\cdot \mathrm{d}\boldsymbol{S} \tag{9-2b}$$

$$\oiint_S \boldsymbol{B}\cdot \mathrm{d}\boldsymbol{S} = 0 \tag{9-2c}$$

$$\oiint_S \boldsymbol{D}\cdot \mathrm{d}\boldsymbol{S} = \iiint_V \rho \mathrm{d}V = \boldsymbol{Q} \tag{9-2d}$$

麦克斯韦方程的物理意义如下：

① 电流和时变电场均可产生磁场，变化的电场和电流是磁场的旋涡源，变化的电场和电流与其激发的磁场符合右手螺旋关系；

② 电荷和时变磁场可以产生电场，变化的磁场是电场的旋涡源，变化的磁场和其激发的电场符合左手螺旋关系；

③ 电场是有通量源的场，即电场可以有散，其散度源是电荷；

④ 磁场是无散场，其没有通量源，也不存在磁荷，穿过任意闭合曲面的磁通量为零。

在上述方程组中，各个方程组不是完全独立的，为了使麦克斯韦方程组具有限定的形式，需要在其中添加场量以及媒质特性间的关系，这些关系被称为本构关系。本构关系分别为：$\boldsymbol{D}=\varepsilon\cdot\boldsymbol{E}$，$\boldsymbol{B}=\mu\cdot\boldsymbol{H}$，$\boldsymbol{J}=\sigma\cdot\boldsymbol{E}$。利用本构关系可以将麦克斯韦方程组写为仅含有场量$\boldsymbol{E}$和$\boldsymbol{H}$的形式：

$$\nabla\times\boldsymbol{H}(\boldsymbol{r},t) = \sigma\boldsymbol{E}(\boldsymbol{r},t) + \varepsilon\cdot\frac{\partial \boldsymbol{E}(\boldsymbol{r},t)}{\partial t} \tag{9-3a}$$

$$\nabla\times\boldsymbol{E}(\boldsymbol{r},t) = -\mu\cdot\frac{\partial \boldsymbol{H}(\boldsymbol{r},t)}{\partial t} \tag{9-3b}$$

$$\nabla\cdot\boldsymbol{H}(\boldsymbol{r},t) = 0 \tag{9-3c}$$

$$\nabla\cdot\boldsymbol{E}(\boldsymbol{r},t) = \frac{\rho(\boldsymbol{r},t)}{\varepsilon} \tag{9-3d}$$

式中，$\varepsilon=\varepsilon_r\varepsilon_0$；$\mu=\mu_r\mu_0$；$\varepsilon_0=8.854\times10^{-12}$ F/m，$\mu_0=1.257\times10^{-6}$ H/m，分别为真空介电常数和真空磁导率；ε_r和μ_r为相对介电常数和相对磁导率，无量纲；σ为媒质的电导率，S/m。上述方程组对于随时间变化的电磁场均适用。

此外，麦克斯韦方程组还可以改写为复数形式，其中场量仅为空间坐标的函数，在求解时无须考虑与时间的依赖关系，可以用以解决正弦时变场下的电磁波问题，复数形式的表达式如下：

$$\nabla \times \boldsymbol{H}(\boldsymbol{r}) = \boldsymbol{J}(\boldsymbol{r}) + \mathrm{j}\omega \boldsymbol{D}(\boldsymbol{r}) \tag{9-4a}$$

$$\nabla \times \boldsymbol{E}(\boldsymbol{r}) = -\mathrm{j}\omega \boldsymbol{B}(\boldsymbol{r}) \tag{9-4b}$$

$$\nabla \cdot \boldsymbol{B}(\boldsymbol{r}) = 0 \tag{9-4c}$$

$$\nabla \cdot \boldsymbol{D}(\boldsymbol{r}) = \rho(\boldsymbol{r}) \tag{9-4d}$$

$$\oint_l \boldsymbol{H} \cdot \mathrm{d}\boldsymbol{l} = \oiint_S \boldsymbol{J} \cdot \mathrm{d}\boldsymbol{S} + \mathrm{j}\omega \oiint_S \boldsymbol{D} \cdot \mathrm{d}\boldsymbol{S} \tag{9-5a}$$

$$\oint_l \boldsymbol{E} \cdot \mathrm{d}\boldsymbol{l} = -\mathrm{j}\omega \oiint_S \boldsymbol{B} \cdot \mathrm{d}\boldsymbol{S} \tag{9-5b}$$

$$\oiint_S \boldsymbol{B} \cdot \mathrm{d}\boldsymbol{S} = 0 \tag{9-5c}$$

$$\oiint_S \boldsymbol{D} \cdot \mathrm{d}\boldsymbol{S} = \iiint_V \rho \mathrm{d}V \tag{9-5d}$$

9.1.2 静态电磁场

静态电磁场是指不随时间变化的电磁场，其特点是电场和磁场相互独立，电场部分由静止电荷或恒定电流产生，磁场由恒定电流产生。对于麦克斯韦方程组，其在静态场下的方程组为：

$$\nabla \times \boldsymbol{H}(\boldsymbol{r}) = \boldsymbol{J}(\boldsymbol{r}) \tag{9-6a}$$

$$\nabla \times \boldsymbol{E}(\boldsymbol{r}) = 0 \tag{9-6b}$$

$$\nabla \cdot \boldsymbol{B}(\boldsymbol{r}) = 0 \tag{9-6c}$$

$$\nabla \cdot \boldsymbol{D}(\boldsymbol{r}) = \rho(\boldsymbol{r}) \tag{9-6d}$$

在静态电磁场中，静电场是有散无旋场，因此静电场的电力线起始于正电荷而终止于负电荷。电场强度的矢量可以以一个标量函数表示为：

$$\boldsymbol{E}(\boldsymbol{r}) = -\nabla \varphi(\boldsymbol{r}) \tag{9-7}$$

$$\varphi(\boldsymbol{r}) = \int_r^{r_0} \boldsymbol{E}(\boldsymbol{r}) \cdot \mathrm{d}\boldsymbol{l} + \varphi(\boldsymbol{r}_0) \tag{9-8}$$

标量函数 $\varphi(\boldsymbol{r})$ 称为电位函数，其数值上等于静电力将单位正电荷自 $\boldsymbol{r}$ 点沿任意路径移动到 $\boldsymbol{r}_0$ 点所做的功。需要明确的是，$\boldsymbol{r}_0$ 点作为电位参考点，根据其所处的不同位置，空间各点的电位也将随之出现差异，因此电位是一个相对量。

在静态电磁场中，恒定磁场由恒定电流产生，其分布与时间无关，恒定磁场是有旋无散场，电流是磁场的源，磁力线是围绕着电流的闭合线，磁力线方向与电流方向间满足右手螺旋关系。

此外将积分形式的麦克斯韦方程应用于分界面上时可以得到电磁场的边界条件：$\boldsymbol{n} \times (\boldsymbol{H}_2 - \boldsymbol{H}_1) = \boldsymbol{J}_\mathrm{s}$，$\boldsymbol{n} \times (\boldsymbol{E}_2 - \boldsymbol{E}_1) = 0$，$\boldsymbol{n} \cdot (\boldsymbol{B}_2 - \boldsymbol{B}_1) = 0$，$\boldsymbol{n} \cdot (\boldsymbol{D}_2 - \boldsymbol{D}_1) = \rho_\mathrm{s}$。

式中，$\boldsymbol{n}$ 为分界面法线单位矢量，从媒质 1 指向媒质 2；$\boldsymbol{J}_\mathrm{s}$ 为电流面密度；ρ_s 为电荷面密度；边界面上场量的方向关系为：$\dfrac{\tan \alpha_1}{\tan \alpha_2} = \dfrac{\varepsilon_1}{\varepsilon_2}$，$\dfrac{\tan \theta_1}{\tan \theta_2} = \dfrac{\mu_1}{\mu_2}$。

9.1.3 电磁场的能量

电荷和电流在电磁场中会受到分别来自电场和磁场分量的电场力及磁场力的作用，表明电磁场具有能量，且其遵守能量守恒定律。其中，传导电流在体积 V 中引起的损耗功率为：

$$P=\iiint_V \boldsymbol{J}\cdot\boldsymbol{E}\,\mathrm{d}V=\iiint_V\left[\boldsymbol{E}\cdot(\nabla\times\boldsymbol{H})-\boldsymbol{E}\cdot\frac{\partial\boldsymbol{D}}{\partial t}\right]\mathrm{d}V \tag{9-9}$$

根据麦克斯韦方程组，自其微分形式中得出坡印廷定理，其主要用于描述电磁能量的转换关系。首先，根据矢量恒等式：

$$\nabla\cdot(\boldsymbol{E}\times\boldsymbol{H})=\boldsymbol{H}\cdot(\nabla\times\boldsymbol{E})-\boldsymbol{E}\cdot(\nabla\times\boldsymbol{H}) \tag{9-10}$$

将其带入麦克斯韦第二方程以及损耗功率表达式（9-9）可得：

$$P=\iiint_V \boldsymbol{J}\cdot\boldsymbol{E}\mathrm{d}V=-\iiint_V\left[\boldsymbol{H}\cdot\frac{\partial\boldsymbol{B}}{\partial t}+\nabla\cdot(\boldsymbol{E}\times\boldsymbol{H})+\boldsymbol{E}\cdot\frac{\partial\boldsymbol{D}}{\partial t}\right]\mathrm{d}V \tag{9-11}$$

设包围体积 V 的闭合曲面为 S'，利用散度定理可以将其改写为：

$$-\oiint_{S'}(\boldsymbol{E}\times\boldsymbol{H})\cdot\mathrm{d}\boldsymbol{S}'=\iiint_V\left(\boldsymbol{H}\cdot\frac{\partial\boldsymbol{B}}{\partial t}+\boldsymbol{E}\cdot\frac{\partial\boldsymbol{D}}{\partial t}+\boldsymbol{J}\cdot\boldsymbol{E}\right)\mathrm{d}V \tag{9-12}$$

其中，$\boldsymbol{E}\cdot\dfrac{\partial\boldsymbol{D}}{\partial t}=\dfrac{\partial}{\partial t}\left(\dfrac{1}{2}\boldsymbol{D}\cdot\boldsymbol{E}\right)$，$\boldsymbol{H}\cdot\dfrac{\partial\boldsymbol{B}}{\partial t}=\dfrac{\partial}{\partial t}\left(\dfrac{1}{2}\boldsymbol{B}\cdot\boldsymbol{H}\right)$，将其与式（9-12）结合有：

$$-\oiint_{S'}(\boldsymbol{E}\times\boldsymbol{H})\cdot\mathrm{d}\boldsymbol{S}'=\frac{\partial}{\partial t}\iiint_V\left(\frac{1}{2}\boldsymbol{B}\cdot\boldsymbol{H}+\frac{1}{2}\boldsymbol{D}\cdot\boldsymbol{E}\right)\mathrm{d}V+\iiint_V(\boldsymbol{J}\cdot\boldsymbol{E})\mathrm{d}V \tag{9-13}$$

在式（9-13）中，$\dfrac{1}{2}\boldsymbol{D}\cdot\boldsymbol{E}$ 和 $\dfrac{1}{2}\boldsymbol{B}\cdot\boldsymbol{H}$ 分别表示电场和磁场的能量体密度，其体积分为该体积内储存的总电磁能量。式（9-13）右侧第二项则为传导电流引起的功率损耗。根据能量守恒定律，若体积 V 内无外加源，则右侧便是在体积 V 内单位时间内存储的总能量和损耗的功率且由外部进入体积 V 内的，左侧为通过封闭曲面 S'进入体积 V 的总功率。该公式称为坡印廷定理，其描述了电磁能量的流动和转化的关系。其物理意义为穿过闭合面 S' 流入体积 V 内的电磁功率，等于体积 V 内在单位时间内增加的电磁能量与传导电流损耗的功率之和，为电磁场能量守恒的具体体现。

在式（9-13）中，令 $\boldsymbol{S}=\boldsymbol{E}\times\boldsymbol{H}$，则 $\boldsymbol{S}$ 的大小代表了封闭曲面上任意一点通过单位面积的功率，即功率密度，其称为坡印廷矢量，方向为能量流动的方向，单位为 $\mathrm{W/m^2}$。坡印廷矢量表示单位时间内通过垂直于电磁能量流动方向的单位面积的电磁能量，又称能量流密度。

对于正弦电磁场，当场矢量使用复数形式进行表示时：

$$\boldsymbol{E}(x,y,z,t)=\mathrm{Re}\,(\boldsymbol{E}\mathrm{e}^{\mathrm{j}\omega t})=\frac{1}{2}(\boldsymbol{E}\mathrm{e}^{\mathrm{j}\omega t}+\boldsymbol{E}^*\mathrm{e}^{-\mathrm{j}\omega t}) \tag{9-14a}$$

$$\boldsymbol{H}(x,y,z,t)=\mathrm{Re}\,(\boldsymbol{H}\mathrm{e}^{\mathrm{j}\omega t})=\frac{1}{2}(\boldsymbol{H}\mathrm{e}^{\mathrm{j}\omega t}+\boldsymbol{H}^*\mathrm{e}^{-\mathrm{j}\omega t}) \tag{9-14b}$$

此时，坡印廷矢量的瞬间值可以写为：

$$\boldsymbol{S}(x,y,z,t)=\boldsymbol{E}(x,y,z,t)\times\boldsymbol{H}(x,y,z,t)=\frac{1}{2}\mathrm{Re}\,(\boldsymbol{E}\times\boldsymbol{H}^*)+\frac{1}{2}\mathrm{Re}(\boldsymbol{E}\times\boldsymbol{H}\mathrm{e}^{\mathrm{j}2wt}) \tag{9-15}$$

其在一个周期 $T=2\pi/\omega$ 内的平均值 $\boldsymbol{S}_{\mathrm{av}}$ 为：

$$\boldsymbol{S}_{\mathrm{av}} = \frac{1}{T}\int_0^T S(x,y,z,t)\mathrm{d}t = \mathrm{Re}\left(\frac{1}{2}\boldsymbol{E}\times\boldsymbol{H}^*\right) = \mathrm{Re}\,(\boldsymbol{S}) \tag{9-16}$$

式中的$\boldsymbol{S} = \frac{1}{2}\boldsymbol{E}\times\boldsymbol{H}^*$称为复坡印廷矢量，其与时间无关，表示复功率密度，其中实部为平均功率密度（有功功率密度），虚部为无功功率密度。式中，所使用的电场与磁场强度为复振幅值；$\boldsymbol{E}^*$、$\boldsymbol{H}^*$为$\boldsymbol{E}$、$\boldsymbol{H}$的共轭复数；$\boldsymbol{S}_{\mathrm{av}}$为平均能流密度矢量或平均坡印廷矢量。

9.1.4 电介质的极化

理想电介质是指完全不导电的绝缘物质，其带电粒子被原子、分子的内在力以及分子间的作用力所束缚，称为束缚电荷。在电场力的作用下，束缚电荷能可产生微小的位移且不超过分子范围。但对于实际的电介质，其一般均将呈现出一定的导电性，但是相关数值大小远小于良导体。因此，一般将电介质在实际应用中视为理想电介质。

电介质一般分为两类，其一为无极性分子电介质，其分子内所有正、负电荷的作用中心重合，物质呈现电中性；其二为极性分子电介质，其分子内的正、负电荷作用中心不重合，形成了电偶极子，但是由于无规则的热运动，极性分子内部的电偶极子取向是无序的，合成偶极矩为零，因此宏观上也不显示电性。

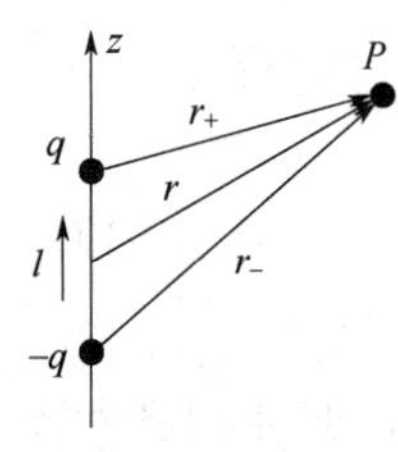

图 9-1　电偶极子

将电介质置于外电场中时，其正、负电荷将在电场作用下产生位移，此时无极性分子的正、负电荷作用中心不再重合，形成电偶极子。对于极性分子而言，其电偶极子的取向将在外电场的作用下趋于一致，合成偶极矩不再为零。此时，电介质将对外展现电性，称之为电介质极化。

电偶极子是由等值异号、相距很近（$l \ll r$）的两个点电荷（q，$-q$）所组成的电荷系统，如图 9-1 所示，电偶极子可以通过电偶极矩$\boldsymbol{P}_{\mathrm{e}}$来描述：

$$\boldsymbol{P}_{\mathrm{e}} = q\boldsymbol{l} \tag{9-17}$$

式中，电偶极矩的大小等于电荷量乘以电荷间距，方向为负电荷指向正电荷。

根据介质极化的概念，极化介质对外电场的影响归结为电偶极子的效应，为了表征电介质的极化程度，引入了极化强度矢量 $\boldsymbol{P}$，其定义为电介质极化后单位体积内的电偶极矩矢量和（$\mathrm{C/m^2}$），即为：

$$\boldsymbol{P} = \lim_{\Delta v\to 0}\frac{\Sigma \boldsymbol{P}_{\mathrm{e}}}{\Delta v} \tag{9-18}$$

此外，绝大多数电介质的极化强度与其内部合成电场的关系为：$\boldsymbol{P} = \chi_{\mathrm{e}}\varepsilon_0\boldsymbol{E}$，其中$\chi_{\mathrm{e}}$称为电介质的电极化率，其为一个与电介质无关的无量纲系数。当χ_{e}与电场方向无关时，称为各向同性介质，否则为各向异性介质；当χ_{e}为常数时为均匀介质，否则为非均匀介质；当χ_{e}不随电场强度的量值变化时，称为线性介质，否则为非线性介质。

根据电场理论，电介质的影响等效于分布在介质内部及其表面的束缚电荷的作用，电介质在引入极化电荷密度后可以等效为束缚电荷，束缚电荷面密度ρ_{ps}和体密度ρ_{p}分别为：

$$\begin{aligned}\rho_{\mathrm{ps}} &= \boldsymbol{P}\cdot\boldsymbol{n} \\ \rho_{\mathrm{p}} &= -\nabla\cdot\boldsymbol{P}\end{aligned} \tag{9-19}$$

9.1.5 磁介质的磁化

在磁学中，类比于电偶极子，在其中引入了磁偶极子的概念。对于微小磁体所产生的磁场，可以由平面电流回路来产生，这种可以用无限小电流回路所表示的小磁体称之为磁偶极子。设磁偶极子的磁极强度为 m，磁极间距为 l，用 $j_m = ml$ 来表示磁偶极子的磁偶极矩。j_m 的方向由 S 极指向 N 极，单位是 Wb·m，如图 9-2（a）所示。同时，磁偶极子磁性的大小和方向可以用磁矩来表示，磁矩 μ_m 的定义为磁偶极子等效平面回路的电流 i 和回路面积 S 的乘积，其方向由右手螺旋定则确定，单位为 A·m^2，如图 9-2（b）所示。

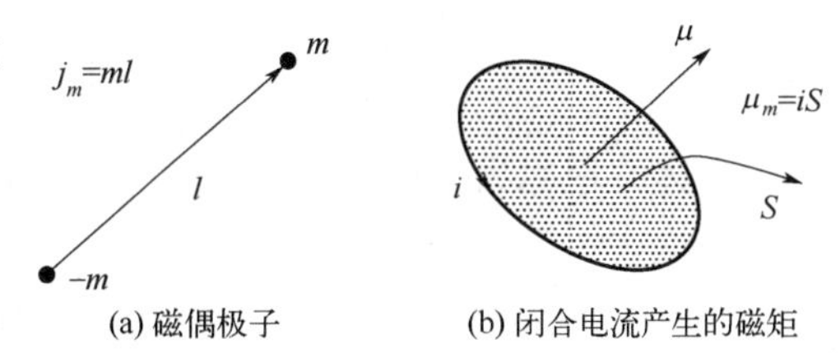

图 9-2　磁偶极子的磁偶极矩与磁矩

通常情况下，介质内部的磁偶极矩方向是随机的，宏观的合成磁矩为零，物质不显示磁性。但是在外加磁场的作用下，磁偶极矩的取向趋于一致，宏观的合成磁矩不再为零，介质显示出宏观磁效应，即介质磁化。根据第一章的介绍，已知物质的磁性可以划分为抗磁性、顺磁性、铁磁性以及亚铁磁性。具备不同磁性的介质在外磁场下进行磁化时也将具有不同的磁化强度。为了定量地描述其磁化强度，通过引入磁化强度矢量 $\boldsymbol{M}$（A/m），即物质磁化后单位体积内的磁偶极矩的矢量和进行表述：

$$\boldsymbol{M} = \lim_{\Delta v \to 0} \frac{\Sigma \boldsymbol{m}}{\Delta v} \tag{9-20}$$

介质在磁化后，在内部和表面也将出现等效的宏观电流，称之为磁化电流，由于这些电流也存在分子范围内，无法像传导电流一样实现随意流动，因此其也称为束缚电流。其磁化电流体密度 $\boldsymbol{J}_m$ 和表面上的磁化电流面密度 $\boldsymbol{J}_{sm}$ 与磁化强度的关系可以表达为：

$$\boldsymbol{J}_m = \nabla \times \boldsymbol{M} \quad \boldsymbol{J}_{sm} = \boldsymbol{M} \times \boldsymbol{n} \tag{9-21}$$

9.2　平面电磁波

根据麦克斯韦方程组，在无源空间中（$\rho = 0$，$\boldsymbol{J} = 0$），时变电磁场为有旋无散场，即电力线和磁力线均为无头无尾的闭合线。根据等相位面的形状，电磁波可以分为平面波、球面波和柱面波。其中最为简单的为平面波，其等相位面为与波的传输方向垂直的无限大平面的电磁波，其他形式的电磁波可由平面波叠加而成。如果平面波的振幅和方向在等相位面上处处相同，称其为均匀平面波。

9.2.1　理想介质中的平面波

在无源的理想介质空间中，可以将麦克斯韦方程简化为：

$$\nabla \times \boldsymbol{H} = \varepsilon \cdot \frac{\partial \boldsymbol{E}}{\partial t} \tag{9-22a}$$

$$\nabla \times \boldsymbol{E} = -\mu \cdot \frac{\partial \boldsymbol{H}}{\partial t} \tag{9-22b}$$

$$\nabla \cdot \boldsymbol{E} = 0 \tag{9-22c}$$

$$\nabla \cdot \boldsymbol{H} = 0 \tag{9-22d}$$

利用矢量关系 $\nabla \times \nabla \times \boldsymbol{A} = \nabla(\nabla \cdot \boldsymbol{A}) - \nabla^2 \boldsymbol{A}$，可以得到时变电磁场满足的方程：

$$\nabla^2 \boldsymbol{H} - \mu\varepsilon \frac{\partial^2 \boldsymbol{H}}{\partial t^2} = 0 \tag{9-23a}$$

$$\nabla^2 \boldsymbol{E} - \mu\varepsilon \frac{\partial^2 \boldsymbol{E}}{\partial t^2} = 0 \tag{9-23b}$$

上述方程称为波动方程。对于时谐电磁场，可以从上述中得到波动方程的复数形式，也称为齐次亥姆霍兹方程。

$$\nabla^2 \boldsymbol{H} + k^2 \boldsymbol{H} = 0 \tag{9-24a}$$

$$\nabla^2 \boldsymbol{E} + k^2 \boldsymbol{E} = 0 \tag{9-24b}$$

式中，$k^2 = \omega^2 \mu\varepsilon$；$\boldsymbol{E}$、$\boldsymbol{H}$ 分别为各自电场强度和磁场强度的复矢量。为了简化上述方程的求解过程，首先引入了一种最基本的电磁波形式，即均匀平面波。

在同一时刻，电磁场量相位相同的点所构成的面为等相位面（波阵面）；等相位面为无限大平面的电磁波为平面波，而所谓的均匀平面波就是等相位面上场量均匀分布的平面波。等相位面的传播速度为相速度。

同时，根据波动的基本特性，在波的传播方向上，不同位置处的场量在同一时刻相位是不同的，因此均匀平面波的等相位面必然与波的传播方向垂直。即在某一时刻，均匀平面波某场量的相位、方向、振幅值沿波的传播方向随空间位置而变化，在与传播方向垂直的无限大平面内则必然相等。于是波动方程可简化为标量形式：

$$\frac{\mathrm{d}^2 E_x(z)}{\mathrm{d}z^2} = k^2 E_x = 0 \tag{9-25a}$$

$$\frac{\mathrm{d}^2 E_y(z)}{\mathrm{d}z^2} = k^2 E_y = 0 \tag{9-25b}$$

$$\frac{\mathrm{d}^2 H_x(z)}{\mathrm{d}z^2} = k^2 H_x = 0 \tag{9-25c}$$

$$\frac{\mathrm{d}^2 H_y(z)}{\mathrm{d}z^2} = k^2 H_y = 0 \tag{9-25d}$$

此时，$E_z(z) = H_z(z) = 0$，显然，均匀平面波在传播方向上没有纵向场分量的存在，这种电磁波也被称为横电磁波（TEM）。需要注意的是，均匀平面波具有诸多优良特性，但严格意义上其实际并不存在，与传播方向垂直的无限大等相位平面上场量的均匀分布将导致能量的无限大。但是在实际问题的分析中，均匀平面波也具有一定的借鉴意义，可以通过将足够远处的电磁波近似为均匀平面波以便实现问题的简化。

对上述标量形式的式（9-25a）进行求解，可以发现其通解为：

$$E_x = A\mathrm{e}^{-\mathrm{j}kz} + B\mathrm{e}^{\mathrm{j}kz} \tag{9-26}$$

因为待求量 E_x 为复数，因此其中的系数 A 和 B 也为复数，将其分别标记为 $A = E_0 \mathrm{e}^{\mathrm{j}\varphi}$ 和 $B = E_0' \mathrm{e}^{\mathrm{j}\varphi'}$ 可将其转化为如下形式：

$$E_x = E_0 \mathrm{e}^{\mathrm{j}\varphi} \mathrm{e}^{-\mathrm{j}kz} + E_0' \mathrm{e}^{\mathrm{j}\varphi'} \mathrm{e}^{\mathrm{j}kz} \tag{9-27}$$

其中 E_0 和 E_0' 作为幅度均不小于零的实数，φ 和 φ' 作为 z=0 位置处的初始相位，可得其瞬时形式：

$$E_x = E_0 \cos(\omega t - kz + \varphi) + E_0' \cos(\omega t + kz + \varphi') \tag{9-28}$$

对于式（9-28）中的 $E_0 \cos(\omega t - kz + \varphi)$，其在 t_1 时刻、z_1 位置所处的电场强度为：

$$\boldsymbol{E}_1 = \boldsymbol{e}_x E_0 \cos(\omega t_1 - kz_1 + \varphi) \tag{9-29}$$

式中，$\boldsymbol{e}_x$ 为沿 x 轴方向的单位矢量。

在经过 Δt 时间之后，其对应的位置坐标变为了 $z_1+\Delta z$，此时有 $\Delta z=\dfrac{\omega}{k}\Delta t$。显然经过了 Δt 时间之后，等相位面也沿 z 轴运动到了 Δz。同时式（9-29）指代的电场强度在任意一个垂直于 z 轴的无限大平面上均具有相同的相位、幅度和方向，证明其解复合均匀平面波的描述。

同理，对式（9-28）中的 $E_0'\cos(\omega t+kz+\varphi')$ 部分进行分析，其所代表的是沿 $-z$ 轴方向传播的均匀平面波，但是这与均匀平面波沿 z 轴传播的假设不符，因此 E_0' 必须取为零，故沿 z 轴传播的均匀平面波的电场强度的复数形式和瞬时值为：

$$\boldsymbol{E}=\boldsymbol{e}_x E_0 \mathrm{e}^{\mathrm{j}\varphi}\mathrm{e}^{-\mathrm{j}kz}=\boldsymbol{e}_x E_x \tag{9-30a}$$

$$\boldsymbol{E}=\boldsymbol{e}_x E_0\cos(\omega t-kz+\varphi) \tag{9-30b}$$

由此，对应的磁场强度表达式如下，其中 $k=\omega\sqrt{\mu\varepsilon}$：

$$\boldsymbol{H}=\boldsymbol{e}_y\frac{k}{\omega\mu}E_0\mathrm{e}^{\mathrm{j}\varphi}\mathrm{e}^{-\mathrm{j}kz}=\boldsymbol{e}_y\frac{E_0}{\sqrt{\mu/\varepsilon}}\mathrm{e}^{\mathrm{j}\varphi}\mathrm{e}^{-\mathrm{j}kz}=\boldsymbol{e}_y H_y \tag{9-31a}$$

$$\boldsymbol{H}=\boldsymbol{e}_y\frac{E_0}{\sqrt{\mu/\varepsilon}}\cos(\omega t-kz+\varphi) \tag{9-31b}$$

式中，$\boldsymbol{e}_y$ 为沿 y 轴方向的单位矢量。

均匀平面波具有如下特性参数。

（1）周期性及其相应参数

如式（9-30b）所示，余弦函数的表现形式表明场量会伴随时间自变量 t 和空间自变量 z 作周期性变化，对应的 ωt 和 kz 分别为时间相位和空间相位。将场量的时间相位变化 2π 所经历的时间定义为波的时间周期 T，有 $T=\dfrac{2\pi}{\omega}$，单位为秒（s）。其倒数则为频率 f，即单位时间内场量变化所经历的周期的个数：$f=\dfrac{1}{T}=\dfrac{\omega}{2\pi}$，其单位为赫兹（Hz）。$\omega$ 作为角频率在数值上等于频率 f 的 2π 倍，在物理上代表了单位时间内场量相位的变化，其单位为 rad/s。

余弦函数随空间自变量 z 作周期性的变化，其变化的快慢可以通过电磁波沿传播方向传播时，单位距离所引起的空间相位变化，即相位常数（相移常数）β 来表示 $\beta=k$，其单位为 rad/m，k 又称为波数，$k=\omega\sqrt{\mu\varepsilon}$。

此外，将场量的空间相位变化 2π 所对应的传播方向上的位移定义为波长 λ，即为 $\lambda=\dfrac{2\pi}{\beta}$，将相位常数代入则有：

$$\lambda=\frac{2\pi}{\omega\sqrt{\mu\varepsilon}}=\frac{T}{\sqrt{\mu\varepsilon}}=\frac{1}{f\sqrt{\mu\varepsilon}} \tag{9-32}$$

（2）相速度

根据式（9-29）的分析过程，在 t_1 时刻、z_1 位置处的电磁波经过 Δt 时间之后，其运动到了 $z_1+\Delta z$ 位置，由此可知其等相位面沿传播方向（z 轴方向）传播的速度，即相速度为 $v=\dfrac{\mathrm{d}z}{\mathrm{d}t}=\dfrac{\omega}{k}=\dfrac{\omega}{\beta}$，其单位为 m/s，将 $k=\omega\sqrt{\mu\varepsilon}$ 代入，可得理想介质中均匀平面波相速度的表达式为：

$$v=\frac{1}{\sqrt{\mu\varepsilon}} \tag{9-33}$$

由此可见，在理想介质中均匀平面波沿传播方向的相速度仅仅与介质的电磁参数有关，与频率无关，即非色散，因此理想介质属于非色散媒质，将 μ_0、ε_0 带入可得 $v=3\times10^8\ \mathrm{m/s}=c$。由此可得速度、波长和频率间的关系为 $v=\lambda f$。

（3）波阻抗

为了能够直观地表达出电场强度和磁场强度间的幅度与相位关系，可以用式（9-30a）和式（9-31a）得出其复数振幅之比，即：

$$\frac{E_x}{H_y}=\sqrt{\frac{\mu}{\varepsilon}}=\eta \tag{9-34}$$

可以看出上述比值仅与媒质的电磁参数有关，因此 η 被定义为媒质的波阻抗或本征阻抗，单位为 Ω，将 μ_0、ε_0 代入可得真空中的波阻抗为 $\eta_0=120\pi\Omega\approx377\Omega$。与真空中的情况类似，任一理想介质的波阻抗也都是实数，即对理想介质中传播的均匀平面波而言，其电场矢量和磁场矢量是同相位的。

（4）坡印廷矢量和能量密度

根据式（9-16）中所示的坡印廷矢量，可以计算上述理想介质中的均匀平面波的平均功率密度，即：

$$\boldsymbol{S}_{\mathrm{av}}=\frac{1}{2}\mathrm{Re}[\boldsymbol{E}\times\boldsymbol{H}^*]=\frac{1}{2}\mathrm{Re}(E_x\boldsymbol{e}_x\times\boldsymbol{e}_yH_y^*)=\frac{1}{2}\frac{E_0^2}{\sqrt{\mu/\varepsilon}}\boldsymbol{e}_z \tag{9-35}$$

显然，理想介质中的均匀平面波在传播过程中不仅其各场量的幅度没有变化，其平均坡印廷矢量也为常数。因此，理想介质中的均匀平面波是没有能量损失的等幅波。

9.2.2 电磁波的极化

极化是电磁波的重要特性之一，极化是指空间固定点处电磁波电场强度矢量的方向随时间变化的方式，或者是空间固定点处电磁波电场强度矢量的端点随时间在空间描绘的轨迹。电磁波的极化状态一般为椭圆极化，但在某些特殊条件下会形成线极化或圆极化；在椭圆极化或者圆极化的情况下，不仅其轨迹随时间旋转的方向会有所不同，其结果还会随观察角度的变化而出现差异。以下将以理想介质中沿 z 轴方向传播的均匀平面波为例对电磁波的极化特性进行分析。

（1）线极化

均匀平面波的电场强度沿 x、y 轴方向分量的表达式分别为：

$$E_x=E_{x_0}\cos(\omega t-kz+\varphi_x) \tag{9-36a}$$

$$E_y=E_{y_0}\cos(\omega t-kz+\varphi_y) \tag{9-36b}$$

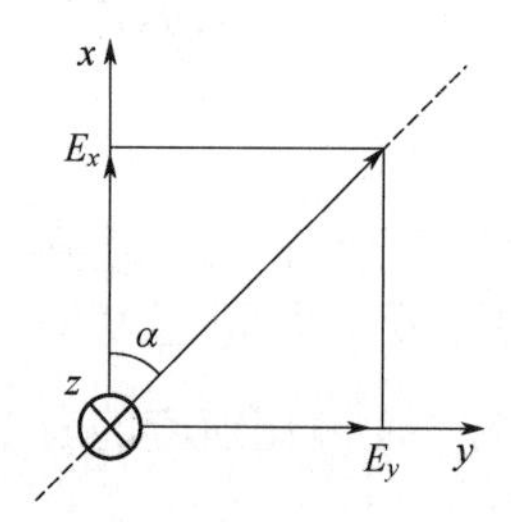

图 9-3 线极化

当 $\varphi_x=\varphi_y$ 时，有 $E_x/E_y=E_{x_0}/E_{y_0}$，此时电场强度沿 x、y 轴方向分量之间的比值不会随时间变化，电场强度与 x 轴的夹角为：

$$\alpha=\arctan\frac{E_y}{E_x}=\arctan\frac{E_{y_0}}{E_{x_0}} \tag{9-37}$$

显然 α 为常数，电场强度末端的轨迹为一条与 x 轴成夹角为 α 的直线，如图 9-3 所示，因此该种极化方式也称为线极化。此外，当 $|\varphi_x-\varphi_y|=\pi$，

电场强度沿 x、y 轴方向分量之间的比值也不会随时间变化，也属于线极化范畴。

（2）圆极化

在均匀平面波中，令 $|\varphi_x-\varphi_y|=\dfrac{\pi}{2}$ 且 $E_{x_0}=E_{y_0}=E$，则该电场强度的幅度为 $|\boldsymbol{E}|=\sqrt{E_x^2+E_y^2}=E$ 显然其中电场强度的幅度大小不会随时间变化，并且该电磁波电场强度与 x 轴的夹角 α 的正切值可以表示为：

$$\tan\alpha=\frac{E_y}{E_x}=\frac{\cos(\omega t-kz+\varphi_y)}{\cos(\omega t-kz+\varphi_x)} \tag{9-38}$$

如果 $\varphi_x-\varphi_y=\dfrac{\pi}{2}$，且 E_x 分量超前 E_y 分量 90°，由式（9-38）可得

$$\alpha=\arctan\left[\frac{\sin(\omega t-kz+\varphi_x)}{\cos(\omega t-kz+\varphi_x)}\right]=\arctan[\tan(\omega t-kz+\varphi_x)]=\omega t-kz+\varphi_x \tag{9-39}$$

可见，夹角 α 会随着时间 t 的增加而逐渐增大。如图 9-4 所示，沿其电磁波传播方向去观察，该电场强度以角频率 ω 作顺时针旋转，又因为电场强度大小不变，因此电场强度末端的轨迹为一个圆，称为右旋圆极化。同理，若 E_x 分量滞后 E_y 分量 90°，则有：

$$\alpha=\arctan\left[\frac{-\sin(\omega t-kz+\varphi_x)}{\cos(\omega t-kz+\varphi_x)}\right]=\arctan[-\tan(\omega t-kz+\varphi_x)]=-(\omega t-kz+\varphi_x) \tag{9-40}$$

可见，夹角 α 会随着时间 t 的增加而逐渐减小。如图 9-4 所示，沿其电磁波传播方向去观察，该电场强度以角频率 ω 作逆时针旋转，称为左旋圆极化。

（3）椭圆极化

仍以沿 z 轴方向传播的均匀平面波为例，设 $E_{x_0}\neq E_{y_0}$，在 E_x、E_y 的表达式中消去 t，则其 E_x 分量和 E_y 分量满足如下椭圆方程：

$$\frac{E_x^2}{E_{x_0}^2}-2\frac{E_xE_y}{E_{x_0}E_{y_0}}\cos\varphi_0+\frac{E_y^2}{E_{y_0}^2}=\sin^2\varphi_0 \tag{9-41}$$

其中，$\varphi_x-\varphi_y=\varphi_0$。上述电场强度末端的形状轨迹为椭圆，即该电磁波为椭圆极化波，如图 9-5 所示。

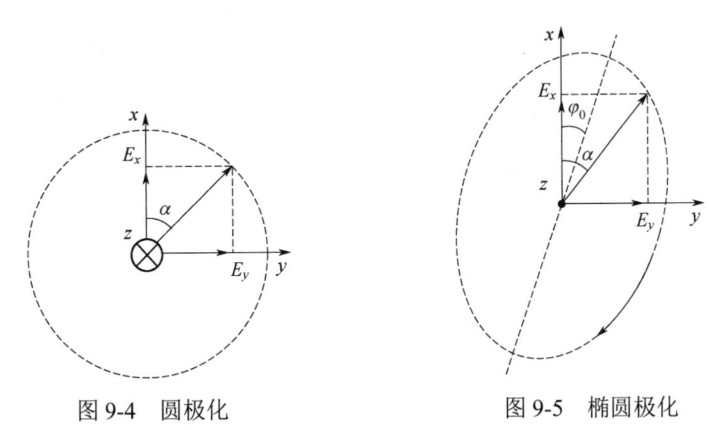

图 9-4 圆极化　　图 9-5 椭圆极化

当 $\varphi_0=0$ 或者 $\varphi_0=\pm\pi$ 时，式（9-41）可转化为直线方程，对应线极化；当 $\varphi_0=\pm\dfrac{\pi}{2}$ 且

$E_{x_0}=E_{y_0}$时，式（9-41）可转化为原方程，对应圆极化。可见除了满足特殊条件会形成线极化和圆极化以外，一般的电磁波都属于椭圆极化波。

（4）极化波的合成与分解

任何一个线极化波均可以表示成旋向相反、振幅相等的两圆极化波的叠加，两个线极化波可以合成其他形式的波或新的线极化波，任意一个椭圆极化波或者圆极化波可分解成两个线极化波的合成，任意一个椭圆极化波也可以表示成旋向相反、振幅不等的两圆极化波的叠加。

① 线极化波的构成：两个彼此正交，时间相位相同的线极化波，其合成仍为线极化波：$\boldsymbol{E}=\boldsymbol{e}_xE_0\cos\theta+\boldsymbol{e}_yE_0\sin\theta=\boldsymbol{e}_xE_{x_0}+\boldsymbol{e}_yE_{y_0}$。而线极化波可由旋转方向相反的两个相同的圆极化波构成：$\boldsymbol{E}=(\boldsymbol{e}_x+\mathrm{j}\boldsymbol{e}_y)+(\boldsymbol{e}_x-\mathrm{j}\boldsymbol{e}_y)$。

② 圆极化波的构成：两个彼此正交，时间相位相差 90°，幅度相等的线极化波，其合成为圆极化波：$\boldsymbol{E}=\dfrac{(\boldsymbol{e}_x+\mathrm{j}\boldsymbol{e}_y)}{\sqrt{2}}$。

③ 椭圆极化波的构成：两个彼此正交，时间相位相差 90°，幅度不等的线极化波，其合成为椭圆极化波。两个幅度不等，反方向旋转的圆极化波也可以合成椭圆极化波；如果幅度相等，其将构成线极化波：$\boldsymbol{E}=\dfrac{1}{\sqrt{1+b}}\left(\dfrac{\boldsymbol{e}_x\pm\mathrm{j}\boldsymbol{e}_y}{\sqrt{2}}+b\dfrac{\boldsymbol{e}_x\mp\mathrm{j}\boldsymbol{e}_y}{\sqrt{2}}\right)$，其中 b 为常数。

9.2.3 导电媒质中的平面波

与理想介质不同，导电媒质在电磁场的作用下会形成传导电流，由此造成的焦耳热损耗将导致电磁波在导电媒质中传播时伴随能量衰减现象，相应的传播特性和参数也会与理想介质情况下有所区别。首先，将本构关系带入复数麦克斯韦方程组的微分形式可得：

$$\nabla\times\boldsymbol{H}=(\sigma+\mathrm{j}\omega\varepsilon)\boldsymbol{E}=\mathrm{j}\omega\varepsilon^{\mathrm{e}}\boldsymbol{E} \tag{9-42a}$$

$$\nabla\times\boldsymbol{E}=-\mathrm{j}\omega\mu\boldsymbol{H} \tag{9-42b}$$

$$\nabla\cdot\boldsymbol{H}=0 \tag{9-42c}$$

$$\nabla\cdot\boldsymbol{E}=0 \tag{9-42d}$$

其中 ε^{e} 称为等效复介电常数，其表达式为：$\varepsilon^{\mathrm{e}}=\varepsilon-\mathrm{j}\dfrac{\sigma}{\omega}$。此时对于导电媒质中的时谐电磁场，其电场强度的复数形式所满足的亥姆霍兹方程式为：$\nabla^2\boldsymbol{E}+\omega^2\mu\varepsilon^{\mathrm{e}}\boldsymbol{E}=0$。此时假设上述是谐电磁场对应于沿 z 轴方向传播的均匀电磁波，电场仅有 E_x 分量，其可以简化为：

$$\frac{\mathrm{d}^2E_x}{\mathrm{d}z^2}+k'^2E_x=0 \tag{9-43}$$

其中 $k'=\omega\sqrt{\mu\varepsilon^{\mathrm{e}}}$。令 $k'=-\mathrm{j}(\alpha+\mathrm{j}\beta)$ 则有：

$$\alpha=\omega\sqrt{\frac{\mu\varepsilon}{2}\left(\sqrt{1+\frac{\sigma^2}{\omega^2\varepsilon^2}}-1\right)} \tag{9-44a}$$

$$\beta=\omega\sqrt{\frac{\mu\varepsilon}{2}\left(\sqrt{1+\frac{\sigma^2}{\omega^2\varepsilon^2}}+1\right)} \tag{9-44b}$$

类似于式（9-26）可以发现其通解为：

$$E_x = A\mathrm{e}^{-\mathrm{j}k'z} + B\mathrm{e}^{\mathrm{j}k'z} \tag{9-45}$$

类似地，可以将式（9-44）转化为如下形式并得到其瞬时表达式：

$$E_x = E_0\mathrm{e}^{\mathrm{j}\varphi}\mathrm{e}^{-\alpha z}\mathrm{e}^{-\mathrm{j}\beta z} + E_0'\mathrm{e}^{\mathrm{j}\varphi'}\mathrm{e}^{\alpha z}\mathrm{e}^{\mathrm{j}\beta z} \tag{9-46}$$

$$E_x = E_0\mathrm{e}^{-\alpha z}\cos(\omega t - \beta z + \varphi) + E_0'\mathrm{e}^{\alpha z}\cos(\omega t + \beta z + \varphi') \tag{9-47}$$

对于式(9-46)，仅取其第一项即为沿z轴方向传播的均匀平面波的电场强度复数形式时，其瞬时值表达式为：

$$\boldsymbol{E} = \boldsymbol{e}_x E_x = \boldsymbol{e}_x E_0\mathrm{e}^{\mathrm{j}\varphi}\mathrm{e}^{-\alpha z}\mathrm{e}^{-\mathrm{j}\beta z} = \boldsymbol{e}_x E_0\mathrm{e}^{\mathrm{j}\varphi}\mathrm{e}^{-(\alpha+\mathrm{j}\beta)z} \tag{9-48a}$$

$$\boldsymbol{E} = \boldsymbol{e}_x E_x = \boldsymbol{e}_x E_0\mathrm{e}^{-\alpha z}\cos(\omega t - \beta z + \varphi) \tag{9-48b}$$

所对应的磁场强度表达式为：

$$\boldsymbol{H} = \boldsymbol{e}_y \frac{\mathrm{j}\omega\sqrt{\mu\varepsilon^{\mathrm{e}}}}{\mathrm{j}\omega\mu} E_0\mathrm{e}^{\mathrm{j}\varphi}\mathrm{e}^{-(\alpha+\mathrm{j}\beta)z} = \boldsymbol{e}_y \frac{E_0}{\sqrt{\mu/\varepsilon^{\mathrm{e}}}}\mathrm{e}^{\mathrm{j}\varphi}\mathrm{e}^{-(\alpha+\mathrm{j}\beta)z} = \boldsymbol{e}_y H_y \tag{9-49}$$

导电媒质中的均匀平面波具有如下特性参数：

（1）相位常数、相速度、群速度与波长

根据式（9-48a），β 作为反映空间相位变化的一个参数，其所代表的是电磁波在传播方向上传播单位距离的相位变化，称为相位常数。由式（9-44b）可知，电磁波频率越高，导电媒质的电导率越大，相位常数也越大，电磁波的空间相位变化也越快。根据式（9-48b）可得导电媒质中的电磁波相速度v_p为

$$v_p = \frac{\omega}{\beta} = \frac{1}{\sqrt{\frac{\mu\varepsilon}{2}\left(\sqrt{1+\frac{\sigma^2}{\omega^2\varepsilon^2}}+1\right)}} \tag{9-50}$$

由式（9-44b）可知，导电媒质中的电磁波相位常数与频率呈现非线性关系，其相速度会随频率改变进行变化。因此，导电媒质中的电磁波称为色散波，导电媒质也被称为色散媒质。此时，对于多个频率成分组成的信号，其在色散媒质中的传播速度需要使用群速度进行描述。设一复合信号由两个频率相近且振幅相等的平面电磁波构成：$E = E_0\cos(\omega_1 t - \beta_1 z) + E_0\cos(\omega_2 t - \beta_2 z)$。式中，$\omega_1 = \omega + \delta\omega$；$\beta_1 = \beta + \delta\beta$；$\omega_2 = \omega - \delta\omega$，$\delta\omega \ll \omega$；$\beta_2 = \beta - \delta\beta$，$\delta\beta \ll \beta$。此时利用三角函数关系可以将其改写成$E = E_g\cos(\omega t - \beta z)$，其中$E_g = 2E_0\cos(t\delta\omega - z\delta\beta)$，称其为振幅包络。其中等振幅面方程$t\delta\omega - z\delta\beta$为常量，等振幅面的速度称为群速度$v_g$，其表达式为：

$$v_g = \frac{\mathrm{d}z}{\mathrm{d}t} = \frac{\delta\omega}{\delta\beta} = \frac{\mathrm{d}\omega}{\mathrm{d}\beta} = \frac{\mathrm{d}(v_p\beta)}{\mathrm{d}\beta} = v_p + \beta\frac{\mathrm{d}v_p}{\mathrm{d}\beta} = v_p + \frac{\omega}{v_p}\times\frac{\mathrm{d}v_p}{\mathrm{d}\omega}v_g \tag{9-51}$$

由此可得：

$$v_g = \frac{v_p}{1-\frac{\omega}{v_p}\times\frac{\mathrm{d}v_p}{\mathrm{d}\omega}} \tag{9-52}$$

此时，如果$\frac{\mathrm{d}v_p}{\mathrm{d}\omega}=0$，则有$v_g = v_p$，即群速度等于相速度，无色散；如果$\frac{\mathrm{d}v_p}{\mathrm{d}\omega}<0$，则有$v_g < v_p$，即群速度小于相速度，称为正常色散；如果$\frac{\mathrm{d}v_p}{\mathrm{d}\omega}>0$，则有$v_g > v_p$，即群速度大

于相速度，称为反常色散。最后根据$\lambda=\dfrac{2\pi}{\beta}$可得波在导电媒质中波长的表达式为：

$$\lambda=\frac{2\pi}{\beta}=\frac{1}{f\sqrt{\dfrac{\mu\varepsilon}{2}\left(\sqrt{1+\dfrac{\sigma^2}{\omega^2\varepsilon^2}}+1\right)}} \tag{9-53}$$

将其代入相速度表达式（9-50）中可得$v_p=\lambda f$，其证明无论是导电媒质还是理想介质，其波长、相速度和频率三者间关系不变。

（2）衰减常数和传播常数

由式（9-48b）可知，由于$e^{-\alpha z}$的出现，电场强度将随z的增大而逐渐减小，即导电媒质中的波为衰减波。假设该平面波自$z=z_0$传播到$z=z_0+l$时，场强的振幅从E_1衰减为E_2，则有$E_1=|E_x||_{z_0}=E_0e^{-\alpha z_0}$，$E_2=|E_x||_{z_0+l}=E_0e^{-\alpha(z_0+l)}$。计算上述衰减量，并使用奈培（Np）（1dB=0.115 129Np）表示则有：

$$L=\ln\frac{E_1}{E_2}=\ln e^{\alpha l}=\alpha l \tag{9-54}$$

可见，波的衰减量不仅与传播距离l有关，与参数α的关系也很紧密。α的取值越大，衰减越快。另外，对于α而言，其大小等于波在传播方向上传播单位距离前后场强振幅之比的自然对数。因此，α可以作为反映波的衰减特性的参数，即衰减常数，其单位为奈培/米（Np/m）。另外，根据式（9-44a）可知，电磁波的频率越高、导电媒质的电导率越大，衰减常数也越大，波的衰减也越快。

除了奈培以外，衰减量也可以采用分贝（dB）进行表示，有：

$$L=20\lg\frac{E_1}{E_2}=20\lg e^{\alpha l}=(20\lg e)\alpha l=8.686\alpha l \tag{9-55}$$

由此可知奈培与分贝的关系为：1 Np = 8.686 dB。为了定义导电媒质中波的传播特性进行统一的描述，定义传播常数$\gamma=\alpha+j\beta$，可得电场强度的复数形式为：

$$E_x=E_0e^{j\varphi}e^{-\gamma z} \tag{9-56}$$

（3）波阻抗

根据式（9-48a）和式（9-49）给出了其电场强度和磁场强度的复数形式，通过计算两者复数振幅之比可以得到其波阻抗为：

$$\eta^e=\frac{E_x}{H_y}=\sqrt{\frac{\mu}{\varepsilon^e}} \tag{9-57}$$

可见，导电媒质中的波阻抗为复数，且电场和磁场不再同相位，将等效复介电常数代入式（9-57）中可得：

$$\eta^e=\sqrt{\frac{\mu}{\varepsilon\left(1-j\dfrac{\sigma}{\omega\varepsilon}\right)}}=\sqrt{\frac{\mu}{\varepsilon}}\left[1+\left(\frac{\sigma}{\omega\varepsilon}\right)^2\right]^{-\frac{1}{4}}e^{j\phi} \tag{9-58}$$

其中，$\phi=\dfrac{1}{2}\arctan\left(\dfrac{\sigma}{\omega\varepsilon}\right)$。此时，该波阻抗呈现出类似于电感的性质，电场将会超前磁场一个角度ϕ。

（4）坡印廷矢量和能量密度

根据式（9-48a）和式（9-49）可得导电媒质中均匀平面波的平均坡印廷矢量为：

$$\boldsymbol{S}_{\mathrm{av}}=\frac{1}{2}\mathrm{Re}[\boldsymbol{E}\times\boldsymbol{H}^{*}]=\frac{1}{2}\mathrm{Re}(\boldsymbol{e}_{x}E_{x})\times(\boldsymbol{e}_{y}H_{y}^{*})=\frac{1}{2\left|\eta^{\mathrm{e}}\right|}E_{0}^{2}\mathrm{e}^{-2\alpha z}\cos\phi\boldsymbol{e}_{z} \tag{9-59}$$

由上式可知，导电媒质中的均匀平面波，其在传播过程中的平均功率流密度的大小依照 $\mathrm{e}^{-2\alpha z}$ 进行衰减。此外，均匀平面波所对应的时谐电磁场中电场能量密度的瞬时值表达式为：

$$w_{\mathrm{e}}=\frac{1}{2}\varepsilon E_{x}^{2}=\frac{1}{2}\varepsilon E_{0}^{2}\mathrm{e}^{-2\alpha z}\cos^{2}(\omega t-kz+\varphi) \tag{9-60}$$

9.2.4 良导体、良介质与趋肤效应

根据式（9-44a）可知，对于任一材料而言，其衰减常数在不同的频率区间随频率的变化规律也会有所不同，由此可得：

$$\alpha\approx\sqrt{\frac{1}{2}\omega\mu\sigma}=\sqrt{\pi f\mu\sigma}\quad\left(\frac{\sigma}{\omega\varepsilon}\gg1\right) \tag{9-61a}$$

$$\alpha\approx\omega\sqrt{\frac{\mu\varepsilon}{2}\left(1+\frac{1}{2}\frac{\sigma^{2}}{\omega^{2}\varepsilon^{2}}-1\right)}=\frac{\sigma}{2}\sqrt{\frac{\mu}{\varepsilon}}\quad\left(\frac{\sigma}{\omega\varepsilon}\ll1\right) \tag{9-61b}$$

显然，$\frac{\sigma}{\omega\varepsilon}$ 的取值对导电媒质中波的传播和衰减特性有着直接的影响，其为导电媒质中传导电流和位移电流的幅度之比。由于传导电流将诱发焦耳热损耗，因此可以将 $\frac{\sigma}{\omega\varepsilon}$ 作为反映导电媒质相对损耗程度的因子。损耗会导致波的衰减，所以 $\frac{\sigma}{\omega\varepsilon}$ 会对衰减特性产生影响。此外，也将其称为损耗角正切，即 $\tan\delta=\frac{\sigma}{\omega\varepsilon}$。

于此，根据不同的损耗角正切取值，可以将不同媒质分为如下分类：a. $\tan\delta\to0$ 为理想介质；b. $\tan\delta\ll1$ 为良介质（低损耗介质）；c. $\tan\delta\gg1$ 为良导体；d. $\tan\delta\to\infty$ 为理想导体。不属于上述任一类的则为一般损耗媒质，通常判别标准为 $0.01\leqslant\tan\delta\leqslant100$。需要说明的是，媒质的损耗角正切不仅取决于其电磁参数，也与频率大小直接相关，因此在不同的频率下，同一种媒质可能会属于不同的分类。

根据导电媒质中电磁波的衰减特性可知，波从表面进入导电媒质越深，场的幅度会越小，电磁波的能力越弱。这种电磁波能量趋于导电媒质表面的现象称为趋肤效应。对于良导体而言，因其衰减常数大，损耗显著，所以趋肤效应更为明显。

为了对导电媒质的趋肤效应程度进行定量的表征，引入趋肤深度 δ_{c}，其表示场量幅度衰减到仅为初始值的 1/e 时所对应的传播距离，由此则有：$\mathrm{e}^{-\alpha\delta_{c}}=\mathrm{e}^{-1}$，可得 $\delta_{c}=\frac{1}{\alpha}$。

对于一般损耗媒质而言，其衰减常数为式（9-44a），其对应的趋肤深度为：

$$\delta_{c}=\frac{1}{\alpha}=\frac{1}{\omega\sqrt{\frac{\mu\varepsilon}{2}\left(\sqrt{1+\frac{\sigma^{2}}{\omega^{2}\varepsilon^{2}}}-1\right)}} \tag{9-62}$$

对于良导体，其衰减常数可以表达为$\beta=\alpha\approx\sqrt{\pi f\mu\sigma}$，其趋肤深度为$\delta_c\approx\dfrac{1}{\sqrt{\pi f\mu\sigma}}$。显然对于良导体而言，频率越高、磁导率越大、电导率越大，趋肤深度越小，考虑到良导体中的相位常数和衰减常数相等，趋肤深度为$\delta_c=\dfrac{1}{\alpha}=\dfrac{1}{\beta}=\dfrac{\lambda}{2\pi}$。可见，电磁波在良导体中的波长是其趋肤深度的 2π 倍，如果波在良导体中传播一个波长的距离，其产生的衰减量为$L=\alpha\lambda=2\pi\text{Np}=54.5\,\text{dB}$，即其功率密度衰减约为初始值的三十万分之一。

9.2.5 均匀平面波的垂直入射

9.2.5.1 均匀平面波对分界面的垂直入射

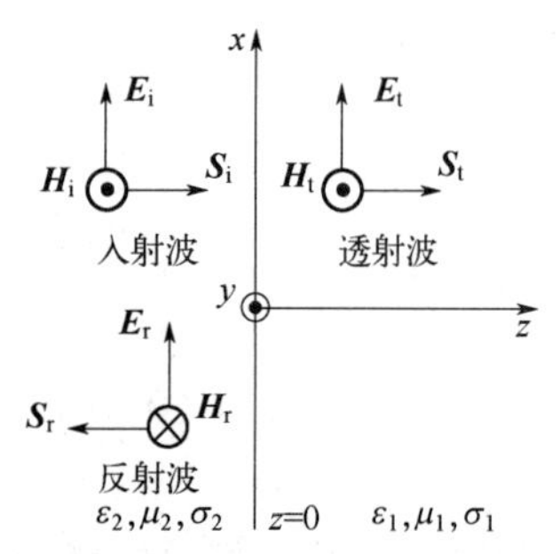

图 9-6 分界面的垂直入射

电磁波在传输的过程中将遇到不同介质的分界面，在分界面处发生反射和透射现象。如图 9-6 所示，均匀平面波从媒质 1 垂直传向媒质 2，两种媒质的分界面为 $z=0$ 的无限大平面，媒质 1 的参数为ε_1、μ_1、σ_1，媒质 2 的参数为ε_2、μ_2、σ_2。

对于一般媒质，设入射电场波和磁场波为$\boldsymbol{E}_\text{i}(z)=\boldsymbol{a}_x E_\text{im}\text{e}^{-\text{j}k_\text{c1}z}$和$\boldsymbol{H}_\text{i}(z)=\boldsymbol{a}_y\dfrac{E_\text{im}}{\eta_\text{c1}}\text{e}^{-\text{j}k_\text{c1}z}$，其所对应的电场和磁场为$\boldsymbol{E}_\text{r}(z)=\boldsymbol{a}_x E_\text{rm}\text{e}^{\text{j}k_\text{c1}z}$和$\boldsymbol{H}_\text{r}(z)=-\boldsymbol{a}_y\dfrac{E_\text{rm}}{\eta_\text{c1}}\text{e}^{\text{j}k_\text{c1}z}$，其所对应的透射波电场和磁场为$\boldsymbol{E}_\text{t}(z)=\boldsymbol{a}_x E_\text{tm}\text{e}^{-\text{j}k_\text{c2}z}$和$\boldsymbol{H}_\text{t}(z)=\boldsymbol{a}_y\dfrac{E_\text{tm}}{\eta_\text{c2}}\text{e}^{-\text{j}k_\text{c2}z}$。其中，$\boldsymbol{a}_x$、$\boldsymbol{a}_y$、$\boldsymbol{a}_z$分别为沿 x 轴、y 轴、z 轴的单位矢量。下角标 i 代表入射，t 代表透射，r 代表反射，m 代表时谐电磁场的振幅。对于上述公式，有：$k_\text{c1}=\omega\sqrt{\mu_1\varepsilon_1}(1-\text{j}\tan\delta_1)^{\frac{1}{2}}$，$\eta_\text{c1}=\sqrt{\dfrac{\mu_1}{\varepsilon_1}(1-\text{j}\tan\delta_1)^{-\frac{1}{2}}}$，$k_\text{c2}=\omega\sqrt{\mu_2\varepsilon_2(1-\text{j}\tan\delta_2)^{\frac{1}{2}}}$，$\eta_\text{c2}=\sqrt{\dfrac{\mu_2}{\varepsilon_2}(1-\text{j}\tan\delta_2)^{-\frac{1}{2}}}$，媒质 1 中的合成电场和磁场分别为：

$$\boldsymbol{E}_1(z)=\boldsymbol{E}_\text{i}(z)+\boldsymbol{E}_\text{r}(z)=\boldsymbol{a}_x(E_\text{im}\text{e}^{-\text{j}k_\text{c1}z}+E_\text{rm}\text{e}^{\text{j}k_\text{c1}z}) \tag{9-63a}$$

$$\boldsymbol{H}_1(z)=\boldsymbol{H}_\text{i}(z)+\boldsymbol{H}_\text{r}(z)=\boldsymbol{a}_y\left(\frac{E_\text{im}}{\eta_\text{c1}}\text{e}^{-\text{j}k_\text{c1}z}-\frac{E_\text{rm}}{\eta_\text{c1}}\text{e}^{\text{j}k_\text{c1}}\right) \tag{9-63b}$$

在 $z=0$ 处，有$\boldsymbol{E}_1(z=0)=\boldsymbol{E}_\text{t}(z=0)=\boldsymbol{a}_x E_\text{tm}$，$\boldsymbol{H}_1(z=0)=\boldsymbol{H}_\text{t}(z=0)=\boldsymbol{a}_y\dfrac{E_\text{tm}}{\eta_\text{c2}}$，联立其进行求解有：

$$E_\text{rm}=\frac{\eta_\text{c2}-\eta_\text{c1}}{\eta_\text{c2}+\eta_\text{c1}}E_\text{im},\quad E_\text{tm}=\frac{2\eta_\text{c2}}{\eta_\text{c2}+\eta_\text{c1}}E_\text{im} \tag{9-64}$$

于此，定义反射波电场振幅与入射波电场振幅之比为反射系数，用$\varGamma$表示；定义透射波电场振幅和入射波电场振幅之比为透射（传输）系数，用τ表示。则有：$\varGamma=\dfrac{E_\text{rm}}{E_\text{im}}=\dfrac{\eta_\text{c2}-\eta_\text{c1}}{\eta_\text{c2}+\eta_\text{c1}}$，$\tau=\dfrac{E_\text{tm}}{E_\text{im}}=\dfrac{2\eta_\text{c2}}{\eta_\text{c2}+\eta_\text{c1}}$，同时其二者间满足$1+\varGamma=\tau$。对于一般媒质而言，由于$\eta_\text{c1}$、$\eta_\text{c2}$均为复

数，因此反射吸收与透射系数也均为复数，这也表明经过分界面之后，反射波和透射波相对于入射波不仅有大小的变化，也有相位的变化，变化量与媒质参数有关。媒质 1 和媒质 2 中的电场为：

$$\boldsymbol{E}_1(z)=\boldsymbol{a}_x E_{\mathrm{im}}(\mathrm{e}^{-\mathrm{j}k_{\mathrm{c1}}z}+\Gamma\mathrm{e}^{\mathrm{j}k_{\mathrm{c1}}z}) \tag{9-65a}$$

$$\boldsymbol{E}_{\mathrm{t}}(z)=\boldsymbol{a}_x \tau E_{\mathrm{im}}\mathrm{e}^{-\mathrm{j}k_{\mathrm{c2}}z} \tag{9-65b}$$

如下为两种特殊情况：

（1）理想介质与理想导体的分界面

设媒质 1 为理想介质，即 $\sigma_1=0$；媒质 2 为理想导体，即 $\sigma_2=\infty$。于是 $k_{\mathrm{c1}}=\omega\sqrt{\mu_1\varepsilon_1}=k_1$，$\eta_{\mathrm{c1}}=\sqrt{\dfrac{\mu_1}{\varepsilon_1}}=\eta_1$，$k_{\mathrm{c2}}=\infty$，$\eta_{\mathrm{c2}}=0$。将其带入反射系数与透射系数公式中可得 $\Gamma=-1$，$\tau=0$，$\boldsymbol{E}_1(z)=-\boldsymbol{a}_x 2\mathrm{j}E_{\mathrm{im}}\sin k_1 z$，$\boldsymbol{H}_1(z)=-\boldsymbol{a}_y\dfrac{2E_{\mathrm{im}}}{\eta_1}\cos k_1 z$，$\boldsymbol{E}_{\mathrm{t}}(z)=0$，$\boldsymbol{H}_{\mathrm{t}}(z)=0$。由此可见，理想导体内部不存在时变电磁场，且根据理想导体的边界条件 $\boldsymbol{n}\cdot\boldsymbol{E}=\rho_s$（$\rho_s$ 为分界面上的电荷密度）、$\boldsymbol{n}\times\boldsymbol{H}=\boldsymbol{J}$ 可知，此时理想导体表面无感应电荷，表面感应电流为：

$$\boldsymbol{J}_s=-\boldsymbol{a}_z\times\boldsymbol{H}_1(z=0)=\boldsymbol{a}_x\frac{2E_{\mathrm{im}}}{\eta_1} \tag{9-66}$$

为了明确媒质 1 中的传输特性，将媒质 1 中的总电场和总磁场写成瞬时形式：

$$\boldsymbol{E}_1(z,t)=\mathrm{Re}[\boldsymbol{E}_1(z)\mathrm{e}^{\mathrm{j}\omega t}]=\boldsymbol{a}_x 2E_{\mathrm{im}}\sin k_1 z\sin\omega t \tag{9-67a}$$

$$\boldsymbol{H}_1(z,t)=\mathrm{Re}[\boldsymbol{H}_1(z)\mathrm{e}^{\mathrm{j}\omega t}]=\boldsymbol{a}_y\frac{2E_{\mathrm{im}}}{\eta_1}\cos k_1 z\cos\omega t \tag{9-67b}$$

上述公式的时空变化曲线如图 9-7 所示。如图所示，虽然电场、磁场随时间变化，但在 z 方向上均具有固定的最大点（波腹点）和零点（波节点），这种波称为纯驻波，电场波腹点（磁场波节点）位置为 $z=-\dfrac{(2n+1)\lambda}{4}$，$n=0,1,2,\cdots$；电场的波节点（磁场波腹点）位置为 $z=-\dfrac{n\lambda}{2}$，$n=0,1,2,\cdots$。而在媒质 1 中合成电磁波的平均能流面密度为：

$$\boldsymbol{S}_{\mathrm{av}}=\frac{1}{2}\mathrm{Re}[\boldsymbol{E}_1(z)\times\boldsymbol{H}_1^*(z)]=0 \tag{9-68}$$

其表明纯驻波不能构成电磁能量的传输，此时电磁能量仅在两个波节点之间的空间内按 1/4 时间周期在电场能量和磁场能量之间相互转换。

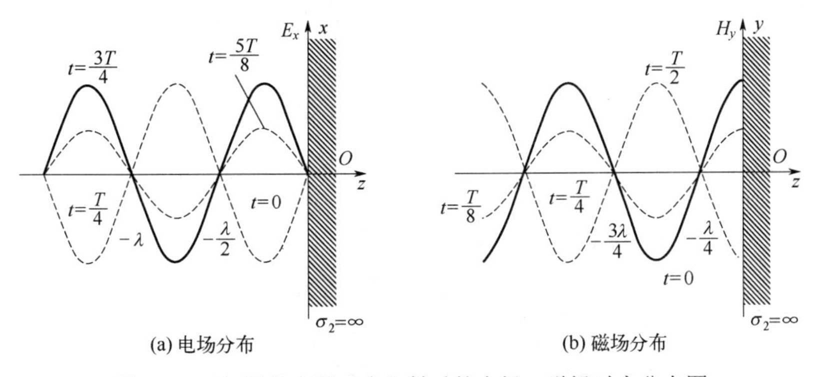

图 9-7　理想导体表面垂直入射时的电场、磁场时空分布图

（2）理想介质的分界面

设$\sigma_1=\sigma_2=0$，即媒质 1、2 均为理想介质，此时有$k_{c1}=\omega\sqrt{\mu_1\varepsilon_1}=k_1$，$\eta_{c1}=\sqrt{\dfrac{\mu_1}{\varepsilon_1}}=\eta_1$，$k_{c2}=\omega\sqrt{\mu_2\varepsilon_2}=k_2$，$\eta_{c2}=\sqrt{\dfrac{\mu_2}{\varepsilon_2}}=\eta_2$，将其带入反射系数和透射系数中有：$\Gamma=\dfrac{\eta_2-\eta_1}{\eta_2+\eta_1}$，$\tau=\dfrac{2\eta_2}{\eta_2+\eta_1}$，此时：

$$\boldsymbol{E}_1(z)=\boldsymbol{a}_x E_{\text{im}}[(1+\Gamma)\text{e}^{-\text{j}k_1z}+\text{j}\Gamma 2\sin k_1z] \tag{9-69}$$

其中第一项表示振幅为$E_{\text{im}}(1+\Gamma)$、沿+z 轴方向传输的电磁波（行波），第二项表示驻波，由于其兼具有行波分量和驻波分量，这种波称为行驻波（混合波）。对于行驻波，引入驻波系数（驻波比）对其特性进行描述，其定义为驻波电场最大值与最小值之比，用 S 表示，即$S=|E|_{\max}/|E|_{\min}$。为了分析媒质 1 中的驻波特性，将其代入式（9-65a）中，其中的电场为：

$$\boldsymbol{E}_1(z)=\boldsymbol{a}_x E_{\text{im}}\text{e}^{-\text{j}k_1z}(1+\Gamma\text{e}^{\text{j}2k_1z}) \tag{9-70}$$

对于理想介质，η_1、η_2均为正实数，所以其 Γ、τ 也是实数，但随着 η_1 与 η_2 的大小关系发生变化，可以Γ是正实数或负实数。

当$\Gamma>0$，即 $\eta_1<\eta_2$时，电场的最大值为$|E_1|_{\max}=E_{\text{im}}(1+\Gamma)$，电场最大值对应的位置为$2k_1z=-2n\pi$，$n=0,1,2,\cdots$；电场最小值为$|E_1|_{\min}=E_{\text{im}}(1-\Gamma)$，电场最小值对应的位置为$2k_1z=-(2n+1)\pi$，$n=0,1,2,\cdots$。当$\Gamma<0$，即 $\eta_1>\eta_2$时，此时电场最大点与最小点与上述相同，对应的空间位置相反。

由此，其驻波电场也可写为$S=\dfrac{1+|\Gamma|}{1-|\Gamma|}$，由此有$|\Gamma|=\dfrac{S+1}{S-1}$，两种媒质中的平均坡印廷矢量为：

$$\boldsymbol{S}_{1\text{av}}=\frac{1}{2}\text{Re}[\boldsymbol{E}_1(z)\times\boldsymbol{H}_1^*(z)]=\frac{E_{\text{im}}^2}{2\eta_1}(1-\Gamma^2)\boldsymbol{a}_z \tag{9-71a}$$

$$\boldsymbol{S}_{2\text{av}}=\frac{1}{2}\text{Re}[\boldsymbol{E}_\text{t}(z)\times\boldsymbol{H}_\text{t}^*(z)]=\frac{\tau E_{\text{im}}^2}{2\eta_2}\boldsymbol{a}_z \tag{9-71b}$$

9.2.5.2 均匀平面波对多层媒质分界面上的垂直入射

在实际应用中，较为常见的是多层媒质问题，例如多层复合材料、多层吸收/屏蔽贴片、吸收/屏蔽涂层等。因此，以三层介质为例对平面波的垂直入射进行分析，如图 9-8 所示。

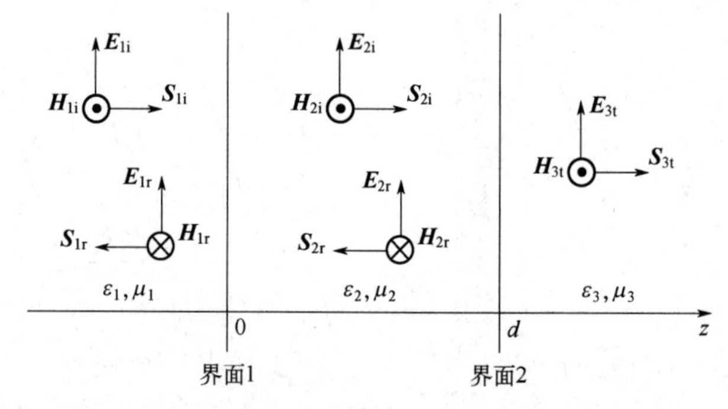

图 9-8　多层介质分界面的垂直入射

根据均匀平面波的性质，各个介质中的电场和磁场如下：

$$\boldsymbol{E}_1(z)=\boldsymbol{a}_x E_{1\mathrm{im}}(\mathrm{e}^{-\mathrm{j}k_1 z}+\Gamma_1\mathrm{e}^{\mathrm{j}k_1 z}) \tag{9-72a}$$

$$\boldsymbol{H}_1(z)=\boldsymbol{a}_y \frac{E_{1\mathrm{im}}}{\eta_1}(\mathrm{e}^{-\mathrm{j}k_1 z}-\Gamma_1\mathrm{e}^{\mathrm{j}k_1 z}) \tag{9-72b}$$

$$\boldsymbol{E}_2(z)=\boldsymbol{a}_x E_{2\mathrm{im}}[\mathrm{e}^{-\mathrm{j}k_2(z-d)}+\Gamma_2\mathrm{e}^{\mathrm{j}k_2(z-d)}] \tag{9-72c}$$

$$\boldsymbol{H}_2(z)=\boldsymbol{a}_y \frac{E_{2\mathrm{im}}}{\eta_2}[\mathrm{e}^{-\mathrm{j}k_2(z-d)}-\Gamma_2\mathrm{e}^{\mathrm{j}k_2(z-d)}] \tag{9-72d}$$

$$\boldsymbol{E}_3(z)=\boldsymbol{a}_x E_{3\mathrm{im}}\mathrm{e}^{-\mathrm{j}k_3(z-d)} \tag{9-72e}$$

$$\boldsymbol{H}_3(z)=\boldsymbol{a}_y \frac{E_{3\mathrm{im}}}{\eta_3}\mathrm{e}^{-\mathrm{j}k_3(z-d)} \tag{9-72f}$$

对于界面 2，场量关系与前述相似，有 $\Gamma=\dfrac{\eta_3-\eta_2}{\eta_3+\eta_2}$，在 $z=0$ 的界面 1 处，电场和磁场切向分量连续，$\boldsymbol{E}_1(0)=\boldsymbol{E}_2(0)$，$\boldsymbol{H}_1(0)=\boldsymbol{H}_2(0)$，将其与各个介质中的电场、磁场公式结合，利用欧拉公式可得：

$$\eta_1\frac{1+\Gamma_1}{1-\Gamma_1}=\eta_2\frac{\mathrm{e}^{\mathrm{j}k_2 d}+\Gamma_2\mathrm{e}^{-\mathrm{j}k_2 d}}{\mathrm{e}^{\mathrm{j}k_2 d}-\Gamma_2\mathrm{e}^{-\mathrm{j}k_2 d}}=Z_p=\eta_2\frac{\eta_3+\mathrm{j}\eta_2\tan k_2 d}{\eta_2+\mathrm{j}\eta_3\tan k_2 d} \tag{9-73}$$

Z_p 为介质 2 中位于 z=0 处电场和磁场之比，具有阻抗的量纲，其称为介质 2 在界面 1 处的等效波阻抗。求解 Z_p 并代入上式有 $\Gamma_1=\dfrac{Z_p-\eta_1}{Z_p+\eta_1}$。在上述公式分析多层介质反射和透射特性时是非常有用的，当介质有 n 层时，先从右侧的第 $n-1$ 个界面开始，重复便可求出各个界面上的反射系数，从而得到各层介质中的电场和磁场。

（1）四分之一波长匹配层

设介质 2 的厚度为 $\dfrac{\lambda_2}{4}$，则有 $k_2 d=\dfrac{2\pi}{\lambda_2}\dfrac{\lambda_2}{4}=\dfrac{\pi}{2}$，$\tan k_2 d=\infty$。将其代入 Z_p 和 Γ_1 中可以得到界面 1 处的等效波阻抗和反射系数分别为：

$$Z_p=\frac{\eta_2^2}{\eta_3} \qquad \Gamma_1=\frac{\eta_2^2-\eta_1\eta_3}{\eta_2^2+\eta_1\eta_3} \tag{9-74}$$

可见，若选择介质 2，使 $\eta_2=\sqrt{\dfrac{\mu_2}{\varepsilon_2}}=\sqrt{\eta_1\eta_3}$，则 $\Gamma_1=0$，即界面 1 处无反射。这意味着介质 2 使得 η_3 变换为界面 1 处的 $Z_p=\eta_1$，消除了反射，起到了阻抗变换的作用，因此其称为“四分之一波长匹配层”。

（2）半波长介质窗

如果取介质 2 的厚度为 $\dfrac{\lambda_2}{2}$，则有 $k_2 d=\dfrac{2\pi}{\lambda_2}\dfrac{\lambda_2}{2}=\pi$，$\tan k_2 d=0$，此时有 $Z_p=\eta_3$。假设介质 1 和介质 3 相同，即 $\eta_1=\eta_3$，则有 $\Gamma_1=\dfrac{Z_p-\eta_1}{Z+\eta_1}=0$，界面 1 处无反射，且 $E_{3\mathrm{tm}}=E_{1\mathrm{im}}$，表明入射波无损失地从介质 1 传输到介质 3 中，将类似不存在的介质 2 称为半波长介质窗。

9.2.6 均匀平面波的斜入射

当均匀平面波以与分界面法线成任意角度入射时，称为斜入射。由于电场、磁场矢量所在的平面不再与分界面平行，需要引入入射面和反射面的概念，并将斜入射平面波分为垂直极化波和平行极化波两类，如图 9-9 所示，入射线和分界面法线 **N** 构成的平面作为入射面，θ_i 称为入射角；反射线与分界面法线构成的平面称为反射面，θ_r 称为反射角；θ_t 称为透射角。入射波电场和入射面垂直时，称为垂直极化波，与入射面平行时称为平行极化波，任何取向的极化波都可分解为平行极化波和垂直极化波。

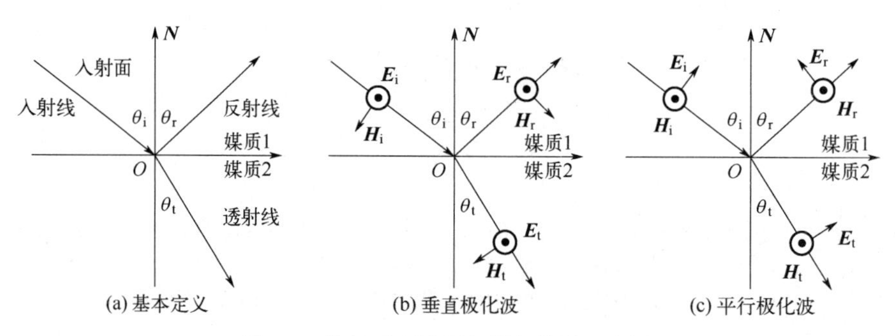

图 9-9 均匀平面波斜入射极化波示意图

（1）理想介质平面的斜入射

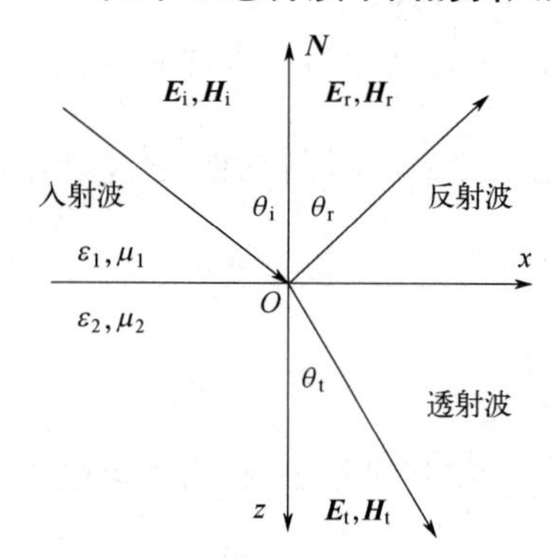

图 9-10 理想介质表面的斜入射

设 z=0 平面为理想介质分界面，入射面和 xoz 坐标面重合，如图 9-10 所示。根据边界条件，分界面上切向电场和切向磁场分量是连续的，也就是说入射波、反射波和透射波沿分界面的传输速度分量必须相等，即 $\dfrac{v_1}{\sin\theta_i} = \dfrac{v_1}{\sin\theta_r} = \dfrac{v_2}{\sin\theta_t}$，由此可得：$\theta_r = \theta_i$，$\dfrac{\sin\theta_i}{\sin\theta_t} = \dfrac{v_1}{v_2} = \dfrac{\sqrt{\mu_2\varepsilon_2}}{\sqrt{\mu_1\varepsilon_1}}$。上述公式称为斯涅尔（Snell）反射和折射定律，对于一般介质有 $\mu_1 = \mu_2 = \mu_0$，$n = \sqrt{\varepsilon_r}$ 称为折射率，于是可得：$n_t \sin\theta_t = n_i \sin\theta_i$，即为光学中折射定律的表达式。

对于平行极化波，切向场边界条件为：$E_i\cos\theta_i - E_r\cos\theta_r = E_t\cos\theta_t$，$\dfrac{E_i}{\eta_1} + \dfrac{E_r}{\eta_1} = \dfrac{E_t}{\eta_t}$。对其联立求解可得：

$$E_r = \frac{\eta_1\cos\theta_i - \eta_2\cos\theta_t}{\eta_1\cos\theta_i + \eta_2\cos\theta_t}E_i = \Gamma_{/\!/}E_i \tag{9-75a}$$

$$E_t = \frac{2\eta_2\cos\theta_i}{\eta_1\cos\theta_i + \eta_2\cos\theta_t}E_i = \tau_{/\!/}E_i \tag{9-75b}$$

上式中的 $\Gamma_{/\!/}$、$\tau_{/\!/}$ 分别为平行极化波的反射系数和透射系数；η_1 与 η_2 为介质 1 和 2 的波阻抗。类似地，对于垂直极化波，其反射系数和透射系数分别表示为 $\Gamma_\perp$ 和 $\tau_\perp$，且对于平行极化波和垂直极化波，其与波阻抗的关系为 a. $\Gamma_{/\!/} = \dfrac{\eta_1\cos\theta_i - \eta_2\cos\theta_t}{\eta_1\cos\theta_i + \eta_2\cos\theta_t}$，$\tau_{/\!/} = \dfrac{2\eta_2\cos\theta_i}{\eta_1\cos\theta_i + \eta_2\cos\theta_t}$，

$\tau_{//}=(1+\Gamma_{//})\dfrac{\eta_2}{\eta_1}$；b. $\Gamma_{\perp}=\dfrac{\eta_2\cos\theta_{\mathrm{i}}-\eta_1\cos\theta_{\mathrm{t}}}{\eta_2\cos\theta_{\mathrm{i}}+\eta_1\cos\theta_{\mathrm{t}}}$，$\tau_{\perp}=\dfrac{2\eta_2\cos\theta_{\mathrm{i}}}{\eta_2\cos\theta_{\mathrm{i}}+\eta_1\cos\theta_{\mathrm{t}}}$，$\tau_{\perp}=1+\Gamma_{\perp}$。

特别地，当$\theta_{\mathrm{t}}=\dfrac{\pi}{2}$时，有$\Gamma_{//}=\Gamma_{\perp}=1$，此时将发生全反射，对应全反射时的入射角称为临界角，且有$\theta_{\mathrm{C}}=\arcsin\sqrt{\dfrac{\varepsilon_1}{\varepsilon_2}}$；当$|\Gamma|=0$时将会出现全透射，此时有$\theta_{\mathrm{B}}=\arcsin\sqrt{\dfrac{\varepsilon_2}{\varepsilon_1+\varepsilon_2}}$，其中$\theta_{\mathrm{B}}$称为布儒斯特角，同时由于$\Gamma_{\perp}=0$时必须有$\varepsilon_1=\varepsilon_2$，因此在垂直极化波中不能发生全透射。

（2）理想导体平面的斜入射

设媒质 1 为理想介质，参数为μ_1，ε_1，$\sigma_1=0$，媒质 2 为理想导体，$\sigma_2=\infty$。均匀平面波自介质区斜入射到导体表面上，入射角为θ_{i}。如图 9-11 所示，对于垂直极化波，由于$\sigma_2=\infty$，所以$\eta_2=0$，同时$\Gamma_{\perp}=-1$，$\tau_{\perp}=0$，即发生全反射，此时介质中的合成电场和合成磁场可以表示为：

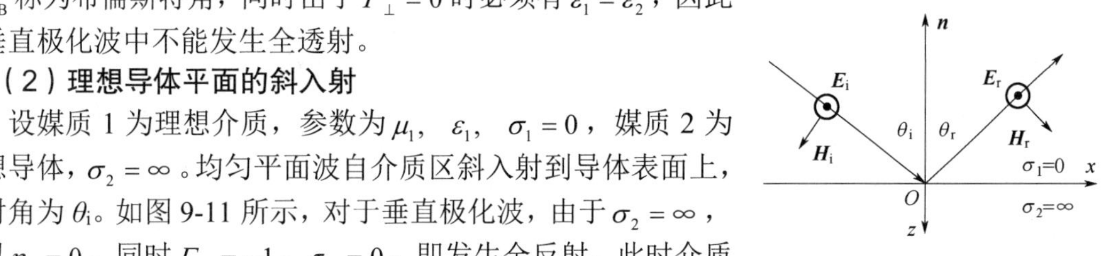

图 9-11　理想导体表面的斜入射

$$\boldsymbol{E}_1=\boldsymbol{E}_{\mathrm{i}}+\boldsymbol{E}_{\mathrm{r}}=-\boldsymbol{a}_y\mathrm{j}2E_{\mathrm{im}}\sin(k_1z\cos\theta_{\mathrm{i}})\mathrm{e}^{-\mathrm{j}k_1x\sin\theta_{\mathrm{i}}}\tag{9-76a}$$

$$\boldsymbol{H}_1=\boldsymbol{H}_{\mathrm{i}}+\boldsymbol{H}_{\mathrm{r}}=-\boldsymbol{a}_x\frac{2E_{\mathrm{im}}}{\eta_1}\cos\theta_{\mathrm{i}}\cos(k_1z\cos\theta_{\mathrm{i}})\mathrm{e}^{-\mathrm{j}k_1x\sin\theta_{\mathrm{i}}}-\boldsymbol{a}_z\frac{\mathrm{j}2E_{\mathrm{im}}}{\eta_1}\sin\theta_{\mathrm{i}}\sin(k_1z\cos\theta_{\mathrm{i}})\mathrm{e}^{-\mathrm{j}k_1x\sin\theta_{\mathrm{i}}}\tag{9-76b}$$

由上述公式可知，当垂直极化波斜入射到理想导体表面时，介质区中的电磁波具有如下特征：a. 在垂直导体表面的 z 方向上，合成波呈现纯驻波分布，沿该方向无电磁能量传输；b. 在 x 方向上合成波为行波，由$\mathrm{e}^{-\mathrm{j}k_1x\sin\theta_{\mathrm{i}}}$可知，$x$ 方向的相移常数为$k_1\sin\theta_{\mathrm{i}}$，该方向的相速度为$v_{\mathrm{p}x}=\dfrac{\omega}{k_1\sin\theta_{\mathrm{i}}}=\dfrac{v_{\mathrm{p}}}{\sin\theta_{\mathrm{i}}}>v_{\mathrm{p}}$，式中$v_{\mathrm{p}}=\dfrac{1}{\sqrt{\mu_1\varepsilon_1}}$；c. 因为等幅面为 z 是常数的平面，等相位面为 x 是常数的平面，所以合成波为非均匀平面波；d. 在传输方向（x 方向）上无电场分量，有磁场分量，这种电磁波称为横电波，记为 TE 波。

对于平行极化波的情况，$\sigma_2=\infty$，$\eta_2=0$，$\Gamma_{//}=1$，$\tau_{//}=0$，因此有：

$$\boldsymbol{E}_1=-\boldsymbol{a}_x\mathrm{j}2E_{\mathrm{im}}\cos\theta_{\mathrm{i}}\sin(k_1z\cos\theta_{\mathrm{i}})\mathrm{e}^{-\mathrm{j}k_1x\sin\theta_{\mathrm{i}}}-\boldsymbol{a}_z2E_{\mathrm{im}}\sin\theta_{\mathrm{i}}\cos(k_1z\cos\theta_{\mathrm{i}})\mathrm{e}^{-\mathrm{j}k_1x\sin\theta_{\mathrm{i}}}\tag{9-77a}$$

$$\boldsymbol{H}_1=\boldsymbol{a}_y\frac{2E_{\mathrm{im}}}{\eta_1}\cos(k_1z\cos\theta_{\mathrm{i}})\mathrm{e}^{-\mathrm{j}k_1x\cos\theta_{\mathrm{i}}}\tag{9-77b}$$

可以看出，当平行极化波斜入射到理想导体表面时，介质区中的电磁波具有的特征与垂直极化波斜入射是相同的，此时其在传输方向（x 方向）上无磁场分量，有电场分量，这种波称为横磁波，记为 TM 波。

9.3　导行电磁波

电磁波除了在无限大的空间内进行传输外，还需要沿设计的路径在有限的空间内传输，这种限定电磁波并引导其从一点传输到另一点的装置为导波系统，在该系统中传输的电磁波称为导行电磁波。该种情况也会发生于电磁波通过电子设备的导线、小孔、缝隙向外泄漏的过程中，常见的导行系统有传输线、微带线、波导、谐振腔等。

9.3.1 同轴传输线

同轴传输线是由内外导体构成的双导体导波系统，其形状如图 9-12（a）所示，传输线的内导体半径为 a，外导体半径为 b，内外导体间填充电磁参数为 ε_r、μ_r 的理想介质。同轴线传播的主模是 TEM 波，也可以传输 TE 波、TM 波。同轴线也可以演化称为带状线，即将同轴线的外导体对半分开后分别向上、下展开，并把内导体改成扁平带线，构成对称微带线，如图 9-12（b）所示，带状线是一种具有双接地的空气或介质传输线。

设加在同轴线内外导体上的电压为 U_0，在传播 TEM 波的情况下，其横截面上的电磁场分布与静态场相同。同轴线的电磁场分布也可以由麦克斯韦方程组导出或拉普拉斯方程求解，在圆柱坐标系下，电位的解满足一维拉普拉斯方程，同时边界条件为 $r=a$ 时 $\varphi=U_0$；$r=b$ 时 $\varphi=0$，由此有 $\frac{1}{r}\frac{\partial}{\partial r}\left(r\frac{\partial\varphi}{\partial r}\right)=0$，$\varphi=\frac{U_0}{\ln\frac{a}{b}}\ln\frac{r}{b}$。考虑到沿 z 轴方向的传播因子 e^{-jkz}，其电场和磁场为：

$$\boldsymbol{E}_r=-\nabla\varphi e^{-jkz}=\frac{U_0}{r\ln\frac{b}{a}}e^{-jkz}\boldsymbol{e}_r=\frac{E_0}{r}e^{-jkz}\boldsymbol{e}_r \tag{9-78a}$$

$$\boldsymbol{H}_\phi=\frac{E_0}{\eta r}e^{-jkz}\boldsymbol{e}_\phi \tag{9-78b}$$

同轴线中的 TEM 波分布如图 9-12（c）所示。

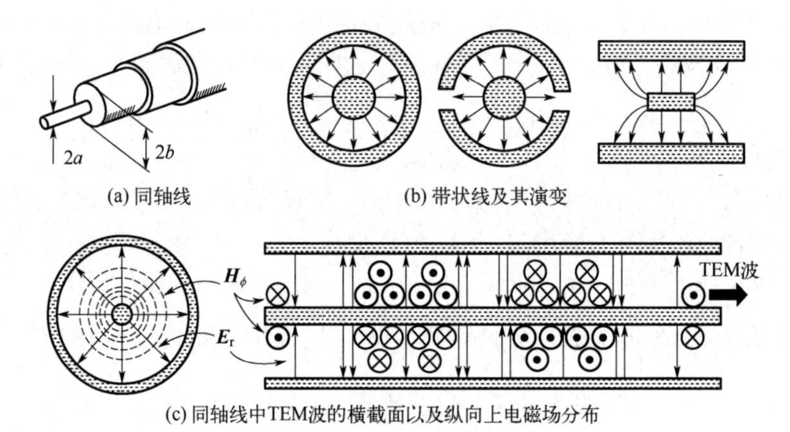

图 9-12　同轴传输线示意图

（1）同轴线的传输参数

根据式（9-78），可以求出同轴线内、外导体之间的电压 $U(z)$ 以及内导体上轴向电流 $I(z)$ 的分布，即有：

$$U(z)=\int_a^b E_r\mathrm{d}r=E_0\ln\frac{b}{a}e^{-jkz} \tag{9-79a}$$

$$I(z)=\oint_l H_\phi\mathrm{d}l=\int_0^{2\pi}rH_\phi\mathrm{d}\phi=\frac{2\pi E_0}{\eta}e^{-jkz} \tag{9-79b}$$

由特性阻抗的定义可知其特性阻抗 Z_C 为：

$$Z_C = \frac{U}{I} = \frac{\eta}{2\pi}\ln\frac{b}{a} = \frac{60}{\sqrt{\varepsilon_r}}\ln\frac{b}{a} \tag{9-80}$$

此外，同轴线的相移常数β，相速度v_p，波导波长（相波长）λ_g分别为：$\beta = k = \omega\sqrt{\mu\varepsilon}$，$v_p = \frac{\omega}{\beta} = \frac{c}{\sqrt{\varepsilon_r}}$，$\lambda_g = \frac{2\pi}{\beta} = \frac{v_p}{f} = \frac{\lambda}{\sqrt{\varepsilon_r}}$。

（2）同轴线的传输功率及衰减

在z=0处，根据式（9-78），可计算得到同轴线的传输功率为：

$$P = \frac{1}{2}\mathrm{Re}\left[\iint_S (\boldsymbol{E}\times\boldsymbol{H}^*)\mathrm{d}S\right] = \frac{1}{2\eta}\int_a^b |E_r|^2 2\pi r\,\mathrm{d}r = \frac{1}{2}\frac{2\pi}{\eta}\frac{|U_0|^2}{\ln\frac{b}{a}} = \frac{1}{2}\frac{|U_0|^2}{Z_C} \tag{9-81}$$

同轴线中传播TEM波时，在$r = a$处电场强度最大，其大小为$|\boldsymbol{E}_a| = \frac{E_0}{a}$，设该电场强度等于同轴线中填充介质的击穿场强$E_{br}$，则$|E_0| = aE_{br}$，由此可得同轴线传输TEM模时的功率容量为$P_{br} = \frac{\pi}{\eta}a^2E_{br}^2\ln\frac{b}{a}$。同轴线的衰减分别为由导体引起的衰减$\alpha_c$和介质引起的衰减$\alpha_d$两部分构成，其公式为：

$$\alpha_c = \frac{R_S}{2\eta}\frac{\frac{1}{a}+\frac{1}{b}}{\ln\frac{b}{a}} \quad (\mathrm{Np/m}) \tag{9-82a}$$

$$\alpha_d = \frac{\pi\sqrt{\varepsilon_r}}{\lambda_0}\tan\delta \quad (\mathrm{Np/m}) \tag{9-82b}$$

式中，$R_S = \sqrt{\frac{\pi f\mu}{\sigma}}$为导体的表面电阻；$\tan\delta$为同轴线填充介质的损耗角正切。

（3）同轴线的高次模及尺寸选择

同轴线通常以TEM模工作，但是当工作频率提升时，在其中也会出现TE、TM等高次模。对于高次模而言，其截止波数满足超越方程，求解很困难，一般采用近似的方法得到其截止波长的近似表达式，对于TM模，有：$\lambda_c(E_{mn}) \approx \frac{2}{n}(b-a), n = 1,2,\cdots$，其最低波形为$TM_{01}$，对应的截止波长$\lambda_c(E_{01}) = 2(b-a)$。

当$m \neq 0$、n=1，对于TE波，其截止波长为：$\lambda_c(H_{m1}) \approx \frac{\pi(a+b)}{m}, m = 1,2,\cdots$，此时TE波最低波形为$TE_{11}$（$H_{11}$）模，其截止波长为$\lambda_c(H_{11}) \approx \pi(a+b)$，在$m = 0$时，$TE_{01}$模的截止波长为$\lambda_c(H_{01}) \approx 2(b-a)$。由以上$TM_{01}$、$TE_{11}$、$TE_{01}$模的截止波长可知，$TE_{11}$模的截止波长最长。为了保证同轴线中TEM模的传输，其工作波长必须大于$\lambda_c(H_{11})$，因此工作波长与同轴线尺寸的关系为：$\lambda > \lambda_c(H_{11}) \approx \pi(a+b)$。为了保证同轴线具有最大的功率容量，在同轴线传输TEM模时的功率容量公式中，令b保持不变，对a求导，同时使导数为零可得$\frac{b}{a} \approx 1.65$，该尺寸下以空气为介质的同轴线特性阻抗约为33 Ω。为了保证同轴线传输电磁波时导体损耗最小，令式（9-82）中导体损耗α_c中 b 保持不变，对 a 求导，令其导数为零可得$\dfrac{b}{a}\approx 3.59$，该尺寸下以空气为介质的同轴线特性阻抗约为 77 Ω。

在实际使用中的同轴线的特性阻抗一般取 50 Ω 和 75 Ω,其中 50 Ω 的同轴线兼顾了耐压、功率容量、衰减等的需求，属于通用型；而 75 Ω 的同轴线是衰减最小的同轴线，主要用于远距离传输，主要的同轴线接头主要有 BNC、TNC、SMA 和 N 型。

9.3.2 微带线

微带线是广泛应用于微波集成电路中的一种平面型单接地介质传输线，当传输方向为 z 轴方向时，其结构如图 9-13（a）所示。微带线的结构为在厚度 h 的介质基片的一面上制作宽度为w、厚度为t的中心导带（导体），另一面制作接地板。介质基片的选择一般根据工作频率进行选择，以实现良好的阻抗匹配特性。微带线可以看作由双导体传输线演变而来，即将无限薄的理想导体垂直插入双导体中间，此后将其一侧的导体移除，把剩下的变为带状，在其与金属板之间加入基片材料，如图 9-13（b）所示。

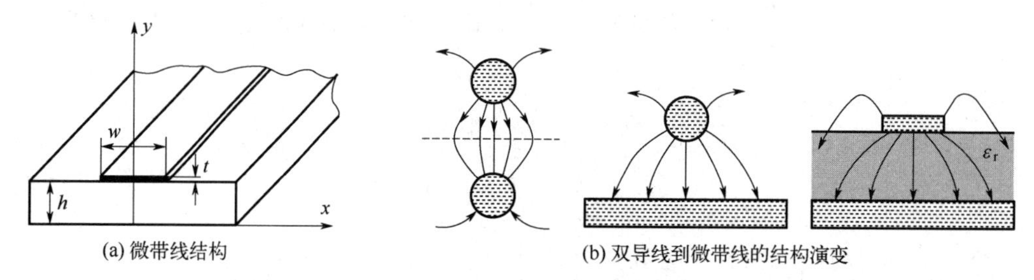

(a) 微带线结构
(b) 双导线到微带线的结构演变

图 9-13 微带线结构及其演变

对于空气介质的微带线可以存在无色散的 TEM 模，但实际上由于微带线制作在介质基片上，由于存在空气和介质的分界面，可以看作是部分填充介质的双导体传输线，其不可能存在单纯的 TEM 模，只能存在 TE 模和 TM 模的混合模。

微带线分界面两侧的场分量如图 9-14（a）所示，在微波低频段可以采用静态分析法，由于介质-空气分界面上没有自由电荷及传导电流，根据边界条件有 $E'_y=\varepsilon_r E_y$，$H'_y=H_y$，$E'_x=E_x$，$H'_x=H_x$。根据麦克斯韦方程组求解介质一侧和空气一侧的 x 方向的电场分量并带入边界条件可得 $\dfrac{\partial H_z}{\partial y}-\dfrac{\partial H_y}{\partial z}=\varepsilon_r\left(\dfrac{\partial H'_z}{\partial y}-\dfrac{\partial H'_y}{\partial z}\right)$，考虑到 $e^{j(\omega t-kz)}$，可得 $\dfrac{\partial H_y}{\partial z}=-jkH_y$，$\dfrac{\partial H'_y}{\partial z}=-jkH'_y=-jkH_y$，由此可得：$\dfrac{\partial H_z}{\partial y}-\varepsilon_r\dfrac{\partial H'_z}{\partial y}=-jk(1-\varepsilon_r)H_y$，在介质中$\varepsilon_r>1$，因此其右端不为零，存在纵向磁场分量。同理可证明其存在纵向电场分量。但是在微波低频段中，当微带线基片的厚度远小于波长时，其纵向场分量很小，电磁波能量大部分集中在导带下的介质基片内，这种传输模式称为准 TEM 模，如图 9-14（b）所示。

对于空气填充的微带线，如果忽略其损耗，其特性阻抗和相速度分别为 $Z_C=\sqrt{\dfrac{L_0}{C_0}}$，$v_p=\dfrac{1}{\sqrt{L_0C_0}}$，其中 L_0 和 C_0 分别为微带线上单位长度的分布电感和电容。当微带线的基片被去除时，空气微带线传播的 TEM 模的速度等于光速 c，但在实际应用中，由于其上下面为不同介质，因此其特性阻抗采用哈梅斯特泰算法得到：

$$Z_C=\begin{cases}\dfrac{60}{\sqrt{\varepsilon_{re}}}\ln\left(\dfrac{8h}{w_e}+\dfrac{w_e}{4h}\right) & (w_e\leqslant h)\\ \dfrac{120\pi}{\sqrt{\varepsilon_{re}}}\times\dfrac{1}{\left[\dfrac{w_e}{h}+1.393+0.667\ln\left(\dfrac{w_e}{h}+1.444\right)\right]} & (w_e>h)\end{cases}\tag{9-83}$$

式中，w_e 称为导带的有效宽度；ε_{re} 称为介质的等效介电常数。当频率较高时，微带线内会出现高次模，并与 TEM 模发生耦合；同时特性阻抗以及相速度会随频率发生变化，具有色散特性，其相速度为 $v_p=\dfrac{c}{\sqrt{\varepsilon_{re}}}$。

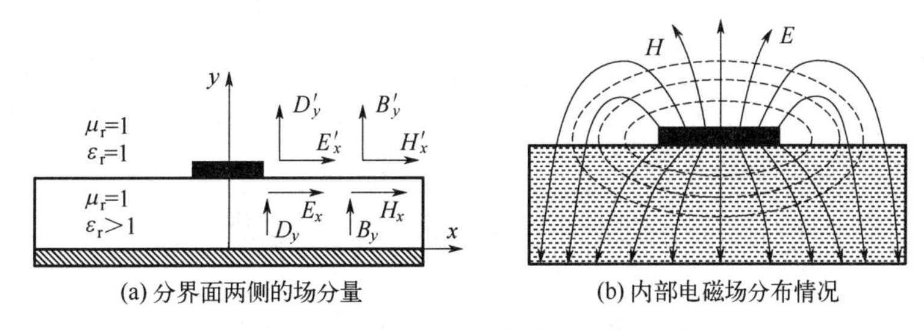

图 9-14　微带线场分量与电磁场分布

TE 模的最低模式为 TE_{10} 模，其沿导带带宽为半个驻波，两边为波腹，中间为波节，截止波长为 $\lambda_c(H_{01})=2w\sqrt{\varepsilon_r}$。因此为了抑制 TE 模，导带宽度应设置为 $w<\dfrac{\lambda_{min}}{2\sqrt{\varepsilon_r}}$，$\lambda_{min}$ 为最小波长。TM 模的最低模式为 TM_{01} 模，其沿带宽 w 方向保持不变，在厚度 h 之间为半个驻波，在 h 两边为波腹，中心为波节，截止波长为 $\lambda_c(E_{10})=2h\sqrt{\varepsilon_r}$。因此为了抑制 TM 模，导带厚度应设置为 $h<\dfrac{\lambda_{min}}{2\sqrt{\varepsilon_r}}$。

导体表面的介质层可以束缚电磁波沿导体表面传播，称为表面波。表面波的 TE 模和 TM 模的截止波长分别为 $\lambda_c(H_1)=4h\sqrt{\varepsilon_r-1}$，$\lambda_c(E_0)=\infty$，可见，TM 波对于所有工作波长均存在，为了抑制表面波的 TE 模，介质基片厚度应满足 $h<\dfrac{\lambda_{min}}{4\sqrt{\varepsilon_r-1}}$。

9.3.3 矩形波导

波导是采用金属管传输电磁波的重要导波装置，其管壁通常为铜、铝或其他金属材料，其特点是结构简单、机械强度大。波导内没有内导体，损耗低、功率容量大，电磁能量在波导管内部空间被导引传播，可以防止对外的电磁波泄漏。矩形波导如图 9-15 所示，传输方向沿 z 轴方向，其内壁的宽边和窄边尺寸分别为 a、b，内部填充介质参数为 ε、μ 的理想介质，设其管壁为理想导体。

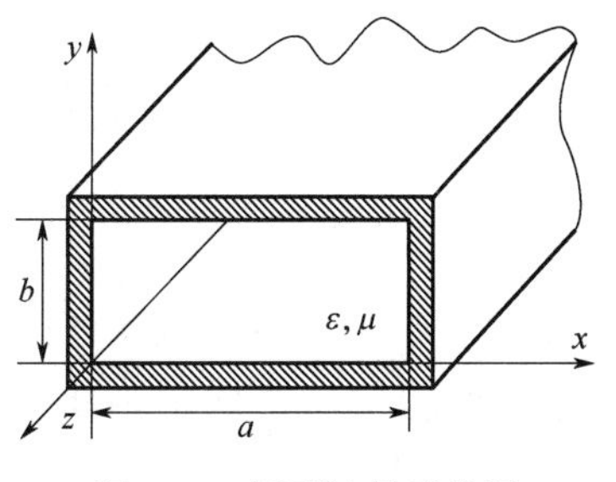

图 9-15　矩形波导示意图

矩形波导中的 TM 波表达式为：

$$E_x(x,y,z)=-\frac{\mathrm{j}k_z}{k_c^2}\left(\frac{m\pi}{a}\right)E_0\cos\left(\frac{m\pi}{a}x\right)\sin\left(\frac{n\pi}{b}y\right)\mathrm{e}^{-\mathrm{j}k_z z} \tag{9-84a}$$

$$E_y(x,y,z)=-\frac{\mathrm{j}k_z}{k_c^2}\left(\frac{n\pi}{b}\right)E_0\sin\left(\frac{m\pi}{a}x\right)\cos\left(\frac{n\pi}{b}y\right)\mathrm{e}^{-\mathrm{j}k_z z} \tag{9-84b}$$

$$E_z(x,y,z)=E_0\sin\left(\frac{m\pi}{a}x\right)\sin\left(\frac{n\pi}{b}y\right)\mathrm{e}^{-\mathrm{j}k_z z} \tag{9-84c}$$

$$H_x(x,y,z)=\frac{\mathrm{j}\omega\varepsilon}{k_c^2}\left(\frac{n\pi}{b}\right)E_0\sin\left(\frac{m\pi}{a}x\right)\cos\left(\frac{n\pi}{a}y\right)\mathrm{e}^{-\mathrm{j}k_z z} \tag{9-84d}$$

$$H_y(x,y,z)=-\frac{\mathrm{j}\omega\varepsilon}{k_c^2}\left(\frac{m\pi}{a}\right)E_0\cos\left(\frac{m\pi}{a}x\right)\sin\left(\frac{n\pi}{b}y\right)\mathrm{e}^{-\mathrm{j}k_z z} \tag{9-84e}$$

式中 m、n 的取值均不为零，否则所有场量均为零，此外波导中的导波在横截面（x，y）上分布呈驻波状态，m、n 的取值分别代表沿 x 方向、y 方向的半驻波个数，每一种组合代表一个模式，称为 TM_{mn} 模，其最低模式为 TM_{11} 模，所对应的截止波长最长、截止频率最低。

矩形波导中的 TE 波表达式为：

$$E_x(x,y,z)=\frac{\mathrm{j}\omega\mu}{k_c^2}\left(\frac{n\pi}{b}\right)H_0\cos\left(\frac{m\pi}{a}x\right)\sin\left(\frac{n\pi}{b}y\right)\mathrm{e}^{-\mathrm{j}k_z z} \tag{9-85a}$$

$$E_y(x,y,z)=-\frac{\mathrm{j}\omega\mu}{k_c^2}\left(\frac{m\pi}{a}\right)H_0\sin\left(\frac{m\pi}{a}x\right)\cos\left(\frac{n\pi}{b}y\right)\mathrm{e}^{-\mathrm{j}k_z z} \tag{9-85b}$$

$$H_x(x,y,z)=\frac{\mathrm{j}k_z}{k_c^2}\left(\frac{m\pi}{a}\right)H_0\sin\left(\frac{m\pi}{a}x\right)\cos\left(\frac{n\pi}{b}y\right)\mathrm{e}^{-\mathrm{j}k_z z} \tag{9-85c}$$

$$H_y(x,y,z)=\frac{\mathrm{j}k_z}{k_c^2}\left(\frac{n\pi}{b}\right)H_0\cos\left(\frac{m\pi}{a}x\right)\sin\left(\frac{n\pi}{b}y\right)\mathrm{e}^{-\mathrm{j}k_z z} \tag{9-85d}$$

$$H_z(x,y,z)=H_0\cos\left(\frac{m\pi}{a}x\right)\cos\left(\frac{n\pi}{b}y\right)\mathrm{e}^{-\mathrm{j}k_z z} \tag{9-85e}$$

式中 m、n 的取值可以为零，但不能同时取零，由于 $a>b$，显然 TE_{10} 模为最低模式，即对应的截止波长最长、截止频率最低。$k>k_c$ 时 TE_{mn} 模才能够传播，$k\leqslant k_c$ 时 TE_{mn} 模不能传播，TE_{mn} 模在 x、y 方向上呈驻波分布。TE_{mn} 模的截止参数也只与波导结构参数有关。TE_{mn} 模和 TM_{mn} 模有相同的截止参数表达式，只是 m、n 的起始取值不同，其表达式为：

$$\lambda_{cmn}=\frac{2\pi}{\sqrt{\left(\frac{m\pi}{a}\right)^2+\left(\frac{n\pi}{b}\right)^2}} \tag{9-86}$$

这种截止波长相同的模称为简并模，同时虽然简并模的截止波长、相速度等传播特性完全一样，但是二者的场分布不相同。其所对应的截止频率为 $f_c=\frac{v}{\lambda_c}=\frac{1}{2\sqrt{\mu\varepsilon}}\sqrt{\left(\frac{m}{a}\right)^2+\left(\frac{n}{b}\right)^2}$。

在波导中，截止波长最长或截止频率最低的模称为主模，其他波形称为高次模。由于矩形波导中通常 $a>b$，因此 TE_{10} 模是其主模。对于给定尺寸 a 和 b 的波导，设 $a>2b$，根据式(9-86)可以得到不同模式的波长之值，当 $a<\lambda<2a$ 时，矩形波导满足单模传输条件；当 $0<\lambda<a$ 时为多模传输；当 $\lambda\geqslant 2a$ 时为截止区。

于此，令 $f > f_c$， $\lambda < \lambda_c$ 才可保证电磁波可以在波导中进行传播，此时其传播常数、相移常数以及波导波长为：$\gamma = \mathrm{j}k\sqrt{1-\left(\dfrac{f_c}{f}\right)^2}$ 、$\beta = k\sqrt{1-\left(\dfrac{\lambda}{\lambda_c}\right)^2}$ 、$\lambda_{\mathrm{g}} = \dfrac{\lambda}{\sqrt{1-\left(\dfrac{\lambda}{\lambda_c}\right)^2}}$ ，其相速度为：$v_{\mathrm{p}} = \dfrac{v}{\sqrt{1-\left(\dfrac{\lambda}{\lambda_c}\right)^2}}$ 。可见 TM 波和 TE 波的传播速度随频率变化，表现出色散特性，其 TM 模和 TE 模的波阻抗 Z_{TM}、Z_{TE} 分布为：

$$\begin{cases} Z_{\mathrm{TM}} = \dfrac{E_x}{H_y} = -\dfrac{E_y}{H_x} = \eta\sqrt{1-\left(\dfrac{f_c}{f}\right)^2} = \eta\sqrt{1-\left(\dfrac{\lambda}{\lambda_c}\right)^2} \\ Z_{\mathrm{TE}} = \dfrac{E_x}{H_y} = -\dfrac{E_y}{H_x} = \dfrac{\eta}{\sqrt{1-\left(\dfrac{f_c}{f}\right)^2}} = \dfrac{\eta}{\sqrt{1-\left(\dfrac{\lambda}{\lambda_c}\right)^2}} \end{cases} \tag{9-87}$$

在行波状态下，波导传输的平均功率可由波导横截面上的坡印廷矢量的积分求得：

$$P = \frac{1}{2}\mathrm{Re}\iint_S (\boldsymbol{E}_t \times \boldsymbol{H}_t^*)\mathrm{d}S = \frac{1}{2}\int_0^a\int_0^b (E_x H_y - E_y H_x)\mathrm{d}x\mathrm{d}y \tag{9-88}$$

其中 Z 为波阻抗，由此可得 TE_{01} 模的平均功率为 $\dfrac{ab}{4Z_{\mathrm{TE}}}E_{10}^2$ ，即其功率容量为：$P_{\mathrm{br}} = \dfrac{ab}{4Z_{\mathrm{TE}}}E_{\mathrm{br}}^2$，其中 E_{br} 为击穿电场幅值，波导越大，频率越高，容量越大。

在矩形波导设计时，通常要保证在工作频率内只传输一种模式，且损耗尽可能小，功率容量尽可能大，尺寸尽可能小，制作尽可能简单。考虑传输功率的要求，窄边尽可能大，一般取 $a = 0.7\lambda,\ \ b = (0.4 \sim 0.5)a$ ，考虑到损耗因素，其工作波长范围为 $1.05(\lambda_c)_{\mathrm{TE}_{20}} \leqslant \lambda \leqslant 0.8(\lambda_c)_{\mathrm{TE}_{10}}$ ，即为 $1.05a < \lambda < 1.6a$ 。在波导中存在多模式传输的情况下，如果模式相互正交，则它们之间没有能量交换，各个模式的衰减常数可单独计算。如果模式不正交，相互之间有能量耦合就无法单独直接计算。此外，可直接影响波导衰减因素有：波导材料的电导率、工作频率、波导内壁的光滑度、波导的尺寸、填充媒质的损耗、工作模式等。

9.3.4 圆波导

波导截面为圆形的波导称为圆波导，其具有损耗小和双极化的特性，常应用与天线馈线中，也可作为较远距离的传输线以及微波谐振腔使用，其结构特征如图 9-16 所示。对于圆波导，其截止波长和截止频率分别为 $\lambda_c = \dfrac{2\pi a}{p'_{mn}}$， $f_c = \dfrac{p'_{mn}}{2\pi a\sqrt{\mu\varepsilon}}$ ，式中 p'_{mn} 为 m 阶第一类贝塞尔函数一阶导数的第 n 个根。

设圆波导 TM_{mn} 模和 TE_{mn} 模的截止波数为 k_{cmn}，对于 TM_{mn} 模，其 $k_{cmn} = \dfrac{u_{mn}}{a}$， $m = 0,1,2,\cdots$， $n = 0,1,2,\cdots$；对于 TE_{mn} 模，有 $k_{cmn} = \dfrac{u'_{mn}}{a}$，$m = 0,1,2,\cdots$，$n = 0,1,2,\cdots$。此时其截止波长为 $\lambda_c = \dfrac{2\pi}{k_c}$，

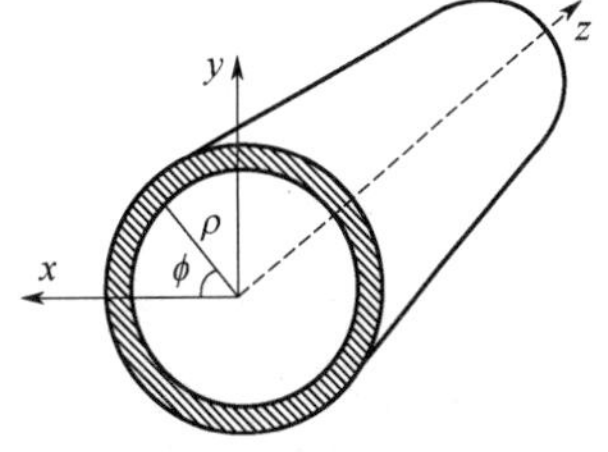

图 9-16 圆波导示意图

相应的相移常数、相速度、波导波长分别为：$\beta = k\left[1-\left(\frac{f_c}{f}\right)^2\right]^{\frac{1}{2}}$，$v_p = \frac{\omega}{\beta} = v\left[1-\left(\frac{f_c}{f}\right)\right]^{-\frac{1}{2}}$，$\lambda_g = \frac{v_p}{f} = \lambda\left[1-\left(\frac{f_c}{f}\right)^2\right]^{-\frac{1}{2}}$。其 TM 模和 TE 模的波阻抗分别为：$Z_{TM} = \eta\left[1-\left(\frac{f_c}{f}\right)^2\right]^{\frac{1}{2}}$，$Z_{TE} = \eta\left[1-\left(\frac{f_c}{f}\right)^2\right]^{-\frac{1}{2}}$。

当圆波导的波导半径 a 一定时，各个模式的排列顺序不变。圆波导存在多种传播模式，主模是 TE_{11} 模，其单模工作区为 $2.6127a < \lambda < 3.4126a$，因此一般波导半径取值为 $a = \lambda / 3$。同时圆波导中具有两种简并模，一种是 E-H 简并，即截止波长相同的 E 波和 H 波的简并；另一种是极化简并，对于同一 TM_{mn} 模和 TE_{mn} 模，在 $m \neq 0$ 时均有两个场结构，其与 $\sin m\phi$ 和 $\cos m\phi$ 对应且相互独立，称为极化简并，其为圆波导中特有的现象，可应用于制作极化分离器、极化衰减器等。

圆波导中使用较多的为 TE_{11} 模、TE_{01} 模、TM_{01} 模，它们的截止波长分别为 $3.4126a$、$1.6398a$、$2.6127a$。其中 TE_{11} 模为主模，与矩形波导的 TE_{01} 模相似，TE_{01} 模、TM_{01} 模为高次模，其中 TE_{01} 模为低损耗模，其无极化简并但与 TM_{11} 模有模式简并；TM_{01} 模为 TM 模中最低的模式，称为圆对称模，其中无极化简并、无模式简并。

9.3.5 谐振腔

在高频技术中常用谐振腔来产生一定频率的电磁振荡，而由中空的金属腔以及两端短路的波导管封闭而成的谐振腔是其常用设计。常见的谐振腔有矩形、圆柱形、同轴等，为了激励（耦合）处所希望的电磁场模式，谐振腔常用的耦合方式有环耦合、探针耦合、孔耦合等。

谐振频率 f_0、品质因数 Q_0 是谐振腔的主要基本参数。为了满足金属波导两边短路的边界条件，腔体长度 l 和波导波长 λ_g 的关系为 $l = p\frac{\lambda_g}{2}$，$p = 1,2,\cdots$；$\beta = \frac{2\pi}{\lambda_g} = 2\pi\frac{p}{2l} = \frac{p\pi}{l}$，因此其谐振频率为：

$$f_0 = \frac{1}{2\pi\sqrt{\mu\varepsilon}}\sqrt{\left(\frac{p\pi}{l}\right)^2 + \left(\frac{2\pi}{\lambda_c}\right)^2} \tag{9-89}$$

由此可见，不同模式对应的谐振频率不同，谐振频率与振荡模式、腔体尺寸、腔体填充介质有关。品质因数 Q_0 定义为：

$$Q_0 = 2\pi\frac{W}{W_T} = 2\pi\frac{W}{TP_1} = \omega_0\frac{W}{P_1} \tag{9-90}$$

式中，W 为系统中谐振腔储存的总电磁能量，即电场储能或磁场储能的最大值；W_T 为一个周期内谐振腔损耗的能量；P_1 为损耗功率；T 为周期。品质因数 Q_0 表示谐振腔中电磁波谐振可以持续的次数，是衡量谐振腔的频率选择性以及能量损耗程度的重要参数。

（1）矩形谐振腔

设矩形谐振腔的长度为 l，截面尺寸为 $a \times b$。在主模（TE_{101} 模）振荡模式下，考虑到行

波和反射波的叠加，由矩形波导中的 TE 波［式（9-85）］可得谐振腔的纵向场量为 $H_z(x,y,z)=H_{mn}\cos\left(\frac{m\pi}{a}x\right)\cos\left(\frac{n\pi}{b}y\right)\mathrm{e}^{-\mathrm{j}k_z z}+H'_{mn}\cos\left(\frac{m\pi}{a}x\right)\cos\left(\frac{n\pi}{b}y\right)\mathrm{e}^{\mathrm{j}k_z z}$，利用边界条件 $H_z\big|_{z=0}=0$，得到 $H'_{mn}=-H_{mn}$，同时由 $H_z\big|_{z=l}=0$，有 $k_z=\frac{p\pi}{l}$，$p=1,2,\cdots$，因此 $H_z(x,y,z)=-\mathrm{j}2H_{mn}\cos\left(\frac{m\pi}{a}x\right)\cos\left(\frac{n\pi}{b}y\right)\sin\left(\frac{p\pi}{l}z\right)$，同时可得其他场分量。对于 TE_{101} 模（m=1，n=0，p=1）的场分量为：

$$H_z(x,y,z)=-2\mathrm{j}H_{10}\cos\left(\frac{\pi}{a}x\right)\sin\left(\frac{\pi}{l}z\right) \tag{9-91a}$$

$$H_x=\mathrm{j}\frac{2a}{l}H_{10}\sin\left(\frac{\pi}{a}x\right)\cos\left(\frac{\pi}{l}z\right) \tag{9-91b}$$

$$H_y=0 \tag{9-91c}$$

$$E_x=E_z=0 \tag{9-91d}$$

$$E_y=-\mathrm{j}\frac{2\omega\mu a}{\pi}H_{10}\sin\left(\frac{\pi}{a}x\right)\sin\left(\frac{\pi}{l}z\right) \tag{9-91e}$$

由于 $\lambda_c=2a$，TE_{101} 模的振荡频率为 $f_0=\frac{c\sqrt{a^2+l^2}}{2al}$，谐振波长为 $\lambda_0=\frac{2al}{\sqrt{a^2+l^2}}$。由此，谐振腔的储能为 $\iiint_V |H|^2\,\mathrm{d}V=H_{10}^2(a^2+l^2)\frac{ab}{l}$，腔壁的损耗为 $\oiint_S |H_r|^2\,\mathrm{d}S=\frac{2H_{10}^2}{l^2}[2b(a^3+l^3)+al(a^2+l^2)]$，其品质因数为 $Q_0=\frac{abl}{\delta}\frac{a^2+l^2}{2b(a^3+l^3)+al(a^2+l^2)}$。

（2）圆谐振腔

圆谐振腔的场量分析方式与矩形谐振腔类似，对于 TE 振荡模式，圆谐振腔的截止波长 $\lambda_c=\frac{2\pi a}{u'_{mn}}$，可得谐振频率为 $f_0=\frac{1}{2\pi\sqrt{\mu\varepsilon}}\sqrt{\left(\frac{p\pi}{l}\right)^2+\left(\frac{u'_{mn}}{a}\right)^2}$。

其中，当 $l>2.1a$ 时，TE_{111} 模的振荡频率和品质因数分别为 $f_0=\frac{c}{2\pi}\sqrt{\left(\frac{1.841}{a}\right)^2+\left(\frac{\pi}{l}\right)^2}$，

$Q_0=\frac{\lambda_0}{\delta}\frac{1.03\left[0.343-\left(\frac{a}{l}\right)^2\right]}{1+5.82\left(\frac{a}{l}\right)^2+0.86\left(\frac{a}{l}\right)^2\left(1-\frac{a}{l}\right)}$。

TE_{011} 振荡模的无载品质因数很高，是 TE_{111} 模 Q 值的2～3倍，因此波长计一般采用 TE_{011} 振荡模。

对于 TM 振荡模式，圆谐振腔的截止波长为 $\lambda_c=\frac{2\pi a}{u_{mn}}$，谐振频率为 $f_0=$

$\frac{1}{2\pi\sqrt{\mu\varepsilon}}\sqrt{\left(\frac{p\pi}{l}\right)^2+\left(\frac{u_{mn}}{a}\right)^2}$，其中当 $l<2.1a$ 时，TM_{010} 模的振荡频率和品质因数分别为 $f_0=\frac{2.405c}{2\pi a}$，$Q_0=\frac{\lambda_0}{\delta}\frac{2.405c}{2\pi\left(1+\frac{a}{l}\right)}$。

9.4 电磁辐射与防护标准

在电磁学中，电磁波脱离波源在空间传播不再返回波源的现象即称为电磁辐射，因此，目前所使用的无线通信技术均属于电磁辐射的范畴。但是除去对信息进行有效传输的电磁辐射外，各类器件在工作时也将向自由空间辐射无用的电磁辐射，该种辐射不但会对其他设备的工作状态造成影响，还将威胁人类生存空间。因此，其也成为一类难以防护的新型污染。

9.4.1 电偶极子的辐射

在真空中，假设线元的电流均匀分布，电荷和电流随时间做正弦变化，由于电流在线元的两端为零，两端必须储存电荷，如图 9-17 所示，电荷和电流之间满足关系 $i(t)=\frac{\mathrm{d}q}{\mathrm{d}t}$，由此可得 $q(t)=q\sin\omega t$，$i(t)=q\omega\cos\omega t=I\cos\omega t=\mathrm{Re}[I\mathrm{e}^{\mathrm{j}\omega t}]$，其中 I 是电流振幅。设 T 为周期，可以将图 9-17 分成四个部分说明电流元电磁场辐射的情况。

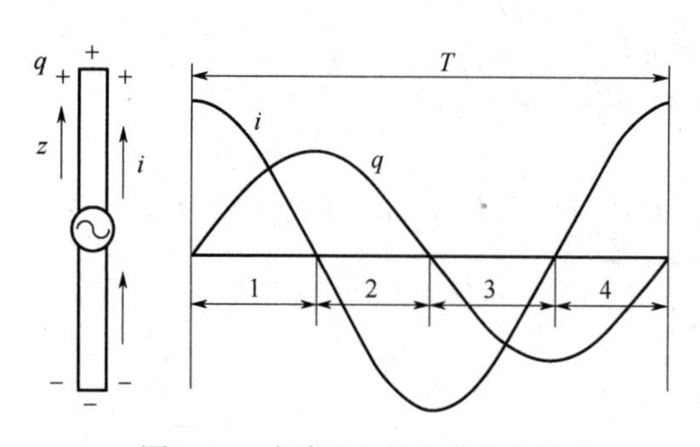

图 9-17 电流元上的电荷和电流

（1）在 0 ~ T/4 时间内

该段时间内电流元电流逐渐减小，两端累计的电荷量逐渐增加。电流沿 z 轴方向，其产生的磁场符合安培定则。两端电荷激发的电场由上向下，同时随着电荷增加而逐渐加强的电场外推并产生一个磁场。根据麦克斯韦第一方程式（广义安培环路定律），该磁场的磁感线方向与变化的电场符合右手螺旋定则，显然其与正在减小的电流激发的磁场方向相同。由于这个磁场的存在，在 $t=T/4$ 时刻，虽然电流为零，但是磁场依然存在，即产生了脱离电流而存在的磁场。

（2）在 T/4 ~ T/2 时间内

该段时间内电流元两端累计的电荷量逐渐减小，与之联系的电场也逐渐减弱，同时电流改变方向（$-z$ 方向）并逐渐加强。而该电流产生的磁场与 0～$T/4$ 时间内的磁场方向相反，并逐渐增强，其在外推的过程中产生一个电场，根据麦克斯韦第二方程式（法拉第电磁感应定律），该电场的电场线方向和变化的磁场符合左手螺旋定则，即这个电场和原电场方向相反并存在空间位移。此时原来的电场和磁场已经向外移动了一定距离。由于这个由变化的磁场激发的电场和原电场方向相反，因此在电磁场的外推过程中与原电场交割并形成了闭合的电场线环路，于是形成了脱离电荷而存在的电场，并继续外推。

(3) 在 $T/2\sim T$ 时间内

随着时间的推移，该时间段内电磁场的辐射与前半个周期情况相同，只是电磁场的方向相反。

由电偶极子产生的电磁场可以写为：

$$\begin{cases} H_r = 0 \\ H_\theta = 0 \\ H_\phi = \dfrac{Ilk^2}{4\pi}\left[\dfrac{\mathrm{j}}{kr} + \dfrac{1}{(kr)^2}\right]\sin\theta \mathrm{e}^{-\mathrm{j}kr} \\ E_r = \dfrac{2Ilk^3\cos\theta}{4\pi\omega\varepsilon_0}\left[\dfrac{1}{(kr)^2} - \dfrac{\mathrm{j}}{(kr)^3}\right]\mathrm{e}^{-\mathrm{j}kr} \\ E_\theta = \dfrac{Ilk^3\sin\theta}{4\pi\omega\varepsilon_0}\left[\dfrac{\mathrm{j}}{kr} + \dfrac{1}{(kr)^2} - \dfrac{\mathrm{j}}{(kr)^3}\right]\mathrm{e}^{-\mathrm{j}kr} \\ E_\phi = 0 \end{cases} \tag{9-92}$$

式中，r 为接收点到偶极子中心的距离。对于 $r \ll \lambda$、$kr \ll 1$ 的区域，其称为电偶极子的邻近区（近区），电偶极子在该区域中的电场表示式与静电偶极子的电场表示式相同，同时磁场表示式与静磁场中毕奥-萨伐尔定理计算出的恒定电流元的磁场表示式相同，因此也将电偶极子的近区称为准静态场或似稳场。

同时对于 $r \gg \lambda$、$kr \gg 1$ 的区域，其称为电偶极子的远区，在此区域中有如下特点：a. 远区场是横电磁波（TEM 波）；b. 远区场的幅度和源的距离 r 成反比；c. 远区场是辐射场，电磁波沿径向辐射；d. 远区场是非均匀球面波；e. 远区场分布有方向性。其辐射功率和辐射电阻分别为 $P_r = 40\pi^2 I^2\left(\dfrac{l}{\lambda}\right)^2$，$R_r = 80\pi^2\left(\dfrac{l}{\lambda}\right)^2$。

9.4.2 磁偶极子的辐射

类似于电偶极子，根据前述对磁偶极子的介绍，其在空间中的电场强度和磁场强度分布为：

$$\begin{cases} H_r = \dfrac{ISk^2}{2\pi r}\cos\theta\left[\dfrac{\mathrm{j}}{kr} + \dfrac{1}{(kr)^2}\right]\mathrm{e}^{-\mathrm{j}kr} \\ H_\theta = \dfrac{ISk^2}{4\pi r}\sin\theta\left[-1 + \dfrac{\mathrm{j}}{kr} + \dfrac{1}{(kr)^2}\right]\mathrm{e}^{-\mathrm{j}kr} \\ H_\phi = 0 \\ E_r = 0 \\ E_\theta = 0 \\ E_\phi = -\mathrm{j}\dfrac{ISk^3}{4\pi r}\eta_0\sin\theta\left[\dfrac{\mathrm{j}}{kr} + \dfrac{1}{(kr)^2}\right]\mathrm{e}^{-\mathrm{j}kr} \end{cases} \tag{9-93}$$

可以看出，磁偶极子和电偶极子产生的电磁场具有对称性。在磁偶极子的远区场（$kr \gg 1$）中，远区场与 r 成反比，同时对比电偶极子，发现磁偶极子的远区辐射场也是非均匀球面波。波阻抗与电偶极子的相同，均为 $\eta_0 = 120\pi$。磁偶极子的辐射也具有方向性，辐射功率和辐射

电阻分别为 $P_r = 160\pi^4 I^2 \left(\frac{S}{\lambda^2}\right)^2$，$R_r = 360\pi^6 \left(\frac{a}{\lambda}\right)^4$。

9.4.3 电磁辐射容许值标准

高频电磁辐射和生物组织的相互作用与多种因素有关，严格计算人、动物等生物体内部的电磁场是非常复杂的，因为组织中内场的大小既与辐射场的频率、强度、极化等特性有关，又与生物体的形状、大小、电参数以及辐射源和生物体的相对位置、附近状况有关。因此，通常采用比吸收率（SAR）度量电磁辐射在生物组织中感应的电场，其定义为生物组织单位质量中所沉淀的能量率，即 $\mathrm{SAR} = \frac{W}{m}$，其单位为 W/kg，其中 W 为沉淀的能量（W），m 是生物质量（kg）。

比吸收率同时考虑了电磁辐射的热效应和非热效应，通过比吸收率可以比较不同生物体中所测得的结果。

安全剂量是通过热效应的临界比吸收率加上安全系数后用比吸收率来表征的，这一安全剂量只能通过相关的外部场强值来衡量。因此，制定安全剂量或安全容许标准是一项复杂的工作。尽管如此，为了保护人类以及其生存环境，多国都制定了电磁辐射强度容许标准。

9.4.4 电磁防护标准

（1）我国的电磁防护标准

早在 1988 年和 1989 年，我国已经颁布了《环境电磁波卫生标准》（GB 9175—1988）、《电磁辐射防护规定》（GB 8702—1988）和《作业场所微波辐射卫生标准》（GB 10436—1989）。此后在 2014 年 9 月 23 日，我国当时的环境保护部联合国家质量监督检验检疫总局发布了《电磁环境控制限值》（GB 8702—2014），用来代替 GB 8702—1988 和 GB 9175—1988。自 2017 年 3 月 23 日起，GB 10436—1989 废止。

标准 GB 8702—2014 参考了国际非电离辐射委员会（ICNIRP）《限制时变电场、磁场和电磁场（300 GHz 及以下）暴露导则，1998》，以及电气与电子工程师学会（IEEE）《关于人体暴露到 0～3 kHz 电磁场安全水平的 IEEE 标准》。其在满足标准限制的前提下，鼓励产生电场、磁场、电磁场设备设施的所有者遵循预防原则，积极采取有效措施，降低公众暴露。

GB 8702—2014 规定了电磁环境中控制公众暴露的电场、磁场、电磁场（1 Hz～300 GHz）的场量限值、评价方法和相关设施（设备）的豁免范围。其相关场量参数均方根值与频率 f 的关系如表 9-1 所示。

表 9-1 公众暴露控制限值

频率 f 范围	电场强度 E/（V/m）	磁场强度 H/（A/m）	磁感应强度 B/μT	等效平面波功率密度 S_{eq}/（W/m²）
1～8 Hz	8000	$32000/f^2$	$40000/f^2$	—
8～25 Hz	8000	$4000/f$	$5000/f$	—
0.025～1.2 kHz	$200/f$	$4/f$	$5/f$	—
1.2～2.9 kHz	$200/f$	3.3	4.1	—
2.9～57 kHz	70	$10/f$	$12/f$	—
57～100 kHz	$4000/f$	$10/f$	$12/f$	—

续表

频率 f 范围	电场强度 E/（V/m）	磁场强度 H/（A/m）	磁感应强度 B/μT	等效平面波功率密度 S_{eq}/（W/m²）
0.1～3 MHz	40	0.1	0.12	4
3～30 MHz	$67/f^{1/2}$	$0.17/f^{1/2}$	$0.21/f^{1/2}$	$12/f$
30～3000 MHz	12	0.032	0.04	0.4
0.3～15 GHz	$0.22f^{1/2}$	$0.00059f^{1/2}$	$0.00074f^{1/2}$	$f/7500$
15～300 GHz	27	0.073	0.092	2

此外，对于脉冲电磁波，除了要满足上述要求外，其功率密度的瞬时峰值不得超过表中所列限值的1000倍，或者场强的瞬时峰值不得超过表中所列限值的32倍。

当公众暴露在多个频率的电场、磁场、电磁场中时，应综合考虑多个频率的电场、磁场、电磁场所导致的暴露，以满足以下要求。

① 在1 Hz～100 kHz之间，应满足：$\sum_{i=1\,\text{Hz}}^{100\,\text{kHz}}\frac{E_i}{E_{\text{L},i}}\leqslant 1$，$\sum_{i=1\,\text{Hz}}^{100\,\text{kHz}}\frac{B_i}{B_{\text{L},i}}\leqslant 1$，其中 E_i、B_i 为频率 i 中的电场和磁场强度，$E_{\text{L},i}$、$B_{\text{L},i}$ 为表中频率 i 中的电场和磁场强度限值。

② 在0.1 MHz～300 GHz之间，应满足：$\sum_{j=0.1\,\text{MHz}}^{300\,\text{GHz}}\frac{E_j^{\,2}}{E_{\text{L},j}^{\,2}}\leqslant 1$，$\sum_{j=0.1\,\text{MHz}}^{300\,\text{GHz}}\frac{B_j^{\,2}}{B_{\text{L},j}^{\,2}}\leqslant 1$，其中 E_j、B_j 为频率 j 中的电场和磁场强度，$E_{\text{L},j}$、$B_{\text{L},j}$ 为表中频率 j 中的电场和磁场强度限值。

此外，从电磁环境保护管理的角度，下列产生电场、磁场、电磁场的设施（设备）可免于管理：a. 100 kV以下电压等级的交流输变电设施；b. 向没有屏蔽空间发射0.1 MHz～300 GHz电磁场的，其等效辐射功率应小于表9-2中所列数值的设施（设备）。

表9-2　可豁免设施（设备）的等效辐射功率

频率范围/MHz	等效辐射功率/W
0.1～3	300
＞3～300000	100

对于电磁环境监测工作，需要按照《环境监测管理办法》和HJ/T 10.2—1996、HJ 681—2013等国务院环境主管部门制定的环境监测规范进行。

（2）国际非电离辐射委员会（ICNIRP）标准

ICNIRP在2020年对其《限制电磁场暴露规则（100 kHz～300 GHz）》进行了修订，其主要是描述暴露在100 kHz～300 GHz（射频）频段范围内电磁场中人体保护措施，相关标准如表9-3、表9-4、表9-5和表9-6所示，其中N/A表示不适用。

表9-3　100 kHz至300 GHz电磁场暴露基本限值（平均间隔≥6 min）

暴露场景	频率范围	全身平均SAR/（W/kg）	局部头部/躯干SAR/（W/kg）	局部四肢SAR/（W/kg）	局部/（W/m²）
职业暴露	100 kHz～6 GHz	0.4	10	20	N/A
	＞6～300 GHz	0.4	N/A	N/A	100
公众暴露	100 kHz～6 GHz	0.08	2	4	N/A
	＞6～300 GHz	0.08	N/A	N/A	20

表 9-4　100 kHz 至 300 GHz 电磁场暴露基本限值（0<间隔<6 min）

暴露场景	频率范围	局部头部/躯干 SA/（kJ/kg）	局部四肢 SA/（kJ/kg）	局部 U_{ab}/（kJ/m²）
职业暴露	100 kHz～400 MHz	N/A	N/A	N/A
	＞400 MHz～6 GHz	$3.6[0.05+0.95(t/360)^{0.5}]$	$7.2[0.025+0.975(t/360)^{0.5}]$	N/A
	＞6～300 GHz	N/A	N/A	$36[0.05+0.95(t/360)^{0.5}]$
公众暴露	100 kHz～400 MHz	N/A	N/A	N/A
	＞400 MHz～6 GHz	$0.72[0.05+0.95(t/360)^{0.5}]$	$1.44[0.025+0.975(t/360)^{0.5}]$	N/A
	＞6～300 GHz	N/A	N/A	$7.2[0.05+0.95(t/360)^{0.5}]$

注：t 是时间（s）。

表 9-5　100 kHz～300 GHz 的电磁场的平均暴露时长 30 min 的全身暴露参考水平（未受干扰的均方根值）

暴露场景	频率范围	入射电场强度/（V/m）	入射磁场强度/（A/m）	入射功率密度/（W/m²）
职业暴露	0.1～30 MHz	$600/f_M^{0.7}$	$4.9/f_M$	N/A
	＞30～400 MHz	61	0.16	10
	＞400～2000 MHz	$3f_M^{0.5}$	$0.008f_M^{0.7}$	$f_M/40$
	＞2～300 GHz	N/A	N/A	50
公众暴露	0.1～30 MHz	$300/f_M^{0.7}$	$2.2/f_M$	N/A
	＞30～400 MHz	27.7	0.073	2
	＞400～2000 MHz	$1.375f_M^{0.5}$	$0.0037f_M^{0.5}$	$f_M/200$
	＞2～300 GHz	N/A	N/A	10

注：f_M 为以 MHz 为单位的频率。

表 9-6　100 kHz～300 GHz 的电磁场的，平均暴露时长（在 6 min 内）的局部暴露参考水平（未受干扰的均方根值）

暴露场景	频率范围	入射电场强度/（V/m）	入射磁场强度/（A/m）	入射功率密度/（W/m²）
职业暴露	0.1～30 MHz	$1504/f_M^{0.7}$	$10.8/f_M$	N/A
	＞30～400 MHz	139	0.36	50
	＞400～2000 MHz	$10.58f_M^{0.43}$	$0.0274f_M^{0.43}$	$0.29f_M^{0.86}$
	＞2～6 GHz	N/A	N/A	200
	＞6～＜300 GHz	N/A	N/A	$275/f_G^{0.177}$
	300 GHz	N/A	N/A	100
公众暴露	0.1～30 MHz	$671/f_M^{0.7}$	$4.9/f_M$	N/A
	＞30～400 MHz	62	0.163	10
	＞400～2000 MHz	$4.72f_M^{0.43}$	$0.0123f_M^{0.43}$	$0.058f_M^{0.86}$
	＞2～6 GHz	N/A	N/A	40
	＞6～＜300 GHz	N/A	N/A	$55/f_G^{0.177}$
	300 GHz	N/A	N/A	20

注：f_M 是以 MHz 为单位的频率；f_G 是以 GHz 为单位的频率。

（3）电气与电子工程师学会（IEEE）标准

IEEE 在 2005 年公布其关于人体暴露到 0 Hz～300 GHz 电场、磁场以及电磁场安全水平的标准（C95.1—2005），在 2019 年 IEEE 对上述标准进行了进一步的修订并发布了 C95.1—

2019。同时，美国国家标准协会（ANSI）也遵照该标准对相关电磁辐射设施（设备）进行要求。相关标准如表9-7、表9-8、表9-9、表9-10、表9-11和表9-12所示。

表 9-7　0 Hz 至 5 MHz 头部和躯干的磁场的接触参考电平（ERL）

频率 f 范围	不受限制环境		受限制环境	
	B/mT	H/（A/m）	B/mT	H/（A/m）
<0.153 Hz	118	9.39×10^4	353	2.81×10^5
0.153～20 Hz	$18.1/f$	$1.44\times10^4/f$	$54.3/f$	$4.32\times10^4/f$
20～751 Hz	0.904	719	2.71	2.16×10^3
0.751～3.35 kHz	$687/f$	$5.47\times10^5/f$	$2060/f$	$1.64\times10^6/f$
3.35 kHz～5 MHz	0.205	163	0.615	490

表 9-8　0 Hz 至 5 MHz 四肢的磁场的接触参考电平（ERL）

频率 f 范围	不受限制环境		受限制环境	
	B/mT	H/（A/m）	B/mT	H/（A/m）
<10.7 Hz	353	2.81×10^5	353	2.81×10^5
10.7 Hz～3.35 kHz	$3790/f$	$3.02\times10^6/f$	$3790/f$	$3.02\times10^6/f$
3.35 kHz～5 MHz	1.13	900	1.13	900

表 9-9　0 Hz 至 100 kHz 全身电场的接触参考电平（ERL）

不受限制环境		受限制环境	
频率 f 范围	E/（V/m）	频率范围	E/（V/m）
0～368 Hz	5000	0～368 Hz	20000
0.368～3 kHz	$1.84\times10^6/f$	0.368～3 kHz	$5.44\times10^6/f$
3～100 kHz	614	3～100 kHz	1842

表 9-10　100 kHz 至 6 GHz 电磁场的剂量参考限值（DRL）

部位	不受限制环境 SAR/（W/kg）	受限制环境 SAR/（W/kg）
全身	0.08	0.4
头部和躯干	2	10
四肢	4	20

表 9-11　100 kHz 至 300 GHz 人体全身电磁场的接触参考电平（ERL）（30 min，不受限制环境）

频率 f 范围	电场 E/（V/m）	磁场 H/（A/m）	功率密度 S/（W/m²）	
			S_E	S_H
0.1～1.34 MHz	614	$16.3/f_M$	1000	$100000/f_M^2$
1.34～30 MHz	$823.8/f_M$	$16.3/f_M$	$1800/f_M^2$	$100000/f_M^2$
30～100 MHz	27.5	$158.3/f_M^{1.668}$	2	$9400000/f_M^{3.336}$
100～400 MHz	27.5	0.0729	2	
0.4～2 GHz	—	—	$f_M/200$	
2～300 GHz	—	—	10	

注：f_M 为以 MHz 为单位的频率。

表 9-12　100 kHz 至 300 GHz 人体全身电磁场的接触参考电平（ERL）（30 min，受限制环境）

频率范围	电场 E/（V/m）	磁场 H/（A/m）	功率密度 S/（W/m^2）	
			S_E	S_H
0.1～1.34 MHz	1842	$16.3/f_M$	9000	$100000/f_M^2$
1.34～30 MHz	$1842/f_M$	$16.3/f_M$	$9000/f_M^2$	$100000/f_M^2$
30～100 MHz	61.4	$16.3/f_M$	10	$100000/f_M^2$
100～400 MHz	61.4	0.163	10	
0.4～2 GHz	—	—	$f_M/40$	
2～300 GHz	—	—	50	

注：f_M 为以 MHz 为单位的频率。

从上述标准的制定和实施中可以看出，电磁辐射的防治是一项系统性工程，在针对其中各个细分频率范围上均需要实现精准的防控指标，由此方能实现对于电磁波污染的有效治理。这些要求也需要材料学科开展跨领域的交流，针对不同的频段取长补短，方能实现材料性能与防治要求的完美契合。

此外，结合我国的标准与国际通行的标准可以看出，国际标准在更新频率、防护要求、频率细分上均领先于我国的标准要求，这也要求我国相关领域工作者要针对目前所存在的不足坚定信念，学习国际上的领先经验，针对弱势领域实现创新与突破，促进我国电磁兼容领域的发展并与国际接轨，以此实现我国在电磁辐射防治领域的全面超越，为新时代下的科技发展与进步贡献自己的力量。

习题

参考答案

9-1　简述麦克斯韦方程组，每个方程都是什么？它们有什么具体的含义？

9-2　电偶极子和磁偶极子分别是什么？它们对外加电磁场的响应行为有什么区别？

9-3　同轴传输线有什么特点？其特性阻抗是多少？其与微带线的联系是什么？

9-4　什么是趋肤效应？

9-5　如何区分良导体和良介质？

9-6　我国的电磁辐射防护标准是什么？它与国际通行标准有什么区别？

9-7　通过什么途径可以实现我国电磁兼容标准的完善？请与自身实际结合进行论述。

参考文献

[1] 刘顺华, 刘军民, 董兴龙, 等. 电磁波屏蔽及吸波材料[M]. 北京: 化学工业出版社, 2013.

[2] 严密, 彭晓领. 磁学基础与磁性材料[M]. 2 版.杭州: 浙江大学出版社, 2019.

[3] Dunsmore J P. Handbook of Microwave Component Measurements with Advanced VNA Techniques[M]. Chichester: John Wiley & Sons, 2012.

[4] 张洪欣, 沈远茂, 韩宇南. 电磁场与电磁波[M]. 北京: 清华大学出版社, 2022.

[5] 张洪欣, 沈远茂, 张鑫. 电磁场与电磁波教学、学习与考研指导[M]. 北京:清华大学出版社, 2019.

[6] 焦其祥. 电磁场与电磁波[M]. 北京: 科学出版社, 2010.

[7] 冯恩信. 电磁场与电磁波[M]. 西安: 西安交通大学出版社, 2005.

[8] 吕华英. 计算电磁学的数值方法[M]. 北京: 清华大学出版社, 2006.
[9] Cheng D K. Field and Wave Electromagnetics[M]. New York: Addison Wesley, 2007.
[10] Ferrero A, Pisani U. Two-port Network Analyzer Calibration using an Unknown 'Thru'[J]. Microwave and Guide Wave Letters, 1992, 2(12): 505-507.
[11] 赵凯华, 陈熙谋. 电磁学[M]. 北京: 高等教育出版社, 2003.
[12] 陈伟华. 电磁兼容实用手册[M]. 北京: 机械工业出版社, 2000.
[13] 刘鹏程, 邱杨. 电磁兼容原理与技术[M]. 北京: 高等教育出版社, 1993.
[14] 陈淑凤, 马蔚宇, 马晓庆. 电磁兼容实验技术[M]. 北京: 北京邮电大学出版社, 2001.
[15] 刘文魁, 庞东. 电磁辐射的污染及防护与处理[M]. 北京: 科学出版社, 2003.
[16] 环境保护部，国家质量监督检验检疫总局. 电磁环境控制限值: GB 8702—2014[S].北京: 中国环境科学出版社, 2014.
[17] [德]非电离辐射防护委员会.国际非电离辐射防护委员会限制电磁场暴露导则(100 kHz—300 GHz)[EB/OL]. 周树勋, 赵顺平, 曹勇, 等译. (2021-11-03)[2024-03-25].
[18] International Commission on Non-Ionizing Radiation Protection. ICNIRP Guidelines for Limiting Exposure to Electromagnetic Fields (100 kHz to 300 GHz)[J]. Health Physics, 2020, 118(5): 483-524.
[19] IEEE International Committee on Electromagnetic Safety. IEEE Standards for Safety Levels with Respect to Human Exposure to Electric, Magnetic, and Electromagnetic Fields, 0 Hz to 300 GHz: C95.1-2019[S]. Piscataway: IEEE Standards Association, 2019.
[20] 敦思摩尔 J P. 微波器件测量手册[M].陈新, 程宁, 胡雨辰, 等译. 北京: 电子工业出版社, 2014.

第 10 章

微波铁氧体

10.1 微波铁氧体化学组成与晶体结构

石榴石型铁氧体是典型的微波铁氧体，分子式为 $R_3Fe_5O_{12}$，通常简写为 RIG，其中 R 可以为钇（Y）、铋（Bi）、钪（Sc）以及稀土离子，离子半径在 10～13 Å 之间。人们对石榴石型铁氧体的结构已经进行了详细的研究，其中最基本的是钇铁石榴石 $Y_3Fe_5O_{12}$（YIG），由于 Y^{3+}是非磁性离子，所含的磁性离子仅为 S 态的 Fe^{3+}（$3d^5$），从磁性的角度来说比较简单，因此 YIG 成为研究石榴石型铁氧体系统材料的基础。

石榴石型铁氧体属于立方晶系，具有体心立方晶格，其点阵常数 $a=12.5$ Å，单位晶胞含有 8 个 $R_3Fe_5O_{12}$ 分子。它的晶体结构是以氧离子为骨架堆积而成，金属离子位于其间隙中。如图 10-1 所示，对于单位晶胞而言，间隙可分为以下三种：a. 由 4 个氧离子所包围的四面体位（d 位），共 24 个，亦称 24d 位；b. 由 6 个氧离子所包围的八面体位（a 位），共 16 个，亦称 16a 位；c. 由 8 个氧离子所包围的十二面体位（c 位）共 24 个，亦称 24c 位。由于 R^{3+}离子半径较大，不能占据氧离子之间的四面体和八面体间隙，而直接取代 O^{2-}的位置又太小，因此它实际占据的是较大的十二面体间隙，24d、16a 位由 Fe^{3+}离子所占。对于分子式为 $R_3Fe_5O_{12}$ 的石榴石型铁氧体而言，其占位结构式常表示为$\{R_3\}[Fe_2](Fe_3)O_{12}$，其中{}、[]、()分别代表 c、d、a 位。每个石榴石单位晶胞共有 8×20=160 个离子，即 24 个占 24d 位 Fe^{3+}，16 个占 16a 位的 Fe^{3+}，24 个占 24c 位的 R^{3+}离子以及 96 个 O^{2-}离子。

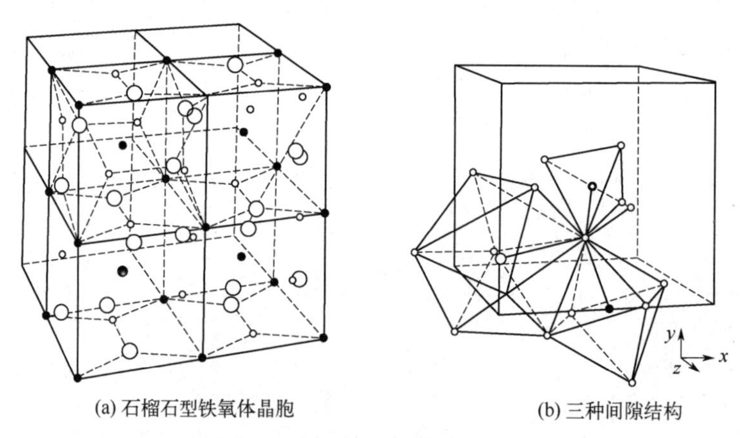

(a) 石榴石型铁氧体晶胞　　(b) 三种间隙结构

图 10-1　石榴石型铁氧体晶体结构图

石榴石型铁氧体的结构特点是：

① 间隙位置全部由金属离子占据。要求金属离子数的总和为 8，金属离子的化合价总和

为 24，当不满足上述条件时，则易导致其他相出现。

② 间隙位置 c、d、a 位，除 c 位的 R^{3+}离子可被稀土离子取代外，d 位和 a 位的 Fe^{3+}离子可以被 Ga^{3+}、Al^{3+}等离子取代，甚至部分二价和四价金属离子也可以参与取代，这样的多种取代途径，可以丰富晶体特性，进而改善晶体性能。

10.2 微波铁氧体基本特性

本节首先推导微波铁氧体材料的张量磁导率，然后讨论损耗的影响与有限尺寸铁氧体内部的退磁场问题。

10.2.1 张量磁导率

金属磁性材料在交变场中会产生涡流损耗和趋肤效应，而且随着频率升高更加严重，致使微波不能够穿透金属。但微波却能够穿透铁氧体，因为铁氧体是一种非金属亚铁磁性材料，这是铁氧体材料能够应用于微波领域的先决条件。

和其他铁磁金属一样，铁氧体材料的铁磁性主要是来源于电子自旋产生的磁偶极矩。按照量子力学的观点，电子自旋的磁偶极矩为：

$$m=\frac{q\hbar}{2m_{\mathrm{e}}}=9.27\times10^{-24}\quad(\mathrm{A\cdot m^2}) \tag{10-1}$$

式中，$\hbar$ 为约化普朗克常数，是普朗克（P1anck）常数除以 2π；q 是电子电荷，$-q=-1.602\times10^{-19}\,\mathrm{C}$；$m_{\mathrm{e}}$是电子的质量，$m_{\mathrm{e}}=9.107\times10^{-31}\ \mathrm{kg}$。

另一方面，电子又具有自旋角动量：

$$s=\frac{\hbar}{2}=0.527\times10^{-34}\quad(\mathrm{J\cdot s}) \tag{10-2}$$

此角动量的矢量方向与自旋磁偶极矩的方向相反，如图 10-2 所示。自旋磁矩与自旋角动量之比为一常数，称之为旋磁比（gyromagnetic ratio）：

$$\gamma=\frac{m}{s}=\frac{q}{m_{\mathrm{e}}}=1.759\times10^{11}\quad(\mathrm{C/kg}) \tag{10-3}$$

于是自旋磁矩与自旋角动量之间有如下矢量关系：

$$\boldsymbol{m}=-\gamma\boldsymbol{s} \tag{10-4}$$

沿 z 方向外加偏置磁场 $H_0=\boldsymbol{z}H_0$，则要对磁偶极子施以力矩（torque）：

$$\boldsymbol{T}=\boldsymbol{m}\times\boldsymbol{B}_0=\mu_0\boldsymbol{m}\times\boldsymbol{H}_0=-\mu_0\gamma\boldsymbol{s}\times\boldsymbol{H}_0 \tag{10-5}$$

此力矩将使自旋电子绕 $\boldsymbol{H}_0$ 作拉摩进动（Larmor's precession），如图 10-2 所示。如果没有能量补充，进动角θ（$\boldsymbol{m}$ 和 $\boldsymbol{B}_0$之间的夹角）将逐渐变小；但若再加入微波磁场 $\boldsymbol{H}$，则电子就可以在一定的进动角θ下不断作拉摩进动。

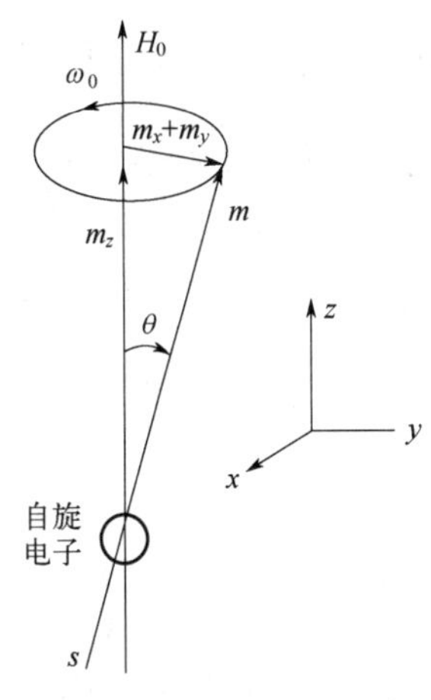

图 10-2 自旋电子的磁偶极矩与角动量矢量

力矩 T 应等于角动量的时间变化率，由此得到无衰减进动方程以及磁偶极矩 m 的运动方程分别为：

$$\boldsymbol{T}=\frac{\mathrm{d}s}{\mathrm{d}t}=\frac{-1}{\gamma}\frac{\mathrm{d}m}{\mathrm{d}t}=\mu_0\boldsymbol{m}\times\boldsymbol{H}_0 \tag{10-6a}$$

$$\frac{\mathrm{d}\boldsymbol{m}}{\mathrm{d}t}=-\mu_0\gamma\boldsymbol{m}\times\boldsymbol{H}_0 \quad (10\text{-}6b)$$

求解此方程可以看出，磁偶极子绕 H_0 场矢量的进动恰如一个自旋陀螺绕垂直轴的进动。事实上，式（10-6b）写成分量方程为

$$\frac{\mathrm{d}m_x}{\mathrm{d}t}=-\mu_0\gamma m_y H_0 \quad (10\text{-}7a)$$

$$\frac{\mathrm{d}m_y}{\mathrm{d}t}=-\mu_0\gamma m_x H_0 \quad (10\text{-}7b)$$

$$\frac{\mathrm{d}m_z}{\mathrm{d}t}=0 \quad (10\text{-}7c)$$

由式（10-7a）、式（10-7b）可得方程：

$$\frac{\mathrm{d}^2 m_x}{\mathrm{d}t^2}+\omega_0^2 m_x=0$$

$$\frac{\mathrm{d}^2 m_y}{\mathrm{d}t^2}+\omega_0^2 m_y=0 \quad (10\text{-}8)$$

式中

$$\omega_0=\mu_0\gamma H_0=\gamma B_0 \quad (10\text{-}9)$$

ω_0 称为拉摩角频率（Larmor angular frequency）或进动角频率。对于自由进动，ω_0 与进动角 θ 无关。式（10-8）与式（10-7a）、式（10-7b）相对应的一个解是

$$m_x=A\cos(\omega_0 t),\quad m_y=A\sin(\omega_0 t) \quad (10\text{-}10)$$

式（10-7c）表示为 m_z 为一常数，而式（10-1）说明 m 的值也是个常数，因此有

$$|m|^2=\left(\frac{q\hbar}{2m_\mathrm{e}}\right)^2=m_x^2+m_y^2+m_z^2=A^2+m_z^2 \quad (10\text{-}11)$$

而 m 和 $H_0=zH_0$ 之间的进动角 θ 则可由下式决定：

$$\sin\theta=\frac{\sqrt{m_x^2+m_y^2}}{|m|}=\frac{A}{|m|} \quad (10\text{-}12)$$

由式（10-10）可见，m 在 xy 平面上的投影是一个圆。此投影在时刻 t 的位置为 $\phi=\omega_0 t$，因此旋转的角速度为 $\frac{\mathrm{d}\phi}{\mathrm{d}t}=\omega_0$。假若无任何阻尼力，则实际进动角将由磁偶极子初始位置决定，磁偶极子将以此角度无限期地绕 H_0 进动；但实际上存在阻尼力，使磁偶极矩从其初始角螺旋地变小，直至 m 与 H_0 一致（θ=0）。

现在假设单位体积内有 N 个不稳定的电子自旋，则总的磁化强度为

$$\boldsymbol{M}=N\boldsymbol{m} \quad (10\text{-}13)$$

由式（10-6b），总的磁化强度矢量的运动方程为

$$\frac{\mathrm{d}\boldsymbol{M}}{\mathrm{d}t}=-\mu_0\gamma\boldsymbol{M}\times\boldsymbol{H} \quad (10\text{-}14)$$

式中，$\boldsymbol{H}$ 是内部外加场。

微波铁氧体材料通常工作于饱和状态，以使其损耗小、高频作用强。饱和磁化强度 M_s，是铁氧体材料的一种内禀性质，典型值为 $4\pi M_\mathrm{s}=0.03\sim0.5\mathrm{T}$。而材料的磁化强度与温度密切相关，随温度升高而降低。当温升至热能大于内磁场提供的能量时，净磁化强度为零。这个温度称为居里温度（Curie temperature）T_C。

现在考虑加一个很小的微波磁场与饱和磁化的铁氧体材料相互作用的情况。此微波场将使偶极矩以所加的微波场频率绕$\boldsymbol{H}_0 = \boldsymbol{z}H_0$做强迫进动（$\boldsymbol{z}$表示沿$z$轴方向的常矢量，同理$\boldsymbol{x}$与$\boldsymbol{y}$表示沿$x$轴、$y$轴方向的常矢量）。设$H$为所加的微波磁场，则总的磁场为

$$\boldsymbol{H}_t = H_0\boldsymbol{z} + \boldsymbol{H} \tag{10-15}$$

并假定$|\boldsymbol{H}| \leqslant H_0$，由$\boldsymbol{H}_t$产生的总磁化强度$\boldsymbol{M}_t$为

$$\boldsymbol{M}_t = M_s\boldsymbol{z} + \boldsymbol{M} \tag{10-16}$$

式中，M_s是饱和磁化强度；$\boldsymbol{M}$是由H产生的微波磁化强度。将式（10-15）和式（10-16）代入式（10-14），得到如下分量运动方程

$$\begin{aligned}\frac{\mathrm{d}M_x}{\mathrm{d}t} &= -\mu_0\gamma M_y(H_0 + H_z) + \mu_0\gamma(M_s + M_z)H_y \\ \frac{\mathrm{d}M_y}{\mathrm{d}t} &= \mu_0\gamma M_x(H_0 + H_z) - \mu_0\gamma(M_s + M_z)H_x \\ \frac{\mathrm{d}M_z}{\mathrm{d}t} &= -\mu_0\gamma M_x H_y + \mu_0\gamma M_y H_x\end{aligned} \tag{10-17}$$

由于$|\boldsymbol{H}| \ll H_0$，所以有$|\boldsymbol{M}||\boldsymbol{H}| \ll |\boldsymbol{M}|H_0$，$|\boldsymbol{M}||\boldsymbol{H}| \ll M_s|\boldsymbol{H}|$，式（10-17）简化为

$$\frac{\mathrm{d}M_x}{\mathrm{d}t} = -\omega_0 M_y + \omega_m H_y \tag{10-18a}$$

$$\frac{\mathrm{d}M_y}{\mathrm{d}t} = \omega_0 M_x - \omega_m H_x \tag{10-18b}$$

$$\frac{\mathrm{d}M_z}{\mathrm{d}t} = 0 \tag{10-18c}$$

式中，$\omega_m = \mu_0\gamma M_s$。将式（10-18a）、式（10-18b）对$M_x$和$M_y$求解，得到方程：

$$\begin{aligned}\frac{\mathrm{d}^2 M_x}{\mathrm{d}t^2} + \omega_0^2 M_x &= \omega_m\frac{\mathrm{d}H_y}{\mathrm{d}t} + \omega_0\omega_m H_x \\ \frac{\mathrm{d}^2 M_y}{\mathrm{d}t^2} + \omega_0^2 M_y &= -\omega_m\frac{\mathrm{d}H_x}{\mathrm{d}t} + \omega_0\omega_m H_y\end{aligned} \tag{10-19}$$

此即小信号条件下磁偶极子的强迫进动方程。

对于时谐微波磁场H，则式（10-19）简化为如下方程：

$$\begin{aligned}(\omega_0^2 - \omega^2)M_x &= \omega_0\omega_m H_x + \mathrm{j}\omega\omega_m H_y \\ (\omega_0^2 - \omega^2)M_y &= -\mathrm{j}\omega_0\omega_m H_x + \omega_0\omega_m H_y\end{aligned} \tag{10-20}$$

式中，ω是微波磁场的频率。式中（10-20）表示H和M之间的线性关系，可用张量磁化率$[\chi]$表示成

$$\boldsymbol{M} = [\chi]H = \begin{bmatrix}\chi_{xx} & \chi_{xy} & 0 \\ \chi_{yx} & \chi_{yy} & 0 \\ 0 & 0 & 0\end{bmatrix}H \tag{10-21}$$

式中$[\chi]$的元素为

$$\chi_{xx} = \chi_{yy} = \frac{\omega_0\omega_m}{\omega_0^2 - \omega^2},\quad \chi_{xy} = -\chi_{yx} = \frac{\mathrm{j}\omega\omega_m}{\omega_0^2 - \omega^2} \tag{10-22}$$

根据B和H之间的关系，则有

$$\boldsymbol{B}=\mu_0(M+H)=[\mu]H=\mu_0([U]+[\chi])H=\begin{bmatrix}\mu & \mathrm{j}\kappa & 0\\ -\mathrm{j}\kappa & \mu & 0\\ 0 & 0 & \mu_0\end{bmatrix}H \tag{10-23}$$

由此得到铁氧体材料的张量磁导率$[\mu]$为

$$[\mu]=\mu_0\begin{bmatrix}1+\chi_{xx} & \chi_{xy} & 0\\ \chi_{yx} & 1+\chi_{yy} & 0\\ 0 & 0 & 1\end{bmatrix}=\begin{bmatrix}\mu & \mathrm{j}\kappa & 0\\ -\mathrm{j}\kappa & \mu & 0\\ 0 & 0 & \mu_0\end{bmatrix}\quad z\text{偏置} \tag{10-24}$$

其元素为

$$\mu=\mu_0(1+\chi_{xx})=\mu_0(1+\chi_{yy})=\mu_0\left(1+\frac{\omega_0\omega_m}{\omega_0^2-\omega^2}\right)$$

$$k=-\mathrm{j}\mu_0\chi_{yy}=\mathrm{j}\mu_0\chi_{yx}=\mu_0\frac{\omega\omega_m}{\omega_0^2-\omega^2} \tag{10-25}$$

注意，式（10-24）所示磁导率张量形式是假定偏置磁场沿 $\boldsymbol{z}$ 方向。假如铁氧体在不同方向偏置，则其磁导率张量将按照坐标变化而变换。若 $H_0=\boldsymbol{x}H_0$，则磁导率张量为

$$[\mu]=\begin{bmatrix}\mu_0 & 0 & 0\\ 0 & \mu & \mathrm{j}\kappa\\ 0 & -\mathrm{j}\kappa & \mu\end{bmatrix}\quad \boldsymbol{x}\text{偏置} \tag{10-26}$$

若 $H_0=\boldsymbol{y}H_0$ 磁导率张量则为

$$[\mu]=\begin{bmatrix}\mu & 0 & \mathrm{j}\kappa\\ 0 & \mu_0 & 0\\ -\mathrm{j}\kappa & 0 & \mu\end{bmatrix}\quad \boldsymbol{y}\text{偏置} \tag{10-27}$$

有必要说明一下单位。这里采用 CGS 单位制：磁化强度单位为 Gs（高斯）（$1\mathrm{Gs}=10^{-4}\ \mathrm{Wb/m^2}$），磁场强度单位为 Oe（奥斯特）（$4\pi\times10^{-3}\mathrm{Oe}=1\ \mathrm{A/m}$）。这样，在 CGS 单位制中，$\mu_0=1\mathrm{Gs/Oe}$。饱和磁化强度通常表示为$4\pi M_\mathrm{s}\mathrm{Gs}$，其相应的 MKS 制单位则为 $\mu_0 M_\mathrm{s}\ \mathrm{Wb/m^2}=10^{-4}\left(4\pi M_\mathrm{s}\mathrm{Gs}\right)$。在 CGS 单位制中，拉摩频率表示为 $f_0=\dfrac{\omega_0}{2\pi}=\dfrac{\mu_0\gamma H_0}{2\pi}=(2.8\mathrm{MHz/Oe})\left(H_0\mathrm{Oe}\right)$，而 $f_m=\dfrac{\omega_m}{2\pi}=\dfrac{\mu_0\gamma M_\mathrm{s}}{2\pi}=(2.8\mathrm{MHz/Oe})(4\pi M_\mathrm{s}\mathrm{Gs})$。

10.2.2 圆极化微波场情况

为了更好地理解微波信号与饱和磁化铁氧体材料的相互作用，我们进一步考虑圆极化的微波场情况。

右旋圆极化场为

$$\boldsymbol{H}^+=H^+(\boldsymbol{x}-\mathrm{j}\boldsymbol{y})\text{或者}H_y^+=-\mathrm{j}H_x^+ \tag{10-28}$$

写成时域形式为

$$H^+=\mathrm{Re}\{H^+\mathrm{e}^{\mathrm{j}\omega t}\}=H^+[\boldsymbol{x}\cos(\omega t)+\boldsymbol{y}\sin(\omega t)]$$

式中，振幅 H^+假定为实数。将式（10-28）所示右旋圆极化场代入式（10-20），得到磁化强度分量为

$$M_x^+ = \frac{\omega_m}{\omega_0 - \omega} H^+, \quad M_y^+ = \frac{-\mathrm{j}\omega_m}{\omega_0 - \omega} H^+$$

于是，由 H^+产生的磁化强度矢量可以写成

$$\boldsymbol{M}^+ = M_x^+ \boldsymbol{x} + M_y^+ \boldsymbol{y} = \frac{\omega_m}{\omega_0 - \omega} H^+ (\boldsymbol{x} - \mathrm{j}\boldsymbol{y}) \tag{10-29}$$

可见也是右旋极化，并与激励场 H^+ 同步以角速度 ω 旋转，由于 $\boldsymbol{M}^+$ 和 $\boldsymbol{H}^+$ 的方向相同，故可以写成 $B^+ = \mu_0(M^+ + H^+) = \mu^+ H^+$，这里 μ^+ 是右旋圆极化波的有效磁导率

$$\mu^+ = \mu_0 \left(1 + \frac{\omega_m}{\omega_0 - \omega} \right) \tag{10-30}$$

$\boldsymbol{M}^+$ 与 z 轴之间的夹角 θ_M^+ 则可表示为

$$\tan \theta_M^+ = \frac{|\boldsymbol{M}^+|}{M_\mathrm{s}} = \frac{\omega_m H^+}{(\omega_0 - \omega) M_\mathrm{s}} = \frac{\omega_0 H^+}{(\omega_0 - \omega) H_0} \tag{10-31}$$

而 $\boldsymbol{H}^+$ 与 z 轴的夹角 θ_H 可表示为

$$\tan \theta_H = \frac{|\boldsymbol{H}^+|}{H_0} = \frac{H^+}{H_0} \tag{10-32}$$

对于 $\omega < 2\omega_0$ 的频率情况，由式（10-31）和式（10-32）可见，$\theta_M^+ > \theta_H$，如图 10-3（a）所示，此种情况下，磁偶极子予以与自由进动相同的方向进动。

左旋圆极化场则为

$$\boldsymbol{H}^- = H^-(\boldsymbol{x} + \mathrm{j}\boldsymbol{y}) 或者 H_y^- = +\mathrm{j}H_x^- \tag{10-33}$$

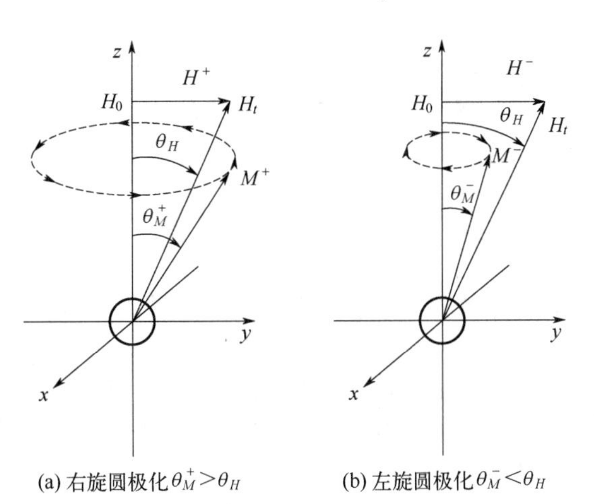

(a) 右旋圆极化 $\theta_M^+ > \theta_H$　　(b) 左旋圆极化 $\theta_M^- < \theta_H$

图 10-3　磁偶极子随圆极化场的强迫进动

写成时域形式为

$$H^- = \mathrm{Re}\{H^- \mathrm{e}^{\mathrm{j}\omega t}\} = H^-[\boldsymbol{x}\cos(\omega t) - \boldsymbol{y}\sin(\omega t)]$$

将式（10-33）代入式（10-20），得到磁化强度分量为

$$M_x^- = \frac{\omega_m}{\omega_0 + \omega} H^-, \quad M_y^- = \frac{\mathrm{j}\omega_m}{\omega_0 + \omega} H^-$$

因此由 H^- 产生的磁化强度矢量可以写成

$$\boldsymbol{M}^{-} = M_x^{-}\boldsymbol{x} + M_y^{-}\boldsymbol{y} = \frac{\omega_m}{\omega_0 + \omega} H^{-}(\boldsymbol{x} + \mathrm{j}\boldsymbol{y}) \tag{10-34}$$

可见 M^{-} 是与 H^{-} 同步旋转的左旋圆极化磁化强度。由关系 $B^{-} = \mu_0\left(M^{-} + H^{-}\right) = \mu^{-}H^{-}$ 则得到左旋圆极化波的有效磁导率为

$$\mu^{-} = \mu_0\left(1 + \frac{\omega_m}{\omega_0 + \omega}\right) \tag{10-35}$$

$\boldsymbol{M}^{-}$ 与 z 轴之间夹角 θ_M 则可以表示为

$$\tan\theta_M^{-} = \frac{|\boldsymbol{M}^{-}|}{M_{\mathrm{s}}} = \frac{\omega_m H^{-}}{(\omega_0 + \omega)M_{\mathrm{s}}} = \frac{\omega_0 H^{-}}{(\omega_0 + \omega)H_0} \tag{10-36}$$

与式（10-32）相比可见，$\theta_M^{-} < \theta_H$，如图 10-3（b）所示。这种情况下，磁偶极子则是以与自由进动相反的方向进动。

上述分析结果表明，圆极化微波场与偏置铁氧体的相互作用与极化的方向有关。原因是偏置场确定了与右旋圆极化波的强迫进动方向一致的优先进动方向，此方向则与左旋圆极化波的强迫进动方向相反。这种效应导致微波铁氧体的非互易传播特性。

10.2.3 损耗的影响

式（10-22）和式（10-25）表明，当微波频率 ω 等于拉摩频率 ω_0 时，磁化率或磁导率张量的元素变成无限大。这种效应称为旋磁共振（gyromagnetic resonance）。若不存在损耗，其响应将是无界的，然而所有实用的铁氧体材料都存在各种损耗机理，将使其响应峰值降低。

考虑到铁氧体内的各种损耗，需在运动方程（10-14）中引入衰减项来进行修正。在这种情况下，运动方程（10-14）由如下 Landau-Lifshiz 方程代替：

$$\frac{\mathrm{d}\boldsymbol{M}}{\mathrm{d}t} = -\gamma\mu_0\boldsymbol{M} \times \boldsymbol{H} + \alpha\frac{\boldsymbol{M}}{M_{\mathrm{s}}} \times \frac{\mathrm{d}\boldsymbol{M}}{\mathrm{d}t} \tag{10-37}$$

式中，α 是个无量纲的常数，称为阻尼因数。在 z 向偏置和小信号情况下，由式（10-37）得到的一级近似方程为

$$\begin{aligned} \mathrm{j}\omega M_x &= -(\gamma\mu_0 H_0 + \mathrm{j}\omega\alpha)M_y + \gamma\mu_0 M_{\mathrm{s}} H_y \\ \mathrm{j}\omega M_y &= (\gamma\mu_0 H_0 + \mathrm{j}\omega\alpha)M_x - \gamma\mu_0 M_{\mathrm{s}} H_x \\ \mathrm{j}\omega M_z &= 0 \end{aligned} \tag{10-38}$$

与式（10-18）相比可见，与有耗谐振系统一样，这里的磁损耗也可用复数谐振频率来考虑，即用 $\omega_0 + \mathrm{j}\alpha\omega$ 代替无耗时的 ω_0，相应的张量磁导率则仍具有式（10-24）的形式，不同的是现在磁化率为复数：

$$\begin{aligned} \chi_{xx} &= \chi_{yy} = \chi'_{xx} - \mathrm{j}\chi''_{xx} \\ \chi_{xy} &= -\chi_{yz} = \mathrm{j}(\chi'_{xy} - \mathrm{j}\chi''_{xy}) \end{aligned} \tag{10-39}$$

其中

$$\begin{gathered} \chi_{xx} = \frac{\omega_0\omega_m[\omega_0^2 - \omega^2(1-\alpha^2)]}{D_1},\quad \chi''_{xx} = \frac{\alpha\omega\omega_m[\omega_0^2 + \omega^2(1+\alpha^2)]}{D_1} \\ \chi'_{xy} = \frac{\omega\omega_m[\omega_0^2 - \omega^2(1-\alpha^2)]}{D_1},\quad \chi''_{xy} = \frac{2\omega_0\omega_m\omega^2\alpha}{D_1} \\ D_1 = [\omega_0^2 - \omega^2(1+\alpha^2)]^2 + 4\omega_0^2\omega^2\alpha^2 \end{gathered} \tag{10-40}$$

将式(10-25)中的ω_0以$\omega_0 + \mathrm{j}\alpha\omega$代替，则可得到相应的复数$\mu$和$\kappa$，即得到$\mu = \mu' - \mathrm{j}\mu''$，$\kappa = \kappa' - \mathrm{j}\kappa''$。对于大多数铁氧体材料，其损耗是很小的，$\alpha \ll 1$，$1+\alpha^2 \simeq 1$。图 10-4 示出典型铁氧体材料磁化率的实部和虚部曲线。

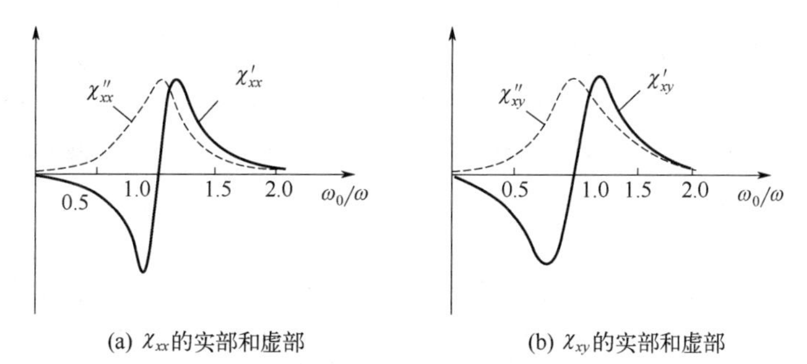

图 10-4　典型铁氧体的复数磁化率

阻尼因数α与磁化率曲线谐振附近的线宽(linewidth）ΔH有关。考虑图 10-5 所示χ_{xx}与偏置磁场H_0的关系曲线。对于固定的微波频率ω，改变ω_0（在有限范围内改变H_0而保持饱和磁化强度M_s不变)，当$H_0=H_r$时出现谐振，$\omega_0 = \mu_0\gamma H_r$。线宽$\Delta H$定义为$\chi''_{xx}$值降低至其峰值一半处$\chi''_{xx}$曲线的宽度。假定损耗很小，$1+\alpha^2 \simeq 1$，则由式（10-40），得到

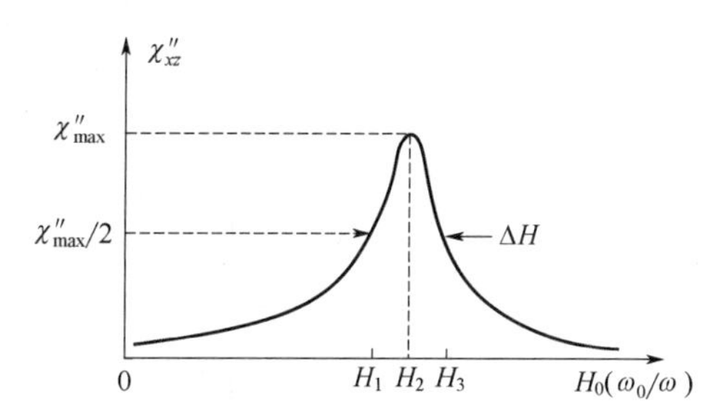

图 10-5　旋磁共振线宽ΔH的定义

$$\chi''_{xx} = \frac{\omega_m \omega\alpha(\omega_0^2+\omega^2)}{(\omega_0^2-\omega^2)^2+4\omega_0^2\omega^2\alpha^2} \tag{10-41}$$

谐振时

$$\chi''_{xx,\max} = \frac{\omega_m}{2\omega\alpha} \tag{10-42}$$

而当$H_0 = H_1$，$H_0 = H_2$时，χ''_{xx}值降至$\chi''_{xx,\max}$的一半，相应的值为

$$\frac{\omega_m \omega\alpha(\omega_{02}^2-\omega^2)}{(\omega_{02}^2+\omega^2)^2+4\omega_{02}^2\omega^2\alpha^2} = \frac{\omega_m}{4\omega\alpha} \tag{10-43}$$

由此可得

$$\omega_{02} = \omega\sqrt{1+2\alpha} \simeq \omega(1+\alpha) \tag{10-44}$$

于是$\Delta\omega_0 = \omega_{02} - \omega_{01} = 2(\omega_{02}-\omega_0) \simeq 2[\omega(1+\alpha)-\omega] = 2\alpha\omega_0$应用式（10-11），即得到线宽为

$$\Delta H = \frac{\Delta\omega_0}{\mu_0\gamma} = \frac{2\alpha\omega}{\mu_0\gamma} \tag{10-45}$$

典型的线宽范围是为 100～500 Oe，单晶 YIG 的线宽可低至 0.3 Oe。

10.2.4　退磁因数

上述χ_{xx}和χ_{xy}复数表示式仅适用于铁氧体内部的偏置场和微波磁场为均匀的情况，而在这些表示式中的角频率$\omega = \omega_0 = \gamma\mu_0 H_r$又与内部的稳定场$H_r$有关。

对于有限尺寸铁氧体样品实际情况，处理更容易测量的外部磁场更为方便。但对于有限尺寸的样品，由于铁氧体表面边界条件的影响将使铁氧体内部的场不同于外部场。为了确定

外加磁场情况下铁氧体样品的磁化强度，需要引入退磁因数，建立铁氧体内外场之间的关系。

如图 10-6（a）所示薄铁氧体板，外加场 H_α 垂直于铁氧体板，由于平板表面法向磁感应强度连续，应有

$$B_n = \mu_0 H_\alpha = \mu_0 (M_s + H_0)$$

其中 H_0 是铁氧体内部的直流偏置场，且有

$$H_0 = H_\alpha - M_s$$

这说明，当垂直外加场时，内部场比外部场小，两者之差为饱和磁化强度。若平行于铁氧体板外加场，如图 10-6（b）所示，则表面切向场应连续，即应有

$$H_{\tan} = H_\alpha = H_0$$

这说明，当平行外加场时，内部场并不减弱。一般情况下，内部场要受到铁氧体样品形状的影响并相对于外加场 H_e 取向。内部场（交流或直流场）可表示为

$$H_i = H_e - NM \tag{10-46}$$

式中，$N = N_x$、N_y 或者 N_z 称为退磁因数。不同形状的铁氧体具有不同的 N 值，这取决于外加场的方向。表 10-1 给出了三种常用简单形状铁氧体样品的退磁因数。退磁因数有关系 $N_x + N_y + N_z = 1$。

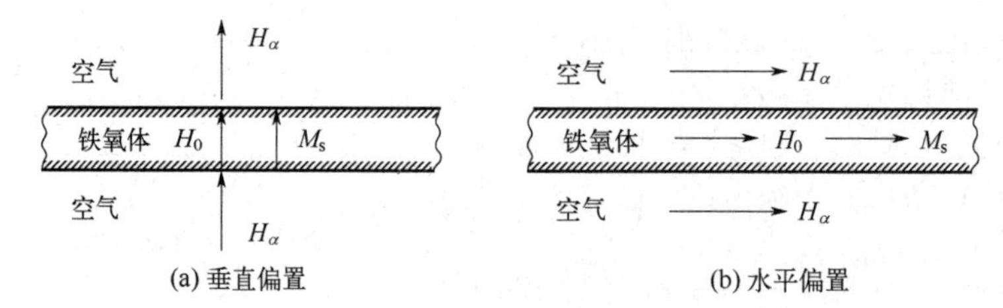

图 10-6 薄铁氧体板的内外场

表 10-1 三种常用简单形状铁氧体样品的退磁因数

形状		N_x	N_y	N_z
薄板或薄圆盘	z y x	0	0	1
细棒	y x z	$\frac{1}{2}$	$\frac{1}{2}$	0
小球	z x	$\frac{1}{3}$	$\frac{1}{3}$	$\frac{1}{3}$

引入退磁因数后，也便于求铁氧体样品边界附近内外射频场的关系。对于有横向射频场的 z 向偏置铁氧体，式（10-46）简化为

$$\begin{aligned} H_{xi} &= H_{xe} - N_x M_x \\ H_{yi} &= H_{ye} - N_y M_y \\ H_{zi} &= H_{ze} - N_z M_z = H_a - N_z M_s \end{aligned} \tag{10-47}$$

式中，H_{xe}、H_{ye} 是铁氧体外面的射频场；H_a 是外加偏置场，由式（10-21）得

$$M_x = \chi_{xx}H_{xi} + \chi_{xy}H_{yi}$$
$$M_y = \chi_{yx}H_{xi} + \chi_{yy}H_{yi}$$

利用式（10-47）的第一、二式消去 H_{xi} 和 H_{yi}，得到

$$M_x = \chi_{xx}H_{xe} + \chi_{xy}H_{ye} - \chi_{xx}N_xM_x - \chi_{xy}N_yM_y$$
$$M_y = \chi_{yx}H_{xe} + \chi_{yy}H_{ye} - \chi_{yx}N_xM_x - \chi_{yy}N_yM_y$$

对 M_x 和 M_y 求解得到

$$M_x = \frac{\chi_{xx}(1+\chi_{yy}N_y) - \chi_{xy}\chi_{yx}N_y}{D_2}H_{xe} + \frac{\chi_{xy}}{D_2}H_{ye}$$
$$M_y = \frac{\chi_{yx}}{D_2}H_{xe} + \frac{\chi_{yy}(1+\chi_{xx}N_x) - \chi_{yx}\chi_{xy}N_x}{D_2}H_{ye} \tag{10-48}$$

式中，$D_2 = (1+\chi_{xx}N_x)(1+\chi_{yy}N_y) - \chi_{yx}\chi_{xy}N_xN_y$。

式（10-48）的形式即为 $M = [\chi_e]H$，其中 H_{xe} 和 H_{ye} 的系数可定义为“外部”磁化率。它们将磁化强度与外部射频场联系在一起。

由式（10-22）可见，无限大铁氧体媒质的旋磁共振出现在频率 $\omega_r = \omega = \omega_0$ 时，式（10-22）的分母为零。但对于有限尺寸的铁氧体样品，其旋磁共振频率要因退磁因数而改变，条件是式（10-48）的分母 $D_2=0$。将式（10-22）代入此条件，可得共振频率 ω_r 为

$$\omega_r = \omega = \sqrt{(\omega_0 + \omega_m N_x)(\omega_0 + \omega_m N_y)}$$

以 $\omega_0 = \mu_0\gamma H_0 = \mu_0\gamma(H_\alpha - N_zM_s)$ 和 $\omega_m = \mu_0\gamma M_s$ 代入，则共振频率可用外加偏置场与饱和磁化强度表示为

$$\omega_r = \mu_0\gamma\sqrt{[H_\alpha + (N_x - N_z)M_s][H_\alpha + (N_y - N_z)M_s]} \tag{10-49}$$

此结果称为 Kittel 方程。

10.3 微波铁氧体制造工艺

微波是指频率为 300 MHz～300 GHz 的电磁波，是无线电波中一个有限频带的简称，即波长在 1 毫米～1 米之间的电磁波，是分米波、厘米波、毫米波的统称。铁氧体是微波频段唯一实用的磁性材料。常用的微波铁氧体材料有尖晶石型、石榴石型及六角晶系等多晶、单晶和薄膜材料，在实际应用中以多晶材料为主。每种铁氧体的制备方法也很多，为了提高产品的稳定性和重复性，近年来，研究者们对微波铁氧体的制备工艺展开了新的研究和探索，其中最主要的就是氧化物法。

氧化物法也就是固相反应烧结法，是制备石榴石型微波铁氧体比较常用的方法，也是应用最广的方法之一。固相反应是指固体粉末间在低于熔化温度下的化学反应，它是由参与反应的离子或原子经过热扩散而生成新的固溶体。固相法制备的粉体具有分散性好、填充性好、成本低、产量大、制备工艺简单等优点，可实现工业化制备，缺点是容易出现成分偏析，易产生杂质。固相法制备微波铁氧体的工艺主要包括的流程如图 10-7 所示。

（1）配料

原材料的质量和配方将直接影响铁氧体的性能，必须选择高纯度原料，避免杂质的掺入

引起其他相的生成。将原材料按照配方进行质量计算和称料，正确的配方是实现材料性能的基础。

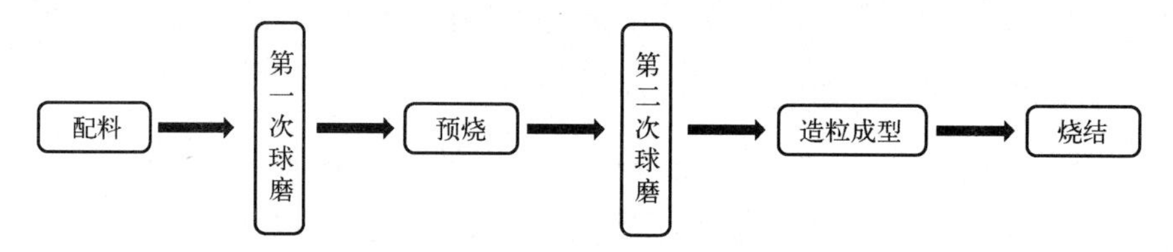

图 10-7　氧化物法制备微波铁氧体的工艺流程图

（2）第一次球磨（混合）

将称量好的原料、研磨介质和弥散剂一起放于球磨罐中进行球磨。第一次球磨可以使原材料混合均匀，尽可能地分散均匀，使其在预烧过程中能够进行充分的固相反应。在铁氧体的制备中，球磨混合一般采用湿磨工艺，相比于干磨，该方法使原材料的均匀性更好，颗粒更细。一般采用钢球、锆球等作为研磨介质，水、酒精或丙酮等液体作为弥散剂。

（3）预烧

预烧是铁氧体制备重要的环节，使原材料颗粒之间进行初步固相反应，使原料部分铁氧体化。预烧能有效地控制烧结样品的收缩率，预烧温度的提高，预烧料的收缩率变大，从而使烧结成品的收缩率减小。但预烧温度过高，容易使预烧料中铁氧体含量增多，使其化学活性变差，就需要在后续的烧结过程中提高烧结温度，而预烧结温度过低，会使烧结样品的收缩率变大，样品容易发生变形。预烧温度对材料相的形成、密度和显微结构也有影响。因此，合适的预烧温度对材料性能的影响至关重要。

（4）第二次球磨（粉碎）

在预烧过程中已经形成部分铁氧体，一般粒度较粗，粗细不均匀，因此需要将粉料二次球磨，粉碎，才能进行下一步的成型，并且如有掺杂料的过程，二次球磨可以使掺杂料搅拌均匀。

（5）造粒成型

成型是指对二次球磨后的粉料施加压力，将其压制成特定形状的胚体。先将粉碎后的粉料烘干，再将烘干的粉料和一定质量比例的胶水混合，研磨成球，过筛后，加入成型润滑剂。采用干压成型设备将粉料压制成型。压制密度对成品的机械性能和电磁性能有一定影响，适当的压制密度还能降低烧结温度。

（6）烧结

将成型后的粉体坯，利用高温煅烧的方法烧结成铁氧体。铁氧体的烧结过程，一般指在低于熔融温度下，由固态的金属氧化物的离子扩散和交换生成铁氧体的化学反应过程。烧结过程包括升温、保温和降温三个阶段。升温过程主要使铁氧体坯体中的水和胶水挥发，因此升温速度不宜过快，以免引发坯体产生裂纹或损坏。升温到烧结温度时，烧结开始进入保温阶段，固相反应继续进行，铁氧体的晶粒逐渐长大。因此，烧结温度和保温时间直接决定了样品的密度和微观结构。降温过程速度不宜过快，以免在坯件内部产生应力，从而使样品产生裂纹。

氧化物法是合成钇铁石榴石（YIG）常用的方法，这里以 YIG 合成为例，该方法合成 YIG 的原理是当用铁和钇的氧化物（Fe_2O_3 和 Y_2O_3）为原料，以固相烧结的方式合成 YIG 时，要经历如下两个反应过程：

$$Fe_3O_4 + Y_2O_3 \longrightarrow YFeO_3$$

$$Fe_2O_3 + 3YFeO_3 \longrightarrow Y_3Fe_5O_{12}$$

首先是在 900～1000℃左右，Fe_2O_3 和 Y_2O_3 发生固相反应，促使 $YFeO_3$（简称 YIP）形核长大，生成 YIP 相；其次在 1200～1400℃的范围内，YIP 与剩余的 Fe_2O_3 反应，生成 YIG 相。该方法需要较高的烧结温度才能获得 YIG，通常可以加入合适的烧结助剂，如 LiBZn 玻璃相，可以降低 YIG 的相变温度，或者控制过量的 Fe^{3+}，可以促进高温时的扩散过程，从而提高烧结性能。

上述方法为常压烧结，除此之外，还有热压烧结，即在烧结过程中给样品施加额外压力。YIG 的热压工艺始于 20 世纪 80 年代，最早为防止高温下 Fe 与石墨模具直接接触发生反应，在 YIG 坯体周围包裹上一层 Al_2O_3 粉体，可起到保护作用。而之后的研究将石墨模具更换为 Al_2O_3 模具，在真空热压炉内进行高温高压下烧结，可制备出具有单一相、高致密度且磁性性能良好的多晶 YIG。

1968 年 Oudemans 采用连续热压烧结方式制备了低气孔率细晶粒尖晶石型铁氧体材料，晶粒尺寸小于 1 μm，气孔率降低至 1%以下。Delau 采用氧气氛、热压烧结获得 0.5 μm 细晶粒材料，有效提高了 NiZn 铁氧体自旋波线宽 ΔH_k。何瑞云等人对普通烧结后的尖晶石铁氧体材料进行热等静压（HIP）处理，材料的表观密度接近理论密度，提高了饱和磁化强度并降低了材料的损耗。许小文等人利用热压工艺制备出了 2 μm 的细晶粒石榴石 YIG 材料，提高了材料的自旋波线宽 ΔH_k。韩志全等人分析了热压 YIG 及快速烧结和热等静压 YGdIGs 的试验结果，获得了 2 μm 的细晶粒石榴石 YIG 材料，其铁磁共振线宽 ΔH 为 35～49 Oe，自旋波线宽 ΔH_k 为 5～8.8 Oe。

慕课

10.4 微波铁氧体应用

微波铁氧体器件按功能分主要包括环形器、隔离器、移相器、开关等微波器件。按材料分为多晶铁氧体器件、单晶铁氧体器件和薄膜铁氧体器件。微波铁氧体器件的带宽、插入损耗、隔离度、差相移等性能，以及器件的高功率承受能力等在很大程度上取决于微波铁氧体材料的基本性能，微波铁氧体材料作为微波铁氧体器件的基础，主要工作原理是利用材料磁导率的张量特性和铁磁共振效应，即材料的磁化强度 M 由于受到微波磁场 h 与外加恒定磁场 H 的共同影响而绕外加恒定磁场 H 所作旋进运动所带来的物理效应，如图 10-8 所示。

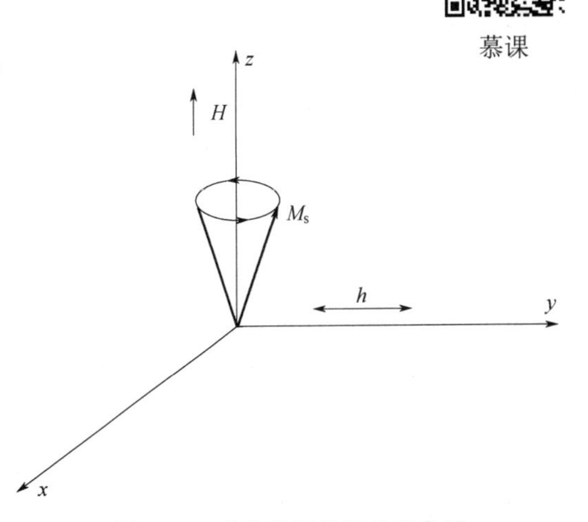

图 10-8 磁体磁矩的进动示意图

影响一个铁氧体器件工作频率 f 的因素是材料的铁磁共振频率。通过式（10-50）可计算材料的铁磁共振频率。

$$f = \left|\frac{\gamma}{2\pi}\right| \sqrt{[H + H_A + 4\pi M_s(N_a - N_c)][H + H_A + 4\pi M_s(N_b - N_c)]} \qquad (10\text{-}50)$$

式中，γ 为铁氧体的旋磁比；H 为外加恒定磁场；N_a、N_b 和 N_c 分别为铁氧体材料在 x、y、z 方向的退磁因子。

对微波铁氧体的主要要求为：a. 低损耗，分为磁损耗和电损耗，磁损耗来源于自然共振和铁磁共振，因此要求材料具有窄的铁磁共振线宽 ΔH，电损耗为介电损耗，即低的 $\tan\delta$；b. 高旋磁性，通常与材料的 M_s 有关，即材料的饱和磁化强度 M_s 越大，其旋磁性越高；c. 高稳定性，为了使器件在高温下具有温度稳定性，一般选择具有高居里温度 T_c 的材料；d. 高的功率负荷，即需要提高材料的自旋波线宽 ΔH_k；e. 对于大多数的器件，要求材料具有较低的矫顽力 H_c。但是以上因素存在相互制约的情况，需要综合考虑各方面要求以达到最优的情况。在器件设计上，要根据器件使用频率的高低、承受功率的高低、器件损耗大小、带宽以及温度、湿度要求的不同，选择不同类型、不同参数性能的铁氧体材料。

10.4.1 铁氧体环行器

环行器是用量最大的一类器件，主要特点是单向传输高频信号能量，它能控制电磁波沿着某一环形方向传输，是一种非可逆的器件。环形器多用于高频功率放大器的输出端与负载之间，起到各自独立，互相“隔离”的作用。在使用中，将环行器的 1 端接入发射器，2 端接入天线，3 端接入接收机，使得 1 端通过发射器输入的发射信号，只能通过 2 端口的天线进行发射传出，而一旦 2 端口的天线接收到信号时，只能传递到 3 端口。这就避免了信号的互相干扰，加强了设备的抗干扰能力，防止信号的紊乱，n 个端口的环形器功能示意图如图 10-9 所示。环形器可以将不同频率的信号分隔开，因此广泛应用于雷达、导航、卫星通信、电子对抗、广播电视、移动通信等各领域电子设备中。根据器件的结构特点，环形器可以分为差相移式环形器、波导环形器、带线结环形器、微带结环形器和结型锁式环形器等。

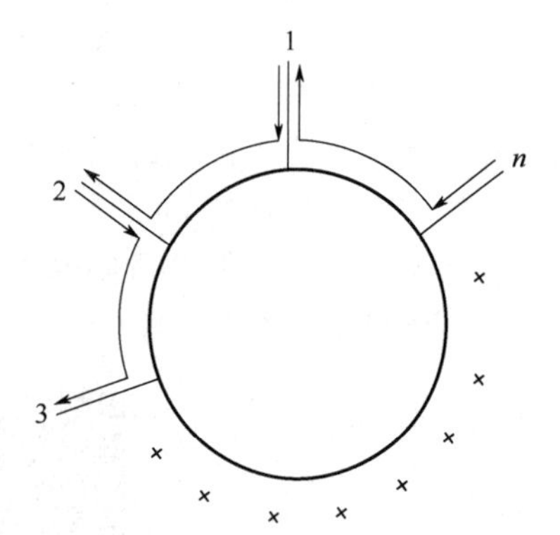

图 10-9　具有 n 个端口的环形器功能示意图

制备环形器的微波铁氧体需要具备高功率、低损耗、宽频带、小型化、高稳定性和高可靠性的特点。1989 年，J. A. Weiss 和 N. G. Watson 等人首次设计出两种结构的自偏置环形器，波导和微带型，工作在 29～33 GHz，铁氧体材料选择的是钡锶铁氧体，外形选择的是六边形，在工作频带内，总体隔离度超过 10 dB，中心频点达到峰值超过 20 dB，插损总体小于 2 dB，最低处小于 1 dB。1990 年，J. J. Pan 和 M. Shih 等人设计出一种在极端环境可以保持稳定性能的环形器，应用于太空探测的仪器上，环形器的铁氧体材料选择 NiZn 铁氧体，饱和磁感应强度 0.49 T，介电常数 12.5，为了提升环形器的稳定性，铁氧体基片的两面镀了钨钛层，保证中心结导体和铁氧体材料的黏附，该环形器在 31～37 GHz 频段工作，回波损耗和隔离度超过 17 dB，插入损耗低于 0.6 dB，通过在最低温−30℃和最高温 60℃的测试，该环形器仍然保持良好的性能，展现出优秀的稳定性。2012 年，孙延龙等人设计的工作在 Ka 波段的自偏置微带型环形器，采用六角形结构，铁氧体基片材料选择锶铁氧体，隔离度最高可达 29.5 dB。

环形器设计主要从三个方面考虑，这里主要介绍微波铁氧体材料的选择。与常见的金属磁性材料相比，微波铁氧体从微观结构上说，分为单晶材料和多晶材料，实际的微波频段相关通信系统工业生产中使用最多的是石榴石单晶铁氧体和尖晶石铁氧体材料，石榴石单晶铁氧体材料（YIG），市场上普遍采用助熔法制备，激光切割，在制备的过程中，加入其他金属离子，如铬、铝、镁、锰、锡等。根据加入材料的比例和金属离子浓度的不同，可能引起材料的各个参数的变化。要注意以下几个方面：a. 一般来讲，共振线宽越大，表明磁损耗越大，故在选择环行器所用材料时，共振线宽较小的优先；b. 器件性能对电阻率要求相对较高，所以介质损耗角正切要求越小越好；c. 为减少频率偏移，不应选择 $4\pi M_s$ 过高的铁氧体基片。

石榴石旋磁材料是 20 世纪 60 年代发展起来的一种新型微波材料。钇铁石榴石（YIG）是最早研制成的石榴石型微波铁氧体材料。这类材料的突出特点是具有比较窄的共振线宽 ΔH 和极低的介电损耗，掺入适量不同的稀土元素，可按不同用途变动共振线宽 ΔH，也可调整饱和磁化强度 $4\pi M_s$，并保持适当的居里温度 T_C。石榴石（$4\pi M_s = 1750$ Gs）作为微波铁氧体，与尖晶石微波铁氧体相比具有较低的损耗和窄线宽，由于 YIG 材料在结构上可以具有不同的结晶形貌、离子半径容纳范围和价态分布，因此其磁性能可在很大幅度内调控。目前主要还是利用上述石榴石结构上的特点进行元素取代、置换和掺杂，以及显微结构和工艺控制研究材料各性能间关系。如 Al、Ga 在四面体位置替代能够降低饱和磁化强度 $4\pi M_s$ 到 300 Gs，而 Sc 八面体替代能增加 $4\pi M_s$ 至 1900 Gs。稀土元素在十二面体替代可引起各向异性的增加。根据交互量的理论计算，磁性能可以获得定量的控制。另外，晶格常数、磁致伸缩、线宽等通过替代也可以得到调控。这些特点对于研制高性能的微波器件十分有利，因而引起人们的高度重视并获得迅速发展。

10.4.2 铁氧体隔离器

微波铁氧体隔离器广泛应用于卫星通信、精确制导导弹、电子对抗等领域。宽频带、低插损、高隔离、高功率等特性是隔离器的发展方向。隔离器顾名思义就是隔离信号的传输器件，使得信号只能单方向地进行传输。隔离器和环形器的使用原理类似，比较常见的隔离器就是由环形器改造而成。三端口环形器改成隔离器，只需在第三个端口接上匹配负载，用以吸收多余的功率。具体的电路结构如图 10-10 所示。

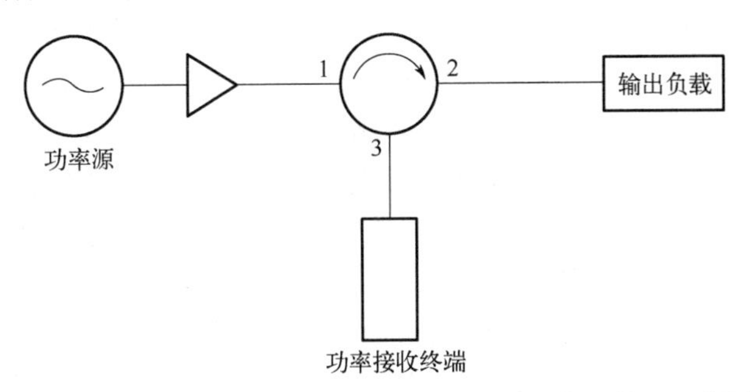

图 10-10　环形器第三端口加匹配负载作为隔离器使用示意图

具体表现为：在环行器中，一端口的信号很容易就传输到二端口，但是当传输到二端口的同时，部分信号会作为二端口的输入信号传输到三端口，使得本来二端口接收的信号与一端口的传输信号紊乱，同时传输到三端口，这时就可以在三端口上加上一隔离器，将一端口的传输信号进行吸收，只让二端口的接受信号进行传输。隔离器的作用使得环行器对于信号的传输更加稳固，更好地保障了信号的抗干扰及抗紊乱的能力。

如今，对微波器件性能的要求越来越高，功率需求也越来越大，器件的性能与温度密切相关。工作时，铁氧体隔离器需要承受高峰值功率和高平均功率，其插入损耗绝大部分来自器件中铁氧体基片产生的微波损耗，这些损耗将转化为热量，若得不到及时有效传递，铁氧体基片的温度就会随之升高，超过一定值时，其性能就会逐渐变差，导致器件隔离度等重要指标恶化，功能丧失。因此，有效解决器件的散热问题对提高器件寿命至关重要。南京国睿微波器件有限公司设计了一种具有低频段、大带宽、耐高功率等特点的P波段隔离器。在铁氧体材料选择上，选择工艺较为成熟、温度稳定性好、损耗低的石榴石铁氧体材料，其磁矩为800 Gs，铁磁共振线宽为50 Oe。设计时要使用大尺寸的铁氧体基片，可减小单位体积热容量。该隔离器在工作频带范围内，端口驻波小于1.3，损耗小于0.5 dB，隔离度大于18 dB。样机的实测结果与上述的电性能仿真数据基本一致，并且完全达到技术指标要求。

10.4.3 铁氧体移相器

众所周知，一切物体的传播都需要介质，并且当信号在介质内进行传播时，其相位角会发生变化。其相位角改变的大小取决于传输所利用的介质材料以及传输线的物理参数。这便意味着一旦决定了信号的传输方式，那么信号的相位角必然发生变化。但是，当信号通过铁氧体进行传输时，其相位角的变化不仅仅取决于客观因素，还决定于信号的激发方式。因此，根据铁氧体传输信号的这一特性，人们发明了移相器，一种用来改变传输信号相位的元器件，在雷达中最重要的应用是相控天线。相控阵雷达有很多个单元，每一个单元都需要一个移相器，因此，移相器的性能直接影响到雷达的性能。其中的移相器阵列单元是由电脑进行控制，可以通过控制其相位角的变化，从而确定传输信号所去往的方向，达到准确检测目标的目的。相控阵雷达可以实现波束指向高技能度、低副瓣等功能，具有扫描灵活、多功能、多目标、自适应和高数据率等优点，而实现上述功能主要就是依靠移相器。

铁氧体的最低工作频率约为1.55 GHz，这是由于铁氧体的最低饱和磁化强度（$4\pi M_s=2000$ Gs）的限制来决定的，因此铁氧体移相器主要用于从S波段到Ku波段，在高频段能承受较高的峰值功率。铁氧体移相器的工作基础是电磁波与磁化铁氧体中自旋电子间的相互作用，铁氧体的磁化场由激励线圈中的电流产生，当激励线圈中的电流的大小与方向发生改变时，磁化场的大小与方向也随之发生改变，铁氧体的磁化状态发生改变进而导致铁氧体张量磁导率的分量发生变化，由此改变磁化铁氧体中电磁波的传播常数，从而产生相移。铁氧体移相器的分类方式很多，根据电磁波在移相器中的传输特性，移相器可分为互易与非互易移相器；根据移相器的控制方式，移相器可以分为数字式与模拟式移相器；根据铁氧体移相器磁心磁化状态的不同，可以分为连续式（非剩磁态）和闭锁式（剩磁态）。

移相器设计中，铁氧体材料参数的选择方面，可以从以下几个方面进行考虑：

① 饱和磁化强度 M_s。移相器的频率范围不同，选择的饱和磁化强度大小也不同。一般选择较高 M_s 的材料，得到的相移也较大。但有些器件对峰值功率有一定的要求，M_s 过高，承受的峰值功率就会降低，产生非线性效应，导致器件的插入损耗猛增。例如，锁式圆极化移相器是部分磁化状态工作，为了避免零场损耗和非线性损耗，峰值功率一般取0.4～0.6之间。若峰值功率高，M_s 可取得低些，反之，取得高些。

② 共振线宽 ΔH。对于自旋波线宽 ΔH_k 要求在损耗允许条件下，尽量大一些，有利于提高移相器的峰值功率。

③ 铁氧体的电损耗要求。铁氧体电损耗 $\tan\delta_\varepsilon$ 要小，电损耗会使插入损耗增加。

④ 铁氧体材料的温度特性。移相器平均功率较高时，会产生热效应问题。在实际应用中，要求铁氧体材料温度稳定性要好，因此需要选择磁化强度温度系数小的材料。

尖晶石型微波铁氧体中，Li 系微波铁氧体的特点是居里温度 T_c 高，可达 600℃以上，并且磁滞回线具有矩形性，磁晶各向异性常数 K_1 和磁致伸缩系数 λ_s 较低以及剩磁对应的灵敏性也较低。因此，Li 系铁氧体是移相器的首选材料，在高功率器件和移相器中得到了非常广泛的应用。纯 Li 铁氧体材料具有居里温度高、矩形比高、剩磁对应力敏感性低的特点，这些也是微波器件，尤其是锁式器件所追求的性能。但由于纯 Li 系材料细孔多、损耗大而无法得到使用。因此，通常需要在纯 Li 系铁氧体中添加其他元素或改善制备工艺使它的性能得到改善。

赵元沛等人基于 LTCC 技术设计并制作 LiZn 微波铁氧体材料的 Ka 波段铁氧体移相器，其饱和磁化强度达到 4200 Gs，剩磁比大于 0.83，矫顽力为 114.64 A/m，铁磁共振线宽为 155 Oe。之后利用 Ti 离子取代，使铁氧体材料在保证剩磁比、矫顽力等性能的前提下，进一步调节了材料的饱和磁化强度，使该 LiZn 铁氧体材料能满足更宽频段器件的要求。F. A. Ghaffar 等人利用低温共烧铁氧体技术，将铁氧体与磁化线圈集成在介质基板上并实现共烧，设计制作了一款体小量轻，低驱动电流的介质波导铁氧体移相器，其中心频率为 13.1 GHz 时，相移量大于 150°/cm，插入损耗最低时小于 1 dB。

10.4.4 铁氧体其他器件

微波铁氧体除了在环形器、隔离器和移相器领域有较多的应用，也可以应用于铁氧体开关、YIG 调谐滤波器及 YIG 调谐振荡器领域，本章节将对该类器件做简单的介绍。

（1）微波铁氧体

微波自动开关是指应用微波铁氧体材料的多普勒效应进行控制、检测物体的移动，并将物体的移动作为电信号进行传输，从而达到控制某一物体的作用。微波开关一般分为机械式、半导体式和铁氧体式，相比机械类型的开关及组件而言，铁氧体开关速度快、寿命长，并且没有磨损，因而可靠性高；相比半导体开关而言，铁氧体开关开通损耗低、关断隔离高、承受功率容量大。因为微波铁氧体开关具有损耗低、寿命长、可靠性高等优点，微波铁氧体开关广泛应用于现代雷达和现代通信系统中，特别适用于星载、机载、高频段微波和毫米波场合。

微波铁氧体开关是利用具有矩磁特性的铁氧体材料并结合激励电路制作的电控微波铁氧体器件。矩磁铁氧体材料自身构成闭合磁回路，通过在围绕磁芯的线圈上外加强电流脉冲产生脉冲激励磁场，矩磁铁氧体将被磁化并锁定在某特定剩磁状态。该剩磁状态决定了微波场分布和相移特性，改变电流方向翻转其磁化状态从而实现预定的开关功能。

用于微波铁氧体开关的材料一般选择高功率矩磁铁氧体材料，除了普通的各项微波性能指标外，矫顽力、剩磁比、自旋波线宽和温度稳定性对微波铁氧体开关材料是十分重要的。主要表现为以下几点：a. 选择高功率承受能力的材料。具有较宽自旋波线宽的材料具有承受高功率的能力，但具有较宽的自旋波线宽的材料在矫顽力和有效线宽方面表现不佳，因此必须综合考虑自旋波线宽、有效线宽及矫顽力选择对铁氧体开关性能的影响；b. 选择高温度稳定性的材料，能提高器件的环境适应性和可靠性。高磁矩的铁氧体材料拥有更高的居里温度，从而有更好的温度稳定性；c. 选择低磁致伸缩系数的材料。铁氧体材料与器件腔体的膨胀系数不同将引起应力，导致铁氧体材料的 B_r 的稳定性发生变化，导致器件性能变化。采用高温有氧退火方法可以消除机械加工过程中产生的应力，低磁致伸缩系数的材料可以降低材料应力；d. 选择一致性高的材料。材料的一致性是器件性能的重要保障，在对关键工艺的工艺参数进行严格控制，保证工艺过程的重复性，完善工艺手段和操作规范的基础上使用高一致性的材料是提高铁氧体开关性能的关键。

微波铁氧体开关品种也极其多，设计方法也各不同，因而对铁氧体材料的性能要求也有不同。这里以结式铁氧体开关和差相移式铁氧体开关为例，在铁氧体材料的选择方面做一个简单的比较。对于结式铁氧体开关，为获得较佳的工作带宽，需要材料有较高的饱和磁化强度，但这和器件的峰值功率承受能力有矛盾，因为铁氧体材料高功率下的非线性效应直接和$4\pi M_s/\omega$成反比关系，这就需要折中优化，兼顾选取。对于差相移式铁氧体开关，该铁氧体材料的选用原则不同于结式开关，其磁化强度只影响移相段的移相效率，而和器件的工作带宽基本无关，磁化强度的选择主要考虑器件的功率要求和温度特性，不同于结式开关材料需要适当高的磁矩，以使器件铁氧体结区具有较好的频响特性而实现宽带工作。所以，差相位开关在磁参数的选择上有更多的灵活性，为保证铁氧体开关较好的温度特性避免选择过低饱和磁化强度的铁氧体材料。

（2）YIG 器件

YIG 器件可以通过其用途将其划分为 YIG 调谐滤波器及 YIG 调谐振荡器，其主要的特点是在外加磁场的作用下表现为顺磁性，使得输出信号的频率可以通过改变外加磁场的大小进行成倍地增加，使得其可以工作在一个较为宽大的范围内，常见的调谐振荡器主要的工作频率为 2～6 GHz 以及 6～18 GHz。利用 YIG 调谐振荡器的这一特性，将这种调谐振荡器应用于微波测量器件中，将其作为本机信号，使得其具备广泛的工作范围。在雷达系统中，将 YIG 作为本机信号，不仅可以广泛地进行检测，而且可以使得雷达不断地改变自己的工作频率，使其具备抗干扰能力及防检测的能力，对我国国防事业的发展具有重要作用。针对电子侦察、电子对抗、雷达、卫星通信等系统的发展，对微波磁性器件提出了小型化、集成化、芯片化、阵列化的需求与发展方向。YIG 在近红外辐射下呈现全透明状态，且在可见光下呈现半透明状态，因此也成为支撑这些器件小型化、薄膜化的最有效的手段之一。

大尺寸、低线宽的微波单晶薄膜材料及平面阵列化谐振集成磁性器件所需的材料，首先需要达到一定的厚度，来确保微波性能的稳定；然后还要在确保功率容量的同时减少对材料的消耗，因为材料损耗和其铁磁共振线宽是正相关关系，因此 YIG 薄膜一定要具有良好的生长晶格。理论上，YIG 单晶薄膜材料的铁磁共振线宽最大值是 0.15 Oe。总的来说，基于微波铁氧体不同的微波器件，对于材料的要求主要有以下方面：频带范围较宽、温度系数较低、功率负荷较高以及旋磁特性较高等。YIG 单晶薄膜已在各类型的微波器件中都得到了广泛运用，是集成化微波器件的一个重要组分，其中又以滤波器组件、谐振器、延迟线、滤波器等使用较为频繁。

（3）铁氧体调制器

铁氧体调制器，利用交变外磁场控制铁氧体材料旋磁效应，对电磁波进行调制的微波器件，如调相器、调幅器等。铁氧体调相器用于对微波信号进行相位调制。它是在矩形波导中沿轴线方向放置一根铁氧体棒，波导外面绕上线圈而构成。当微波信号通过波导时，其相位即受由载流线圈产生的径向磁场而磁化的铁氧体棒的影响而发生变化。载流线圈的安匝数越大，相位改变也越大，反之越小。当线圈中通以交变电流时，则传输的微波受到调制而成为交变调相波。铁氧体调幅器用于对微波信号进行幅度调制，其结构与调相器类似，不同的是在铁氧体中间夹有平行于波导宽边的喷涂镍铬合金电阻薄膜的云母片。当微波信号通过波导时，因受到磁化的铁氧体中电阻薄膜的影响而产生衰耗，衰耗量与载流线圈的安匝数成比例。因此，输出的微波信号的幅度也就随着衰耗大小而变化，成为微波调幅波。

在信息技术和电子通信领域高度发达的今天，要求微波铁氧体应朝向集成化、贴装化、高频化和高功率化的趋势发展。在一个电子通信系统中，通常需要多个设备共同操作，如雷达系统需要多种环形器、隔离器和移相器共同作用才能发挥出优秀的性能，而不同公司生产的器件，可能存在性能不稳定的问题，因此要求微波铁氧体器件集成化，才能更好地发挥作用。目前频率资源大多数都是在米波、厘米波带进行利用，其利用率已经相对于现在社会显得捉襟见肘，因此，高频率的发展势在必行。为此，人们发明了毫米波，毫米波应用更加广泛，可以更好地穿透云雾、水和大气层，使得传播更加不受限制，不仅广泛地应用于全天候雷达中，还被应用于现在社会的汽车驾驶上，当与前车的距离达到设定的安全距离时，会自动地进行报警，对于距离的测量更加准确。在现代军事中，不仅仅雷达监测事业在发展，战机的反监察事业也在不断进步，战机通过在其表面涂覆微波吸收材料，导致雷达监测不到发射的微波，达到其“隐身”的目的。因此，为了使得“隐形”战机无所遁形，雷达必须发射高频率、高功率的信号电平，使得战机吸收不了信号，及时地监测到敌机的动向。微波铁氧体的应用对我国国防事业产生积极的作用。

微波铁氧体材料及其器件的发展过程并不是一帆风顺的。我国对微波铁氧体器件的研究起步较晚，在 20 世纪 80 年代，我国仅有几家厂所研制生产微波铁氧体器件，到 20 世纪末，国内就发展到几十个生产厂家，年产量达到百万套以上，这与科研人员的坚持和不懈努力是分不开的。尽管我国的通信行业、雷达监测行业、航空航天行业已经广泛地应用了微波铁氧体器件，但是我国微波铁氧体的制造行业却没有得到更好的发展，很多材料和器件仍需要依靠国外进口，面对如今复杂的国际形势，更需要增强危机意识，加大和发展微波铁氧体相关材料的研究。但目前关于微波铁氧体材料制造的文献较少、较旧，对微波铁氧体器件生产技术及工艺还不够了解，这显然是不能满足我国的现实需求的。因此，需要通过不断创新，探索出性能优异的微波铁氧体材料的制备工艺，并制备集成化、高频化和高功率化微波铁氧体器件，这无疑是一项艰巨的挑战。尽管可能存在无数的困难和波折，但只要正确面对失败，持之以恒，深入钻研，不论是科研学习还是生活中，一定会有所收获，最终获得成功！

习题

参考答案

10-1　简要概述石榴石型铁氧体的晶体结构特点。

10-2　写出微波铁氧体的张量磁导率并解释它的物理意义。

10-3　什么是正圆极化磁场？什么是负圆极化磁场？它们和左右圆极化磁场有何区别？

10-4　什么是正圆极化磁导率？它有何特点？

10-5　求椭圆形薄盘铁氧体的去磁因子，设外偏置场沿垂直盘面的 z 向。

10-6　Y 结环形器组合如图所示。当铁氧体工作在低场区时，试分析它的环行方向。

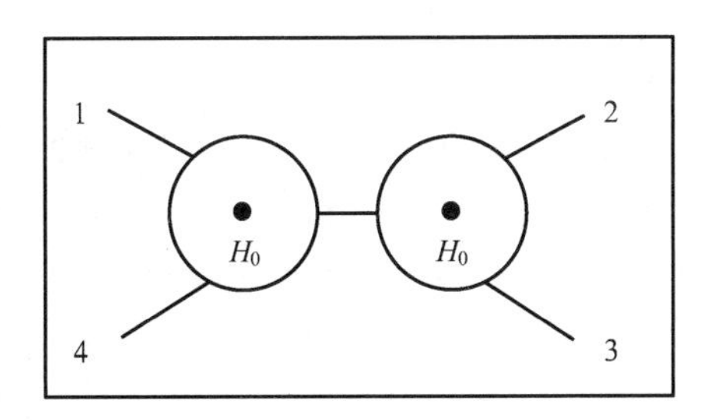

10-7　简述氧化物法合成钇铁石榴石（YIG）的基本原理及反应过程。

10-8　按功能和材料分类，分别有哪些微波铁氧体器件？简述该器件对微波铁氧体材料的主要要求。

10-9　选择微波铁氧体开关的材料，并简述其在矫顽力、剩磁比、自旋波线宽和温度稳定性的主要要求有哪些。

10-10　简述环形器的主要功能及工作原理，并画出具有 n 个端口的环形器功能示意图。

参考文献

[1] 刘公强, 乐志强, 沈德芳. 磁光学[M]. 上海: 上海科学技术出版社, 2001: 30-34.

[2] 钦征骑. 新型陶瓷材料手册[M]. 南京: 江苏科学技术出版社, 1995: 1-72.

[3] Lature S, Kalashetty S, Jadhav G H. Structural, thermoelectric power and magnetization measurements of Nd-doped Li-Ti ferrite by combustion synthesis [J]. Physica Scripta, 2015, 90 (8): 085805.

[4] Ding K, Zhao J, Zhao M, et al. The Effect of Ti doping on the electrochemical performance of lithium ferrit [J]. International Journal of Electrochemical Science, 2016, 11: 2513-2524.

[5] Ali R, Azhar Khan M, Manzoor A, et al. Structural and electromagnetic characterization of Co-Mn doped Ni-Sn ferrites fabricated via micro-emulsion route [J]. Journal of Magnetism and Magnetic Materials, 2017, 411: 578-584.

[6] 曲远方. 功能陶瓷及应用[M]. 北京: 化学工业出版社, 2014: 97-404.

[7] Kimura T. Magnetoelectric Hexaferrite [J]. Annual Review Condensed Matter Physics, 2012, 3(1): 93-110.

[8] Kracunovska S, Topfer J. On the thermal stability of Co_2Z hexagonal ferrites for low-temperature ceramic cofiring technologies [J]. Journal of Magnetism and Magnetic Materials, 2008, 320(7): 1370-1376.

[9] Zhang H, Ji Z, Wang Y, et al. Dielectric characteristics of novel Z-type planar hexaferrite with Cu modification [J]. Materials Letters, 2002, 55(6): 351-355.

[10] Tachibana T, Nakagawa T, Takada Y, et al. X-ray and neutron diffraction studies on iron-substituted Z-type hexagonal barium ferrite: $Ba_3Co_{2-x}Fe_{24+x}O_{41}$ (x=0～0.6) [J]. Journal of Magnetism and Magnetic Materials, 2003, 262(2): 248-257.

[11] Weber M C, Guennou M, Zhao H J, et al. Raman spectroscopy of rare-earth orthoferrites $RFeO_3$ (R =La, Sm, Eu, Gd, Tb, Dy) [J]. Physical Review B, 2016, 94(21): 214103.

[12] Zhou Z, Guo L, Yang H, et al. Hydrothermal synthesis and magnetic properties of multiferroic rare-earth orthoferrites [J]. Journal of Alloys and Compounds, 2014, 583: 21-31.

[13] 韩志全, 许小文, 任仕静. 微波铁氧体材料的晶粒细化[J]. 磁性材料及器件, 2001, 32(5): 10-13.

[14] Yang Q H, Zhang H W, Liu Y L, et al. The magnetic and dielectric properties of microwave sintered yttrium iron garnet (YIG) [J]. Materials Letters, 2008, 62: 2647-2650.

[15] Low K O, Sale F R. The development and analysis of property composition diagrams on gel-derived stoichiometric NiCuZn ferrites [J]. Journal of Magnetism and Magnetic Materials, 2003, 256: 221-226.

[16] 杨天颖. 微波铁氧体器件在现代电子设备中的应用[J]. 通信电源技术, 2020, 37(3): 99-100.

[17] Hanh N, Quy O K, Thuy N P, et a1. Synthesis of cobalt ferrite nano crystallites by the forced hydrolysis method and investigation of the irmagnetic properties [J]. Physica B: Condensed Matter, 2003, 327: 382-384.

[18] Fried T, Shemer G, Markovich G. Ordered two-dimensional arrays of ferrite nanoparticles [J]. Advanced Materials, 2001, 13(15): 1158-1161.

[19] 都有为. 铁氧体[M]. 南京: 江苏科学技术出版社, 1996: 386-424.

[20] Ghaffar F A, Shamim A. A partially magnetized ferrite LTCC-based SIW phase shifter for phased array applications [J]. IEEE Transactions on Magnetics, 2015, 51(6): 1-8.

第 11 章

电磁屏蔽材料

随着科学技术和电子工业的高速发展，各类电子设备于通信、交通、医疗等领域的广泛应用提升了工作效率，改善了生活质量，亦优化了医疗和科研条件。各类高频化的电子电器设备在工作时会向空间中辐射大量不同频率的电磁波，从而形成复杂的电磁环境，由此导致的电磁辐射干扰问题可能会影响电子元器件的正常运行、对人体健康产生危害。

电磁干扰的三要素为干扰源、耦合途径和敏感对象。干扰源为电磁干扰发生源；耦合途径为干扰源对敏感对象造成影响的途径，包括传导耦合和辐射耦合两大途径；敏感对象为会因受到电磁辐射干扰出现不良影响的物体（电子元件、设备或人体等）。两大耦合途径中，辐射耦合是造成电磁干扰的主要方式，因此需采取措施斩断辐射耦合途径，限制电磁辐射的传播，防止辐射干扰的发生。

11.1 电磁屏蔽类型与原理

慕课

电磁屏蔽是指利用屏蔽体对两个空间区域进行隔离，防止一个区域中的电场、磁场或电磁场对另一区域造成影响。屏蔽体是利用电磁波屏蔽材料制成一种局部或完整的包围体，防止外部场（电场、磁场和电磁场）对其内部造成影响或者阻止其内部场对外部空间造成影响。

按工作原理可将电磁屏蔽分为电场屏蔽、磁场屏蔽和电磁场屏蔽，如图 11-1 所示。电磁屏蔽利用屏蔽体对场进行反射、吸收或引导作用从而改变电磁辐射的传播路径。电磁屏蔽类型与场源类型、场源频率、场源距离等因素有关，可根据具体情况选择适当的屏蔽方法。

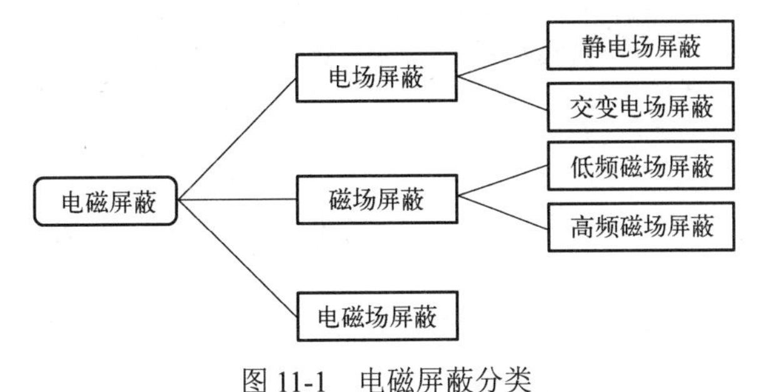

图 11-1　电磁屏蔽分类

11.1.1 静电屏蔽

静电场中，处于静电平衡状态下的导体具有如下性质：a. 导体内部任意一处的电场强度为零；b. 导体表面任意一处的电场强度矢量与该处导体表面垂直；c. 导体是一个等势体，导体的表面是等势面；d. 电荷只分布于导体的表面，导体内部无静电荷。

（1）外静电场屏蔽

空腔导体无论自身是否带电，是否处于外电场中，其都具有如下性质：a. 空腔内及空腔体本身内部电场强度皆为零；b. 空腔内壁表面不带任何电荷，所带电荷都分布在外表面上。图 11-2 为空腔导体对外静电场进行屏蔽的示意图，当整个系统处于静电平衡状态下时，屏蔽体外表面两侧感应出现等量异号电荷，由于空腔屏蔽体为等位体，空腔内壁无电荷，屏蔽空腔本身内部无电场线，实现了对外部静电场的屏蔽。

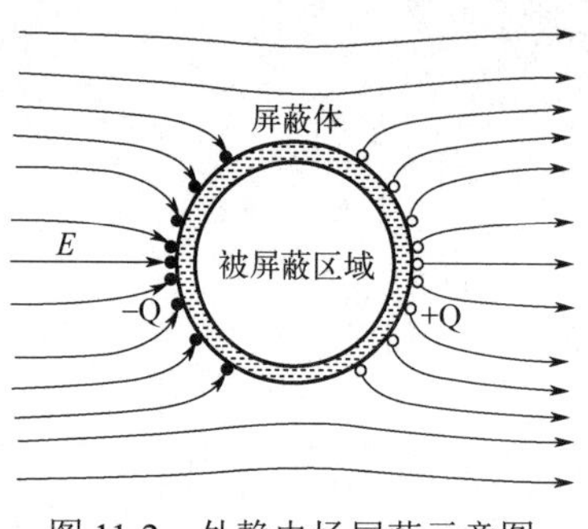

图 11-2　外静电场屏蔽示意图

理论而言，只要空腔屏蔽体完全密闭，无论其是否接地，都能避免内部空间受到外部静电场的干扰。但实际情况中，屏蔽体不可能达到完全密闭的理想状态，在不接地的情况下，外部电场线会侵入屏蔽体，对内部空间造成干扰，因此最好选择将空腔接地。

（2）内静电场屏蔽

当有带电体存在于空腔导体内部，且空腔导体未接地，在静电平衡状态下，空腔导体具有如下性质：a. 空腔内壁表面会生成与带电体等量异号的感应电荷；b. 外表面会生成与带电体等量同号的感应电荷；c. 外表面的电荷分布情况与内部带电体的位置无关，只取决于外表面的形状和外部电场。

图 11-3 为内静电场屏蔽原理示意图，当空腔内存在带电体且空腔未接地时，空间中电场分布如图 11-3（a）所示，腔体外表面生成的感应电荷会对外部空间造成影响，屏蔽腔体无法起到屏蔽作用。如图 11-3（b）所示，将腔体接地后，此时外表面的感应电荷因接地而中和，电场线被终止于腔体的内表面，腔体外无电场线，屏蔽体抑制了空腔内电场对外界的影响。

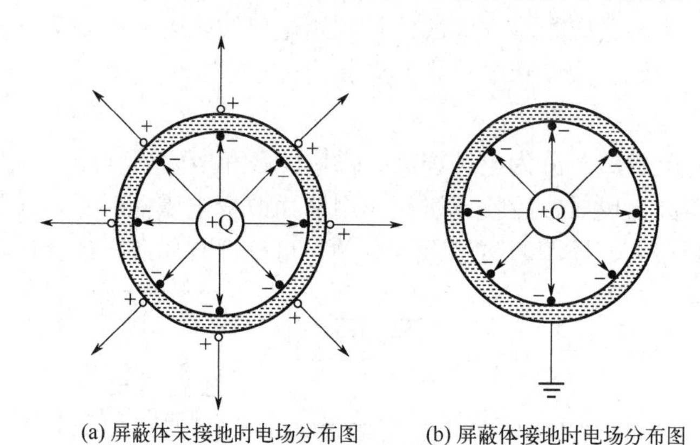

图 11-3　内静电场屏蔽示意图

综上所述，静电屏蔽可通过切断电场线来实现，静电屏蔽的两个要素为：完整的屏蔽体和良好接地。

11.1.2　交变电场屏蔽

交变电场中，干扰源与敏感对象间的电场感应耦合可用二者的耦合电容进行描述，因此，交变电场的屏蔽原理利用电路理论可较为方便地进行解释。电路模型如图 11-4 所示，图中 S 为干扰源，R 为敏感对象，P 为屏蔽体。

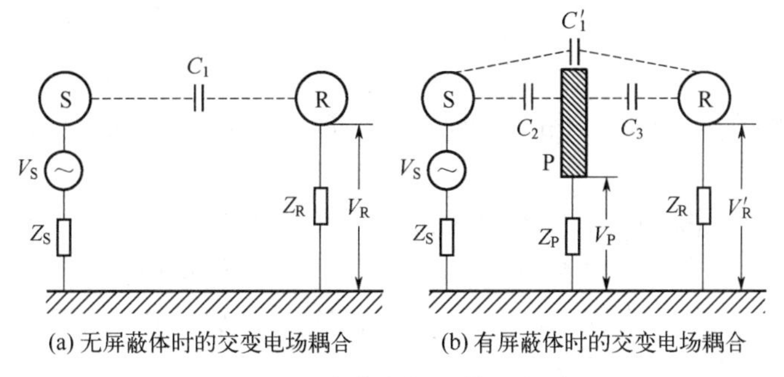

图 11-4 交变电场屏蔽示意图

如图 11-4（a）所示，干扰源 S 与敏感对象 R 之间无屏蔽体时，其中干扰源 S 的对地阻抗为 Z_S，敏感对象 R 的对地阻抗为 Z_R，干扰源对敏感对象的干扰等效为耦合电容 C_1，假设干扰源被施加的交变电压为 V_S，则敏感对象上的感应电压 V_R 为：

$$V_R = \frac{j\omega C_1 Z_R}{1 + j\omega C_1 (Z_S + Z_R)} V_S \tag{11-1}$$

由上式可以得知，耦合电容 C_1 越大，敏感对象上产生的感应电压 V_R 越大，可使敏感对象 R 远离干扰源 S 以减小 C_1，但实际情况中，空间大小有限，可采用屏蔽的措施以减少干扰。

在干扰源 S 和敏感对象 R 间置入屏蔽体 P，如图 11-4（b）所示。干扰源 S 和敏感对象 R 与屏蔽体 P 间的分布电容分别为 C_2 和 C_3，屏蔽 P 的对地阻抗为 Z_P。插入屏蔽体后，干扰源 S 和敏感对象 R 的直接耦合电容为 C_1'，由于此时 S 与 R 的直接耦合作用很小，故 C_1' 可忽略不计。此时屏蔽体上的感应电压 V_P 为：

$$V_P = \frac{j\omega C_2 Z_P}{1 + j\omega C_2 (Z_P + Z_S)} V_S \tag{11-2}$$

敏感对象上的感应电压 V_R' 为：

$$V_R' = \frac{j\omega C_3 Z_R}{1 + j\omega C_3 (Z_P + Z_R)} V_P \tag{11-3}$$

由上式可知，要减小 V_R'，则要使 Z_P 尽量小，而 Z_P 为屏蔽体阻抗和接地线阻抗之和，因此屏蔽体需选择良导体材料，且屏蔽体必须保证良好接地。当屏蔽体接地不良或不接地时，由于屏蔽体 P 相比敏感对象 R 更接近干扰源，且屏蔽体 P 的面积通常大于 R 的面积，故 C_2、C_3 均大于 C_1，这说明插入未接地屏蔽体非但未起到屏蔽作用，反而使干扰变得更大。因此，交变电场屏蔽体也需良好接地。

11.1.3 磁场屏蔽

（1）低频磁场的屏蔽

低频磁场指频率小于 100 kHz 的磁场。与电场不同，表征磁场的磁力线是一个闭合回路，没有起点和终点，屏蔽磁场不能采用切断磁力线的方法。如图 11-5 所示，对于低频磁场的屏蔽一般利用磁分路原理，即利用高磁导率材料提供低磁阻通路，使磁力线从高磁导率材料中通过，不经过被屏蔽区域。

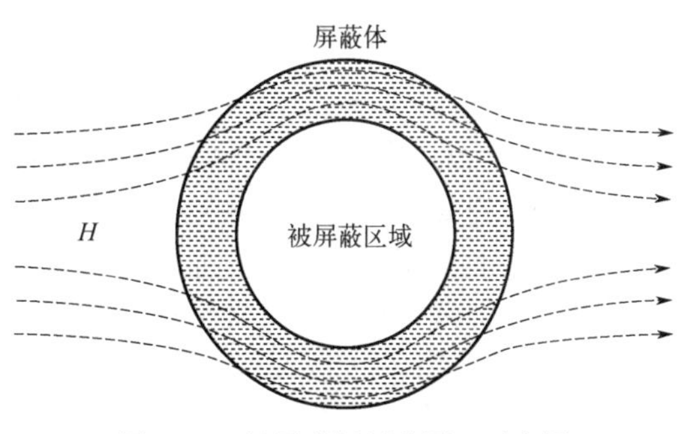

图 11-5 低频磁场屏蔽原理示意图

磁导率与磁阻 R_m 的关系式为：

$$R_{\mathrm{m}}=\frac{l}{\mu S} \tag{11-4}$$

式中，μ 为材料的磁导率，H/m；S 为磁路截面积，m^2；l 为磁感线通过屏蔽材料的平均长度，m。

根据磁路的概念，将高磁导率材料制成的屏蔽体与屏蔽体周围空气视为并联磁路，一般铁磁性物质的磁导率是空气磁导率的 10^3～10^4 倍，因此空气的磁阻比屏蔽体大得多，磁通趋向于优先通过低磁阻通路形成回路，大部分磁通将通过铁磁性材料，通过空气的磁通大大减少，从而起到对低频磁场的屏蔽作用。

低频磁场屏蔽体的磁导率越高、厚度（磁路截面积 S）越大，磁阻越低，屏蔽效果越好。此外，屏蔽体上垂直磁场线的方向不可开口或留有缝隙，此方向的开口和缝隙会将增大磁阻，影响屏蔽效果；高磁导率磁性屏蔽材料在进行焊接、剪切、打孔等机械加工或者受到机械冲击后，磁导率会下降，需要通过热处理来恢复磁性；高频时，铁磁性材料的磁导率将明显下降，磁性损失很大，因此不适用于高频磁场屏蔽。

（2）高频磁场的屏蔽

高频磁场的屏蔽利用良导体内感应电流产生的磁场总是抵消原磁场变化的原理来实现。图 11-6（a）为高频磁场屏蔽原理示意图，其中 i_{c} 为线圈电流，i_{s} 为屏蔽体中的感应电流，H_{c} 为线圈磁场，H_{s} 为感应磁场。根据楞次定律，感应电流 i_{s} 方向与线圈电流 i_{c} 方向相反，根据右手螺旋定则，屏蔽体外线圈电流形成的磁场线与感应电流形成的磁场方向相反，相互抵消，线圈内部线圈电流形成的磁场线与感应电流形成的磁场线方向相反，使线圈内部磁场有所减弱，线圈电感量减小。

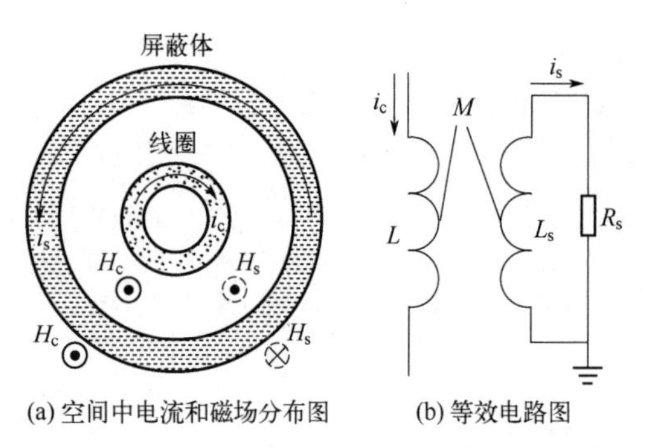

图 11-6　高频磁场屏蔽原理示意图

由上述分析可知，屏蔽体上产生涡流的大小对屏蔽效能有直接影响。图 11-6（b）为图 11-6（a）的等效电路，图中 i_{c}、i_{s} 分别为线圈电流和感应电流，L 和 L_{s} 分别为二者电感，R_{s} 为屏蔽体电阻，M 为二者之间的互感。屏蔽体中的感应电流为

$$i_{\mathrm{s}}=\frac{\mathrm{j}\omega M i_{\mathrm{c}}}{R_{\mathrm{s}}+\mathrm{j}\omega L_{\mathrm{s}}} \tag{11-5}$$

高频时，$R_{\mathrm{s}} \ll \omega L_{\mathrm{s}}$，式（11-5）可简化为：

$$i_{\mathrm{s}} \approx \frac{M}{L_{\mathrm{s}}} i_{\mathrm{e}}=k \frac{n_{\mathrm{c}}}{n_{\mathrm{s}}} i_{\mathrm{c}} \tag{11-6}$$

式中，k 为线圈和屏蔽体的耦合系数；n_{c} 为线圈匝数；n_{s} 为屏蔽体匝数，常用屏蔽体的 n_{s} 取值为 1。高频时涡流产生的感应磁场足以抵消原磁场的干扰，可起到屏蔽高频磁场的作用；另一方面，频率升高到一定程度后，感应生成的涡流不再随频率升高而增大。

低频时，式（11-5）可简化为：

$$i_{\mathrm{s}} \approx \frac{\mathrm{j}\omega M}{R_{\mathrm{s}}} i_{\mathrm{c}} \tag{11-7}$$

此时屏蔽体内感应生成的涡流较小，其产生的磁场不足以抵消原磁场，因此该方法不适用于低频磁场屏蔽。

由式（11-5）可知，屏蔽体电阻 R_s 越小，感应涡流越大，因此，高频磁场屏蔽体通常由良导体材料制成。由于趋肤效应，高频磁场屏蔽体对厚度要求不高，厚度主要与机械强度、工艺、结构等要求相关。高频磁场屏蔽体的屏蔽效果与是否接地无关，但是接地可同时对电场和高频磁场进行屏蔽，因此实际应用中屏蔽体大多进行接地设计。

11.1.4 电磁屏蔽与屏蔽效能

电磁场的电场分量和磁场分量是同时存在的，因此电磁屏蔽是利用屏蔽材料对电场和磁场同时进行屏蔽，在本书中上述电磁屏蔽一般指对 10 kHz 以上的时变电磁场的屏蔽。

虽然电磁场的电场分量和磁场分量同时存在，但在场源频率、距离不同时，电场分量和磁场分量可能会有较大差别。干扰源频率较低时，其电磁干扰区域主要在近场，低电压大电流干扰源产生的电磁波为低阻抗波或磁场波，该干扰源以磁场干扰为主；高电压小电流干扰源产生的电磁波为高阻抗波或电场波，以电场干扰为主。对于这两种情况，可分别按磁场屏蔽和电场屏蔽来考虑。随干扰源的电磁波频率的升高，电磁辐射能力增强，其干扰区域趋向于远场区。在高频远场情况下，电场和磁场都不可忽略。根据经典电磁理论，以辐射为主要特征的高频电磁波的电场和磁场相互依存，因此其中一种场被屏蔽后，另一种场也将不复存在。由前述可知，由导电材料制作且接地良好的屏蔽体可起到同时屏蔽电场和磁场的作用。

对电磁波屏蔽的解释方法有多种理论，如电磁场理论、涡流效应理论、传输线理论等。传输线理论是当前广泛采用的计算方法，该方法依据传输线理论得出等效传输法，进而定量计算电磁波屏蔽材料的屏蔽效能，该理论计算方便、结果精度高、概念简单。

传输线理论以 Schelkunoff 理论最具代表性，理论示意图如图 11-7 所示，该理论通过类比电磁波通过无限大平板的传输过程和电流、电压在传输线上传播过程而得出。该理论将屏蔽体视为一段传输线，电磁波通过屏蔽体时，在屏蔽体表面处被反射一部分，部分剩余电磁波在屏蔽体内部通过多重反射和吸收的方式被衰减。由该理论可得出，屏蔽体对电磁波的损耗由三部分组成，分别为屏蔽体表面的反射损耗、屏蔽体内部的吸收损耗和多重反射损耗，屏蔽体对电磁波的屏蔽通过反射、吸收、多重反射间的协同作用得以实现。

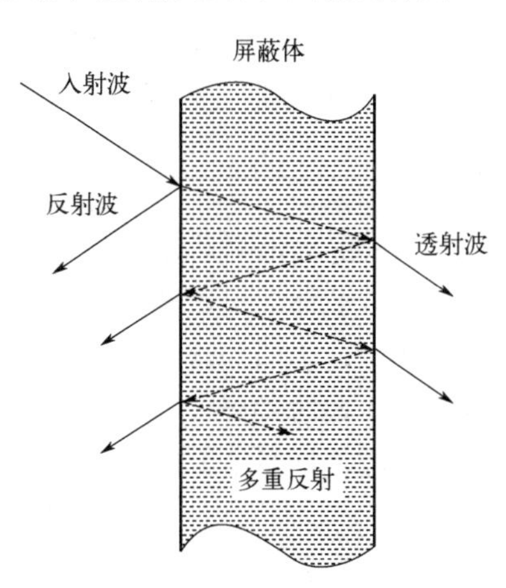

图 11-7 基于传输线理论的电磁屏蔽机理示意图

通常以屏蔽效能（shielding effectiveness，*SE*）作为评价屏蔽体屏蔽电磁辐射能力的指标。屏蔽效能的定义为：在电磁环境中不存在屏蔽体时，某一点电磁波能量（电场强度 E_0、磁场强度 H_0 或能量密度 P_0）与存在屏蔽体时该点电磁波能量（电场强度 E_s、磁场强度 H_s 或能量密度 P_s）的比值，单位用分贝（dB）表示，用公式表述为：

$$SE_E = 20\lg\frac{|E_0|}{|E_s|} \tag{11-8}$$

或

$$SE_H = 20\lg\frac{|H_0|}{|H_s|} \tag{11-9}$$

或

$$SE_{\mathrm{P}}=10\lg\frac{|P_0|}{|P_{\mathrm{s}}|} \tag{11-10}$$

除屏蔽效能外，屏蔽体的电磁屏蔽效能也可用屏蔽系数 η 和传输系数 T 进行描述。

屏蔽系数 η 是指被电磁干扰电路加屏蔽体后的感应电压 U_{s} 和无屏蔽体时的感应电压 U_0 之比，即：

$$\eta=\frac{U_{\mathrm{s}}}{U_0} \tag{11-11}$$

传输系数 T 是指电磁环境中有屏蔽体存在时，某点的电场强度 E_{s} 或磁场强度 H_{s} 与无屏蔽体时该点的电场强度 E_0 或磁场强度 H_0 的比值，即：

$$T=\frac{E_{\mathrm{s}}}{E_0} \tag{11-12}$$

或

$$T=\frac{H_{\mathrm{s}}}{H_0} \tag{11-13}$$

由于交变电磁场在近场区具有准静态特性，可认为电场和磁场相互独立，因此，近场区 SE_{E} 与 SE_{H} 一般不相等；而在远场区，电场和磁场相互统一，因此远场区的 SE_{E} 和 SE_{H} 是相等的。传输系数与屏蔽效能成倒数关系，用公式表述为：

$$SE=20\lg\frac{1}{|T|} \tag{11-14}$$

Schelkunoff 电磁屏蔽理论公式常用于计算均匀材料的屏蔽效能，适用于平面型导体屏蔽材料。屏蔽体对电磁波的屏蔽由入射表面的反射损耗 SE_{R}、屏蔽体内部的吸收损耗 SE_{A} 和多重反射损耗 SE_{M} 组成，即 $SE=SE_{\mathrm{A}}+SE_{\mathrm{R}}+SE_{\mathrm{M}}$。

（1）吸收损耗

吸收损耗是由屏蔽体对其内部的电磁波造成持续衰减所形成的损耗。屏蔽体吸收损耗的计算公式为：

$$SE_{\mathrm{A}}=131.43b\sqrt{f\mu_{\mathrm{r}}\sigma_{\mathrm{r}}} \tag{11-15}$$

式中，b 为屏蔽体厚度，m；f 为频率，Hz；μ_{r}、σ_{r} 为屏蔽体材料的相对磁导率和相对电导率。

（2）反射损耗

电磁波通过两种特性阻抗不一致的介质交界面时会发生反射，由电磁波在空气和屏蔽体界面处反射造成电磁波能量的损耗被称为反射损耗。平面波、高阻抗电场波、低阻抗磁场波的反射损耗计算公式分别为：

$$SE_{\mathrm{RP}}=168.2+10\lg\left(\frac{\sigma_{\mathrm{r}}}{f\mu_{\mathrm{r}}}\right) \tag{11-16}$$

$$SE_{\mathrm{RE}}=321.7+10\lg\left(\frac{\sigma_{\mathrm{r}}}{\mu_{\mathrm{r}}f^3d^2}\right) \tag{11-17}$$

$$SE_{\mathrm{RH}}=14.6+10\lg\left(\frac{fd^2\sigma_{\mathrm{r}}}{\mu_{\mathrm{r}}}\right) \tag{11-18}$$

式中，d 为场源与屏蔽体距离，m；f 为频率，Hz；μ_r、σ_r 为屏蔽体材料相对磁导率和相对电导率。屏蔽体一定且电磁波频率相同时，通常 $SE_{RH} < SE_{RP} < SE_{RE}$，场源性质不明确时，通常按式（11-18）计算。

（3）多重反射损耗

由电磁波在屏蔽体内多次反射产生的损耗称为多重反射损耗。屏蔽体的多重反射损耗计算公式为：

$$SE_M = 10\left\{1-\left(\frac{Z_m - Z_w}{Z_m + Z_w}\right)^2 10^{-0.1SE_A}\left[\cos 0.23SE_A - \mathrm{j}\sin 0.23SE_A\right]\right\} \tag{11-19}$$

式中，Z_m 为屏蔽体的波阻抗，Ω；Z_w 为自由空间波阻抗，Ω；SE_A 为吸收损耗，dB。

一般吸收损耗 $SE_A > 10$ dB 时，屏蔽体的吸收损耗较大，进入屏蔽体内部的电磁波绝大部分被吸收衰减，多重反射作用可忽略不计。

11.2 屏蔽体设计理论

为避免电磁干扰，可使用电磁屏蔽体对电磁辐射加以限制，屏蔽体是阻挡或削弱电磁能量传输的阻断层，理想的屏蔽体为完全密闭的导电或导磁壳体。实际情况中，屏蔽腔需要通风散热，管线需要穿过屏蔽层，屏蔽体必然存在开口和缝隙，不可能完全密闭，这些孔隙可能会导致屏蔽效能的下降。因此，设计屏蔽体时，应正确选择屏蔽体材料，妥善处理孔隙，合理设计节点构造，以保证屏蔽体的实用性。

11.2.1 屏蔽体的选择

（1）屏蔽体屏蔽性能要求

一般而言，屏蔽体的屏蔽效能 SE 小于 20 dB 时，屏蔽性能很差，基本无法应用于实际环境中；20～35 dB 时，可满足一般民用需求；35～75 dB 时，可应用于工业及商业电子设备；75～95 dB 时，可满足航空航天及军用设备设施需求；屏蔽效能高于 95 dB 时，可应用于高精度、高敏感的电子、电气设备。实际设计屏蔽体时，要根据所需的屏蔽效能，确定所需的屏蔽体材料、屏蔽体厚度等。

（2）屏蔽体的选材

屏蔽体材料的选择要求包括：a. 具有优良磁导率或电导率；b. 具有良好的机械强度；c. 具有良好的耐蚀性；d. 便于加工、安装和使用；e. 价格合算，具有较好的经济性。

近场低频磁场通常采用纯铁、硅钢、坡莫合金等高磁导率铁磁性材料进行屏蔽，材料的磁导率越高，屏蔽效果越好。铁磁性材料的磁导率会随频率和场强的变化发生变化，在进行磁屏蔽定量设计时，需根据实际情况选定磁导率，否则可能会导致设计的较大误差。

近场电磁屏蔽、近场高频磁场屏蔽、远场电磁屏蔽通常采用高电导率良导体材料。电导率是选择屏蔽材料的主要依据，屏蔽体包括板材、网材、涂层等形式。

在盐雾气候和潮湿条件下，屏蔽体可能会被腐蚀，异种材料连接处也会发生电化学腐蚀，因此应选择耐蚀性强、电化学相容性好的材料。当屏蔽箱（室）中需要屏蔽材料同时起到结构材料的作用时，需要其具有良好的机械强度。

（3）屏蔽体厚度计算

① 当屏蔽体距离场源的距离 $d > \lambda/2\pi$ 时（λ 为电磁波波长），采用平面波远场屏蔽效能进行计算：

$$SE = 1.31t\sqrt{f\mu_r\sigma_r} + 168 + 10\lg\left(\frac{\sigma_r}{\mu_r f}\right) \tag{11-20}$$

② 当场源性质未知时，采用磁场屏蔽效能进行计算：

$$SE = 1.31t\sqrt{f\mu_r\sigma_r} + 14.6 + 10\lg\left(\frac{fd^2\sigma_r}{\mu_r}\right) \tag{11-21}$$

式中，t 为材料的厚度，cm；f 为电磁波频率，Hz；μ_r、σ_r 分别为材料的相对磁导率和相对电导率，无量纲；d 为屏蔽体距离干扰源的距离，m。

根据材料的相对磁导率和相对电导率、场源距离和场源频率以及屏蔽效能需求，可用上述二式反推出所需屏蔽体厚度。由式（11-20）和式（11-21）可知，随频率升高，达到相同屏蔽效能所需的屏蔽体板材厚度减小。

11.2.2 孔隙对屏蔽效能的影响

屏蔽体上缝隙、开孔的大小、形状不同，对屏蔽效能的影响不同，对其进行研究有利于对屏蔽体设计进行优化。

（1）屏蔽板缝隙的电磁衰减计算

当屏蔽体上存在缝隙时，相比电场泄漏，通常磁场泄漏更加严重，且一般情况下，抑制磁场泄漏的方法同样适用于抑制电场泄漏。如图 11-8 所示，假设缝隙长度为无限长，从屏蔽体缝隙中泄漏的磁场强度为：

$$H_g = H_0 e^{-\pi t/g} \tag{11-22}$$

式中，H_0、H_g 分别为缝隙入口处入射磁场强度和缝隙出口处透射磁场强度，A/m；t 为屏蔽体厚度，也是缝隙的深度，cm；g 为缝隙宽度，cm。

通过缝隙的衰减 S_g（dB）为：

$$S_g = 20\lg\frac{H_0}{H_g} = 27.274\frac{t}{g} \tag{11-23}$$

由上式可知，频率一定时，缝隙越深、宽度越窄，衰减越大，磁场的泄漏越少。缝隙尺寸一定时，频率越高，磁场泄漏越严重。

（2）有孔洞屏蔽板的屏蔽效能计算

如图 11-9 所示，设屏蔽板上有 n 个尺寸相同的圆孔、矩形孔，单个圆孔的面积为 h，直

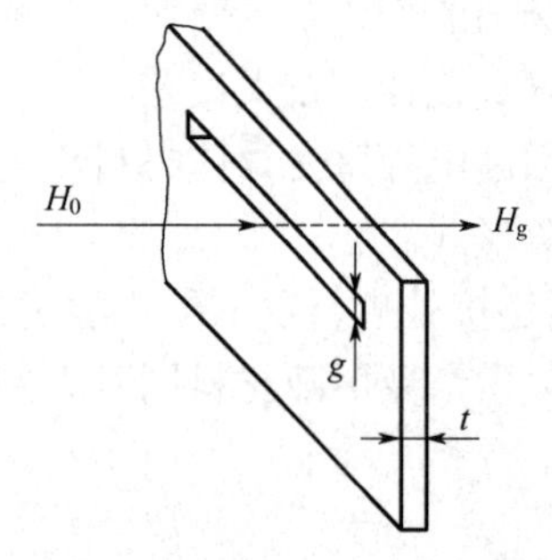

图 11-8　缝隙的电磁泄漏

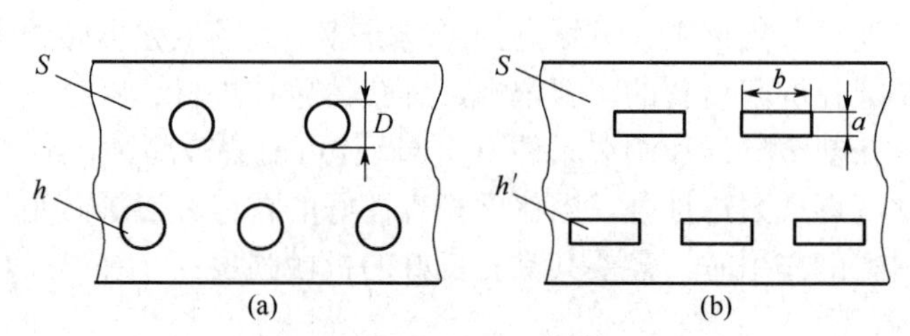

图 11-9　（a）圆孔屏蔽板与（b）矩形孔屏蔽板

径为 d，单个矩形孔的面积为 h'，边长分别为 a、b，整个屏蔽板的面积为 S，边长为 l。假设孔的尺寸远远小于整个屏蔽板的尺寸，即 $d \ll l$ 、$a \ll l$ 、$b \ll l$ 、$\sum h \ll S$ 、$\sum h' \ll S$ 。

设入射到屏蔽板上的磁场强度为 H_0，通过孔洞泄漏的磁场强度为 H_h，则通过孔洞的传输系数 T_h 为：

$$T_h = \frac{H_h}{H_0} \tag{11-24}$$

n 个圆孔的传输系数为：

$$T_h = 4n\left(\frac{h}{S}\right)^{\frac{3}{2}} \tag{11-25}$$

如图 11-9（b）中，矩形孔的长边垂直于电流通路时，屏蔽体表面的电流分布会被破坏，导致涡流形成的反磁场减弱。矩形孔对涡流的减弱作用大于圆孔，因此孔面积相同时，矩形孔对于磁场的传输系数大于圆孔。n 个矩形孔的传输系数为：

$$T_h = 4n\left(\frac{kh'}{S}\right)^{\frac{3}{2}} \tag{11-26}$$

式中，矩形孔面积 $h' = ab$ ；系数 $k = \sqrt[3]{\frac{b}{a}\xi^2}$ 。当孔为正方形，即 $\frac{b}{a} = 1$ 时，$\xi = 1$ ；当孔为狭长孔，即 $\frac{b}{a} \gg 5$ 时，$\xi = \dfrac{b}{2a\ln\dfrac{0.63b}{a}}$。

在有孔隙的情况下，屏蔽体的总传输系数 T 为屏蔽体本身的传输系数 T_s 与孔洞的传输系数 T_h 之和。即：

$$T = T_s + T_h \tag{11-27}$$

有孔隙屏蔽板的屏蔽效能为：

$$SE = 20\lg\frac{1}{T} = 20\lg\frac{1}{T_s + T_h} \tag{11-28}$$

由上述分析可知，孔隙的存在使屏蔽体的总传输系数变大，屏蔽效能下降。电磁辐射的泄漏量与孔隙的直线尺寸、孔的数量及电磁波波长有密切关系。孔的尺寸一定时，电磁波频率越高，电磁能量的泄漏越严重。屏蔽板应尽量不开孔隙或少开孔隙，当需要开设孔隙时，需要对其尺寸进行严格限制，要求圆孔直径和矩形孔边长小于 $\lambda/5$（λ 为电磁波最小工作波长），要求缝隙长度小于 $\lambda/10$。

（3）金属丝网屏蔽效能计算

金属网的屏蔽能力主要取决于反射衰减，其等效传输线并联导纳如图 11-10 所示。平面波情况下，完整二维铁网以及不锈钢网的屏蔽效能计算公式为：

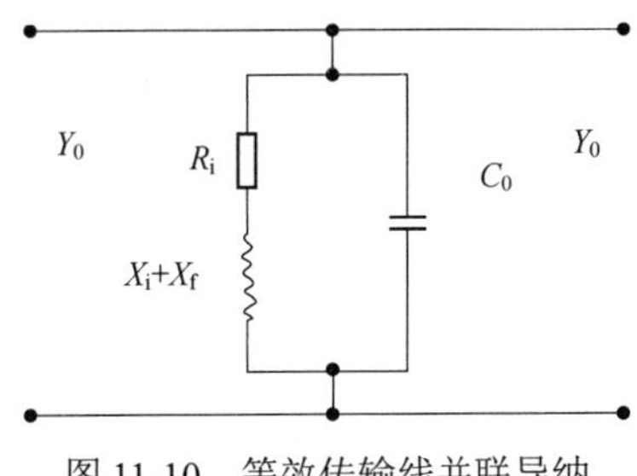

图 11-10　等效传输线并联导纳

$$SE = 20\lg\frac{1}{s\sqrt{(0.265\times10^{-2}R_f)^2 + \left[0.265\times10^{-2}X_f + 0.333\times10^{-8}f\left(\ln\frac{s}{a} - 1.5\right)\right]^2}} \tag{11-29}$$

式中，s 为金属网网距，m；a 为金属网的网丝半径，m；R_f 为金属网网丝单位长度的交流电阻，Ω/m；X_f为金属网网丝单位长度的电抗，Ω/m；f为频率，Hz。由上述公式可知，金属网材料导电性越好、金属网间距越密、网丝越粗，其电磁屏蔽效果越好。

随着频率升高，金属丝网的屏蔽效能呈下降趋势。一方面是因为金属网的电阻 R_i 和电抗 X_i+X_f 随频率的增大而增大，使得金属网的反射能力减弱；另一方面，每个网眼可以视为一段波导管，金属网存在一个截止频率，该截止频率与网眼的几何尺寸有关，当电磁波频率升高接近截止频率时，通过金属网的辐射量增多，屏蔽效能下降。当电磁波频率高于截止频率时，电磁波可自由通过，金属网屏蔽效能为零，因此金属网在超高频以上的频率将基本失去屏蔽能力。

（4）截止波导管屏蔽效能计算

穿孔金属板和金属网在超高频以上的频率将基本失去屏蔽能力，此时可使用截止波导管进行屏蔽。波导管可视为高通滤波器，其工作频段很宽，对其截止频率以下的所有频率都有衰减作用。截止波导管的最低截止频率 f_c 只与管的横截面内尺寸有关，其横截面积有圆形、矩形和六角形三种，如图 11-11 所示，截止波导管的长度至少要比其截面内径最大直线尺寸大三倍。

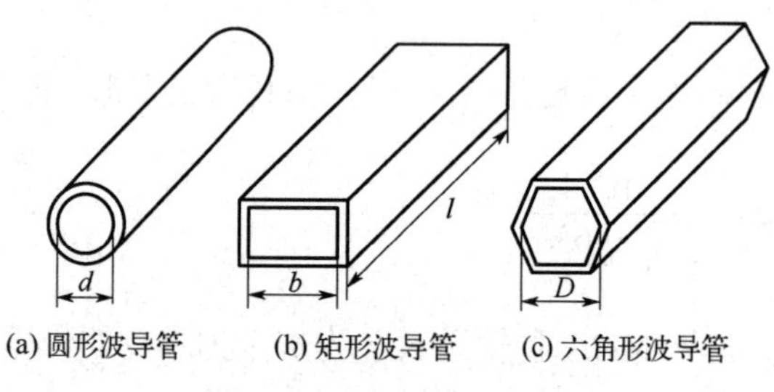

(a) 圆形波导管　(b) 矩形波导管　(c) 六角形波导管

图 11-11　波导管示意图

设圆形波导管内径为 d，矩形波导管内壁宽边尺寸为 b，六角形波导管的内壁外接圆直径为 D，设三种管的长度均为 l。

圆形、矩形和六角形波导管的最低截止频率 f_c（GHz）及波长 λ_c（cm）分别为：

$$\begin{cases} f_c = \dfrac{17.5}{d} \\ \lambda_c = 1.71d \end{cases} \tag{11-30}$$

$$\begin{cases} f_c = \dfrac{15}{b} \\ \lambda_c = 2b \end{cases} \tag{11-31}$$

$$\begin{cases} f_c = \dfrac{15}{D} \\ \lambda_c = 2D \end{cases} \tag{11-32}$$

截止波导管对电磁波的衰减 S 与管长 l 的关系式为：

$$S = 1.823 \times 10^{-9} f_c \sqrt{1 - \left(\frac{f}{f_c}\right)^2} l \tag{11-33}$$

式中，S 为截止波导管对电磁波的衰减，dB；f 为电磁波频率，GHz。一般选用截止波导管时，需要其截止频率远大于电磁波频率，即 $f_c \gg f$，将式（11-30）、式（11-31）和式（11-32）分别代入式（11-33）中可得：

圆形波导管的衰减为：

$$S = 32\frac{l}{d} \tag{11-34}$$

矩形波导管的衰减为：

$$S = 27.3\frac{l}{b} \tag{11-35}$$

六边形波导管的衰减为：

$$S = 27.3\frac{l}{D} \tag{11-36}$$

由上述各式可知，波导管的截面尺寸决定了其截止频率，波导管的深度决定其屏蔽效能。一般根据需要屏蔽电磁波的最高频率确定截止频率，一般取 $f_c = (5 \sim 10) f_{max}$ ，然后根据截止频率计算截止波导管的截面的直线尺寸，根据电子设备的结构和加工条件选择波导管的形状，最后根据所需的屏蔽效能计算波导管的长度，一般要求 $l \geqslant 3d$ ，$l \geqslant 3b$ 或 $l \geqslant 3D$ 。

11.2.3 孔隙泄漏的抑制

在一定频率范围内，将金属丝网覆盖在大面积的通风孔上，能有效防止电磁泄漏。金属丝网结构简单，成本低，通风量较大，适用于屏蔽要求不太高的场合。通风孔洞尺寸越大，电磁泄漏越严重，为提高屏蔽效能，可在满足屏蔽体通风量要求的条件下，以多个小孔来代替大孔，构成屏蔽性能稳定的穿孔金属板，其结构形式包括两种：一种是直接在屏蔽壁上打孔；另一种是单独预制成穿孔金属板，再安装到屏蔽体的通风孔洞上。在开孔时，孔的长边方向应与电磁场方向平行，由于电磁场方向很难统一判断，所以尽量避免开矩形孔，而采用圆孔，穿孔金属板可避免金属丝网接触电阻不稳定的缺陷。

金属丝网和穿孔金属板在超高频段屏蔽效能将大为降低，尤其是当孔眼尺寸不是远小于波长甚至接近于波长时，辐射泄漏将更为严重。因此在超高频段，亟需设计一种既能满足通风散热要求，又能满足电磁兼容性要求的通风孔结构。

由电磁理论可知，波导对于在其内部传播的电磁波起着高通滤波器的作用，高于截止频率的电磁波才能通过，因此可以使用截止波导式通风窗防止电磁泄漏，与金属丝网和穿孔金属板相比，其工作频段很宽，对截止频段下任何波段都有衰减能力。同时截止波导式通风窗对空气的阻力小，风压损失小，机械强度高，工作稳定可靠。其缺点是制造工艺复杂、体积大、制造成本高。

接缝包括永久性接缝（不可拆接缝）和非永久性接缝（可拆接缝、装配面接缝）。对于永久性接缝，通常对接缝处进行焊接处理，连续焊的屏蔽效果最好，能保持结合处良好的电连接，采取点焊形式时，焊点间距不宜过大。

对于非永久性接缝，通常采取以下措施抑制电磁能量的泄漏：提高装配面的加工精度，保持接触面的清洁，利用紧固件保持一定压力，以减小缝隙宽度和长度，减少电磁能量的泄漏。根据电磁场理论，具有一定深度的缝隙均可看作波导，而波导在一定条件下可以对在其内部传播的电磁波进行衰减，深度越深，衰减越多。图 11-12 为增加缝隙深度 t 的两种方案。

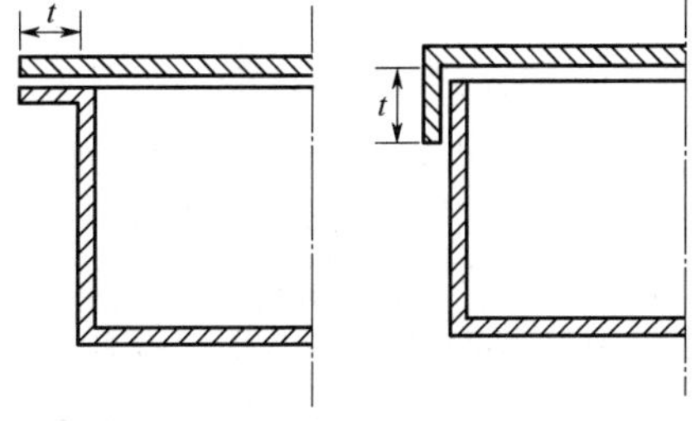

图 11-12　增加缝隙深度的方案

装配件的结合处会有缝隙存在，在较高频段，电磁波波长接近缝隙长度时，会发生严重的电磁泄漏，最理想的方法是将缝隙焊接，但在许多场合这是不现实的，通常使用的方法是在缝隙处使用电磁密封衬垫，电磁密封衬垫的两个基本特性是导电性和弹性，使其一方面可以填充缝隙，另一方面可以保持结合面处良好的电接触。常用的衬垫包括金属丝网衬垫、导电橡胶、导电布衬垫、螺旋管衬垫、梳状指形簧片、硬度较低易于塑性变形的软金属等。此外，还可以在结合面使用紧固螺钉，一方面，螺钉连接处能够保证装配件间的电接触；另一方面，螺钉作为紧固件，可以起到增大板材和导电衬垫之间的接触压力、减小缝隙宽度、减少电磁泄漏的作用。加固螺钉的间距要适当，防止盖板在衬垫的弹力作用下变形，产生更大的缝隙。

屏蔽体上最大的开口是门，门和门框之间形成的缝隙是电磁能量泄漏的重要途径，因此对门进行充分设计是非常必要的。为保障门体与门框的电气连续性，常采取如下措施：门与门框之间通过电磁密封衬垫进行连接，电磁密封衬垫的材料、尺寸根据屏蔽效能要求确定；门框、门体组装时要保证平面度符合设计要求，门和门框要选用不易变形的材料制作；门的上下两边要设置楔形紧固装置，使其与门框紧密结合；门把手中间采用非贯通式轴，在轴中部采用非金属连接件使轴断开，防止因天线效应造成电磁波泄漏。大型屏蔽室中，由于经常有大型试验品进出，门的尺寸要求较大，可采取如下方法对门进行设计：将需要屏蔽的工作区布置于远离大门的区域，此时大门可使用普通钢板，门缝可不做密封处理；空间许可且不妨碍运输的情况下，可考虑将大门设计为从相邻房间进入，不直接对室外开放，此时大门内外的场强差相对较小，门缝可从简处理；在门体和门框上设置良好的电气连接点，使大门的屏蔽效能与主屏蔽体等效。

11.2.4 导线的处理及屏蔽体的接地

在实际应用中，总会有导线穿过屏蔽体，至少会有一条设备的电源线，导线会辐射电磁干扰波，造成电磁污染，因此也需要对导线进行适当处理。

双绞线是一种常见的自屏蔽方法。将两根导线绞合在一起，既可主动防止自身对外界的辐射，又可抵御外来磁场对绞线回路的干扰，双绞线可同时实现对磁场的主动屏蔽和被动屏蔽，单位长度绞合数越多效果越好。当多芯电缆中多对双绞线时，应注意各对双绞线之间的相对位置。各对双绞线最好采用不同的绞距，防止各线对之间相互干扰。双绞线本身没有电场屏蔽作用，通常在其外围包一层金属屏蔽层，构成屏蔽双绞线，屏蔽层接地就能产生电屏蔽。

电缆的屏蔽层包括金属丝编织层、软导管、金属硬管等。金属丝编织层使用方便、质量小、成本较低，已得到广泛应用。一般而言，编织层的屏蔽效能随编织密度的上升而增加，随频率的升高而降低。屏蔽用的导线管包括钢管、铝管、铜管及铜箔铜管等，可分为皱纹软管和硬管。屏蔽层要有良好的接地，否则非但起不到良好的屏蔽效果，甚至将导致性能恶化。为了提高电缆的屏蔽性能，还可采用双层、三层和刚性屏蔽电缆等。

各设备未屏蔽的导线应分别铺设在金属管道内，并且与可能产生高电平电磁干扰的电气设备、电力电缆等保持足够距离。导线附近总是存在磁场，而磁场很容易经过孔隙造成泄漏，因此导线应尽量远离屏蔽体上的孔隙。

接地是指将一个电路、设备、分系统与参考地间利用低电阻导体连接起来，参考地可以指大地，也可以指具有足够面积的、能与大地起到相同作用的导体。接地可为设备上的静电电荷提供泄漏通路，避免设备由于电荷积累、电压上升而引起火花放电或对操作人员人身安全造成危害，同时为高频干扰电压提供低阻抗通路，防止其对电子设备造成干扰。正确的接地能抑制外来干扰对内部系统的电磁干扰，也能防止内部系统对外界造成电磁干扰；错误的接地可能会引入严重的干扰，甚至影响设备的正常使用及操作人员人身安全。

电磁屏蔽暗室对接地的质量要求较高，这是由其特性决定的。电磁屏蔽暗室的特性包括：电磁兼容试验所用频段较宽，从直流到千兆赫兹，甚至更高；多数测试信号为敏感的微弱信号，很容易受到干扰。

电磁屏蔽暗室的接地线应尽量短，高层建筑上的屏蔽室可通过建筑物的结构钢架接地；屏蔽暗室的接地电阻应小于 4 Ω，接地电阻主要取决于在接地体与大地间的接触电阻，因此要合理选择接地体、采取措施改善土壤导电性以减小接触电阻；通常同种金属焊接的接触电阻低于异种金属焊接的接触电阻，因此接地线应尽量选用与接地体相同的金属材料；当屏蔽室的接地线处于具有强电磁干扰的环境中时，可对接地线采取屏蔽措施，同时接地线不可与输电线平行铺设。

11.3 磁性屏蔽材料

11.3.1 高磁导率铁磁性材料

低频磁场（$f \leqslant 100$ kHz）的屏蔽常选用高磁导率铁磁性金属材料，利用其磁导率高、磁阻小的特点实现对磁场的分路作用。磁阻 R_m 与磁导率成反比，一般来说，材料的磁导率越高，屏蔽体越厚，对低频磁场的屏蔽效果越好。可用于低频磁场屏蔽的铁磁性材料包括：电工纯铁、硅钢、铁镍合金、铁铝合金等。

电工纯铁指纯度在 99.8%以上的铁，其应用最早、价格低廉、易于加工，至今仍广泛使用。电工纯铁的起始磁导率 μ_i 可达 300～500，最大磁导率 μ_{max} 为 6000～12000，矫顽力 H_c 为 39.8～95.5 A/m，饱和磁感 B_s 高达 2.16 T。纯铁型屏蔽材料主要用于强磁场屏蔽，可用于核磁共振成像磁铁的自屏蔽及车内屏蔽。

硅钢通常又称电工钢，指碳的质量分数在 0.02%以下，硅的质量分数为 1.5%～4.5%的铁硅合金。硅钢系列中，冷轧无取向硅钢薄带和冷轧取向硅钢薄带可用于低频磁屏蔽，其中冷轧无取向硅钢薄带硅质量分数为 3%，磁性能与热轧硅钢类似，可用于制造电抗器、变压器和磁屏蔽元件；冷轧取向硅钢薄带的硅质量分数约为 3%，通过形变和再结晶退火，利用 3% SiFe 多晶体中 {110} 〈001〉 高斯织构的取向形核和择优长大机理，可获得择优取向的铁硅合金，可用于脉冲电压器、高频变压器及通信用的磁屏蔽元件。

坡莫合金是指镍质量分数为 34%～84%的一系列 FeNi 合金，其最大的特点是在弱磁场下即具有高磁导率和高饱和磁感应强度，且成分范围宽，可通过改变成分和热处理工艺调节性能。坡莫合金的电磁屏蔽效果相比硅钢更为优越，其代表为 79 坡莫合金（镍质量分数 79%，铁质量分数 21%），牌号包括 1J76、1J79、1J80、1J86 等，广泛应用于雷达、航空航天、通信、广播及计算机技术等精密仪器仪表的屏蔽中。

铁铝合金是一系列不同 Al 含量的软磁铁合金的统称，Al 的质量分数一般为 6%～16%，Al 含量高于 18%时，合金将不再具有铁磁性同时脆性增加。铁铝合金具有成本低、密度低、对应力不敏感、温度稳定性好等优点，由于价格优势，铁铝合金常作为坡莫合金的替代品。FeAl 合金系中，Al 质量分数为 16%的 AlFe 合金具有低的矫顽力和高的磁导率，可用于高灵敏电机、小型功率变压器、滤波电感、磁屏蔽等。

11.3.2 磁性良导体金属材料

磁性良导体金属 Fe、Ni 等除具有较好的导磁性外，还具有较好的导电性，且相对于 Ag、Cu 等非铁磁性良导体金属成本较低，是较为理想的高频电磁屏蔽材料。磁性良导体金属材料在电磁屏蔽中的应用形式包括独立金属型屏蔽体、表面导电型屏蔽体、填充型屏蔽体和织物型屏蔽体等。

（1）独立金属型

将金属直接加工成相应结构和尺寸直接作为屏蔽体使用，包括金属板材、金属网材、波导窗、泡沫金属等。

金属板材如钢板、镀锌薄钢板等由于价格低廉、机械性能良好、来源广泛，常用于屏蔽室、舱门屏蔽、屏蔽机箱等处。频率较高时，能满足力学性能和工艺结构需求的金属板材厚度即能满足屏蔽需求。

金属网材指采用铁、不锈钢丝等材料制成的不同密度和规格的网，通常用于通风、散热孔的屏蔽。金属网材料导电性越好、金属网间距越密、网丝越粗，其电磁屏蔽效果越好。在高电磁频率使用环境中，金属丝网的屏蔽效能有着较为明显的下降趋势，超高频以上的频率环境中金属网将基本失去屏蔽能力。

波导窗（波导通风孔阵）通常由不锈钢、碳钢等材料制成，根据电磁场理论，波导管对于在其内部传播的电磁波起着高通滤波器的作用，只有高于波导管截止频率的电磁波才能通过。根据这一特性，可利用波导窗屏蔽低于其截止频率的电磁场。波导管的截止频率只与其截面内尺寸有关，设计波导窗时根据截止频率计算公式反推波导管所需的面积和尺寸，然后按尺寸确定波导管的长度。波导窗具有工作频带宽、屏蔽效能优良、通风良好等优点，缺点是体积较大、成本较高、制造成本高。

泡沫金属是由金属骨架和孔洞组合而成的多孔材料，具有高孔隙率的特点，与传统材料相比，多孔材料具有千变万化的微结构，在保持高孔隙率的前提下，孔径可逐渐由毫米级减小到微米甚至纳米级，具有良好的可设计性，可以根据不同应用需求对其微细观结构进行优化设计。泡沫型磁性良导体金属包括泡沫金属 Fe、泡沫金属 Ni、泡沫金属 Fe-Ni 等，是以 Ni、Fe 等为骨架，含大量胞孔的三维多孔金属材料。磁性良导体泡沫金属具有良好的电导率和磁导率，适用于电磁屏蔽领域，其在电磁屏蔽方面应用的优势在于：泡沫金属基体中存在许多孔洞，这种材料具有比重小、比表面积大的特点；泡沫金属中基体金属形成完全的导电网络，具有良好的导电性，其导电性可根据需要通过调节结构参数进行调节。泡沫金属的屏蔽性能与其孔径、厚度、致密度等有关，对于体积密度一定的泡沫金属，孔径的减小会使屏蔽效能上升，因为体积密度一定时，孔径越小，孔的数量越多，使电磁波在泡沫金属内部的反射次数增加，增长电磁波在材料内部的传播路径，增大吸收损耗；当体积密度和孔径一定时，在一定范围内，泡沫金属的厚度增大，会增长电磁波在其内部的反射路径，使吸收损耗增大，进而提高屏蔽效能；致密度的增大，会使泡沫金属的导电横截面积增大，使电导率上升，有利于提高屏蔽效能，但致密度升高到一定程度后，单纯增大致密度对屏蔽性能的提升幅度会较小。

（2）表面导电型

表面导电型屏蔽材料是指通过涂料、电镀、化学镀等手段在非导电基体、低密度基体上形成导电层，使其具备屏蔽电磁波的能力。

导电涂料包括 Ni 系涂料、Ag 系涂料和 Cu 系涂料等，通常由基体树脂、导电填料和溶剂等组成。将导电涂料涂覆于非导电基体表面后可在其表面形成一层导电的固化膜，利用导电层对电磁波进行反射、吸收，实现电磁屏蔽的目的。相比于成本较高的 Ag 系涂料和易氧化的 Cu 系涂料，Ni 系涂料导电性及价格适中，具有一定的化学稳定性和抗氧化性。

采用电镀法和化学镀法可将金属 Fe、Ni 及其合金沉积至非导电基体表面，使非金属基体表面形成导电金属层，从而具备电磁屏蔽能力。其电磁波屏蔽能力与镀层致密度、镀层厚度等有关，镀层越致密，导电性越高，屏蔽性能越好。

表面导电型屏蔽材料的优点是导电性好、屏蔽效果佳，在一定程度上解决了金属板材密度大的痛点，其缺点是该屏蔽材料二次加工性能较差，在使用过程中导电层易剥离、脱落。

（3）填充型

填充型电磁屏蔽材料由绝缘聚合物、导电性良好的填料及添加剂组成，经过挤出成型、注射成型等工艺制成导电胶等电磁屏蔽材料制品。磁性良导体金属填充型屏蔽材料中填料包括镍粒、镍片、镍纤维、铁纤维、不锈钢纤维等纯金属填料和镀镍颗粒、镀镍纤维等复合型填料。填充型复合屏蔽材料的屏蔽性能与填料的填料量、形态、分散程度等有关。

大量研究结果表明，填充型屏蔽材料的体积电阻率随着导电填料的增加，开始下降较慢，当填料量增加到某一临界值后，填料间形成导电网络，体系的电阻率会急剧下降，屏蔽效能快速升高，在突变之后，体积电阻率随填料量变化的变化程度又恢复平缓，屏蔽效能增加缓慢，此后再通过增加填料量以提高屏蔽效能不太经济。通常称导电填料的临界含量为渗滤阈值，不同填料的渗滤阈值不同，填料相同时，对于不同聚合物基体，其渗滤阈值也不同，需根据实际要求选择合适的填料量。

导电填料的形态，尤其是长径比，对填充型屏蔽材料的屏蔽效果影响较大。高长径比填料之间可以相互搭接，使用具有一定长径比的片状或纤维状填料，更易形成导电网络。在填充型屏蔽材料导电能力相同情况下，与各向同性填料相比，高长径比填料可使填充量大大降低。

填料在基体中分散越均匀，越有利于在低填料量下形成导电网络，当填料在基体中出现沉降、偏聚、团聚后，需要加大填料量才能形成有效的导电网络，这可能会使制备成本升高、屏蔽体机械性能下降。

与表面导电性屏蔽材料相比，填充型屏蔽材料可以使材料加工成型与实现屏蔽同时完成，且不会出现表面导电型屏蔽材料导电膜被划破、剥离或脱落从而影响屏蔽效能的情况。填充型屏蔽材料具有良好的柔韧性，作为电磁屏蔽材料使用的同时还可起到缓冲、密封、抗震的作用。

（4）织物型

电磁波屏蔽织物在保持织物原有某些特性的同时还能获得良好的导电性，可以对其进行缝制、黏结等操作，易于被制成不同的几何形状，以便于对电磁辐射源进行屏蔽，还可制成屏蔽服、屏蔽帽等使人体免受电磁辐射的危害。电磁屏蔽织物大致可分为金属纤维屏蔽织物和金属敷层织物两大类。

金属纤维屏蔽织物中，常用的磁性良导体金属纤维有不锈钢、铁铬铝等。将金属丝或将金属丝抽成纤维状，与常用的纺织纤维进行混纺；或者以金属为芯，以常用纺织纤维进行包覆制成包芯纱；或者以其他纺织技术将金属纤维与纺织纤维进行结合制成的电磁屏蔽织物称为金属纤维电磁屏蔽织物。金属纤维屏蔽织物中的金属纤维形成金属网，通过金属网对电磁波反射实现屏蔽的目的。金属纤维屏蔽织物的屏蔽性能与金属纤维含量、经纬纱线排列、织物组织结构、成纱方式等有关。

一般情况下，金属纤维混纺纱排列密度越大，金属纤维含量越高，金属纤维间形成的金属网越密集，网距越小，则织物的屏蔽效能越好，金属纤维含量增加到一定程度后，屏蔽效能随之的变化也趋于稳定。经纱和纬纱同时使用金属纤维的织物能形成较完整的纵横交错的金属屏蔽导电网，其屏蔽效能比一组经纱（或纬纱）单独使用金属纤维的屏蔽效能要高。织物的组织可分为平纹组织、缎纹组织、斜纹组织等，平纹组织交织点多，结构紧密，金属纤维形成的孔洞和缝隙较少，金属网网距小，电磁波透射量少；缎纹组织交织点少，金属纤维构成的屏蔽网较疏松，金属网网距大，屏蔽性能较差；斜纹组织介于平纹和缎纹之间。成纱方式包括金属长丝的包覆纱和包芯纱及金属短纤维混纺纱等，包芯纱网距较小，金属短纤纱次之，包覆纱最大，因此，包芯纱屏蔽效能最好，金属短纤维混纺纱次之，包覆纱最差。

金属敷层织物是指通过涂覆、化学镀等手段在织物表面形成导电层，利用该导电层对电磁波的反射、吸收等效应实现对电磁波的屏蔽。磁性良导体金属涂层织物是指将含有 Ni 粉等导电物质的涂料涂覆于织物表面，涂料固化后会在织物表面形成导电层，使其具备屏蔽电磁波的能力。金属镀层织物是有两种制作方法：一种是直接在织物表面进行镀层处理，形成屏蔽层，可通过调控镀层厚度对屏蔽性能进行调节，但该种织物色泽单一、透气性差、比较笨重、不能弯曲，多用于工业和军工等特种场合；另一种是在普通纤维或纱线上进行镀层处理，然后混纺或交织织造成电磁屏蔽织物，这种织物的屏蔽性能好，可以通过调控金属离子含量及织物结构以调节其屏蔽效能，与金属含量相同的不锈钢纤维混纺织物相比，这种织物的屏蔽性能更好。

由上述可知，每种屏蔽材料都有自己的特点和适用场景，做人也是如此。一个人可能无法精通所有领域，术业有专攻，但可以客观、深入、全面地分析自身的缺点与长处，在适合自己的领域不断深耕、钻研，对这些领域的发展作出贡献。在当代人才强国战略和追求创新发展的背景之下，我国对高质量的人才需求越来越大。高质量人才可能不是做到各个领域都精通的人才，而是通过自身努力在某些领域不断钻研，并推动该领域发展的人才。因此，可以根据自身情况找准方向，并朝着这个方向坚定信心、脚踏实地、努力学习、潜心研究，培养自己的突出技能，努力为我国的持续发展作出贡献。

11.4 电磁屏蔽材料应用

11.4.1 环境防护

环境中污染源大致可以分为天然电磁辐射和人为电磁辐射污染源两大类。a. 天然的电磁辐射污染主要指自然界产生的电磁辐射，包括地球和大气辐射、宇宙辐射等，这些自然现象很难人为干预。b. 人为电磁辐射污染产生于人工制造的若干系统、电子设备与电气装置，包括广播电视、通信设施、工业科学医疗设备、交通系统、高压电力系统、家用电器。这些电磁波通常频率范围较宽，影响范围较大，遍布生活中的各个角落，已成为电磁污染的主要因素，而且往往与工作生活密切相关，也为防护电磁波带来了巨大的困难和挑战。

对于环境中的电磁辐射，可以采取以下防护措施：

① 合理规划区域布局。城市中电气、电子设备密集的工业区应远离居民区，企业中中

级强度以上的电磁辐射源应远离一般工作区和职工生活区，重点辐射源集中区域需设置安全隔离带，尽量减少对人群密集区域的辐射强度。

② 屏蔽防护。对于电磁辐射源，利用屏蔽体阻碍设备（场源）电磁波的传递和向外界的发散，把发射出的电磁波控制在标准规定的距离及频率范围内。对于敏感电子设备，也可利用屏蔽体抵御外来电磁波的干扰。根据屏蔽体内物体的大小、形状、屏蔽要求的不同，可选用屏蔽室、屏蔽罩、屏蔽网等不同形式的屏蔽体。

③ 吸收防护。根据辐射源频率选择相应的电磁波吸收材料敷设在源区周围，抑制辐射源电磁辐射的扩散。

④ 合理绿化。绿化林带对电磁能量有吸收作用，合理布置绿化带，以增加电磁波在媒介中的传播衰减。

⑤ 加强个人防护。办公和家用电器购买合格产品，尽量不要集中摆放，使用时控制其与人体的距离，尽量避免多种电器的同时使用。长期在辐射源附近工作的人员等需要穿上屏蔽织物制成的防护服。还需注意电磁辐射污染的环境指数，如果附近环境电磁污染比较高，必须采取相应的防护措施，或请有关部门帮助解决。

11.4.2 精密仪器

医疗、工业、科学精密设备中使用了各种高敏感性电气、电子元件和部件，并且会与电脑、移动通信设备等相结合，构成远程操作系统。这些设备会受到周围电力、电子设备电磁辐射的干扰，可能会导致数字系统出现波形上的噪声、显示数值的较大误差以及图像上的伪影和失真，甚至导致设备进入瘫痪状态。为避免精密仪器受到干扰，影响其正常使用，可采取如下措施：

① 对新设备进行设计和生产时，要根据国家相关标准，选择低辐射基材，对设备线路进行合理设计，从辐射源侧减少电磁干扰。

② 电磁辐射强度会随传播距离的增长而衰减，因此可以适当使敏感设备远离辐射源，减小传播至敏感设备上的辐射强度。实际应用时，需对设备的摆放进行合理规划，射频设备集中区域需要建立有效防护范围。

③ 选择低辐射基材和合理设计线路无法完全避免电磁辐射的发出，使敏感设备远离辐射源的措施往往受到实际空间大小的限制，因此可以使用屏蔽材料对设备进行屏蔽防护，一方面防止自身辐射向外界逸散，另一方面防止外界辐射对自身造成干扰。

11.4.3 通信电缆

通信电缆的干扰源包括天电噪声、地球外噪声等的自然干扰源，来自工业设备、电力设备、电子通信设备等的人为干扰源，通信电缆之间还存在辐射干扰和传导干扰。为了提高电信电缆的通信质量，防止通信质量下降甚至信号中断，对系统电缆进行布线时可采取以下措施：

① 合理选择线缆。在满足系统使用要求的前提下，线缆的长度要尽量短，电缆的芯数尽量与所需要的芯数相同，避免电缆中有多余的导线。此外，可以选择具有屏蔽能力的电缆，降低因外部磁场耦合导致线束中存在的射频干扰和电磁干扰。

② 合理设计电缆布局。系统内电缆包括电源电缆、控制电缆、信号电缆等，根据干扰特性将电缆分为电源、控制电缆，射频敏感电缆和射频干扰电缆等类别。不同种类的电缆应

分开布设，分别铺设于不同的走线槽内，并且相互之间需要间隔一定距离，以削弱电缆间的辐射干扰，避免一条电缆感应或产生的电磁干扰蔓延至整个系统。

③ 对电缆进行屏蔽。对于常规低频电磁环境，可以通过电缆结构设计和采用适当的屏蔽层来解决。在电缆传输的信号强度足够大，对电磁干扰的敏感度较低的情况下，可以采用双绞线对（或星绞组）分组成缆的电缆结构来达到抗干扰的目的；在电缆传输的信号强度较小，对电磁干扰的敏感度较高的情况下，可以在采用双绞线对（或星绞组）分组成缆的基础上增加屏蔽层来达到抗干扰的目的。采用外层的总屏蔽可以起到电缆抗外部干扰的目的，在线对或线组上增加分屏蔽可达到抗电缆内部串扰的目的。常规低频电磁环境中的电缆屏蔽通常可以选用铜丝（或带镀层）编织或缠绕形式，也可以采用铝带（或复合带）绕包形式。对于低频强磁场环境，电磁干扰主要为磁场干扰。涡流的屏蔽作用很小，主要依赖高磁导率材料起磁分路作用。在电缆的结构设计中，除采用常规的电场屏蔽结构外，还可在电缆的缆芯外增加铁氧体材料的屏蔽层，较理想的结构是多层的铁氧体材料组成的屏蔽层。在高频电磁环境下为了提高屏蔽的效果尽可能采用低电阻率的导体材料作为屏蔽层，屏蔽层的电阻率越小屏蔽效率越高，可采用圆线或扁线编织、缠绕也可采用薄带材料绕包或其他组合形式的屏蔽结构。当干扰源强度较高时可以采用分屏蔽、多层复合总屏蔽的电缆结构甚至可以采用多层屏蔽来达到抗强干扰的目的。

④ 合理布置接地线。为防止由各电子设备的公共接地线引起干扰，应把各设备的接地线分别设置，大电流用的接地线需与其他接地线分开，射频设备接地线与工频设备接地线分开设置。若接地线使用的是裸导线，裸导线应该与建筑物电器绝缘。否则当电流流经建筑物时，即使接地线分开设置，也会由于某些系统的电流而造成干扰。同时，应做好信号线的屏蔽外皮接地。若屏蔽线不是一点接地，而是两点或多点接地，则会有部分电流流过屏蔽层，同时产生电压降（即干扰电压）而形成干扰源，屏蔽线外皮上所产生的电压降将对其内部的信号线产生很大的感应效应，屏蔽线常要求采用一点接地，即屏蔽线的一端接地，而另一端悬空或用绝缘材料将屏蔽线外层包裹起来。

⑤ 使用滤波器。在电缆的端口处安装低通滤波器，滤除导线上不必要的高频电磁波，可以有效滤除电缆上的干扰，减小电缆中高频电流产生的电磁辐射，降低电缆间的相互干扰，提高传输信号的质量。

11.4.4 工程应用

随着5G时代的到来和电子工业的发展，电子设备性能升级、集成度提升、精密度提高，电磁屏蔽材料将广泛应用于通信设备、计算机、手机终端、汽车电子及家用电器等领域。近年来，电磁屏蔽的市场规模不断扩大，2020年全球电磁屏蔽材料市场规模约为68亿美元，预计到2025年，全球电磁屏蔽材料市场规模将达到92亿美元。

目前，国外主要电磁屏蔽材料企业包括美国莱尔德和美国固美丽，国内企业包括东邦股份、飞荣达、中石科技等。我国电磁屏蔽领域起步较晚（2000 年左右），国内企业已逐步接近国际先进水平，目前国内部分企业的部分产品已进入IT大品牌的供应链，比如方邦股份生产的电磁屏蔽膜已应用于三星、华为、OPPO、VIVO、小米等众多知名品牌的终端产品，其电磁屏蔽膜的性能可媲美日本拓自达产品；飞荣达的导热硅胶、导电塑料等 EMI 材料和器件在华为、中兴等通信机柜、基站中应用；中石科技的产品也在爱立信、华为、中兴的通信产品中有部分应用。

工程应用案例：

FPC（flexible printed circuit）是柔性印制线路板，属于印制线路板（printed circuit board，PCB）的一种，是电子产品的关键电子互联器件，采用柔性的绝缘基材制成，具有许多硬性印制电路板不具备的优点，如配线密度高、重量轻、厚度薄、弯折性好等。利用FPC可大大缩小电子产品的体积，符合电子产品向高密度、小型化、高可靠性发展的方向，FPC在智能手机、平板电脑、笔记本电脑、通信设备计算机外设、可穿戴设备、数码相机等产品以及航空航天、国防军工等领域上被广泛使用。

电子元器件在运行过程中会产生电磁波，电磁波会与电子元器件作用形成电磁干扰。随着现代电子产品的发展，FPC趋于高频高速化，产生的电磁干扰越来越严重。电磁屏蔽膜能有效抑制电磁干扰，且能降低FPC中传输信号的衰减，降低传输信号的不完整性。自2000年日本企业拓自达开发出金属合金型电磁屏蔽膜以来，电磁屏蔽膜的技术一直被日企垄断。方邦股份于2012年研发出了具有自主知识产权的合金型电磁屏蔽膜，打破了日本企业在该领域的垄断，随后还于2014年通过自主研发推出了屏蔽效能更高并可大幅降低信号衰减的微针型电磁屏蔽膜，取得较好的效果，已应用于众多知名品牌的终端产品，且可应用于5G等新兴领域。

除FPC屏蔽外，电磁屏蔽材料还可应用于射频前段屏蔽、芯片屏蔽、通信机柜屏蔽等。5G通信技术和电子制造业的发展会带来电子设备内部器件集成度的升级，使得设备内部空间更加紧凑、干扰源增多，这将促使电磁屏蔽材料将向厚度更薄、屏蔽效能更高、屏蔽频率更宽、综合性能更优良的方向发展。

习题

参考答案

11-1　简述电场屏蔽原理。

11-2　简述磁场屏蔽原理。

11-3　简述电磁屏蔽原理。

11-4　简述电磁屏蔽效能定义。

11-5　根据传输线理论，简述屏蔽体电磁屏蔽效能的计算。

11-6　简述抑制屏蔽体上电磁波孔隙泄漏的方法。

11-7　简述截止波导管电磁衰减计算。

参考文献

[1] 刘顺华, 刘军民, 董兴龙, 等. 电磁波屏蔽及吸波材料[M]. 北京: 化学工业出版社, 2013.

[2] 闻映红, 周克生, 崔勇, 等.电磁场与电磁兼容[M]. 北京: 科学出版社, 2010.

[3] 杨克俊. 电磁兼容原理与设计技术[M]. 北京: 人民邮电出版社, 2004.

[4] 雷振烈. 电子设备的防干扰设计[M]. 天津: 天津科学技术出版社, 1985.

[5] 蔡仁钢. 电磁兼容原理、设计和预测技术[M]. 北京: 北京航空航天大学出版社, 1997.

[6] 白同云, 吕晓德. 电磁兼容设计[M]. 北京: 北京邮电大学出版社, 2001.

[7] 吴王杰, 武文远, 龚艳春. 大学物理学[M]. 北京: 高等教育出版社, 2018.

[8] 赵玉峰, 肖瑞, 赵东平, 等. 电磁辐射的抑制技术[M]. 北京: 中国铁道出版社, 1980.

[9] 严密, 彭晓领. 磁学基础与磁性材料[M]. 浙江: 浙江大学出版社, 2006.

[10] 荒木庸夫，赵清. 电子设备的屏蔽设计[M]. 北京：国防工业出版社, 1975.

[11] Liang C B, Gu Z J, Zhang Y L, et al. Structural Design Strategies of Polymer Matrix Composites for Electromagnetic Interference Shielding: A Review[J]. Nano-Micro Letters, 2021, 13(11): 330-358.

[12] 管登高. 防电磁信息泄密宽频带电磁波屏蔽集成复合材料研究[D]. 成都:四川大学, 2004.

[13] 王连坡，茅文深. 电磁屏蔽技术在结构设计中的应用[J]. 舰船电子工程, 2009, 29(01): 173-177.

[14] 朱德本. 电磁屏蔽室建筑设计[J]. 工业建筑, 1995, (06): 27-31+52.

[15] 孙光飞，强文江. 磁功能材料[M]. 北京：化学工业出版社, 2007.

[16] 王会宗. 磁性材料及其应用[M]. 北京：国防工业出版社, 1989.

[17] 马向雨. 铁基磁屏蔽梯度复合结构材料制备与屏蔽性能研究[D]. 哈尔滨:哈尔滨工业大学, 2015.

[18] 陈先华，刘娟，张志华，等.电磁屏蔽金属材料的研究现状及发展趋势[J].兵器材料科学与工程, 2012, 35(05): 96-100.

[19] 张翼，宣天鹏. 电磁屏蔽材料的研究现状及进展[J]. 安全与电磁兼容, 2006, (06): 77-81.

[20] 段玉平. 炭黑、聚苯胺及其填充材料的制备和电磁特性[D]. 大连理工大学, 2006.

[21] 王鸿莹. 镍/铁基电磁波屏蔽涂料的研究[D]. 成都：四川大学, 2007.

[22] 杜仕国. 屏蔽电磁波干扰塑料及其开发动向[J]. 塑料科技, 1995, (02): 1-4.

[23] 谭松庭，章明秋，曾汉民. 屏蔽 EMI 用导电性高分子复合材料[J]. 材料工程, 1998, (05): 6-9.

[24] 王慧. PVDF 基复合材料的微观结构设计与电磁屏蔽性能研究[D]. 合肥:中国科学技术大学, 2018.

[25] 商思善. 屏波织物及其应用[J]. 安全与电磁兼容, 2002, (02): 43-45.

[26] 陈颖. 高分子屏蔽材料的研究[D]. 北京：北京服装学院, 2008.

[27] 金永安. 金属纤维织物的结构与电磁屏蔽效能研究[J]. 黑龙江纺织, 2007, (04): 8-10.

[28] 席嘉彬. 高性能碳基电磁屏蔽及吸波材料的研究[D]. 杭州：浙江大学, 2018.

[29] 胡树郡. $Ti_3C_2T_x$ 及核壳结构 $Ti_3C_2T_x$@Ni 粉体的制备和电磁屏蔽性能研究[D]. 北京：北京交通大学, 2021.

[30] 吴同华. 多壁碳纳米管/高性能聚合物复合电磁屏蔽材料的制备与性能研究[D]. 长春：吉林大学, 2021.

[31] 董霞，孟昭敦.电磁环境及其安全防护[J]. 电气时代, 2005, (01): 114-115.

[32] 邓战满，高波，刘凤姣，等. 医疗电气设备的电磁防护[J]. 中国高新技术企业, 2008, (15): 53-55+58.

[33] 种银保，赵安，向逾.复杂电磁环境下现代数字医疗设备防护技术研究[J].医疗卫生装备, 2011, 32(03): 108-110.

[34] 刘文峰. 车载式卫星通信系统电缆布线的电磁兼容设计[J]. 计算机与网络, 2001, (20): 32.

[35] 李峰，樊群. 浅谈电磁兼容原理在电线电缆中的应用[J]. 光纤与电缆及其应用技术, 2011, (06): 4-7+33.

[36] 董彦涛. 电子设备电缆布线的电磁兼容设计[J]. 声学与电子工程, 2010, (02): 35-37.

[37] 彭娟. 屏蔽电缆的选择与施工[J]. 中国高新技术企业, 2009, (17): 149-150.

[38] 张立伟. 电线电缆在电磁兼容方面的设计要点[J]. 电气技术, 2010, (06): 81-84+88.

[39] 时吉，雷虹，张涛. 电子设备电缆布线方法[J]. 飞机设计, 2019, 39(02): 63-65.

第 12 章

电磁波吸收材料

电磁波吸收材料是主要通过将电磁能转化为热能或其他形式能量耗散掉的一类功能材料，又称吸波材料。近年来，5G 通信、物联网、人工智能等大量新型无线连接技术的迅速发展极大地便捷了人们的生产和生活，为人类社会进入智能化时代铺平了道路。然而，随之而来的电磁辐射和电磁干扰等电磁污染问题也不容忽视。据统计，全球空间电磁辐射能量平均每年增长 7%～14%，每 10 年可能将增加 3.7 倍。日益恶化的电磁环境不仅对人体的神经系统、免疫系统、生殖系统等造成危害，还会扰乱鸟类和昆虫的感官行为，影响植物的新陈代谢，威胁着整个生态系统。此外，严重的电磁辐射会干扰通信信号、精密仪表和电子设备的正常运转，引发电磁信息泄密等问题。在军事领域，吸波材料广泛应用于雷达隐身技术，它可以有效吸收侦察电波、衰减反射信号，抵御敌方的攻击和追踪，大大提高了武器装备的战场生存和突防能力。因此，研究吸波材料不仅是解决电磁污染问题的有效途径，同时也是国防科技发展的必然要求。

12.1 电磁波吸收原理

当电磁波能量抵至吸波体时，其电磁能量可分为三个部分：一部分能量由于材料与自由空间阻抗匹配的差异，会在材料表面发生反射，即反射能量；一部分能量可以进入吸波体的内部，并在传播过程中与材料发生相互作用而转化成热能或其他形式的能量被消耗掉，即吸收能量；同时还有部分未被材料吸收的能量将穿透吸波体，即透射能量。考虑到电磁波吸收材料通常负载在金属平面上，原始透射电磁波会在金属表面发生反射，并导致二次吸收和反射等现象。高性能的吸波材料应该尽可能使电磁波进入吸波体内部被吸收，而减少材料对电磁波的反射和透射作用。因此，吸波材料的设计通常需要满足两个条件：一是阻抗匹配，即使入射到材料表面的电磁波尽可能多地进入到材料内部，减少表面反射；二是衰减特性，即使进入到材料内部的电磁波迅速地被消耗掉。这就要求在吸波材料设计时需要综合调控电磁参数和损耗机制以获得最佳的吸波性能。

12.1.1 散射参数

通过测量材料的散射参数（S 参数），进而按照反射/传输法来计算材料的复介电常数 ε_r 和复磁导率 μ_r，并最终得到材料的吸收系数，是目前广泛采用的一种电磁兼容性能测试方法。

设空间与测试介质界面的反射系数为 Γ，传输系数为 T。通过二端口（2-port）矢量网络分析仪则可以测试得到：正向反射参数 S_{11}、正向传输参数 S_{12}、反向传输参数 S_{21}、反向反射参数 S_{22} 四个散射参数。同时对称网络满足 $S_{11}=S_{22}$ 和 $S_{12}=S_{21}$，可通过如下计算得到：

$$S_{11}=S_{22}=\Gamma\frac{1-T^2}{1-T^2\Gamma^2} \tag{12-1}$$

$$S_{12}=S_{21}=T\frac{1-\Gamma^2}{1-T^2\Gamma^2} \tag{12-2}$$

根据上述公式推导可以计算得出介质对电磁波的反射系数（R）、吸收系数（A）和透射系数（T）。根据能量守恒定律，具有如下关系：

$$R+A+T=1 \tag{12-3}$$

对于 S 参数，在测试中一般认为 S_{11} 为反射能量的总和，S_{21} 为透射能量的总和，则介质材料的电磁波吸收系数可表示为：

$$A=1-\left|S_{11}\right|^2-\left|S_{21}\right|^2 \tag{12-4}$$

12.1.2 电磁参数

慕课

电磁参数（介电常数 ε 和磁导率 μ）是电磁波与介质材料相互作用时产生的基本参数，也是评价吸波材料性能的重要依据。由于介质材料处于交变电磁场中，在外加电场作用下，材料内部正、负电荷中心由重合变为分离，产生电偶极矩并形成微弱电场。相应地，在外加磁场作用下，材料内部磁偶极子被激发并进行重新排列。因此，在交变电磁场中，介质材料将发生极化和磁化过程导致电位移矢量和磁感应强度的变化落后于外加电场和磁场的变化，此时介电常数和磁导率具有复数特征：

$$\begin{cases}\varepsilon=\varepsilon'-\mathrm{j}\varepsilon'' \\ \mu=\mu'-\mathrm{j}\mu''\end{cases} \tag{12-5}$$

式中，复介电常数和复磁导率的实部（ε'、μ'）为吸波介质在电磁场作用下发生的极化或磁化程度的变量，代表对电磁波能量的存储能力；复介电常数和复磁导率的虚部（ε''、μ''）为吸波介质在电磁场作用下发生的电偶极矩或磁偶极矩重排引起损耗的量度，代表对电磁波能量的损耗能力。

吸波材料衰减电磁波能量主要依靠介电损耗和磁损耗，通常采用损耗角正切值 $\tan\delta$（损耗因子）来表示材料对电磁波能量的损耗能力大小，关系如下：

$$\begin{cases}\tan\delta_\varepsilon=\varepsilon''/\varepsilon' \\ \tan\delta_\mu=\mu''/\mu' \\ \tan\delta=\tan\delta_\varepsilon+\tan\delta_\mu\end{cases} \tag{12-6}$$

式中，$\tan\delta_\varepsilon$ 为介电损耗角正切；$\tan\delta_\mu$ 为磁损耗角正切。从公式中可以看出，复介电常数和复磁导率的虚部越大，损耗因子越大，表明材料对电磁波的衰减能力越强，吸波性能越好。但是在实际应用中，过高的 ε'' 和 μ'' 值会导致阻抗匹配性变差，使得反射部分的能量出现增强。因此在吸波剂的选择和设计中，既要考虑减少电磁波在入射界面的反射，又要注意加强对介质内部电磁能量的吸收；也就是说，需要平衡阻抗匹配和衰减特性之间关系，才能获得高性能的吸波材料，这就要求材料具有适宜的电磁参数。

吸波材料对电磁波能量的衰减特性由电磁参数决定，可通过衰减常数 α 予以评估，表达式如下：

$$\alpha=\frac{\sqrt{2}\pi f}{c}\times\sqrt{(\mu''\varepsilon''-\mu'\varepsilon'')+\sqrt{(\mu''\varepsilon''-\mu'\varepsilon')^2+(\mu'\varepsilon''+\mu''\varepsilon')^2}} \tag{12-7}$$

由公式可知，衰减常数基于复介电常数和复磁导率，综合了吸波介质对入射电磁波能量的介电损耗和磁损耗能力，可直接反映出材料对电磁波的吸收衰减效果，α 值越大，吸波材料的衰减能力越强。

12.1.3 介电损耗

入射电磁波与介质材料之间的特征电子相互作用所导致的电磁能量耗散被描述为介电损耗。吸波材料的介电损耗主要来源于传导损耗和极化损耗。

传导损耗是在外加电磁场中，介质材料产生的感应电流克服对定向电流的阻力产生焦耳热，从而消耗电磁波能量。根据自由电子理论，电导率 σ 与复介电常数虚部 ε'' 有以下关系：

$$\varepsilon'' \approx \sigma / 2\pi\varepsilon_0 f \tag{12-8}$$

由公式可以推断，高的电导率（低电阻率）可以提高材料的介电损耗能力。值得注意的是，这里的电导率指的是外加电磁场的电导率，通常称之为微波电导率。在微波区域，微波能量通常不足以激发或加速载流子在吸波材料中的迁移，因此，微波电导率可近似认为是其在静态场下的电导率。然而，根据静态场中的现象，过高的电导率将会形成连续的传导电流，导致材料与自由空间的阻抗不匹配，从而形成涡流并辐射反向电场，不利于电磁波的吸收，所以吸波材料的电导率需要设计合理。

与传导损耗不同的是，极化损耗不会产生对入射电磁波能量的反射，因此被认为是理想的介电损耗形式。电介质根据正、负电荷中心是否重合可分为极性和非极性两类。非极性介质在没有外加电场作用时，正、负电荷中心彼此重合而不显电性，但当有外加电场作用时，正、负电荷在电场中对向移动而形成正、负电荷中心不重合的电偶极子。反之，极性介质在没有外加电场作用时，正、负电荷中心不重合而具有电偶极矩，其在热运动的作用下杂乱排列从而不显电性，但当有外加电场作用时，偶极子沿外场方向取向排列，在介质表面形成束缚电荷。极化就是指在外加电场的作用下，介质分子产生电偶极矩并运动形成微弱电场的过程。

电介质的极化机制主要包括分子（偶极）极化、原子极化、离子极化、电子极化和界面极化。其中，电子极化是由电子云在外电场作用下引起的极化过程，而离子、原子和分子极化归根结底都可看作是相应电子云的极化。对于电子极化，由于电子质量很小，所以极化持续时间很短，所对应的特征频段相对较高，同理，离子和原子极化与电子极化类似，通常发生在红外和紫外线区域（10^3～10^6 GHz）。然而，分子极化虽然也是以电子极化为基础，但是由于分子质量相对较高，其电子云极化更为复杂，极化持续时间相对较长，因而可以在微波频段进行作用。电介质分子的极化需要一定的时间，而在交变电场作用下，当这种极化落后于外场频率变化时，便产生了极化的滞后，从而导致介电损耗。一般认为，吸波材料的极化损耗主要是由分子极化和界面极化贡献的。

分子极化也被称为偶极极化，是指极性或非极性分子中的偶极子在交变电磁场作用下的运动过程。对于非极性分子，由于没有本征偶极子，其偶极子是在外场作用下正负电荷发生相对移动产生的，因此也称为位移极化；对于极性分子，本征偶极子在外场作用下发生重排，转向沿外场方向取向排列，因此也称为取向极化。此外，在外加电场消除后，在热运动的驱动下，偶极子在将再次失向而杂乱排列，这个过程称为偶极弛豫。弛豫是热力学中的概念，指的是从平衡态到非平衡态再到平衡态的过程，因此，电介质突然外加或取消一个电场都会发生偶极弛豫过程。根据德拜弛豫理论，相对复介电常数可表示为：

$$\varepsilon_r = \varepsilon' - j\varepsilon'' = \varepsilon_\infty + \frac{\varepsilon_s - \varepsilon_\infty}{1 + j2\pi f\tau} \tag{12-9}$$

式中，ε_s 为静态介电常数；ε_∞ 为高频极限相对介电常数；τ 为极化弛豫时间。解得复介电常数实部和虚部为：

$$\varepsilon' = \varepsilon_\infty + \frac{\varepsilon_s - \varepsilon_\infty}{1 + (2\pi f)^2 \tau^2} \tag{12-10}$$

$$\varepsilon'' = \varepsilon_\infty + \frac{2\pi f\tau(\varepsilon_s - \varepsilon_\infty)}{1 + (2\pi f)^2 \tau^2} \tag{12-11}$$

推导得到 ε' 和 ε'' 之间的关系为：

$$\left(\varepsilon' - \frac{\varepsilon_s + \varepsilon_\infty}{2}\right)^2 + (\varepsilon'')^2 = \left(\frac{\varepsilon_s - \varepsilon_\infty}{2}\right)^2 \tag{12-12}$$

此公式可表示为在以 ε' 为横坐标，ε'' 为纵坐标的复平面内，是一个以（$\frac{\varepsilon_s + \varepsilon_\infty}{2}$，0）为圆心，$\frac{\varepsilon_s - \varepsilon_\infty}{2}$ 为半径的半圆，称为 Cole-Cole 半圆；一个 Cole-Cole 半圆对应着一个德拜弛豫过程，这是判断极化弛豫损耗问题常用的处理手段。通常，在多组分吸波材料体系中，偶极子易存在于晶体缺陷（如空位、杂原子、晶界等）上，因此缺陷诱导偶极极化来提高材料的介电损耗能力是当前的一个研究方向。

界面极化是由于异质界面两边的组分可能具有不同的极性或电导率，在外电场的作用下，电介质中的电子或离子在界面处聚集所引起的极化。一般认为，界面极化强度与频率和绝对电负性差有关（$\Delta\eta = |\eta_1 - \eta_2|$），材料的电负性（$\eta$）不同，对电子的吸引能力不同。在交变电磁场中，$\eta$ 值较低的组件中的电子将积聚在另一端 η 值较高的组件中，形成类似微型电容器的电子结构，随后恢复再聚集，从而使电磁波能量在这种周期性动力学过程中被消耗。目前，提高界面极化效应的方式主要有两种：一种是异质界面结构设计，依靠不同组件之间的介电特性差异来产生较强的界面极化；另一种是多孔或中空结构设计，依靠材料与空气之间的介电特性差异来提供界面极化。

12.1.4 铁磁损耗

入射电磁波与介质材料之间的特征磁相互作用所导致的电磁能量耗散被描述为磁损耗。吸波材料的磁损耗主要包括磁滞损耗、涡流损耗、畴壁共振、自然共振和交换共振。

磁滞损耗是由不可逆磁化过程所导致的磁感应强度随磁场强度变化的滞后效应引起的。在高频弱交变磁场作用下，铁磁体的磁化行为可逆，即不存在磁滞效应；当外加磁场增加到某一定值时，畴壁移动和磁矩转动便不再可逆，产生磁滞损耗。磁滞过程中产生的各种阻尼作用将消耗一部分外磁场提供的能量。磁化一周的能量损耗通常用磁滞回线围成的面积来表示。因此在低频弱磁场下，一般可通过磁滞回线形状、大小及其矫顽力和饱和磁化强度等参数来判断磁滞损耗行为。在微波区域，频率较高，磁滞损耗值一般被忽略不计。

畴壁共振是畴壁在外加交变磁场作用下的振动频率与交变磁场频率相同时所产生的共振现象，其通常存在于多畴材料体系中且出现在较低频段（1～100 MHz）。畴壁共振可分为共振型（阻尼系数很小）和弛豫型（阻尼系数很大）。因此，在微波吸收材料研究中，畴壁共振对磁损耗贡献可以忽略。

铁磁导体在外加交变磁场作用下产生垂直于磁通量的环形感应电流，称为涡流；感应涡流在铁磁导体内部产生焦耳热，从而造成相应的能量损耗，称为涡流损耗。一般来说，涡流损耗（C_0）与铁磁体厚度（d）和电导率密切相关，可表示为：

$$C_0 = \frac{2}{3}\pi\mu_0\sigma d^2 = \frac{\mu''}{(\mu')^2 f} \tag{12-13}$$

若 C_0 值随频率 f 变化而保持不变，则涡流损耗是磁损耗的唯一来源。值得注意的是，当外加磁场频率较大时，感应涡流会在导电性较好的铁磁金属（如 Fe、Co、Ni 及其合金等）上辐射反向磁场，导致材料仅在其表面的一个薄层中存在磁场，即为趋肤效应；这种特性会阻碍电磁波进入材料内部进行损耗，对吸收性能产生不利影响，因此需要对涡流损耗加以抑制。然而，对于铁氧体等磁性氧化物吸波剂，由于其电导率较低，在交变磁场中产生的涡流损耗作为一种磁损耗机制可加大对电磁波能量衰减，有利于电磁波的吸收。因此，在吸波材料设计中需要掌握增强或抑制涡流损耗的途径和方法。典型的，由涡流损耗产生的热量可表示为：

$$P = \frac{\pi^2 f^2 B_m^2}{5\rho} R^2 \tag{12-14}$$

式中，P 表示由涡流损耗产生的损耗功率，即热量；f 为施加的交变磁场频率；ρ 为电阻率；B_m 为磁感应强度；R 为材

料结构尺寸。由公式发现，可通过改变吸收体的结构尺寸和电阻率来调控涡流损耗强度。因此，对于铁氧体，增大材料的尺寸被认为是促进涡流损耗的有效方法；而对于磁性金属，需要通过减小尺寸或增加电阻率来抑制涡流行为，所以可通过复合电阻率较高的元素以及制备超细结构来避免趋肤效应，目前，磁性金属的高熵化和纳米化是吸波材料一个研究方向。

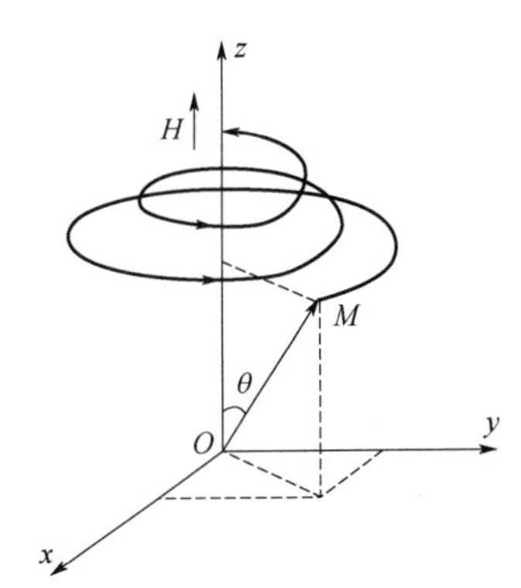

图 12-1 有阻尼作用的磁化强度进动示意图

自然共振是当铁磁材料在没有外加稳恒磁场的作用下时，由于磁性各向异性等效场的存在，与外加交变磁场共同作用产生的进动共振。当铁磁体内磁化强度 **M** 偏离易轴一个很小的角度时，磁化强度 **M** 将绕着易轴进动，如图 12-1 所示。进动方程为 Landau-Lifshitz-Gilbert（LLG）方程：

$$\frac{d\boldsymbol{M}}{dt} = -\gamma(\boldsymbol{M}\times\boldsymbol{H}) + \frac{\alpha}{M_s}\left(\boldsymbol{M}\times\frac{d\boldsymbol{M}}{dt}\right) \tag{12-15}$$

式中，M_s 为原子饱和磁化强度；γ 为旋磁比；α为阻尼因数。此时，外加交变磁场的角频率 ω 与磁性各向异性等效场所决定的本征角频率 ω_0 相等，复磁导率 μ'' 为极大值。因此，自然共振峰的频率与磁性各向异性等效场有关：

$$f_r = \frac{\gamma}{2\pi} H_{eff} \tag{12-16}$$

式中，f_r 为自然共振频率；H_{eff} 磁性各向异性等效场。根据公式（12-16）可知，在不考虑其他作用情况下，自然共振频率只取决于磁性材料的各向异性等效场，通常为形状各向异性和磁晶各向异性。

对于铁磁性粒子，根据 Aharoni 理论，还存在交换共振，可以表示为以下公式：

$$f_{exc} = (C\mu_{kn}^2 / R^2 M_s + H_0 - aM_s + \gamma H_a)\frac{\gamma}{2\pi} \tag{12-17}$$

式中，f_{exc} 是交换频率；C 是交换系数；a 是退磁因子；μ_{kn} 是贝塞尔球函数的特征根；

R 是粒子的半径；H_0 表示磁晶各向异性场；H_a 表示各向异性场。由公式（12-17）可以看出，在大尺寸颗粒中往往不存在交换作用共振，因为其主要能量相为静磁能。随着铁磁颗粒的粒径的减小至亚微米甚至纳米量级，将出现交换共振行为，且交换频率将向高频范围移动。因此，高频范围内的波动峰值通常归因于交换共振。

复磁导率随频率变化的关系定义为磁谱。对于典型的磁性材料铁氧体，其磁谱通常可分为五个频率区域，如图 12-2 所示。第Ⅰ区为低频波段（f＜10 kHz），复磁导率变化很小；第Ⅱ区为中频波段（10 kHz＜f＜1 MHz），复磁导率变化也很小，有时会产生内耗（μ'' 出现峰值）、尺寸共振和磁力共振现象；第Ⅲ区为高频波段（1 MHz＜f＜100 MHz），μ' 急剧减小而 μ'' 迅速增加，主要为畴壁的共振或弛豫；第Ⅳ区为超高频波段（100 MHz＜f＜10 GHz），μ'' 出现极大值而 μ' 在共振频率附近先升高后迅速下降，属于为自然共振；第Ⅴ区为极高频波段（f＞10 GHz，微波～红外），属于为交换共振，一般存在于铁磁性纳米颗粒中。

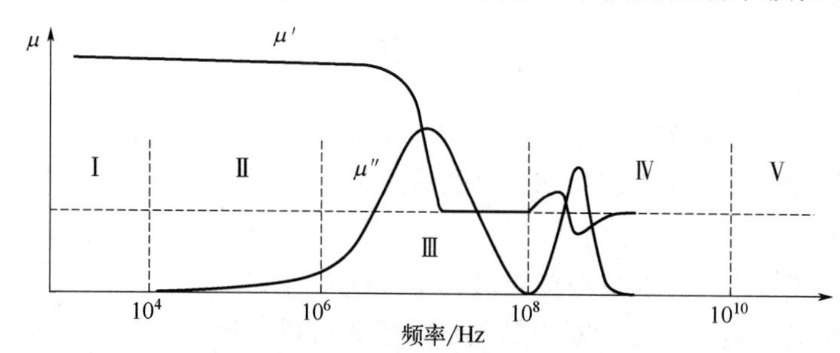

图 12-2　铁氧体的典型磁谱曲线图

12.1.5　阻抗匹配

慕课

良好的阻抗匹配特性是吸波材料实现高性能电磁波吸收的先决条件。当电磁波从自由空间入射到吸波材料表面时，在两者界面处发生反射或透射，电磁波能否透射进入吸波体内部关键在于材料与空气介质之间的阻抗是否匹配，只有尽可能地提高材料表面阻抗和自由空间阻抗的匹配程度，才能降低电磁波在吸波体表面的反射。根据电磁理论，电磁波从自由空间入射到吸波材料表面的反射系数 R 可表示为：

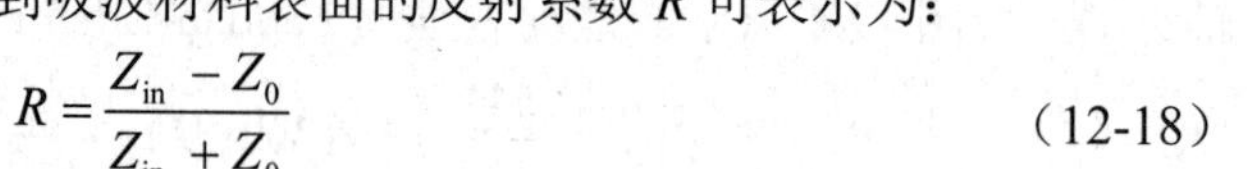

$$R = \frac{Z_{in} - Z_0}{Z_{in} + Z_0} \tag{12-18}$$

$$Z_{in} = \frac{E}{H} = \sqrt{\frac{\mu}{\varepsilon}} \tag{12-19}$$

$$Z_0 = \sqrt{\frac{\mu_0}{\varepsilon_0}} \tag{12-20}$$

式中，Z_{in} 和 Z_0 分别为吸波材料的输入阻抗和自由空间的特性阻抗；E 和 H 分别为电磁波在介质中传播时的电场强度和磁场强度；μ 和 ε 分别为吸波材料的磁导率和介电常数；μ_0 和 ε_0 分别为自由空间的磁导率和介电常数。当 $Z_{in}=Z_0$ 时，反射系数 $R=0$，$\mu_r=\varepsilon_r$，电磁波可以在界面全部透入材料内部而不发生反射，此时即达到阻抗匹配。可见，在吸波材料设计时，应该尽可能地使材料的介电常数与磁导率相近，以获得最佳的阻抗匹配。然而对于磁性材料来说，其介电常数往往远大于磁导率，因此如何调控电磁参数来满足阻抗匹配已成为磁性吸收材料研究的关键问题。

最近，研究人员提出了一种 Delta（Δ）函数计算法来进一步量化吸波材料的阻抗匹配程度，计算方式如下：

$$|\Delta|=\left|\sinh^2(Kfd)-M\right| \tag{12-21}$$

$$K=\frac{\left(4\pi\sqrt{\varepsilon'\mu'}S\sin\dfrac{\delta_e+\delta_m}{2}\right)}{\cos\delta_e\cos\delta_m} \tag{12-22}$$

$$M=\frac{4\mu'\cos\delta_e\cos\delta_m}{(\mu'\cos\delta_e-\varepsilon'\cos\delta_m)+\left[\tan\left(\dfrac{\delta_e}{2}-\dfrac{\delta_m}{2}\right)\right]^2(\mu'\cos\delta_e+\varepsilon'\cos\delta_m)^2} \tag{12-23}$$

式中，d 为吸波材料厚度；$\delta_e=\varepsilon''/\varepsilon'$，$\delta_m=\mu''/\mu'$，分别为电损耗角正切和磁损耗角正切值；$|\Delta|$的计算值代表吸波材料与自由空间的阻抗不匹配度。材料的$|\Delta|$值越大，表明材料的阻抗匹配特性越差，因此在研究中通常取$|\Delta|\leqslant 0.4$ 作为阻抗匹配的匹配值，$|\Delta|$值越接近于 0，则材料的阻抗匹配特性越好。

12.1.6 结构效应

吸波材料的设计除了依靠本征的介电损耗和磁损耗机制来衰减入射电磁波以外，还可以通过结构效应来实现对电磁波的干涉相消。当电磁波由自由空间入射至吸波体时，一部分电磁波会在材料表面产生反射(一次反射)，同时还一部分未被消耗的电磁波将在材料与基体(通常为金属）界面产生二次反射，并最终回到吸波体表面，当这两列反射波在吸波材料与自由空间界面处相位相反时，就会发生干涉现象，从而减弱或抵消原本会反射回去的电磁波，达到衰减电磁波的目的，这也是材料吸波性能的体现。

当吸波材料的厚度 d 为入射电磁波的四分之一波长（$\lambda/4$）的奇数倍时，一次反射和二次反射电磁波在相位上相差 180°，振幅相等，从而产生对电磁波的干涉相消，这即为四分之一波长理论，表达式如下：

$$d=n\frac{\lambda}{4}=\frac{nc}{4f\sqrt{|\mu_r||\varepsilon_r|}}\quad (n=1,3,5\cdots) \tag{12-24}$$

由此公式可以发现，利用干涉实现对电磁波的衰减吸收时，入射电磁波的频率越低，所需的吸波材料越厚。四分之一波长理论对吸波材料的结构设计具有十分重要的指导意义。

12.2 吸波体设计理论

慕课

从设计角度来看，吸波体通常由基体材料（透波剂）和吸波剂（又称吸收剂）构成。其中，基体材料通常为透波的高分子聚合物材料，主要起承载吸波剂和作为电磁波传输通道的作用；此外，基体中有时还会加入一些辅助材料（如黏结剂、阻燃剂、分散剂等）来满足吸波体的其他实际应用需求。吸波剂是吸波体对入射电磁波吸收消耗的关键组成部分，不仅需要有较强的介电损耗和（或）磁损耗能力来增强其衰减特性，还需要尽可能地使材料的介电常数与磁导率相近以满足阻抗匹配，二者缺一不可。然而，良好的阻抗匹配和强大的吸收能力往往是相互矛盾的，这就要求研究人员综合各方面的因素对吸波体进行合理设计。

12.2.1 设计目标

“薄、轻、宽、强”是理想吸波材料的四个特点，也是设计者所追求的目标性能。随着电子技术的飞速发展，电磁环境日益复杂，因此对吸波材料还提出稳定性好、多功能化、可调谐性等更高要求。针对这一目标，研究人员依据电磁波吸收原理，一般从吸波材料的频率与厚度、吸收效能与阻抗匹配以及形状与结构这三个方面进行考量与设计。

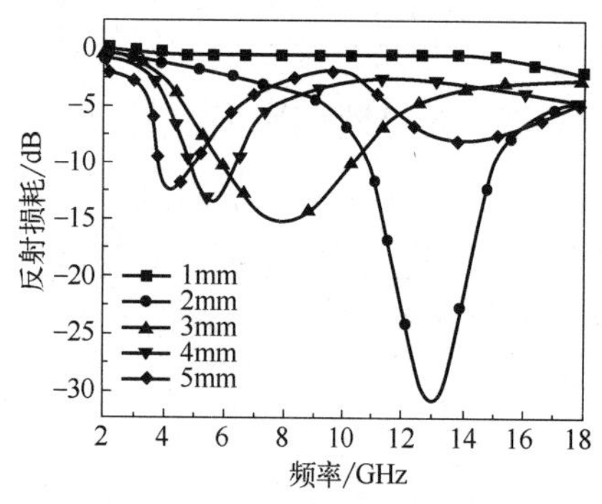

图 12-3 不同匹配厚度样品的吸波曲线

Ni(C)复合纳米粉体与石蜡基体质量比为 1∶1

匹配频率和厚度是评价吸波性能的两个重要指标，根据传输线理论给出的反射损耗 RL 计算式［见式（12-25）和式（12-26）］，对于给定的吸波剂（即 ε_r 和 μ_r 已知），若降低材料的匹配厚度 d，必然导致匹配频率 f 的增大。根据文献报道，在 RL-f 吸波曲线图中，f 对应的是曲线中吸收主峰的位置，可见随着匹配厚度的增加，吸收主峰向着低频方向移动，如图 12-3 所示。因此，要想在 d 或 f 一定时使另一指标有所改善，通常只能在吸波材料的形态和结构上进行设计，这在现有已知的各种优良吸波剂（如铁氧体粉、铁硅铝粉、羰基铁粉、炭粉等）上均有所体现。

吸波体中的透波剂和吸收剂的填充比决定了吸波体的阻抗匹配，进而决定了其吸收效能。较差的阻抗匹配特性会显著影响电磁波的入射行为，不利于吸波体对电磁能量的衰减吸收，只有阻抗匹配设计合理，才能获得优良的吸波效能。从阻抗匹配原理来看，反射系数 $R=0$ 即代表入射电磁波可以全部进入吸波体且不存在反射，因此透波剂（通常为高聚物绝缘材料）的添加将很容易获得极佳的阻抗匹配，然而这会相对减少吸波剂的填充量而导致吸波能力被大幅削弱。所以，处理吸波体吸收效能和阻抗匹配的关系就转化成吸波剂与透波剂在吸波体中所占有的最佳比例问题，找到吸波剂与透波剂的最佳填充比，就获得了相对良好的阻抗匹配，也就实现了最佳的吸波效果。根据文献报道，如图 12-4（a）和（b）所示，吸波剂（Co@C）与透波剂（石蜡）的填充配比样品中，吸波剂质量分数占 30%样品的吸波性能优于占 40%的，这是因为过量的吸波剂导致吸波体的介电常数过大而本征磁性能很小，如图 12-4（c）和（d）所示，从而导致阻抗匹配性能变差，吸波效能降低。

吸波体的形状和结构不仅影响其吸收性能，还会对力学性能、稳定性以及其他功能性造成影响，并且吸收性能与力学性能之间通常也是相互矛盾的，因此有必要对吸波体进行合理的结构设计。从成型工艺和承载能力上来看，吸波材料可分为涂覆型和结构型两大类。涂覆型吸波材料通常将吸波剂与黏结剂按一定配比混合后制成涂料而涂覆在目标表层来实现对入射电磁波的有效吸收，所以也称作吸波涂层。根据前面介绍可知，涂料中的吸波剂决定着对电磁波的损耗能力，而作为成膜物质的黏结剂必须是良好的透波材料，且需添加适宜的比例以达到阻抗匹配才能获得最佳的吸收效率。结构型吸波材料是将通过一定的结构设计在保证材料承载能力的同时赋予材料良好的吸波性能。因此，结构型吸波材料的综合性能更为优异，同时性能可设计性更强，已经成为近年来隐身材料研究的热点。

12.2.2 传输线理论的应用

由前述讨论可知，良好的阻抗匹配是提高材料吸波性能的关键，其理想状态即在吸波体表面具有零反射。对于单层吸波体，一是可以调控材料的电磁参数使其$\mu_r=\varepsilon_r$，则可实现材料表面阻抗和自由空间阻抗相匹配，然而材料的介电常数一般远大于其磁导率，所以这种设计很难实现。二是可以将吸波体负载在一层强反射板上，通过设计材料的电磁参数，使得进入吸波体内部而未被消耗的电磁波在经过底部反射后，在材料与空气界面处实现电磁能量的干涉相消，从而达到整个吸波体反射为零的目的。

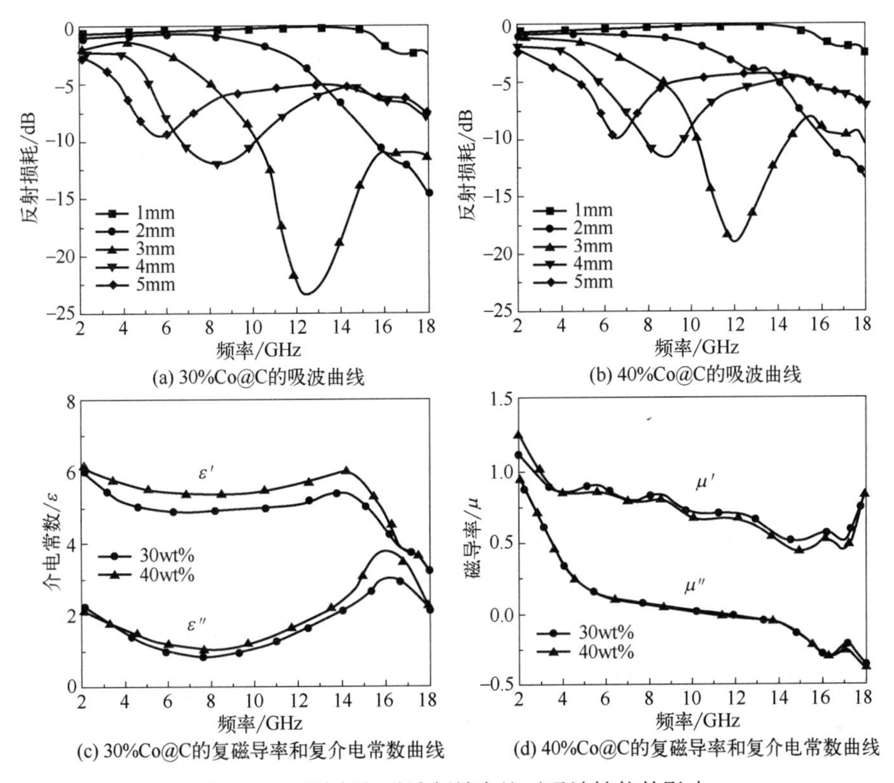

图 12-4　吸波剂与透波剂填充比对吸波性能的影响

基于传输线理论，对于单层均质吸波体，其定义为由一个对电磁波具有较强的反射作用的理想金属基板和一层均质的吸波材料组成，是一种最简单的吸波结构，通常用于研究吸波材料的吸收机理。设电磁波入射到有限厚度的单层吸波体表面的特性阻抗为Z_{in}，空气阻抗为Z_0，根据传输线理论有如下关系：

$$Z_{in}=Z_0\sqrt{\mu_r/\varepsilon_r}\tanh\left[j(2\pi fd/c)\sqrt{\mu_r\varepsilon_r}\right] \tag{12-25}$$

式中，f为电磁波频率；c为真空中的光速；d为介质材料的厚度。由此，电磁波入射到介质材料中引起的反射损耗为：

$$RL(\mathrm{dB})=20\lg\left|\frac{Z_{in}-Z_0}{Z_{in}+Z_0}\right| \tag{12-26}$$

从传输线理论的相关公式来看，材料的吸波性能由电磁参数（ε 和 μ）、吸波体的厚度 d 和入射电磁波的频率 f 所决定。理想的无反射透波材料是材料的相对介电常数与相对磁导率比值等于 1，现有材料的相对介电常数往往大于相对磁导率，因此提高材料的磁导率有利于减小材料的反射系数。目前，通过材料电磁参数预测吸收性能的吸波曲线都是基于传输线理论的相关计算公式。在电磁波吸收材料研究中，研究人员一般将归一化后的输入阻抗代入式（12-26）中，得到的反射损耗值（负值）用于评价材料的吸波性能。根据分贝换算吸收率可知，当 RL 值小于-10 dB 时，代表入射电磁波被吸收了 90%，被视为有效吸收；在一定频率范围内，RL 值连续小于-10 dB 时，该频宽称为有效吸收带宽。然而，传输线理论只能从阻抗匹配方面来阐释吸收性能的好坏，但是内在的吸收原理还得通过前面介绍的介电损耗和磁损耗机制加以分析。

12.3 磁性吸收材料

磁性材料作为电磁波吸收剂，一方面不仅能够提供复磁导率部分，同时还具有复介电常数，磁损耗和介电损耗共同作用，从而大大增强对电磁波的衰减能力；另一方面通过对电磁参数的调控可实现良好的阻抗匹配。因此，磁性材料在电磁波吸收领域具有显著优势。磁性吸收材料的研究主要包括磁性金属、铁氧体以及稀土金属间化合物等吸波材料，下面对其进行具体叙述。

12.3.1 铁氧体

铁氧体（ferrite）通常是由铁族与其他的一种或多种适量金属元素形成的复合氧化物，它既具有磁性又具有介电性，在交变电磁场中同时具有磁损耗和介电损耗的双重损耗机制，展现出较强的电磁波衰减能力，因此也被称作双复介质材料。此外，铁氧体的电阻率远大于金属及其合金，这样既可以避免像金属导电材料因电导率过高而导致的趋肤效应，同时相对较低的介电常数还有利于阻抗匹配，是目前发展较为成熟且应用最为广泛的一种磁性吸波材料。

12.3.1.1 铁氧体吸波剂的研究进展

铁氧体的种类繁多，性能各异，其中有些已不含铁，而是以铁族或其他过渡金属氧化物（或以硫属元素等置换氧）为重要组元的磁性物质。按照其晶体结构主要有三种类型：尖晶石型、磁铅石型和石榴石型。

尖晶石型铁氧体的化学分子式可用 $MeFe_2O_4$（或 AB_2O_4）表示，其中 Me 是指与二价铁离子半径相差不大的二价金属离子，如 Co^{2+}、Mg^{2+}、Mn^{2+}、Zn^{2+}、Cu^{2+}、Ni^{2+}等，而其中 Fe 一般为三价，也可以被三价金属离子如 Cr^{3+}、Al^{3+}或是复合金属离子如 Ti^{4+}、Fe^{2+}取代。金属粒子化学价总数为 8，与四个氧离子价相平衡。尖晶石型铁氧体具有 Fd3m 空间结构，其晶体结构如图 12-5 所示，与天然矿石——镁铝尖晶石（$MgAl_2O_4$）相似。尖晶石晶体结构是以

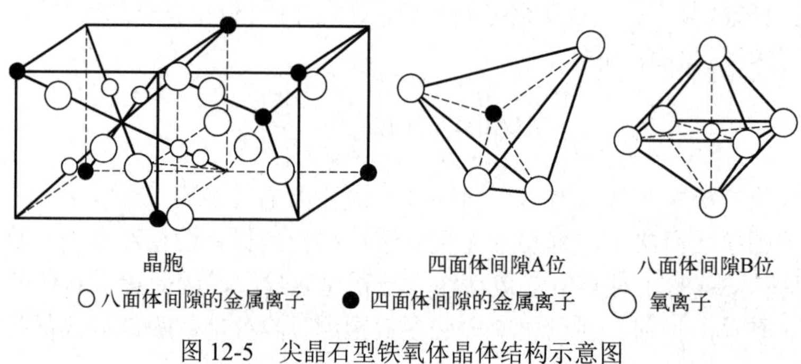

图 12-5　尖晶石型铁氧体晶体结构示意图

氧离子 O^{2-}为骨架构成面心立方密堆积结构，由于金属离子半径一般远小于氧离子半径，因此金属离子嵌入在氧离子的间隙中。氧离子所构成的空隙可以分为两类，一类是由 4 个 O^{2-}包围构成的四面体间隙，其空隙较小，称作 A 位置。另一类是由 6 个 O^{2-}离子构成的八面体间隙，称作 B 位置，其空隙较大。二价 Me 离子一般占 A 位，三价 Fe 离子占 B 位，离子之间产生相反方向的磁矩数目存在差异，因此表现出较强的磁性能。此外晶体结构中还存在因离子间化学价键平衡等作用导致的缺位空隙，其易被其他金属离子填充和替代，有利于铁氧体的掺杂改性。

尖晶石型铁氧体是铁氧体吸波材料中应用最多的一类，其中 NiZn、MgCuZn、NiMgZn、NiZnCu 和 NiZnCo 等铁氧体较为常见。尖晶石型铁氧体的各向异性场较小，其共振频率很小，一般在 MHz 级别。尖晶石型铁氧体的立方结构使其高频磁性服从 Snoek 极限的限制，提高材料的共振频率，其起始磁导率必然降低。因此尖晶石型铁氧体在微波领域吸收效果不如六角结构的磁铅石型铁氧体，针对尖晶石型铁氧体的研究主要通过纳米化和复合化上来提高其吸波效果。

磁铅石型铁氧体的化学分子式可用 $MeFe_{12}O_{19}$（或 $MeO\cdot 6Fe_2O_3$）表示，其中 Me 同样是指二价金属离子，如 Ba、Sr、Pb 等。磁铅石型铁氧体的晶体结构属于六角晶系，与天然矿物——磁铅石 $Pb(Fe_{7.5}Mn_{3.5}Al_{0.5}Ti_{0.5})O_{19}$ 相似。钡铁氧体 $BaFe_{12}O_{19}$ 是典型的较为简单的磁铅石型铁氧体，其晶体结构如图 12-6 所示，具有 Pb3/mmc 六角对称性。每个 $BaFe_{12}O_{19}$ 晶体包括 2 个分子式，即相当于 $2BaFe_{12}O_{19}$，可以分成 10 个氧离子层，包括 Ba^{2+}的氧离子层称为钡离子层。在钡铁氧体六角晶体结构中，除由 4 个氧离子包围而形成的四面体空隙（A 位置）和由 6 个氧离子包围而形成的八面体空隙（B 位置）外，还有由 5 个氧离子包围而形成的六面体空隙，称为 E 位置。按照晶体结构的不同特点，由 Mg^{2+}、Mn^{2+}、Fe^{2+}、Co^{2+}、Ni^{2+}、Zn^{2+}、Cu^{2+}、Sn^{2+}等二价离子或 Li^{+}和 Fe^{3+}为组合的单元，替换钡铁氧体的 Ba^{2+}后形成的磁铅石型复合铁氧体，可以分为 M、W、X、Y、Z 和 U 六种。各种磁铅石型复合铁氧体都是由几种单组分铁氧体复合而成的，可以用分子式 $m(Ba,Me)\cdot O\cdot nFe_2O_3$ 表示，也可以用简写表示。如由 Co^{2+}组成的 Z 型磁铅石复合铁氧体可以用 Co_2Z 表示，而由 Zn 和 Fe 所组成的 W 型磁铅石复合铁氧体可以简写为 ZnFeW。

如图 12-6 所示的钡铁氧体的晶体结构，按照氧离子的密堆积方式，可看作几大块套构而成。其中 S 块是指不含 Ba^{2+}的氧离子层和相邻氧离子层构成的 ABCABC 面心立方密集，它可形成尖晶石结构，R 块是指含 Ba^{2+}的氧离子层和相邻氧离子层构成的 ABAB 六角密堆积结构，或者两者旋转 180° 的 S*和 R*块。大量的研究工作通过用正离子或正离子组合，如 Co-Ti、Zn-Ti、Zn-Sn、Co-Sn、Ni-Zr、Co-Mo 等，取代 Fe^{3+}以改变钡六角铁氧体的磁参数。此外，畴壁共振和自然共振在轴各向异性样品中同时存在，而在面各向异性样品中只存在自然共振。对于自然共振，数值模拟表明 c 轴

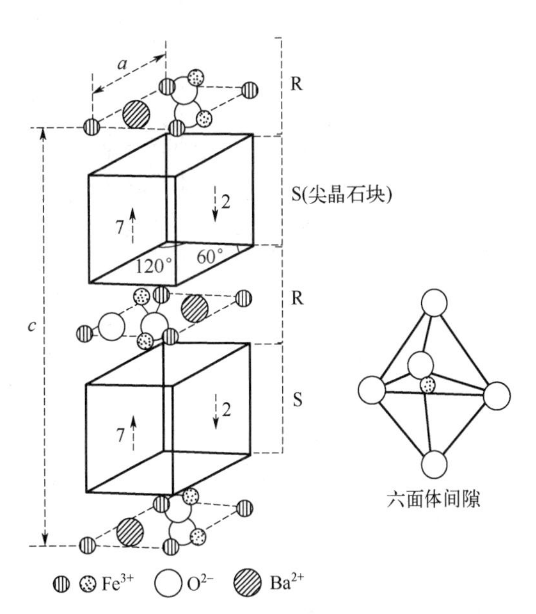

图 12-6 磁铅石型 $BaFe_{12}O_{19}$ 铁氧体晶体结构示意图

各向异性时为共振型，而 c 面各向异性时为弛豫型。

在钡铁氧体系列中，只有 Y 型钡铁氧体（BaY）具有 c 面各向异性，其他类型均为 c 轴各向异性。对于 Y 型 $Ni_{2-x}Zn_xY$ 铁氧体，微波吸收现象不受畴壁共振的影响，而只来源于自旋共振。对于 W 型钡铁氧体（BaW），其在钡铁氧体系列中具有 c 轴各向异性，最高的饱和磁化强度和较高的居里温度。因此其各向异性场相对较小，自然共振频率较低。因此，在将 W 型铁氧体作为电磁波吸收材料使用时，需要将其轴各向异性改变为面各向异性，例如，一般通过 Co 替代来实现 W 型钡铁氧体的 c 轴各向异性向 c 面各向异性的转变。对于 M 型钡铁氧体（$BaFe_{12}O_{19}$），其与 W 型钡铁氧体类似，具有很强的单轴各向异性和饱和磁化强度。M 型的各向异性场和自然共振频率相对较高，如果用四价阳离子（如 Ti^{4+}、Ir^{4+}、Ru^{4+}）和二价阳离子（如 Zn^{2+}、Co^{2+}）替代 Fe^{3+}，可以改变 M 型钡铁氧体的磁晶各向异性。当离子替代至一定的临界比例，M 型钡铁氧体的单轴各向异性转为面各向异性，可应用于高频电磁波吸收。但其吸收带宽仍是较窄，需要通过复合化、纳米化、掺杂取代等方式进一步扩展。

石榴石型铁氧体的化学分子式可用 $R_3Fe_5O_{12}$ 表示，其中 R 一般是具有高密度各向异性场和低介电损耗的三价稀土金属离子，如 Y^{3+}、Gd^{3+}、Sm^{3+}、Er^{3+}、Eu^{3+}或 Tb^{3+}等。石榴石型铁氧体晶体结构属于立方晶系，与天然石榴石$(Fe,Mg)_3Al_2(SiO_4)_3$ 相似。石榴石型铁氧体晶体结构较为复杂，其氧离子仍为堆积结构，在氧离子之间除了存在四面体空隙和八面体空隙，还有 8 个离子包围形成的十二面体空隙。钇铁氧体 $Y_3Fe_5O_{12}$ 简称 YIG，晶体结构如图 12-7 所示，是石榴石型铁氧体中最重要的一种。它的电阻率较高、高频损耗较小，在超高频微波铁氧体器件中具有重要作用。YIG 是单组分的石榴石铁氧体，如果与其他金属离子 R^{3+}、$(R^{2+}+R^{4+})$组合，或 R^{5+}置换部分 Fe^{3+}，或用 Ca^{2+}和 Bi^{3+}置换 Y，或用阴离子 F^-置换 O^{2-}，就组成石榴石型复合铁氧体。石榴石型铁氧体中磁矩相互抵消较为严重，吸波能力偏弱，因此石榴石型铁氧体在吸波方面的研究报道较少。

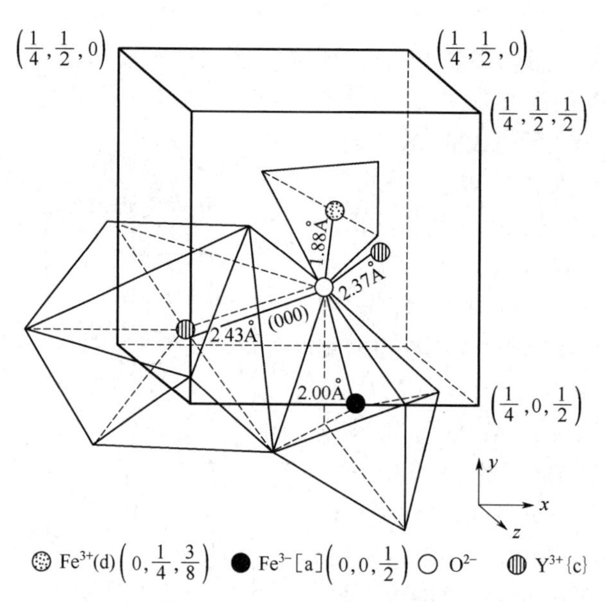

图 12-7 石榴石型 $Y_3Fe_5O_{12}$ 铁氧体晶体结构示意图

铁氧体作为吸波剂应用时，主要还存在吸收频带窄、材料密度较大、吸波性能低等问题。

为解决这一问题，围绕理想吸波材料的“薄、轻、宽、强”四大特性，铁氧体的发展方向主要有以下几个方面。一是纳米化，把铁氧体制成超细甚至纳米粉末时，会出现小尺寸效应、表面效应（大比表面积）、量子尺寸效应和宏观量子效应等，大大降低其密度，增加其活性，改变其磁、电、光等物理性能，增大电磁损耗能力，从而提高铁氧体的吸波性能。二是复合化，将铁氧体与吸波机理不同的物质如碳纳米管、导电高聚物、金属粉末等进行复合，可以调节电磁参数，两者进行协同与互补，提升吸波材料的吸波性能。三是掺杂或置换取代，通过掺杂或者置换金属离子调节材料的电磁参数，增加磁滞损耗与介电损耗，优化吸波性能。

12.3.1.2 铁氧体吸波剂的吸收机理

铁氧体材料作为一种磁性吸波剂，其吸收机制不仅包括磁损耗，如磁滞损耗、自然共振、涡流损耗和畴壁共振等，还具有介电损耗行为，如电阻损耗和极化损耗等。铁氧体对电磁波的损耗主要来自自然共振现象。对于铁氧体，磁性来源于电子的自旋磁矩，旋磁比 $\gamma=0.22\ \mathrm{MHz\cdot m/A}$，为常数。如果没有垂直于外磁场 $\boldsymbol{H}_\mathrm{e}$ 的高频交变电磁场的共同作用，则上述进动是有阻尼的，以 $10^{-6}\sim10^{-10}$ s 的速度迅速衰减，最后转向外场 $\boldsymbol{H}_\mathrm{e}$ 方向，实现静态磁化。这种衰减通过自旋系统内部的能量交换（又称为自旋-自旋弛豫）、自旋与轨道磁矩间交换作用或自旋与晶格间的能量交换作用引起能量损耗。如果高频交变磁场与外恒定磁场 $\boldsymbol{H}_\mathrm{e}$ 同时存在，并且交变磁场频率等于进动频率时，那就未实现强迫进动，吸收高频交变磁场提供的能量，这就是共振吸收现象。

在共振的情况下，交变磁场 $\boldsymbol{H}$ 与 $\boldsymbol{B}$ 之间的关系，除表示空间方向的不同外，还有时间上的差别，所以需要用张量磁导率 μ_{ij} 来表示：

$$\mu_{ij}=\begin{bmatrix}\mu & -\mathrm{j}\kappa & 0\\ \mathrm{j}\kappa & \mu & 0\\ 0 & 0 & 1\end{bmatrix} \tag{12-27}$$

式中，μ、κ 都是复数，$\mu=\mu'-\mathrm{j}\mu''$，$\kappa=\kappa'-\mathrm{j}\kappa''$。$\mu_{ij}$ 表征微波磁场加在 j 方向，而 i 方向上的磁感应强度不等于零时所产生的磁导率。一般烧结的多晶铁氧体是各向同性的，但 μ_{ij} 所表示的位相是不同的，它表示磁矩旋转时，B_y 总是落后于 B_x，即这种磁导率是一种非对称性张量。

铁氧体吸波材料在工作时，并不存在外加的恒定直流磁场，但铁氧体是一种亚铁磁性材料，$\boldsymbol{M}_0$ 的取向总是位于易磁化方向。其易磁化方向是按照热力学自由能最低原理，由磁晶各向异性能、应力能、形状各向异性能等共同决定。对于颗粒尺寸约为几微米的球形粉末吸收剂，其是一种单畴颗粒，可以不考虑应力能、形状各向异性的作用，磁晶各向异性能对 $\boldsymbol{M}_0$ 的取向影响可以理解为存在一个假想的各向异性磁场，这就是磁晶各向异性等效场，其大小为 $H_K=\dfrac{2K_1}{\mu_0 M_0}$。自然共振现象就是在这种内部固有的恒定磁场和微波信号磁场共同作用下产生的，其自然共振频率 ω_0，可表示为

$$\omega_0=\gamma\frac{2K_1}{\mu_0 M_0} \tag{12-28}$$

图 12-8 为自然共振吸收时的磁谱及吸收线宽 ΔH，其中 ΔH 定义为吸收峰 $\mu''_{\max}$ 的一半所

对应的磁场宽度，按照式（12-28），也反映了自然共振吸收的频率宽度。试验证明，完整的尖晶石型铁氧体，ΔH 的实测值约为 7.96 kA/m。若铁氧体中同时含有 Fe^{2+}和 Fe^{3+}，随着电子的迁移，可能产生涡流损耗，从而 ΔH 出现额外的增大。此外，若填充密度较大，颗粒间的退磁场相互影响也会增大 ΔH。但总的来说，ΔH 或 Δf 是比较小的，一般最大只有 2～3 GHz。这就是单一铁氧体吸收剂工作频带很窄的原因，因此要求复合铁氧体材料制成吸收剂来展宽频带。

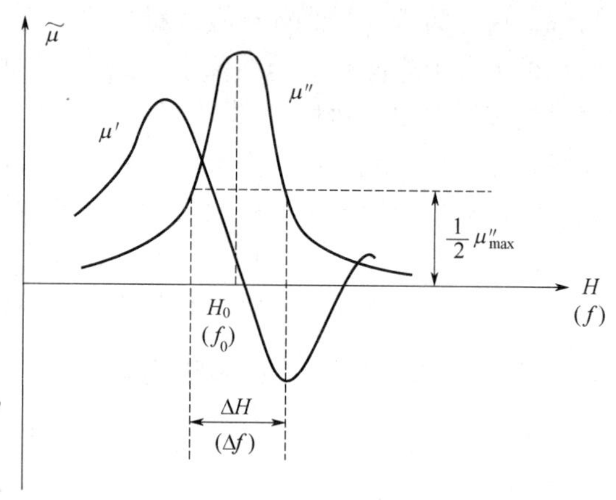

图 12-8　自然共振磁谱及吸收频宽

12.3.1.3　铁氧体电磁特性的影响因素

（1）电磁参数

对于铁氧体材料，其属于磁损耗型吸收剂，所以介电常数虚部 ε'' 较小且可调整的范围不大，从目前的铁体吸收剂实际使用状况看，主要希望磁导率实部 μ'和虚部 μ'' 的值尽可能大。同时从频率特性考虑，磁导率随着频率的提高而降低有助于展宽吸收频带，因此在低频段的 μ'应尽可能高。

铁氧体吸收剂对微波的吸收主要来源于磁化强度在高频下的自然共振现象。在共振频率处，μ'' 取最大值（其大小与饱和磁化强度 M_s 成正比，与磁晶各向异性场 H_A 成反比），介质大量吸收高频交变磁场提供的能量。实际应用的磁性吸收剂粉体存在众多的磁畴和畴壁，受磁畴结构影响，共振吸收峰可能出现在一个较宽的频率范围内，共振角频率 ω_r，落在如下范围：

$$\gamma H_A < \omega_r < \gamma(H_A + 4\pi M_s) \tag{12-29}$$

式中，γ 为旋磁比，由此式可知对于铁氧体多晶粉末吸收剂；ω_r 由 H_A 和 M_s 决定。因此，在吸波材料的研究和应用中，应使其共振频率落在雷达波频段内，同时应尽可能提高铁氧体在共振区的复数磁导率，以提高材料对雷达波的损耗吸收。

（2）晶体结构

铁氧体是一种亚铁磁性氧化物，它的饱和磁化强度来源于未被抵消的磁性次格子的磁矩，因此可以用离子替代的办法来增加或减少铁氧体的饱和磁化强度。磁晶各向异性场 H_A 来源于铁氧体四面体（A 位）和八面体（B 位）空隙中的磁性离子在非对称晶场中的择优取向。因此可以用离子替代的办法来控制磁晶各向异性场 H_A 的大小。金属离子分布的影响因素较多，如离子半径、离子键的能量、共价键的空间配位性和晶体电场对 d 电子能级的作用等，这些因素本身又相互关联，相互影响，难以定量调整。因此目前在实际情况中，还无法自由地按照性能要求来设计材料的组分和制备工艺，在材料的研究中还需要根据理论指导进行大量的试验。

尖晶石型铁氧体包括 NiZn、MnZn 两大类，金属离子可按其半径大小优先占据 A 位或 B 位，为获得不同的磁性参数，也可以由不同的金属离子按照化合价和离子半径相互置换构成各种形式的复合铁氧体。如前所述，尖晶石型材料的晶体结构对称性高，故尖晶石型铁氧体的 K_1 较小，因而其共振频率 ω_r 较低，一般位于 MHz 频段。

磁铅石型铁氧体为六角晶系，对称性低，其磁晶各向异性有三种类型：一是单轴六角晶体，易磁化方向为[0001]轴，为易轴型，磁矩分布如图 12-9（a）所示；二是平面六角晶体，易磁化方向为（0001）面内的六个方向，为易面型，磁矩分布如图 12-9（b）所示；三是锥面型六角晶体，易磁化方向位于与[0001]方向夹角为 θ 的锥面内，为易锥型，也称混合型，磁矩分布如图 12-9（c）所示。

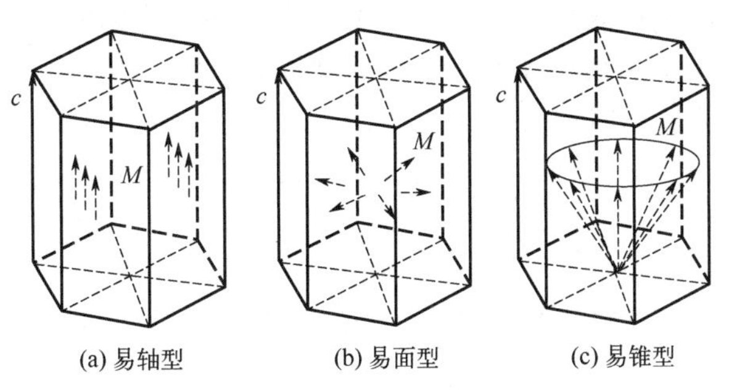

图 12-9　不同类型磁晶各向异性的磁矩分布图

考虑到形状退磁因子，可知自然共振吸收角频率 ω_r 还与样品形状有关，对于单畴颗粒，单轴型六角晶体中柱状样品 ω_r 较高，为：

$$\omega_r = \gamma\left(H_A^\theta + \frac{1}{2}M_s\right) \tag{12-30}$$

式中，H_A^θ 为单轴六角晶体的磁晶各向异性场，平面六角晶体中片状样品 ω_r 较高，为：

$$\omega_r = \gamma\sqrt{\left(H_A^\theta + M_s\right)H_A^\varphi} \tag{12-31}$$

式中，H_A^φ 为平面六角晶体的磁晶各向异性场，由于 H_A^φ 远远大于 H_A^θ，比较式（12-30）和式（12-31），可知在其他条件（M_s 和 γ）相同时，平面型可以突破 Snoek 极限，应用于更高的频率。关于 Snoek 极限的介绍见 12.3.3 小节。

（3）离子掺杂

铁氧体材料既有磁性，又有介电性，表现出良好的吸波性能，但单一铁氧体也存在吸收频带窄，密度大、高温性能降低的问题。为此，由前面所述，通常采用过渡金属元素（主要为 Zn、Co、Mn、Ni）及稀土元素（Nd、La、Ce）离子的掺杂取代来优化性能。

非磁性的过渡金属离子如 Zn^{2+}，掺杂后可以减弱磁性离子间的耦合作用，降低矫顽力，提高饱和磁化强度，使铁氧体磁性发生改变，对高频和超高频信号有良好的衰减作用。磁性粒子的掺杂有助于提高铁氧体的磁性能，如 Ni、Co。

多数稀土元素的 4f 轨道未充满，且被外层电子屏蔽，带来了特殊的电磁性能，可以与铁氧体中常见的 Fe、Co 等发生磁相互作用，增加了材料的磁损耗。稀土元素具体的作用机制可以归结为以下几个方面：一是因为稀土离子和 Fe、Co 等过渡元素之间的磁相互作用遵循 RKKY 理论。所以如果将少量的稀土离子掺入到铁氧体吸波材料中，会使材料的物理化学属性发生明显的变化，例如可以使得铁氧体磁导率虚部增加，进而增加了铁氧体材料对电磁波的磁损耗。二是考虑到稀土离子的半径相对比较大，当稀土元素被掺杂到铁氧体中时，被取代的金属离子的半径相对较小，这会使得掺杂后的铁氧体中出现晶格畸变，进而使铁氧体介电属性发生改变，这有利于复介电常数的虚部增大，进而提高铁氧体的介电损耗。三是稀土离子的少量掺杂，会使铁氧体晶体的矫顽力、磁晶各向异性场以及扩散激活能有所改变，从而增加了铁氧体磁滞损耗。同时，稀土掺杂使得铁氧体的畴壁共振吸收峰和自然共振吸收峰增强，也可以使其峰位发生移动，并使吸收峰展宽，这样可以更好地调控吸收峰的位置和强度使其处于所需的微波范围。四是稀土离子的适量掺入，可改变铁氧体吸波材料的平均晶粒尺寸，进而可以改变材料内部晶界电阻率及晶界处对电磁波的反射特性，这可以提高铁氧体吸波材料的多次散射损耗以及涡流损耗。五是因为稀土元素原子能级较多，所以稀土离子掺入到铁氧体晶体中时，会使晶体场作用到的每一光谱支项得到进一步分裂，这增加了材料能级的密度，同时也使得能级跃迁的机会有所增加。这增加了离子间的能量转移从而提高了吸波材料的多波段的能量吸收能力。上述改变增加了铁氧体的吸波强度，同时稀土离子电子数目较多，原子能级更多样，掺杂会减小材料能级之间的能量差，扩展铁氧体的吸收频带。

（4）温度特性

铁氧体吸收剂的吸波特性随温度改变而变化较大，随温度的升高，吸波性能显著下降。铁氧体在微波频率下 ε' 约为 5～7，ε'' 近似为 0，且二者随温度变化不大，因此吸波性能的下降主要源自温度对复数磁导率的影响。前面提到，微波复数磁导率取决于 M_s 和 H_A 等材料磁性参数。随温度的升高由于分子热运动加剧，材料的自发磁化强度降低，引起磁导率幅值的降低，使铁氧体吸波材料的吸收率下降和吸收带宽变窄。另外温度升高也会引起 H_A 的变化，使其共振频率发生变化。

（5）形貌和粒径

铁氧体的粒径对其吸波性能有着重要影响。在一定条件下，粒径越小，铁氧体材料的吸收能力越强。因此大量研究通过改变铁氧体的粒径来制备超细铁氧体粉进而增强其吸波频带和吸收能力。前面提到，当粒径在纳米范围时，会出现表面效应、量子尺寸效应、小尺寸效应、介电限域效应等。相对于微米级的铁氧体材料，纳米尺寸的铁氧体吸收能力更强，频带更宽，还能实现轻质化。尽管纳米铁氧体仍然存在制备困难、颗粒易团聚，成本较高等问题，但仍具有广阔的发展前景。

此外，材料的电磁性能很大程度上依赖于自身的微结构。铁氧体的形貌一般有针状、棒状、片状等。针状铁氧体不易成型，易团聚，性能上没有片状、棒状的铁氧体优良，相关研究不多。棒状铁氧体，具有一定的各向异性，磁性能比针状铁氧体有了很大提高，特别是纳米级的棒状铁氧体。片状结构是电磁吸波材料的最佳形状。六方晶系磁铅石型铁氧体是性能最好的吸波材料，既具有片状结构，又有较高的磁损耗正切角，还具有较高的磁晶各向异性等效场，其具有很好的应用前景，是当前研究的热点。

12.3.2 磁性金属

磁性金属吸波材料主要包括 Fe、Co、Ni 及其合金所组成的细微粉，主要通过磁滞损耗、涡流损耗、自然共振等机制来吸收衰减电磁波。磁性金属微粉的尺寸较小，其粒度通常在 10 μm 甚至 1 μm 以下，颗粒的细化导致组成中原子数大大减少而活性显著增加，因此在微波辐射下，分子、电子运动加剧，促进材料的磁化，进而使电磁能转化为热能被消耗。此外，与铁氧体吸波剂相比，铁磁性金属微粒的晶体结构较为简单，没有铁氧体中磁性次格子之间磁矩的相互抵消，所以一般情况下其饱和磁化强度较铁氧体高，磁导率较大，因此可获得较大的磁损耗能力。磁性金属具有较高的居里温度，其磁性能具有较高的热稳定性，并且在高频下依然能保持较高的磁导率，因而在微波吸收领域应用广泛。

然而，磁性金属材料的晶体结构一般具有高对称性，从而使磁晶各向异性场偏小。根据

Snoek 方程，$(\mu-1)f=\frac{4}{3}\pi\gamma M_s$，饱和磁化强度一定时，小的磁晶各向异性场将导致低的共振频率，而高频频段的磁导率将迅速下降导致其吸波性能恶化，因此磁性金属吸波材料在高频下受到 Snoek 极限限制。另一方面，磁性金属具有较高的电导率，在电磁波作用下会形成涡流而导致趋肤效应，这将促进对电磁波的反射作用，而不利于对电磁能量的衰减吸收。因此，金属粉末的粒度应小于工作频段高频率时的趋肤深度，而吸波体的厚度应大于工作频段低频率时的趋肤深度，这样既保证了对电磁能量的吸收，又使电磁波不会穿透吸波体。此外，磁性金属较高的导电性还会导致在高频下具有相对过高的复介电常数，这往往不利于阻抗匹配。基于上述问题，当前磁性金属吸收剂发展主要集中在两个方面：一是将材料在某一个或者几个维度控制在微米、亚微米甚至纳米量级，以抑制涡流效应，并且还可以利用纳米粒子的特殊效应来提高吸波性能；二是引入形状各向异性来提高磁性金属微粉的高频磁性，突破 Snoek 极限，在不降低磁导率的同时提高材料的共振频率，进而改善其微波吸收性能，通常是将材料制备成针状、纤维状、片层状等长径比较大的结构。

磁性金属纳米颗粒和磁性金属纤维虽然都具有良好的吸波效果，但是其较大的表面能致使在基体中分散性差、易团聚，此外易氧化、耐腐蚀能力差、化学稳定性差等缺点也限制了磁性金属吸波材料的应用，因此需要进一步加以研究和探索。

（1）颗粒材料电磁参数理论

吸波材料可看作是吸波剂与透波剂组成的复合材料，材料的电磁参数是表征吸波性能的关键因素。对于颗粒随机弥散分布的复合材料体系，媒质在宏观上各向同性，其等效电磁参数的计算已经形成了比较经典的近似公式。其中，Maxwell 和 Garnett 于 1904 年和 1906 年分别提出 Maxwell-Garnett（M-G）弥散微结构理论，这是计算混合介质有效电磁参数最早最经典的公式，该理论适用于基体中添加了颗粒的混合媒质，它认为基体和颗粒对复合体系的电磁特性均有贡献。M-G 理论的基本模型是基体中嵌埋了球形颗粒，假设颗粒的体积分数为 q，磁导率和介电常数分别为 μ_i 和 ε_i，基体的磁导率和介电常数分别为 μ_m 和 ε_m，则复合材料的磁导率 μ_e 表示为：

$$\frac{\mu_e-\mu_m}{\mu_e+2\mu_m}=q\frac{\mu_i-\mu_m}{\mu_i+2\mu_m} \tag{12-32}$$

复合材料的介电常数 ε_e 表达式即将上式 μ 替换成 ε 即可。M-G 理论不是对称的，必须假定某种组分为填充颗粒，并将其视为非连续相，另一种组分为基体，将其视为连续相。而 Bruggeman 理论则将混合媒质等效为一系列随机分布的组分集合体，将基体和填料都视为非连续的颗粒。Bruggeman 理论是一种对称理论，也称为有效介质理论（effective medium theory，EMT），各组分在公式中贡献等效，复合材料的磁导率 μ_e 表示为：

$$q\frac{\mu_i-\mu_e}{\mu_i+2\mu_e}+(1-q)\frac{\mu_m-\mu_e}{\mu_m+2\mu_e}=0 \tag{12-33}$$

由于 M-G 理论和 Bruggeman 理论中没有考虑颗粒尺寸的影响，因此对一些试验现象无法给出合理的解释，一种修正的 EMT 公式充分考虑了填充导电颗粒的涡流效应，该理论从试验数据中推算出的填充颗粒的内禀磁导率不受其浓度及粒度的影响。修正的 Bruggeman 理论以导电球状颗粒的磁极化代替原公式中的静态极化，得到的复合材料的磁导率 μ_e 表示为：

$$q\frac{A(a,\sigma_i,\mu_i,\omega)\mu_i-\mu_e}{A(a,\sigma_i,\mu_i,\omega)\mu_i+2\mu_e}+(1-q)\frac{\mu_m-\mu_e}{\mu_m+2\mu_e}=0 \tag{12-34}$$

式中，$A(a,\sigma_i,\mu_i,\omega)=\dfrac{2(ka\cos ka-\sin ka)}{\sin ka-ka\cos ka-k^2a^2\sin ka}$；对于有机体，$\mu_m=1$；$k$ 为波矢，δ 为穿透深度，$k=\dfrac{1+j}{\delta}=(1+j)\left(\dfrac{\sigma_i\omega\mu_i}{2\varepsilon_0c^2}\right)^{\frac{1}{2}}$；$a$ 为颗粒半径；σ_i 为填充颗粒的电导。这一改进的理论很好地解释了颗粒复合材料体系的微波性能依赖于颗粒的形态、尺寸以及本征电磁参数等。有效介质理论与实际试验结果还存在一定的差距，但是该理论可以较好地刻画介质中各组分的电磁参数、体积分数、几何形状等对复合材料有效电磁参数的影响，对吸波材料的设计具有指导意义。

（2）磁性金属微粉电磁参数的影响因素

根据上节介绍的有效介质理论分析可知，吸波复合体的电磁参数与颗粒的组成、含量、尺寸以及形貌有关。

对于粉体颗粒的组成及含量，具有两种情况：一种是粉体成分及含量对电磁参数的影响。即将不同的磁性金属粉末按不同比例混合制备成吸波体，其电磁参数不同，说明吸波剂成分和含量影响材料的吸波性能。另一种是粉体颗粒的元素组成及含量对电磁参数的影响。即磁性合金粉末中元素比例不同，其电磁参数也不同。这是由于颗粒元素的组成直接影响材料的晶体结构，影响磁性次格子的形成，且不同原子的微观磁性具有较大差别，因此颗粒组成对其磁性和电磁性能具有显著影响。近年来，一种由多种金属组分固溶而成的新型合金，称作高熵合金，因其不仅具有较强的力学和机械性能以及抗氧化、耐腐蚀、耐高温等特性，同时还具有优异的软磁特性等功能行为，从而受到广泛关注。在电磁波吸收领域，高熵合金粉末通过复合铁磁性金属元素等多种组分，不仅具有合适的复磁导率，同时其晶体结构中严重的晶格畸变等缺陷导致产生一定的介电常数，因而可用于电磁波吸收。此外，高熵合金巨大的组分空间将有利于实现对各频段吸波性能的调控，有望成为一类新型吸波材料。

粉体颗粒的尺寸和形貌不同，其电磁参数也表现出较大差异。前面也多次提及，当颗粒尺寸小至纳米量级时，量子效应使电子能级发生分裂，分裂能级间隔正处于与微波对应的能量范围（10^{-2}～10^{-5} eV）内，会产生新的吸波效应；此外，纳米颗粒尺寸小、比表面积大、表面原子比例高、不饱和键和悬挂键增多、界面极化和多重散射等特性成为重要的吸波机制；并且磁性纳米粒子具有较高的矫顽力，可引起大的磁滞损耗。对于颗粒形貌，由有效介质理论可知，在复合材料体系中，相同体积含量填充下的不同形貌颗粒，其等效电磁参数通常为：圆片形颗粒>针状颗粒>球形颗粒。颗粒形状的改变将引入形状各向异性，进而改变电磁参数。颗粒扁平化程度加大将导致平面各向异性增加，在相同频率下获得更高的磁导率。此外，颗粒的介电常数也随之增大，这是因为颗粒扁平化程度增加导致比表面积增大，从而导致吸波复合体中界面极化作用增强。

（3）磁性金属微粉的吸波机理

由上述可知，磁性金属微粉吸波剂不仅具有较强的磁损耗能力，也具有一定的介电损耗行为。引起电磁波磁损耗的机制主要有铁磁共振和涡流损耗。不同粉体的成分含量、颗粒组成都会对粉体的磁性产生影响，进而影响磁体的微波共振行为。为了弥补铁氧体材料低饱和磁化强度的弱点，进一步提高材料的 Snoek 极限，可以利用具有易面型磁晶各向异性且饱和磁化强度较高的金属磁粉，如羰基铁、FeNi、FeSiAl 磁粉等制备成片状的磁性颗粒，使其在保持原有高饱和磁化强度的同时还能够获得磁各向异性，从而提高共振频率。另外，颗粒的尺寸对涡流损耗具有显著影响，当粒径 D 小于趋肤深度时，涡流损耗可表示为：

$$\frac{\mu''}{\mu'} \propto \frac{\mu' f D^2}{\rho} \tag{12-35}$$

式中，f 为电磁波频率；ρ 为纳米颗粒的电阻率。由公式（12-35）以及结合公式（12-13）可知，当纳米颗粒的磁损耗仅来自涡流损耗时，C_0 随频率变化应该为常数。此外，颗粒的形状不仅影响磁损耗，还会对介电损耗产生影响，片状颗粒在透波基体中能产生界面极化，金属纤维在基体中易形成导电网络，但是金属颗粒的电阻率较低，会削弱吸波性能。

12.3.3 稀土金属间化合物

稀土金属间化合物是由稀土元素与其他金属元素（一般为 3d 过渡族金属元素）形成具有一定化学成分、晶体结构和显著金属结合键的物质，其在合金相图中处于中间相。稀土-3d 金属间化合物由于其结构和原子占位的多样性和复杂性表现出丰富的物理性质，因此在硬磁磁记录和软磁高频磁性方面都有着重要的应用和市场前景。其中以稀土-3d 金属比例为 2∶17 的磁性相化合物 R_2M_{17}，当其某种成分具有易面磁晶各向异性时，可以实现 Snoek 极限的突破，从而能够获得更加优异的高频磁性，在高频下展现更佳的微波吸收性能。因此，本章主要对 2∶17 型稀土-3d 金属间化合物在电磁波吸收领域的研究与应用进行介绍。

R_2M_{17} 化合物的晶体结构主要有两种：一种是 Th_2Ni_{17} 结构，属于六方晶系，空间群是 P63/mmc，每个惯用晶胞中由 4 个稀土原子和 34 个 3d 金属原子组成。稀土原子占据晶胞中的 $2b$ 和 $2d$ 晶位，3d 的金属原子则占据 $4f$，$6g$，$12k$ 以及 $12j$ 四个晶位，其中 $4f$ 晶位为哑铃晶位，如图 12-10（a）所示；另一种是 Th_2Zn_{17} 结构，属于菱方晶系，空间群是 R-3m，每个惯用晶胞中有 6 个稀土原子和 51 个 3d 金属原子组成。稀土原子占据晶胞中 $6c$ 的部分晶位，3d 的金属原子则占据 $6c$，$9d$，$18f$ 以及 $18h$ 四个晶位，如图 12-10（b）所示。室温下，当 R = Ce～Tb 时，R_2Fe_{17} 化合物的晶体结构为 Th_2Zn_{17} 结构；当 R = Dy ~ Lu 时，R_2Fe_{17} 化合物的晶体结构为 Th_2Ni_{17} 结构。

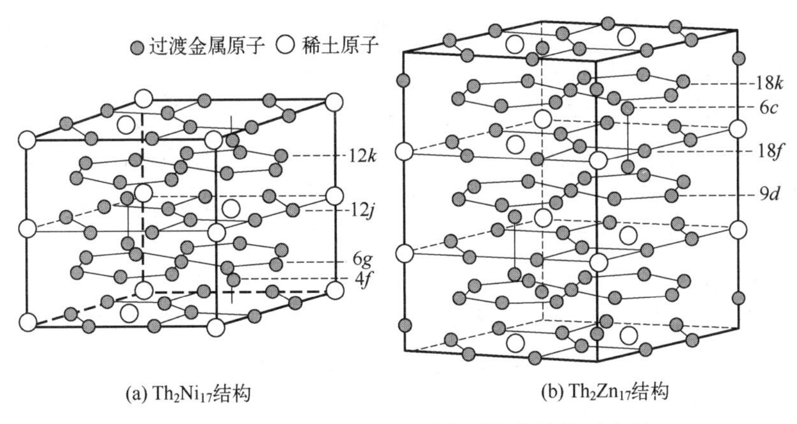

(a) Th_2Ni_{17}结构　　(b) Th_2Zn_{17}结构

图 12-10　R_2M_{17} 化合物两种典型晶体结构示意图

12.3.3.1 Snoek 极限的突破

磁性材料在高频下的性能，很大程度上取决于材料的自然共振频率和高频下材料的磁导率和介电常数。通常情况下，多数磁性材料的介电常数实部和虚部的数值比相应的磁导率实部和虚部的数值大或者大得多，而在微波吸收材料中，由于要考虑电磁阻抗匹配的问题，需要磁导率和介电常数较为接近，因此对磁性材料不仅要求其具有高的自然共振频率，而且还要具有较大的初始磁导率。

对于单轴型或者易轴型磁晶各向异性，如立方结构的尖晶石型铁氧体和石榴石型铁氧体以及六角晶系的单轴型磁铅石铁氧体材料，其起始磁化率可表示为：

$$\chi_0 = \frac{2M_s}{3H_k} = \frac{\mu_0 M_s^2}{3K_1} \tag{12-36}$$

式中，M_s 为材料的饱和磁化强度；H_k 为材料磁矩沿易轴方向分布时对应的磁晶各向异性等效场；K_1 为材料的磁晶各向异性常数，则磁化转动的共振频率为：

$$\omega_0 = \gamma H_k = \gamma\left(\frac{2K_1}{\mu_0 M_s}\right) = \frac{2\gamma M_s}{3\chi_0} \tag{12-37}$$

由式（12-37）可知，当交变磁场的频率 $\omega = \omega_0 = \gamma H_k$ 时，发生共振。这种共振是由磁晶各向异性场和交变磁场联合作用引起的，故称为自然共振，相关介绍可见 12.1.4 小节。发生自然共振时，交变磁场的能量损耗呈现极大值，自然共振频率是电感磁性材料使用频率的上限，因此又称为截止频率。由式（12-37）可以得到一个重要关系式：

$$(\mu_i - 1) f_0 = \frac{2}{3}\gamma' M_s \tag{12-38}$$

式中，$\mu_i = 1 + \chi_0$ 为初始磁导率；$f_0 = \omega_0 / 2\pi$ 为共振频率；$\gamma' = \gamma / 2\pi$ 为材料旋磁比。由式（12-38）可见，该类材料磁导率和自然共振频率的乘积只与材料的旋磁比和饱和磁化强度有关，这一关系即 Snoek 极限。由 Snoek 极限可知，对于饱和磁化强度 M_s 一定的材料来说，当提高磁导率 μ_i 时，共振频率 f_0 下降；反之，当提高 f_0 时，μ_i 下降，即在 Snoek 极限下，不能同时提高材料的复数磁导率和自然共振频率。图 12-11 可以看出尖晶石型 NiZn 铁氧体在高频磁谱中自然共振频率和起始磁导率基本出现在 Snoek 极限线附近。因此为了能在高的频率下得到高的磁导率，就必须得突破 Snoek 极限的限制。

1956 年，Philips 研究院的 G.H.Jonker 和 H.P.Wijin 等科学家发现了材料突破 Snoek 极限时需具备的特性，即材料需具有 $K_1 < 0$ 的平面型磁晶各向异性，易磁化方向沿着面内分布且与材料 c 轴垂直。由于在 c 面内的各向异性场很小，磁矩在该平面内转动很容易发生；但是当向面外转动时，由于 c 外内各向异性场远大于 c 面内的各向异性场，因而磁矩转动比较困难。这种晶体结构中的磁矩分布形式如图 12-9（b）所示，磁化强度 M_s 的进动规律可用一种新的模型即双各向异性模型来描述。

如图 12-12 所示，平（易）面各向异性的铁磁体具有两个各向异性场。设面内易磁化方向沿 x 轴方向，当磁化矢量 M_s 由平衡位置转离易磁化方向沿难磁化面转动时的各向异性等效场为 H_{ha}，当磁化矢量 M_s 由平衡位置转离易磁化方向沿易磁化面转动时的各向异性等效场为 H_{ea}，$H_{ea} = H_{ha}$。由 LLG 方程，可以得到具有易面各向异性材料的自然共振频率 f_0 可以表示为：

$$f_0 = \frac{\gamma}{2\pi}\sqrt{H_{ha}H_{ea}} \tag{12-39}$$

其起始磁化率为：

$$\chi_0 = \frac{2}{3}\left(\frac{M_s}{H_{ha}} + \frac{M_s}{H_{ea}}\right) \approx \frac{2}{3}\frac{M_s}{H_{ea}} \tag{12-40}$$

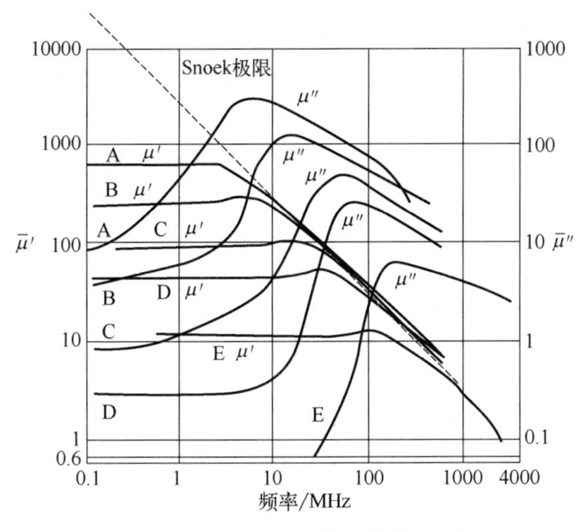

图 12-11　几种 NiZn 铁氧体的高频磁磁谱及 Snoek 极限线

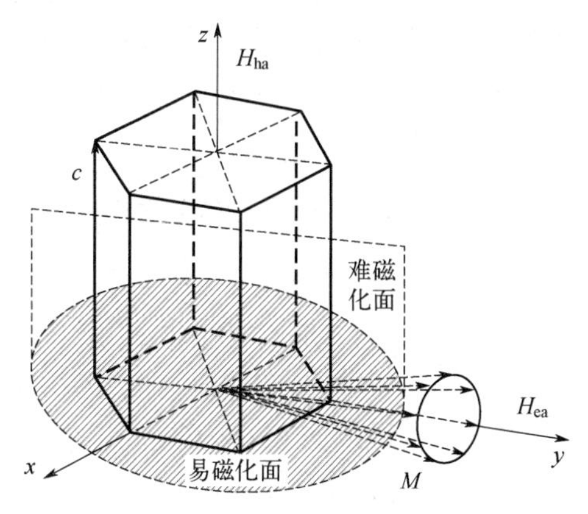

图 12-12　磁化矢量 M_s 进动的双各向异性模型

由式（12-39）和式（12-40）可知，具有平面各向异性铁磁体的 f_0 与 χ_0 乘积表达式如下：

$$(\mu_i - 1)f_0 = \frac{2}{3}\gamma' M_s \sqrt{\frac{H_{ha}}{H_{ea}}} \tag{12-41}$$

从上式改进后的 Snoek 极限表达式可以看出，在具有易面型磁性结构的材料中，Snoek 乘积不仅跟材料的饱和磁化强度 M_s 成正比，还跟材料的面外难磁化场 H_{ha} 和面内易磁化场 H_{ea} 的比值的平方根成正比。由于 $H_{ea} \ll H_{ha}$，所以在饱和磁化强度 M_s 一定的条件下，易面型磁性结构的材料相比易轴型磁性结构的材料能够同时提高其高频磁导率以及自然共振频率。在实际应用中，平面各向异性铁磁体如具有六角结构的 Z 型铁氧体（如 Co_2Z 等）、X 型铁氧体以及 2∶17 型易面稀土金属间化合物等，材料的 H_{ha} 比 H_{ea} 往往大 100 倍甚至上千倍，因此其 Snoek 乘积比单轴各向异性材料（如尖晶石型铁氧体）的 Snoek 极限还要高，即突破了 Snoek 极限，使得在更高的频率下获得更高的起始磁导率成为可能。如图 12-13 所示为单轴型的 $NiFe_2O_4$ 铁氧体与平面型的 Co_2Z 铁氧体高频磁性对比图，结果表明 Co_2Z 这种材料不仅比 Ni 铁氧体具有更高的自然共振频率，还具有更高的起始磁导率。

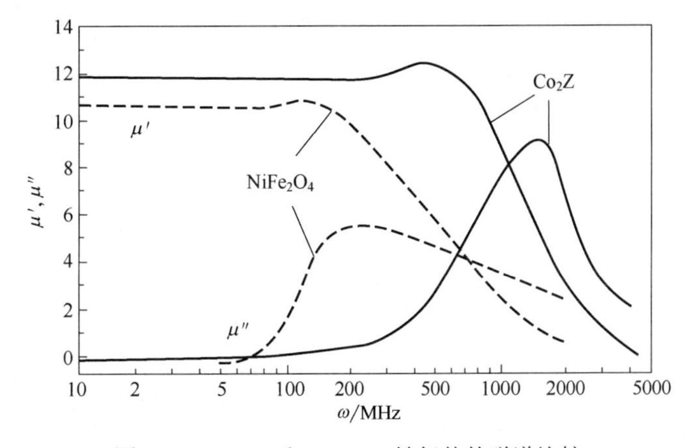

图 12-13　Co_2Z 和 $NiFe_2O_4$ 铁氧体的磁谱比较

综上所述，传统的高频磁性材料的初始磁导率和共振频率的乘积遵从 Snoek 极限，逐渐难以满足更高频率下对材料的要求。具有易面型磁晶各向异性的 2 : 17 型稀土金属间化合物，其面外各向异性场远高于面内各向异性场，这样就可以在大幅度提高吸波材料磁导率的同时，使共振频率保持在较高的范围，从而能够在高频展现出较好的磁性能，进而能在微波波段具有很好的吸波效果。

12.3.3.2 R_2M_{17}化合物的磁学性质影响因素

（1）间隙原子填充

对于常见的 R_2Fe_{17} 和 R_2Co_{17} 化合物的居里温度，如图 12-14 所示。其中，R_2Fe_{17} 化合物体系在室温下居里温度普遍较低，只有 240～480 K，这是因为晶格中的 Fe-Fe 原子间距很小（0.239 nm），最近邻 Fe 原子之间出现部分的反铁磁耦合导致交换作用变得很弱，因而降低了化合物的居里温度。R_2Co_{17} 化合物的居里温度较高，大概在 1100～1200 K，在该化合物中，Co-Co 原子的直接交换作用决定了化合物的居里点，而 R-R 或 R-Co 的交换作用对化合物的居里温度贡献较小。

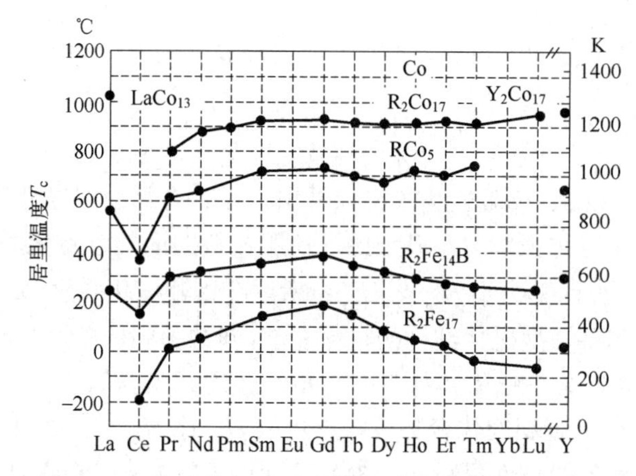

图 12-14　常见稀土-3d 金属间化合物体系的居里温度

当有间隙原子 Q（N、C、B、H 等）进入 R_2Fe_{17} 化合物的晶格间隙时，扩大了 Fe-Fe 的原子间距，使得交换作用变强，大大提高了体系的居里温度。如图 12-15（a）所示，$R_2Fe_{17}Q$

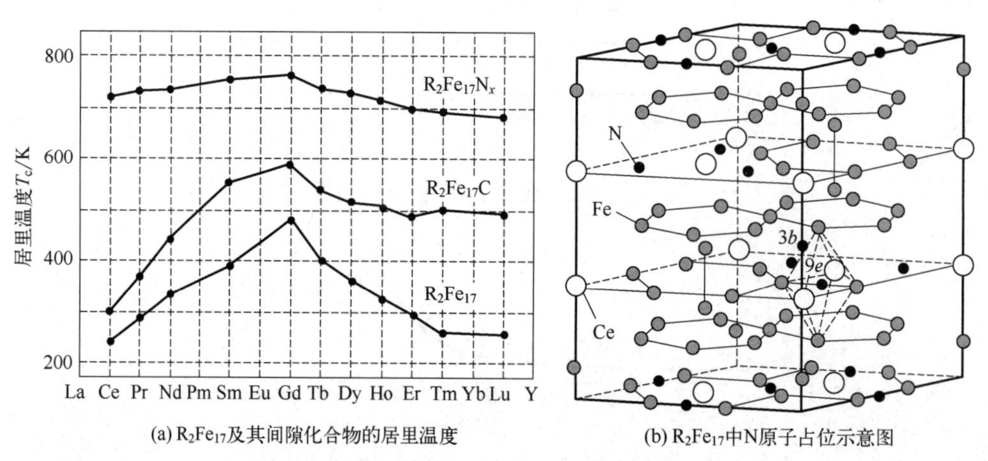

(a) R_2Fe_{17}及其间隙化合物的居里温度　　(b) R_2Fe_{17}中N原子占位示意图

图 12-15　R_2Fe_{17} 化合物的居里温度与晶体结构

化合物的居里温度均有明显地提高，其中 $R_2Fe_{17}N_x$ 化合物体系的居里温度提高了约 400 K。以具有 R_2Zn_{17} 晶体结构的 $Nd_2Fe_{17}N_x$ 化合物为例，C 原子或者 N 原子可以占据晶胞中的 9*e* 八面体间隙，如图 12-15（b）所示，在 R_2Zn_{17} 晶体结构中，共有 3 个这样的八面体间隙，这种晶体结构在传统的吸氮反应中，最多可以吸收 3 个氮原子或 1 个 C 原子。

另一方面，间隙原子 Q 填充 R_2Fe_{17} 的晶胞间隙引起晶格膨胀，使得 Fe-Fe 原子间距变大，不仅提高了 R_2Fe_{17} 化合物的居里温度，还明显地改变了该体系的磁学性质。$R_2Fe_{17}N_x$ 化合物体系室温下的饱和磁化强度比相应的 R_2Fe_{17} 化合物有明显的提高，说明 N 原子的填充提高了晶胞中 Fe 原子的平均磁矩。除此之外，Q 原子的填充还可能改变 R_2Fe_{17} 化合物的磁晶各向异性常数，从而改变化合物的易磁化方向和磁晶各向异性的类型，这种易磁化方向的改变又称为自旋重取向。对于自旋重取向，一般有两种解释，一种是来自化合物中两套次晶格磁矩择优排列方向不一致，且各自的磁晶各向异性常数随温度的变化关系不一样，当温度发生变化，这两套次晶格的磁晶各向异性会发生竞争，由此导致了随温度变化的自旋重取向；另一种则是认为某个次晶格本身不同阶的磁晶各向异性常数之间的竞争使温度发生变化从而导致了磁晶各向异性类型的变化。

（2）3d 原子替代

3d 过渡金属原子的替代也可能会引起磁晶各向异性类型的变化，如图 12-16 所示。由于自旋磁矩的取向源自稀土原子 R 亚点阵的各向异性与 M 原子亚点阵的相互竞争，从而改变材料的磁晶各向异性类型。

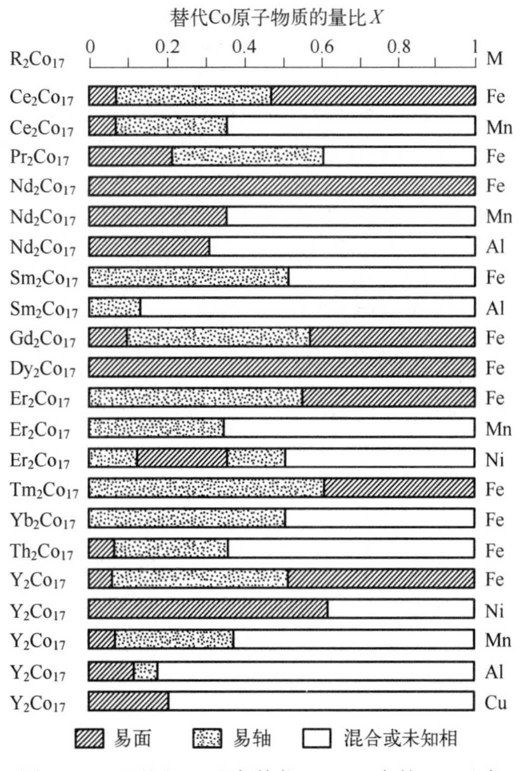

图 12-16　不同 3d 元素替代 R_2Co_{17} 中的 Co 元素对磁晶各向异性类型的影响

（3）温度变化

稀土原子 R 亚点阵的各向异性与 M 原子亚点阵的相互竞争作用同时也依赖于温度的变化，因此不同温度下的同一种材料，也有可能发生自旋重取向，从而改变材料的磁晶各向异性类型，如图 12-17 所示。

（4）取向

研究表明，取向会对易面各向异性磁粉的磁导率产生显著影响。相比于取向前磁矩混乱排列导致复合材料磁导率的数值是一个平均的效果而言，取向后，磁粉磁矩可以沿磁化方向分布，从而获得高的磁导率。此外，取向后，磁粉在外磁场作用下排布更加规律，使得垂直于外磁场方向的磁粉表面积增大，极化作用增强，并且取向后引入了电各向异性，使得垂直于取向平面方向的导电性比没有取向材料的导电性好，从而使得介电常数增大。可见，对易面各向异性磁粉进行取向可以实现其吸波性能的优化。

取向方法通常有三种选择。一是压力诱导，这种方法比较适合横向尺寸较大的微米片，将磁粉和黏结剂在有机溶剂中均匀混合并晾干后，装在模具中，施加一垂直压力，则竖或斜着的微米片倒在平面内，从而彼此之间平行排列。二是刮涂，它是用刮刀把特别稀的磁粉和黏结剂，在剪切力的作用下，直接涂在一块金属板上，这样也能达到取向的目的。前面两种方法的优点是磁粉不易团聚，取向后在黏结剂中分散性很好，缺点是小的磁粉颗粒难以被取向。三是磁场旋转取向，它是将黏稠状的磁粉和黏结剂装在一个圆形模具中，然后一起置于磁场中，匀速地旋转模具直到复合物变干，这种方法不论磁粉颗粒大小，也不管形貌是否为片，只要有易磁化面，都能取向。因此，对于目前吸波剂纳米化发展的研究现象下，通常对 R_2Fe_{17} 化合物磁微粉采用磁场旋转取向。

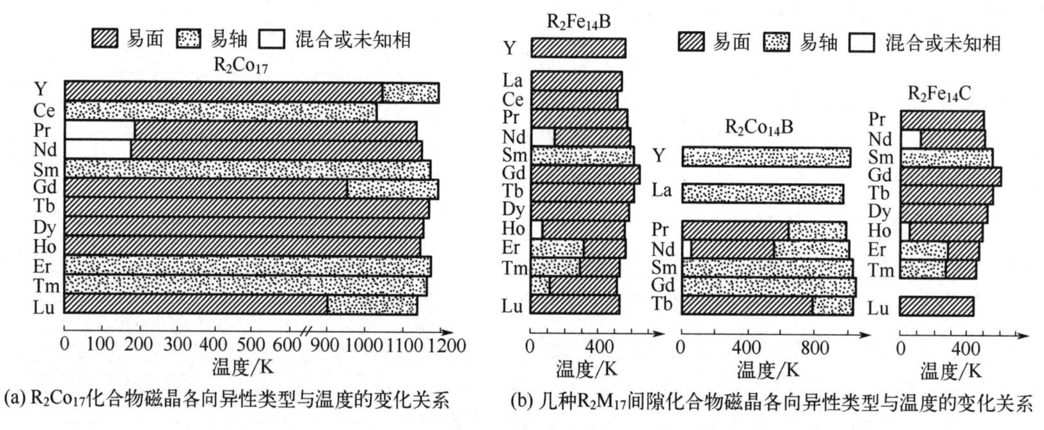

(a) R_2Co_{17}化合物磁晶各向异性类型与温度的变化关系

(b) 几种R_2M_{17}间隙化合物磁晶各向异性类型与温度的变化关系

图 12-17 几种不同 R_2M_{17} 化合物及其间隙化合物的磁晶各向异性类型与温度的变化关系

在磁性材料领域，“取向度”主要是用于标定各向异性样品磁矩沿某个方向排列程度的好坏。对于永磁材料，可以通过测定取向样品分别沿易磁化方向和难磁化方向的剩磁来确定其取向度。而对于具有软磁特性的易面型磁粉，其剩磁较小，就不能通过这种方法来确定取向度，而一般是借助测量和分析样品的 XRD 粉末衍射数据来确定取向度。定义取向度为：

$$f = \frac{\rho - \rho_0}{1 - \rho_0} \tag{12-42}$$

其中，

$$\rho = \frac{\sum I_{(hkl)} \cos\phi_{(hkl)}}{\sum I_{(hkl)}} \tag{12-43}$$

$$\rho_0 = \frac{\sum I_{0(hkl)} \cos\phi_{(hkl)}}{\sum I_{0(hkl)}} \tag{12-44}$$

式中，$I_{0(hkl)}$ 和 $I_{(hkl)}$ 分别为取向前、后的 X 射线衍射谱中 (hkl) 晶面的相对衍射强度值；$\phi_{(hkl)}$ 为相应晶面与 c-平面的夹角；ρ_0 与 ρ 分别代表取向前后 (hkl) 晶面排列在 c-平面的强度分布。由于 R_2Fe_{17} 化合物样品为易面六角结构，磁矩分布在易面内，磁场旋转后，各个晶面在 c-平面内衍射强度的分量即代表了各个晶面内的磁矩在 c-平面的分量，因此在计算中需考虑各个晶面与 $(00l_0)$ 晶面的夹角。对于六角晶系，(hkl) 晶面与 $(00l_0)$ 晶面夹角余弦计算公式为：

$$\cos\phi_{(hkl)} = \frac{l / c}{\sqrt{\frac{4}{3a^2}(h^2 + k^2 + hk) + \frac{l^2}{c^2}}} \tag{12-45}$$

值得强调的是，我国磁性材料产业市场规模宏大，其中浙江省是我国乃至全球最主要的磁性材料生产基地，产量约占全国的一半。此外，我国稀土资源储量丰富，种类齐全，同样在世界稀土市场占据着举足轻重的地位。因此，包括磁性吸收材料在内的各种磁性功能材料的开发与应用在我国具有得天独厚的资源和市场优势。目前，国内相关高校及研究院所在磁性吸收材料等相关领域已经取得了一系列的重要成果，解决了一批长期以来被国外“卡脖子”的关键技术，为我国电子信息技术的发展和国防科技建设贡献了巨大力量。

12.4 电磁波吸收材料的应用

电磁波吸收材料的研究始于 20 世纪 30 年代。1936 年，第一种吸波材料相关专利在荷兰发表，这种吸波材料以高电损耗炭黑和高介电常数的二氧化钛作为介质，使得材料有较薄的厚度。二战期间吸波材料得到进一步的发展和应用，德国为了对潜艇进行雷达伪装，研发出一种代号为“Wesch”的隐身材料，它由约 0.3 英寸（7.6 mm）的橡胶基板填充羰基铁粉复合板构成，由于表面具有格纹结构可实现频率调节的作用，因此这种材料能够吸收较宽频段的电磁波。此外，德国还发明了由多层电阻片和介电材料层交替叠置构成的 Jaumann 层吸波材料，该材料能够在雷达波段（2～15 GHz）实现−20 dB 的反射率。随后，美国的 W. W. Salisbury 发明了 $\lambda/4$ 谐振吸收屏，其在共振频率处的吸收频宽能够增宽 25%，该结构被命名为 Salisbury 屏。战后一段时期的吸波材料发展特点是使用尖锐的锥体形几何形状的吸波体，这种特殊形状的吸波材料频带较宽，通常应用在暗室中。20 世纪 50 年代，Sponge 公司商业化生产了基于碳包覆动物毛发的“Spongex”雷达吸波材料，当制成 2 英寸（5 cm）厚时，在 2.4～10 GHz 的反射率能达到−20 dB，4 英寸（约 10 cm）和 8 英寸（约 20 cm）的厚度可在更低频率产生吸收。同时期，Severin 和 Meyer 开始研究电路模拟吸波材料，利用电路理论，用模拟电路来代表电磁波在组件/吸收塔中的传输过程，从而建立反射模型；他们通过试验研究了电路环、薄片、偶极子等加载的吸波材料，由此也开创了频率选择表面（FSS）吸波材料的新研究领域。二十世纪六七十年代，国外相关的雷达吸波结构材料的研制达到产品批量生产状态，各种吸波构件，如蜂窝吸波构件、吸波胶带、吸波泡沫、雷达罩以及其他织物型吸波结构等得以研制，并可按要求研制磁性和介质型吸波材料，这些吸波材料频率范围为 2～18 GHz，甚至可以达到 2～100 GHz，产品已广泛应用于雷达散射截面减缩和电磁干扰衰减。这一时期还出现了微波等离子吸收体，放射性物质产生大约 10 Ci/cm^2（1Ci=37GBq）等离子体。1975 年 F-177A“夜鹰”战机问世，它是以减小雷达截面隐身技术为主要目标的实用的第一代隐身飞机，并在 1991 年的海湾战争中出动 1000 余架次，承担任务占该战争中美军攻击目标总数的近 40%，而无一受损，其隐身技术的威力令各国大为震惊。二十世纪八九十年代，吸收体的结构设计通过优化技术得到了改进，例如用遗传算法、有限元法、时域有限差分法（FDTD）等技术来优化 Jaumann 层结构，此外，各种具有良好吸波潜力的新材料出现在世人面前，如手性吸收剂、多晶铁纤维、导电聚合物、碳纳米管等得到关注和发展。

进入 21 世纪，电子信息技术迅猛发展，电子设备的小型化和智能化对吸波材料提出了“薄、轻、宽、强”甚至更为严格的要求。信息时代各种电子电气产品的广泛使用已经形成了复杂的电磁环境，不仅影响电子设备的正常运行，电磁信息安全受到威胁，还会对人体健康产生负面效应。电磁辐射污染已在 2013 年被世界卫生组织列为继水污染、大气污染、噪声污染之后的第四大污染，联合国人类环境会议也已将其列为环境保护项目之一，因此需要大力发展高性能的吸波材料。磁-介电型纳米复合吸收剂兼具磁损耗和介电损耗能力可获得强大的衰减特性，同时磁电协同以改善阻抗匹配特性，因而具有优异的吸波性能。此外，石墨烯、超材料、Mxene（一种二维材料）和 MOFs（金属有机骨架）以及它们的复合材料、衍生物等各种更加先进的材料和结构在电磁屏蔽和吸收领域大放异彩。

各种吸波材料在国防军事和社会生产等方面得到广泛应用，但是吸波/隐身材料与技术无论是在军事应用上还是企业生产中都具有秘密性质，所以本章节只能对吸波材料的相关公开资料进行粗略介绍。

12.4.1 微波暗室

吸波材料是微波暗室中的关键材料，度量吸波材料性能的重要指标是反射率。定义为：

$$R(\mathrm{dB}) = 20\lg\left|\frac{E_r}{E_i}\right| = 10\lg\left|\frac{P_r}{P_i}\right| \tag{12-46}$$

式中，E_i 和 P_i 分别是入射波的电场强度和功率密度；E_r 和 P_r 分别是反射波的电场强度和功率密度。式（12-46）表明，R 为负值，R 越小（绝对值越大），吸波材料的性能越好。通常，吸波材料的反射率在正入射时最好，而随着入射角的增加，反射率将变差，如图 12-18 所示。因此在设计暗室时，需要考虑到斜入射时吸波材料的反射率变差的情况。同时，吸波材料的反射率还与入射波的极化情况有关，即反射率 R 是频率、入射角和极化方式的函数。表 12-1 列出了几类暗室常用吸波材料的反射率最低要求。

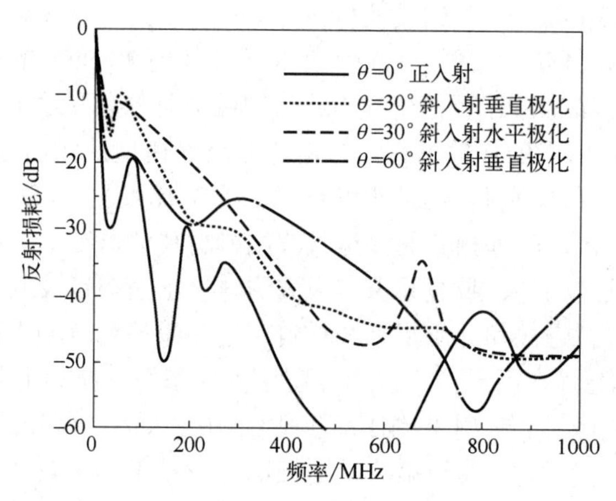

图 12-18 正入射和斜入射的反射率对比图

表 12-1 微波暗室用吸波材料要求

吸波材料最低要求			
军用标准	抗扰度测试	辐射发射测试	
		距离 3 m 时	距离 10 m 时
50 MHz～250 MHz 时反射率要求：−6 dB	250 MHz 以上要求反射率：−10 dB 80 MHz～1000 MHz 时要求反射率：−18 dB	30 MHz～1000 MHz 时正入射反射率：−18 dB 30 MHz～1000 MHz 时斜入射反射率：−12 dB	30 MHz～1000 MHz 时正入射反射率：−20 dB 30 MHz～1000 MHz 时斜入射反射率：−15 dB

另外，在工程上还要求吸波材料具有相应的力学、热力学性能，还要有成本低、厚度薄、

重量轻、紧固耐用、阻燃散热性好以及易于施工等特点。上述要求往往是相互矛盾的，因而在设计和研制吸波材料时必须对其结构和材料参数进行优化，对吸波频带宽度和各种性能进行综合设计。

微波暗室用吸波材料主要是由聚氨酯类发泡海绵制成的角锥结构和铁氧体材料。电损耗型角锥吸波材料通常在 200 MHz 以上具有较小的反射率，而磁损耗型铁氧体瓦在 600 MHz 以下具有较好的吸收性能，所以把铁氧体瓦安装在聚氨酯角锥底部，做成所谓复合型吸波材料，可实现用较小高度的吸波材料获得较好的吸波效果和较宽的吸收频段。例如，国外某供应厂商生产的 FS-300 型吸波体是该厂商 FAA-300 型聚氨酯泡沫吸波材料与 FT-1500 铁氧体面板吸波材料复合而成的吸波系统，其结构如图 12-19 所示。该产品工作频率为 30 MHz～40 GHz 的宽带范围，其不同频率下的反射率曲线如图 12-20 所示，满足标准 MIL-STD 461 和 CISPR 25 的要求并提供足够的吸收性能。该产品的工作容量高达 775 W/m^2，阻燃性能满足 NRL 8093 试验Ⅰ、Ⅱ、Ⅲ，MIT MS-8-21，DIN 4102-1 B2 和 UL94 的相关测试标准，最高工作温度为 90℃。

图 12-19 FS-300 型吸波材料结构

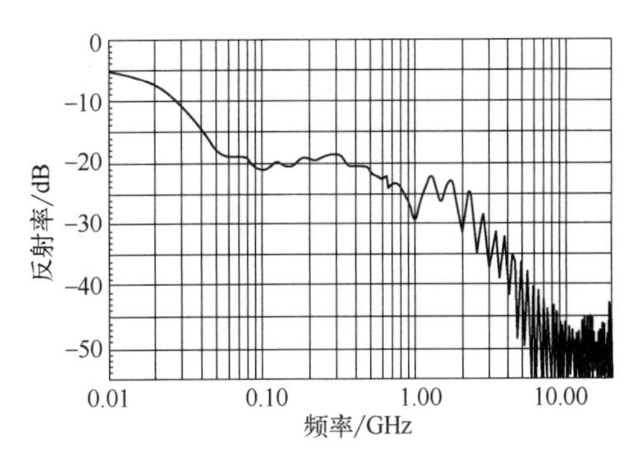

图 12-20 FS-300 反射率曲线

12.4.2 军事应用

现代战争中，由于雷达、毫米波、红外、声波等各种先进探测技术和精确制导武器的出现，对飞机、坦克、舰艇等武器的生存构成了很大威胁。为了应对上述威胁，逐步发展出一类可降低武器被探测特征信号的技术，即隐身技术。隐身技术主要是通过设计采用特殊的材料和结构特点来达到低可探测性的目的，它是一门应用科学技术，综合了电子工程、机械工程、材料工程以及红外技术、激光技术、气动力学、电磁学等多种技术学科。其中，吸波材料的应用是实现“隐身”的一条重要途径。吸波材料是军工武器装备隐身技术发展过程中的核心，因此也被称为隐身材料，其最早就是在军事领域应用的，主要目标是减小雷达散射截面（radar cross section，RCS），从而缩短雷达的探测距离，进而极大提高武器的作战、突防及生存能力。

吸波材料的首次应用是在二战时期，当时美国、德国和英国都曾在这一领域开展了广泛的工作。德国海军使用了名为 Jumann 和 Wesch-Mat 两种含碳雷达吸波材料，用以防止部分露出水面的潜艇被盟军 S 波段 ASV 雷达发现，德国还将吸波材料用于装备在 Horten Ho Ⅸ 飞机上。Gotha 是早期采用吸波材料的第一架飞机，该材料是由两薄层浸塑料的层压板中间填充锯末、木炭和胶基体所构成的胶合板蒙皮，当它与飞机的其他结构材料一起使用时，可构成较小的 RCS 面积。但是这些早期使用的吸波材料，由于重量和结构限制，阻碍了其有效地用于战机上。美国洛克希德公司的 A-12 是第一次大量使用吸波材料的飞机，该机在外形和结构上均采取了隐身措施。A-12 的机身边缘、机身前缘和升降副翼采用了蜂窝夹芯结构型吸波材料，同时采用了耐高温陶瓷插入件，使机翼前缘连续，气动力趋于完善。该机所使用的雷达隐身材料能承受马赫数为 3 的飞行速度和 315℃的表面温度，总雷达反射截面积仅为 22 平方英寸（141.94 cm^2），但还不能作为主要结构材料。20 世纪 70 年代初，美国研制了"铁漆"、"铁球"等薄轻涂层材料，并成功应用于 U-2 等具有隐身能力的飞机。20 世纪 80 年代，随着碳纤维以及先进复合材料的问世和飞速发展，首次提供了切实可行的整体吸波材料，出现了兼具承载与隐身为一体的结构吸波材料，从而进一步发展了隐身技术。其中最著名的就是洛克希德公司生产的隐身攻击机 F-117A，该机型采用了大量的吸波涂料，并设计了独特的多面体外形，使得其 RCS 面积仅为 0.001～0.01 m^2。

随着美国 F-117 隐身飞机的装备，武器装备从此进入了隐身时代。目前，隐身技术发展很快，各种装置和系统也层出不穷，有雷达隐身、红外隐身、激光隐身、声波隐身、电磁隐身等。武器装备采用隐身技术已成为实施信息对抗、提高进攻/突防能力和作战效能的重要技术途径。因此，隐身/反隐身技术的发展对各种防御系统和武器系统提出了严峻的挑战，隐身/反隐身技术已成为当今各国军事高技术竞争中的热点与焦点之一。

（1）飞机隐身技术

隐身技术最早是在飞机上应用，在现代战争中，雷达是对目标探测和定位的最主要技术手段之一，是飞行器的最大敌人，因此雷达隐身技术是降低可探测性特征信号的核心技术。度量飞行器隐身水平的物理量是雷达散射面积，它与入射功率密度和反射功率密度有关。自由空间中雷达的最大探测距离 R_t 可表示如下：

$$R_t = [P_t G_{t,r} \lambda^2 \sigma / P_r (4\pi)^3]^{1/4} \tag{12-47}$$

对于具体的雷达，它的波长 λ，发射功率 P_t 和收发天线增益 $G_{t,r}$ 已知，其作用距离 R_t 或接收功率 P_r 只与目标的散射截面（RCS）面积 σ 有关。故减少雷达散射面积 σ 成为降低回波强度（减小敌方雷达作用距离）的唯一途径。通常认为，σ 在 1 m^2 以上为非隐身目标；当 $0.1\,m^2 \leqslant \sigma \leqslant 1\,m^2$ 时，为低可探测性目标（LO）；当 $0.01\,m^2 \leqslant \sigma \leqslant 0.1\,m^2$ 时，为极低可探测性目标（VLO）；当 $0.001\,m^2 \leqslant \sigma \leqslant 0.01\,m^2$ 时，为超低可探测性目标（VVLO）。

雷达隐身技术是一项综合技术，主要包括两大方面，即外形隐身技术和材料隐身技术。外形隐身技术，是通过飞机的外形设计使目标反射的雷达波能量偏离雷达发射方向，从而将飞机的强反射源转化为弱反射源，在一定角度范围减小 RCS。外形设计是实现飞机隐身的最直接、最有效的方法。飞机的外形除了要满足气动特性的要求外，还要尽量减小雷达散射面积，所采取的主要措施有：机翼与机身融合；座舱与机身融合，采用低扁平滑的座舱，且座舱盖表面金属化，喷镀透明金属薄膜；倾斜双垂尾、V 型尾翼、无尾翼；角锥型机头、多面体机身，对雷达形成瞬时闪烁的微弱回波；平板雷达天线及隐身雷达罩；齐平安装或可收放的天线；将口盖直线缝隙改为锯齿形，用边缘衍射代替镜面反射；取消外挂武器、吊舱和副油箱等一切外挂物；发动机采用半埋式或完全机内、翼内安装方式；采用 S 形进气道，利用机身或机翼遮挡进气口和尾喷口，或加装进气口隐身网罩。

材料电磁隐身技术是采用能吸收雷达电磁波的吸波涂料或复合材料来降低雷达散射面积。隐身飞机一般在机身周身的蒙皮、进气道、机翼前后缘和垂尾等具有强回波能力的部位使用吸波材料。吸波材料隐身技术可分为三种：一是材料吸收雷达波后，以能量损耗的方式使电磁能转换为热能而散发；二是使雷达波迅速分散到装备全身，降低目标散射的电场强度；

三是通过材料上下表面的反射波叠加干涉，实现无源对消。目前材料隐身技术广泛使用的吸波材料按照成型工艺分为涂覆型吸波材料和结构型吸波材料。涂覆型吸波材料以覆盖形式施加于目标表面，在飞行器上应用较多的为涂料和贴片，一般由黏结剂与金属、合金粉末、铁氧体、导电纤维等吸收剂混合而成，其作用机理是材料对入射电磁波实现有效吸收，将电磁波能量转换为热能或其他形式的能量而耗散掉。除了上述较为常见的传统吸波材料，现在世界军事大国正在研发导电高分子、手性、纳米以及稀土等更为先进的雷达隐身材料。结构型吸波材料是在先进复合材料的基础上，将吸收剂分散在特种纤维增强的结构材料中而形成的复合材料，其作用机理是通过特殊的复合材料结构对雷达波进行损耗，同时，与吸波涂层相比，高温结构吸波材料集吸波、承载及隔热于一体，不仅可以减轻飞行器自重，而且允许设计厚度较大，具有更好的吸波性能以及更高的可靠性，应用前景十分广阔。结构型吸波材料大致可分为三种类型：一是将吸波剂分散在环氧树脂等黏结剂中，使电磁波传播阻抗渐变；二是先分别将吸波材料和非金属复合材料制成板材，再黏结成层状结构；三是用透波性能好、强度高的复合材料做成面板，其夹芯制成蜂窝、波纹或角锥结构，夹芯壁板上涂敷吸波涂层，或在夹芯中填充轻质泡沫型吸波材料，构成夹芯结构型吸波材料。

美国在飞机隐身技术方面研究和应用较早、技术发展也相对较为成熟和领先，典型代表是其三代隐身飞机，即第一代的 F-117A 隐身攻击机、第二代的 B-2 隐身战略轰炸机、第三代的 F-22 和 F-35 隐身战斗机。

F-117A 采用以外形隐身技术为主的隐身方案。如图 12-21 所示，为了达到隐身的目的，F-117A 采用了独特的多面体外形、锯齿状的机体结构、高展弦比的机翼、V 形的尾翼、埋入式的武器舱和可伸缩的天线，并大量使用吸波或透波材料和表面涂层，以减小雷达散射截面，同时不配备火控雷达，以降低电磁波发散。采取以上各种措施后，F-117A 的 RCS 只有 0.001～0.01 m^2，只有一只小鸟般大小。然而，由于 F-117A 太过关注隐身性能，牺牲了其他性能，飞行速度和机动性都无法满足现代战争的需要。此外，由于 F11A 主要靠棱角外形反射雷达波，所以在执行任务前都需要预先制定好飞行路线和角度，一旦改变则隐身性能便会失效。同时，复杂的机体外形导致维修难度增加，表面吸波材料也受各种环境影响，再加之反隐身技术愈加成熟，在 2008 年 4 月，美国空军的 F-117A 全部退出了现役飞机行列。

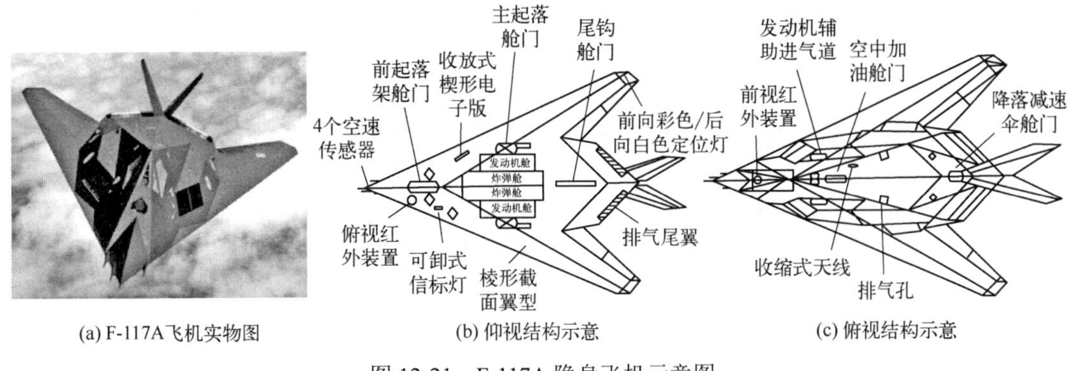

(a) F-117A飞机实物图　(b) 仰视结构示意　(c) 俯视结构示意

图 12-21　F-117A 隐身飞机示意图

B-2 的最大特征是低可探测性，其机体采用飞翼形态；主翼后缘为锯齿形；平面的角度为二维、三维的相同角度统一平面整列设计，机体表面无凹凸；最容易反射雷达波的发动机进气口与排气喷管，为避免雷达从下方探测，全部设置在机翼中央上部，其边缘也统一为与主翼相同的角度，如图 12-22（a）所示。在材料隐身技术方面，B-2 在机体表面有四层的吸波材料；机身机翼大量采用石墨/碳纤维复合材料和蜂窝结构；在机体表面外皮的接头和间隙上粘贴铁氧体系吸波条带。这些独特的外形和材料隐身设计，可有效地减少飞机的雷达反射截面积，其 RCS 为 0.1 m^2，具有良好的隐身性能。但 B-2 同 F-117A 一样，其采用的吸波材料对环境温度和湿度较为敏感，因此可靠性相对较低。

F-22 和 F-35 是具有超机动性和敏捷性、超音速巡航能力、低可探测性以及超级信息优势的第四代战斗机。F-22 采用了更为先进的雷达隐身技术，其机体采用正常式外倾双垂尾布局，同一角度的平面阵列设计，导弹和装置全都被收入机体内部；采用三角翼，加大主翼前缘后掠角以及进气道内部向上向内弯曲等结构设计，如图 12-22（b）所示。在吸波材料方面，F-22 空气进口前缘端部采用复合吸波材料，在发动机排气喷管的叶片上使用耐高温排气的耐热性陶瓷吸波材料。它还采用了电子欺骗、干扰和诱饵系统，以及低截获概率雷达、有源相干对消系统等主动隐身技术，使其雷达散射截面只有常规飞机的 1%，甚至更低。然而，F-22 由于造价过于昂贵、维修保养成本高，在 2011 年被迫停产。F-35 采用类似于 F-22 战斗机的气动布局，梯形中单翼，常规水平尾翼，外倾双垂尾和内置弹舱，并针对机头方向的探测设备进行的隐身性能优化，如图 12-22（c）所示。2005 年，美国空军官员在对比 F-22 与 F-35 时，形容二者的 RCS 水平分别相当于金属弹珠和金属高尔夫球。

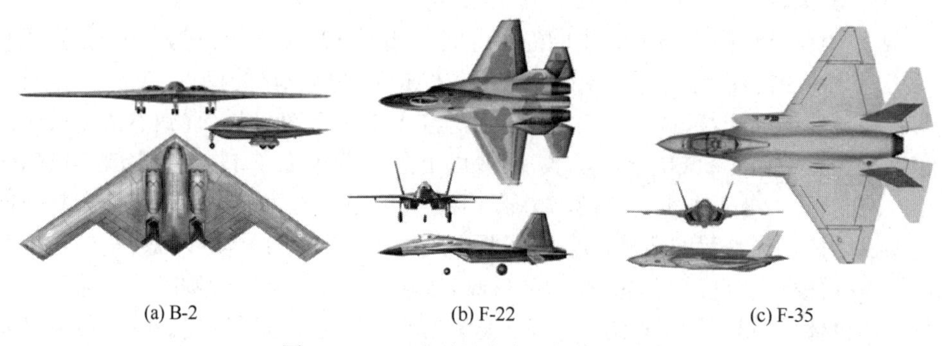

(a) B-2　　(b) F-22　　(c) F-35

图 12-22　几种型号隐身飞机的三视图

2011 年 1 月，中国的隐形战斗机歼-20 首次经官方渠道公开。歼-20 是中国自主研制的一款具备高隐身性、高态势感知、高机动性等能力的第四代重型双发战斗机。从公开照片和资料来看，如图 12-23 所示，歼-20 表面相对较为光滑表明该机很可能使用了隐形涂层薄膜。此外，歼-20 采用附面层隔道超音速进气道（DSI）进气道，上反鸭翼带尖拱边条的鸭式气动布局；头部机身呈菱形，垂直尾翼向外倾斜，起落架舱门为锯齿边设计，侧弹舱可将导弹发射挂架预先封闭于外侧，机身以高亮银灰色涂装，挡风玻璃上镀金以及大量采用复合材料。歼-20 的这些结构和材料设计均具备隐身的相关特征和要素，目前认为其雷达散射截面积小于 0.05 m^2。

（2）装甲隐身技术

坦克装甲车辆作为现代战争地面战场的主要突击武器，是陆军战斗力的象征。但是随着无线电探测技术和探测手段的发展以及其他非可见光探测技术和各种反伪装技术的逐渐完善和应用，原有的各种机械式伪装方法已基本上丧失效能。特别是 20 世纪 70 年代以来，随着导弹技术水平和先进反坦克武装直升机的发展，传统的坦克装甲车辆的生存受到严峻的挑战。

因此，坦克装甲车辆的隐身技术研究和应用在各国军事科技发展中得到了高度的重视。坦克装甲车辆的电磁隐身技术主要包括雷达隐身技术、红外隐身技术、可见光隐身技术等。

图 12-23 歼-20 隐身飞机

雷达隐身技术同样是在外形和吸波材料两方面进行设计，以减小坦克装甲车辆的雷达散射截面积。从理论上讲，坦克装甲车辆的 RCS 面积应远远低于 10 m^2。在外形上，必须避免各种强散射结构出现在威胁角范围内，例如朝向威胁方向的角反射器、垂直威胁方向的平面、轴线垂直威胁方向的圆柱体以及球体等结构。此外，通过更加先进的机械加工和集成化技术，减小坦克装甲车辆不必要的外形尺寸和外露目标数量、降低车高和炮塔尺寸等，可以减小暴露给敌人的目标面积，从而缩小被敌人探测器发现的距离。而对于必要的外露部件要进行好的外形设计，典型方法是将瞄准镜的外壳做成类似棱台的结构，这样它与炮塔体上表面形成的是钝角，可以大大减小朝向雷达威胁方向的反射。同时，装甲车辆通常需设计成一种大而扁平的形态，这样可以使雷达波束反射波与雷达接收机保持相反方向，大大降低被雷达探测到的概率。在吸波材料方面，目前国外广泛应用的主要有铁氧体、石墨和炭黑等。此外，复合材料、视黄基席夫碱盐、晶须和导电聚苯胺透明吸波材料、等离子体吸波涂料等新型吸波材料正在开发和应用。

法国的 AMX-30DFC 隐身坦克是 21 世纪新型隐身坦克的代表。如图 12-24（a）所示，该型坦克车身涂有特别设计的雷达波吸收材料，炮塔和底盘在形状设计上也力求将雷达信号反射降至最低。另外，该坦克整体外观平整，外挂设备很少，其侧面装甲皆向内倾斜，车身侧面特制裙板的较低部分也带有附加遮蔽橡胶板，用以覆盖车轮。此外，该坦克炮塔形状设计向外侧倾斜，还为 105 毫米主炮设计并安装了特别的鱼鳞状伪装防护套。特别的是，在 AMX-30DFC 隐身坦克上，为了减少主战坦克的热能信号，在其外部的雷达波吸收材料及内部夹层中还注入了冷空气。

我国自主研制的第三代主战坦克 99 式及其改进型 99A 式主战坦克同样具有强大的隐身性能。从极少的公开资料显示，该型坦克外形设计矮小，安装了诱饵弹和烟幕弹发射器；发动机进行了特殊的改进处理，在加强了动力的同时尽可能地减少了热辐射；此外坦克车身涂敷了伪装迷彩以及各种雷达和红外隐身材料。如图 12-24（b）所示，99A 式主战坦克停放在微波暗室中，可预估其具有雷达隐身能力。

（3）舰艇隐身技术

舰艇隐身的目的就是减少和控制舰艇被敌方探测的目标特征，从而降低敌方的探测距离和概率。舰艇主要包括水面舰艇和潜艇两类，其电磁隐身技术主要包括雷达隐身、红外隐身以及其他物理场隐身等。

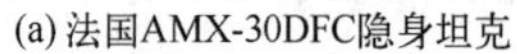
(a) 法国AMX-30DFC隐身坦克　　(b) 中国99A式主战坦克

图 12-24　隐身坦克实物图

雷达隐身技术：对于水面舰艇，一是从外形上减弱雷达波的散射强度或者将雷达波偏转到雷达接收器以外的方向。通常船体外侧壁采用外倾或者先外倾后内倾形状，将水平方向的雷达波向海面或空中反射；上层建筑采用立面内倾形状，平面与平面之间的连接处采用平滑过渡；烟囱、桅杆等尽量采用一体化设计，并用多面体外壳进行封装；尽量减少甲板上的外露部件，使其保持平整、光滑，武器发射装置、舾装设备等也用倾斜护墙遮挡。二是通过材料吸收雷达波能量，减弱回波强度。涂覆型吸波材料技术相对比较成熟，如铁氧体吸波涂层、金属微粉吸波材料等都已经在舰艇中应用；结构型吸波材料主要应用在集成上层建筑和综合桅杆上，使用较多的是夹芯结构。此外，各种新型吸波材料也被开发和应用，如在传感器上安装频率选择表面（FSS），研发等离子吸波材料、“左手材料”以及仿生超材料等。对于潜艇，雷达波在水中的传播距离较短，主要用于探测潜望航态以及水面航渡状态的潜艇，或是利用雷达探测因潜艇运动形成的水动力学尾迹、热尾迹、气泡尾迹和电磁扰动等。因此其雷达隐身主要针对的是潜艇露出水面的部分，主要技术手段包括：对升降装置进行小型化设计和隐身设计，加装导流罩或屏蔽罩。在潜艇围壳表面和水线以上部位涂覆吸涂材料或采用透波材料等。

综上可知，吸波材料的研究和发展起源于军事隐身技术，随后广泛应用于电子通信、医疗器材、环境防护、人体健康等民用技术和设备领域。当前，5G 通信、物联网、人工智能等大量未来技术的兴起，进一步激发了对吸波材料的研究与应用，吸波材料市场的发展也更加蓬勃。我国关于吸波材料研究起步相对较晚，但是经过不断发展，我国吸波材料生产企业不断增多，技术不断进步，部分产品已经达到国际先进水平，在高端产品生产力方面也占据一席之地。目前绝大多数的进口吸波材料可以被国产吸波材料替换。

随着我国自主研制的歼-20 隐身飞机、055 型导弹驱逐舰以及 WZ-8、WZ-9 等高科技隐身武器装备的相继亮相，不仅标志着我国在吸波材料和隐身技术领域取得了一系列的重大突破，也是我国国防军事能力高速发展的一个象征。在这些重大成就的背后，离不开无数在背后默默奉献的科技人员。他们毫不畏惧国外对我国材料和技术的封锁、打压和威胁，毅然肩负起独立自主、守正创新的民族大任；他们胸怀祖国、服务人民，勇攀高峰、敢为人先，追求真理、严谨治学，淡泊名利、潜心研究，集智攻关、团结协作，甘为人梯、奖掖后学，为我国科学技术进步和人民生活改善做出巨大贡献。当前，站在努力实现第二个百年奋斗目标的新的历史节点上，面对着世界百年未有之大变局的各种风险挑战，科研工作者，特别是青年学子，一定要传承和践行这些伟大的科学家精神，努力学习、刻苦钻研，为实现中华民族伟大复兴贡献力量。

习题

参考答案

12-1　简述电磁波吸收材料的定义、分类。

12-2　简述电磁波吸收材料的吸波原理。

12-3　简述电磁参数的相关概念和物理含义。

12-4　简述介电损耗的定义、种类及其损耗机制。

12-5　简述铁磁损耗的定义、种类及其损耗机制。

12-6　简述阻抗匹配和四分之一波长理论的相关概念和作用机理。

12-7　简述吸波体设计中传输线理论的应用。

12-8　简述影响铁氧体吸波性能的因素。

12-9　简述磁性金属用作吸波材料的特点。

12-10　简述 Snoek 极限的物理机制和突破方法。

12-11　简述影响 R_2M_{17} 化合物磁学性质的因素。

12-12　简述飞机的雷达隐身技术。

参考文献

[1] 刘顺华, 刘军民, 董兴龙, 等. 电磁波屏蔽及吸波材料[M]. 北京: 化学工业出版社, 2013.

[2] 刘祥萱, 王煊军, 崔虎. 雷达波吸收材料设计与特性分析[M]. 北京: 国防工业出版社, 2018.

[3] Lv H, Yang Z, Pan H, et al. Electromagnetic absorption materials: Current progress and new frontiers[J]. Progress in Materials Science, 2022, 127: 100946.

[4] Aharoni A. Exchange resonance modes in a ferromagnetic sphere[J]. Journal of Applied Physics, 1991, 69(11): 7762-7764.

[5] Zhang X F, Dong X L, Huang H, et al. Microwave absorption properties of the carbon-coated nickel nanocapsules[J]. Applied Physics Letters, 2006, 89(5), 053115.

[6] Li Y, Wang J, Liu R, et al. Dependence of gigahertz microwave absorption on the mass fraction of Co@C nanocapsules in composite[J]. Journal of Alloys and Compounds, 2017, 724: 1023-1029.

[7] 王国栋. 铁氧体吸波材料研究进展[J]. 科技风, 2019, (29): 166-167+169.

[8] 高海涛, 王建江, 赵志宁, 等. 铁氧体吸波材料吸波性能影响因素研究进展[J]. 磁性材料及器件, 2014, 45(01): 68-73.

[9] 孟超. 新型复合结构高频软磁材料的电磁波吸收特性研究[D]. 呼和浩特: 内蒙古大学, 2021.

[10] Liu H, Zeng Z Y, Wu C, et al. Property analysis for microwave absorbing material based on effective medium model[J]. Applied Mechanics and Materials, 2015, 713: 2811-2814.

[11] 贾宝富, 刘述章, 林为干.颗粒媒质等效电磁参数的研究[J]. 电子科学学刊, 1990, 12(05): 503-511.

[12] 张雪峰. 纳米复合粒子的合成及电磁响应特性研究[D]. 大连: 大连理工大学, 2008.

[13] Yang J, Yang W, Li F, et al. Research and development of high-performance new microwave absorbers based on rare earth transition metal compounds: A review[J]. Journal of Magnetism and Magnetic Materials, 2020, 497: 165961.

[14] 池啸. 易面各向异性稀土金属间化合物磁粉的微波磁性研究[D]. 兰州: 兰州大学, 2013.

[15] Bessais L. Structure and Magnetic Properties of Intermetallic Rare-Earth-Transition-Metal Compounds: A Review[J]. Materials, 2021, 15(1): 201.

[16] 王鹏. 沿易磁化晶面断裂的片状稀土-过渡金属合金高频磁性和吸波性能[D]. 兰州: 兰州大学, 2020.

[17] Kou X C, Zhao T S, Grössinger R, et al. Ac-susceptibility anomaly and magnetic anisotropy of R_2Co_{17} compounds, with R= Y, Ce, Pr, Nd, Sm, Gd, Tb, Dy, Ho, Er, Tm, and Lu[J]. Physical Review B, 1992, 46(10): 6225-6235.
[18] Kou X C, De Boer F R, Grössinger R, et al. Magnetic anisotropy and magnetic phase transitions in R_2Fe_{17} with R= Y, Ce, Pr, Nd, Sm, Gd, Tb, Dy, Ho, Er, Tm and Lu[J]. Journal of Magnetism and Magnetic materials, 1998, 177: 1002-1007.
[19] 陈继志. 永磁材料的磁取向原理与工艺[J]. 材料开发与应用, 1992, 7(04): 20-25.
[20] 徐剑盛, 周万城, 罗发, 等.雷达波隐身技术及雷达吸波材料研究进展[J].材料导报, 2014, 28(09): 46-49.
[21] 姚庆社. 电波暗室常用吸波材料性能研究[J]. 中国设备工程, 2017, (16): 206-207.
[22] 肖本龙, 王雷钢, 杨黎都. 微波暗室吸波材料及其性能测试方法[J]. 舰船电子工程, 2010, 30(07): 161-165.
[23] 何泉江, 夏林. 无线射频识别技术应用综述[J]. 现代建筑电气, 2011, 2(08): 1-4.
[24] 付文铎, 吴培峰, 韩新风, 等. 手机无线充电技术原理及应用展望[J]. 机电信息, 2019, (23): 74-76.
[25] 张杰梁. 无线充电技术的原理与特点[J]. 仪表技术, 2014, (05): 15-18+21.
[26] 汪天汉, 华宝家. 从二次世界大战到海湾战争的隐身技术[J]. 宇航材料工艺, 1993, (03): 51-55+64.
[27] 陈云金, 张建华. “隐身”材料及其在军事上的应用[J]. 现代兵器, 1990, (01): 36-37.
[28] 李大光. 中国新一代隐形战斗机: 歼-20[J]. 生命与灾害, 2011, (02): 4-6.
[29] 陈益.F-22 及 F-35 的高水平隐身[J]. 航空维修与工程, 2007, (01): 39-40.
[30] 张纯学. F-117A 隐身细节[J]. 飞航导弹, 1990, (10): 34-36+66.
[31] 离子鱼. 歼-20 战斗机的技术分析[J]. 舰载武器, 2011, (02): 27-37.
[32] 周光华, 周学梅. 坦克装甲车辆的多频谱隐身技术分析[J]. 四川兵工学报, 2010, 31(09): 45-47.
[33] 褚万顺, 尹炳龙. 隐身技术在坦克装甲车辆上的应用[J]. 车辆与动力技术, 2006, (02): 60-64.
[34] 冯洋, 朱炜, 黄丽云.水面舰艇雷达隐身技术发展与设想[J]. 舰船电子工程, 2018, 38(02): 5-8.
[35] 邵海桂. 雷达隐身技术在水面舰艇中的应用[J]. 中国水运(下半月), 2017, 17(04): 79-80.
[36] 张友益, 张殿友. 舰艇雷达波隐身技术研究综述[J]. 舰船电子对抗, 2007, (02): 5-11.
[37] 王建, 张迪超, 蒲元远, 等. 舰艇的红外隐身技术[J]. 舰船电子工程, 2008, (03): 37-39.

第 13 章 磁性薄膜材料的物理效应

随着互联网（大数据，人工智能，云计算）、仿生机器人、移动式医疗健康等领域的兴起，柔性电子材料和器件受到广泛关注。磁性薄膜材料由于其具有独特的物理效应成为构建存储器等关键电子器件的核心组成部分。从实际应用的角度出发，元器件的微型化、集成化、低功耗的需求促进了磁性材料从块材向薄膜的发展。回顾近些年磁性薄膜材料的发展历程，众多研究者投身于该研究领域，探究磁性薄膜材料的结构、性能和调控规律，为相关材料科学的发展贡献自己的力量。尽管在探索真理的道路上遇到很多困境，但在科研人员不懈的努力和协作下逐一攻克难题，取得累累硕果。反观人生亦是如此，在生活和工作中必然会遇到各种各样的问题，当身处困境，要保持乐观积极的态度，不放弃，坚持到底，必然能收获属于自己的精彩。

13.1 磁电耦合效应

随着信息产业的迅猛发展，人们对信息存储的要求不断提高：力求信息处理稳定、快速和节能；力求存储器件微型化、智能化和多功能化。在基于“0”和“1”信号间切换的信息存储技术中，磁和自旋现象的调控一直被追捧。当前主流信息储存技术中，磁随机存储器（magnetic random access memory，MRAM）主要利用磁场控制其磁化方向来写入信息，再利用磁电阻进行信息读取。但由于 MRAM 的磁介质往往具有较大的矫顽场，需要较大的磁场来实现磁信息的写入，带来了严重的能量损耗。相对而言，采用非磁性方式去翻转和调控磁性能有效避免上述不足。在各种用于操控磁性的非磁性方式中，电场具有独特的优势，包括低的能量损耗、高效率、高可逆性和非易失性，以及与传统的半导体工业间的高兼容性。

类似地，铁电随机存储器（ferroelectric random access memory，FeRAM）利用电场调控铁电极化态来实现信息的写入，其写入速度快且能耗低，但由于对存储信息进行电学读取过程具有破坏性，限制了 FeRAM 的应用。至此，人们尝试把 FeRAM 中电学写入速度快和能耗低的特点和 MRAM 中磁学读取信息的无损性和高速性的特点结合到一起，通过电写磁读的方式，来提高信息存储器件的信息读写效率。因此，利用这种电写磁读方式为实现具有节能设计和高存储密度的磁存储技术提供了一种有效途径。

基于此背景下，利用多铁性材料实现电场调控磁性的研究得到了迅速发展。多铁性材料是指同时具有两种或两种以上铁性的功能材料，其中的铁性包括铁磁性、铁电性和铁弹性。铁磁性是指在材料磁有序温度（T_C）以下，在没有外加磁场时，材料表现出自发的磁有序，并且出现磁畴结构。铁磁材料的磁化强度（$\boldsymbol{M}$）随外加磁场（$\boldsymbol{H}$）能表现出磁滞回线的行为。铁电性指的是在 T_C 以下，材料中存在着自发的有序电极化，并出现铁电畴。铁电材料的电极化强度（$\boldsymbol{P}$）可以通过电场（$\boldsymbol{E}$）实现翻转，表现出电滞回线的行为。铁弹性是指在铁弹居里温度以下时，材料出现自发的铁弹序，其自发应变（S）可以随外加应力（σ）表现出类似于磁滞回线的滞后特征。在多铁性材料中，多种铁性之间可以共存，其中应力、电场和磁场分别控制着该材料应变的大小、电极化的强度以及磁化的强度。更重要的是，它们之间还存在直接或间接的耦合作用（如磁电耦合效应），进而产生新奇的物理现象如压电效应，压磁效应和磁致伸缩效应等。通过这些铁性之间的耦合作用，例如通过外加电场诱导物质的磁化或者外加磁场改变物质的电极化，可以实现铁性之间的相互调控，因此多铁性材料是一种新型的多功能材料。多铁材料中耦合作用的发现为发展基于铁电-铁磁集成效应的新型高密度信息存储器件、磁电器件、微波器件以及电控磁技术提供了巨大的空间。

从广义上可以将多铁性材料分为单相多铁性和复相多铁性两类材料：

（1）单相多铁性材料

单相多铁性材料是指能同时表现出铁电性和铁磁性的单相化合物，这是当前研究的最多的一类单相多铁性材料。根据单相磁电多铁性材料的铁电性和铁磁性的起源，可以将其划分为两类，即第一类多铁性材料和第二类多铁性材料。在第一类多铁性材料中，电极化的来源与磁性无关。而对于第二类多铁性材料，也称之为磁致多铁材料，即其铁电性来源于特殊的磁结构，通常包括自旋流机制导致的铁电性、交换伸缩效应导致的铁电性以及自旋相关的轨道杂化导致的铁电性。利用 Landau 的自由能理论可以解释多铁性材料及其磁电耦合效应的来源，一个磁电耦合材料的自由能可以表示为：

$$\begin{aligned} F_i(\boldsymbol{E},\boldsymbol{H}) = F_0 - P_i^S E_i - M_i^S H_i - \frac{1}{2}\varepsilon_0\varepsilon_{ij}E_iE_j - \frac{1}{2}\mu_0\mu_{ij}H_iH_j \\ -\alpha_{ij}E_iE_j - \frac{1}{2}\beta_{ijk}E_iH_jH_k - \frac{1}{2}\gamma_{ijk}H_iE_jE_k - \cdots \end{aligned} \tag{13-1}$$

式中，$\boldsymbol{E}$和$\boldsymbol{H}$分别为指电场和磁场；α、β、γ为材料参数，具体数值取决于材料的物理性质，对应着耦合系数；ε_0为真空介电常数；ε_{ij}为介电张量，描述材料的介电性质；μ_0为真空磁导率；μ_{ij}为磁导率张量，描述材料的磁导性质。将自由能表达式对电场求偏导后，得到了电极化强度：

$$P_i(\boldsymbol{E},\boldsymbol{H}) = -\frac{\partial F}{\partial E_i} = P_i^S + \varepsilon_0\varepsilon_{ij}E_j + \alpha_{ij}H_j + \frac{1}{2}\beta_{ijk}H_jH_k + \gamma_{ijk}H_iE_j + \cdots \tag{13-2}$$

和磁化强度：

$$M_i(\boldsymbol{E},\boldsymbol{H}) = -\frac{\partial F}{\partial H_i} = M_i^S + \mu_0\mu_{ij}H_j + \alpha_{ij}E_j + \beta_{ijk}H_jE_i + \frac{1}{2}\gamma_{ijk}E_iE_k + \cdots \tag{13-3}$$

理论分析表明，在上述大多数的单相多铁性材料中，由于铁磁性和铁电性具有天然的排斥性，实现铁电性和铁磁性的共存通常是非常困难的，并且其磁电耦合系数α_{ij}往往受材料的介电常数以及磁化率的限制，即需要满足$\alpha_{ij}^2 \leqslant \varepsilon_0\mu_0\varepsilon_{ii}\mu_{jj}$。因此，在单相多铁性材料中，很难实现可观的磁电耦合效应，这限制了它们在实际中的应用。然而，根据磁电耦合系数与材料的介电常数和磁化率的限制关系，可以看出，如果利用一些介电常数或磁化率相对较大的材料如铁电或铁磁材料，将它们复合在一起是提高磁电耦合效应的有效方法。为此，基于铁磁和铁电复合结构的多铁性材料研究就显得至关重要。

（2）复相多铁性材料

在复相多铁性材料中，根据铁磁材料和铁电材料的复合方式可以将其分为以下三种类型（图 13-1），即 0-3 型颗粒复合结构、2-2 型层状复合结构、1-3 型柱状复合结构。

下面将对复相多铁性材料这三种典型结构的正磁电耦合效应（磁控电）进行简单介绍：

① 0-3 型颗粒复合结构是指采用传统固相烧结、热压、球磨、等离子烧结、溶胶-凝胶或者脉冲激光沉积（pulsed laser deposition，PLD）等一系列制备方法将铁磁颗粒均匀地分散到铁电材料基体中。在该类型结构的复合多铁性材料的研究中，通过优化制备工艺能够有效提升磁电耦合系数，但由于颗粒复合体系自身的局限性（如漏电流、低电阻率等），大大阻碍了该体系的进一步发展。

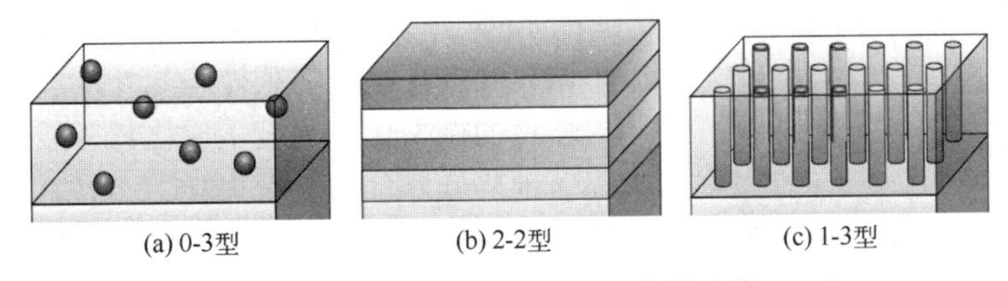

图 13-1　复相多铁性材料结构的分类

② 2-2 型层状复合结构是指通过环氧树脂胶粘接、溶胶凝胶-旋涂、PLD 和分子束外延（molecular beam epitaxy，MBE）等方法将铁磁层和铁电层交替制备形成层状多铁复合结构或者将铁磁薄膜（或铁电薄膜）直接生长在铁电（或铁磁）衬底上构成的多铁异质结构。这样制备的样品大多为层状的复合物或多晶薄膜，该结构使铁电相与铁磁相彼此分离，可以消除颗粒体系中存在的电阻小、漏电等问题。

然而，铁磁相和铁电相之间使用的高温烧结工艺或环氧树脂胶粘接方式带来了界面扩散、反应和降低应力传递的问题，克服这些不利因素成了该领域研究者们需要完成的首要任务。采用薄膜生长技术在单晶衬底上直接生长铁磁相和铁电相材料构成 2-2 型层状磁电复合薄膜，可以在获得良好的铁电铁磁界面结合性的同时还能增加应力传递效率，这将大大地改善复合材料的磁电耦合性能。

生长高质量的薄膜对铁电/铁磁薄膜的晶格匹配程度要求比较高，如果把铁磁或铁电相中的任何一相直接作为衬底使用，即将铁磁薄膜（或铁电薄膜）直接生长在铁电（或铁磁）衬底上构成多铁异质结构，则可解决这一问题，将这一类结构通常称之为准 2-2 型结构。准 2-2 型层状复合结构的制备工艺相对简单，其漏电流可以忽略不计。如图 13-2 所示，测试了不

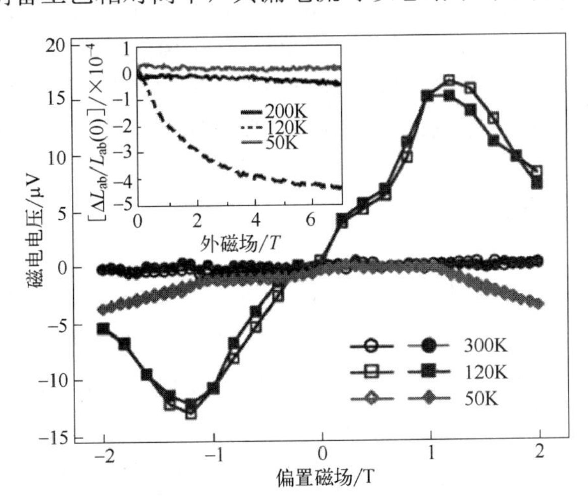

图 13-2　不同温度下磁电电压与偏置磁场的关系以及不同温度下 $LaSrMnO_3$ 磁致伸缩系数与外磁场的关系

同温度的磁电电压与偏置磁场的关系，其左上插图为不同温度下 $LaSrMnO_3$（LSMO）磁致伸缩系数与外磁场的关系。可以看出，在温度为 120 K 时该体系具有最大的磁致伸缩系数，从而得到了最大的磁电电压。类似的，将铁磁相薄膜直接生长在铁电相衬底上，构成多铁异质结构的磁电耦合效应也得到了广泛的研究。

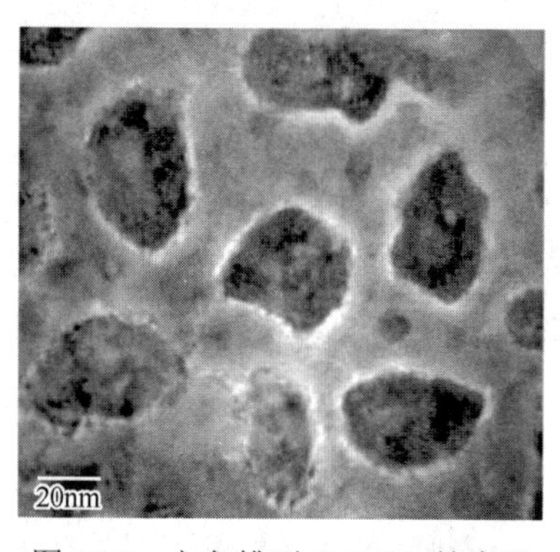

图 13-3　六角排列 $CoFe_2O_4$ 镶嵌于 $BaTiO_3$ 基体中的形貌图

③ 1-3 型柱状复合结构以纳米结构复相多铁性材料为例，指的是将铁磁相的纳米柱状结构镶嵌在铁电相的基质中，如图 13-3 所示，为磁电耦合效应的调控提供了在纳米尺度下研究其物理机制的载体。此外，该结构的复相多铁薄膜对器件的微型化和高度集成化具有显著的优势，并且可以显著地降低器件的能量损耗。

随后，Kim 等人研究了 $BiFeO_3$(BFO)/$CoFe_2O_4$(CFO)柱状纳米结构复相多铁性材料的各向异性磁电耦合行为。在 6 kOe 的直流偏置磁场下，磁电磁导率的大小随着外磁场的增加而显著地增强。当极化与磁场方向平行时，其数值随直流偏置磁场的变化表现出不对称的行为，是一种由应变引起的磁电耦合效应。同时，其横向磁电磁导率的最大值高达 60 mV/cm Oe，大约是其纵向的 5 倍。这一横向磁电耦合效应的增强主要源于 1-3 型纳米柱状结构特有的外延应变所产生的磁畴择优取向。这一研究为纳米尺度的应变耦合器件的设计提供了参考。此外，类似的铁电相/铁磁相纳米柱状的复合结构材料也得到了广泛的研究。研究表明，纳米柱的形态与基底以及铁磁和铁电相的组分都有着密切的联系。另外，由于该结构也存在漏电流的问题，并且样品制备比较困难，所以难以推广和应用。因此，这一类材料的结构设计和性能调控仍然是一项具有挑战性的工作。

根据上述的研究可知，通过优化材料选择与铁磁和铁电相的复合方式可以实现非常大的磁电耦合效应。在所述的复合材料中，正磁电耦合效应已经得到了广泛的研究。因此，复相多铁性材料正磁电耦合效应的研究为将来实际应用打下了坚实的基础。接下来我们将重点关注在复相多铁性材料薄膜体系中的逆磁电耦合效应，即电控磁效应。自麦克斯韦方程组首次揭示了两个独立现象（磁相互作用和电子运动）本质上是相互耦合的，使用电场去控制磁性的想法就开始萌发。对于晶格，电荷和自旋之间相互作用的研究已经成为电控磁领域中的热点。这个领域的研究在磁数据存储，自旋电子学和高频磁器件中展示出巨大的应用前景，特别是最近与互联网相关的革新事物，如大数据、人工智能、云计算等。

13.2　电控磁效应

电控磁的机制主要取决于磁性和介电材料的种类、薄膜的厚度、晶体的取向和电场操作的模式。因此，考虑以上因素通常将其机制分为三种类型即电荷耦合、应变耦合和交换耦合，人工磁电异质结构中三种类型见图 13-4。这三种机制分别与电荷、晶格和自旋相关，利用这三种机制，例如磁各向异性、磁化强度、交换偏置、磁电阻和居里温度等，都可以进行电场调控。接下来我们将详细地讨论这三种不同机制的相互作用和基本特征。

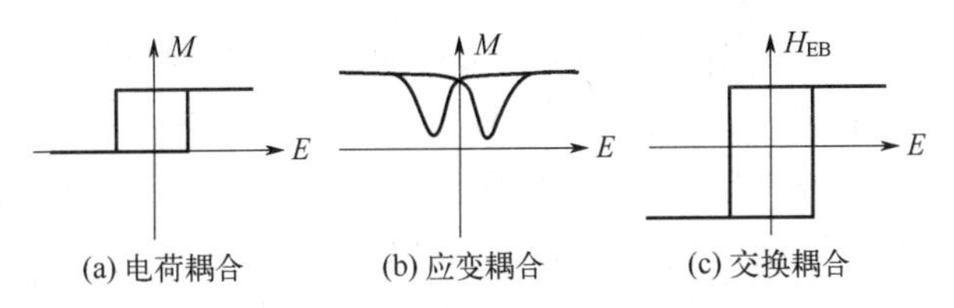

图 13-4 人工磁电异质结构中，三种不同机制的磁电响应示意图

（1）电荷耦合机制

基于电荷耦合机制的电控磁效应，其电荷载流子浓度与材料的磁性密切相关。在铁磁金属体系中，磁性的变化经常与载流子浓度（金属中流动电子的浓度）相关。由于在金属体系中存在很强的散射效应，所以电场的影响不能深入地贯穿到金属的体内。

然而，由于金属薄膜体系具有高的表面体积比，所以可以使用一个较大的电场去调节载流子的浓度和电子的占据，从而实现对金属薄膜磁性的调控。如图 13-5（a）和（b）所示，在液态电解质的辅助下，超薄 FePt 和 FePd 薄膜通过双电层（EDL）诱导的电场展示了一个较大的电控磁效应。在 3d 金属中未配对的 d 电子具有接近费米能级的能量，作为自由的载流子构成了调制的表面电荷，并且主导了其基本的磁性。通过改变 3d 电子的数目，导致载流子浓度发生变化，从而直接影响磁晶各向异性能和相应的磁各向异性能（magnetic anisotropy energy，MAE）。考虑到磁各向异性取决于 FePt 和 FePd 的能带填充，如果应用同样的电压其磁各向异性应该具有一个相反的变化趋势。3d 金属载流子浓度的变化对磁各向异性也有显著的调制效应。在 Fe/MgO（001）异质结构中，在接近 MgO 层的界面处施加一个小于 1 MV/cm 的电场就可以通过改变 Fe-3d 轨道的占据诱导出一个大调制的磁各向异性。此外，应用的电场也可能导致费米能级的移动，并且改变不同轨道的相对电子占据和相应的磁各向异性。同时，在金属铁磁多层膜中居里温度与载流子浓度也密切相关。如图 13-5（c）和（d）所示，在超薄 Co/Pt 双层膜中，电场控制的载流子浓度和电子占据的变化，导致了磁各向异性的改变，所以驱动了 T_c 的移动。第一性原理计算表明，在金属中由于自旋决定的散射效应和 p-d 杂化，所以应用的电场可以改变自旋-旋转结合能和海森堡交换参数。因此，整体的交换作用能表明，在不同的体系中一个正方向电场可以导致 T_c 的增加（在 Co/Pt 和 Co/Ni 薄膜中）或者 T_c 的减小（在 Fe 薄膜中）。

上述研究工作重点关注的是铁磁层磁性的调控。然而，在电场的作用下，一旦诱导出铁电极化，铁电层界面的自旋变化也可以调控磁性。根据理论计算，在 Fe/$BaTiO_3$（BTO）异质结构中，通过调控铁磁与铁电（FM/FE）界面处铁电极化的翻转也可以诱导出一个大的界面磁电耦合效应，其中 Fe 和 Ti 磁矩的调控已经得到理论的证实。为了验证该界面的磁电耦合效应，研究人员通过 X 射线共振磁场散射测量 Fe/BTO（1.2 nm）/LSMO 隧道结，验证了电场对 Fe 和 Ti 层的磁矩调控。

与铁磁金属异质结构相比，在铁磁氧化物异质结构中，使用的介电层通常是铁电材料。自发或诱导的极化将会引起介电层和磁性层之间界面处电子或空穴的聚集，从而引起磁性的调控。对于铁电材料如锆钛酸铅（PZT），电子或空穴调制是 10^{14} cm^{-2} 量级，显著高于使用 SiO_2 作为介电层所获得的电子或空穴调制能力。因此，基于铁电材料的 FET 型器件普遍用于调控薄膜的物理性能，例如超导电性、金属绝缘转变等。

除金属体系外，由于不同化学掺杂水平的锰氧化物可以呈现丰富的电子相，因此掺杂的锰氧化物为电控磁提供了另一种理想的材料。以空穴载流子浓度变化为基础的磁电耦合效应

在 $La_{1-x}A_xMnO_3$/BTO（001）体系中也得到了理论的证实。其中 A 位离子可能是 Ca、Sr，或 Ba，其掺杂水平 x 确定在铁磁（FM）和反铁磁（AFM）相变点接近 0.5 区域的附近。在 $La_{0.5}A_{0.5}MnO_3$ 体系中，空位的变化主要发生在界面处，并且 BTO 极化翻转将会引起 FM 和 AFM 之间的相变。对于不同的铁电极化状态，AFM 态更倾向于空穴的增加，而减少的空穴则稳定 FM 态。在铁磁和铁电氧化物异质结构中，基于电荷耦合机制的电控磁效应在 PZT（250 nm）/LSMO（4 nm）异质结构中首次发现。在温度为 100 K 时，测量的磁光克尔测量（MOKE）信号表明外加电场与 LSMO 饱和磁化强度的变化是一个滞后的回线，并且 LSMO 磁矩的翻转与 PZT 铁电极化翻转相关。在不同的电场强度下，载流子浓度的调节通过使用 X 射线吸收近带光谱（XANES）和中电子能量损失谱（EELS）得以证实。当 PZT 极化从耗尽态翻转到积累态时 Mn 的 XANES 能量移动大约为 0.3 eV，这表明 Mn 的价态将变得更高。在 LSMO/PZT 界面处出现一个磁矩不对称的现象，这主要归因于 PZT 局域极化所导致的从薄膜界面到体磁矩的调控。在不同铁电极化的状态下，对于锰氧化物体系，Mn 元素化学价的变化证明了在这些电控磁体系中载流子浓度的变化扮演着重要角色。实际上，不但锰化物的价态变化可以引起其磁性的改变，而且它的轨道占据也可以通过电场进行调控，从而导致其磁矩发生变化，在电荷聚集态的 LSMO 层有较强的面内 x^2-y^2 轨道，这将显著地削弱锰氧化物中磁性的来源，例如双交换作用。当利用 PZT 不同极化状态调控轨道占据时，将导致周围 Mn 的磁矩发生改变，这一结果在量级上与第一性原理计算 LSMO 的结果相一致。此外，电控磁的效果与锰氧化物薄膜的厚度和化学成分都密切相关。LSMO 是一种空穴掺杂的锰氧化物，其磁性对掺杂水平 x 的稍微变化都很敏感。除了元素掺杂水平的影响之外，电场效应

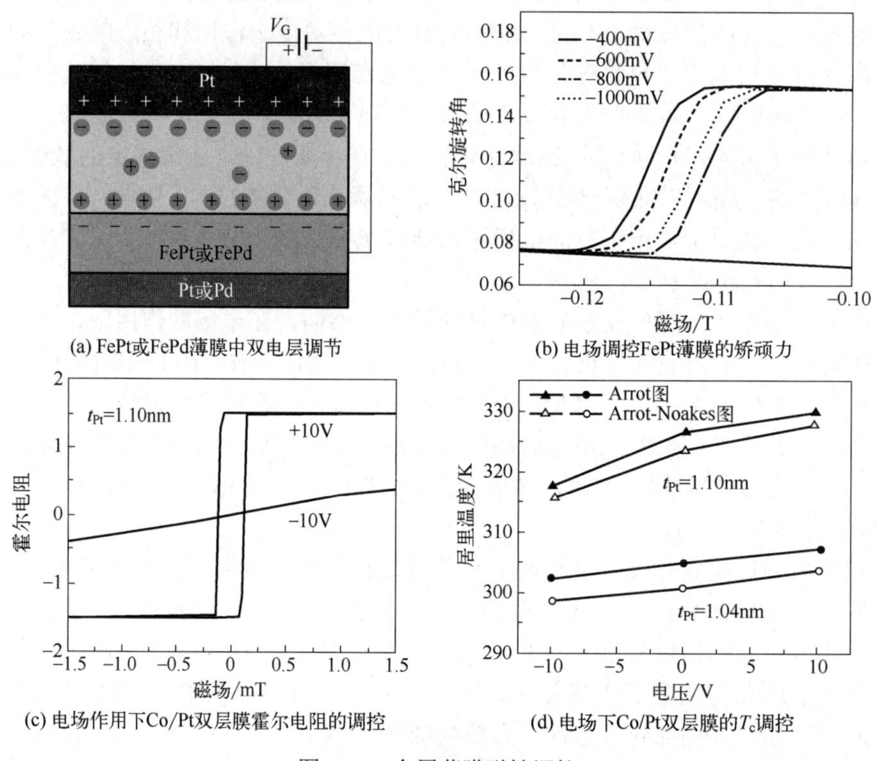

图 13-5 金属薄膜磁性调控

也强烈地依赖于铁磁层与 FE/FM 界面的距离。在不同极化的 e_g 轨道中，载流子的浓度随着与 FE/FM 界面距离的增加将显著地降低，并且在 LSMO 第四个单胞后变得几乎可以忽略。因此，对于以电荷调制为基础的电控磁效应，通常使用位于两电子相边界处的超薄铁磁氧化物薄膜进行研究。

随着薄膜生长技术的发展，制备可精确操控原子水平的复杂氧化物异质结构将成为可能，并且在它们的界面处可能会产生大量新奇的物理现象。最为著名的代表是二维电子气和在绝缘非磁 $LaAlO_3$(LAO)/$SrTiO_3$(STO)异质结构中界面磁性的调控。这种新奇的现象与界面电荷从 LAO 转移到 STO 紧密相关，为研究电控磁效应提供了另一种思路。考虑到这种现象是通过两个非磁绝缘层实现界面磁性的，场效应晶体管（FET）和后门（BG）型器件也能实现其类似的相关研究。通过在 LAO/STO 界面上施加不同大小的电压，在界面处载流子浓度决定的界面磁性可以通过磁力显微镜（MFM）进行详细地表征，如图 13-6 所示。随着外加电压从−4 V 到 0 V 的变化，垂直的磁畴结构逐渐减弱，并且其自旋排列到薄膜面内方向。因此，在 LAO/STO 界面处发现电控磁效应为自旋电子学的应用提供了一种新的途径。

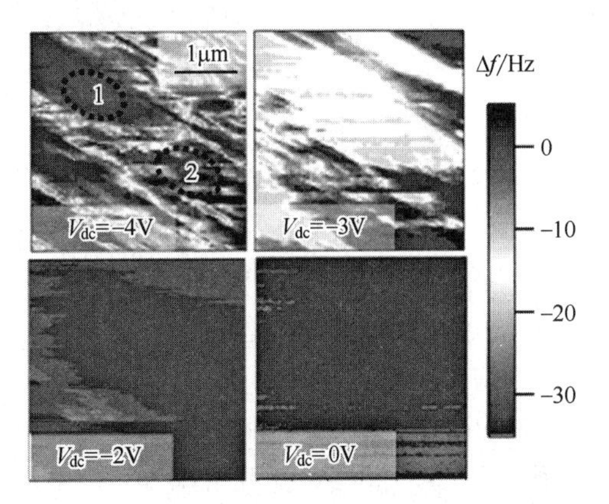

图 13-6 不同电压下 MFM 表征 LAO/STO 界面的磁性

以电荷耦合机制为基础的电控磁，本质上可以分为三种类型：a. 在电场的作用下增加自旋的不平衡，这有助于磁矩的调控；b. 通过电场调控铁磁层中的电子相导致铁磁到顺磁或铁磁到反铁磁相变；c. 在不同的铁电极化下由于近费米能级处各种各样的态密度变化可以调控其磁各向异性。然而，在实际的材料中不只有一种类型的电荷耦合，因此有时难以准确判断在电场下磁性变化的来源。同时，为便于铁磁层载流子的聚集和耗尽，铁磁薄膜厚度一般在几纳米的量级，大大地增加了试验的难度。此外，绝大部分的电荷调制体系均在很低的温度下才可以观察到电控磁效应，极大地限制了实际的应用。

（2）应变耦合机制

采用应变工程实施可控的磁性调节是一种理想的途径。人们普遍认为通过从铁电层传递到铁磁层的应变所引起的逆磁电耦合效应将带来显著的磁性调控。当在铁电材料上施加电场时，可以通过其逆压电效应调节铁电层的晶格参数或形状。因此，铁电层发生形变后将会产生应变并传递到邻近的磁性材料上，然后通过逆磁致伸缩效应引起铁磁薄膜矫顽力和磁各向异性的调控，甚至实现磁化的翻转。

铁磁金属体系由于具有较高的 T_c 和易于制备的优点，在电控磁的研究中引起了广泛的关注。在大量的铁磁金属体系中基于铁电衬底的电控磁研究得以实现，例如 Fe/BTO、CoFe/0.7Pb($Mg_{1/3}Nb_{2/3}$)O_3-0.3$PbTiO_3$ (PMN-PT)、CoFeB/PMN-PT、CoPd/PZT 和 Ni/BTO 等。利用现象学处理，Pertsev 和 Nan 总结了通过以应变调控为基础的磁电耦合效应。铁磁薄膜的磁性与铁电层发生磁弹耦合表明，在一个电场的帮助下自旋可以实现面内到面外之间的自旋重取向。利用这种方法，通过一个电场可以实现磁矩、磁畴、磁晶各向异性、矫顽力和磁化翻转的调控。

对于应变调控的电控磁效应，在不同外电场强度和温度的作用下，畴结构的耦合起到关键作用。例如在 BTO 单晶衬底上生长 CoFe 薄膜的过程中，铁电畴和铁磁畴之间会产生耦合效应。如图 13-7 所示，在电场的作用下，铁磁畴的图案会随着铁电条形畴进行翻转，这不仅清晰地证明了在逆磁电耦合效应中应变扮演着重要的角色，而且也为电写铁磁畴结构提供了一种潜在应用的方法。

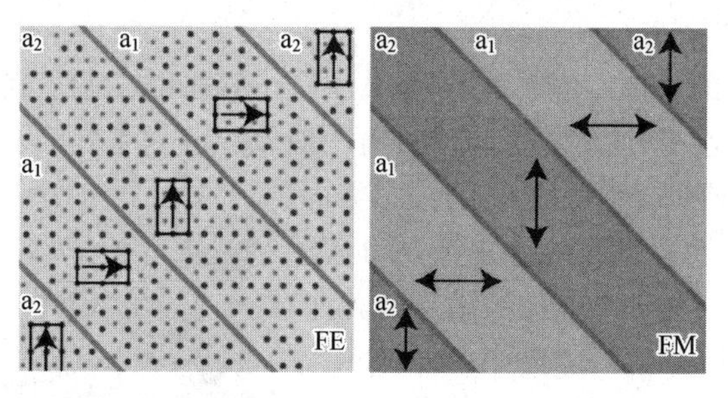

图 13-7　BTO 铁电畴结构诱导铁磁畴翻转

由于反铁磁自旋电子学的快速发展，电控反铁磁材料的研究得到了明显的促进。通常，反铁磁材料只作为一个钉扎层，在异质结构中往往起辅助的作用。由于它在外磁场下具有可忽略的铁磁杂散场和极强的抗干扰能力，所以在新兴的反铁磁自旋电子学领域中，调控反铁磁材料作为一个功能层的研究已经迅速地开展起来。例如，生长在 BTO 基底上的外延 FeRh 薄膜，在没有温度的辅助下施加一个 21 V 的电压可以显著地调控 FeRh 薄膜的相变温度，使其相变温度大约增加 25 K，如图 13-8 所示。在这个相变过程中，电场对薄膜磁化强度的调节也非常明显。

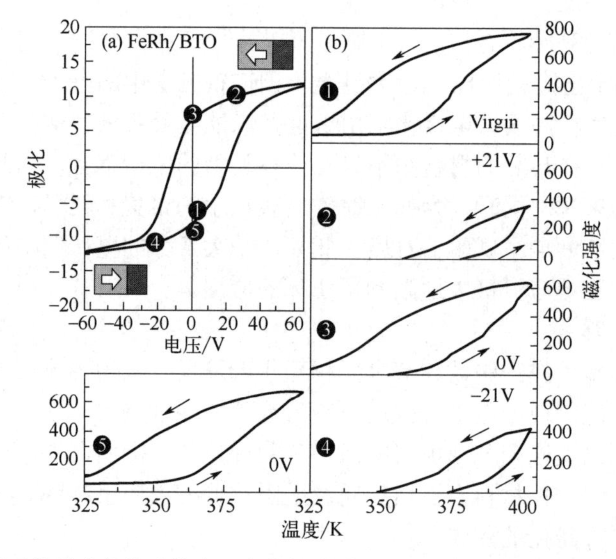

图 13-8　FeRh/BTO 异质结构中极化随外电压变化的关系（a）与在不同外电压下，薄膜相变的调节（b）

随着薄膜沉积技术的快速进步，诸如氧化物分子束外延和装配了反射高能电子衍射的 PLD 系统等能够实现具有原子级精度的铁磁氧化物外延薄膜在铁电衬底上的沉积，这为在氧化物体系中利用应变耦合机制实现电控磁性提供了基础。通过 XRD 证实，加电场前后 BTO 的面内晶格发生了畸变，这是由于在外电场的作用下，BTO 的 a-畴发生 90° 铁电畴翻转变成 c-畴，这一过程伴随着面内晶格常数的变化从而产生局域应变，随后传递到 LSMO 薄膜上，这导致其磁晶各向异性发生改变，最终使其磁化强度发生跳变。因此，室温下基于应变耦合传递调节的电控磁效应在各种各样的金属，氧化物体系中都已经实现，表现出广泛的材料选择性，并且在电场的切换下都具有显著的磁性调控能力。

（3）交换耦合机制

交换耦合是电控磁效应的另外一种机制。通常，交换耦合或交换偏置效应在各种各样铁磁和反铁磁界面之间广泛存在，体现出一个偏离原点的磁化曲线。如果铁磁层和反铁磁层之间的耦合效应可以通过外电场实现调控，将会导致界面磁性发生改变。然而，在反铁磁材料中通过交换弹簧效应也可能传递外电场对 AFM/FM 界面的影响，从而引起其磁性的调控。研究人员最早在垂直磁化双层膜[Co/(Pt 或 Pd)]/Cr_2O_3 异质结构中发现电场调控的交换偏置效应。首先在 Cr_2O_3 中反铁磁单畴态通过磁场和电场的结合实现翻转，随后通过场冷过程使反铁磁畴取向后出现未补偿磁矩。由于未补偿磁矩的方向由场冷中电场和磁场的方向决定，因而可以通过适当的场冷过程控制交换偏置场的方向。如图 13-9（a）所示，在特定温度下展示了一个大的电控交换偏置效应。一旦$|E_H|$达到某个临界值（E 和 H 分别是等温应用的外电场和磁场），一个显著的电控磁效应得以实现。但是，值得关注的是在$(Co/Pt)_3/Cr_2O_3$ 多层膜中需要加热和冷却场的辅助。如图 13-9（b）所示，当增加偏置电压时，磁化强度将会降低甚至符号出现反向。

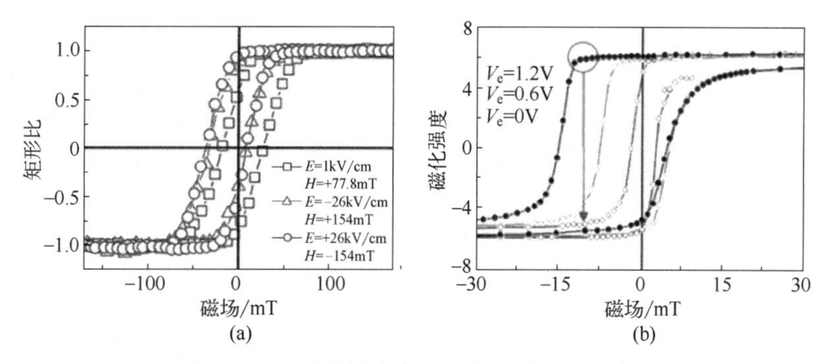

图 13-9　异质结构中电场对交换偏置场的调控

自从多铁性复合材料成为当前研究的热点以来，研究者们相继提出了很多基于多铁性材料的新型自旋电子学器件和存储器件的模型。根据相关文献的报道，基于复相多铁性材料的潜在应用领域可以概括为以下三方面内容：a. 利用复相多铁性材料的正磁电耦合效应，有望实现无源式读取磁头传感器的设计；b. 通过磁有序和电有序的共存，可以在同一材料中实现多态存储；c. 利用复相多铁性材料的逆磁电耦合效应，有望实现电写磁读式新型信息存储器。

由于很多一级磁相变合金在相变点附近都伴随着较大的晶格畸变或结构相变，具有较强的磁弹耦合效应，所以其相变很容易受应变所驱动，并且伴随着磁化强度的突变。利用这些磁相变合金，在应变传递机制的磁电异质结构中，可以获得很大的电控磁效应。这些一级磁相变合金往往都具有较大的磁熵变。基于上述机制，Wang 等人率先提出了利用电场来调控磁热效应的理念，有效地拓宽了材料的磁制冷温区（图 13-10），在磁制冷领域中具有潜在的应用价值。

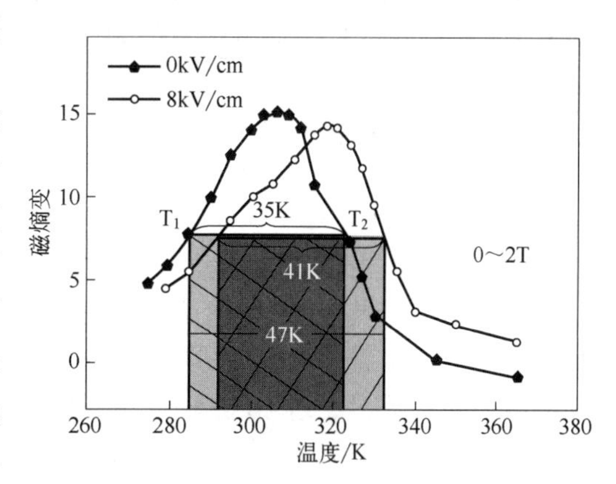

图 13-10　在 $FeRh_{0.96}Pd_{0.04}$/PMN-PT 体系中电场拓宽磁致冷温区

13.3 磁性薄膜中的磁弹耦合效应

慕课

磁性薄膜中的应力各向异性是指磁性材料在应力作用下，由于磁弹效应使磁化强度出现了改变，这种改变往往会优先顺应着磁弹耦合效应的。这种情况作用下的应力来源可以有多种，包括制备预内置应力、外场施加以及后续薄膜处理过程中的残余内应力等。铁磁材料中，磁弹耦合相关的静磁能可以表述为：

$$E_\sigma = -\frac{3}{2}\sigma\lambda_{100}\left(\alpha_1^2\beta_1^2+\alpha_2^2\beta_2^2+\alpha_3^2\beta_3^2-\frac{1}{3}\right) -3\sigma\lambda_{111}(\alpha_1\alpha_2\beta_1\beta_2+\alpha_2\alpha_3\beta_2\beta_3+\alpha_3\alpha_1\beta_3\beta_1) \tag{13-4}$$

式中，σ 为作用在该区域的应力，如拉应力（$\sigma>0$）或者压应力（$\sigma<0$）；λ_{100} 和 λ_{111} 是体系沿[100]和[111]方向的磁致伸缩系数；α_1、α_2、α_3 是磁化方向相对于单晶晶轴方向的余弦；β_1、β_2、β_3 磁致伸缩方向相对于单晶晶轴方向的余弦。对于蒸镀的磁性薄膜，由于多晶结构，磁弹耦合系数一般为面内各向同性。该系统中的磁弹耦合相关的静磁能可以简化为：

$$E_\sigma = -\frac{3}{2}\lambda\sigma\cos^2\theta \tag{13-5}$$

在上述的公式中，λ 是磁性薄膜内的磁致伸缩系数，θ 为磁矩与应力方向二者的夹角。在各种铁磁材料体系中，静磁能总是趋向于最低值。在这一大前提下，当铁磁薄膜自身的磁致伸缩系数为正时，同时在该样品上一指定区域内引入的应力为拉应力时，即 $\sigma>0$，为使得静磁能能量最低，$|\cos\theta|$ 值需要最大，此时 θ 值为 0° 或 180°，即磁化方向与应力方向平行；当引入的应力为压应力时，$\sigma<0$，为使得静磁能能量最低，$|\cos\theta|$ 值需要最小，此时角 θ 值为 90°，即磁化方向与应力方向夹角为 90°。同理可得，当铁磁薄膜自身的磁致伸缩系数为负时，与上述情况正好相反。

磁弹耦合效应是反映磁性材料的磁学特征与力学特征相互关系的一种现象，包括压磁效应与磁弹效应（或称为磁致伸缩效应与逆磁致伸缩效应）。

磁致伸缩效应是指磁性物体在外磁场作用下，沿着磁化方向被伸缩从而发生相对形变，其本质原因在于磁致伸缩效应影响了物体内的磁畴畴域。磁致伸缩效应改变了铁磁体整体形状，在一定程度上理解为小磁畴域的磁矩变换从而引起磁畴的旋转以及重新固位，这致使材料结构的内部出现了挤压、拉伸。结构的应变继而导致了材料沿着外磁场方向伸展或者是压缩（分别对应正磁致伸缩效应与逆磁致伸缩效应）。在这种形变过程中，材料的横截面面积也会减小，尽管这种减小量很难测量，因此铁磁材料整体的总体积受磁致伸缩效应影响不大，体积保持不变。磁致伸缩大小以磁致伸缩系数 λ 表明，其表达式为：

$$\lambda = \frac{\Delta l}{l} \tag{13-6}$$

式中，l 为总长度；Δl 为沿着磁化方向的伸长量。

软磁材料都具有磁致伸缩效应，磁致伸缩系数作为本征系数，不同的磁性材料其磁致伸缩系数不同。当磁性材料在特定方向外磁场的作用下，本体被相对拉长时可以证明其具有正的磁致伸缩系数，反之被压缩时其具有负的磁致伸缩系数。根据铁磁材料在磁场中的几何形状、结构尺寸的变化形式，可以将磁致伸缩效应细分为纵向磁致效应、横向磁致效应、磁致扭转效应以及磁致体积效应。

总之，磁致伸缩材料在外磁场的作用下发生一定程度的形变，主要体现在长度发生变化。

如果在交变磁场中，反复变化的磁场会使铁磁材料反复伸长缩短，从而引起振动，因此可以借由这种特性，利用铁磁材料将电磁能转换为机械能或位移信息。不过磁致伸缩引起的相对形变较小，需要采用大磁致伸缩系数的材料才能满足上述设想。另外，磁致伸缩应变的材料特质与材料本身、加工方法以及预处理等有关，不同的铁磁材料在相同的外加磁场下，因磁致伸缩效应所产生相对形变量是不同的。还需注意的是，磁致伸缩效应是有极限的，即某一铁磁材料在无限增大的外磁场下所产生的相对形变不是无限扩大的，当磁场增加到一定程度之后，应变量到达最大值后便停止，这被称为饱和磁致伸缩应变。磁致伸缩引起物体发生的形变量与该物体所处的温度具有一定的相关性。当温度升高，物质内部的晶体结构会膨胀，热运动加剧，形变量就会发生一定的变化（不同的材料体系变化趋势并不完全相同）。

磁致伸缩材料在电-磁传感器、能量转换器等方面具有潜在的应用优势，在测距器件方面也有一定的应用。同时，铁磁材料的这种优势，也可以反过来通过内部应力来改变自身的磁性特征，即逆磁致伸缩效应。在应力的作用下时，材料的磁性会发生一定程度的变化，材料的磁畴壁改变了其位置。在正磁致伸缩材料情况下，如果存在拉伸应力，则磁化方向将转向拉伸应力的方向，加强拉应力方向的磁化会使得拉应力方向的磁导率 μ 增大。反之，磁导率会减小。这在负磁致伸缩系数材料的情况与正系数的情况恰恰相反。这种被磁化的铁磁材料在应力的影响下形成磁弹性能，将其内部的磁化强度矢量重新定向，改变了原磁矩取向，从而改变沿着应力方向的磁导率现象即磁弹效应。

13.4 磁性薄膜中的磁电阻效应

慕课

所谓磁电阻效应（magnetoresistance，MR），即磁场发生变化时，材料的电阻值也相应发生变化的现象，通常将其定义为一个无量纲的比值：

$$MR = \frac{\rho(H_s) - \rho(0)}{\rho(0)} \tag{13-7}$$

式中，$\rho(H_s)$ 和 $\rho(0)$ 分别为在某一外加饱和场 H_s 和没有磁场存在时材料的电阻率。磁电阻按照其产生机理的不同可以分为以下几种：正常磁电阻、各向异性磁电阻、巨磁电阻、隧道磁电阻、庞磁电阻。

13.4.1 正常磁电阻效应

正常磁电阻（ordinary magnetoresistance，OMR）来源于载流子在运动过程中所受到的磁场对其洛伦兹力的作用。洛伦兹力导致电子的运动发生偏转或转变为螺旋运动，因而导致材料的电阻增加。最明显的特征为：

① 磁电阻值 $MR>0$；

② 各向异性，但是 $\rho_{\perp} > \rho_{//}$（$\rho_{\perp}$ 和 $\rho_{//}$ 分别表示外加磁场与电流方向垂直及平行时的电阻率）；

③ 当磁场不太高时，MR 正比于 H^2。

13.4.2 各向异性磁电阻效应

各向异性磁电阻最早由 Willam Thomson 发现，但直到一个世纪之后人们才在磁记录探测元件中找到了各向异性磁电阻的用途。尽管各向异性磁电阻的电阻变化率小于巨磁电阻和隧道磁电阻，但其对方向的敏感性高，在地磁传感方面有很大的应用价值。在3d铁磁金属以及它们的合金中普遍存在各向异性磁电阻（anisotropic magnetoresistance，AMR）现象，在这些材料中电阻值的大小取决于磁化强度和电流方向的夹角。通常，用 $\rho_{//}$ 和 $\rho_{\perp}$ 分别表示磁化强度与电流方向平行和垂直时的电阻率。

图13-11所示为 $Ni_{0.9942}Co_{0.0058}$ 的自发磁化强度随温度的变化曲线，温度范围从绝对零度到居里温度。在室温下，简单考虑一个圆柱状的 $Ni_{0.9942}Co_{0.0058}$ 样品，它的退磁场张量是已知的。其电阻率随外磁场的变化如图13-12所示，上面的曲线表示磁矩与电流平行时的状况，下面的曲线表示磁矩与电流垂直的状况。可以看到当磁场增大时 $\rho_{\perp}$ 明显变小。当磁场很大时，$\rho_{//}$ 和 $\rho_{\perp}$ 都随磁场增大而一致减小，这种电阻率的减小是外磁场导致的除自发磁化强度之外的额外磁化强度的变化所引起的，如图13-11中的 *ab* 线所示，这是一种各向同性的效应。随着量子力学和固体理论的发展，现在一般认为AMR是由于铁磁材料中的自旋轨道耦合和相对称性破缺产生的，是一种相对论的磁输运现象。

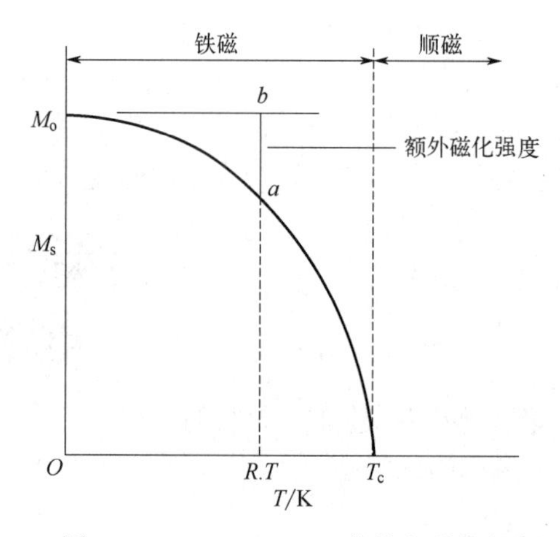

图13-11　$Ni_{0.9942}Co_{0.0058}$ 的饱和磁化强度随温度的变化曲线

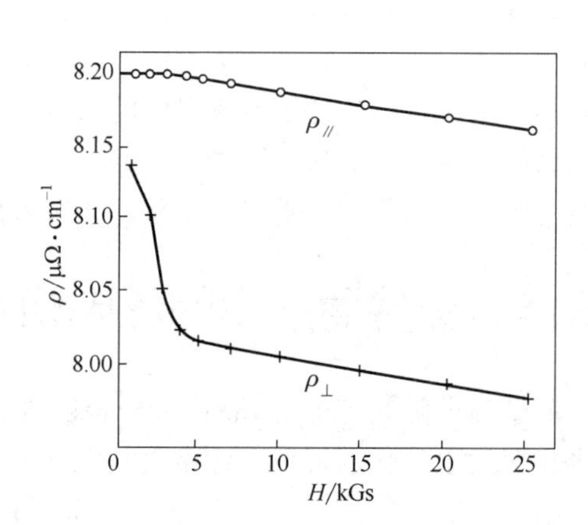

图13-12　294 K时，$Ni_{0.9942}Co_{0.0058}$ 的 $\rho_{//}$ 和 $\rho_{\perp}$ 随外磁场的变化曲线

材料的各向异性磁电阻值可通过如下公式进行计算：

$$\mathrm{AMR}=\frac{\rho_{//}-\rho_{\perp}}{\frac{1}{3}\rho_{//}+\frac{2}{3}\rho_{\perp}} \tag{13-8}$$

中国科学院宁波材料技术与工程研究所在钙钛矿型锰氧化物单晶中首次观察到了异常大的各向异性磁电阻效应，其数值可达90%以上，比传统铁磁材料中的AMR效应高出近两个数量级。他们研究发现，该异常的AMR效应与钙钛矿型锰氧化物中磁场可调的金属-绝缘体转变密切相关，从而为探索新型AMR材料及其应用提供了新的思路。

13.4.3　巨磁电阻效应

巨磁电阻（giant magnetoresistance，GMR）效应是薄膜磁学领域中最振奋人心的发现之一，具有巨大的应用价值。从巨磁电阻效应1988年被费尔和格林贝格尔发现后仅过了九年时间，基于巨磁电阻效应的商业产品就问世了，如计算机硬盘读头、磁场传感器和磁记忆芯片。这些成就的取得依赖于对GMR效应物理本质深刻的认识，而这种认识则是基于在磁性结构中电子的量子力学的自旋相关输运理论。

和其他的磁电阻效应一样，GMR 也是随外磁场的变化而导致材料的电阻值发生变化的现象。当外加磁场导致多层膜中铁磁层的磁矩方向变化时电阻值就会发生变化。如图 13-13 所示，当没有外加磁场时相邻铁磁层的磁矩反平行排列，这时材料的电阻比较高，外加一个磁场使多层膜中铁磁层的磁矩平行排列并使其磁化到饱和，材料的电阻值就会下降。Baibich 发现随外加磁场的变大，Fe/Cr 多层膜的电阻明显变小，这种效应比上面提到的正常磁电阻和各向异性磁电阻都大很多，因此被称为巨磁电阻。后来人们在其他的多层膜结构中也观察到 GMR 效应，例如 Co/Cu 多层膜、Co/Au 多层膜、Co/Ag 多层膜、Fe/Cu 多层膜等。

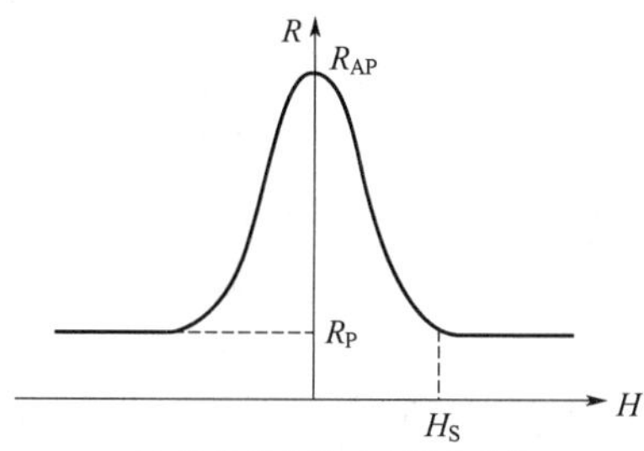

(a) 外磁场变化时电阻的变化

R为体系的电阻，R_{AP}和R_P分别为铁磁层磁矩反平行和平行排列时体系的电阻

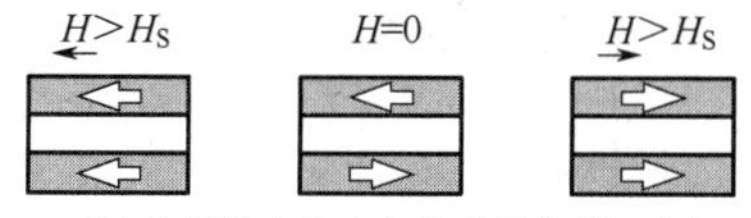

(b) 外磁场变化改变铁磁层的磁矩方向

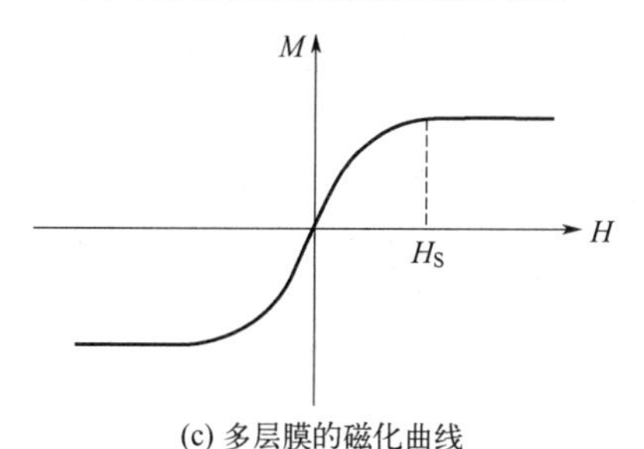

(c) 多层膜的磁化曲线

图 13-13　GMR 效应示意图

为了观察到 GMR 效应，必须使多层膜中的铁磁层有平行和反平行两种排列组态。反平行排列可以通过相邻铁磁层之间的反铁磁耦合来实现。反铁磁耦合是一种特殊类型的交换耦合，这种耦合被称为 RKKY 相互作用，它的作用机理是铁磁层的局域磁矩通过巡游电子发生相互作用。随着中间非磁层厚度的变化，这种耦合可以在铁磁和反铁磁耦合之间发生变化。所以适当选择铁磁层中间非磁隔离层的厚度可以使相邻铁磁层由于反铁磁耦合而在零场下出现磁矩反平行排列，然后再用外加磁场使其平行排列，从而改变材料的电阻值。

大多数测量 GMR 的方式都是使电流在薄膜平面内流动，即所谓的 CIP（current-in-plane）模式，还有一种方式是使电流垂直膜面流动，这种方式被称为 CPP（current-perpendicular- to-plane）模式。和 CIP 相比，CPP 的测量要困难很多，这是因为薄膜的厚度非常小，导致电阻也很小，从而增加了探测的难度。人们发展了几种方式去探测 CPP，其中一种方式是制备样品时采用超导接触。这种方式的特点是制备样品比较简单，但测试需要在低温下进行，大大

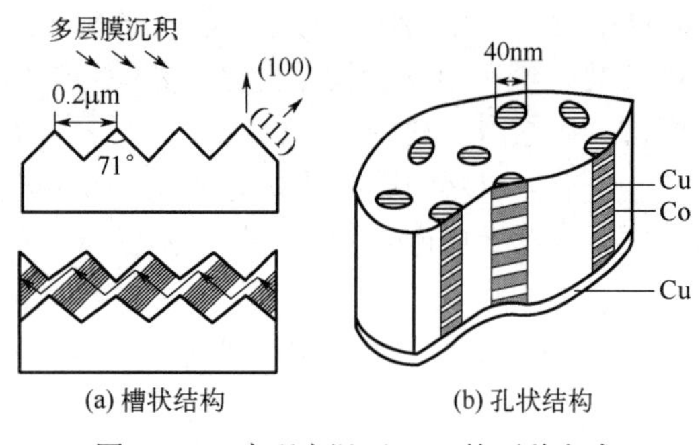

图 13-14　实现室温下 CPP 的两种方式

限制了其应用。还有一种方式是把多层膜长到事先经过光刻处理的具有一定几何结构的基片上，例如槽状结构或者孔状结构，如图 13-14 所示。

从 Mott 的二流体模型出发可以对 GMR 进行定性的理解，二流体模型是 Mott 在 1936 年为了解释铁磁金属的电阻率在高于居里温度时突然增加而引入的，关于这个模型主要有两点：a. 铁磁金属中的电导可以分为相互独立的两部分，即自旋向上的电子产生的电导和自旋向下的电子产生的电导，这两个通道的电导相互并联即为铁磁金属的总电导，并且在导电过程中电子受到自旋翻转的散射的概率很小，也就是说电子的自旋仅保持一个方向。b. 在铁磁金属中，不论散射中心的本质是什么，自旋向上和自旋向下的电子所受的散射概率都是不相同的。根据 Mott 理论，起导电作用的主要是 sp 价电子，因为它们的有效质量比较小所以迁移性比较强，而 3d 能带的作用是为 sp 电子提供散射的空状态。在铁磁金属中 3d 能带交换劈裂，所以在费米面处两种自旋的电子能态密度不再相同，而 sp 电子散射入这些空状态的概率和能态密度成正比，这就造成电子所受的散射是自旋相关的。

利用 Mott 的理论，可以很直观地解释多层膜中的 GMR 现象，假定多数自旋的电子在费米面处的能态密度比较大，即自旋方向与铁磁层磁矩方向相同的电子受的散射比较强，自旋方向与铁磁层磁矩相反的电子受的散射比较弱。对图 13-15（a）所示的铁磁层磁矩反平行排列的情况，自旋向上和自旋向下的电子都是在一个铁磁层受的散射强，而在另一个铁磁层受的散射弱，总体上每个电子受的散射都很强，体系处于高电阻态。而对图 13-15（b）所示的铁磁层平行排列的情况，虽然自旋向下的电子由于在两个铁磁层都受到强散射而处于高电阻态，但是自旋向上的电子在两个铁磁层受的散射都很弱而处于低电阻态，两个电子电阻的并联结果是体系整体处于低电阻态。

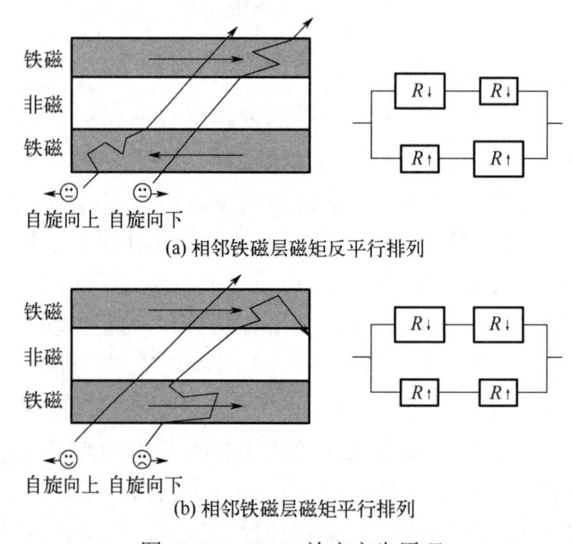

图 13-15　GMR 效应产生原理

自从 GMR 效应被发现以来，人们研究了大量的具有此效应的磁性多层金属膜结构。通过研究发现多层膜的 GMR 值和其化学组成关系很大。要获得较高的 GMR 值，需要根据相邻的铁磁和非磁金属间能带和晶格的匹配程度来合理设计材料组分。一般来说，能带匹配程度越好，则自旋取向的电子穿透铁磁（FM）/非磁（NM）界面的能力越强；反之则越弱。FM/NM 界面处晶格不匹配会导致错配位错等晶体缺陷。在非磁金属内，晶体缺陷的散射是非自旋相关的，会减弱 GMR 效应。虽然在铁磁金属内这些缺陷的散射是自旋相关的，但是散射势中的自旋不对称性会随着缺陷细节的不同而变化，最后各种缺陷的平均效果使得散射势只是弱自旋相关的，也会导致 GMR 的降低。

除磁性金属外，半金属也有很高的自旋极化率，因为半金属中一种自旋的电子行为像金属而另一种自旋的电子行为则类似绝缘体。从理论上讲半金属应该有很高的 GMR 值，但是目前所做的工作中测量到的 GMR 值却远远没有达到预期值。相关的理论和试验工作还需要科研工作者的进一步探索。

13.4.4 隧道磁电阻效应

对磁隧道结中隧道磁电阻（tunneling magnetoresistance，TMR）的研究是自旋电子学的一个重要组成部分。磁隧道结是由两个磁性电极和中间一个绝缘体隔离层构成，当两个电极的磁矩相对取向发生变化时磁隧道结的电阻也会发生变化。早在 1975 年 Julliere 就在 Fe/Ge/Co 结构中观察到了 TMR 效应，但是重复性比较差，所以并未引起人们足够的重视。直到 1995 年 Moodera 和 Miyasaki 小组在自以多晶氧化铝为隧穿层的磁隧道结中观察到了 20%的可重复的 TMR 效应。2004 年，人们对 TMR 的研究取得了巨大的突破，在同一期的 *Nature Materials* 杂志上，IBM 公司的 Parkin 和日本人 Shinji Yuasa 同时报道了以 MgO 为隧穿层的磁隧道结中巨大的 TMR 值，Parkin 在磁控溅射生长的以 CoFe 为电极的磁隧道结中观察到了室温下 220%的 TMR，Shinji Yuasa 在外延生长的单晶 Fe/MgO/Fe 结构的磁隧道结中测量到了室温下 180%的 TMR。2008 年前后 TMR 值再创新高，Ohno 小组在 CoFeB/MgO/CoFeB 结构磁隧道结中实现了室温时 604%，低温时 1010%的 TMR 值。并且通过进一步优化在该结构中还实现了垂直磁晶各向异性，在只有 40 nm 的低维情况下，测量得到了具有良好热稳定性的高达 120%的 TMR 值。

当前对磁隧道结的研究主要集中在具有垂直磁晶各向异性的磁隧道节结构，因为这种结构退磁场较小，所以可以降低自旋转移矩的翻转电流，同时还有更快的翻转速度。在垂直磁隧道结中常用的铁磁层有 Co/Pt 多层膜，稀土过渡金属合金，还有就是上面提到过的 CoFeB 等，其中 CoFeB 由于其高自旋极化率和低磁阻尼系数而受到了广泛关注。在 CoFeB 基磁隧道结中人们还发现可以利用电压辅助磁矩翻转从而降低翻转电流密度，同时还能通过电压调节 CoFeB 的磁晶各向异性，这为发展低能耗自旋器件提供了新的思路。

磁隧道结之所以引起人们极大的关注是因为可用来构造磁随机存储器（MRAM），如图 13-16 所示。MRAM 以其高速、低能耗、高密度、非挥发性等优点而受到了广泛关注。

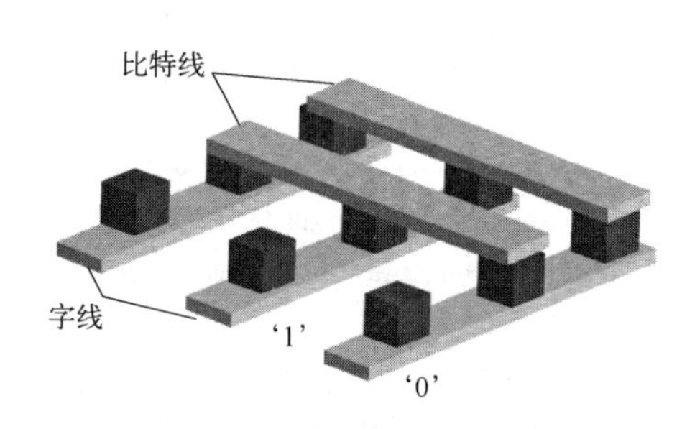

图 13-16　MRAM 原理

13.4.5 庞磁电阻效应

庞磁电阻（colossal magnetoresistance，CMR）是人们在掺杂锰氧化物中发现的一种超大的磁电阻效应，其磁电阻变化可达几个数量级。CMR 来源于在居里温度附近的金属-绝缘体转变。虽然庞磁电阻的值非常大，但是产生这种效应所需的磁场也很大，通常要达到几个特斯拉，这极大地限制了 CMR 的实际应用。

习题

参考答案

13-1 名词解释

（1）多铁性材料

（2）单相磁电多铁性材料

13-2 填空题

（1）2-2 型层状磁电复合薄膜磁电耦合系数的大小很大程度上取决于______。

（2）1-3 型纳米结构复相多铁性材料指的是将铁磁相的纳米柱状结构镶嵌在_________。

（3）电控磁的机制主要取决于磁性和介电材料的种类、__________、晶体的取向和电场操作的模式。

（4）基于电荷耦合机制的电控磁效应，其___________与材料的磁性密切相关。

（5）__________是电控磁效应的另外一种机制。

（6）根据单相磁电多铁性材料的________和________的起源，可以将其划分为两类，即第一类多铁性材料和第二类多铁性材料。

13-3 简答题

（1）请简述单相磁电多铁性材料及其分类。

（2）为将两种不同的材料结合在一起实现电控磁效应，通常采用哪四种类型的器件构型？

（3）以电荷耦合机制为基础的电控磁，本质上可以分为哪三种类型？

（4）基于复相多铁性材料的潜在应用领域可以概括为哪三方面内容？

（5）磁弹耦合效应的定义是什么？

（6）磁致伸缩效应有什么应用？

（7）磁电阻效应的定义是什么？

（8）如何获得较高的 GMR 值？

（9）磁性薄膜中的磁电阻效应主要有哪几种？

参考文献

[1] Katine J A, Albert F J, Buhrman R A, et al. Current-driven magnetization reversal and spin-wave excitations in Co/Cu/Co pillars[J]. Physical Review Letters, 2000, 84(14): 3149.

[2] Ma J, Hu J, Li Z, et al. Recent progress in multiferroic magnetoelectric composites: from bulk to thin films[J]. Advanced Materials, 2011, 23(9): 1062-1087.

[3] Nan C W, Bichurin M I, Dong S, et al. Multiferroic magnetoelectric composites: Historical perspective, status, and future directions[J]. Journal of Applied Physics, 2008, 103(3): 031101.

[4] Tokunaga Y, Furukawa N, Sakai H, et al. Composite domain walls in a multiferroic perovskite ferrite[J]. Nature Materials, 2009, 8(7): 558-562.

[5] Brown W F, Hornreich R M, Shtrikman S. Upper bound on the magnetoelectric susceptibility[J]. Physical Review, 1968, 168(2): 574-577.

[6] Nan C W. Magnetoelectric effect in composites of piezoelectric and piezomagnetic phases[J]. Physical Review B, 1994, 50(9): 6082.

[7] Ryu J, Priya S, Uchino K, et al. Magnetoelectric effect in composites of magnetostrictive and piezoelectric materials[J]. Journal of Electroceramics, 2002, 8: 107-119.

[8] Castel V, Brosseau C, Ben Youssef J. Magnetoelectric effect in $BaTiO_3$/Ni particulate nanocomposites at microwave frequencies[J]. Journal of Applied Physics, 2009, 106(6): 064312.

[9] Srinivasan G, Rasmussen E T, Gallegos J, et al. Magnetoelectric bilayer and multilayer structures of magnetostrictive and piezoelectric oxides[J]. Physical Review B, 2001, 64(21): 214408.

[10] Islam R A, Ni Y, Khachaturyan A G, et al. Giant magnetoelectric effect in sintered multilayered composite structures[J]. Journal of Applied Physics, 2008, 104(4): 044103.

[11] Chen S Y, Wang D H, Han Z D, et al. Converse magnetoelectric effect in ferromagnetic shape memory alloy/piezoelectric laminate[J]. Applied Physics Letters, 2009, 95(2): 054104.

[12] Dong S, Zhai J, Xing Z, et al. Giant magnetoelectric effect (under a dc magnetic bias of 2Oe) in laminate composites of FeBSiC alloy ribbons and $Pb(Zn_{1/3}, Nb_{2/3})O_3$-7% $PbTiO_3$ fibers[J]. Applied Physics Letters, 2007, 91(2), 002915.

[13] Zheng H, Wang J, Lofland S E, et al. Multiferroic $BaTiO_3$-$CoFe_2O_4$ nanostructures[J]. Science, 2004, 303(5658): 661-663.

[14] Oh Y S, Crane S, Zheng H, et al. Quantitative determination of anisotropic magnetoelectric coupling in $BaTiO_3$-$CoFe_2O_4$ nanostructures[J]. Applied Physics Letters, 2010, 97(5): 052902.

[15] Maxwell J C. Ⅷ. A dynamical theory of the electromagnetic field[J]. Philosophical transactions of the Royal Society of London, 1865 (155): 459-512.

[16] Methfessel S. Potential applications of magnetic rare earth compunds[J]. IEEE Transactions on Magnetics, 1965, 1(3): 144-155.

[17] Ohno H, Chiba D, Matsukura F, et al. Electric-field control of ferromagnetism[J]. Nature, 2000, 408(6815): 944-946.

[18] Song C, Sperl M, Utz M, et al. Proximity induced enhancement of the Curie temperature in hybrid spin injection devices[J]. Physical Review Letters, 2011, 107(5): 056601.

[19] Yamada Y, Ueno K, Fukumura T, et al. Electrically induced ferromagnetism at room temperature in cobalt-doped titanium dioxide[J]. Science, 2011, 332(6033): 1065-1067.

[20] Wolf S A, Awschalom D D, Buhrman R A, et al. Spintronics: a spin-based electronics vision for the future[J]. Science, 2001, 294(5546): 1488-1495.

[21] Weisheit M, FÃhler S, Marty A, et al. Electric field-induced modification of magnetism in thin-film ferromagnets[J]. Science, 2007, 315(5810): 349-351.

[22] Matsukura F, Tokura Y, Ohno H. Control of magnetism by electric fields[J]. Nature Nanotechnology, 2015, 10(3): 209-220.

[23] Wang Y, Zhou X, Song C, et al. Electrical control of the exchange spring in antiferromagnetic metals[J]. Advanced Materials, 2015, 27(20): 3196-3201.

[24] Shimamura K, Chiba D, Ono S, et al. Electrical control of Curie temperature in cobalt using an ionic liquid film[J]. Applied Physics Letters, 2012, 100(12): 122402.

[25] Zhang P X, Yin G F, Wang Y Y, et al. Electrical control of antiferromagnetic metal up to 15 nm[J]. Science China Physics, Mechanics & Astronomy, 2016, 59: 1-5.

[26] Zhang H, Richter M, Koepernik K, et al. Electric-field control of surface magnetic anisotropy: a density functional approach[J]. New Journal of Physics, 2009, 11(4): 043007.

[27] Daalderop G H O, Kelly P J, Schuurmans M F H. Magnetocrystalline anisotropy and orbital moments in transition-metal compounds[J]. Physical Review B, 1991, 44(21): 12054.

[28] McGuire T, Potter R L. Anisotropic magnetoresistance in ferromagnetic 3d alloys[J]. IEEE Transactions on Magnetics, 1975, 11(4): 1018-1038.

[29] Oba M, Nakamura K, Akiyama T, et al. Electric-field-induced modification of the magnon energy, exchange interaction, and Curie temperature of transition-metal thin films[J]. Physical Review Letters, 2015, 114(10): 107202.

第 14 章

磁性薄膜的制备

慕课

14.1 物理气相沉积镀膜

薄膜沉积方法包括物理和化学气相方法、旋转涂覆或者喷涂方法以及电镀方法，其最常用的是物理与化学气相沉积。物理气相沉积（physical vapor deposition，PVD）包括加热蒸发沉积和等离子体溅射沉积，加热蒸发沉积又可以按照能量提供方式分为电阻式热蒸发沉积和电子束蒸发沉积；等离子体溅射沉积可以根据等离子体产生方法分为直流溅射、射频溅射和磁控溅射。化学气相沉积（chemical vapor deposition，CVD）包括低压型、常压型、等离子体增强型等几种类型。物理和化学气相沉积方法的主要特点与区别如表 14-1 所示。

表 14-1 常用薄膜沉积技术的主要特征比较

沉积方法	膜材料	成膜均匀性	成膜密度	成膜晶粒尺寸/nm	沉积速率/（nm/s）	衬底温度/℃	沉积方向性
电阻式蒸发沉积	低熔点金属/介质材料	差	差	10～100	0.1～2	50～100	好
电子束蒸发沉积	高熔点金属/介质材料	差	差	10～100	1～10	50～100	好
等离子体溅射沉积	金属或介质材料	很好	好	约 10	金属：约 10 介质：0.1～1	约 200	一般
等离子体增强 CVD	介质材料	好	好	10～100	1～10	200～300	一般
低压 CVD	介质材料	很好	非常好	1～10	1～10	600～1200	差

如前所述，磁性薄膜的制备主要是通过物理气相沉积，下面介绍几种常见的物理气相沉积制备薄膜方法。

14.1.1 热蒸发镀膜

热蒸发是在高真空下，将所需蒸镀的材料，利用一定加热手段加热到材料的沸点，成为具有一定能量的气态粒子（原子、分子、原子团，能量在 0.1～0.3 eV），气态粒子通过几乎无碰撞的直线运动方式传输到衬底；随着蒸气原子不断地沉积，在衬底表面开始形核；随着蒸气原子的不断累积，各个核都在增长，相邻各核开始接触进入聚结阶段，直到形成连续膜。影响热蒸发镀膜质量和厚度的主要因素有蒸发源的温度、蒸发源的形状、衬底的位置、真空度。热蒸发镀膜制成的薄膜纯度高、质量好，并且厚度可以较为准确地控制，成膜速率快，效率高，用掩膜蒸镀方法还可以获得清晰的图形化结构；缺点是不容易获得单晶结构的薄膜，形成的薄膜在衬底上附着力小。

热蒸发镀膜系统的结构和原理如图 14-1 所示，蒸发源材料可以是固体或液体，通常置于耐高温的坩埚中，真空腔与多级真空泵组成的真空系统相连，真空腔内的真空度应优于 10^{-5} Pa。

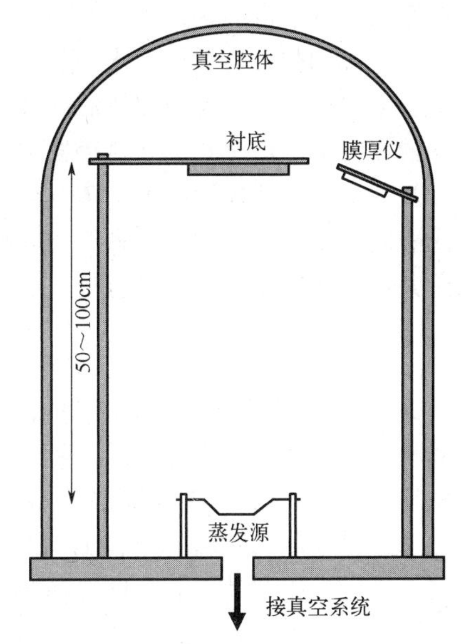

图 14-1　热蒸发镀膜系统结构和原理示意图

14.1.1.1　电阻加热

电阻加热的原理和方法是最简单的。根据焦耳定律，具有一定电阻值的电阻通过电流就可以产生热量。在电阻加热过程中，蒸发源材料通常放在一个由耐高温材料制成的“船”型容器或高温坩埚中，只需调节电阻电流的大小就可以控制成膜率，如图 14-2（a）、（b）所示。虽然电阻加热法结构简单，但它本身也有一些问题：a. 容器和电极材料受热后会向外蒸发原子或分子，从而对薄膜造成污染。b. 当蒸发源材料本身是一种耐高温的材料时，很难找到合适的“船”形容器材料，如果容器材料选择不当，容器本身会在加热过程中熔化或破裂。c. 在加热过程中，由于扩散作用，容器材料和蒸发源材料之间会发生合金化或混合。

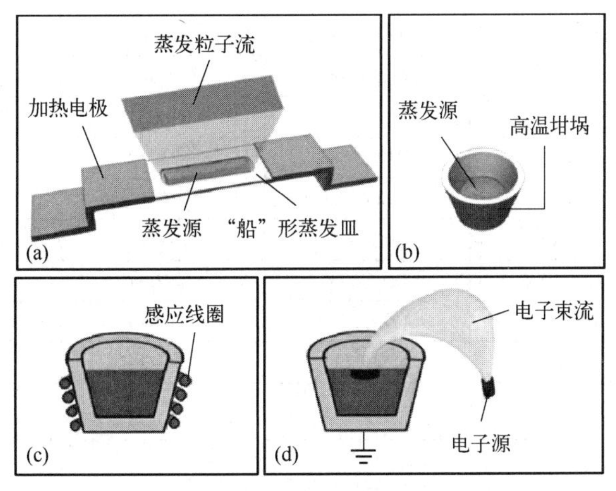

图 14-2　热蒸发工艺常采用的源加热方式

14.1.1.2　高频感应加热

感应加热，即电磁感应加热的原理和结构如图 14-2（c）所示。装有蒸发源材料的坩埚被感应线圈包围，线圈与高频交流电源相连，用循环水冷却。线圈通电后，在线圈中流动的交变电流会产生交变磁场，交变磁场会在坩埚或蒸发源材料中产生涡流，利用涡流的焦耳热效应，达到加热蒸发源材料的目的。

14.1.1.3　电子束加热

前面提到的电阻加热法和感应加热法通常是先加热装蒸发源材料的容器，然后容器通过热传导将热量传递给蒸发源材料，这一方面对容器材料的选择提出了一定的要求，另一方面容器在温度升高后会向外蒸发出原子或分子，从而容易对薄膜造成污染。为了克服这些问题，人们发明了电子束加热，如图 14-2（d）所示。电子束加热是一种局部加热方式，即只对蒸发源材料进行加热，容器的温度不会上升太多，这样可以降低对容器材料的要求，减少污染。在电子束加热中，灯丝被加热后向外发射电子，电子被加速电极加速并获得高能量，在偏转磁铁的作用下，电子的运动轨迹发生偏转，高速射向蒸发源材料的表面使其局部加热。

最后，在热蒸发涂层中，蒸发源材料的一个重要参数是饱和蒸气压，即指在一定温度的密闭空间内，被蒸发物质的蒸气与固相或液相平衡时呈现的压力，只有当被蒸发物质的分压低于其饱和蒸气压时，才能有物质的净蒸发。饱和蒸气压和温度有以下函数关系：

$$\lg p = A - \frac{B}{T+C} \tag{14-1}$$

式中，p 为饱和蒸气压，10^5 Pa；T 为绝对温度，K；A、B 和 C 称为安托万常数，由具体物质种类决定，使用该公式时，应注意适用的温度范围。表 14-2 列出了一些常见的金属单体的安托万常数，图 14-3 是根据表 14-2 中的数据绘制的饱和蒸气压随温度变化的图。由于常数 B 大于零，所以物质的饱和蒸气压随着温度的升高而增加。饱和蒸气压曲线对蒸发涂层有重要意义，可以帮助人们合理选择蒸发材料和蒸发条件。

表 14-2　几种金属单质的安托万常数

元素	A	B	C	适用的温度范围/K
Li	4.98831	7918.984	−9.52	298～1560
Na	2.46077	1873.728	−416.372	924～1118
Al	5.73623	13204.109	−24.306	1557～2329
K	4.45718	4691.58	24.195	679～1033
Ca	2.78473	3121.368	−594.591	1254～1712
Cr	6.02371	16064.989	−83. 86	1889～2755
Ni	5.98183	16808.435	−188.717	2083～3005
Ag	1.95303	2505.533	−1194.947	1823～2425
Au	5.46951	17292.476	−70.978	2142～3239
Pt	4.80688	21519.696	−200.689	3003～4680

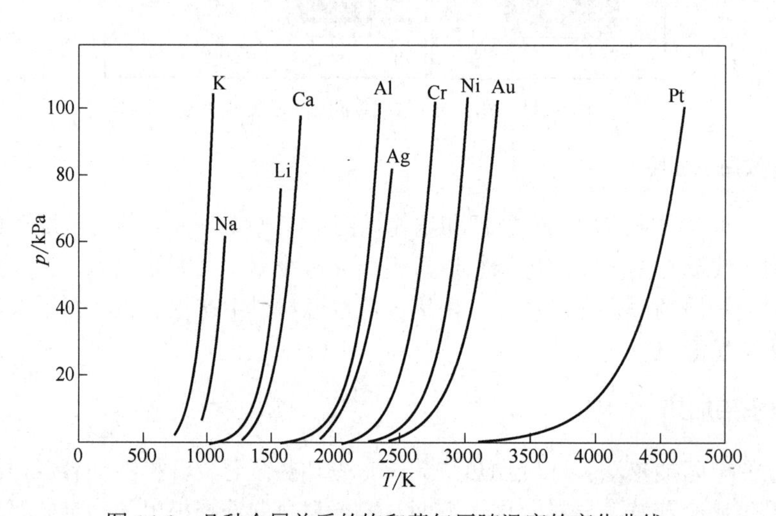

图 14-3　几种金属单质的饱和蒸气压随温度的变化曲线

虽然热蒸发镀膜具有设备结构简单、操作方便等优点，但由于蒸发的原子或分子能量较小，薄膜与基片或衬底的附着力差，容易剥离，不易获得具有结晶结构的薄膜。因此，在制备磁性薄膜时，人们多使用 14.1.2 节所述的溅射镀膜技术。

14.1.2 溅射镀膜

溅射镀膜是实验室和工业生产中使用最多的镀膜方法之一。其原理是用具有一定能量的粒子（通常是正离子）轰击固体靶材的表面，靶材的原子（原子团）或分子由于粒子的撞击而离开靶材表面，经过一定的传输过程到达基材或基底，并以一定的方式结合在一起形成一层薄膜。溅射镀膜的原理如图 14-4 所示。真空泵负责对腔体抽气以达到镀膜所需的真空度，正离子来自溅射气体的电离，流量计控制溅射气体的流量。

溅射气体通常是惰性气体，因为惰性气体活性较弱，这样可以减少气体原子与靶材原子之间的反应，常见的溅射气体有 Ar、Kr、Xe 等，其中 Ar 气体应用最为广泛。溅射时，Ar 气体在高电压的作用下产生辉光放电，成为等离子体。辉光放电是一种由低压气体在电场中呈现的稳定的自持放电现象。最简单的辉光放电类型是二次辉光放电。当在阴极和阳极之间施加高电压时，等离子体在两个电极之间形成一个明亮的辉光区和一个黑暗区，其分布情况如图 14-5 所示。溅射涂层通常将基片置于负的辉光区。与众多的等离子体现象类似，二次辉光放电的伏安特性曲线也是非线性的，如图 14-6 所示，可以看出二次辉光放电的伏安特性曲线可以分为三个不同的区域，即暗电流区、辉光放电区和电弧放电区，而溅射镀膜通常选择在非正常辉光放电区。

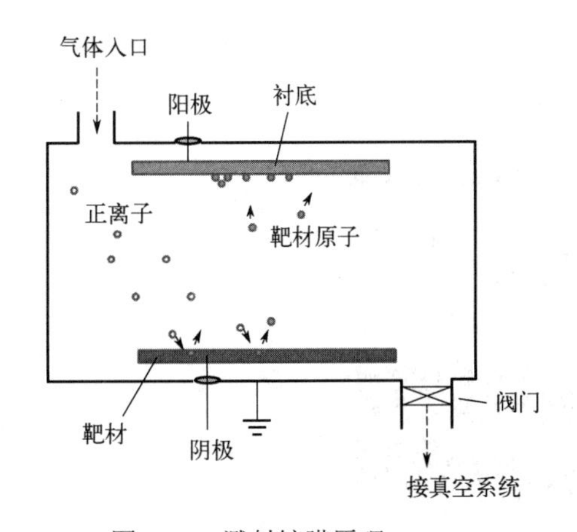

图 14-4 溅射镀膜原理

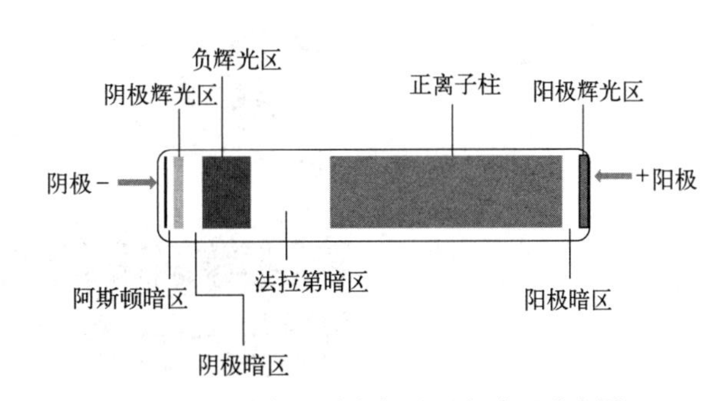

图 14-5 二次辉光放电辉光区和暗区分布图

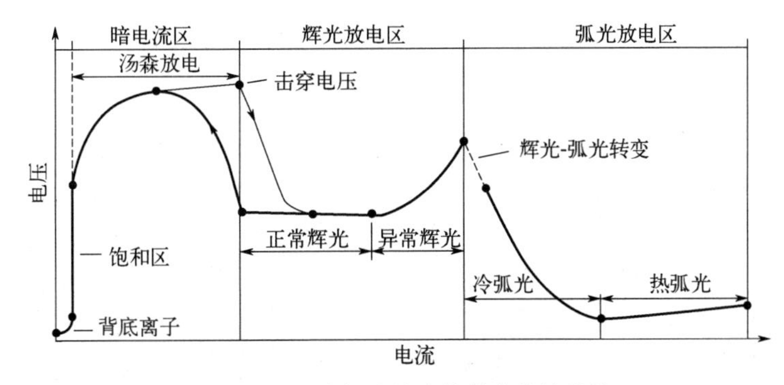

图 14-6 二次辉光放电的伏安特性曲线

在溅射镀膜过程中，高速粒子与靶材碰撞，其中只有一小部分能量用于激发靶材原子离开靶材，大部分能量转化为靶材的热能而导致靶材温度升高，所以在溅射过程中，需要通过循环水不断冷却靶材。对于一些导热性差、容易开裂的绝缘体靶材，如氧化镁、氧化镍、氧化铬等，通常在这些靶材的背面粘贴一块同等大小的铜板，以帮助靶材散热，避免靶材开裂。离开靶材的原子的能量通常为5～20 eV，而热蒸发的原子的能量通常只有0.1 eV。较高能量的原子对薄膜的致密性和薄膜与基片的黏附性有好处，同时溅射原子的冲击不会使基片的温度上升过多，所以基片通常不通过循环水冷却。

大多数的溅射涂层是采用直流溅射法，即在阳极和阴极之间施加的电压是直流电压。溅射时，带正电的阳离子不断轰击靶材，激发靶材上的二次电子，因此靶材上会有正电荷的积累，必须及时引导正电荷离开，才能保证溅射过程的进行，所以直流溅射只能溅射导体材料，不能溅射绝缘体材料。为了溅射绝缘体材料，必须使用射频溅射，常用的射频电源频率是13.56 MHz。射频溅射不仅可以溅射绝缘体材料，也可以溅射导体材料，但射频电源的价格也比直流电源贵得多，所以对于一般的溅射镀膜机，通常安装1～2台射频电源和3～4台直流电源。

为了提高溅射镀膜的效率，即让更多的氩原子通过电离产生氩离子和电子，从而击中更多的靶原子，人们发明了磁控溅射技术。磁控溅射的结构如图14-7所示。靶材下面安装有强磁铁，在磁场的作用下，氩原子电离产生的电子必然在靶材表面附近做螺旋运动，这就大大增加了电子的运动距离，使电子能够与更多的氩原子碰撞并电离。同时，由于飞向阳极基片的电子数量变少，沉积在基片上的薄膜因电子撞击而产生的损伤也会减少。

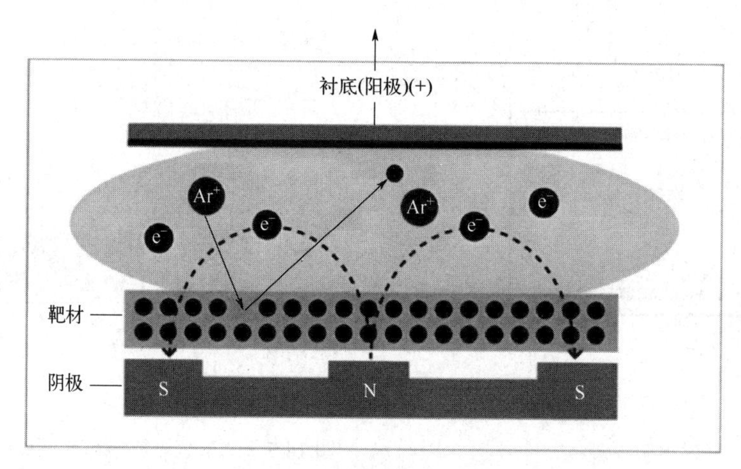

图14-7　磁控溅射的结构

如果想沉积合金膜，可以采用多靶共溅射或靶材修补的方法，例如，将扇形的铁靶固定在圆形的镍靶上，可以沉积出NiFe合金膜，而且NiFe合金膜的原子比可以通过改变扇形的面积来调整。如果想沉积化合物薄膜，可以使用反应性溅射方法，例如，可以通过在O_2中反应性溅射制备氧化物薄膜，在N_2中反应性溅射制备氮化物薄膜，在C_2H_2或CH_4中反应性溅射制备碳化物薄膜，通过控制反应气体的压强可以调整化合物中原子的比例。由于反应性溅射中使用的气体是高活性的，因此避免目标材料的“中毒”是很重要的。

溅射沉积制备磁性薄膜材料具有速率适中、与基片的结合力较好、致密度高、厚度可控、易于在大面积基片上获得厚度均匀的薄膜、与半导体工艺兼容等优点，制备的薄膜厚度一般为几十纳米到几微米。它可以应用于高性能稀土永磁薄膜的制备，NdFeB、SmCo 等，还可以制备非金属材料，如 Ba、Sr 铁氧体。但它对基片材料要求较高，需要较高的基片沉积温度和退火温度，且易出现化合物成分偏离。

14.1.3 脉冲激光沉积镀膜

随着激光技术的发展，人们发明了另一种物理气相沉积的工艺——脉冲激光沉积（pulsed laser deposition，PLD）。1960 年 7 月 7 日，《纽约时报》首先披露梅曼成功制成了世界上第一台红宝石激光器，随后脉冲激光器便被用来研究激光与物质的相互作用。当时研究者已经提出了利用超强激光将固态物质熔化溅射到基片上来制备薄膜材料的方法，受限于激光器性能和材料研究水平，PLD 技术在彼时处于初级阶段。直到 1979 年，西德 Lambda Physik 公司生产出第一台商业用准分子激光器，迅速推动了 PLD 技术的发展和广泛应用。研究人员首先利用 PLD 成功制备了外延 $YBa_2Cu_3O_{7-x}$ 氧化物高温超导体，之后在制备金刚石、立方氮化碳等传统方法难以合成的薄膜方面也取得了很大的进展。近些年来 PLD 技术还被广泛地应用在制备金属、碳化物、氮化物、硅化物、有机、有机-无机复合薄膜领域以及半导体量子点和纳米颗粒等新型材料体系，在超导、铁磁、铁电、多铁、介电材料以及固态电池、表面处理、生物陶瓷、半导体、光学等诸多领域显示出了广泛的应用前景，已经发展成为最好的薄膜制备方法之一。典型的 PLD 系统如图 14-8 所示，由激光器、光路、真空系统、进气系统、靶台、基片台等组成。脉冲激光沉积，也被称为脉冲激光烧蚀，其原理是高能激光束冲击目标表面，目标原子被烧蚀，形成等离子体烧蚀物，沿着目标垂直方向移动，形成类似羽毛的发光团——羽辉，最后烧蚀物沉积到基材上成核并生长成薄膜。脉冲激光沉积镀膜更适合于制备氧化物薄膜，而磁控溅射更适合制备金属单层薄膜。

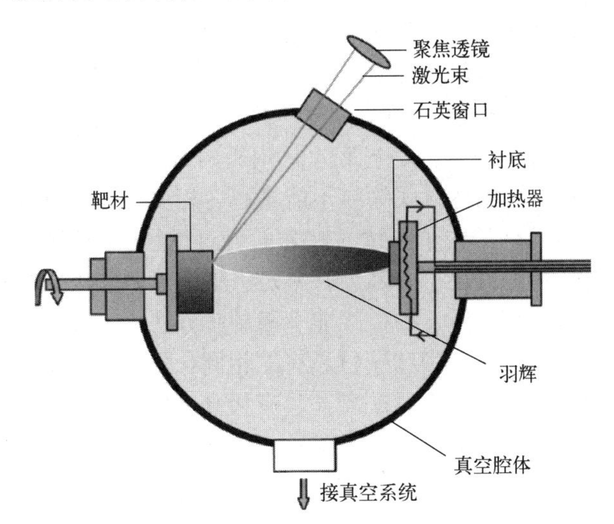

图 14-8 脉冲激光沉积原理示意图

利用 PLD 制备薄膜可以分为三个阶段：

（1）激光与靶材相互作用

高能脉冲激光照射到靶材上，靶材表面薄层区域受热温度升高，同时向内层进行热传导，扩大加热区域，但是热传导只能发生在靶材有限的深度内。靶材表层不断累积热量，温度持续上升，从而引起物质的蒸发。蒸发出的气态原子在脉冲激光的作用下会发生电离，形成定向的高浓度等离子体，且温度随着脉冲激光的入射继续升高，形成一个具有致密核心的等离子体火焰。此时在靶材表面形成如图 14-9 所示的复杂层状结构，层状结构内部属于高度非平衡过程，从而能使 PLD 实现靶、膜成分一致，避免成分偏离。需要注意的是，上述过程的实现要求激光的能量超过靶材阈值，否则靶材对激光的吸收、等离子体与激光的相互作用和等离子体内部物质的非稳态绝热膨胀将难以实现。随着激光与靶材继续相互作用，层状结构将向靶材深处推进，同时靶材外层以等离子体形式向衬底方向运动，此运动的等离子体还夹杂着未发生电离的众多原子、分子、团簇、固态颗粒物、液滴等。

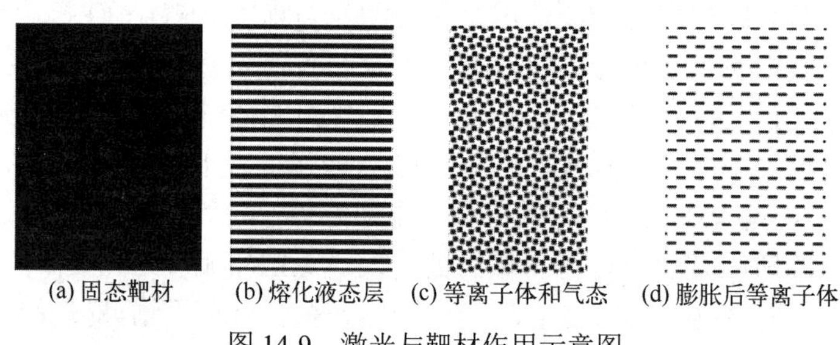

图 14-9　激光与靶材作用示意图

（2）激光烧蚀产物的输运

靶材表面形成的等离子体沿着靶材法线向衬底转移的传输过程对最终的薄膜质量有着重要的影响。如果采用远红外或者可见光激光，由于光子能量小，只能引起晶格振动，以加热为主，这样靶材元素由于热蒸发而溢出。若靶材元素蒸气压不同，则会出现分馏现象，导致最终薄膜的成分偏离靶材成分。若采用紫外准分子激光，则可以激发出高温高速的等离子体烧蚀物，在靶材表面形成一个密度、温度和压强突增的区域，可以达到 10^4 K 的高温，此时腔体中的气体将极易与金属元素发生化学反应。烧蚀物继续远离靶材表面，将由定向运动转为热扩散阶段，最终沉积到衬底基片上。

（3）靶材原子在衬底表面成膜

烧蚀物经过上述传输过程最终到达衬底上，沿着衬底表面迁移和扩散，最后形成薄膜。薄膜的质量与衬底是否加热、到达衬底的粒子能量密切相关。此时有以下几个对薄膜生长不利的影响因素：一是高速运动的粒子到达衬底表面会对已经沉积好的薄膜造成反溅射作用；二是靶材中易挥发元素会发生损耗；三是会有溅射出来的液滴和大颗粒沉积在薄膜上。

PLD 具有独特的物理过程，是一种极端非平衡制膜方法。与其他制膜方法相比，PLD 具有如下优点：a. 可以保证制备的薄膜和靶材具有的相同化学计量比，特别有利于制备具有复杂化学计量比的化合物薄膜；b. 入射脉冲激光具有极高的能量，因而可以制备高熔点的薄膜材料，包括金属、陶瓷等多种薄膜材料；c. 有利于在较低温度下原位生长外延单晶薄膜或择优取向的织构薄膜，因此适用于制备高 T_c 超导、磁性氧化物、光电、铁电、压电等多种功能薄膜；d. 换靶装置灵活，便于实现多层膜、多量子阱和超晶格结构的生长；e. 方便引入多种气体，利于靶材和气氛发生化学反应，制备多元素化合物薄膜，特别有利于制备多元氧化物、氮化物薄膜。

PLD 技术的主要缺点包括：液滴的存在，高能量脉冲激光照射靶材表面时容易以大的液滴的形式留在膜中，影响膜的质量；薄膜厚度的均匀性差，由于激光激发的等离子羽辉方向性强，粒子运动速率和空间方向关系很大，只能在衬底较窄的区域内形成厚度较均匀的薄膜。针对上述问题，研究人员采取了一些方法来避免这些问题，包括在薄膜制备过程中使激光扫描靶面、转动衬底和靶材来保证薄膜在较大区域内的均匀性，或采用双激光束先局部熔化靶材表面，再照射熔区使之转变为等离子体来避免薄膜表面形成液滴等。

14.1.4 分子束外延

超高真空技术的发展推动了精准控制的生长技术的发展，例如分子束外延（molecular beam epitaxy，MBE）。分子束外延（MBE）是一种新开发的生产外延薄膜的技术，是一种特殊的真空镀膜工艺。与其他生长方法相比，MBE 的最大优势是它可以以极慢的生长速率（如几个原子层厚度每分钟）实现样品的外延层状生长，不足之处是相应的技术成本比较高昂。MBE 的低沉积速率需要在超高真空环境中运行，其中气压通常要求低于 10^{-8} Pa，需要通过机械泵、分子泵、离子泵和钛升华泵的组合使用来实现。如图 14-10 所示，分子束外延是一种制造单晶薄膜的新技术，在合适的衬底和合适的条件下，薄膜层沿着衬底的结晶轴逐层生长。这种技术的优点是：衬底温度低，层生长缓慢，光束强度的控制简单而精确，在改变光源时可以快速调整层的组成和掺杂浓度。这种技术已经能够生产薄至几十个原子层的单晶层，以及通过不同成分和掺杂的层交替生长而产生的具有量子微结构的超薄材料。这种薄膜的制备方法有以下特点：

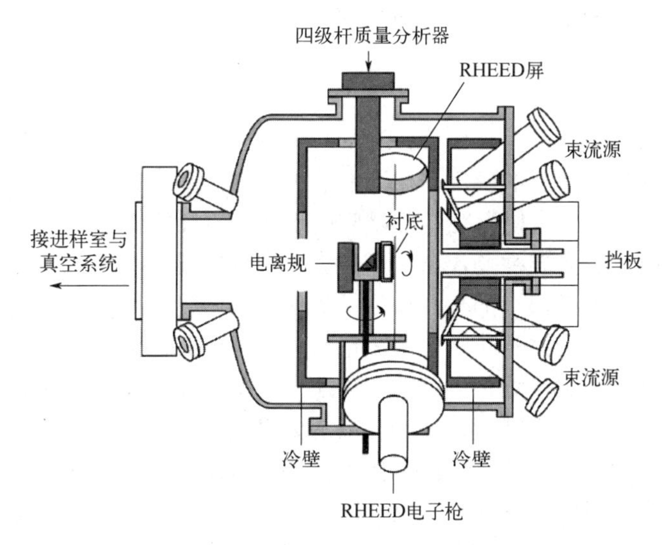

图 14-10　分子束外延设备内部结构示意图

① 约 1 μm/h 的极慢生长速度相当于每秒生长一个原子层，因此可以精确控制厚度、结构和成分，以及形成陡峭的异质结构等。它是一种原子级的加工技术，特别适用于超晶格材料的生长。

② 外延生长的低温减少了界面热膨胀和基底杂质自掺入外延层所造成的晶格失配的影响。

③ 由于生长是在超高真空中进行的，基片表面可以被完全处理干净，避免了外延过程中掺入杂质，使外延层的生长质量极佳。在分子束外延设施中，通常有检测表面结构、成分和残留真空气体的仪器，可以随时监测外延层的成分和结构完整性，促进科学研究。

④ MBE 是一个动力学过程，即入射的中性粒子（原子或分子）在衬底上以堆叠的方式单独生长，而不是一个热力学过程。

⑤ MBE 是一种在超高真空中的物理沉积过程，既不需要考虑中间的化学反应，也不需要考虑质量传输的作用，而且可以通过快门瞬间控制生长和破坏。因此，层的组成和掺杂浓度可以通过发射源快速调整。

值得注意的是，尽管国内近些年在镀膜设备上开始发力，整体来说离国外发达国家的产品还有一些距离，尤其是在关键零件上还是受制于人。镀膜设备就像其他很多精密设备一样，不仅仅是一个“机器”，它更像一个类似生态系统的复杂机构，大体来说可以分成几个部分：真空形成系统、发射源和沉积系统、沉积环境控制系统、监控系统、传动系统。以真空形成系统为例，先说泵，德国莱宝、英国爱德华、日本 ULVAC、美国 brooks、日本丸山真空、日本大阪真空等公司的产品占据了整个市场份额的七成；真空计作为真空系统必须包含的测量设备，其生产商德国 inficon、英国爱德华、日本 ULVAC 几乎垄断了中国市场。在设备的研发上，任重而道远，因此在学习的过程中，不但需要扎实研究基础知识，也要沉下心来、甘于坐冷板凳，努力攻克这些难关。

14.2 常见磁性薄膜制备方法

慕课

根据薄膜组成材料和结构的不同，薄膜磁性材料大致可以分为以下类型。

14.2.1 铁氧体类

尖晶石和石榴石铁氧体薄膜（ferrite films）在磁泡和磁记录技术等方面已有很多应用，特别是在雷达技术中有着广泛的应用。相比于各种永磁金属化合物，Ba、Sr 铁氧体最大的不同在于其非常高的电阻率，这使得它们可以应用于微波磁性器件中。Ba、Sr 铁氧体属于六角晶系，因而具备高磁晶各向异性场，这种高磁晶各向异性场可在铁氧体内产生一个内场，使其在没有外加恒稳磁场或在很小的外恒稳磁场的作用下，使器件在毫米波频率下产生铁磁共振。然而六角晶系铁氧体块材的铁磁共振线宽过大，高于 159 kA/m，如此大的铁磁共振线宽势必让微波器件的损耗过大，限制了其应用。研究表明单晶态铁氧体铁磁共振线宽较低，因此制备单晶、准单晶六角晶系铁氧体成为当前的研究热点。

G.D.Soria 等人利用分子束外延技术通过氧气氛下共沉积 Co 与 Fe，在加热的 Pt（111）单晶衬底上制备出高质量的 $CoFe_2O_4$ 铁氧体薄膜（图 14-11）。薄膜生长过程中，Fe 源流量是 Co 源的两倍。Chengju Yu 等人利用脉冲激光沉积技术，在抛光的单晶蓝宝石（0001）衬底上制备出钡铁氧体薄膜（$BaFe_{12}O_{19}$）。

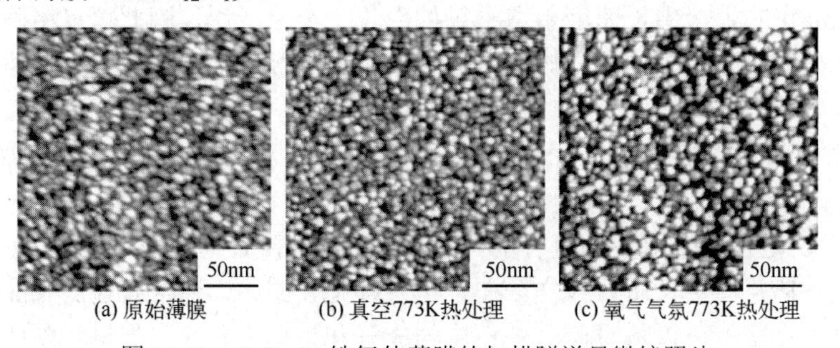

(a) 原始薄膜　(b) 真空773K热处理　(c) 氧气气氛773K热处理

图 14-11　$CoFe_2O_4$ 铁氧体薄膜的扫描隧道显微镜照片

14.2.2 钙钛矿类

传统的钙钛矿氧化物指的是一类具有钙钛矿晶型的陶瓷氧化物，这种化合物的化学通式为 ABO_3，空间群为 Pm3m。其中 A 位通常为粒径较大的一价碱金属、二价碱土金属或者三价稀土金属离子，B 位通常为粒径较小的三价、四价或者五价的过渡金属离子，即组成通常为 $A^{+}B^{5+}O_3$、$A^{2+}B^{4+}O_3$、$A^{3+}B^{3+}O_3$。其中，磁性氧化物薄膜化学构成主要为 $R_{1-x}A_xMnO_3$，其中 A 为二价碱土金属，R 为三价稀土金属。例如$(1-x)LaMnO_{3+x}CaMnO_3$ 可形成 $La_{1-x}Ca_xMnO_3$。两种氧化物同样都具有反铁磁和绝缘体特性，理想情况下为立方结构；由于锰被包围在氧形成的八面体中，其 3d 电子能级因姜-特勒（Jahn-Teller）效应而分裂为两个能级，前者较低，被 3 个电子占据，后者被 1 个电子占据，其晶格结构也畸变为正交结构或菱面体结构。在形成 La-Ca-Mn-O 氧化物 $La_{1-x}Ca_xMnO_3$（x=0.2～0.5）后，结构向高对称性转变（如四面体和立方结构），这时体系中具有三价和四价的锰，显示出铁磁性和金属性。

锶掺杂的钙钛矿锰氧化物 $La_{1-x}Sr_xMnO_3$（LSMO）是一种著名庞磁电阻（CMR）材料。程海峰等人在氩气与氧气的混合气氛下，以 $La_{0.7}Sr_{0.3}MnO_3$ 作为陶瓷靶材，利用磁控溅射技术在商业化的 $Pt/Ti/SiO_2/Si$ 衬底上生长出 30 nm 厚的 LSMO 薄膜（图 14-12）。研究表明，LSMO 薄膜呈现优异的双极电阻开关（RS）特性（$R_{off}/R_{on}>10^4$）、稳定的擦写容忍性以及长时保持性能（$>10^4$ s）。

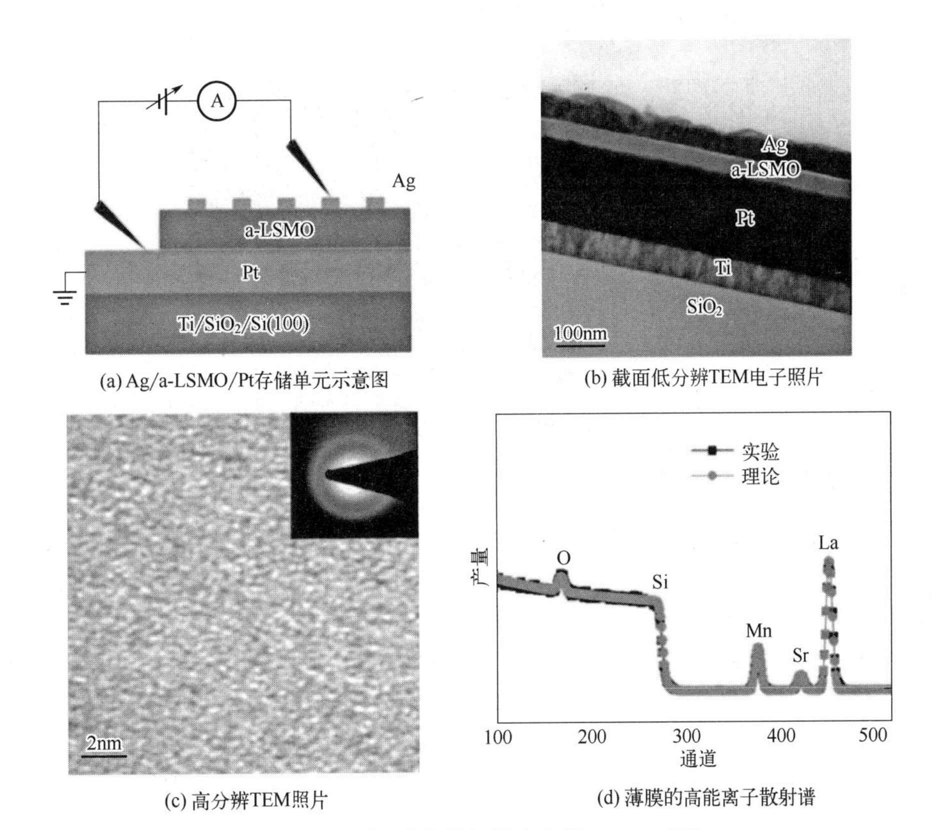

(a) Ag/a-LSMO/Pt存储单元示意图

(b) 截面低分辨TEM电子照片

(c) 高分辨TEM照片

(d) 薄膜的高能离子散射谱

图 14-12 利用磁控溅射技术生长 LSMO 薄膜

14.2.3 单层金属合金膜

金属薄膜相比于氧化物薄膜由于无需高温退火晶化过程，在室温下即可完成沉积。金属薄膜的研究主要以不同合金主配方体系进行分类，金属磁性薄膜研究中最主要的材料体系包括FeNi、FeCo、CoZr等。其中纳米到微米厚的金属薄膜已有很多的应用，如磁记录用的FeCrCo膜和磁光存储用的TbFeCo膜等，以及FeNi膜传感器。对于FeNi合金，其磁电阻是各向异性的，即在某一平面上所加的电流和磁场相互平行时，磁电阻的变化 $\Delta\rho = \rho(H) - \rho(0) > 0$，而在相互垂直时 $\Delta\rho < 0$，目前已用作磁电阻磁头等，并已商品化生产。

Takanashi 等人以 $Au_6Cu_{51}Ni_{43}$ 三元合金为缓冲层，利用分子束外延生长技术交替沉积 Fe 与 Ni 的单原子层，成功地在 MgO（001）衬底上制备出具有 $L1_0$ 结构的 FeNi 薄膜（图 14-13）。

(a) FeNi多层膜的高分辨TEM照片

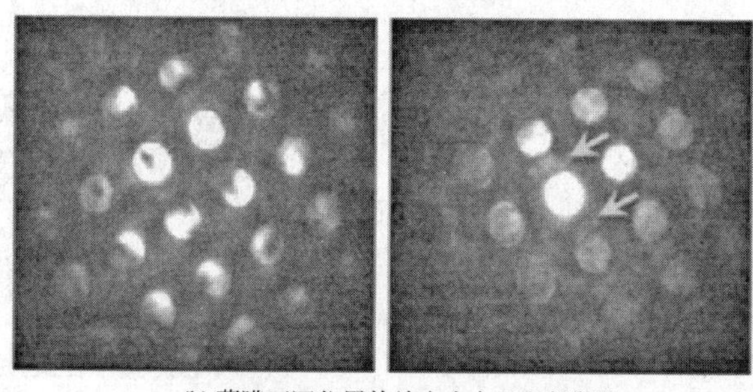

(b) 薄膜不同位置的纳米束电子衍射照片

图 14-13 $L1_0$ 结构的 FeNi 薄膜微观结构

14.2.4 金属/氧化物复合薄膜

主要是三明治型隧道结薄膜，其结构为FM/NI/FM，其中FM代表铁磁金属（ferromagnetic-metal），NI 代表非磁绝缘体（nonmaagnetieinsolator）。其磁电阻效应在理论上可进行预先计算，用隧道磁电阻（tunnel magnetoresistance，TMR）率 $n(0)$表示。最早是基于 Fe/Ge/Co 多层膜结构进行计算的，在 4.2 K 时得到 $n(0)$=14%。近年来，人们在试验上制备出 Fe/Al_2O_3/Fe 薄膜，在 300 K 时获得 $n(0)$=15.6%的结果，但由于其制备工艺比较困难，因此在实用化之前还需要克服诸多技术难点。此外有理论指出，如采用铁磁氧化物为中间层，磁矩的取向与两边的金属层的磁矩相反，可产生较大的磁电阻效应，因此这在无偏置磁场时也能作为磁传感器件。

Shinji Yuasa 等人利用分子束外延与微纳加工技术，成功地制备出 Fe（001）/MgO（001）/ Fe（001）磁隧道结，如图 14-14 所示，由于 Fe（001）与 MgO（001）面间距接近，整个隧道结呈现单晶状态。

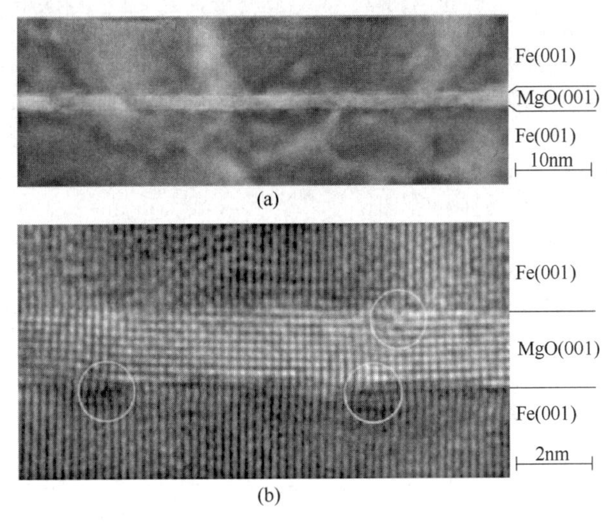

图 14-14　Fe（001）/MgO（001）/Fe（001）磁隧道结的 TEM 照片

习题

参考答案

14-1　薄膜的制备方法有哪几种？

14-2　请简要介绍物理气相沉积法的分类。

14-3　热蒸发镀膜的工作原理是什么？

14-4　溅射镀膜法的工作原理是什么？磁控溅射镀膜与溅射镀膜法的区别是什么？介绍一种采用溅射镀膜法制备的磁性材料。

参考文献

[1] Zhou M, Sheng P, Chen L, et al. Numerical simulation of hopping conductivity in granular metal films[J]. Philosophical Magazine B, 1992, 65(4): 867-871.

[2] Dijkkamp D, Venkatesan T, Wu X D, et al. Preparation of Y-Ba-Cu oxide superconductor thin films using pulsed laser evaporation from high T_c bulk material[J]. Applied Physics Letters, 1987, 51(8): 619-621.

[3] Voevodin A A, Donley M S. Preparation of amorphous diamond-like carbon by pulsed laser deposition: a critical review[J]. Surface and Coatings Technology, 1996, 82(3): 199-213.

[4] Vispute R D, Wu H, Narayan J. High quality epitaxial aluminum nitride layers on sapphire by pulsed laser deposition[J]. Applied Physics Letters, 1995, 67(11): 1549-1551.

[5] Liu Z, Watanabe M, Hanabusa M. Electrical and photovoltaic properties of iron-silicide/silicon heterostructures formed by pulsed laser deposition[J]. Thin Solid Films, 2001, 381(2): 262-266.

[6] Piqué A, Wu P, Ringeisen B R, et al. Processing of functional polymers and organic thin films by the matrix-assisted pulsed laser evaporation (MAPLE) technique[J]. Applied Surface Science, 2002, 186(1-4): 408-415.

[7] Sun X W, Kwok H S. Optical properties of epitaxially grown zinc oxide films on sapphire by pulsed laser deposition[J]. Journal of Applied Physics, 1999, 86(1): 408-411.

[8] Sakuda A, Hayashi A, Ohtomo T, et al. All-solid-state lithium secondary batteries using $LiCoO_2$ particles with pulsed laser deposition coatings of Li_2S-P_2S_5 solid electrolytes[J]. Journal of Power Sources, 2011, 196(16): 6735-6741.

[9] Si W, Cruz E M, Johnson P D, et al. Epitaxial thin films of the giant-dielectric-constant material $CaCu_3Ti_4O_{12}$ grown by pulsed-laser deposition[J]. Applied Physics Letters, 2002, 81(11): 2056-2058.

[10] Wang C, Takahashi M, Fujino H, et al. Leakage current of multiferroic $(Bi_{0.6}Tb_{0.3}La_{0.1})FeO_3$ thin films grown at various oxygen pressures by pulsed laser deposition and annealing effect[J]. Journal of Applied Physics, 2006, 99(5): 054104.

[11] Ramesh R, Luther K, Wilkens B, et al. Epitaxial growth of ferroelectric bismuth titanate thin films by pulsed laser deposition[J]. Applied Physics Letters, 1990, 57(15): 1505-1507.

[12] Soria G D, Freindl K, Prieto J E, et al. Growth and characterization of ultrathin cobalt ferrite films on Pt (111)[J]. Applied Surface Science, 2022, 586: 152672.

[13] Liu D, Wang N, Wang G, et al. Nonvolatile bipolar resistive switching in amorphous Sr-doped $LaMnO_3$ thin films deposited by radio frequency magnetron sputtering[J]. Applied Physics Letters, 2013, 102(13): 134105.

[14] Takanashi K, Mizuguchi M, Kojima T, et al. Fabrication and characterization of L10-ordered FeNi thin films[J]. Journal of Physics D: Applied Physics, 2017, 50(48): 483002.

[15] Yuasa S, Nagahama T, Fukushima A, et al. Giant room-temperature magnetoresistance in single-crystal Fe/MgO/Fe magnetic tunnel junctions[J]. Nature Materials, 2004, 3(12): 868-871.

第 15 章 磁性薄膜的表征和测试

为了确定某种薄膜材料是否满足人们对其的功能需求，在薄膜材料应用之前就需要对该薄膜材料的物理性质和化学性质进行相应的检测，当然对于磁性薄膜材料也需要进行相关的检测，检测的物理量主要有：

① 磁学性能，包括磁滞回线、磁化率、矩形度、矫顽力、饱和磁化强度、磁畴状态、居里温度、交换偏置、铁磁共振等。

② 电输运性能，包括电阻率、霍尔效应、各种磁电阻效应等。

众所周知，薄膜材料的内部原子或者离子的物理或化学状态决定着薄膜材料外在的性能，所以，我们不仅要对薄膜材料的性能进行测试，同时还要准确表征薄膜材料的微结构和元素状态等。这样将材料的性能与微结构联系起来，能够实现对薄膜材料的深入理解，同时还可以通过人工调控微结构性质来提升薄膜性能或实现特殊功能。这种研究思路也可以用于生活中，无论是为人处世，还是学习生活，不仅要知其然，而且要知其所以然。只有知其所以然，真正地理解了事物背后的客观规律，才能学会举一反三，融会贯通。无论未来问题如何变化，也不易被表象所蒙蔽，解决问题更容易手到擒来。

15.1 薄膜厚度的测量

慕课

通常情况下，薄膜的厚度指的是基片表面和薄膜表面的距离。而实际上，薄膜的表面是不平整，不连续的，且薄膜内部存在着针孔、微裂纹、纤维丝、杂质、晶格缺陷和表面吸附分子等。因此薄膜的厚度大致可以分成三类：形状厚度，质量厚度，物性厚度。形状厚度指的是基片表面和薄膜表面的距离；质量厚度指的是薄膜的质量除以薄膜的面积得的厚度，也可以是单位面积所具有的质量（单位 g/cm^2）；物性厚度指的是根据薄膜材料的物理性质的测量，通过一定的对应关系计算而得到的厚度。

当今微电子薄膜、光学薄膜、抗氧化薄膜、巨磁电阻薄膜、高温超导薄膜等在工业生产和人类生活中的不断应用，薄膜的厚度是一个非常重要的参数，直接关系到该薄膜材料能否正常工作。如应用于大规模集成电路的生产工艺中的各种薄膜，由于电路集成程度的不断提高，薄膜厚度的任何微小变化对集成电路的性能都会产生直接的影响。除此之外，薄膜材料的力学性能、透光性能、磁性能、热导率、表面结构等都与厚度有着密切的联系。表 15-1 列举了常见的几种测量膜厚的方法。

表 15-1 各种测量膜厚的方法

分类	方法
直接测量法	螺旋测微法、精密轮廓扫描法（台阶法）、扫描电子显微法（SEM）、原子力显微镜法（AFM）

续表

分类	方法
间接测量法	称量法、电容法、电阻法、等厚干涉法、变角干涉法、椭圆偏振法、X 射线反射率法
称量法	天平法、石英法、原子数测定法
光学测量法	等厚干涉法、变角干涉法、光吸收法、椭圆偏振法

15.1.1 X 射线反射率（XRR）法

X 射线反射率（X-ray reflectivity，XRR）法是利用了 X 射线在介质中的折射率小于在空气中的折射率，从而在入射角满足一定条件的情况下可以发生全反射的现象。通常情况下，X 射线在介质中的折射率可用如下公式表示：

$$n=1-\delta+\mathrm{j}\beta \tag{15-1}$$

式中，

$$\begin{cases}\delta=\dfrac{\lambda^2}{2\pi}r_e\rho_e\\ \beta=\dfrac{\lambda}{4\pi}\mu\end{cases} \tag{15-2}$$

式中，λ 为 X 射线的波长；r_e 为电子半径；μ 是物质的线性吸收系数；ρ_e 为线吸收系数。δ 数值约为 $10^{-6}\sim10^{-4}$，β 约为 $10^{-9}\sim10^{-6}$，β 比 δ 小 2 到 3 个数量级，所以通常可以忽略不计，可近似认为 $n=1-\delta$。

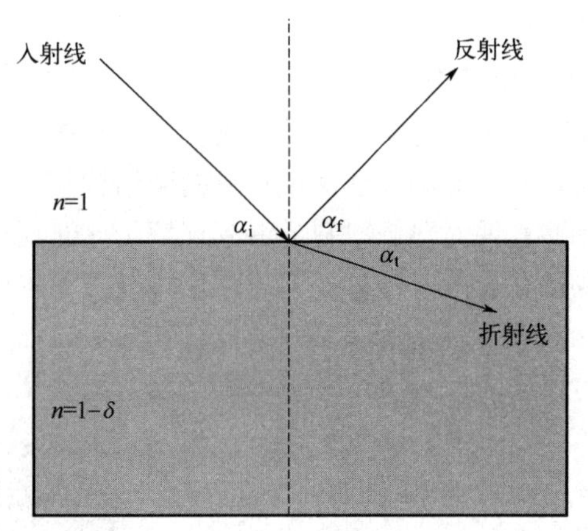

图 15-1 X 射线在空气和介质界面反射、折射光路

图 15-1 所示为 X 射线从折射率 $n=1$ 的空气射向折射率 $n=1-\delta$ 的介质表面时，光线在表面处发生折射和反射的光路图。其中 α_i、α_f、α_t 分别为入射角、反射角和折射角。根据 Smell 折射定律有：

$$1\times\cos\alpha_i=(1-\delta)\cos\alpha_t \tag{15-3}$$

所以：

$$\alpha_t=\arccos\frac{\cos\alpha_i}{1-\delta} \tag{15-4}$$

通常情况下，X 射线产生全反射的临界角都很小，所以可以对 $\cos\alpha_i$，做幂级数展开，在只取级数前两项的情况下，可得：

$$\cos\alpha_i\approx1-\frac{a_i^2}{2}=1-\delta \tag{15-5}$$

所以可得临界角大小为：

$$\alpha_i=\sqrt{2\delta}\approx1^\circ \tag{15-6}$$

为了得到薄膜的精确厚度，通常还要对得到的反射率曲线进行直线拟合，横轴为振荡峰位，纵轴为振荡峰的数目。可得薄膜厚度为：

$$d=\frac{\lambda}{2\Delta\alpha} \tag{15-7}$$

式中，$\Delta\alpha$为相邻两个振荡峰之间的峰位差，rad。此种方法测量薄膜的厚度非常简单，但是误差比较大。

15.1.2 精密轮廓扫描法（台阶法）

如图 15-2 所示，台阶仪属于接触式表面形貌测量仪器。根据使用传感器的不同，接触式台阶测量可以分为电感式、压电式和光电式 3 种。其测量原理是：当触针沿被测表面轻轻滑过时，由于表面有微小的峰谷使触针在滑行的同时，还沿峰谷作上下运动。触针的运动情况就反映了表面轮廓的情况。传感器输出的电信号经测量电桥后，输出与触针偏离平衡位置的位移成正比的调幅信号。经放大与相敏整流后，可将位移信号从调幅信号中解调出来，得到了放大的且与触针位移成正比的缓慢变化信号。随后再经噪声滤波器、波度滤波器进一步滤去调制频率与外界干扰信号以及波度等因素对粗糙度测量的影响。

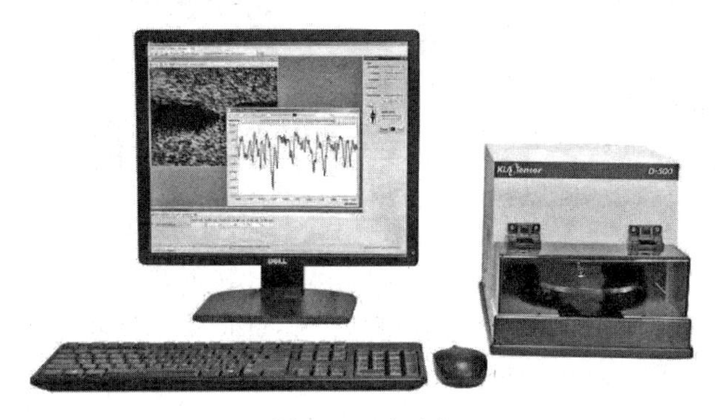

图 15-2　台阶仪

15.1.3 原子力显微镜（AFM）法

原子力显微镜（atomic force microscope，AFM）（图 15-3）是一种可用来研究包括绝缘体在内的固体材料表面结构的分析仪器。它通过检测待测样品表面和一个微型力敏感元件之间的极微弱的原子间相互作用力来研究物质的表面结构及性质。将对微弱力极端敏感的微悬臂一端固定，另一端的微小针尖接近样品，这时样品将与其相互作用，作用力使得微悬臂发生形变或运动状态发生变化。扫描样品时，利用传感器检测这些变化，就可获得作用力分布信息，从而以纳米级分辨率获得表面形貌结构信息及表面粗糙度信息。与扫描电镜不同的是，原子力显微镜本身就可以测量物体的表面高度，从而实现对薄膜厚度的测量。

此外还可以利用光学检测法或隧道电流检测法测得微悬臂对应于扫描各点的位置变化，从而获得样品表面形貌及高度的信息（图 15-4）。

图 15-3　原子力显微镜（AFM）示意图

15.1.4 扫描电镜法

扫描电子显微镜（SEM）是一种介于透射电子显微

镜和光学显微镜之间的一种观察手段，常规的扫描电子显微镜如图 15-5 所示。其利用聚焦的很窄的高能电子束来扫描样品，通过光束与物质间的相互作用，来激发各种物理信息，对这些信息收集、放大、再成像以达到对物质微观形貌表征的目的。它是用细聚焦的电子束轰击样品表面，通过电子与样品相互作用产生二次电子、背散射电子等对样品表面或断口形貌进行观察和分析。

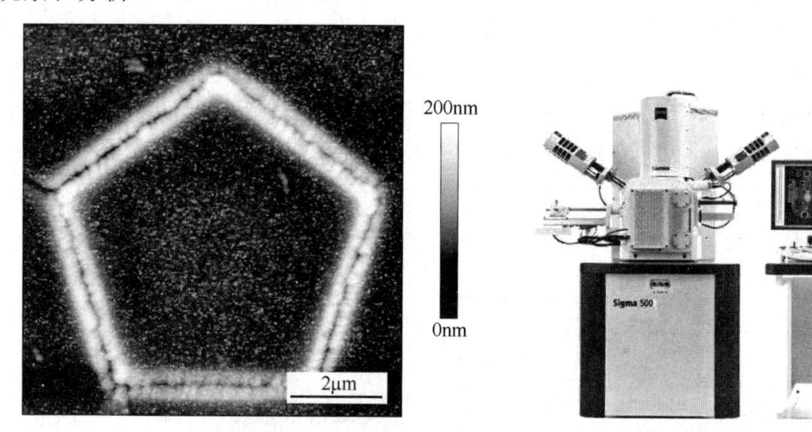

图 15-4　AFM 测量结果高度图

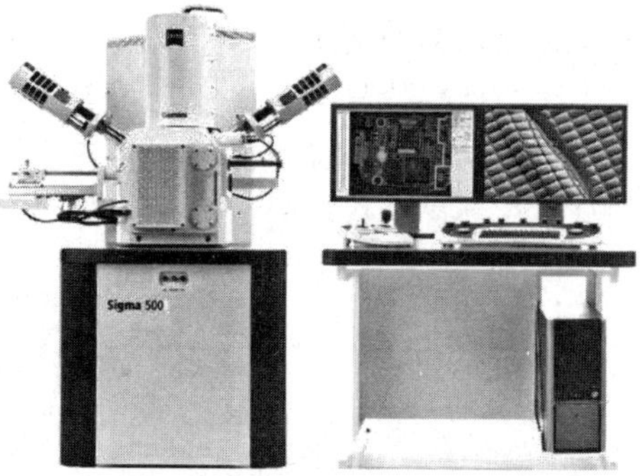

图 15-5　扫描电子显微镜（SEM）图

由于扫描电子显微镜可以对物体的形貌进行观察，因此可以利用这一点来测量物体的厚度。将被测物体的断面切好放入 SEM 腔体中后，SEM 中会出现断面的表面形貌，在调节放大倍数之后就可以看到整个物体的截面，以达到测量长度的目的。图 15-6 所示为钙钛矿薄膜截面 SEM 图。

15.1.5　等厚干涉法

薄膜干涉分为两种，一种是等倾干涉，另一种是等厚干涉。等厚干涉是由平行光入射到厚度变化均匀、折射率均匀的薄膜上、下表面而形成的干涉条纹。薄膜厚度相同的地方形成同条干涉条纹，故称等厚干涉，（牛顿环和楔形平板干涉都属等厚干涉）。图 15-7 所示为薄膜干涉光程差示意图。

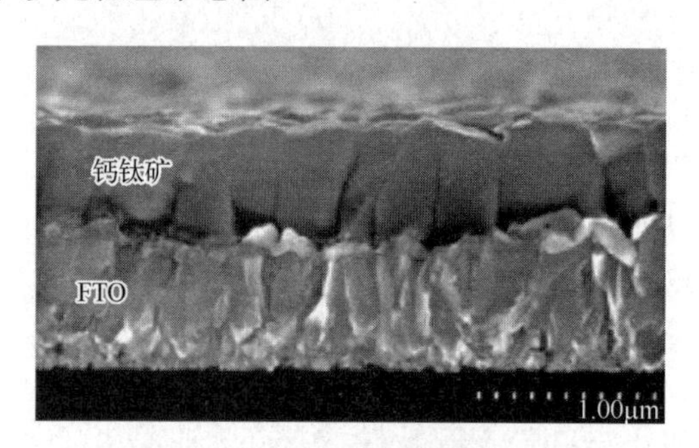

图 15-6　钙钛矿薄膜截面 SEM 图

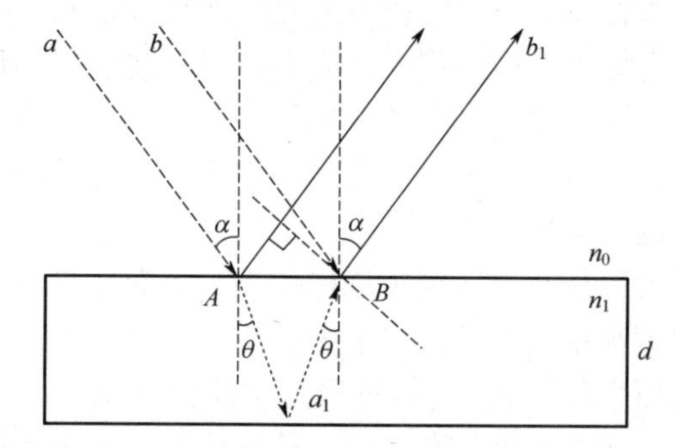

图 15-7　薄膜干涉光程差示意图

原理：①当一束平行光 ab 以入射角α入射到有一定厚度 d 以及折射率 n_1 的透明介质薄膜上，在薄膜的表面上会产生干涉现象。从上表面反射的光线 b_1 和从下表面反射并透射出上表面的光线 a_1 在 B 点相遇，则 a_1 与 b_1 有恒定的光程差 $\delta=2n_1d\cos\theta$，其中 θ 为 b_1 在介质内的折射角。当两者光程差为半个波长（$\lambda/2$）时，a_1 与 b_1 干涉相消，因而将在 B 点产生干涉。若

平行光束 a、b 垂直入射到薄膜面，即 $\alpha=\theta=0°$ 时，则产生干涉的 a_1、b_1 两束光满足：$\delta=2n_1d=\lambda/2$。因此可以求得薄膜厚度：$d=\lambda/(4n_1)$。

② 利用牛顿环测一个球面镜的曲率半径，设单色平行光的波长为 γ，第 k 级暗条纹对应的薄膜厚度为 dk，考虑到下界面反射时有半波损失 $\gamma/2$，当光线垂直入射时总光程差由薄膜干涉公式求得：

$$R=\frac{d_m^2-d_n^2}{4\gamma(m-n)} \tag{15-8}$$

式中，d_m、d_n 实质上是 m 级与 n 级牛顿环的弦长。

当我们用显微镜从反射面来观察时，便可清楚地看到中心是一暗圆斑，而周围是许多明暗相间、间隔逐渐减小的同心环；当我们从透射面观察时，干涉环纹与反射光的干涉环纹的光强恰好互补，中心是亮斑，原来的亮环变暗环，暗环变亮环，这种干涉最早为牛顿所发现，故称为牛顿环。如图 15-8 所示，牛顿环是一种典型的等厚干涉。

图 15-8 牛顿环

15.1.6 椭圆偏振法

椭圆偏振法涉及椭圆偏振光在材料表面的反射。为表征反射光的特性，可分成两个分量：P 和 S 偏振态。P 分量是指平行于入射面的线性偏振光，S 分量是指垂直于入射面的线性偏振光。菲涅耳反射系数 r 描述了在一个界面入射光线的反射。P 和 S 偏振态分量各自的菲涅耳反射系数 r 是各自的反射波振幅与入射波振幅的比值。大多情况下会有多个界面，回到最初入射媒介的光经过了多次反射和透射。总的反射系数 R_p 和 R_s，由每个界面的菲涅耳反射系数决定。R_p 和 R_s 定义为最终的反射波振幅与入射波振幅的比值。图 15-9 和图 15-10 分别是椭圆偏振仪及其工作原理图。椭偏仪可测的材料包括：半导体、电介质、聚合物、有机物、金属、多层膜物质等。

图 15-9 椭圆偏振仪

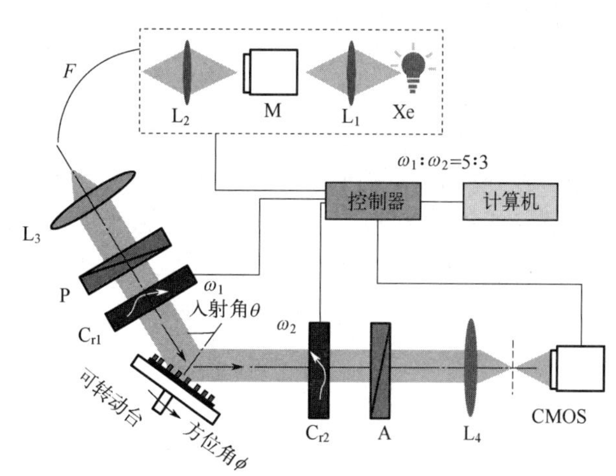

图 15-10 椭圆偏振仪工作原理图

15.2 薄膜成分及元素的测量

除了薄膜样品厚度之外，薄膜样品的成分组成，即样品中包含的元素种类及其含量比例也是研究者所关心、重视的内容。通常来说，对于一定厚度的薄膜样品，其元素、成分的测量方法有许多种，常用的主要的方法通常有以下几种：

（1）能量色散 X 射线谱（energy dispersive spectroscopy，EDS）

在基态时，原子的内层电子的排布情况可如示意图 15-11（a）所示，其中，K、L、M 分别表示了 1s、2s-2p、3s 等电子态的相应分布的壳层，而用 L_1、$L_{2,3}$ 表示 2s 和 2p 两个亚壳层的电子态。

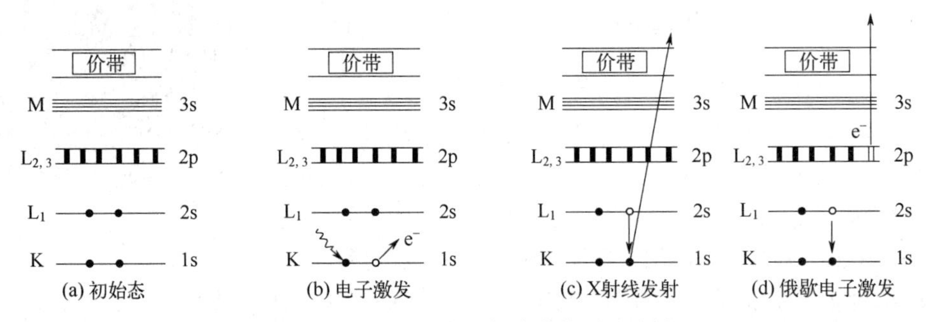

图 15-11　能量色散 X 射线谱的原理分析

在外部能量的激发下，比如外来电子，原子最内层的 K 壳层上的电子将会受到激发，从而出现一个空的能态，如示意图 15-11（b）所示。根据其后这一电子态被填充的过程不同，可能发生两种情况：

① 这一空能级为一个外层电子，比如 M 或 L 层的电子所占据，并在电子跃迁的同时放出一个 X 射线光子，如示意图 15-11（c）所示。

② 空的K能级被外层电子填充的同时并不会发射出X射线，而是放出另一个外层电子，如示意图 15-11（d）所示。这一能量转换的过程被称为俄歇过程，相应的放出的电子被称为俄歇电子。

众所周知，不同元素发射出来的特征 X 射线的能量是不相同的，而利用不同元素的特征 X 射线发射出不同的能量而进行的元素分析称为能量色散法，所用谱仪称为能量色散 X 射线谱仪（EDS），简称能谱仪。

X 射线能谱仪的主要组成结构单元是 Si（Li）半导体检测器，即硅漂移半导体检测器和多道脉冲分析器（图 15-12）。通过利用能量为数千电子伏特的入射电子束照射到样品上，激发出样品的特征 X 射线，然后通过 Be 窗直接照射到 Si（Li）半导体检测器上，使 Si 原子电离并产生大量电子空穴对，使得其数量与 X 射线能量成正比。这是因为假设产生一个空穴对

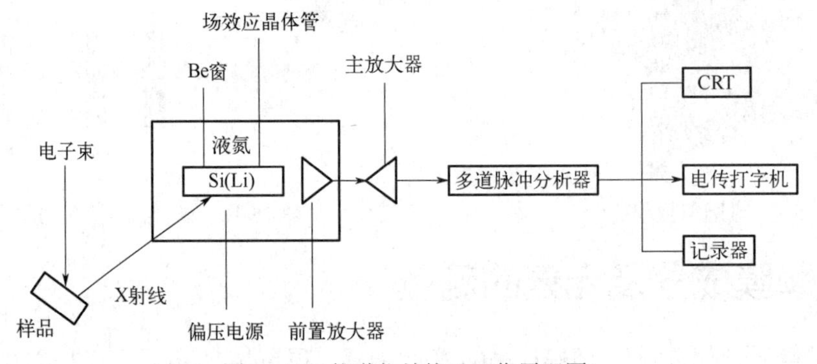

图 15-12　能谱仪结构及工作原理图

的最低平均能量为 ε，由一个 X 射线光子造成的电子空穴对的数目 $N = \Delta E / \varepsilon$ ，因此入射 X 射线光子的能量越高，N 就越大。由于不同元素发射不同能量的 X 射线，不同能量的 X 射线将会产生不同的电子空穴对数。

（2）X 射线光电子能谱技术（X-ray photoelectron spectroscopy，XPS）

XPS 是一种通过测定电子的结合能来鉴定样品表面的化学性质及组成的分析方法，具有分析区域小、分析深度浅和不破坏样品的特点。一台 X 射线光电子能谱仪（简称 XPS 能谱仪）主要由以下几部分组成：真空室及与其相连的抽真空系统、样品室和操作系统、X 射线激发源、能量分析与其联输（或传输）子光学透镜系统、电子倍增检测系统及基于 PC 机或工作站的服务性数据处理系统，其组成示意图如图 15-13 所示。XPS 能谱仪的大致工作原理是利用 X 射线去辐射样品，使样品表面（10 nm 以内）的原子或分子的内层电子或价电子被激发出来。被光子激发出来的电子称为光电子，通过测量光电子的能量和数量可以获得待测物表面的组成成分等化学信息。当用 X 射线照射固体时，由于光电效应，原子的某一能级的电子被击出物体之外，若 X 射线光子的能量为 $h\nu$，而电子在该能级上的结合能为 E_b，则射出固体后的动能为 E_c，那么它们之间的关系为：

$$h\nu = E_b + E_c + W_s \tag{15-9}$$

式中的 W_s 为功函数，它表示固体中的束缚电子除克服个别原子核对它的吸引外，还必须克服整个晶体对它的吸引才能逸出样品表面，即电子逸出表面所做的功。则上式可另表示为：

$$E_b = h\nu - E_c - W_s \tag{15-10}$$

由此可见，当入射 X 射线能量一定后，若测出功函数和电子的动能，即可求出电子的结合能。

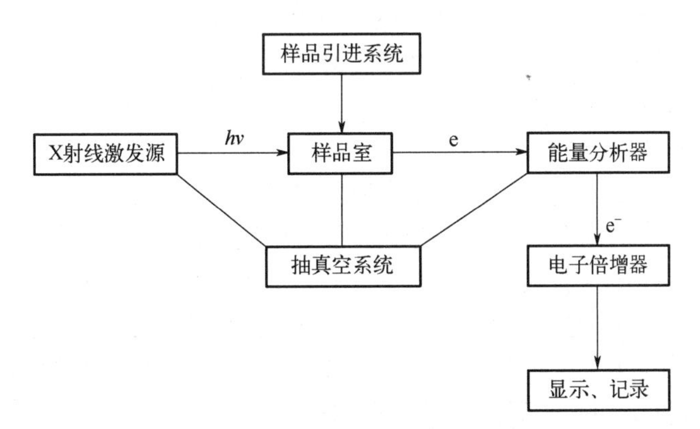

图 15-13　XPS 能谱仪组成示意图

由于光电子发射截面不依赖原子化学环境，因此 XPS 是一种定量分析技术。由于只有表面处的光电子才能从固体中逸出，因而测得的电子结合能反映了表面化学成分的情况。

XPS 作为一种现代分析方法，具有如下特点：

① 可以分析除 H 和 He 以外的所有元素，对所有元素的灵敏度具有相同的数量级。

② 相邻元素的同种能级的谱线相隔较远，相互干扰较少，元素定性的标识性强。

③ 能够观测化学位移。化学位移同原子氧化态、原子电荷和官能团有关。化学位移信息是 XPS 用作结构分析和化学键研究的基础。

④ 可作定量分析。既可测定元素的相对浓度，又可测定相同元素的不同氧化态的相对浓度。

⑤ 它是一种高灵敏超微量表面分析技术。样品分析的深度约 2 nm，信号来自表面几个原子层，样品量可少至 10^{-8} g，绝对灵敏度可达 10^{-18} g。

（3）俄歇电子能谱技术（Auger electron spectroscopy，AES）

AES 是用具有一定能量的电子束（或 X 射线）激发样品俄歇效应，通过检测俄歇电子的能量和强度，从而获得有关材料表面化学成分和结构的信息的方法。

如果电子束将某原子 W 层电子激发为自由电子，X 层电子跃迁到 W 层，释放的能量又将 X 层的另一个电子激发为俄歇电子，这个俄歇电子就称为 WXX 俄歇电子。同样，XYY 俄歇电子是 X 层电子被激发，Y 层电子填充到 X 层，释放的能量又使另一个 Y 层电子激发所形成的俄歇电子。对于自由原子来说，围绕原子核运转的电子处于一些不连续的“轨道”上，这些“轨道”又组成 W、X、Y、Z 等电子壳层。一般用“能级”的概念来代表某一轨道上电子能量的大小。由于入射电子的激发，内层电子被电离，留下一个空穴。此时原子处于激发态，不稳定。原子内层电子被激发电离形成空位，较高能级电子跃迁至该空位，多余能量使原子外层电子激发发射，形成无辐射跃迁，被激发的电子即为俄歇电子。通常用射线能级来标志俄歇跃迁。例如 WX_1X_2 俄歇电子就是表示最初 W 能级被电离，X_1 能级的电子填入 W 能级空位，多余的能量传给了 X_2 能级上的一个电子，并使之发射出来。

对于原子序数为 Z 的原子，俄歇电子的能量可以用下面经验公式计算：

$$E_{\mathrm{WXY}}(Z)=E_{\mathrm{W}}(Z)-E_{\mathrm{X}}(Z)-E_{\mathrm{Y}}(Z+\Delta)-\phi \tag{15-11}$$

式中，$E_{\mathrm{WXY}}(Z)$ 是原子序数为 Z 的原子，W 空穴被 X 电子填充得到的俄歇电子 Y 的能量。$E_{\mathrm{W}}(Z)-E_{\mathrm{X}}(Z)$ 是 X 电子填充 W 空穴时释放的能量。$E_{\mathrm{Y}}(Z+\Delta)$ 是 Y 电子电离所需的能量。

因为 Y 电子是在已有一个空穴的情况下电离的，因此，该电离能相当于原子序数为 Z 和 Z_1 之间的原子的电离能。其中 $\Delta=1/2-1/3$。根据各元素的电子电离能，可以计算出各类俄歇电子的能量，制成谱图手册。因此，只要测定出俄歇电子的能量，对照现有的俄歇电子能量图表，即可确定样品表面的成分。

由于一次电子束能量远高于原子内层轨道的能量，可以激发出多个内层电子，会产生多种俄歇跃迁，因此，在俄歇电子能谱图上会有多组俄歇峰，虽然使定性分析变得复杂，但依靠多个俄歇峰，会使得定性分析准确度很高，可以进行除氢氦之外的多元素一次定性分析。同时，还可以利用俄歇电子的强度和样品中原子浓度的线性关系，进行元素的半定量分析，俄歇电子能谱法是一种灵敏度很高的表面分析方法，其信息深度为 1.0～3.0 nm，绝对灵敏可达到 10^{-3} 单原子层。

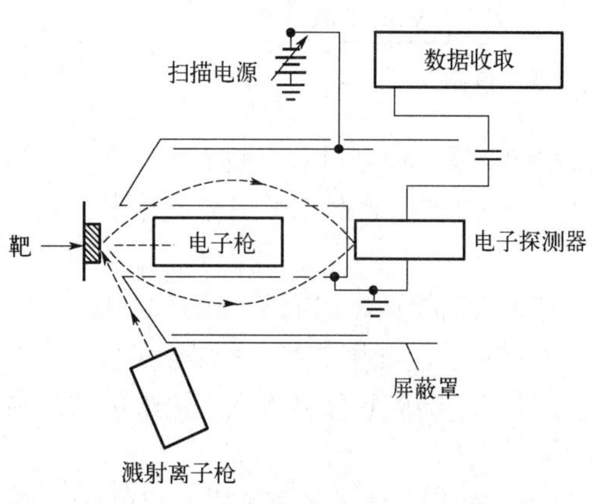

图 15-14　俄歇电子能谱仪示意图

俄歇电子能谱仪原理见图 15-14。在表面分析技术中使用的电子能量分析器都是静电型的。在实际的应用中，有三种能量分析器最为常用，即筒镜型能量分析器（CMA）、半球形能量分析器（SDA）和 Staib 能量分析器。

俄歇电子能谱仪都带有超高真空系统，系统的真空度一般优于 6.7×10^{-8} Pa。真空系统一般由主真空室、离子泵、升华泵、涡轮分子泵和初级泵组成，其中初级泵一般是机械泵或冷凝泵。

离子枪是进行样品表面剖离的装置，主要用于样品的清洗和样品表层成分的深度剖层分析。一般用 Ar 作为剖离离子，能量在 1～5 keV。

样品的预处理室是对样品表面进行预处理的单元。在预处理室内一般可完成清洗、断裂、镀膜、退火等一系列预处理工作。

目前，俄歇电子能谱仪一般都配有扫描俄歇电子能谱微探针（SAM）功能，可以对样品表面进行二维 AES 成像。此外还可在样品室上安装加热、冷却等功能，研究样品在特殊环境下的状态。

15.3 薄膜形貌的表征

通常，人眼能分辨的最小距离约 0.2 mm。要观察分析更小的细节，就必须借助于观察仪器。透射电子显微镜（transmission electron microscopy，TEM），可以以几种不同的形式出现，如高分辨电镜（HRTEM）、透射扫描电镜（STEM）、分析型电镜（AEM）等。入射电子束（照明束）也有两种主要形式：平行束和会聚束。前者用于透射电镜成像及衍射，后者用于扫描透射电镜成像、微区分析及微衍射。

对薄膜形貌的表征，透射电子显微镜是较为常用的仪器。透射电镜不仅可以获取到薄膜的形貌信息，还可以通过选区电子衍射获取样品晶格信息。我们的许多 TEM 采用完全自动化操作以获得亚埃级的分辨率，高分辨透射电镜甚至可以观察到样品中的原子排列。众所周知，光学显微镜利用可见光作为照明束，由于受可见光波长范围的限制，能分辨的最小距离约 0.2 μm，比人眼的分辨本领提高约一千倍。但是在晶体中，原子之间的距离大约为 0.1 nm，这远远超过了光学透镜的分辨率，所以需要用到波长更短的光源。透射电子显微镜中所使用的光源是电子光源，可以看到在光学显微镜下无法看清的小于 0.2 μm 的细微结构，这些结构称为亚显微结构或超微结构。

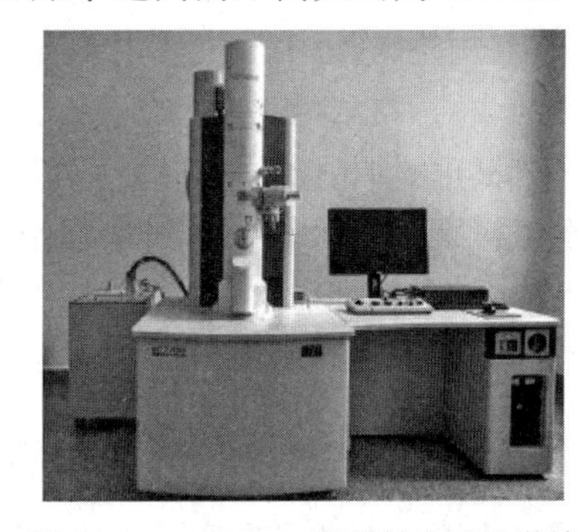

图 15-15　HT7700 型透射电子显微镜

图 15-15 是 HT7700 型透射电镜的外形照片。透射电子显微镜在成像原理上与光学显微镜类似。它们的根本不同点在于光学显微镜以可见光作照明束，透射电子显微镜则以电子为照明束。在光学显微镜中将可见光聚焦成像的为玻璃透镜，在电子显微镜中相应的为磁透镜。由于电子波长极短，同时与物质作用遵从布拉格（Bragg）方程，产生衍射现象，使得透射电镜自身在具有高的像分辨本领的同时兼有结构分析的功能。根据德布罗意理论，电子具有波粒二象性，其所对应的物质波的波长为

$$\lambda = \frac{h}{mv} \tag{15-12}$$

式中，$h = 6.626 \times 10^{-34}$ J·s 为普朗克常数；m 为电子的质量；v 为电子的运动速度。可以看到电子的运动速度越快，波长越短，相应透射电镜的分辨率也就越高。通常使用高电压对电子进行加速，假设加速电压为 U，在电场作用下，电子的电势能全部转换为动能，即：

$$eU = \frac{1}{2}mv^2 \tag{15-13}$$

由于电子的运动速度极快，所以还要考虑相对论效应：

$$m = \frac{m_0}{\sqrt{1-\left(\frac{v}{c}\right)^2}} \tag{15-14}$$

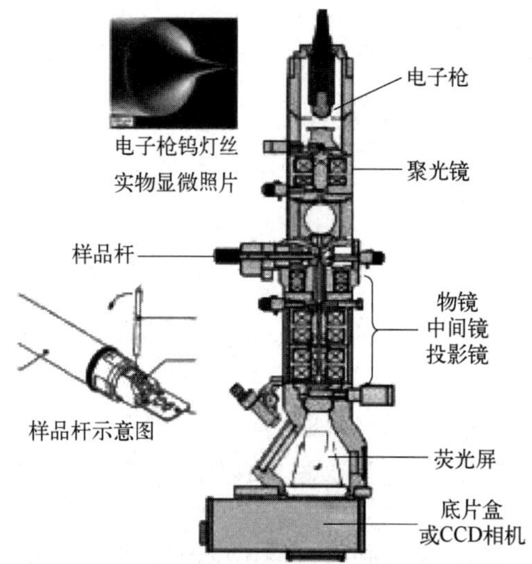

图 15-16　透射电子显微镜光路原理图

式中，$m_0 = 9.1110^{-31}$ kg 为电子的静止质量。联立式（15-12）、式（15-13）、式（15-14），可得在加速电压 U 的作用下，电子波长为

$$\lambda = \frac{h}{\left[2m_0 eU\left(1+\frac{eU}{2m_0 c^2}\right)\right]^{\frac{1}{2}}} \tag{15-15}$$

由此可得，电压越高，电子波长越短。但是由于相对论效应，电子速度越快质量越大，所以速度随电压的增长也越趋缓慢，例如当加速电压为 1000 kV 时，电子速度高达 2.823×10^8 m/s，已经接近于光速，再使其加速就变得非常困难。

图 15-16 是透射电子显微镜的光路原理图，由电子枪发出来的电子，在阳极加速电压的作用下，经过聚光镜汇聚为电子束照明样品。电子穿透力很弱，所以样品必须足够薄，一般小于 200 nm。穿过样品的电子携带了样品本身的结构信息，经物镜、中间镜和投影镜的接力聚焦放大最终以图像或衍射谱的形式显示于荧光屏上。

在电磁透镜中，主要由两部分组成：第一部分是由软磁材料制成的中心穿孔的柱体对称芯子，被称为极靴；第二部分是环绕极靴的铜线圈。通电线圈可产生非均匀分布的轴对称磁场，电子在磁场中运动时由于受到洛伦兹力的作用而产生偏转，适当选择线圈的形状和电流大小可使电子在线圈中做螺旋运动并且在通过线圈后汇聚为一点。电磁透镜的焦距可表示为：

$$f = A\frac{V_0}{(IN)^2} \tag{15-16}$$

式中，A 为与透镜结构相关的比例常数；V_0 为经过相对论修正的电子加速电压；I 为线圈励磁电流的大小；N 为线圈匝数。可以看到，电磁透镜的焦距随电子加速电压的变化而变化。

综上所述，与单纯利用具有一定形状的玻璃透镜来对光线进行汇聚的传统光学显微镜不同，透射电子显微镜利用通电线圈产生磁场来达到汇聚电子束的目的。首先由电子枪打出高能电子束，电子束通过聚光镜之后被汇聚成一束均匀明亮的光斑并照射到样品上，随即电子束穿过样品后携带样品的信息被投射在荧光屏上，通过对荧光屏上图形或图案的分析即可获知样品的结构信息。

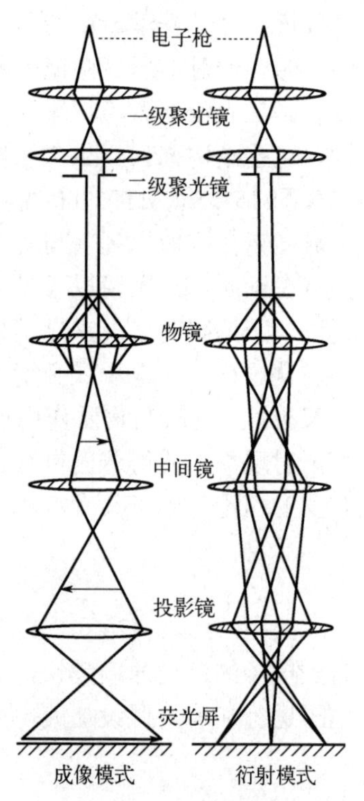

图 15-17　透射电镜的两种工作模式

透射电镜一般有两种工作模式，即成像模式和衍射模式（图 15-17）。在成像模式下，物镜的像平面和中间镜的物平面重合，

从而就能在荧光屏上得到一幅放大了的样品形貌图。图 15-18 所示为单独空心六边形镍钴硫化物（HHNCS）样品的 TEM 图，从中可以看出，$NiCo_2S_4$ 纳米片呈现空心六边形结构。在做透射电镜成像观察时，样品中致密处透过的电子数目少，而稀疏处透过的电子数目多，这些信息都会反映在荧光屏上。如果只允许透射束通过物镜光阑成像，则称为明场像，如果只允许某支衍射束通过物镜光阑成像，则称为暗场像。

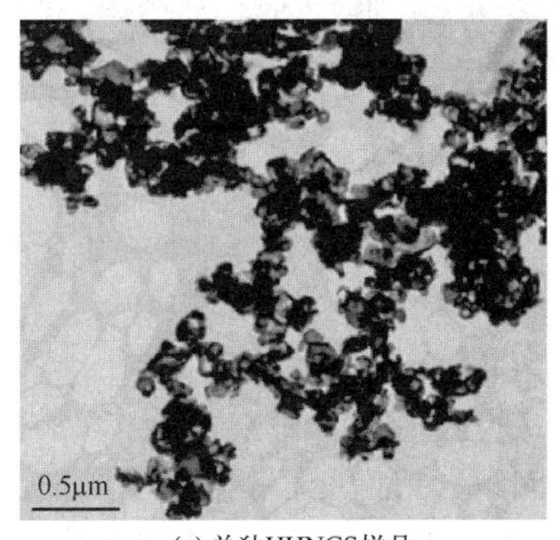

(a) 单独HHNCS样品

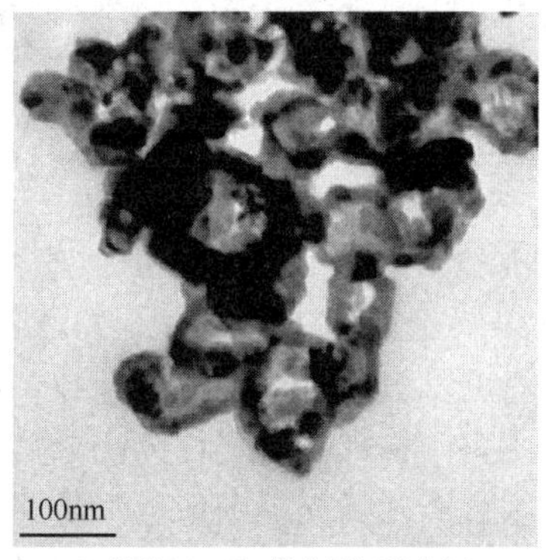

(b) 单独HHNCS样品局部放大图

图 15-18　单独 HHNCS 样品的 TEM 图

透射电子显微镜的第二个模式为衍射模式，通过对衍射图案的分析可以确定样品是晶体还是非晶体，如果是晶体的话是单晶体还是多晶体。在透射电镜的衍射花样中，对于不同的试样，采用不同的衍射方式时，可以观察到多种形式的衍射结果，如单晶电子衍射花样、多晶电子衍射花样、非晶电子衍射花样、会聚束电子衍射花样、菊池花样等。由于晶体本身的结构特点和二次衍射也会在电子衍射花样中体现出来，这些因素会使电子衍射花样变得更加复杂。

如图 15-19 所示为各种样品所拍的衍射花样图。图（a）和（d）是简单的单晶电子衍射花样；图（b）是一种沿[111]方向出现了六倍周期的有序钙钛矿的单晶电子衍射花样（有序相的电子衍射花样）；图（c）是非晶的电子衍射结果；图（e）和（g）是多晶电子的衍射花样；

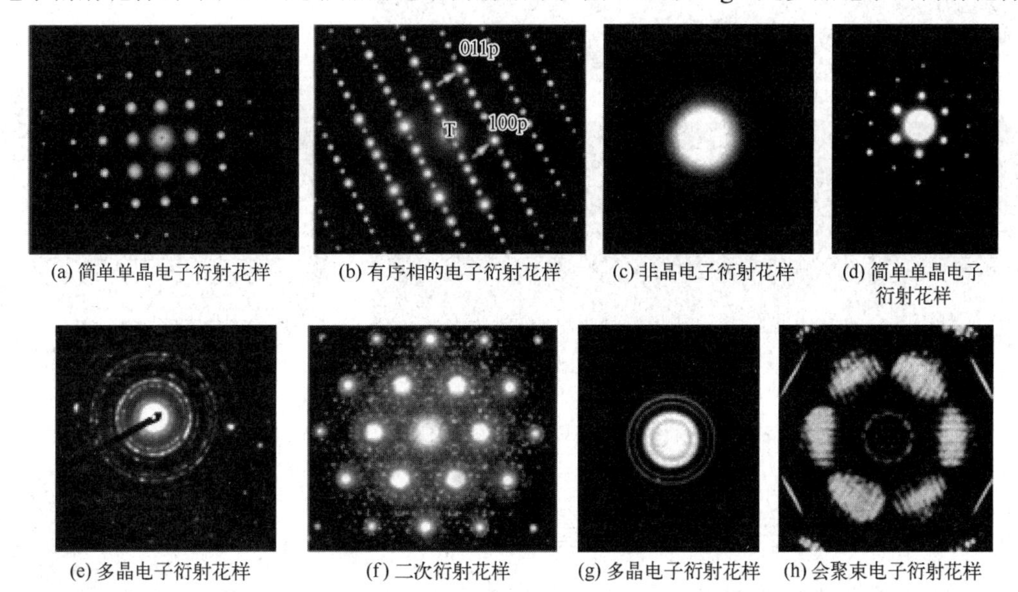

(a) 简单单晶电子衍射花样　(b) 有序相的电子衍射花样　(c) 非晶电子衍射花样　(d) 简单单晶电子衍射花样

(e) 多晶电子衍射花样　(f) 二次衍射花样　(g) 多晶电子衍射花样　(h) 会聚束电子衍射花样

图 15-19

(i) 菊池花样

(j) 菊池花样

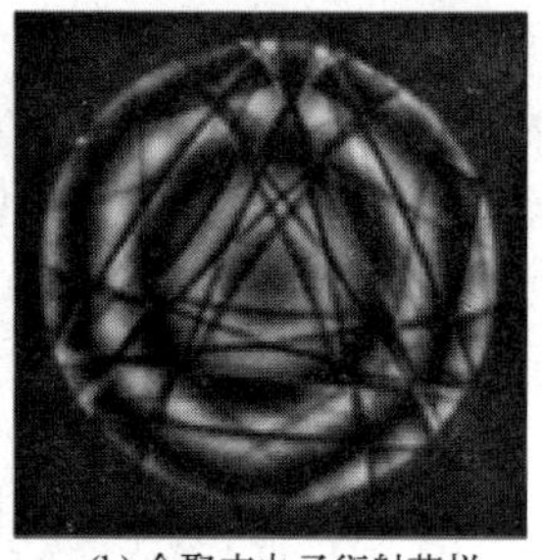

(k) 会聚束电子衍射花样

图 15-19　透射电镜所拍的衍射花样

图（f）是二次衍射花样，由于二次衍射的存在，使得每个斑点周围都出现了大量的卫星斑；图（i）和（j）是典型的菊池花样；图（h）和（k）是会聚束电子衍射花样。通过对衍射花样的标记和计算还可以进一步获得晶面指数、晶面间距、晶体方向等信息。

透射电镜还有一种成像模式称为高分辨成像模式，在这种模式下，可以观察到原子尺度的信息，还可以直接在高分辨图像上测量原子间距、晶面间距等信息。图 15-20 所示为高比表面积钴酸镍电极材料的 TEM 图与 SEM 图，从 TEM 图中可以清楚地看到电极材料中的原子晶格，图像非常直观。

与扫描电镜或 X 射线衍射等观测手段相比，透射电镜制样过程较为复杂，这是因为电子穿透能力较弱，所以样品必须足够薄才能进行观察。通常用圆环形的金属网状格栅支撑透射电镜样品。金属网的厚度一般为微米量级，直径为 3 mm，用来制备金属网的材料有铜、钼、铂等，其中金属铜最常见。图 15-21 所示为透射电子显微镜常用的金属铜网。

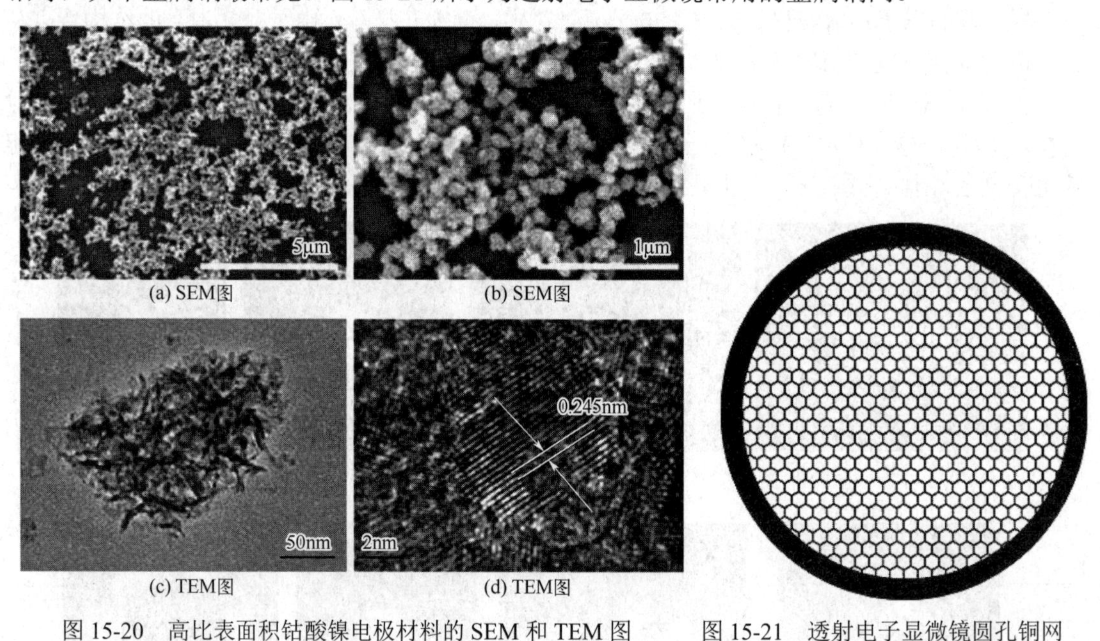

(a) SEM图　(b) SEM图　(c) TEM图　(d) TEM图

图 15-20　高比表面积钴酸镍电极材料的 SEM 和 TEM 图

图 15-21　透射电子显微镜圆孔铜网

15.4　薄膜磁学性质的测量

慕课

薄膜的磁学性质包含很多方面，例如磁化率、矫顽力、饱和磁化强度、饱和场、各向异性能、磁能积、交换偏置场、磁阻尼系数、磁畴大小、居里温度、奈尔温度、交换偏置截止温度等。测量不同的性能需要用到不同的仪器，但是大部分性能都可以通过磁矩的测量而得到，例如矫顽力、饱和磁化强度、各向异性能等，所以下面重点讲述薄膜磁矩的测量方法。

15.4.1 振动样品磁强计

振动样品磁强计（vibrating sample magnetometer，VSM）是由麻省理工学院林肯实验室的 Simon Foner 于 1955 年发明，是目前使用最广泛的磁性测量工具，其测量磁矩的原理也并不复杂。图 15-22 所示即为 VSM 的工作原理图，固定在样品杆下端的磁性样品处在由电磁铁产生的均匀磁场中，样品被磁化后带有磁矩 m，样品杆在马达的带动作用下沿 z 轴做上下振动，并带动样品也做相同的振动。样品振动过程中，穿过感应线圈的磁通量会发生变化，所以线圈中会产生感应电动势，通过测量感应电动势的大小即可得到样品磁矩的大小。VSM 中感应电动势的大小可用如下公式表示：

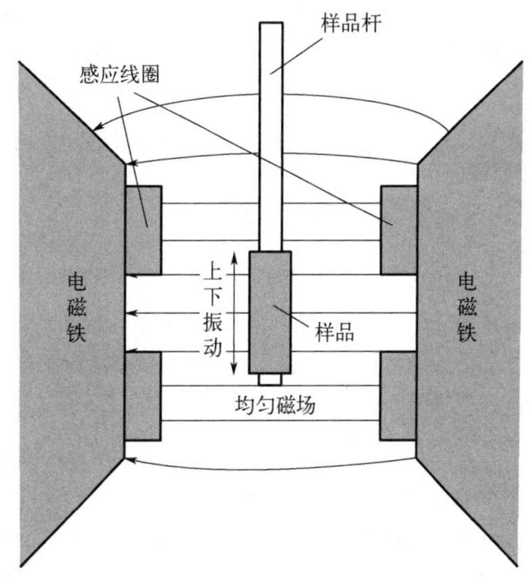

图 15-22 VSM 工作原理图

$$V = \frac{\mathrm{d}\Phi}{\mathrm{d}t} = \left(\frac{\mathrm{d}\Phi}{\mathrm{d}z}\right)\left(\frac{\mathrm{d}z}{\mathrm{d}t}\right) = 2\pi fCmA\sin(2\pi ft) \tag{15-17}$$

式中，Φ 为磁通量；t 为时间；z 为样品和线圈之间的距离；f 为样品的振动频率；A 为振幅；C 为耦合常数；m 为样品磁矩。对某一特定的 VSM，式（15-17）中除耦合常数 C 和磁矩 m 外都为已知量，可以利用已知磁矩大小的样品对 C 进行标定。

随着科技的进步，单纯测量常温下的磁性已经远远不能满足科研和生产的需要，所以现在很多 VSM 都能进行变温测量，如美国 Quantum Design 公司生产的 Versalab 物性测量系统中的 VSM 插件，其测量的温度范围为 50～1000 K，且全程无须液氦冷却，这大大降低了使用成本。如果想在更低的温度下测量样品磁性，可以使用综合物性测试系统（physical property measurement system，PPMS）中的 VSM 插件，其可测试温度可到 4.2 K，但是 PPMS 运行过程中需要用液氦冷，却所以成本较高。

PPMS 上的 VSM（PPMS-VSM）测试原理与传统电磁铁 VSM 类似，但与传统 VSM 相比，PPMS-VSM 在很多方面具有优越性。由于 PPMS 系统的磁场是垂直于地面方向的，所以其样品振动方向和磁场方向是平行的。而传统的电磁铁 VSM 样品振动方向与磁场方向是垂直的，这样从原理上就比传统的电磁铁 VSM 精度要高。

除了测量温度范围，VSM 还有很多重要的性能指标，下面列出了 Quantum Design Veralab 的一些性能指标，供读者参考：

① 灵敏度：$<10^{-6}$ emu（1 A·m^2 = 1000 emu）；

② 噪声基：6×10^{-7} emu；

③ 振动频率：5～80 Hz（最佳：40 Hz）；

④ 振动幅值：0.5～5 mm（一般 2 mm 即可）；

⑤ 最大可测磁矩（emu）：40/振动峰值；

⑥ 最大磁场：3 T；

⑦ 探测线圈内径：6 mm。

VSM 借助于 PPMS 平台提供的温度和磁场，可以比系统上其他方法（如扭转磁强计）更快地获取高质量的磁测量数据。虽然该选件的测量精度还无法与 SQUID 相比，但是它的测量速度是 SQUID 的上百倍。VSM 不依赖于 PPMS 上其他选件的辅助，是完全独立的选件，可以方便地安装在 PPMS 上，不用的时候可以迅速地卸载。它由以下几部分组成：用于驱动样品的新型长程线性马达、特制轻质量样品杆（样品固定装置）、样品杆导向管、带有特制样品托的信号探测线圈、分离的电子拓展线路箱、新型的自动控制数据通信总线网络结构（CAN）以及 PPMS 软件包中集成的 VSM 控制软件模块，可以使得用户进行全自动的 VSM 测量。

15.4.2 交变梯度磁强计

最早利用交变梯度磁强计（alternating gradient force magnetometer，AGFM）测量磁矩的想法是由 Zijlstra 提出的。AGFM 的简单原理如图 15-23 所示，把样品固定在弹性杆的一端，然后在样品上同时施加直流磁场和较小的交变梯度直流磁场使样品磁化并产生磁矩，而交变磁场在样品上施加交变力，力的方向与弹性杆的轴向垂直，力的大小与样品的磁矩成正比。

与 VSM 相比，ACFM 有更高的测量灵敏度，其室温灵敏度可高达 10^{-8} emu，非常适合测量厚度仅为纳米量级的磁性薄膜材料。因为薄膜材料的磁矩很小，例如 2 mm×2 mm 见方、1 mm 厚的磁性薄膜，其磁矩通常在 10^{-6} emu 量级，但这已是 VSM 的测量极限。目前，商业化的 AGFM 厂商还比较少，主要提供商为美国 Lake Shore 公司。现在，市面上最常见 MicroMag^{TM} 2900 型的 AGFM，如图 15-24 所示。

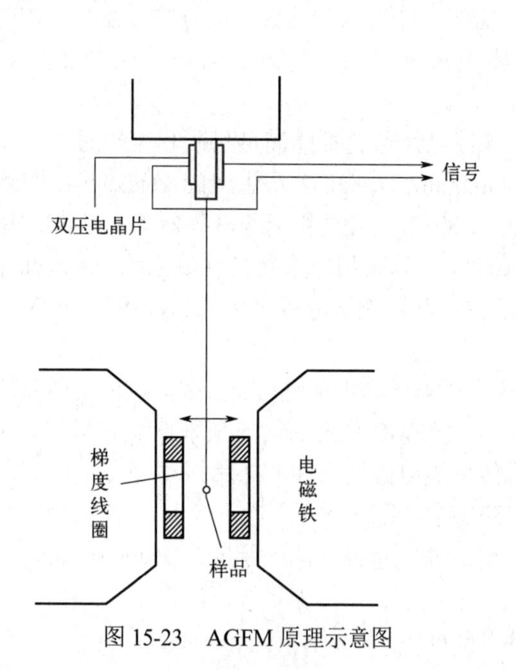

图 15-23 AGFM 原理示意图

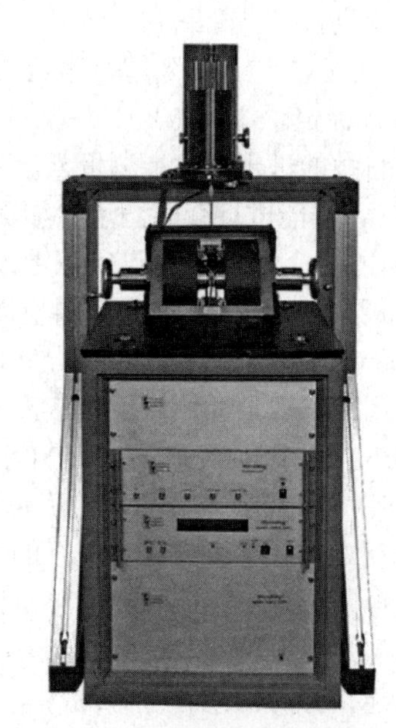

图 15-24 MicroMag^{TM} 2900 型 AGFM

15.4.3 超导量子干涉器件磁强计

超导量子干涉器件磁强计（superconducting quantum interference device magnetometer，简

称 SQUID 或超导量子磁强计）是基于磁通量子化概念和超导约瑟夫森隧道效应原理而制成的仪器。其中最关键的磁通敏感元件 SQUID 是一个包含约瑟夫森隧道结的超导环。从结构及工作原理上，SQUID 可以分为两种类型：一种是 dc-SQUID（直流超导量子干涉器件），它包含两个超导结；另一种是 rf-SQUID（交流超导量子干涉器件），它包含一个超导结。

仪器的检测系统包括磁通变换器，SQUID 传感器，输出及磁通锁定放大器，和计算机数据采集与数据处理系统。样品与处于磁屏蔽壳中的 SQUID 之间尚有一定的距离。当样品杆底端的样品在马达的驱动下，在一对探测线圈之间运动时，探测线圈中产生的磁通变化与样品磁化强度成正比，它被磁通变换器传送到 SQUID 处进行测量。

SQUID 磁强计的灵敏度非常高，一般可达 10^{-8} emu。但在 1T 以上，灵敏度会随磁场上升而降低。SQUID 磁强计测量温度范围为 1.5～400 K，更高温度的测量因绝热设计和空间的限制而比较困难。磁场全部采用超导磁体，一般是直立方向（螺线管式），也有横向磁场（亥姆霍兹式），但最高磁场一般不能超过 9 T。由于 SQUID 磁强计的灵敏度比 VSM 高两个数量级，可靠性和重复性非常好，并且可以进行电子输运特性的测量，所以在微量样品或弱磁性测量领域有着很强的优越性。SQUID 磁强计是进行磁性研究的主流常规仪器之一。

由于 SQUID 传感器的寿命与热循环有关，所以必须常年浸入液氦中。经常性地补充液氦使 SQUID 的测量成本很高，因而国内拥有这类仪器的单位很少。近几年出现了自循环制冷装置，使得 SQUID 在两年之内不须补充液氦，这为 SQUID 的普及应用带来了希望。目前使用高温超导体的 SQUID 的研究也在不断取得进展，估计不久之后就会进入实用阶段。另外，SQUID 磁强计在生物医学方面也有着许多重要的应用，比如测量心磁、肺磁、生物组织磁化率等。

Quantum Design 公司推出的基于 SQUID 探测技术的磁学测量系统（MPMS）广泛应用于世界上几乎所有相关的前沿实验室，在学术界具有良好口碑。MPMS 系统由一个基系统和各种拓展功能选件构成。该系统同时提供变磁场测量环境和变温度场测量环境，拓展功能选件包括各种全自动磁学测量功能选件，如 AC 磁化率测量系统选件（进行交流磁化率的测量，频率 0.01～1 kHz，灵敏度 10^{-8} emu）、高温炉选件（把仪器最高可测量温度拓展到 1000 K）、超低磁场选件以及磁场重置选件（用于退磁可获取达 0.005 G 的超低磁场）。而且 MPMS 带有液氦自循环系统，能够全自动实现液氦的循环利用，极大地方便了获取液氦不方便，或者液氦价格昂贵的地区用户。

MPMS 应用领域包括物理、材料、化学、生物、地质等学科，能够研究测量的材料涵盖金属、陶瓷、半导体、超导体、磁性材料、合金材料、有机材料、介电材料和高分子材料等，这些材料的形式可以是块材、薄膜、粉末、液体、单晶或者纳米材料。

15.4.4 磁光克尔效应测量

磁光克尔测量（magneto-optical Kerr effect，简称 MOKE）是一种基于磁光效应原理设计的超高灵敏度磁强计，是研究磁性薄膜、磁性微结构的理想测量工具。

近年来，用以激光做光源的磁光克尔效应测量薄膜的磁滞回线在国内外许多实验室里得到了广泛的应用。MOKE 的试验设备比较简单，主要部件包括：He-Ne 激光器（几毫瓦）、起偏器、检偏器、二极管光电放大器、计算机、磁场。其中磁场可以采用亥姆霍兹线圈或电磁铁。MOKE 具有非常高的灵敏度。当薄膜厚度只有纳米量级的时候，激光光斑这么小区域所产生的磁信号改变，MOKE 都能检测出来，应该说比上述各种磁强计灵敏度都高。

最近，有人提出用旋转磁光克尔效应（Rot-MOKE）法测磁性超薄膜的各向异性场，这种方法不仅有较高的精度，而且无需像传统转矩法那样事先知道薄膜的体积和磁化强度。Rot-MOKE 是在磁光克尔效应测量基础上的一种类似于转矩测量各向异性的试验方法，可以定量地得到样品的磁晶各向异性的值。

德国 Evico 公司的磁光克尔显微镜磁强计 4-873K/950MT（图 15-25）可以用于薄膜、块体、粉体等形态的磁性材料的静态和动态磁畴结构的观察以及磁滞回线的测量。技术指标包括以下几个方面：

① 光学系统：视野范围：100 μm～1 mm；

限分辨率：300 nm;

② 电磁体系统：水平磁场强度变化范围：−1.3～1.3 T；

垂直磁场强度变化范围：−0.95～0.95 T；

③ 变温系统：高温附件温度范围：室温～875 K；

低温附件温度范围：4～352 K。

图 15-25 Evico 公司的磁光克尔显微镜磁强计

2020 年致真精密仪器自主开发出中国首款商用多功能磁光克尔显微镜测试系统，如图 15-26。磁光克尔显微镜是利用磁光克尔效应，直接观测磁性材料和器件中的磁化状态的光学显微成像设备。与传统的电学测试相比，磁光克尔显微成像测试能清晰直观了解样品内的磁化状态空间分布和时间演化，适用于磁性材料和自旋电子器件的测试和产品研发。

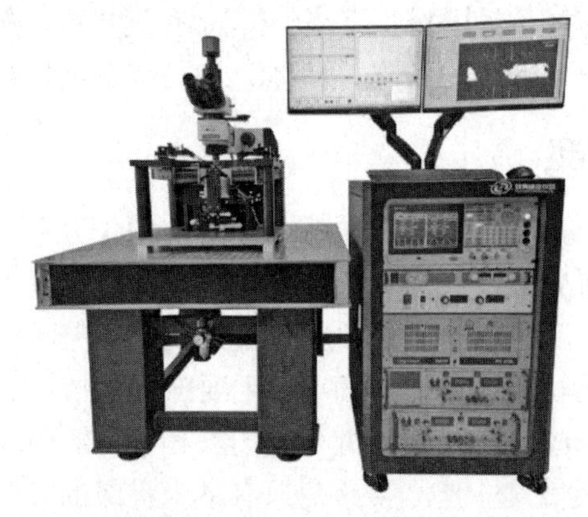

图 15-26 多功能高分辨率磁光克尔显微镜测试系统

功能特点：

① 成像：能够同时进行极向克尔成像（用来观察垂直方向的磁畴信息）和纵向克尔成像（用来观察面内方向的磁畴信息），两种成像模式可通过软件控制自动切换；光学成像空间分辨率 230 nm；成像灵敏度可达单个原子层。

② 磁场：矢量磁场，最大 1.4 T；磁场反应速度最快达 1 μs，用于磁动力学研究。

③ 自旋输运模块：配置多组探针、与矢量超快磁场及高分辨率克尔成像兼容；电脉冲信号与磁场信号可实现微秒级别同步；可配备二次谐波（second harmonic）测试系统。

④ 高频模块：配置高频探针，与矢量磁场及高分辨率克尔成像兼容；可配备 ST-FMR 系统。

⑤ 变温测量系统：4～600 K 变温系统。

⑥ 智能系统：一键控制矢量磁场、直流/微波信号/照片采集的时序关系；自动提取样品全局/微区的磁滞回线（自变量是磁场或电流）；一键自动测量磁畴壁/斯格明子磁泡的移动速度；一键自动测量 Dzyaloshinskii-Moriya 作用（DMI）强度。

随着扫描探针技术的发展，分子水平的磁性测量技术已经成为可能。比如用原子力显微镜（AFM）、磁力显微镜（MFM）、近场光学显微镜（SNOM）等。

15.5 薄膜电输运性质的测量

薄膜的电输运性质是其能否实现应用的重要参数，如载流子类型及浓度、迁移率、电阻率、磁电阻效应和霍尔效应等。其电输运性能通常由综合物性测量系统（physical property measurement system，PPMS）测试。该系统由美国 Quantum Design 公司研发、设计与制造，其中的自循环液氦系统可以实现 1.9～400 K 的温度测试区间，采用的超导线圈可以满足 14 T 磁场强度的测试条件。在试验中通常采用高级电输运模式（electrical transport option，ETO）来测量薄膜的电输运性能。其纵向电阻和霍尔电阻均采用四探针法测量。

（1）磁性薄膜材料磁电阻的测量

图 15-27 显示了四探针法测量磁性材料薄膜磁电阻的原理。如图所示，四探针的针尖同时等距离共线排列并接触到电压表上，其中外侧的两个探针与恒流源连接，而内侧的两个探针连接到电压表上。当电流从恒流源流出并经过四探针的外侧两个探针时，流经薄膜产生的电压可以从电压表中获得。在薄膜面积为无限大或远大于四探针中相邻探针间距离时，薄膜的电阻率可以通过下面的公式获得：

$$\rho_{\mathrm{F}}=\frac{\pi}{\ln 2}\times\frac{V}{I}\times d \tag{15-18}$$

式中，d 是薄膜厚度；I 是电流；V 是电流通过薄膜时产生的电压。

磁性材料薄膜上所施加的磁场由 PPMS 中的亥姆霍兹线圈提供，磁场大小及灵敏度可调。可以由测试时磁场垂直或平行样品表面施加。

四探针法在测试薄膜磁电阻时存在的不足在于无法准确测量薄膜中的隧道磁电阻。测量隧道磁电阻时电流需垂直于薄膜流动。而在四探针法中，电流仅流经薄膜的表平面，而不能在膜内垂直流动。常见隧道磁电阻的测量方式如图 15-28 所示。值得注意的是，在测量薄膜的隧道磁电阻之前需要通过微纳加工技术将薄膜处理成微米/纳米级器件来保证隧穿层的完整性，避免泄漏电流。

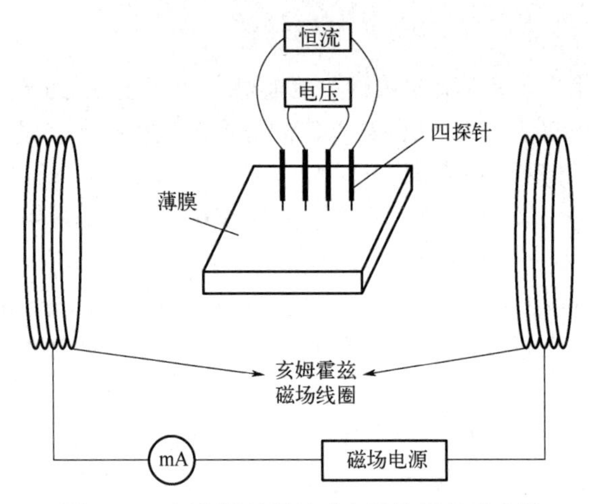

图 15-27　四探针法测量磁电阻的原理示意图

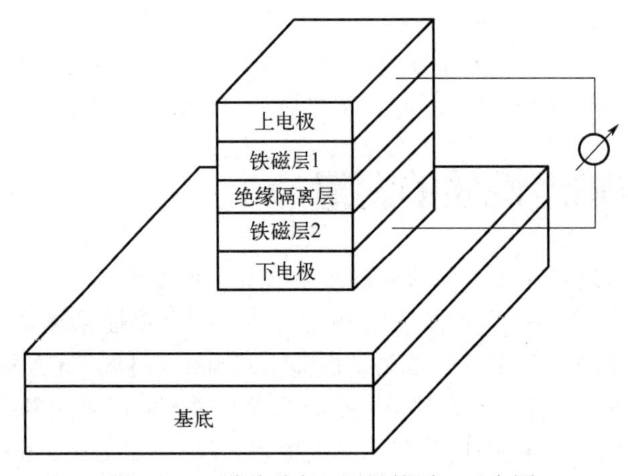

图 15-28　隧道磁电阻测量的原理示意图

（2）磁性薄膜材料电阻率的测量

磁性材料薄膜的电阻率及霍尔效应常通过范德堡法来进行测试，如图 15-29 所示。四个探针分别处于正方形或菱形的四个顶点上，通过 PPMS 系统给磁性材料薄膜施加垂直于薄膜样品的磁场，即沿样品厚度方向，通过改变磁场大小并对薄膜横向电阻进行测试。测量电阻率时，依次在一对相邻的电极通电流，另外一对探针之间测电位差，如此可以获得不同探针间电阻 R，并代入公式后得到电阻率 ρ。

值得注意的是，对于普通磁性材料来说，其只包含普通霍尔效应，这意味着其霍尔电压与磁感应强度成正比，因此霍尔电阻可以表示为 $R_{xy}=R_0B$，其中 R_0 是普通霍尔系数，B 是磁感应强度。该测试可以分析薄膜 $R_{xy}-B$ 拟合曲线的斜率 k 并测量薄膜厚度 d 来通过公式 $n=1/kqd$ 计算出薄膜材料的载流子浓度 n 及导电类型，其中 q 是电荷量。迁移率是衡量薄膜材料导电特性的重要参数之一，载流子的浓度和迁移率共同决定了材料的电导率，继而对材料的电学性能带来重要的影响。根据样品的载流子浓度和电阻率，可以基于 $\mu=\sigma n^{-1}e^{-1}$ 来算出薄膜的迁移率，其中 σ 是电导率。对于铁磁材料薄膜来说，材料自发磁化引发的反常霍尔效应和普通霍尔效应共存。因此在铁磁材料中霍尔电阻 R_{xy} 的测量基于公式：$R_{xy}=R_0B+R_s\mu_0M$，其中 R_s 是反常霍尔系数，μ_0 是磁导率，M 是垂直于薄膜表面的磁化强度。反常霍尔效应主要源于材料自身的自旋-轨道耦合作用。当磁场强度较低时，样品磁化未完全，霍尔电阻包括普通霍尔和反常霍尔；当磁场强度足够高时，样品磁化完全，反常霍尔电阻不随磁场强度变化而变化，霍尔电阻会随着磁场变化率减小。

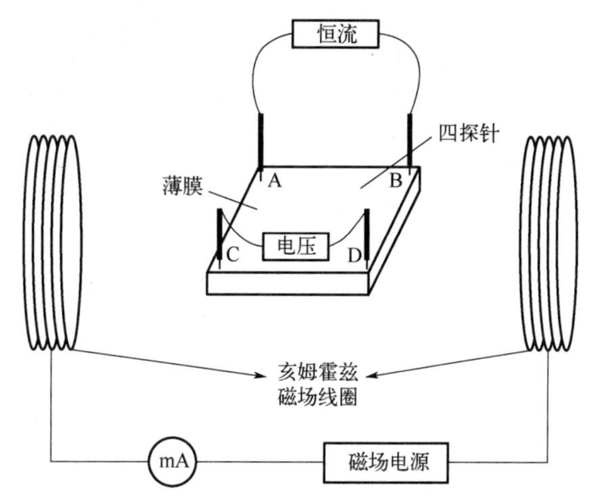

图 15-29 范德堡法测量电阻率及霍尔效应的原理示意图

（3）磁性薄膜材料霍尔效应的测量

磁性薄膜材料的霍尔效应也通过范德堡法来进行测试（图 15-29）。在霍尔效应的测量中，往往伴随一些热磁副反应、电极不对称等因素引起的附加电压叠加在霍尔电压 U_H 上，因此导致试验测得的对电极之间的电位差并不等于真实的 U_H 值，而是包含了副效应引起的附加电压，需要设法去消除。常见的副效应包括埃廷斯豪森（Ettinghausen）效应、能斯特（Nernst）效应、里吉-勒迪克（Righi-Ledue）效应、不等位效应等。要消除上述效应带来的误差，需要改变电流 I 和磁场 B 的方向，通过自定义磁场和电流的方向（包括 $+B$、$+I$；$+B$、$-I$；$-B$、$+I$；$-B$、$-I$ 等四组）来测出四组霍尔电压 U_H 值后，通过相加后平均即可消除副效应引起的附加电压误差。

习题

参考答案

15-1 磁性薄膜的厚度如何测定？

15-2 磁性薄膜的表面形貌如何观察？

15-3 磁性薄膜的磁性质如何测试？

15-4 怎样测定磁性薄膜的矫顽力？

15-5 磁性薄膜的自旋极化率如何测量？

15-6 怎样测定磁性薄膜的电阻率和热导率？

15-7 磁性薄膜的霍尔效应和自旋霍尔效应有何不同？

15-8 磁性薄膜的磁力显微镜是什么？如何工作？

15-9 磁性薄膜的光学磁性如何测量？

15-10 磁性薄膜的磁晶各向异性如何测量？

15-11 磁性薄膜的自旋电子学器件的设计和应用有哪些？

15-12 磁性薄膜的磁电效应和磁阻效应如何测量？

参考文献

[1] Yan W, Liu L, Li W, et al. Toward high efficiency for long-term stable Cesium doped hybrid perovskite solar cells via effective light management strategy[J]. Journal of Power Sources, 2021, 510: 230410.

[2] 蔡晓庆, 季振源, 沈小平, 等. 空心六边形镍钴硫化物/RGO 复合物的合成及其超级电容性能[J]. 无机化学学报, 2017, 33(1): 26-32.

[3] 刘帅, 李宝河, 张静言. 垂直磁各向异性薄膜的制备、表征及应用[M]. 北京: 冶金工业出版社, 2021: 106-109.

[4] 陈海英. 精密磁强计的发展现状及应用[J]. 现代仪器, 2000, 6: 5-7.

[5] Almeida F J P. Development of a miniature AC Susceptometer for a Cryogenic System[D]. Koimbla: Universiy of Coimbra, 2015.